大数据
技术丛书

Flink SQL and DataStream

Flink SQL 与 DataStream

入门、进阶与实战

羊艺超◎著

机械工业出版社
CHINA MACHINE PRESS

图书在版编目（CIP）数据

Flink SQL 与 DataStream：入门、进阶与实战 / 羊艺超著 . —北京：机械工业出版社，2023.10
（大数据技术丛书）

ISBN 978-7-111-73902-9

I. ① F…　　Ⅱ. ①羊…　　Ⅲ. ①数据库系统 – 程序设计　　Ⅳ. ① TP311.13

中国国家版本馆 CIP 数据核字（2023）第 184510 号

机械工业出版社（北京市百万庄大街 22 号　邮政编码 100037）
策划编辑：杨福川　　责任编辑：杨福川　韩　蕊
责任校对：龚思文　　责任印制：刘　媛
涿州市京南印刷厂印刷
2024 年 1 月第 1 版第 1 次印刷
186mm × 240mm · 31.75 印张 · 707 千字
标准书号：ISBN 978-7-111-73902-9
定价：129.00 元

电话服务　　　　　　　　网络服务

客服电话：010-88361066　　机　工　官　网：www.cmpbook.com

　　　　　010-88379833　　机　工　官　博：weibo.com/cmp1952

　　　　　010-68326294　　金　书　网：www.golden-book.com

封底无防伪标均为盗版　　机工教育服务网：www.cmpedu.com

为什么要写这本书

相比于国内很多用户来说，我接触 Flink 的时间不算长，我是从 2019 年开始学习和使用 Flink 解决工作中遇到的问题的，那么是什么原因促使我写这本书？

第一，我想把我对 Flink 特性的理解进行系统的总结。我在初期学习 Flink 时，在窗口、有状态计算等特性的学习上投入的成本是比较高的。随着使用 Flink 越来越多，对 Flink 的各种特性越来越熟悉，我将自己对于 Flink 的理解和使用经验整理成文章，并且发布在公众号"大数据羊说"上。随着公众号的读者越来越多，我也收到了越来越多的反馈。总结下来，我的文章能够吸引读者的亮点在于，我是从背景知识、要解决的问题以及 Flink 中的实现方案这 3 个角度解释 Flink 的技术特性，而这一点恰好是很多想要深入学习 Flink 但是找不到好的学习资料的读者急需的。很多读者的反馈给了我持续写文章的动力，也让我产生了写一本书来帮助更多读者的想法。

第二，我算得上是 Flink SQL API 的早期用户，Flink SQL API 由于具有易用的特性，用户越来越多，发展势头越来越猛、而市面上关于 Flink SQL API 的中文资料比较少，因此我想将自己对于 Flink SQL API 的理解梳理出来，在推广 Flink SQL API 的同时也能够帮助读者学习 Flink SQL API。

读者对象

本书适合以下读者阅读。

- ❑ 开设 Flink 相关课程的院校师生。
- ❑ 实时计算开发工程师。
- ❑ 大数据开发工程师。

如何阅读本书

本书详细剖析了 Flink 中的时间、窗口、有状态计算和检查点这 4 项核心难点，尽可能降低读者的学习成本，并且相对全面地介绍了 Flink SQL API 的内容。本书分为 11 章，各章内容层层递进。

第 1 ~ 3 章是 Flink 初学者必读内容，主要介绍 Flink 的由来、特性、API 的使用方法和运行时的架构。

如果读者想使用 Java 开发一个 Flink 流处理作业，推荐仔细阅读第 4 ~ 7 章。第 4 章介绍 Flink DataStream API 中的基础接口。第 5 章和第 6 章介绍 Flink 中的时间、窗口、有状态计算和检查点的相关知识。第 7 章介绍 Flink 有状态流处理 API。

如果读者想使用 SQL 开发一个 Flink 流处理作业，推荐仔细阅读第 8 ~ 11 章。第 8 章介绍 Flink Table API 和 SQL API 中的基础概念，第 9 章介绍 Flink SQL API 中的语法及其执行过程，第 10 章介绍 Flink SQL API 中的函数，第 11 章介绍 Flink SQL API 中的参数及 SQL 优化方法。

勘误和支持

由于水平有限，书中难免会出现一些错误或者不准确的地方，恳请读者批评指正，并将宝贵的意见反馈到公众号"大数据羊说"的后台中。

由于 Flink 技术的参考资料较少，因此书中的部分内容参考了 Flink 官方文档，读者可以结合 Flink 官网来学习。此外，书中的代码源文件可以从 GitHub 网站下载，地址为 https://github.com/yangyichao-mango/flink-study.git。

致谢

在写作过程中，我得到了很多朋友的支持。感谢公众号的读者，因为有他们的支持，我才能坚持将本书写完。感谢我的父母将我培养成人，并时时刻刻为我传递信心和力量！

谨以此书献给我最亲爱的家人，以及众多热爱 Flink 的朋友！

Contents 目 录

第 1 章 *Chapter 1*

初识 Flink

随着现代信息技术的不断发展，我们可以明显感受到信息生产的量级在不断加大，信息更迭的速度在不断加快。从用户生产内容、传播内容到消费内容，整条链路短短几秒就可以完成，而如果能够从这条链路中更快地分析、挖掘出更有价值的信息，就能够占据优势。在这个需求推动的大背景下，各类流处理引擎快速发展，其中 Apache Flink 尤为耀眼。

Apache Flink 是 Apache 基金会里的下一代开源大数据处理引擎，优秀的流处理能力使它成为各大企业在实时计算领域发力时必备的基建，目前 Apache Flink（简称为 Flink）在国内大数据实时计算领域几乎占据统治地位。

本章首先介绍 Flink 的定位，通过介绍 Flink 的功能及目前 Flink 在业内常见的应用场景，明确可以使用 Flink 来做什么，以及 Flink 适合做什么。接下来介绍我从事 Flink 开发所总结的 Flink 的 5 个核心特性。然后介绍 Flink 提供的 4 种 API 的特点，明确可以使用什么编程语言、什么风格的代码实现 Flink 作业。最后介绍常与 Flink 搭配使用的两个流处理引擎各自的特点，从而帮助读者理解 Flink 在流处理领域的优势。

通过本章的学习，读者将对 Flink 有一个全面的了解，为后面学习 Flink DataStream API、SQL API 打好理论基础。

1.1 Flink 定位

出于以下两个原因，我们先来探讨 Flink 是什么及目前业内常见的应用场景。

❑ 有的人对 Flink 的定位不明确，如果我们连一个工具是什么都没有搞明白，那么用好这个工具就是天方夜谭了。

❑ 我们在工作和学习中，调研和使用大数据引擎的第一步就是了解这个引擎能帮助我们做什么事情，并参考业内其他企业使用这个引擎做过的应用，只有在明确了这个引擎是否契合我们的应用场景之后，才会继续深入调研其 API 的使用。

通过本节的介绍，不熟悉 Flink 的读者可以了解 Flink 的基础能力并明确其定位，熟悉 Flink 的读者可以去探索 Flink 更丰富的功能及应用场景。

1.1.1 Flink 是什么

初学者对 Flink 的第一印象应该是一个大数据流处理引擎，其中有两个关键词。

1. 大数据处理引擎

这个关键词强调 Flink 的定位是数据处理，我们可以使用 Flink 从一个数据存储引擎（比如 Kafka）中读取数据、使用 Flink 提供的各种数据计算 API 来灵活处理数据、产出数据到一个新的数据存储引擎（比如 MySQL）中，常见的大数据处理引擎还有 Hive、Spark 等。

2. 大数据流（实时）处理引擎

这个关键词强调 Flink 目前的主要应用场景是流处理领域。想要明白什么是流（实时）处理，可以用批（离线）处理进行对比。任何数据处理作业的运行过程无非 3 个关键点，即输入→处理→输出。

对于批处理来说，这个运行过程对应着批输入→批处理→批输出，其中批代表着输入的数据集合是有限的，接下来在这个有限的数据集合上进行统一的处理，最后产出有限的数据集合，执行完后这个计算作业就结束了。举例来说，如图 1-1 所示，从一个文件中读取数据（批输入），然后对文件数据进行处理（批处理），将计算结果写到另一个文件中（批输出）。在大数据领域，批处理的典型案例就是离线数仓。

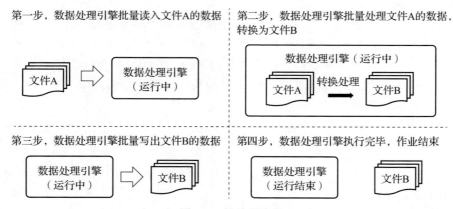

图 1-1　批处理流程

而对于流处理来说，这个运行过程对应着流输入→流处理→流输出，其中流代表输入的数据集合是实时的、无限的，接下来处理输入的数据流，最后产出数据流。常见的流处理流程如图 1-2 所示。

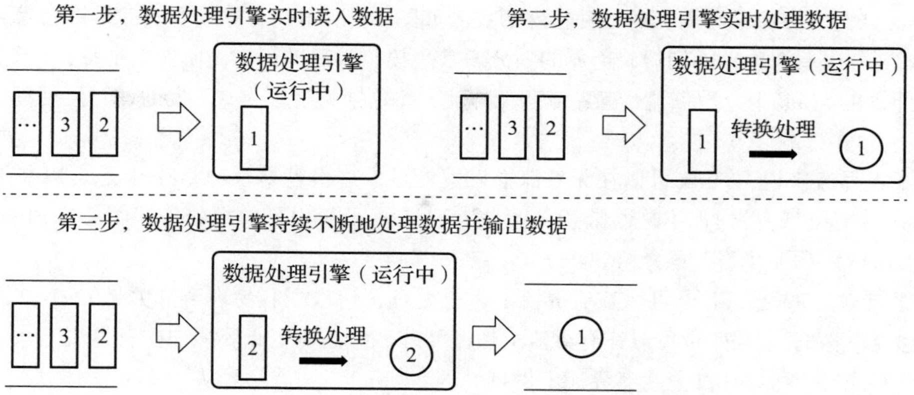

第一步，数据处理引擎实时读入数据　　　　第二步，数据处理引擎实时处理数据

图 1-2　流处理流程

虽然目前 Flink 兼具批、流处理能力，但是 Flink 的批处理能力相比其突出的流处理能力来说，还有待完善，并且对于应用场景来说，业界目前主要使用 Flink 的流处理能力解决业务场景中的问题，因此本书主要围绕 Flink 的流处理能力展开。

1.1.2　Flink 对于数据的定义

对于大数据处理引擎来说，框架设计理论都是围绕着数据展开的，数据是核心，因此对于数据本身的理解和定义就是设计一个大数据处理引擎的理论基石，Flink 也不例外。

Flink 自身有一套对于数据的定义，在 Flink 的世界中，任何类型数据的产生和传输的过程本质上都是一个事件流（数据流）。我们浏览网站的记录、购买商品的订单记录所产生的数据都随着时间的推移以数据流的形式存在。此外，Flink 将数据流划分为有界流和无界流两类，如图 1-3 所示。

- ❑ 有界流（Bounded Stream）：有界流有数据的开始，也有数据的结束，在生产中典型的案例就是离线数仓中的 Hive 表，一张 Hive 表的数据是有限的，数据有开始也有结束。
- ❑ 无界流（Unbounded Stream）：无界流有数据的开始，但是没有数据的结束，其数据量是无限的、源源不断产生的，对于无界流的处理也是没有止境的，需要持续处理。

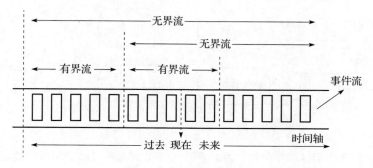

图 1-3　有界流和无界流

Flink 认为有界流是无界流的一种特殊形式。如图 1-3 所示，有界流本质上是将无界流按照一定的规则划分出一个边界得到的，边界的划分通常是按照时间进行的，比如 1 小时、1 天。

此外，在 Flink 中，数据流（有界流、无界流）和数据的处理方式（批处理、流处理）不是强绑定的。

对于无界流来说，Flink 可以在无界流上做流处理，这很容易理解。Flink 也可以在无界流上做批处理，而这里的批处理不是通常意义上类似于 Hive 计算引擎的批处理，而是指 Flink 中的窗口计算，窗口计算会在第 5 章介绍。

对于有界流来说，Flink 可以在有界流上做批处理，这也很容易理解，常见的 Hive 计算引擎就是做这件事情的。Flink 也可以在有界流上做流处理，但是在生产环境中在有界流上做批处理会比流处理性能好，所以往往只在有界流上做批处理。

> **注意** 通常情况下，我们说的实时数据处理作业，默认是指无界流上的流处理作业，其中实时的含义是数据处理过程的延迟很低。我们说的离线数据处理作业，默认是指有界流上的批处理作业，其中离线的含义是数据处理过程的延迟比较高。

1.1.3 Flink 的 3 种应用场景

在介绍了 Flink 的基本定位、数据流的基本概念之后，我们来看一看 Flink 官方列举的 3 种应用。

❑ 数据同步型应用。

❑ 数据分析型应用。

❑ 事件驱动型应用。

接下来详细介绍这 3 种应用的特点，读者可以看看是否契合自己的需求场景。

1. 数据同步型应用

数据同步型应用用于将数据从一个数据存储引擎转换和迁移到另一个数据存储引擎中。如图 1-4 所示，这类应用通常根据数据同步的周期或时效性划分为 ETL（Extract-Transform-Load，抽取、转换、加载）应用和 Pipeline 应用，Flink 同时支持这两类应用。

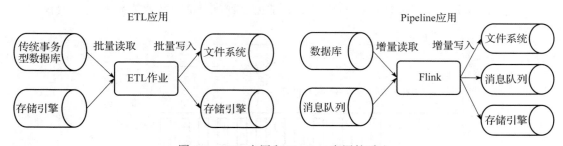

图 1-4　ETL 应用和 Pipeline 应用的对比

ETL 应用通常会周期性触发执行，将数据从事务型数据库复制到分析型数据库或数据仓库，或者从数据存储引擎 A 同步到数据存储引擎 B 中。

举两个生产中的 ETL 案例。第一个案例是构建离线数仓时将原始数据同步到离线数仓，通常会将 MySQL 或者其他客户端、服务端的原始日志数据定时（按小时、按天）同步到 Hive 表中。这里的 Hive 表通常位于离线数仓中的 ODS（Operation Data Store，贴源数据存储，又称操作数据存储）层。第二个案例是构建离线数仓时将数仓加工好的 ADS（Application Data Store，应用数据存储）层中的 Hive 表定时同步到 OLAP（On-Line Analytic Processing，在线分析处理）、K-V 存储引擎中供数据报表查询使用。

Pipeline 应用和 ETL 应用的处理过程一致，不同之处在于 Pipeline 应用通常是持续处理的，并非周期性触发，一般都是 7×24 小时持续运行，数据迁移的过程是低延迟的。例如，在电商网站中，可以通过 Pipeline 应用消费存储在 Kafka Topic 中的用户浏览、点击、加入购物车等行为的日志数据，对其中的脏数据进行过滤，对字段进行标准化，最后产出到下游数据存储引擎 MySQL 中，以供后续服务从 MySQL 中实时查询用户行为数据。

虽然 Flink 同时支持上述两种应用，但是通常用 Flink 来解决 Pipeline 应用场景的需求。在实际应用场景中，我们可以通过 Flink SQL API+UDF 解决 50% 的简单 Pipeline 需求。针对更加复杂的需求，我们可以选择更灵活的 Flink DataStream API 来实现。同时，Flink 为 ETL 应用和 Pipeline 应用中常用的多种数据存储引擎预置了连接器（Connector），包括 Kafka、Elasticsearch 等数据库系统的 JDBC 连接器以及文件系统的连接器，用户只需简单配置即可使用。

 提示　Flink DataStream API 和 Flink SQL API 之间的关系类似于 Hadoop MapReduce 和 Hive SQL 之间的关系。

2. 数据分析型应用

数据分析型应用用于支持数据分析，常见的数据处理步骤包括接入原始数据，对原始数据进行清洗、聚合处理，最后提取出有价值的信息或指标。如图 1-5 所示，数据分析型应用也可以根据数据计算的周期划分为离线数据分析应用和实时数据分析应用，Flink 同时支持这两类应用，这也是我们总会听到 Flink 支持流批一体的原因。

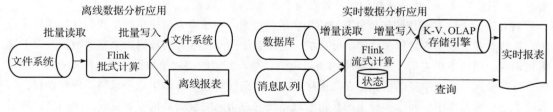

图 1-5　离线数据分析应用和实时数据分析应用的对比

离线数据分析应用通常利用批计算，定期处理和产出结果数据。比如提供给数据分析人员使用的离线数据报表应用，通常是通过定时调度 Hive SQL 批处理作业计算得到的。

随着需求的增加，很多场景下，批处理作业产出的延迟已经严重影响了业务的开展，业务人员希望能够实时地进行数据分析，从而及时调整、优化策略，因此实时数据分析应用诞生了。

实时数据分析应用会接入实时数据流，持续计算和更新结果数据。常见的实时数据报表应用中，数据从上游 Kafka Topic 实时接入，在 Flink 中进行实时计算，并将结果数据实时写入外部数据服务引擎 MySQL，或者将结果数据维护在 Flink 内部的状态中。最终展示结果时，可以从 MySQL 中读取数据或直接查询在 Flink 内部的状态中保存的结果数据。

> **注意** 虽然 Flink 提供了状态数据查询的能力，但是在绝大多数企业的生产环境中，考虑到数据服务稳定性等因素，不会选择用这种方式去提供服务。

3. 事件驱动型应用

事件驱动型应用是一类有状态的应用，它从一个或多个事件流中读取事件数据，根据输入的数据触发计算、状态更新或产生其他外部动作。而提到事件驱动型应用，就不得不与常见的传统事务型应用做对比，如图 1-6 所示是传统事务型应用和事件驱动型应用的对比。

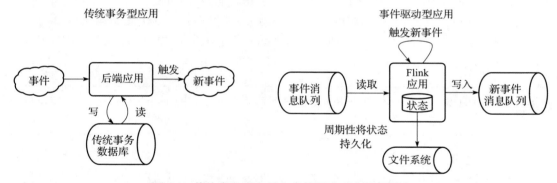

图 1-6　传统事务型应用和事件驱动型应用的对比

我们用同一个案例来分析传统事务型应用和事件驱动型应用的特点。比如，在外卖平台点外卖，我们在外卖 App 上提交一个订单后，平台会对商家生成提醒接单的记录，商家接单之后开始备餐，然后给外卖骑手生成送单记录，外卖骑手准备去商家取餐。

首先来看上述案例按照传统事务型应用实现的效果。传统事务型应用就是我们熟知的后端应用，其特点在于数据的计算和存储是分离的，通常会使用支持事务的数据库来存储数据。以上述案例来说，用户下单之后，平台会将这条订单信息写入商家的待接单数据库（比如 MySQL）中，然后给商家发一条接单提醒信息，在商家接单之后，会针对这个订单生成一条骑手送单信息，写入骑手送单数据库中，商家和骑手的后台管理系统通过访问对应的数据库表获取订单信息，然后进行后续的备单和送单操作。

接下来看上述案例按照事件驱动型应用实现的效果。简单来说事件驱动型应用就是传统事务型应用的一种升级版本，其特点在于数据计算是由一个一个的事件（数据）触发的。使用 Flink 实现事件驱动型应用时，通常将数据保存在处理作业的本地内存或磁盘中，在数据计算时只需要访问本地内存和磁盘，计算和存储不分离。

　　用户下单之后，平台会向消息队列中下发一个待处理订单事件，流处理作业读取这个事件后，会将相关的订单信息写入 RocksDB（一种嵌入式存储引擎，在 Flink 作业本地存储状态数据），并生成一个提醒商家接单的提醒事件，待商家接单之后，会向消息队列中下发一个订单备单事件，流处理作业读取到该事件后，会将 RocksDB 中存储的该订单的状态标记为商家备单中，并发送待骑手接单的事件，在骑手接单之后，又会向消息队列中下发一个骑手已经接单的事件，流处理作业读取到该事件后，就可以将 RocksDB 中订单的状态标记为骑手正在送单中了。

　　在事件驱动型应用中，数据处理的过程是由一个一个的事件触发的。同时，由于将数据存储在本地了，所以该类应用通常具备高吞吐和低延迟的特点。事件驱动型应用最能体现 Flink 强大的处理能力，Flink 的很多特性都是围绕着事件驱动型应用来设计的，包括时间、窗口、状态处理接口等，同时，Flink 还拥有一个 CEP（Complex Event Processing，复杂事件处理）类库，用于实现各类复杂的自定义状态机应用。

1.1.4　Flink 的 3 个企业应用案例

　　在学习了 Flink 官方推荐的 3 种应用场景之后，读者不一定能准确评估自己的场景到底属于哪一类，本节将详细介绍各大企业实际使用 Flink 的案例，如果你的场景在内，就大胆地使用 Flink 吧！

1. 实时数仓

实时数仓目前是 Flink 最广泛的应用。图 1-7 是典型的实时数仓和离线数仓产出链路。

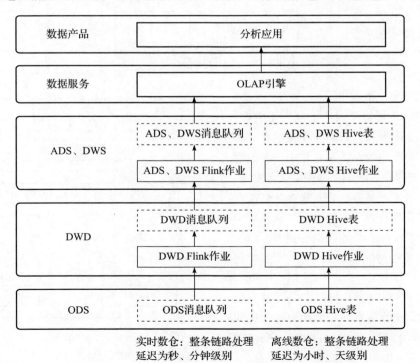

图 1-7　实时数仓和离线数仓的对比

　　实时数仓和离线数仓的加工链路大致相同，最大的区别在于实时数仓比离线数仓"快"，无论数据存储引擎还是计算引擎，从 ODS 层读入数据到 ADS 层产出数据，实时数仓可以做到秒、分钟级别的延迟，而离线数仓往往都是小时、天级别的延迟。

　　以图 1-7 中的实时数仓链路为例，通常会使用 Flink 从消息队列中实时消费数据，然后实时计算数据，将结果数据实时发送到消息队列当中，最终通过 OLAP 数据服务引擎将实时数据展示在看板上，企业应用实时数仓的典型案例就是实时报表、大屏类应用。

2. 实时风控、监控

　　实时风控场景通常指银行业务。如图 1-8 所示，首先，可以通过 Flink 提供的各种算子加工用户的行为特征数据，比如 1 小时内的交易次数、登录次数、活动次数等。其次，使用 Flink 实时关联用户的征信、司法、税务等数据来丰富特征数据。最后，将此类特征数据存储到 K-V 引擎中，供风控引擎进行反欺诈判断，并将最终的结果实时反馈给用户，避免资产损失。

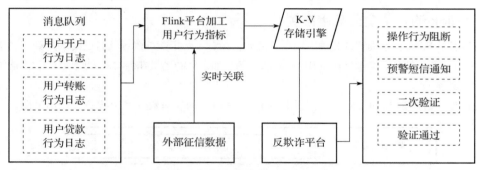

图 1-8　银行常见的实时风控链路

3. 实时推荐、机器学习

　　实时推荐、机器学习广泛应用于购物、搜索、广告、短视频、新闻等涉及推荐的应用场景中，和我们的生活息息相关。在购物这个典型的场景中，我们细心观察就会发现，用户在搜索完 A 产品后，马上就会有和 A 产品类似的产品推荐到用户的主页，从而减少了用户的搜索成本，优化了用户的购物体验。

　　实时推荐链路如图 1-9 所示，它主要包含三部分。

　　（1）实时特征计算　使用 Flink 消费用户行为日志，聚合分钟级别的用户行为特征数据，比如用户过去 10min 浏览 A 产品 N次，供推荐系统做用户基础行为特征查询。

　　（2）实时样本拼接　使用 Flink 消费用

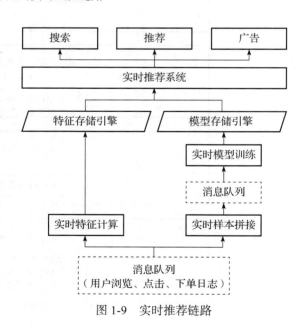

图 1-9　实时推荐链路

户行为日志，将用户在 App 中的整个操作行为样本按照操作时间顺序进行拼接，构建用户在 App 中的操作行为路径。比如将用户对于 A 产品的浏览、点击、收藏、加入购物车、下单等操作行为进行拼接，同时，还可以关联一些用户画像的信息，形成一个丰富的用户行为样本，供下游模型训练使用。

（3）实时模型训练　使用阿里巴巴开源的框架 Alink（AI-on-Flink），消费上游 Flink 加工好的特征数据，进行实时模型训练，将产出的模型数据存储到模型存储引擎中，供下游实时推荐系统使用。

目前多数 Flink 应用场景都可以归类到上述 3 种应用场景中，关于 Flink 更多的应用场景，可以在 Flink 每年举办的 FFA（Flink Forward Asia）大会上查看。FFA 是 Apache 官方授权的 Apache Flink 亚洲社区技术会议，在一年一度的 FFA 中，不仅可以学习 Flink 社区最新的动态和发展计划，还可以了解国内外一线厂商围绕 Flink 生态的生产实践经验。FFA 是 Flink 开发者和使用者不可错过的盛会。

1.2　Flink 的核心特性

在了解了 Flink 的定义以及常见应用场景后，本节将介绍 Flink 作为大数据流处理引擎的 5 个核心特性，并从数据处理延迟和产出数据质量两个角度对比 Apache Storm、Spark Streaming 和 Apache Flink 的优劣势。

1.2.1　Flink 的 5 个核心特性

1. 真正的流处理引擎

在 Flink 的流处理模式下，Flink 处理数据的粒度是事件粒度或者说数据粒度，也就是来一条数据就处理一条数据。这个特性反馈到日常的业务中就是数据处理延迟极低，一般是毫秒级别，基于该特性，在实时大屏场景中，我们可以实现大屏指标的快速更新。

2. 强大性能的分布式计算引擎

Flink 是分布式的计算引擎，处理数据的吞吐能力能够轻松达到百万、千万级别 QPS（Queries Per Second，每秒处理数据的条目）。Flink 处理数据的吞吐量在很多场景下甚至可以做到和物理资源呈线性关系，因此在面对大流量数据时，Flink 无所畏惧。

3. 时间语义丰富的计算引擎

Flink 预置了多种时间语义的 API，包括事件时间、处理时间和摄入时间语义，我们可以通过这些预置 API 实现时间窗口上的高效数据处理。

4. 高可用的有状态计算引擎

Flink 不但提供了丰富的状态类型及状态操作 API，而且提供了 Checkpoint、Savepoint 这样的快照机制来保障精确一次的数据处理，即使作业发生异常，我们也无须担心数据丢失或者重复。同时，Flink 支持 TB 级别的状态数据存储能力。

5. 流批一体的计算引擎

Flink 不仅是流处理的好手，目前在批处理方面也在大力发展，我们通过同一条 SQL 语句就可以同时完成流处理、批处理，这可以显著降低开发、维护和资源使用的成本。

1.2.2　3 种流处理引擎特性的对比

在学习流处理引擎相关的知识时，除了 Flink，一定绕不开 Apache Storm、Spark Streaming，它们都是老牌流处理引擎，那么为什么 Flink 会后来居上呢？

我们以流处理场景中常用的两个标准来看看这 3 个引擎各自的优缺点。这两个标准分别是数据处理延迟和产出数据质量。

❑ 数据处理延迟：流处理的核心要求是数据处理快，因此数据处理延迟是衡量流处理引擎优劣的重要指标。

❑ 产出数据质量：流处理作业一般都是 7×24 小时运行的，这期间很难保证作业不发生故障，数据质量主要指流处理作业在发生故障后，通过自身的异常容错功能是否能够保证数据计算结果的准确性。

表 1-1 是 3 种流处理引擎关于数据处理延迟、产出数据质量的对比。

表 1-1　3 种流处理引擎关于数据处理延迟、产出数据质量的对比

引擎	数据处理延迟	产出数据质量
Apache Storm	高：处理数据是一条一条进行的，可以做到毫秒级别延迟	低：作业在发生故障时，只能保证数据不会丢失，但是有可能重复计算数据，只能保证至少一次（At-least-once）的数据处理。以一个案例说明至少一次数据处理的结果：流处理作业需要计算输入数据的条目数，假如有 10 条输入数据，理论上得到的正确结果为 10，但是作业一旦发生故障，在异常容错恢复后，计算得到的结果会大于或等于 10
Spark Streaming	低：Flink 认为数据是以流的形式存在的，批是一种有界流；而 Spark Streaming 则相反，它认为数据是以批的形式存在的，流只是划分得非常细的批，流是批的一种特殊形式。基于该理论，Spark Streaming 在处理数据时是按照微批进行的，一批数据统一处理一次，因此延迟相对比较高	高：作业在发生故障时，基于 Spark Streaming 的检查点机制可以实现数据计算不重不丢，保证精确一次（Exactly-once）的数据处理。以一个案例说明精确一次数据处理的结果：流处理作业计算输入数据的条目数，有 10 条输入数据，在作业发生故障时，异常容错恢复后算出的结果依然等于 10
Apache Flink	高：和 Storm 一样，处理数据是一条一条进行的，可以做到毫秒级别延迟	高：作业在发生故障时，基于 Flink 的检查点机制可以做到数据计算不重不丢，保证精确一次的数据处理

通过上述对比，我们可以看到相比其他两个计算引擎 Flink 在数据处理延迟和产出数据质量上都具有明显的优势。

1.3　Flink 的 API

本节我们进入 Flink API 的学习阶段，通过本节的介绍，我们可以知道使用哪门语言、写什么样的代码才能完成 Flink 作业的开发。

如图 1-10 所示，Flink 为我们抽象了 4 种级别的 API，分别是 SQL API、Table API、DataStream API 和有状态流处理 API。

越往上，API 的标准化程度越高，处理的数据的结构化程度也越高，同时，API 也越简单，用户越容易理解和使用。注意，虽然越往上标准化程度越高，但是使用 API 时的灵活性也会越来越低，因此上层 API 常用于处理数据结构相对标准化的简单需求，下层 API 常用于处理个性化的复杂需求。

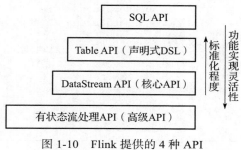

图 1-10　Flink 提供的 4 种 API

 提示　图 1-10 中的 Table API 是一种声明式 DSL，使用声明式 DSL 开发 Flink 作业时只需要表达数据是怎样处理的、期望得到怎样的结果，而不需要去详细实现数据处理的逻辑。在 Flink 中，Table API、SQL API 都是声明式 DSL。以 SQL API 为例，用户通过一条 SQL 语句描述数据应该怎样处理，然后提交并执行 Flink SQL API 作业就可以得到数据结果；而 DataStream API 和有状态流处理 API 严格来说都是非声明式 API，用户需要详细实现数据的处理逻辑。

对于初学者来说，要做到清晰地理解和划分这 4 种 API 不太容易，因此我按照编写 Flink 作业时的编码方式将这 4 种 API 划分为两类，分别是 Code API 和关系型 API，如图 1-11 所示。

1.3.1　Code API

Code API 指需要通过 Java、Scala、Python 编程语言编写具体的数据处理逻辑来完成 Flink 作业开发，Flink 提供的 DataStream API 和有状态流处理 API 属于此类。

图 1-11　4 种 API 再分类

1. DataStream API

我们使用 Java、Python、Scala 编程语言以及 Flink 针对这 3 种语言提供的 DataStream API 来开发一个 Flink 作业。

代码清单 1-1 所示是使用 Flink 为 Java 提供的 DataStream API 开发的 Flink 作业，DataStream API 名称源自 DataStream 类。在 Flink 1.14 之前的版本中，Flink 针对批处理还提供了 DataSet API，而在 1.14 及之后的版本中，Flink 将流处理和批处理 API 统一到了 DataStream API 中，我们可以

直接使用 DataStream API 开发流处理任务以及批处理任务。

代码清单 1-1　DataStream API 案例

```
public static void main(String[] args) throws Exception {
    // 1. 获取 Flink 作业执行环境
    StreamExecutionEnvironment env =
        StreamExecutionEnvironment.
        getExecutionEnvironment();
    // 2. 定义 DataStream API 执行逻辑（Fluent API 代码风格）
    env
            .socketTextStream("localhost", 9999) // 数据读入：监听 socket 中的数据
            .map(v -> v.split(" ")[0])            // 数据处理逻辑：获取第一个单词
            .filter(v -> !v.equals("example"))    // 数据处理逻辑：过滤单词 example
            .print();                             // 数据写出：将数据打印到控制台
    // 3. 触发 Flink 作业执行
    env.execute("DataStream API 案例");
}
```

DataStream API 是日常开发中最常用的一种 API，它预置了各种类型的数据源（Source）、数据转换（Transformation）、数据关联（Join）、数据聚合（Aggregate）、时间窗口（TimeWindow）以及状态（State）相关的 API，我们可以使用这些预置的 API 来实现日常场景中大多数的需求。第 4 章会详细介绍 DataStream API 预置的各类 API 的详细使用方法。

2. 有状态流处理 API

有状态流处理 API 使用的编程语言和 DataStream API 是一样的，不同之处在于实现用户自定义函数时需要使用 Flink 为有状态流处理 API 提供的 ProcessFunction。

如代码清单 1-2 所示，ProcessFunction 和 DataStream API 进行了良好的集成，KeyedProcessFunction 就是其中一种 ProcessFunction。在实际开发 Flink 作业时，通常会混用 DataStream API 和有状态流处理 API，并不会刻意区分。

代码清单 1-2　有状态流处理 API 案例

```
public static void main(String[] args) throws Exception {
    // 1. 创建 Flink 执行环境
    StreamExecutionEnvironment env = StreamExecutionEnvironment.
        getExecutionEnvironment();
    // 2. 定义数据处理逻辑，其中使用了 KeyedProcessFunction
    env
            .socketTextStream("localhost", 7000) // 数据读入：监听 socket 中的数据
            .keyBy(v -> v)                        // 数据分组
            .process(new KeyedProcessFunction<String, String, String>() {
                // processElement 用于处理输入数据
                @Override
                public void processElement(String s, Context context,
                    Collector<String> collector)
                        throws Exception {
                    // 注册 2023-01-01 00:00:00 的定时器
context.timerService().registerProcessingTimeTimer(1672502400000L);
                }
```

```
        // 时间到达定时器的时间时，将会回调 onTimer() 方法
        @Override
        public void onTimer(long timestamp, OnTimerContext ctx,
            Collector<String> out) throws Exception {
            super.onTimer(timestamp, ctx, out);
        }
    })
    .print();                                    // 将数据打印到控制台
// 3. 触发 Flink 作业执行
env.execute("Example");
}
```

有状态流处理 API 包含了 DataStream API 的所有功能。此外，在有状态流处理 API 中使用 ProcessFunction 可以更加自由地控制时间。举例来说，在 DataStream API 中，基于时间窗口的数据处理要么是事件时间语义，要么是处理时间语义，通常不会同时出现两种时间语义。而在有状态流处理 API 中，我们可以根据需求同时注册事件时间、处理时间的定时器，并在触发两种时间的定时器时，通过回调函数处理数据，这样可以帮助我们更灵活地处理数据。

1.3.2 关系型 API

关系型 API 主要通过编写类 SQL 代码完成 Flink 作业的开发，Flink 中的 SQL API 和 Table API 属于此类。

1. Table API

我们可以使用 Java、Python、Scala 语言，通过 Table API 提供的关系型 API 开发一个 Flink 作业。如代码清单 1-3 所示，Flink Table API 内置了常见关系模型中的 select、project、join、group-by 和 aggregate 等处理数据的 API。

代码清单 1-3　Table API 案例

```
public static void main(String[] args) throws Exception {
    // 1. 创建 Flink 执行环境
    TableEnvironment tableEnv = TableEnvironment.create(EnvironmentSettings.
        inStreamingMode());
    // 2. 定义 Table API 执行逻辑
    // (1) datagen 是 Flink 提供的随机生成数据的数据源。使用 Table API 将该数据源注册为一个
    // 名为 SourceTable 的数据源
    tableEnv.createTemporaryTable("SourceTable", TableDescriptor.forConnector("datagen")
            .schema(Schema.newBuilder()
                .column("id", DataTypes.STRING())
                .column("price", DataTypes.BIGINT())
                .build())
            .option(DataGenConnectorOptions.ROWS_PER_SECOND, 100L)
            .build());
    // (2) print 是 Flink 提供的将数据输出到控制台的数据汇。使用 Table API 将该数据汇注册为
    // 一个名为 SinkTable 的数据汇
    tableEnv.createTemporaryTable("SinkTable", TableDescriptor.forConnector("print")
            .schema(Schema.newBuilder()
                .column("id", DataTypes.STRING())
```

```
                        .column("all_price", DataTypes.BIGINT())
                        .build())
                .build());
    // (3) 从 SourceTable 中读取数据，按照 id 进行分组并计算 price 总值，将结果写到 SinkTable 中。
    // 注意，当执行了 insert 操作时，Flink 作业会自动提交结果
    tableEnv.from("SourceTable")
            .groupBy("id")
            .select("id, sum(price) as all_price")
            .executeInsert("SinkTable");
}
```

相比 DataStream API 来说，Table API 有以下两个明显的优点。

☐ 关系型 API 具备易用性、通用性：Table API 是一种关系型 API，或者说是一种类 SQL 的 API，因此只要用户对 SQL 有一定的了解，就很容易上手 Table API。

☐ Table API 屏蔽了 Flink 中状态相关的复杂接口：屏蔽 Flink 底层的复杂原理可以帮助用户专注于业务逻辑，降低开发和理解成本，这其实也是 Flink 在设计 Table API 和 SQL API 时的一个重要目标。

2. SQL API

和 Table API 类似，SQL API 也基于关系模型，但是编程语言上使用了 SQL 语句，如代码清单 1-4 所示。

代码清单 1-4　SQL API 案例

```
public static void main(String[] args) throws Exception {
    // 1. 创建 Flink 执行环境
    TableEnvironment tableEnv = TableEnvironment.create(EnvironmentSettings.
        inStreamingMode());
    // 2. 定义数据处理逻辑
    String sql = "CREATE TABLE source_table (\n"              //（1）定义输入表
            + "    order_id STRING,\n"
            + "    price BIGINT\n"
            + ") WITH (\n"
            + "  'connector' = 'datagen',\n"
            + "  'rows-per-second' = '10',\n"
            + "  'fields.order_id.length' = '1',\n"
            + "  'fields.price.min' = '1',\n"
            + "  'fields.price.max' = '1000000'\n"
            + ");\n"
            + "CREATE TABLE sink_table (\n"                   //（2）定义输出表
            + "    order_id STRING,\n"
            + "    count_result BIGINT,\n"
            + "    sum_result BIGINT,\n"
            + "    avg_result DOUBLE,\n"
            + "    min_result BIGINT,\n"
            + "    max_result BIGINT\n"
            + ") WITH (\n"
            + "  'connector' = 'print'\n"
            + ");\n"
            + "insert into sink_table\n"                      //（3）定义 SQL 执行逻辑
```

```
           + "select order_id,\n"
           + "    count(*) as count_result,\n"
           + "    sum(price) as sum_result,\n"
           + "    avg(price) as avg_result,\n"
           + "    min(price) as min_result,\n"
           + "    max(price) as max_result\n"
           + "from source_table\n"
           + "group by order_id";
    tableEnv.getConfig().getConfiguration().setString("pipeline.name", "SQL API 案例");
    //3. 提交 Flink SQL 执行
    Arrays.stream(sql.split(";"))
            .forEach(tableEnv::executeSql);
}
```

SQL API 遵循 ANSI SQL 标准，和 MySQL、Hive SQL、Spark SQL 的语法几乎一致，因此 SQL 有的特点它都有，比如学习成本低、维护成本低，适合大面积推广应用。

Flink 还对 SQL API、Table API 与 DataStream API 之间进行了桥接，我们不但可以在 SQL API 和 Table API 之间无缝切换，还可以将 SQL API、Table API 处理的结果作为 DataStream API 的输入，使用 DataStream 来定义复杂的数据处理逻辑。反之，也可以将 DataStream API 处理的结果作为 SQL API、Table API 的输入，使用 SQL API、Table API 进行处理。

1.4　与 Flink 搭配使用的引擎

通过前文的学习，我们知道在生产环境中，仅依靠 Flink 是无法构建整条数据处理和数据服务链路的，本节我们来扩展学习一下在流处理的生产环境中与 Flink 搭配使用的引擎以及这些引擎所承担的角色。

图 1-12 是一条使用 Flink 进行实时数据处理的常见链路，其中和 Flink 搭配使用的引擎可以根据职责划分为两类。

❏ 实时数据存储引擎。
❏ 实时数据服务引擎。

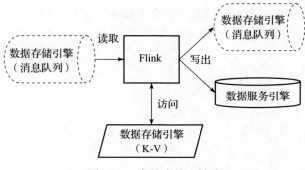

图 1-12　常见流处理链路

1. 实时数据存储引擎

实时数据存储引擎通常在链路中负责中间结果的存储，可以根据具体职责细化为两类。第一类是在链路中承担实时链路搭建职责的消息队列引擎，常见的有 Kafka、Pulsar 等，Flink 可以从消息队列引擎中实时读取数据，并将数据写到消息队列中。第二类是在实时链路中承担实时维度表职责的高速 K-V 存储引擎，常见的有 Redis、HBase、MySQL 等，Flink 可以从高速 K-V 存储引擎中实时读取数据，从而丰富原有数据。

2. 实时数据服务引擎

实时数据服务引擎通常在处理链路中负责查询结果数据，可以根据具体职责细化为 OLAP、K-V 两类。OLAP 引擎常见的有 ClickHouse、Doris 等，通常提供灵活的多维即席查询功能，一般用于低 QPS 查询的数据分析类应用。K-V 引擎常见的有 Redis、HBase 等，通常用于高 QPS 查询服务。此外，如果数据量、访问 QPS 属于中等量级，MySQL 也常作为数据服务引擎被广泛使用。

1.5 本章小结

通过本章的学习，我们明确了 Flink 作为新一代大数据流处理引擎的定位。

在 1.1 节中，我们学习了 Flink 在各大企业常见的实时数仓、风控、监控、机器学习的应用场景以及 Flink 在 3 种应用场景中承担的职责。学习 Flink 的常见应用场景可以帮助我们在技术选型时判断 Flink 是否适用。

在 1.2 节中，我们知道了 Flink 是一个时间语义丰富的、高可用的、有状态的分布式流处理引擎。同时，由于 Flink 是真正的流处理引擎，并且具备精确一次的数据处理能力，因此相比于 Apache Storm 和 Spark Streaming 两种流计算引擎，在数据处理延迟、产出数据质量方面更有优势，这也是 Flink 被广泛应用的重要原因。

在 1.3 节中，我们根据开发 Flink 作业的编码方式将 Flink 提供的 API 分为了 Code API 和关系型 API。Code API 中包含了 DataStream API 和有状态流处理 API，这两类 API 都需要通过 Java、Scala 或 Python 语言来完成 Flink 作业的开发。关系型 API 中包含了 Table API 和 SQL API，这两类 API 只需要通过关系模型来描述数据的处理方式，就可以完成 Flink 作业的开发。此外，我们还学习了这 4 种 API 的特点，这可以帮助我们更加合理地选用开发 Flink 作业的 API。

在 1.4 节中，我们学习了常与 Flink 搭配使用的数据存储引擎及数据服务引擎。

至此，我们已经对 Flink 有了一个基本的认识，接下来我们就开始 Flink 编码之路。

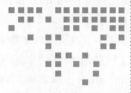

第 2 章 *Chapter 2*

Flink WordCount 作业开发及运行

本章，我们一起开发一个 Flink 作业。

首先，我们会学习在本地机器上安装一个开发 Flink 作业的基础环境。然后学习如何创建一个 Flink 项目，并以大数据领域最经典的 WordCount 为例，使用 Flink 开发一个 WordCount 作业。接下来会在本地环境中运行这个 WordCount 作业并输入一些测试数据，查看这个 Flink 作业的输出数据。最后，会通过 Flink 的 WordCount 作业说明一个常见的 Flink 作业骨架结构的组成部分。

由于在后续的 DataStream API 和 SQL API 的学习过程中，避免不了要查看某个 API 的定义或调试书中的代码案例，建议读者先将本地环境配置完成并运行 WordCount 案例。

2.1 基础环境准备

Flink 主要是由 Java 语言编写的，支持运行在 Linux、macOS 和 Windows 环境中，并且支持 Scala、Python 语言。关于使用 Java 还是 Scala 语言来开发 Flink 作业，由于国内各个企业在大数据领域的应用主要是用 Java 开发的，因此推荐读者优先使用 Java，本书后续内容都会以 Java 作为代码案例的编程语言。此外，本书所使用的 Flink 版本为 1.14.4。

下面开始安装并配置一个 Flink 开发环境。

❑ JDK 8（必需）：准备 JDK 8 的 Java 程序开发和运行环境。

❑ Apache Maven（必需）：Apache Maven 是 Java 项目中常用的依赖管理工具，我们使用 Maven 去管理 Flink 相关 JAR 包依赖。除此之外，Flink 官方也提供了 Maven Archetype，可以通过 Maven Archetype 快速创建一个 Flink 项目。Apache Maven 的下载和安装方法见官网。

❑ IntelliJ IDEA（非必需）：IntelliJ IDEA 是开发 Java 应用程序的 IDE（Integrated Development Environment，集成开发环境）。IntelliJ IDEA 的下载和安装方法见官网 https://www.jetbrains.

com/idea/。推荐使用 IntelliJ IDEA，由于它是非必需的，读者也可以使用其他 IDE 来开发
Flink 作业。
- ❏ Git（非必需）：Git 是 Flink 项目的代码版本管理工具。大家通过 Git 可以管理 Flink 作业
  代码，并且获取本书的案例代码，本书的案例代码地址为 https://github.com/yangyichao-
  mango/flink-study，读者可以自行下载。

上述环境的安装及配置不属于本书的重点，请读者自行去官网查询、下载、安装和配置。

2.2 创建一个 Flink 项目

准备好基础环境之后，就可以创建 Flink 项目了。可以通过以下两种方法中的任意一种创建
一个 Flink 项目。
- ❏ 方法一（推荐）：通过 Flink 官方提供的 Maven Archetype 在命令行终端创建一个 Flink 项
  目。该命令会使用 Maven 自动创建 Flink 项目，并且项目中的 pom.xml 文件自动引入了
  Flink DataStream API 的 JAR 包依赖。通过该方法创建 Flink 项目的好处在于项目中已经配
  置好了 Flink DataStream API 的开发环境，用户不用自己查询使用 Flink DataStream API 开
  发 Flink 作业需要依赖的 JAR 包。
- ❏ 方法二：通过 IntelliJ IDEA 自行创建一个 Maven 项目。使用该方法可以创建一个原始
  的 Maven 项目，但如果要配置 Flink DataStream API 的开发环境，需要自行查询 Flink
  DataStream API 的 Maven 依赖，自行在 pom.xml 文件中引入 Flink DataStream API 的 JAR
  包依赖。

接下来，采用方法一来创建 Flink 项目。在命令行终端执行代码清单 2-1 中的代码，会在当
前目录下得到名为 flink-examples 的项目文件夹，这就完成了一个 Flink 项目的创建。

代码清单 2-1　Flink Maven Archetype 命令

```
mvn archetype:generate \
    -DarchetypeGroupId=org.apache.flink \
    -DarchetypeArtifactId=flink-walkthrough-datastream-java \
    -DarchetypeVersion=1.14.4 \
    -DgroupId=com.github.antigeneral \
    -DartifactId=flink-examples \
    -Dversion=0.1 \
    -Dpackage=flink.examples.datastream \
    -DinteractiveMode=false
```

使用 IntelliJ IDEA 打开 flink-examples 项目，对应的目录以及文件路径如代码清单 2-2 所示。

代码清单 2-2　flink-examples 项目目录

```
.
├── pom.xml // Maven 用于管理 JAR 包依赖的文件
└── src
    └── main
```

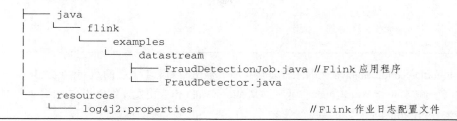

```
├── java
│   └── flink
│       └── examples
│           └── datastream
│               ├── FraudDetectionJob.java // Flink 应用程序
│               └── FraudDetector.java
└── resources
    └── log4j2.properties                    // Flink 作业日志配置文件
```

在后续开发 Flink 作业时需要重点关注 2 个文件。

❑ FraudDetectionJob.java：Flink 作业的代码。

❑ pom.xml：用于配置 Flink 作业的依赖。举例来说，后续如果需要使用 Flink 消费 Kafka 或者配置 Flink SQL 开发环境，都需要通过修改 pom.xml 去添加对应的 Kafka 连接器和 Flink SQL 运行环境的 JAR 包依赖。

 在使用 IntelliJ IDEA 打开 flink-examples 项目时会遇到 IntelliJ IDEA 询问按照 " Open as File" 还是 " Open as Project" 打开，我们需要选择 " Open as Project"。选择 " Open as Project" 之后，IntelliJ IDEA 会将项目作为 Maven 项目打开，并自动根据 pom.xml 文件引入 JAR 包依赖。

接下来详细介绍 FraudDetectionJob.java 和 pom.xml。

1. FraudDetectionJob.java

FraudDetectionJob.java 文件内容如代码清单 2-3 所示。代码主要由 3 个部分组成，包括创建 Flink 执行环境、定义数据处理逻辑、提交并触发 Flink 程序执行。这 3 部分是所有 Flink 流处理作业代码的骨架结构。

代码清单 2-3　flink-examples 项目中的 FraudDetectionJob.java 代码

```
//1. 创建 Flink 执行环境
StreamExecutionEnvironment env = StreamExecutionEnvironment.getExecutionEnvironment();
//2. 定义数据处理逻辑
// (1) 从 TransactionSource 数据源中读取数据
DataStream<Transaction> transactions = env
    .addSource(new TransactionSource())
    .name("transactions");
// (2) 定义数据的逻辑
// keyBy(Transaction::getAccountId) 代表按照 accountId 对数据进行分组
// process(new FraudDetector()) 代表在分组后的每一个 accountId 上进行 FraudDetector 的处理
DataStream<Alert> alerts = transactions
    .keyBy(Transaction::getAccountId)
    .process(new FraudDetector())
    .name("fraud-detector");
// (3) 将数据写入 AlertSink
alerts
    .addSink(new AlertSink())
```

```
        .name("send-alerts");
// 3. 提交并触发 Flink 作业执行
env.execute("Fraud Detection");
```

FraudDetectionJob.java 代码比较复杂，不适合作为初学者上手的案例，此处只做简单说明，在 2.3 节中会开发一个 WordCount 作业，并从 WordCount 作业出发详细介绍 Flink 作业的骨架结构。

2. pom.xml

pom.xml 文件部分内容如代码清单 2-4 所示，由于只需要关注 <dependencies> 标签的内容，所以代码清单 2-4 中只摘取了 <dependencies> 标签中的内容。其中包含了使用 Flink DataStream API 开发一个作业时需要用到的依赖项。

代码清单 2-4　flink-examples 项目中的 pom.xml 代码片段

```
<dependencies>
    <!-- Flink 官方提供的 FraudDetectionJob.java 代码的依赖。该依赖仅包含 FraudDetectionJob.
        java 案例的工具类，该依赖不是后续在生产环境中开发作业必须用到的，在生产环境中可以删除
        该依赖 -->
    <dependency>
        <groupId>org.apache.flink</groupId>
    <artifactId>flink-walkthrough-common_${scala.binary.version}</artifactId>
        <version>${flink.version}</version>
    </dependency>
    <!-- Flink DataStream API 开发工具依赖 -->
    <dependency>
        <groupId>org.apache.flink</groupId>
        <artifactId>flink-streaming-java_${scala.binary.version}</artifactId>
        <version>${flink.version}</version>
        <scope>provided</scope>
    </dependency>
    <!-- Flink 客户端依赖。客户端用于提交我们的 Flink 作业，其中 ${scala.binary.version}
        用于指定 Scala 版本，Flink 底层使用到了 Scala 开发的 Akka 作为通信组件，因此需要指定
        Scala 版本 -->
    <dependency>
        <groupId>org.apache.flink</groupId>
        <artifactId>flink-clients_${scala.binary.version}</artifactId>
        <version>${flink.version}</version>
        <scope>provided</scope>
    </dependency>
    <!-- Flink 提供的连接器 (Connector) 依赖，可以添加 Flink 预置的 Connector 来连接外部
        数据源。比如下面引入 flink-connector-kafka_${scala.binary.version} 依赖后，
        就可以使用 Flink 从 Kafka Topic 中读取或写入数据到 Kafka Topic 中 -->
    <!-- Example:
    <dependency>
        <groupId>org.apache.flink</groupId>
        <artifactId>flink-connector-kafka_${scala.binary.version}</artifactId>
        <version>${flink.version}</version>
    </dependency>
    -->
    <!-- Flink 日志框架依赖 -->
    <dependency>
```

```
            <groupId>org.apache.logging.log4j</groupId>
            <artifactId>log4j-slf4j-impl</artifactId>
            <version>${log4j.version}</version>
            <scope>runtime</scope>
        </dependency>
        <dependency>
            <groupId>org.apache.logging.log4j</groupId>
            <artifactId>log4j-api</artifactId>
            <version>${log4j.version}</version>
            <scope>runtime</scope>
        </dependency>
        <dependency>
            <groupId>org.apache.logging.log4j</groupId>
            <artifactId>log4j-core</artifactId>
            <version>${log4j.version}</version>
            <scope>runtime</scope>
        </dependency>
    </dependencies>
```

pom.xml 虽然非常重要，但是日常开发中并不会频繁新增或者删减依赖。

2.3　Flink WordCount 代码案例

本节，我们在 2.2 节创建好的 flink-examples 项目中使用 Flink DataStream API 开发一个 WordCount 应用程序。顾名思义，该应用程序用于统计单词出现的频率。

为了方便开发、运行和查看效果，该 WordCount 应用程序会以 Socket 作为 Source（数据源），从 Socket 中读取数据，并以控制台输出作为 Sink（数据汇），将统计词频的结果打印到控制台上。

1. WordCount 应用程序的代码

WordCount 的实现代码如代码清单 2-5 所示。

代码清单 2-5　WordCount 的实现代码

```
package flink.examples.datastream._02._2_5;
import java.util.Arrays;
import org.apache.flink.api.common.functions.FlatMapFunction;
import org.apache.flink.api.java.tuple.Tuple2;
import org.apache.flink.streaming.api.datastream.DataStream;
import org.apache.flink.streaming.api.datastream.DataStreamSink;
import org.apache.flink.streaming.api.environment.StreamExecutionEnvironment;
import org.apache.flink.util.Collector;

public class WordCountExamples {
    public static void main(String[] args) throws Exception {
        //1. 创建 Flink 的执行环境
        StreamExecutionEnvironment env = StreamExecutionEnvironment.
            getExecutionEnvironment();
        //2. 定义数据处理逻辑
        // (1) 从 Socket 中读取数据，第一个参数是 Socket 主机名称，第二个参数是端口号
```

```
DataStream<String> source = env.socketTextStream("localhost", 7000);
// (2) 使用 flatMap 将英文语句根据空格分隔为一个个的单词，出参是 Tuple2<String, Integer>，
// Tuple2 中包含 f0 和 f1 两个字段，f0 为单词，f1 的值固定为 1，代表这个单词出现了一次
DataStream<Tuple2<String, Integer>> singleWordDataStream = source
        .flatMap(new FlatMapFunction<String, Tuple2<String, Integer>>() {
            @Override
            public void flatMap(String line, Collector<Tuple2<String,
                Integer>> out) throws Exception {
                Arrays.stream(line.split(" "))
                        .forEach(singleWord -> out.collect(Tuple2.
                            of(singleWord, 1)));
            }
        });
// keyBy: 根据单词 f0 进行分组，将相同的单词分到同一组
// sum: 将同一个单词出现的次数累加就可以得到单词出现的频率。入参 1 代表将 Tuple2<String,
// Integer> 中下标为 1 的字段值相加。Tuple2<String, Integer> 中包含 f0 和 f1 两个
// 字段，f0 的下标为 0，f1 的下标为 1，下标的计算方式按照字段顺序从 0 开始顺序递增
DataStream<Tuple2<String, Integer>> wordCountDataStream = singleWordDataStream
        .keyBy(v -> v.f0)
        .sum(1);
// (3) 将单词词频统计结果输出到控制台中
DataStreamSink<Tuple2<String, Integer>> sink = wordCountDataStream.print();
// 3. 提交作业，并触发作业执行
env.execute();
    }
}
```

2. 输入数据

接下来构建一个 Socket 并输入数据。在 Linux 系统中，可以使用 Netcat 在命令行中构建一个 Socket。在命令行中输入 nc -l 7000，即可在本机 7000 端口开启一个 Socket。接下来我们向 Socket 中写入英文语句。

```
> nc -l 7000
I am a flinker
I am a flinker
```

3. 输出结果

在 Socket 启动后，再将这个 Flink 作业运行起来，最终可以在控制台上看到如下结果。

```
(I,1)
(am,1)
(a,1)
(flinker,1)
(I,2)
(am,2)
(a,2)
(flinker,2)
```

注意，此处必须先构建好 Socket，然后才能启动 Flink 作业，否则 Flink 作业启动后连接不到 Socket 会直接抛出 Connection Refused 异常。

接下来，向 Socket 中写入新数据 I am a flinker。

```
> nc -l 7000
I am a flinker
I am a flinker
I am a flinker
```

我们会发现控制台中的结果更新了。

```
(I,1)
(am,1)
(a,1)
(flinker,1)
(I,2)
(am,2)
(a,2)
(flinker,2)
(I,3)
(am,3)
(a,3)
(flinker,3)
```

我们可以发现上述 WordCount 应用程序运行时有两个特点。第一个特点是每输入一条数据就会立即处理，并且输出这条数据最新的计算结果，而常见的批处理作业在计算 WordCount 时，会读取所有的输入数据，计算完成之后统一输出一个最终的词频结果，这就是流处理和批处理的不同之处。第二个特点是这个 WordCount 应用程序会一直运行，原因在于只要 Socket 不关闭就随时可能有数据，因此 Socket 数据源等同于一个无界流，只要是无界流，Flink 作业就无法知道数据将会在什么时候到来以及什么时候结束，所以该作业会一直运行。

值得一提的是，在执行 Flink 作业时，我们可能会遇到系统抛出 NoClassDeFoundError 或者 ClassNotFoundException 异常，然后 Flink 作业运行失败。这类问题通常是缺少 JAR 包导致的。解决方案并不复杂，举例来说，如果报错信息提示找不到类 A，我们就需要查询类 A 的 Maven 依赖，然后在 pom.xml 中添加该依赖。换句话说就是报错中提示少了什么，我们就加什么。

此外，在本地运行 Flink 作业时，还可能会出现已经在 pom.xml 中添加了依赖，但是依旧报错的情况。举例来说，报错为 ClassNotFoundException:org.apache.flink.streaming.api.functions.source.SourceFunction，我们通过 IntelliJ IDEA 搜索 SourceFunction 是可以找到依赖的，并且也在 pom.xml 中添加了这个依赖，那为什么还会报错？

这时需要检查 pom.xml 文件中该依赖项的 <scope> 标签，如果为 provided，需要将其修改为 compile。provided 代表代码只在编译、测试时有效，运行时无效，因此在本地运行该应用程序时，不会引入该依赖；compile 代表编译、测试、运行时都有效。

注意，在集群生产环境中建议将 Flink 相关依赖的 <scope> 标签设置为 provided，因为集群环境中的 flink lib 文件夹通常已经包含了 Flink 相关的依赖 JAR 包。如果在打包作业时添加这些 JAR 包依赖，可能会和 flink lib 中的依赖产生冲突。

2.4　Flink 作业的骨架结构

完成了 WordCount 作业的开发之后，接下来我们来分析这个 Flink 作业的骨架结构。如图 2-1 所示，Flink 作业的骨架结构通常包含 3 个部分：创建 Flink 执行环境、定义数据处理逻辑、提交并触发 Flink 作业执行。本节将通过分析代码清单 2-5 的 WordCount 案例，详细说明这 3 部分的功能。

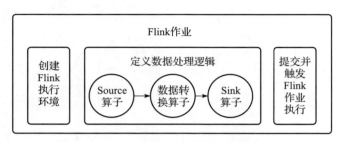

图 2-1　Flink 作业的骨架结构

1. 创建 Flink 执行环境

创建一个 Flink 作业的执行环境 StreamExecutionEnvironment，该执行环境称作 Flink 作业运行时的上下文环境。通过上下文环境，我们可以为一个 Flink 作业添加数据源，配置 Flink 作业运行时的并行度、最大并行度、Checkpoint、故障重启策略等参数。

2. 定义数据处理逻辑

定义数据处理逻辑用于定义数据从哪来，经过怎样的处理，最终到哪去，简称接、化、发。

❑ 接，从数据源（source）读取数据：从某个外部数据存储引擎中读取数据，Flink 将该数据存储引擎称作数据源，源代表源头。举例来说，如果数据存储在 Kafka Topic 中，使用 Flink 从 Kafka Topic 中读取数据，那么该 Kafka Topic 就叫作数据源。从 Kafka Topic 中读取数据的算子称作 Source 算子。万物皆有源头，Source 算子是一个 Flink 作业必备的，只有有了数据源才能做后续的数据处理。

❑ 化，转换数据：从数据源中获取数据之后，就要开始处理数据了，Flink 的 4 种 API 中提供了丰富的数据处理接口，常用的包括映射（map）、过滤（filter）、多数据流合并（union）、聚合（aggregate）等，可以使用这些接口任意处理从数据源中获取的数据。Flink 中的数据转换操作和算子名称是一一对应的，比如映射操作对应 Map 算子、过滤操作对应 Filter 算子。

❑ 发，往数据汇（sink）写入数据：将处理完成的数据写入外部数据存储引擎中，Flink 将该数据存储引擎称作数据汇，汇代表结果汇聚。举例来说，使用 Flink 将 WordCount 的结果数据写入 Redis，Redis 就叫作数据汇，向 Redis 写入数据的算子称作 Sink 算子。

3. 提交并触发 Flink 作业执行

将一个 Flink 作业提交到客户端并触发作业执行。

以上 3 个步骤缺一不可，尤其是第三步提交并触发 Flink 程序执行。因为该步骤的代码不涉及数据处理逻辑，所以容易被忽略，如果忘记这一步，将导致 Flink 作业无法提交运行，直接退出。

无论 Flink、Spark 还是其他大数据编程框架，作业的骨架结构是类似的，如果你已经有其他大数据框架开发和使用的经验，相信很快就能上手 Flink！

> **注意** 在定义数据处理（转换）逻辑的时候，数据转换算子和 Sink 算子不要求同时出现，可以二者选其一。比如，可以编写一个 Source 算子后面只有 Map 算子而没有 Sink 算子的 Flink 作业，也可以编写一个 Source 算子后面只有 Sink 算子而没有任何数据转换算子的 Flink 作业。

2.5 本章小结

本章，我们使用 Flink 编写并在本地成功运行一个了 WordCount 作业。

在 2.1 节和 2.2 节中，我们首先学习了开发 Flink 作业所依赖的环境，包括 Java 语言的 JDK 8 运行环境、Maven 依赖管理、IntelliJ IDEA 集成开发环境以及 Git 代码版本管理工具，基于这些工具，我们可以高效地开发和管理 Flink 作业的代码。接下来，我们使用 Flink 官方提供的 Maven Archetype 创建了一个 Flink DataStream API 项目，并简要分析了其中的 Flink 作业和 pom.xml 的功能。

在 2.3 和 2.4 节中，我们使用 Flink 开发了一个大数据领域常见的入门应用程序 WordCount，并以 WordCount 作业代码为例分析了 Flink 作业的骨架结构。

Flink 分布式架构及核心概念

本章我们深入学习 Flink 的架构，Flink 架构如图 3-1 所示，主要包含 3 个模块。

❑ Deploy 是部署层，决定了 Flink 作业在何种资源提供框架上以何种部署模式进行部署。部署层常见的部署模式包括本地部署、集群部署和云部署，本地部署通常用于测试环境，集群部署和云部署通常用于生产环境。

❑ Runtime 是运行时架构层，包含了 Flink 作业运行时涉及的核心组件，包括 TaskManager、JobManager 等。

❑ API 是接口层，包含 Flink 提供的丰富的接口和扩展库，其中最常用的当属本书主要介绍的 DataStream API 和 Table API、SQL API。除此之外，接口层还包括 PyFlink、CEP（Complex Event Processing，复杂事件处理）、FlinkML、Gelly 等扩展 API，由于这些接口不是本书的重点，后续不再赘述。

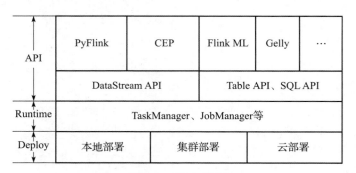

图 3-1　Flink 架构

本章主要对 Deploy 和 Runtime 两层进行讲解。有的读者可能会奇怪，一般情况下都是 API

最容易上手和学习，Deploy 和 Runtime 往往是较难理解的，为什么不从 DataStream API 和 SQL API 开始讲解呢？

　　我认为，在学习 DataStream API 和 SQL API 之前，有必要先对 Flink 中的分布式架构、组件以及生产中常见的概念有一个整体的了解，在后续用到 DataStream API 和 SQL API 时，至少可以知道 Flink 代码提交之后，是怎样转换为一个运行中的 Flink 作业的，这个过程依赖哪些组件。

　　在学习思路上，建议读者先大致了解基本概念、组件原理，接下来直接上手使用 Flink 进行实践，最后在日常工作中使用 Flink 的同时再深入学习基本概念、组件原理。读者（尤其是初学者）可以先快速阅读本章，对 Flink 的分布式架构、核心概念有大致了解即可，不必为了研究某些概念或执行流程而花费太多的精力。在大致了解 Flink 分布式架构以及核心组件之后，直接学习和使用 DataStream API 和 SQL API，如果遇到关于概念、组件和架构的问题，可以再回顾本章的内容。

3.1　分布式应用与非分布式应用的异同

　　Flink 是一个性能强大的分布式流处理引擎，而分布式是很多读者在开始学习 Flink 时会疑惑的概念。我们先来明确什么是分布式应用，它与非分布式应用有什么区别。

　　如图 3-2 所示，现在有一个处理文件 A 的工作，文件 A 由 3 个子文件组成，图左是非分布式应用处理文件 A 的过程，图右是分布式应用处理文件 A 的过程。

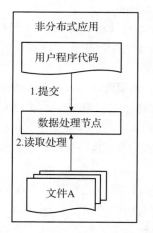
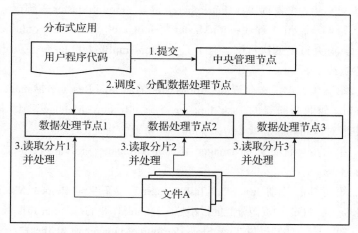

图 3-2　非分布式应用与分布式应用的对比

　　在非分布式应用中，只有一个数据处理节点，这一个数据处理节点处理文件 A 中的 3 个子文件。而在分布式应用中，通常有多个数据处理节点和一个中央管理节点，中央管理节点用于解析、调度作业并管控所有的数据处理节点。数据处理节点用于处理数据，每个数据处理节点会被分配文件 A 的一个子文件（也称作分片）进行处理，从而高效处理数据。

　　上述分布式应用的架构称作主从（Master-Worker）架构，主从架构的分布式处理应用通常由单个 Master 和多个 Worker 组成。在面对一大堆分离的机器资源时，主从架构是一种最自然、最简单的组织方式，就如同工作时，有一个领导（Master）负责确定目标和协调组织，才能最大化员工（Worker）的工作产出。

在明确了分布式应用和非分布式应用的不同之处之后，我们再来分析 Flink 作为一个分布式流处理引擎涉及哪些组件，与本节提到的分布式应用有哪些不同。

3.2　Flink 作业的运行时架构

如图 3-3 所示，Flink 的运行时架构和 3.1 节提到的典型的分布式应用是类似的，核心组件包括 Client、JobManager、TaskManager，Flink 也是一个主从架构的分布式处理引擎，其中 JobManager 是 Master，TaskManager 是 Worker。

3.2.1　Flink 作业提交部署流程

如图 3-4 所示，将 Flink 作业提交、部署到运行的流程中涉及 11 个步骤。

第一步，提交程序代码：编写 Flink 作业的代码后，用户将 Flink 作业提交到 Client 运行。

第二步，提交程序：Client 会将代码中用户自定义的数据处理逻辑转换为 JobGraph（作业图），JobGraph 是 Flink 集群可以理解的逻辑数据流图。接下来，Client 会将程序代码、JobGraph 等信息提交到 Flink 集群的 Dispatcher（作业分发器）中。

第三步，分发程序：Dispatcher 会启动一个 JobMaster 来解析 JobGraph。

第四步，解析程序：JobMaster 将 JobGraph 解析为 ExecutionGraph，ExecutionGraph 是物理层面具有并行度的执行图。有了 ExecutionGraph，JobMaster 就知道执行这个 Flink 程序需要消耗多少资源了。

第五步，申请作业资源：JobMaster 随后会向 ResourceManager（资源管理器）去申请执行这个 Flink 作业所需要的 TaskManager 资源，ResourceManager 随即向资源提供框架（比如 YARN）去申请对应的资源节点。

第六步，启动 TaskManager：ResouceManager 在申请到资源之后，会在这些资源节点上启动 TaskManager。

第七步，注册 Task Slot：TaskManager 启动后会向 ResourceManager 注册自己可用的 Task Slot。Task Slot 是 Flink 中资源分配的最小粒度，Flink 作业的每个 SubTask 最终会运行在一个个 Task Slot 中。

第八步，通知提供 Task Slot：ResourceManager 通知 TaskManager 来为当前的 Flink 作业提供可用的 Task Slot。

第九步，提供 Task Slot：TaskManager 会将可以用于运行当前这个 Flink 作业的 Task Slot 告诉 JobMaster。

第十步，提交执行作业：JobMaster 将 Flink 作业分发到 TaskManager 上的 Task Slot 执行。

第十一步，作业运行：Flink 的每个 SubTask 都在 TaskManager 上初始化并运行，进行数据处理工作。

上述步骤包含了 Flink 涉及的所有核心组件，接下来我们详细分析每个组件的功能。

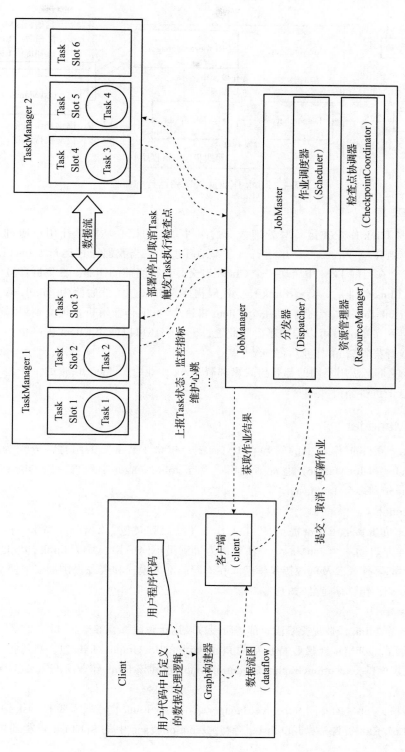

图 3-3　Flink 作业的运行时架构

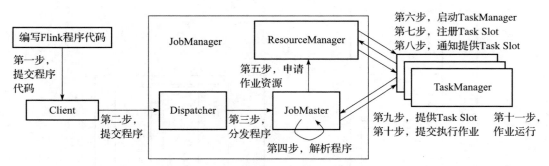

图 3-4　Flink 作业从提交到运行的流程

3.2.2　Client

Client 不是 Flink 作业在运行时处理数据的组件，它的核心功能是让用户通过 Client 提交 Flink 作业去本地环境或者集群环境运行。在本地环境中，当我们通过运行 main() 函数来提交 Flink 作业时，会在当前 JVM 中启动一个 Client 提交并运行当前的作业。在集群环境中，当我们开发完成一个 Flink 作业后，会将 Flink 作业代码构建为 JAR 包，然后使用 ./bin/flink run ... 命令来提交。./bin/flink run ... 命令会启动一个 Client 将这个 Flink 作业解析并提交到集群中运行，当提交过程结束后，Client 就可以退出了。除此之外，我们还可以使用 Client 去停止一个正在运行的 Flink 作业或者获取 Flink 作业执行的结果。

需要注意的是，使用不同的部署模式来部署 Flink 作业时，Client 负责的工作是不同的，具体差异将在 3.3 节进行介绍。

3.2.3　JobManager

JobManager 是 Flink 作业中的管理者（Master），包含 3 个重要的组件，分别为 Dispatcher、ResourceManager 和 JobMaster。通常情况下，一个 JobManager 中包含一个 Dispatcher、一个 ResourceManager 和多个 JobMaster。

1. Dispatcher

Dispatcher 负责接收 Client 提交的 Flink 作业（包含 JAR 包、JobGraph 等），并为每个提交过来的 Flink 作业启动一个 JobMaster。注意，为了满足不同应用场景下 Flink 作业的部署需求，Flink 支持多种部署模式以及资源提供框架。在不同的部署模式和资源提供框架下提交运行 Flink 作业时，Dispatcher 组件不是必需的。

2. JobMaster

JobMaster 在 Flink 作业提交阶段、部署阶段以及运行阶段都会参与。

在提交阶段，JobMaster 接收待执行的 Flink 作业的 JobGraph、JAR 包，然后把 JobGraph 转换成一个物理层面的 ExecutionGraph。ExecutionGraph 包含该 Flink 作业所有需要执行的 SubTask（子任务）的信息。

在部署阶段，JobMaster 向 ResourceManager 请求执行 Flink 作业所需要的 Task Slot 资源。当获取足够的 Task Slot 资源后，JobMaster 会将 ExecutionGraph 中的 SubTask 分发到 TaskManager

上的 Task Slot 中运行。

在运行阶段，JobMaster 负责所有需要协调的工作，比如协调 Flink 作业中的所有 SubTask 去执行 Checkpoint，监控每个 SubTask 的心跳，获取 SubTask 的监控指标等信息，并且会对作业执行异常、失败做出响应，负责作业的故障恢复、异常容错等工作。

 注意　不要将 JobManager 和 JobMaster 搞混，两者的职责范围是不同的。一个 JobManager 负责一个 Flink 集群，而一个 JobMaster 只负责一个 Flink 作业，一个 JobManager 中可以包含多个 JobMaster。以将要在 3.3.1 节介绍的 Flink Session 部署模式为例，一个 JobManager 负责管理一个 Flink Session 集群，一个 JobMaster 负责管理一个 Flink 作业，当一个 Flink Session 集群中运行了 3 个 Flink 作业时，这个 JobManager 中就会运行 3 个 JobMaster。

---

3. ResourceManager

ResourceManager 负责 Flink 集群中的 Task Slot 申请、管理、分配、回收，Task Slot 是 Flink 中资源调度和作业运行的最小粒度，每一个 Task Slot 都包含了一定的物理层面的 CPU 和内存资源。Task Slot 是由 TaskManager 提供并注册到 ResourceManager 上的，Flink 作业中的每一个子任务都会运行在一个 Task Slot 中。

说到资源的管理，首先要有资源，那么资源是从哪里来的呢？

这就要说到资源提供框架了。Flink 本身提供了一个名为 Standalone 的资源提供框架，通过 Flink 安装包中的脚本，我们可以快速部署一个 Standalone 集群。但是术业有专攻，Flink 的 Standalone 资源提供框架能力有限，在实际场景中基本仅用于测试，因此 Flink 选择站在巨人的肩膀上，和 YARN、Kubernetes 资源管理框架做了深度结合，并为 YARN、Kubernetes 实现了对应的 ResourceManager。当我们选择 YARN、Kubernetes 作为资源提供框架来部署 Flink 作业时，ResourceManager 可以从 YARN、Kubernetes 上申请资源节点，并且在这些资源节点上启动 TaskManager 来部署 Flink 作业。

关于 Standalone 和 YARN 这两种资源提供框架的使用方式，我们将在 3.4 节展开介绍。

3.2.4　TaskManager

TaskManager 是 Flink 中执行数据处理作业的组件（Worker），每一个 TaskManager 中包含一定数量的 Task Slot。当 TaskManager 启动之后会将 Task Slot 资源注册到 ResourceManager 中，随后 TaskManager 会从 JobMaster 中接收需要部署的 SubTask（子任务），然后在 Task Slot 中启动 SubTask，随后 Flink 作业中的每一个 SubTask 开始运行，即接收数据、处理数据、产出数据。

大多数情况下，一个 Flink 作业会有多个 SubTask，这些 SubTask 会部署到多个 TaskManager 中运行，每一个 TaskManager 都会包含这个 Flink 作业的一部分 SubTask。

3.3　Flink 作业的 3 种部署模式

Flink 提供了以下 3 种作业部署模式。

❑ Session 模式

❑ Per-Job 模式

❑ Application 模式

总的来说，这 3 种作业部署模式的区别有以下两点。

❑ 不同模式下，Flink 集群的生命周期和单个 Flink 作业的生命周期是不同的。

❑ 不同模式下，解析 Flink 作业的组件是不同的，Application 模式直接在 JobManager 上解析，其余两种在 Client 上解析。

接下来我们从定义、特点及应用场景这 3 个角度分别探讨这 3 种作业部署模式。

3.3.1 Session 模式

1. 定义

Session 模式下，需要用户预先部署好一个 Flink 集群，称作 Session 集群。Session 集群中包含一个 JobManager 以及一些 TaskManager，每个 TaskManager 会提供一些 Task Slot 资源。用户向这个 Session 集群提交的每一个 Flink 作业，都会共享和使用 Session 集群中的资源以及 JobManager。以 Session 模式部署的 Flink 作业通常被称为 Flink Session 作业。

举例来说，如图 3-5 所示，我们启动了一个 Session 集群，其中有 1 个 JobManager 和 3 个 TaskManager，每个 TaskManager 提供 3 个 Task Slot。接下来，我们通过 Client 向 Session 集群提交 3 个 Flink 作业，分别为 Flink 作业 1、Flink 作业 2、Flink 作业 3，每一个 Flink 作业使用 3 个 Slot。

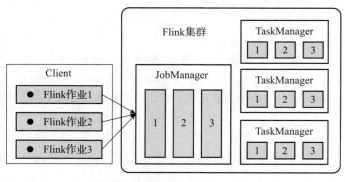

图 3-5　Session 模式

在 Session 模式下，由 Client 来解析 Flink 作业并提交到 Session 集群中，JobManager 会同时管理这 3 个 Flink 作业，图 3-5 中 JobManager 中的 1、2、3 分别代表 Flink 作业 1、Flink 作业 2、Flink 作业 3。同时，每一个 TaskManager 中分别运行着这 3 个 Flink 作业的 SubTask（子任务），图中 TaskManager 中的 1、2、3 分别代表 Flink 作业 1、Flink 作业 2、Flink 作业 3 的 SubTask。

再举一个例子，有一个包含 100 个 TaskManager 的 Session 集群，每个 TaskManager 中有 5 个 Task Slot，每个 Task Slot 中包含 1 核 CPU 和 4GB 内存，那么我们可以向这个 Session 集群提交 50 个 Flink 作业，每个 Flink 作业用 10 个 Task Slot，这 50 个作业会共享 Session 集群中的资源以及

同一个 JobManager。

2. 特点

（1）集群和作业的生命周期不同　Session 模式下，Flink 集群的资源不会因 Flink 作业的上下线而释放，Flink 集群和提交到集群中的 Flink 作业的生命周期是相互独立的。

（2）不同 Flink 作业间的资源不隔离　由于不同的 Flink 作业会使用同一个 Session 集群中的资源，所以不同作业之间会有资源的竞争。举例来说，如图 3-5 所示，集群中的每一个 TaskManager 中都有 3 个 Task Slot，3 个 Task Slot 分别运行着 3 个不同的 Flink 作业，在这种情况下，可能会因为某一个 Flink 作业执行异常导致这个 TaskManager 宕机，这时其他两个 Flink 作业就会受到 TaskManager 宕机的影响而失败。此外，由于一个 Session 集群中只有一个 JobManager，多个 Flink 作业共用一个 JobManager，因此 JobManager 的运行压力也较大。

（3）作业部署速度快　Flink 作业从提交、部署到运行的流程中有一个环节是 Flink 作业从资源提供框架（比如 YARN）中申请资源，这个环节往往是很耗时的。但是在 Session 模式中，Task Slot 资源是现成的，那么在部署运行 Flink 作业时就可以直接使用现成的资源，因此 Session 模式下作业部署的速度会比较快。

3. 应用场景

回顾 Session 模式的特点，虽然资源不隔离会导致很多问题，但是其优点在于作业部署速度快。那么我们在实际场景中应用的时候，就可以扬长避短。总的来说，以下两种场景适合使用 Session 模式部署。

（1）常驻核心高优 Flink 作业　生产环境中，对于核心高优作业的保障目标有两点，分别是稳定性高和故障时能够快速恢复。

当我们使用 Session 模式来部署核心高优作业时，由于集群和作业的生命周期不同，因此作业即使发生故障，在恢复时也不需要再去耗费时间申请资源，直接使用 Session 集群中的资源恢复任务即可达成故障时快速恢复的目标。同时，我们可以限制这个 Session 集群只允许提交这一个核心高优作业，这个作业独占这个 Session 集群的资源，这样就达成了稳定性高的目标。

（2）即席查询场景　在即席查询（Adhoc，通常用于批处理场景）的场景中，用户会提交一个 Flink 批处理作业并且希望快速得到这个作业的运行结果。当我们有大量执行时间很短的 Flink 批处理作业时，如果每一个 Flink 作业在部署阶段都要单独申请一遍资源，那么所有作业的执行时间就会被延长，而对于即席查询这种非常注重执行时间的场景来说，执行时间长导致的结果就是用户体验差。举例来说，有 100 个在运行阶段需要执行 1min 的 Flink 批处理作业，如果每个作业都需要额外占用 10s 去申请资源，那么 100 个作业执行结束，仅资源申请的时间就占用了 1000s，而如果使用 Session 模式，就可以节省这 1000s。

3.3.2　Per-Job 模式

1. 定义

Session 模式下由于资源不隔离会导致许多问题，使用 Per-Job 模式则可以解决这个问题。Per-Job 模式仅支持 YARN 作为资源提供框架，在 Per-Job 模式下，对于用户提交的每一个 Flink

作业，都会从资源提供框架 YARN 中为其申请并启动独立的 Flink 集群资源，集群中会包含一个 JobManager 以及这个作业所需要的所有 TaskManager，JobManager 和 TaskManager 只供这个作业使用。当这个 Flink 作业执行结束时，Flink 集群资源会被释放，还给资源提供框架 YARN。以 Per-Job 模式部署的 Flink 作业通常被称为 Flink Per-Job 作业。

举例来说，如图 3-6 所示，我们通过 Client 用 Per-Job 模式提交 Flink 作业 1、Flink 作业 2、Flink 作业 3，那么分别会启动 Flink 集群 1、Flink 集群 2、Flink 集群 3 来执行这 3 个 Flink 作业。

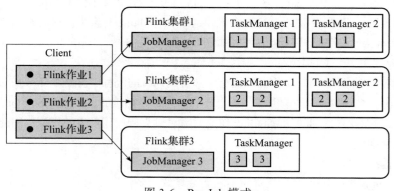

图 3-6　Per-Job 模式

2. 特点

（1）集群和作业的生命周期相同　Per-Job 模式会为每一个 Flink 作业单独申请 Flink 集群资源来执行，当作业结束后会释放 Flink 集群资源，Flink 集群和 Flink 作业的生命周期相同。

（2）不同 Flink 作业间的资源完全隔离　Per-Job 模式提供了良好的资源隔离机制。如图 3-6 所示，一个 Flink 集群只会为一个 Flink 作业服务，一个 JobManager 服务于一个 Flink 集群，集群中的每一个 TaskManager 上都只运行着这一个 Flink 作业的 SubTask，因此某一个 Flink 作业发生故障并不会影响其他的 Flink 作业。

（3）Flink 作业部署速度较慢　Per-Job 模式相对于 Session 模式多了从 YARN 申请资源的过程，因此作业从提交、部署到运行耗时更长一些。

（4）资源抢占　Per-Job 模式下，提交的多个 Flink 作业之间会发生资源抢占。举例来说，YARN 中总共有 1000 核 CPU 资源，Flink 作业 1 使用了 800 个 Task Slot 资源，每个 Task Slot 使用 1 核 CPU 资源，那么该 Flink 作业总共使用 800 核 CPU 资源。这时作业 1 突然出现故障，作业失败后，作业 1 会释放资源并还给 YARN。接着用户重启作业 1，作业 1 从 YARN 中申请 800 核 CPU 资源。但是在启动的过程中，发现从 YARN 上申请不到足够的资源。原因是重启过程中 YARN 的资源正好被另一个需要 300 核 CPU 的 Flink 作业 2 使用了，YARN 中只剩下了 700 核 CPU 资源，从而导致 Flink 作业 1 无法成功部署，两个作业之间就发生了资源抢占。

在实际的生产场景中，资源通常是共用的，新提交一个 Flink 作业或者调整 Flink 作业使用的资源是常见的操作，如果我们缺失了对 YARN 集群资源的监控或者对 Flink 作业运行状态的监控，那么上述问题发生后就很难感知到，容易出现故障。建议读者在生产环境中合理分配资源，并对资源和 Flink 作业运行状态建立监控机制，同时建议预留一定的资源，避免出现资源抢占的问题。

3. 应用场景

相比于 Session 模式来说，Per-Job 模式有两个优点：第一个优点是用户使用起来很便捷，在 Per-Job 模式下，用户不用提前部署 Flink 集群，提交 Flink 作业后可以自动从资源提供框架 YARN 中申请资源部署 Flink 集群；第二个优点是 Flink 作业资源隔离，可以避免作业之间互相影响。

在生产环境中，Per-Job 模式很常用，需要注意的是，Per-Job 模式将在 Flink 1.15 版本中被废弃，Flink 官方推荐使用接下来要介绍的 Application 模式。

3.3.3　Application 模式

1. 定义

在 Session 和 Per-Job 两种部署模式中，解析 Flink 作业是在 Client 中执行的，Client 解析 Flink 作业的过程主要分为两步，第一步生成 JobGraph，第二步将作业依赖的 JAR 包、JobGraph 发送到 JobManager。第一步通常会消耗 Client 端的 CPU 资源，第二步通常会消耗 Client 端的大量网络带宽，因此在生产环境中如果有大量的 Flink 作业通过同一个 Client 提交，就会导致这个 Client 所在的机器成为提交 Flink 作业过程中的瓶颈。

通常有两种思路可以解决这个问题：第一种思路是将 Client 扩展为多个，但是这种方法治标不治本，Client 依然有大量的工作要做；第二种思路就是使用 Flink 提供的 Application 部署模式。

如图 3-7 所示，在 Application 模式中，Client 不负责解析 Flink 作业，而是直接将 Flink 作业提交到 Flink 集群中，然后在集群的 JobManager 中解析 Flink 作业并下载依赖，这样就可以将 Client 的压力分散到每一个作业的 JobManager 中，Client 变得非常轻量级。

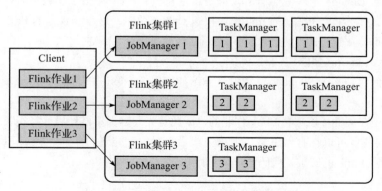

图 3-7　Application 模式

2. 特点和应用场景

Application 模式下，集群和作业的生命周期、Flink 作业间的资源隔离等特点以及应用场景都和 Per-Job 模式相同，这里不再赘述。

3.4 Flink 作业的 2 种资源提供框架

学习了 Flink 作业的 3 种部署模式之后，想部署一个 Flink 作业还缺少一样关键的东西：资源。这就要提到 Flink 的资源提供框架了。

Flink 不但自己提供了一个名为 Standalone 的资源提供框架，也和 YARN、Kubernetes 做了深度集成。本节介绍如何以不同部署模式结合 Standalone 和 YARN 资源提供框架来部署 Flink 作业。注意，由于 Flink 作业在 YARN 和 Kubernetes 上的部署方式类似，本节只介绍如何在 Standalone 和 YARN 集群上部署 Flink 作业。

接下来我们从定义、特点、应用场景等多个角度分别探讨这两种资源提供框架。

3.4.1 Standalone

1. 定义

Standalone 是 Flink 自带的分布式集群，在 Standalone 集群中，Flink 自行管理集群中的资源。

2. 特点

- ❏ 简单、轻量级，Standalone 是最简单的 Flink 集群部署方式，在 Standalone 模式下，Flink 自行管理集群及资源，不依赖外部组件。
- ❏ 简单、轻量级就决定了 Standalone 不能像 YARN 这类资源提供框架一样灵活调整资源。在 Standalone 集群中，资源不足或者计算节点出现故障时，需要用户自行添加资源以及处理故障。
- ❏ 支持 Session 和 Application 部署模式，不支持 Per-Job 部署模式。
- ❏ 支持在 Docker、Kubernetes 上部署 Standalone 集群。

3. 应用场景

- ❏ 测试使用：Standalone 模式虽然不灵活，但是部署起来很简单，通常在测试环境下使用。
- ❏ 在线平台 Debug：在一些云计算厂商提供的在线 Flink 作业开发平台或者一些开源的 Flink 作业开发平台中，配置了 Flink 作业快速 Debug 功能，这类场景下的 Flink 作业适合部署在 Standalone 集群中。

4. 启动 Standalone 集群

接下来我们启动一个 Standalone 集群，介绍如何以 Session 模式和 Application 模式提交并运行 WordCount 作业。

由于我们是在集群环境部署 Flink 作业的，因此首先要确保集群环境已经安装了 Flink。Flink 1.14.4 版本的安装包可以在官网下载。下载完成后，对安装包进行解压，完成 Flink 的安装。以 Linux 环境为例，Flink 的安装如代码清单 3-1 所示。

代码清单 3-1　在 Linux 环境下安装 Flink

```
// 下载安装包后，在下载目录中查看下载好的 Flink 安装包
$ ls
flink-1.14.4-bin-scala_2.11.tgz
// 解压 Flink 安装包后在当前目录下得到名为 flink-1.14.4 的目录
$ tar -zxvf flink-1.14.4-bin-scala_2.11.tgz
```

```
x flink-1.14.4/
x flink-1.14.4/lib/
x flink-1.14.4/lib/flink-dist_2.11-1.14.4.jar
...
x flink-1.14.4/bin/
x flink-1.14.4/bin/yarn-session.sh
...
```

读者可能会有疑问：第 2 章我们已经在 IntelliJ IDEA 中启动了一个 WordCount 的 Flink 作业，说明 Flink 的环境已经创建好了，为什么现在还要单独下载 Flink 的安装包并安装 Flink 呢？

这是因为两者的用途不同，在 IntelliJ IDEA 的 Flink 项目中，是 Maven 帮助我们下载好了在 IntelliJ IDEA 中运行 Flink 作业所需要的依赖，这是给我们编码和测试使用的。在集群环境中，需要下载 Flink 官方提供的安装包，安装包中会预置在生产环境中启动 Flink 集群、作业所需的脚本，使用这些脚本工具，我们可以方便地提交、运行 Flink 作业。

5. 以 Session 模式提交 Flink 作业

Session 模式的特点是 Flink 集群是用户预先创建的，然后才能向这个集群提交 Flink 作业。因此我们先创建一个 Standalone 集群，如代码清单 3-2 所示。

代码清单 3-2　创建、停止 Flink Standalone 集群

```
// 在 flink-1.14.4 目录下启动 Standalone 集群，这时会启动一个 JobManager 的 JVM 进程和一个
// TaskManager 的 JVM 进程
$ ./bin/start-cluster.sh
// 停止 Standalone 集群
$ ./bin/stop-cluster.sh
```

我们可以在浏览器输入 http://localhost:8081 来访问 Flink Web UI。Flink Web UI 是由 JobManager 提供的。如图 3-8 所示，Flink Web UI 中显示可用的 TaskManager 和 Task Slot 的个数均为 1。

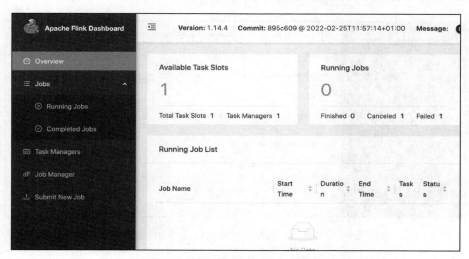

图 3-8　Standalone 集群中的 Flink Web UI

启动 Standalone 集群之后，就可以在 Standalone 集群上提交 Flink 作业了，提交 Flink 作业的步骤如下。

第一步，如代码清单 3-3 所示，将第 2 章中介绍的 WordCount 项目代码构建为一个可执行的 JAR 包。

代码清单 3-3　将 WordCount 项目代码构建为 JAR 包

```
// WordCount 作业所在的项目名为 flink-examples，我们可以在 flink-examples 项目目录下执行如下
// 命令，执行成功后会在 flink-examples 项目目录的 target 目录中得到 flink-examples-0.1.jar 包
$ mvn clean package
// 将构建好的 JAR 包复制到 flink-1.14.4 目录下
$ cp flink-examples/target/flink-examples-0.1.jar flink-1.14.4
```

第二步，由于 WordCount 作业的数据源为 Socket，因此要先启动一个 Socket，否则 Flink 作业运行时会因连接不到 Socket 而报错。如代码清单 3-4 所示，使用 Linux 提供的 Netcat 工具（一种用于监听端口的网络工具）在本地 7000 端口启动一个 Socket。

代码清单 3-4　启动 Socket

```
$ nc -l 7000
```

第三步，在 flink-1.14.4 目录下使用代码清单 3-5 中的命令以 Session 模式提交 WordCount 作业。

代码清单 3-5　以 Session 模式提交 WordCount 作业到 Standalone 集群

```
// 提交 Flink 作业，-c 用于指定 JAR 包中 WordCount 作业的入口类
$ ./bin/flink run -c flink.examples._03._05.WordCountExamples ./flink-examples-0.1.jar
```

启动成功之后，访问 http://localhost:8081，可以在 Flink Web UI 的 Running Jobs 列表中看到 WordCount 作业正在运行，如图 3-9 所示。

图 3-9　Standalone 集群中正在运行的 WordCount 作业

接下来，点击这个作业进入作业的详情界面，如图 3-10 所示。

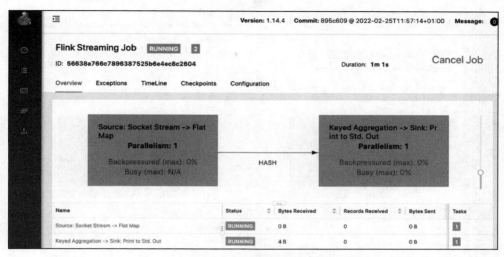

图 3-10　作业的详情界面

　　注意，Flink Web UI 会展示 Flink 作业运行时的很多性能指标，我们可以根据这些性能指标高效定位 Flink 作业的性能问题。Flink Web UI 是生产环境常用的工具之一，关于 Flink Web UI 会在 3.6 节进行介绍。

6. 以 Application 模式提交 Flink 作业

　　在 Application 模式下，资源是在 Flink 作业提交之后才去向资源提供框架申请的，因此我们需要先提交 Flink 作业启动 JobManager，然后再启动 TaskManager 来运行 Flink 作业，如代码清单 3-6 所示。

代码清单 3-6　以 Application 模式提交 Flink 作业到 Standalone 集群

```
// Application 模式下，需要将 Flink 作业的 JAR 包放在 classpath 下。这里我们将 JAR 包放到 flink-1.14.4
// 的 lib 目录下
$ cp ./flink-examples.jar /flink-1.14.4/lib/
// 使用下面的命令提交 WordCount 作业，该命令会自动启动一个 JobManager，这时我们就可以访问
// http://localhost:8081 查看 WordCount 作业，如图 3-11 所示。通过 Flink Web UI 可以发现
// WordCount 作业中算子的 SubTask 一直处于 Created 状态，并没有运行起来，这是因为还没有可用
// 的 TaskManager 资源
$ ./bin/standalone-job.sh start --job-classname flink.examples.datastream.
    _02._2_5.WordCountExamples
```

　　接下来，我们启动 TaskManager，如代码清单 3-7 所示。

代码清单 3-7　启动、停止 TaskManager

```
// 启动 TaskManager，默认一个 TaskManager 包含一个 Task Slot，这时我们再查看 Flink Web UI 中的
// WordCount 作业就是运行状态了，如图 3-12 所示。注意，如果 Flink 作业中算子的并行度大于 1，就需要
// 更多的 Task Slot 资源，我们可以重复执行此命令启动更多的 TaskManager 来提供更多的 Task Slot 资源
$ ./bin/taskmanager.sh start
// 停止 TaskManager 和 JobManager
$ ./bin/taskmanager.sh stop
$ ./bin/standalone-job.sh stop
```

图 3-11　正在尝试获取 TaskManager 资源的 WordCount 作业

图 3-12　获取 TaskManager 资源后正在运行的 WordCount 作业

3.4.2　YARN

1. 定义

Standalone 集群由于灵活性的问题，通常在测试环境中使用。为了解决灵活性的问题，Flink 集成了生产环境中被广泛应用的资源提供框架 YARN，YARN 是最常用的一种大数据资源提供框架，大数据处理引擎通常都会和 YARN 集成。

首先来看一下 Flink 作业是如何提交到 YARN 上运行的。我们通过 Client 提交 Flink 作业后，

Flink Client 会向 YARN 的 ResourceManager 提交作业。注意，此处的 ResourceManager 并非 Flink JobManager 中的 ResourceManager，而是 YARN 的 ResourceManager。接下来，YARN ResourceManager 会通知 YARN NodeManager 分配 Container 资源，后续就可以在 Container 中启动 JobManager 和 TaskManager 来运行 Flink 作业了。

2. 特点

❑ 资源管理灵活。作业从 Client 提交之后，所有的 JobManager、TaskManager 都由 YARN 集群自动化提供、分配和管理，如果需要添加资源，用户只需要给 YARN 集群添加资源。YARN 集群的维护成本相比 Standalone 模式来说小很多。

❑ YARN 集群支持 Session、Per-Job 和 Application 部署模式。

3. 应用场景

目前生产环境中最常用的部署方式就是 Flink on YARN，如果你所在的公司已经有了 YARN 集群，就直接在 YARN 集群上部署 Flink 作业吧！

4. 启动 YARN 集群

接下来，我们启动一个 YARN 集群，并且分别以 3 种作业部署模式提交并运行 Flink 作业。

注意，我们要先启动 Hadoop 集群和 YARN 集群，此处默认读者已将集群和环境配置完成，尤其确保配置了 HADOOP_CLASSPATH 环境变量，我们可以通过代码清单 3-8 的命令检查 HADOOP_CLASSPATH 环境变量是否配置成功。当我们向 YARN 集群提交 Flink 作业时，Flink 会通过 HADOOP_CLASSPATH 自动引入 Hadoop 相关的依赖 JAR 包。

代码清单 3-8　检查 HADOOP_CLASSPATH 是否配置成功

```
// 检查是否配置了 HADOOP_CLASSPATH，如果结果为空，说明没有配置
$ echo $HADOOP_CLASSPATH
// 如果没有配置，可以在本机的环境变量脚本中添加如下配置
$ export HADOOP_CLASSPATH=`hadoop classpath`
```

5. 以 Session 模式提交 Flink 作业

以 Session 模式提交 Flink 作业，如代码清单 3-9 所示。

代码清单 3-9　以 Session 模式提交 Flink 作业到 YARN 集群

```
// Session 模式下需要先启动一个 Flink YARN Session 集群，我们可以通过下面的参数来控制 Flink
// YARN Session 集群的配置项，比如 JobManager、TaskManager 内存等。如果想通过 Flink Web UI
// 查看 Flink 作业的运行状态，可以在命令执行完成后在控制台打印的日志中获取到 Flink Web UI 的链接，
// 也可以从 YARN 集群的 Web UI 中查找 Flink JobManager 的 Flink Web UI
//      -jm [JobManager 的内存 ]
//      -tm [ 每个 TaskManager 的内存 ]
//      -nm [YARN 的 Session 应用的名称 ]
//      -d [ 添加此参数，关闭命令行终端窗口后也会在后台执行 ]
//      -q [ 显示 YARN 中目前的资源（内存、CPU 核数）]
//      -qu [ 指定 Session 集群部署的 YARN 队列 ]
$ ./bin/yarn-session.sh
// 提交 Flink 作业的第一种方法：将 WordCount 作业提交到 Yarn Session 集群中运行
$ ./bin/flink run -c flink.examples.datastream._02._2_5.WordCountExamples
    ./flink-examples-0.1.jar
```

```
// 提交 Flink 作业的第二种方法：通过指定 YARN Session 集群的应用 id 来将 WordCount 作业提交到
// 对应的 YARN Session 集群中
$ ./bin/flink run -t yarn-session \
  -Dyarn.application.id=application_XXXX_YY \
  -c flink.examples.datastream._02._2_5.WordCountExamples ./flink-examples-0.1.jar
```

6. 以 Per-Job 模式提交 Flink 作业

以 Per-Job 模式提交的 Flink 作业只支持部署在 YARN 集群中，Per-Job 模式无须先启动 YARN Session 集群。我们可以通过代码清单 3-10 中的命令以 Per-Job 模式向 YARN 集群提交 WordCount 作业。

代码清单 3-10　以 Per-Job 模式提交 Flink 作业到 YARN 集群

```
// 以 Per-Job 模式提交一个 Flink 作业到 YARN 集群
$ ./bin/flink run -t yarn-per-job --detached -c flink.examples.datastream._02.
    _2_5.WordCountExamples ./flink-examples-0.1.jar
// 查看 application_XXXX_YY 对应的 Flink Per-Job 作业，application_XXXX_YY 是 YARN 集群给
// Flink Per-Job 作业分配的应用 id
$ ./bin/flink list -t yarn-per-job -Dyarn.application.id=application_XXXX_YY
// 通过指定应用 id 和 <jobId> 取消 Flink 作业，注意，作业一旦停止，该作业所使用的资源会释放给
// YARN 集群，<jobId> 是 Flink 自己生成的作业 id，在 Flink Web UI 中可以查看 Flink 作业对应的 jobId
$ ./bin/flink cancel -t yarn-per-job -Dyarn.application.id=application_XXXX_YY <jobId>
```

7. 以 Application 模式提交 Flink 作业

Application 模式和 Per-Job 模式类似，部署 Flink 作业的过程和命令也类似，如代码清单 3-11 所示。

代码清单 3-11　以 Application 模式提交 Flink 作业到 YARN 集群

```
// 以 Application 模式提交一个 Flink 作业到 YARN 集群
$ ./bin/flink run-application -t yarn-application -c flink.examples.datastream.
    _02._2_5.WordCountExamples ./flink-examples-0.1.jar
// Application 模式下，Client 提交 Flink 作业到集群时，会上传 Flink 作业的 JAR 包，为了减少
// Client 的网络带宽消耗，我们可以将 Flink 作业的 JAR 包以及 flink lib 目录放在 HDFS 上，
// 这样集群中的 JobManager 会直接从 HDFS 下载 JAR 包，无须占用 Client 的网络带宽
$ ./bin/flink run-application -t yarn-application \
  -Dyarn.provided.lib.dirs="hdfs://myhdfs/my-remote-flink-dist-dir" \
  hdfs://myhdfs/jars/my-application.jar
// 列举该 YARN ApplicationId 对应的 Flink 作业
$ ./bin/flink list -t yarn-application -Dyarn.application.id=application_XXXX_YY
// 停止该 YARN ApplicationId 对应的 Flink 作业
$ ./bin/flink cancel -t yarn-application -Dyarn.application.id=application_
    XXXX_YY <jobId>
```

3.5　开发 Flink 作业时涉及的核心概念

经过前面的学习，我们已经可以利用 Flink 提供的 3 种作业部署模式结合生产环境中常用的 2 种资源提供框架运行 Flink 作业了。

　　本节我们从日常开发一个 Flink 作业的场景入手，介绍使用 Flink 时经常会接触的组件以及概念。为了便于理解，我们以一个 Flink 作业为例。案例如代码清单 3-12 所示，为了方便测试和说明，我们将 WordCount 作业的数据源从 Socket 替换成一个自定义数据源，这个自定义数据源每秒会自动输出一行英文来作为这个 Flink 作业的输入。

代码清单 3-12　以自定义数据源作为 WordCount 作业的输入

```java
public class WordCountExamples {
    public static void main(String[] args) throws Exception {
        StreamExecutionEnvironment env = StreamExecutionEnvironment
                .getExecutionEnvironment();
        env.setParallelism(1);
        // 从自定义数据源中读取数据
        DataStream<String> source = env.addSource(new UserDefinedSource());
        DataStream<Tuple2<String, Integer>> singleWordDataStream = source
                .flatMap(new FlatMapFunction<String, Tuple2<String, Integer>>() {
                    @Override
                    public void flatMap(String line, Collector<Tuple2<String,
                        Integer>> out) throws Exception {
                        Arrays.stream(line.split(" "))
                                .forEach(singleWord
                                    -> out.collect(Tuple2.of(singleWord, 1)));
                    }
                });
        DataStream<Tuple2<String, Integer>> wordCountDataStream = singleWordDataStream
                .keyBy(v -> v.f0)
                .sum(1);
        DataStreamSink<Tuple2<String, Integer>> sink = wordCountDataStream.print();
        env.execute();
    }
    // 自定义数据源
    private static class UserDefinedSource implements ParallelSourceFunction<String> {
        private volatile boolean isCancel = false;
        @Override
        public void run(SourceContext<String> ctx) throws Exception {
            int i = 0;
            while (!this.isCancel) {
                i++;
                // 每秒输出一条数据
                ctx.collect("I am a flinker " + i);
                Thread.sleep(1000);
            }
        }
        @Override
        public void cancel() {
            this.isCancel = true;
        }
    }
}
```

3.5.1 Function

Function（函数）是 Flink 提供给用户编写自定义数据处理函数的顶层接口，在 DataStream API 中，我们可以使用 Flink 提供的各种 Function 去实现数据处理逻辑，以代码清单 3-12 为例，其中涉及 5 种 Function。

❑ SourceFunction：每秒生成一句英文作为 Flink 作业的数据源。

❑ FlatMapFunction：用于处理从数据源获取的英文语句，将英文语句转换为单词。

❑ KeySelector：用于将单词分组。

❑ AggregationFunction：用于计算每一个单词的词频。sum(1) 方法的底层实现逻辑中封装了一个 AggregationFunction。

❑ SinkFunction：用于将结果数据打印到控制台。print() 方法的底层封装了一个 SinkFunction。

如图 3-13 所示，WordCount 作业中的 SourceFunction、FlatMapFunction、KeySelector、AggregationFunction、SinkFunction 都继承自 Flink 的 Function 接口。除了这 5 种操作对应的 Function 外，Flink 提供的其他数据处理操作的自定义函数也都继承自 Function 接口，此处就不一一列举了。总之，我们日常开发 Flink 作业就是基于 Flink 提供的各种函数来处理数据。

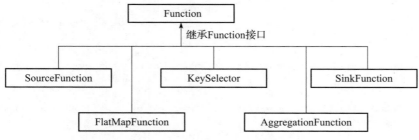

图 3-13　Function 接口的继承关系

我们把代码清单 3-12 中定义的数据处理逻辑按照数据在 Function 中流转的链路串联起来，就得到了图 3-14 所示的逻辑数据流图。读者看到这个逻辑数据流图的时候应该会感到似曾相识，没错，这个逻辑数据流图就是 Flink Web UI 中 Flink 作业的数据流图。

 提示　读者在日常开发 Flink 作业的过程中可以将 Flink 作业在脑海中自动转化成逻辑数据流图，这个过程可以帮助我们快速理解 Flink 作业运行时的数据流转过程，并评估数据处理逻辑的合理性。

3.5.2 Operator

Flink 底层通过 Operator（算子）对 Function 做了一层封装。一般情况下我们在编写 Flink 作业时，是和 Function 打交道，不会直接接触 Operator。Operator 是 Flink 作业中的 SubTask 在运行时的组件，封装了 SubTask 在运行时涉及的数据解析、处理、网络传输等处理流程，只把数据处理逻辑这种简单的工作通过 Function 的形式提供给了用户。Flink 作业中的 SubTask 在运行时会通过 Operator 调用 Function 执行用户自定义的数据处理逻辑。

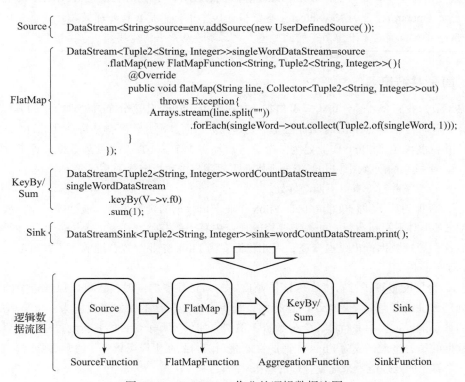

图 3-14　WordCount 作业的逻辑数据流图

我们依然以代码清单 3-12 为例。如图 3-15 所示，当我们在本地运行 WordCount 作业时，Client 解析程序代码后，会将 UserDefinedSource 包装进名为 StreamSource 的 Operator 中，UserDefinedSource 是我们定义的每秒生成一句英文的数据源，它实现了 SourceFunction 接口。类似地，用于将英文语句转换为单词的匿名内部类 FlatMapFunction 也会被包装进名为 StreamFlatMap 的 Operator 中。此外，KeyBy/Sum、Sink 操作也都有对应的 Operator，此处不再赘述。

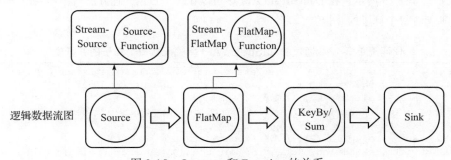

图 3-15　Operator 和 Function 的关系

> 🔵**注意** 不是 Flink 提供的所有 Function 都有一个对应的 Operator，原因在于 Operator 代表的是数据处理操作。举例来说，WordCount 作业中 keyBy(v –> v.f0) 方法的 KeySelector 就没有对应的 Operator，因为 KeySelector 是数据分区操作而不是数据处理操作，数据分区操作只用于指定数据在上下游算子间的传输方式，不涉及数据的处理。

3.5.3 算子并行度

在 3.1 节，我们介绍了分布式应用和非分布式应用，Flink 作为分布式处理应用的典型特点就是每个算子同时存在多个 SubTask（子任务）处理数据，而算子并行度就是每个算子的 SubTask 个数，算子并行度决定了 Flink 作业要为某个算子启动多少个 SubTask 来处理数据。算子并行度在 Flink 中是一个核心的配置项，Flink 流处理作业需要用户主动指定算子并行度。

合理配置算子并行度有以下两个好处。

第一，合理的算子并行度能够保证 Flink 作业产出数据的延迟很低。流处理作业一般要求低延迟，7×24 小时不间断运行。如果需要修改作业中算子的并行度，就需要中断作业并重新启动作业，而这会导致数据产出延迟变高，因此我们要为 Flink 作业配置合理的算子并行度，不能随意更改算子并行度。

第二，合理配置算子并行度在保证作业良好的运行性能的同时，还可以保证资源的高效利用。流处理作业通常都是 7×24 小时运行的，资源占用是长期的，如果我们为一个简单的 Flink 作业中的算子配置过大的并行度，会导致资源浪费。如果为算子配置的并行度过小，又会导致算子处理数据的压力过大，成为 Flink 作业的性能瓶颈。因此在生产场景中，通常需要结合 Flink 作业中每一个算子的处理能力来配置合理的算子并行度。

在明确了合理配置算子并行度的重要性之后，我们接下来学习 Flink 算子并行度的配置方式以及生产环境中配置算子并行度的建议。

1. 配置方法

Flink 算子并行度有以下 4 种配置方法，这 4 种配置方法在 Flink 作业中生效的优先级依次降低。

方法 1：通过 DataStream API 单独配置每个算子的并行度。

如代码清单 3-13 所示，在 DataStream API 中可以在每个数据处理方法后调用 setParallelism(n) 方法去单独配置每个算子的并行度。

代码清单 3-13　通过 DataStream API 单独配置每个算子的并行度

```
StreamExecutionEnvironment env = StreamExecutionEnvironment.getExecutionEnvironment();
DataStream<String> source = env.addSource(new UserDefinedSource())
        .setParallelism(2); // 配置 StreamSource 算子的并行度
DataStream<Tuple2<String, Integer>> singleWordDataStream = source
        .flatMap(...)
        .setParallelism(2); // 配置 StreamFlatMap 算子的并行度
DataStream<Tuple2<String, Integer>> wordCountDataStream = singleWordDataStream
        .keyBy(v -> v.f0)
```

```
        .sum(1)
        .setParallelism(2); // 配置 SumAggregator 算子的并行度
DataStreamSink<Tuple2<String, Integer>> sink = wordCountDataStream
        .print()
        .setParallelism(1); // 配置 StreamSink 算子的并行度
```

配置算子并行度之后，我们就可以将逻辑数据流图根据算子的并行度转换为并行数据流图了，如图 3-16 所示。

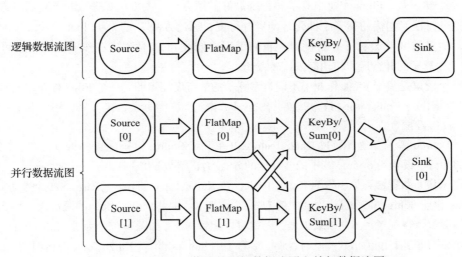

图 3-16　WordCount 作业的逻辑数据流图和并行数据流图

方法 2：通过上下文环境配置所有算子的并行度。

如代码清单 3-14 所示，可以通过 StreamExecutionEnvironment.setParallelism(n) 方法来配置所有算子的并行度。举例来说，当入参 n 为 3 时，除了通过方法 1 中单独配置并行度的算子，剩余算子的并行度都为 3。

代码清单 3-14　通过上下文环境配置所有算子的并行度

```
StreamExecutionEnvironment env = StreamExecutionEnvironment.getExecutionEnvironment();
env.setParallelism(3);
```

方法 3：通过提交 Flink 作业的命令行参数配置算子并行度。

如代码清单 3-15 所示，在使用命令行提交 Flink 作业时，可以使用 -p 参数来指定当前作业中所有算子的并行度。

代码清单 3-15　通过提交 Flink 作业的命令行参数配置算子并行度

```
$ ./bin/flink run -p 2 -c flink.examples.datastream.FraudDetectionJob
./flink-examples-0.1.jar
```

方法 4：通过 flink-conf.xml 配置文件配置算子并行度。

如代码清单 3-16 所示，在集群配置文件 flink-conf.xml 中配置算子的并行度，该配置对于使用了这个 flink-conf.xml 文件的 Flink 作业都生效。

代码清单 3-16　通过 flink-conf.xml 配置文件配置算子并行度

```
parallelism.default: 10
```

2. 配置建议

第一个建议是，Flink 作业中算子并行度最好使用方法 1 或方法 3 进行配置。通过方法 1 可以为需要进行性能调优的算子个性化地配置并行度，通过方法 3 可以为 Flink 作业统一配置算子并行度，而且需要修改算子并行度时，我们不需要修改 Flink 代码，在作业提交时就可以修改 Flink 作业中算子的并行度，使用起来比较方便。

第二个建议是关于 Flink 作业中不同类型算子的并行度配置的。一个 Flink 作业中通常会包含 Source（数据源）、Transform（数据转换）、Sink（数据汇）三类算子，接下来分别说明每种类型算子的并行度推荐配置方式。

（1）Source 算子　建议通过 DataStream API 单独给 Source 算子配置并行度，并且数据源存储引擎的并行度设置为 Source 算子的并行度的 n（n 为正整数）倍。

举例来说，数据源存储引擎为 Kafka Topic，该 Kafka Topic 的分区（Partition）个数为 6，那么建议 Flink 作业 Source 算子的并行度配置为 6、3 或者 2。如果 Kafka Topic 的流量大，那么 Source 算子并行度就可以配置为 6，如果流量小，就可以配置为 2。如图 3-17 所示是 Kafka Topic 的分区数和 Source 算子并行度为倍数关系时，Source 算子中 SubTask 消费 Kafka Topic 分区时的对应关系。

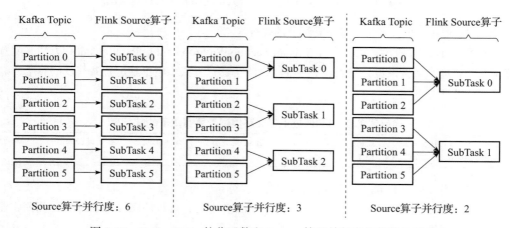

图 3-17　Kafka Topic 的分区数和 Source 算子并行度为倍数关系

为什么建议数据源存储引擎的并行度为 Source 算子并行度的 n 倍呢？

下面举两个非倍数关系的案例进行说明。如图 3-18 中左图所示，如果 Kafka Topic 的分区为 6 个，Flink Source 算子并行度为 7，那么 Source 算子的 SubTask 个数和分区不是一对一的，Source 算子中的 SubTask 6 会获取不到数据，从而造成资源浪费。此外，如果 Flink 作业中使用了事件时间语义的时间窗口算子，当我们在 Source 算子中分配 Watermark 时，就会因为 SubTask 6 获取不到数据而无法产生 Watermark，时间窗口算子的 Watermark 就无法正常推进，时间窗口计算就无法正常进行，关于时间窗口的计算我们将在第 5 章学习。

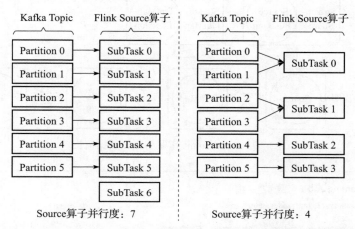

图 3-18　Kafka Topic 的分区数和 Source 算子并行度不为倍数关系

　　如图 3-18 中右图所示，如果 Source 算子的并行度为 4，则每个 SubTask 消费的 Kafka Topic 分区个数不是均匀的，这也会导致数据倾斜的问题。

　　（2）Transform 算子　Transform 算子的并行度在一般情况下很少单独配置，建议直接通过提交 Flink 作业的命令行参数配置算子并行度。

　　（3）Sink 算子　Sink 算子的并行度建议通过提交 Flink 作业的命令行参数进行配置。同时建议 Sink 算子的并行度和数据汇存储引擎的分区个数保持倍数关系，虽然即使不是倍数关系，在大多数情况下也不会遇到什么问题，但是一旦写出的数据存在严重的数据倾斜，就会导致下游的数据处理任务出现性能瓶颈。

　　第三个建议是针对 Flink 作业正式上线前的压力测试的。在 Flink 作业正式上线前，我们应该按照数据源的峰值流量对 Flink 作业进行充分的压力测试，提前筛查 Flink 作业中可能出现性能瓶颈的算子，并留有一定的资源余量。

　　第四个建议是，注意 Flink 算子并行度是否会受 Function 的限制，这种限制常常出现在 SourceFunction 中。比如，在实现自定义数据源函数时，如果我们实现的是 SourceFunction 接口（不支持多并行度的数据源）而非 ParallelSourceFunction 接口（支持多并行度的数据源），那么 Source 算子的并行度只能为 1。

　　第五个建议是，算子并行度不能超过算子最大并行度，否则 Flink 作业会直接报错。算子最大并行度将在 3.5.7 节进行介绍。

3.5.4　Operator Chain

　　在介绍 Operator Chain（算子链）之前，我们先运行代码清单 3-13 中的 WordCount 作业，然后分析这个 Flink 作业对应的逻辑数据流图以及 Flink Web UI 中的逻辑数据流图。图 3-19 是 WordCount 作业的逻辑数据流图，图 3-20 是 Flink Web UI 中的逻辑数据流图。

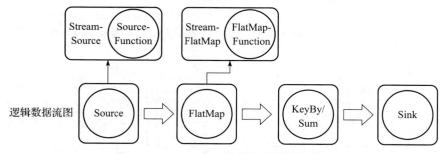

图 3-19　WordCount 作业的逻辑数据流图

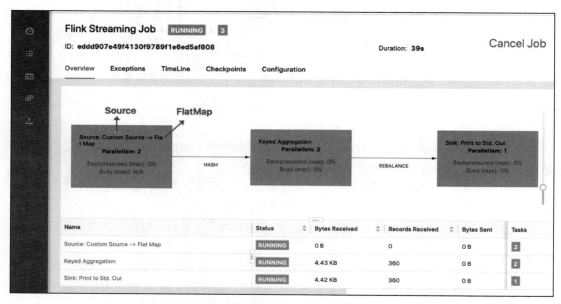

图 3-20　Flink Web UI 中的逻辑数据流图

图 3-19 中逻辑数据流图的 Source 和 FlatMap 算子是分隔开的，而图 3-20 中 Flink 作业实际运行时的 Source 和 FlatMap 算子是串联在一起的，这个串联被称作算子链。算子链由两个或多个连续的算子组成，同一算子链内的算子会在一个 SubTask 内执行，上下游算子之间会直接传递数据，不会经过网络数据传输，这种直接传递数据的方式可以减少线程间切换、缓冲的开销，增加数据处理的吞吐。

如图 3-21 所示，上半部分是代码清单 3-13 的 WordCount 作业没有组成算子链时的逻辑数据流图，下半部分是组成算子链后的逻辑数据流图。

为什么 FlatMap 和 KeyBy/Sum 算子之间没有形成算子链呢？

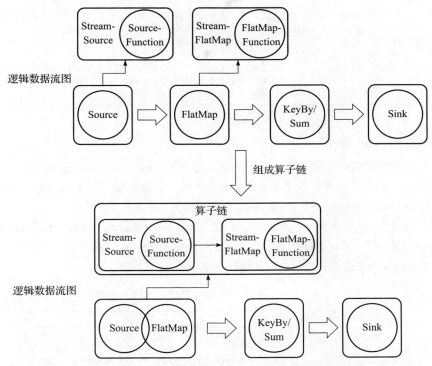

图 3-21　WordCount 作业组成算子链前后逻辑数据流图的对比

因为算子链的形成是有条件的，条件是上下游算子的并行度必须相同，并且上下游算子之间的数据传输策略必须是 Forward（Forward 数据传输策略代表上下游算子之间的 SubTask 是一对一的，Flink 算子间的数据传输策略会在 4.7 节讲解）。而 FlatMap 算子和 KeyBy/Sum 算子虽然算子并行度相同，但是两个算子间的数据传输策略并不是 Forward 而是 KeyGroup，KeyGroup 策略是一对多的，也就是 FlatMap 算子的一个 SubTask 会将数据发送给 KeyBy/Sum 算子的所有 SubTask，因此 FlatMap 和 KeyBy/Sum 算子之间无法形成算子链。

鉴于算子链带来的性能优势，Flink 默认会将满足构成算子链条件的多个算子组成一个算子链。在生产环境中，我们经常会发现 Source、Map、FlatMap、Filter 等算子串联成算子链。

虽然算子链在性能上具有一定的优势，但有时也会给我们排查算子性能问题带来一定的阻碍。举例来说，我们的 Flink 作业中包含一个逻辑数据流为 Source → Map → Filter → FlatMap 的算子链，并且确定了这个算子链在运行时是存在性能问题的，由于这 4 个算子串联在了一起，并且算子链是由一个线程运行的，所以我们无法定位具体是哪一个算子存在性能问题。为了解决这个问题，Flink 提供了断开算子链的两种方法，如代码清单 3-17 所示。

代码清单 3-17　断开算子链的两种方法

```
DataStream<String> source = env.addSource(new UserDefinedSource())
    .setParallelism(2)
```

```
      .disableChaining(); // 方法 1：使用 disableChaining() 方法可以保证当前算子和
                          // 上游、下游算子都不会串联为算子链
DataStream<String> source = env.addSource(new UserDefinedSource())
      .setParallelism(2)
      .startNewChain(); // 方法 2：使用 startNewChain() 方法可以保证当前算子和上游
                        // 算子不会串联为算子链，如果下游算子满足算子链的串联条件，
                        // 当前算子会和下游算子组成算子链
```

3.5.5 Task 和 SubTask

Task 是 Flink 作业的基本工作单元。一个 Task 包含一个 Operator 或者算子链的所有并行 SubTask。SubTask 是 Task 并行的子任务，每个 SubTask 负责处理一部分数据。一个 SubTask 运行在一个线程中，每个 SubTask 中运行着一个 Operator 或者算子链的一个实例。

我们以 WordCount 作业为例，其逻辑数据流为 Source → FlatMap → KeyBy/Sum → Sink，前 3 个算子的并行度为 2，Sink 算子的并行度为 1。那么将 Function、Operator、算子并行度、算子链、Task、SubTask 的概念合并之后，就可以得到图 3-22。

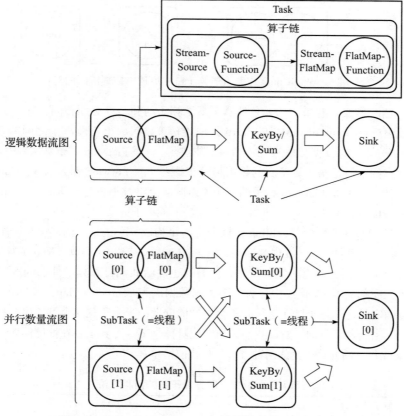

图 3-22 Function、Operator、算子链、Task、SubTask

3.5.6　Task Slot 和共享 Task Slot

通过 3.5.1 ～ 3.5.5 节的介绍，我们了解了 Flink 作业如何从用户自定义函数变为逻辑数据流图，再经过添加算子并行度，变为并行数据流图，最终成为可以并行执行的 SubTask。那么 SubTask 在 TaskManager 上是如何分配以及执行的呢？这就和本小节介绍的 Task Slot 密不可分了。

1. Task Slot

Flink 的每一个 TaskManager 都是一个独立的 JVM 进程，为了控制 TaskManager 可以同时运行的 SubTask 个数，诞生了 Task Slot 的概念。Task Slot 是 Flink 控制作业运行资源的最小粒度，一个 TaskManager 中可以有多个 Task Slot，每个 Task Slot 都占用了 TaskManager 中固定大小的资源量。如图 3-23 所示，WordCount 作业的 SubTask 在 TaskManager 的 Task Slot 中运行。

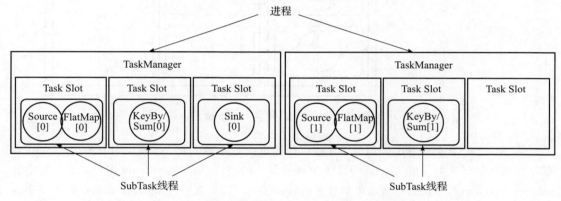

图 3-23　WordCount 作业的 SubTask 在 TaskManager 的 Task Slot 中运行

当一个 TaskManager 有 3 个 Task Slot 时，TaskManager 会将托管内存平分给每一个 Task Slot，Task Slot 所使用的托管内存之间是相互隔离的，这样可以保证同一个 TaskManager 上运行的多个 SubTask 之间不会竞争托管内存资源。需要注意的是，CPU 资源是不隔离的，多个 SubTask 之间依然会竞争 CPU 资源，而当一个 SubTask 将 CPU 资源用得比较满时，剩余的 SubTask 可能会由于 CPU 资源不足而产生性能问题。

2. 共享 Task Slot

默认情况下，Flink 允许同一个作业中不同 Task 的 SubTask 共享同一个 Task Slot。以 WordCount 为例，图 3-23 所示是没有共享 Task Slot 的 WordCount 作业运行的状态，那么在其他条件不变的情况下，共享 Task Slot 之后，WordCount 作业的运行状态会变为图 3-24。

对比图 3-23 和图 3-24，可以发现共享 Task Slot 有以下优点。

第一，在共享 Task Slot 的情况下，可以减少 Flink 作业使用的 Task Slot 个数，并且 Flink 作业使用的 Task Slot 个数就等于作业中算子并行度的最大值。如图 3-23 所示，没有共享 Task Slot 的 WordCount 作业在执行时需要 5 个 Task Slot、2 个 TaskManager；共享 Task Slot 之后，如图 3-24 所示，WordCount 作业只需要 2 个 Task Slot 和 1 个 TaskManager。

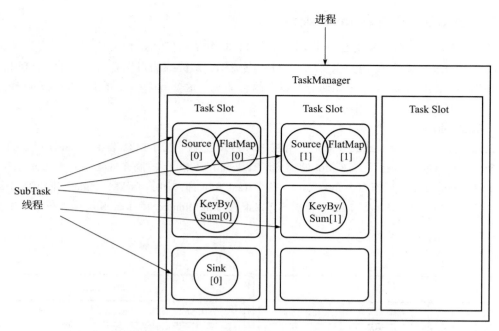

图 3-24　WordCount 作业以共享 Task Slot 的方式运行

第二，在共享 Task Slot 的情况下，可以提高资源利用率。生产环境中的大多数 Flink 作业都存在某些算子消耗资源多、某些算子消耗资源少的情况。以 WordCount 作业为例，其中的 Source、FlatMap 算子都是进行简单的数据读取和转换，这类算子的 SubTask 在运行时对于 Task Slot 资源的利用率通常较低，而 KeyBy/Sum 这类聚合算子要存储状态等数据，通常资源利用率较高。当没有共享 Task Slot 时，不同 Task Slot 的资源利用率差异很大，容易出现资源浪费的情况。而共享 Task Slot 之后，就可以在一个 Task Slot 中同时运行 Source、FlatMap、KeyBy/Sum 和 Sink 算子的 SubTask，这样一个 Task Slot 中既有资源利用率高的算子的 SubTask，也有资源利用率低的算子的 SubTask，不同的 Task Slot 之间的资源利用率差异就会变小，不容易出现资源浪费。此外，由于共享了 Task Slot，上下游的多个算子会在同一个 Task Slot 中运行，那么相比不共享 Task Slot 来说，可以有效减少网络数据传输量，从而减少资源消耗。

3.5.7　算子最大并行度

本节介绍 Flink 作业中的核心配置——算子最大并行度。很多开发人员在刚接触 Flink 时，会搞混算子并行度和算子最大并行度，实际上这两个参数完全不同，应用场景也不同。

算子最大并行度代表了一个算子能配置的并行度的最大值，因此算子并行度≤算子最大并行度。算子最大并行度主要用于键值状态的构建和恢复，关于键值状态的概念我们会在第 6 章学习。接下来，我们来学习 Flink 算子最大并行度的配置方法以及生产环境中配置最大并行度时的建议。

1. 配置方法

Flink 算子最大并行度有以下两种配置方法，这两种配置方法在 Flink 作业中生效的优先级依次降低。

方法 1：通过 DataStream API 单独配置每个算子的最大并行度。

如代码清单 3-18 所示，在 DataStream API 中可以调用 setMaxParallelism(n) 方法单独配置每个算子的最大并行度。

代码清单 3-18　通过 DataStream API 单独配置每个算子的最大并行度

```
DataStream<String> source = env.addSource(new UserDefinedSource())
        .setParallelism(2)      // 配置 StreamSource 算子的并行度
        .setMaxParallelism(2);  // 配置 StreamSource 算子的最大并行度
DataStream<Tuple2<String, Integer>> singleWordDataStream = source
        .flatMap(...)
        .setParallelism(2)      // 配置 StreamFlatMap 算子的并行度
        .setMaxParallelism(2);  // 配置 StreamFlatMap 算子的最大并行度
```

方法 2：通过上下文环境配置所有算子的最大并行度。

如代码清单 3-19 所示，可以通过 StreamExecutionEnvironment.setMaxParallelism(n) 方法来配置所有算子的最大并行度。举例来说，当入参 n 为 3 时，除了通过方法 1 单独配置最大并行度的算子，剩余算子的最大并行度都为 3。

代码清单 3-19　通过上下文环境配置所有算子的最大并行度

```
StreamExecutionEnvironment env = StreamExecutionEnvironment.getExecutionEnvironment();
env.setParallelism(3);
env.setMaxParallelism(10);
```

如果我们没有按照方法 1 或者方法 2 配置算子的最大并行度，默认情况下，Flink 会给每一个算子自动计算出一个最大并行度，计算步骤如下。

第一步，计算 n= 算子并行度 +(算子并行度 /2)。

第二步，计算 m=n 四舍五入后大于 n 的一个整数值，并且要求 m 是 2 的幂次方。举例来说，当 n 为 300 时，m 的取值为 512。

第三步，当 m ≤ 128 时，取 128 作为算子的最大并行度；当 128<m ≤ 32 768 时，则取 m 作为算子的最大并行度。注意，m 不能超过 32 768。

2. 配置建议

第一，建议要由用户自己来配置，不能让 Flink 作业默认生成算子的最大并行度。原因是如果没有由用户指定算子的最大并行度，后续一旦用户调整了算子的并行度，Flink 会按照算子并行度重新计算一个最大并行度，而如果最大并行度发生变化，就有可能导致 Flink 流处理作业无法从之前的快照恢复，从而导致流处理作业产出错误的结果。

第二，算子最大并行度和算子并行度保持倍数关系。当我们的 Flink 作业中有键值状态时，倍数关系可以保证每一个 SubTask 中分配的 KeyGroup 个数是相同的。

第三，不建议算子最大并行度配置得特别大，这会加剧数据倾斜。同时，由于算子最大并行度就是 KeyGroup 个数，所以算子最大并行度太大时，Flink 作业从快照恢复时键值状态的恢复压力也会比较大。

与算子最大并行度息息相关的键值状态和 KeyGroup 的概念将在第 6 章学习。

3.6 Flink Web UI

现在，我们已经熟悉了一个 Flink 作业从开发完成到部署上线的整个流程中涉及的组件和核心概念。将一个 Flink 流处理作业部署上线仅仅是开始，流处理作业通常是 7×24 小时运行的，对于 Flink 作业的长期运维也是一项重要的工作。同时，随着 Flink 作业数量的增加，运维工作也会变得越来越繁重。为了缓解用户运维 Flink 作业的压力，Flink 提供了一个监控利器——Flink Web UI。

在生产环境中，Flink Web UI 是非常常用的工具，用户查看 Flink 作业运行状态以及作业运行时的指标信息都要依赖 Flink Web UI。在集群环境中，Flink Web UI 默认是自动开启的，而在本地 IntelliJ IDEA 中调试 Flink 作业时，Flink Web UI 默认是关闭的，我们可以通过以下两个步骤开启 Flink Web UI。

第一步，如代码清单 3-20 所示，在 pom.xml 中引入 Flink Web UI 的依赖。

代码清单 3-20　Flink Web UI 的 Maven 依赖

```
<dependency>
    <groupId>org.apache.flink</groupId>
    <artifactId>flink-runtime-web_2.11</artifactId>
    <version>1.14.4</version>
</dependency>
```

第二步，如代码清单 3-21 所示，使用带有 Flink Web UI 的上下文环境。

代码清单 3-21　使用带有 Flink Web UI 的上下文环境

```
StreamExecutionEnvironment envWithWebUI = StreamExecutionEnvironment.
    createLocalEnvironmentWithWebUI(ParameterTool.fromArgs(args).getConfiguration());
```

按照以上两步配置完成后，我们在 IntelliJ IDEA 中运行 Flink 作业时，会自动创建一个 Flink Web UI，可以通过 http://localhost:8081/ 来访问这个 Flink 作业的 Flink Web UI。

图 3-25 所示是 Flink Web UI 的界面，其中包含概览（Overview）、正在运行的 Flink 作业（Running Jobs）、运行完成的 Flink 作业（Completed Jobs）、TaskManagers、JobManager 等内容。接下来介绍一下 Flink Web UI 中常用的模块。

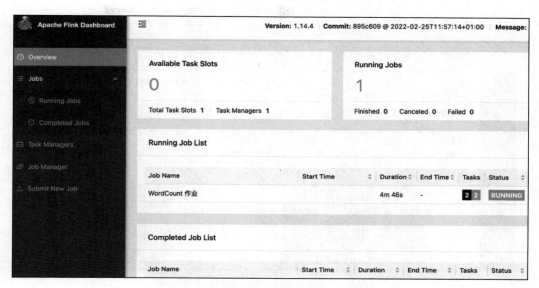

图 3-25　Flink Web UI 主页

3.6.1　概览模块

如图 3-26 所示，打开 Flink Web UI 后映入眼帘的就是 Overview，也就是概览模块。

图 3-26　Flink Web UI 中的概览模块

概览模块中包含了 5 个重要的信息：总 TaskManager 个数、总 Task Slot 个数、可用的 Task Slot 个数、运行中的 Flink 作业列表、运行完成的 Flink 作业列表。除此之外，还有运行中的作业个数等信息。

3.6.2 Flink 作业详情

当我们点击 Running Jobs 中的 Flink 作业时，就进入了 Flink 作业详情页面，如图 3-27 所示。

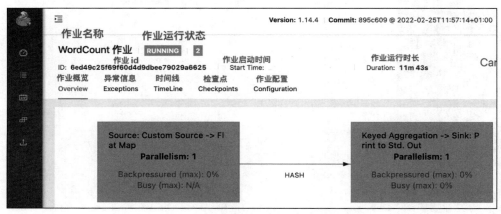

图 3-27　Flink Web UI 中的 Flink 作业详情

Flink 作业详情页面包含了 Flink 作业在生产环境中的所有常用的信息，包括作业名称、作业运行状态、作业 id、作业启动时间、作业运行时长、作业概览、异常信息、时间线、检查点、作业配置等模块。

1. 作业概览模块

作业概览模块分为上下两部分，上半部分是逻辑数据流图，下半部分是算子概览。

（1）逻辑数据流图　逻辑数据流图中包含了 Flink 作业中所有算子的名称、并行度等有效信息，如图 3-28 所示。通过逻辑数据流图，我们可以快速判断 Flink 作业是否在按照预期的数据处理逻辑运行。

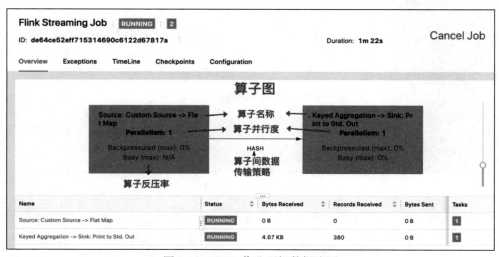

图 3-28　Flink 作业逻辑数据流图

（2）算子概览　算子概览展示了 Flink 作业所有算子的核心信息。如图 3-29 所示，逻辑数据流图的下方就是算子概览，其中包括算子的运行状态、输入 / 输出字节数、输入 / 输出条目数等算子运行时的核心指标。通过这些信息可以快速判断算子的运行状态以及算子之间的数据传输过程是否符合预期。举例来说，如果 Flink 作业中包含了一个 Filter 算子，并且我们预估有 70% 的数据会被过滤，那么用 Filter 算子的输出条目数除以输入条目数就可以判断数据过滤的比例是否符合预期。

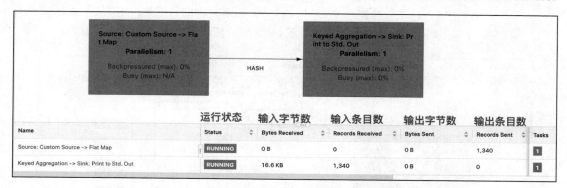

图 3-29　Flink 作业算子概览

值得一提的是，当我们点击逻辑数据流图或者算子概览中的算子时，Flink Web UI 会弹出该算子的更加详细的指标，如图 3-30 所示，其中包含了算子详情（Detail）、SubTasks、TaskManagers、水位线（Watermarks）、累加器（Accumulators）、反压详情（BackPressure）、算子指标（Metrics）、算子火焰图（FlameGraph）共 8 个子模块。

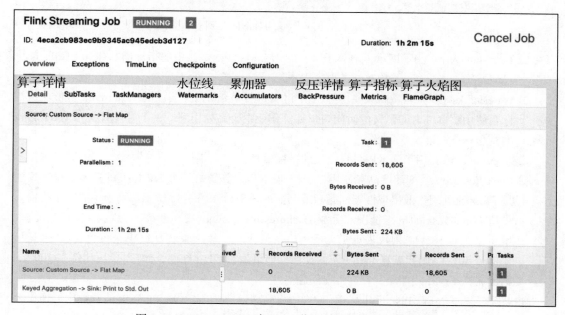

图 3-30　Flink Web UI 中 Flink 作业单个算子的详细指标

❑ Detail：用于展示每个算子的详情，该页面展示的数据内容如图 3-30 所示，其中包含的信息和图 3-29 下半部分的算子概览中的指标信息一致。

❑ SubTasks（生产环境高频使用）：用于展示当前算子所有的 SubTask，如图 3-31 所示。当我们将 WordCount 作业算子的并行度设置为 8 时，列表中会展示 8 个 SubTask。该页面可以帮助我们判断算子是否存在数据倾斜的问题，判断方法是观察图中 Records Received（SubTask 的输入数据条目数）列，对比每个 SubTask 处理的数据量，如果差异很大则说明存在数据倾斜问题。该方法也是判断算子是否存在数据倾斜的最简单易用的方法。

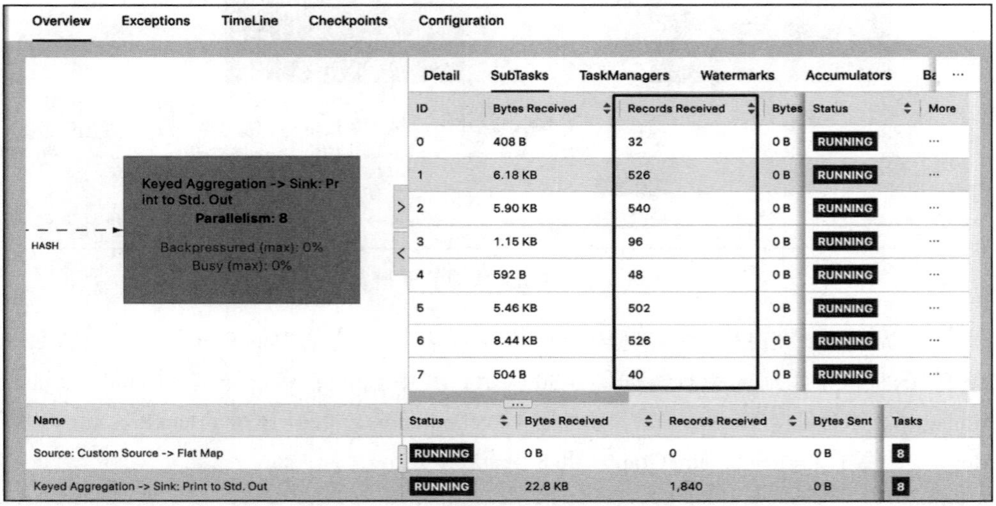

Overview	Exceptions	TimeLine	Checkpoints	Configuration			

Detail	SubTasks	TaskManagers	Watermarks	Accumulators	Ba ···
ID	Bytes Received	Records Received	Bytes	Status	More
0	408 B	32	0 B	RUNNING	···
1	6.18 KB	526	0 B	RUNNING	···
2	5.90 KB	540	0 B	RUNNING	···
3	1.15 KB	96	0 B	RUNNING	···
4	592 B	48	0 B	RUNNING	···
5	5.46 KB	502	0 B	RUNNING	···
6	8.44 KB	526	0 B	RUNNING	···
7	504 B	40	0 B	RUNNING	···

Name	Status	Bytes Received	Records Received	Bytes Sent	Tasks
Source: Custom Source -> Flat Map	RUNNING	0 B	0	0 B	8
Keyed Aggregation -> Sink: Print to Std. Out	RUNNING	22.8 KB	1,840	0 B	8

图 3-31　Flink 作业的 SubTask 列表

❑ TaskManagers：用于展示当前算子所有的 TaskManager，其中的指标信息和 SubTasks 模块类似。

❑ Watermarks（生产环境高频使用）：用于展示每一个 SubTask 当前的 Watermark 数值。该指标在使用了事件时间语义的时间窗口计算作业中会高频用到。关于事件时间和 Watermark 的概念，将在第 5 章介绍。

❑ Accumulators：用于展示用户自定义的指标信息。

❑ BackPressure（生产环境高频使用）：用于展示当前算子每一个 SubTask 的反压情况。反压是 Flink 流处理作业出现性能问题后最明显的现象。如图 3-32 所示，列表中展示了当前算子所有 SubTask 的反压情况。如果 Backpressure Status（反压状态）为 OK（绿色，0% ≤ 反压比例 ≤ 10%），则代表算子无反压，运行状态正常；如果为 LOW（黄色，10%< 反压比例 ≤ 50%），则代表算子有一定的反压；如果为 HIGH（红色，50%< 反压比例 ≤ 100%），则代表算子反压很严重，存在性能问题。

如果发现某一个 SubTask 反压严重，代表生产数据的速率比下游 SubTask 消费数据的速率要快，也就是说由于下游算子的 SubTask 存在性能问题而导致当前算子的 SubTask 出现了反压。

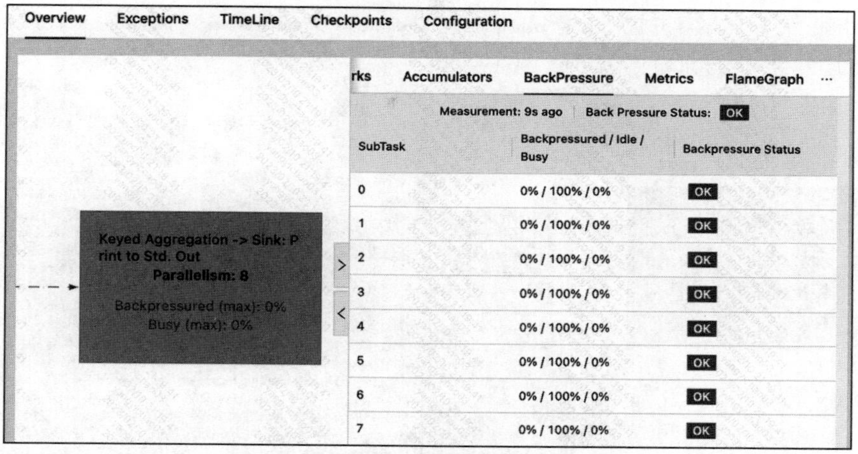

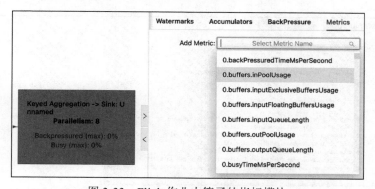

图 3-32　Flink 作业中算子的反压情况

　　我们以一个逻辑数据流为 Source → Sink 的 Flink 作业为例。如果 Source 算子的 SubTask 出现了反压的问题，那么代表 Sink 算子的 SubTask 消费数据的速率比 Source 算子生产数据的速率要慢，Sink 算子的 SubTask 正在向上游 Source 算子的 SubTask 产生反压。因此在 Flink Web UI 中出现当前算子产生反压的信息时，要怀疑下游算子是否存在性能问题。

❑ Metrics（生产环境高频使用）：用于展示当前算子的 SubTask 运行时的性能指标。如图 3-33 所示，包括 buffers.inPoolUsage（输入缓存池的使用率）、buffers.outPoolUsage（输出缓存池的使用率）等常用指标，可以协助我们定位 Flink 作业的性能问题，其中 0.buffers.inPoolUsage 代表下标为 0 的 SubTask 的输入缓存池的使用率。

图 3-33　Flink 作业中算子的指标模块

❑ FlameGraph：展示当前算子的 SubTask 执行时的函数调用栈以及每个函数占用 CPU 的时间比例。如图 3-34 所示，FlameGraph 是跟踪 SubTask 堆栈线程重复多次采样生成的。在需要精准定位算子性能问题的场景中，我们可以通过 FlameGraph 高效地定位目前哪些函数的性能消耗最大，从而进行精准优化。注意，FlameGraph 默认是不开启的，我们可以在 flink-conf.xml 中添加 rest.flamegraph.enabled:true 来开启 FlameGraph 的功能。

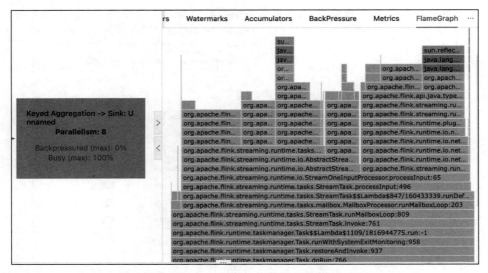

图 3-34　Flink 作业中算子的火焰图

2. 异常信息模块

异常信息（Exceptions）模块用于展示 Flink 作业发生异常时的异常信息。我们以 Socket 作为数据源的 WordCount 作业为例，假如我们在启动 Flink 作业时没有启动 Socket，那么 WordCount 作业的 Source 算子在连接 Socket 时就会抛出 Connection Refused 异常，Flink 作业就会失败，如图 3-35 所示。这时我们可以通过异常信息模块查看该 Flink 作业的异常报错信息，从而确认到底是什么异常导致 Flink 作业失败。

图 3-35　Flink 作业的异常信息模块

3. 时间线模块

时间线（TimeLine）模块用于展示 Flink 作业中每个算子的 SubTask 在调度、创建、初始化、运行等阶段的耗时，如图 3-36 所示。

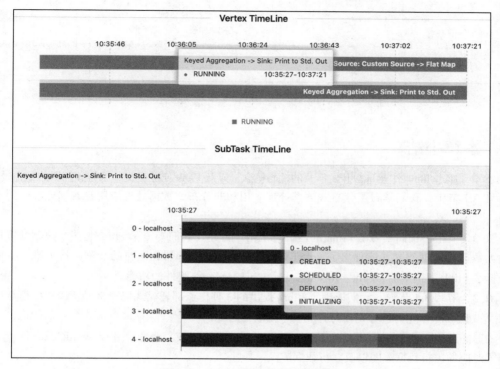

图 3-36　Flink 作业的时间线模块

由于流处理作业一般都是 7×24 小时运行的，因此时间线一般在流处理作业中较少使用，而在批处理作业中较常使用。注意，某些特殊的流处理作业在算子初始化阶段会加载外部的资源，我们也可以通过时间线来查看算子加载资源的耗时是否符合预期。

4. 检查点模块

检查点（Checkpoint）模块用于展示当前 Flink 作业的检查点执行的信息。在流处理作业中，通常会配置检查点来实现故障场景下的精确一次的数据处理。如图 3-37 所示，我们可以通过检查点模块来查看检查点的大小、时长等信息。同时，如果检查点执行超时或者执行失败，也会在界面中展示出来，我们可以在这个界面中定位具体是哪些 SubTask 执行检查点超时，然后聚焦于这部分 SubTask 来详细定位问题并且解决问题。检查点模块在生产环境中会高频用到。

5. 作业配置模块

作业配置模块（Configuration）用于展示 Flink 框架以及用户传入的配置信息。举例来说，我们在提交 Flink 流处理作业时通常会传入一些用户自定义的参数来改变算子并行度，那么我们可以通过配置模块查看参数是否生效。

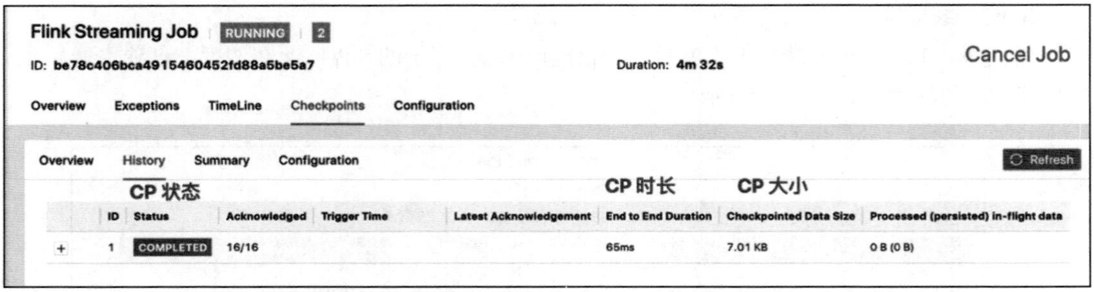

图 3-37　Flink Web UI 中 Flink 作业的检查点模块

3.7　本章小结

本章介绍了 Flink 作业日常开发涉及的核心概念，以及 Flink 作业提交、运行和部署的整个过程。

在 3.1 节中，我们学习了分布式数据处理应用和非分布式数据处理应用在数据处理时的不同之处。

在 3.2 节中，我们学习了 Flink 的运行时架构。首先，我们知道了 Flink 是一个典型的主从架构的大数据处理框架，并梳理出了一个 Flink 作业从提交、部署到运行的步骤。接下来，我们详细分析了 Flink 架构中的 Client、JobManager、TaskManager 组件的功能。

在 3.3 节和 3.4 节中，我们梳理了 Flink 提供的 3 种作业部署模式以及 2 种资源提供框架，并且以 WordCount 作业为例分别在每种场景下部署运行。

在 3.5 节中，我们学习了日常开发 Flink 作业时涉及的核心概念，并以 WordCount 作业为例绘制了对应的逻辑数据流图以及并行数据流图。

在 3.6 节中，我们学习了在运维和定位问题时可以帮助我们的事半功倍的工具 Flink Web UI。

至此，我们已经筑起 Flink 作业运行时架构的地基，接下来正式进入 DataStream API 和 SQL API 的学习吧！

第 4 章 *Chapter 4*

Flink DataStream API

DataStream API 是 Flink 提供给用户的 4 种
API 中最易用且最灵活的，如图 4-1 所示，我们
通过 DataStream API 可以使用时间、窗口、状态
等去实现各类复杂流数据的处理。

本章从第 2 章介绍的 Flink 作业的 3 个组成
部分展开，主要介绍创建 Flink 作业执行环境以
及定义数据处理逻辑两个部分，提交并触发 Flink
作业执行在 DataStream API 中是 env.execute() 的
固定写法，本章不多介绍。

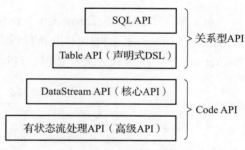

图 4-1　Flink 提供的 4 种 API

4.1　什么是 DataStream

如代码清单 4-1 所示，程序中处处可见 DataStream，整个程序就是围绕着 DataStream 展开
的，那么 DataStream 到底代表什么？

代码清单 4-1　Flink WordCount 作业

```
DataStream<String> source = env.socketTextStream("localhost", 7000);
DataStream<Tuple2<String, Integer>> singleWordDataStream = source
        .flatMap(new FlatMapFunction<String, Tuple2<String, Integer>>() {
            @Override
            public void flatMap(String line, Collector<Tuple2<String, Integer>>
                out) throws Exception {
                Arrays.stream(line.split(" "))
```

```
                .forEach(singleWord -> out.collect(Tuple2.of(singleWord, 1)));
            }
        });
DataStream<Tuple2<String, Integer>> wordCountDataStream = singleWordDataStream
    .keyBy(v -> v.f0)
    .sum(1);
DataStreamSink<Tuple2<String, Integer>> sink = wordCountDataStream.print();
```

我们在第 1 章介绍过，Flink 中任何数据的产生和传输过程都是数据流，而数据流就是 DataStream，DataStream 就是数据流。在 Flink DataStream API 中，无论数据经过怎么样的处理，只要最后的结果是一个数据流，就可以用 DataStream 来表示。

以 WordCount 作业为例，我们将 Socket 作为数据源，从 Socket 中获取数据类型为字符串的数据流，那么这个数据流就可以用 DataStream<String> 来表示。再对 DataStream<String> 通过 FlatMap 以及 KeyBy/Sum 算子进行处理得到 DataStream<Tuple2<String, Integer>>，就获得了一个数据类型为 Tuple2<String, Integer> 的数据流。

4.2 执行环境

在了解了 Flink DataStream API 中 DataStream 的含义之后，我们进入 Flink 作业第一个重要的组成部分——创建 Flink 作业执行环境。如代码清单 4-2 所示，Flink 通过 StreamExecution-Environment 提供了 4 种方法来创建执行环境。

代码清单 4-2　创建 Flink 作业执行环境

```
public static void main(String[] args) throws Exception {
    ParameterTool parameterTool = ParameterTool.fromArgs(args);
    Configuration configuration = Configuration.fromMap(parameterTool.toMap());
    // 方法 1
    StreamExecutionEnvironment env1 = StreamExecutionEnvironment
            .getExecutionEnvironment();
    // 方法 2
    StreamExecutionEnvironment env2 = StreamExecutionEnvironment
            .createLocalEnvironment();
    // 方法 3
    StreamExecutionEnvironment env3 = StreamExecutionEnvironment
            .createLocalEnvironmentWithWebUI(configuration);
    // 方法 4
    StreamExecutionEnvironment env4 = StreamExecutionEnvironment
            .createRemoteEnvironment("localhost", 8000, "path/to/xxx.jar");
}
```

1. getExecutionEnvironment() 方法

这是在生产环境中最常用的获取 Flink 执行环境的方法。当使用 getExecutionEnvironment() 方法时，Flink 会自动判断当前作业的执行环境。

举例来说，在本地的测试环境中，直接在 IntelliJ IDEA 中运行一个 Flink 作业，那么 get-

ExecutionEnvironment() 方法会返回一个本地执行环境来运行这个 Flink 作业。在集群环境中，先构建好一个 Flink 作业 JAR 包，然后使用 Flink 命令行工具提交 Flink 作业到集群中运行，getExecutionEnvironment() 方法会返回集群的执行环境。

2. createLocalEnvironment() 及 createLocalEnvironmentWithWebUI() 方法

这两种方法都是在本地测试环境中使用的，两者都会返回一个本地的执行环境，区别在于 createLocalEnvironmentWithWebUI() 方法会创建一个带有 Flink Web UI 的执行环境。在使用 createLocalEnvironmentWithWebUI() 方法时，Flink 作业启动后，我们可以访问 http://localhost:8081/ 来查看当前 Flink 作业的 Flink Web UI。

值得一提的是，如果想在本地测试环境中使用 getExecutionEnvironment() 方法启动一个带有 Flink Web UI 的本地环境，可以使用代码清单 4-3 的方式来实现。

代码清单 4-3　用 getExecutionEnvironment() 方法启动带有 Flink Web UI 的作业

```
ParameterTool parameterTool = ParameterTool.fromArgs(args);
Configuration configuration = parameterTool.getConfiguration();
// 设置 Flink Web UI 的端口号
configuration.setInteger(RestOptions.PORT, RestOptions.PORT.defaultValue());
StreamExecutionEnvironment env = StreamExecutionEnvironment.getExecutionEnvironment
    (configuration);
```

3. createRemoteEnvironment() 方法

createRemoteEnvironment() 方法是我们向集群环境提交 Flink 作业时使用的。在使用时要指定 JobManager 的主机、端口以及提交给 JobManager 要执行的 JAR 包路径。

4.3　数据源

在获取 Flink 执行环境之后，就要开始定义数据处理逻辑了，数据处理的第一步就是通过 Source 算子接收数据。本节先介绍 Flink 预置的几种从数据源存储引擎读取数据的 API，然后从下面 3 种常用的读取数据场景出发，介绍如何从外部数据存储引擎中将数据读入 Flink。

❑ 从 Socket 中读取数据到 Flink 中，常用于本地环境测试。
❑ 从 Kafka 中读取数据到 Flink 中，常用于生产环境。
❑ 从自定义 Source 中读取数据到 Flink 中，常用于需要接入自定义数据源存储引擎的场景。

4.3.1　从数据源存储引擎中读取数据的 API

Flink 提供了 StreamExecutionEnvironment.addSource(SourceFunction) 方法，用于从数据源中读取数据，入参 SourceFunction 用于定义连接数据源存储引擎以及从数据源存储引擎中读取数据的方式，addSource() 方法的返回值是 DataStreamSource，继承自 DataStream 类，说明从数据源存储引擎中读取的结果是一条数据流。此外，SourceFunction 也称作 Source Connector，顾名思义，Connector 用于连接外部数据存储引擎。在 Flink 中，连接外部数据存储引擎的模块统一称作 Connector。

值得一提的是，Flink 为了减少用户开发 SourceFunction 的成本，预置了许多 SourceFunction，包括 Kafka、Pulsar 等常用消息队列的 SourceFunction。以 Kafka 为例，Flink 提供了 FlinkKafka-Consumer 工具类，FlinkKafkaConsumer 实现了 Source-Function 接口，可以使用 addSource(new FlinkKafka-Consumer<>(...)) 方法从 Kafka Topic 中读取数据。如图 4-2 所示是 Flink 预置的 Source Connector（数据源连接器）、Sink Connector（数据汇连接器），引擎名称后面的括号内注明了支持 Source 还是 Sink 连接器。

除了 Flink 项目官方提供的 Connector 之外，Apache Bahir 项目也为 Flink 提供了一些 Connector，如图 4-3 所示。

此处不列举每一种 Connector 的具体用法，感兴趣的读者可以查阅 Flink 官网的 DataStream API 连接器模块。Flink 预置的 Connector 能够解决生产环境中大多数的需求，如果有特殊场景是上述 Connector 满足不了的，用户也可以自定义 SourceFunction。

此外，为了能够更加方便地从数据源读取数据，Flink 为以下 3 种类型的数据源提供了更加简洁的读取接口。

```
Apache Kafka（source/sink）
Apache Cassandra（sink）
Amazon Kinesis Streams（source/sink）
Elasticsearch（sink）
FileSystem（sink）
RabbitMQ（source/sink）
Google PubSub（source/sink）
Hybrid Source（source）
Apache NiFi（source/sink）
Apache Pulsar（source）
Twitter Streaming API（source）
JDBC（sink）
```

图 4-2　Flink 预置的 Connector

```
Apache ActiveMQ（source/sink）
Apache Flume（sink）
Redis（sink）
Akka（sink）
Netty（source）
```

图 4-3　Apache Bahir 提供的 Connector

1. 从文件中读取数据

❑ readTextFile(String path)、readFile(FileInputFormat fileInputFormat, String path)：这两种方法会读取路径为 path 的文件，逐行读取并将每行数据作为字符串返回。

❑ readFile(FileInputFormat fileInputFormat, String path, FileProcessingMode watchType, long interval, FilePathFilter pathFilter, TypeInformation typeInfo)：这种方法会读取路径为 path 的文件，fileInputFormat 用于指定文件的格式，通过 pathFilter 可以过滤指定路径的文件。Flink 中读取文件的 Source 算子将文件读取过程拆分为监控目录和读取数据两部分。一个 SubTask 用于监控目录，多个 SubTask 用于读取数据。监控目录的 SubTask 会扫描目录（定期或仅扫描一次），找到要处理的文件并将它们划分为多个分片，分配给读取数据的 SubTask，由该 SubTask 读入文件。

此外，该方法的入参中还有一个名为 watchType 的参数，包含 FileProcessingMode.PROCESS_CONTINUOUSLY 和 FileProcessingMode.PROCESS_ONCE 两个枚举值。当 watchType 为 FileProcessing-Mode.PROCESS_CONTINUOUSLY 时，Flink 认为数据源是一个无界流，那么监控目录的 SubTask 会定期监控路径上的新文件，当路径中有新文件时就持续处理，监控周期的间隔由 interval 参数控制，单位为毫秒。

注意，当一个已经被处理过的文件被修改时，该文件的数据会被从头到尾重新处理一次，这会导致重复的数据处理。当 watchType 设置为 FileProcessingMode.PROCESS_ONCE 时，Flink

会认为数据源是一个有界流，监控目录的 SubTask 扫描一次路径就会退出，接下来读取数据的 SubTask 开始工作，所有文件的内容都读取并处理完成后，Flink 作业运行结束。

2. 从 Socket 中读取数据

Flink 提供了 StreamExecutionEnvironment.socketTextStream(String hostname, int port) 方法用于从 Socket 中读取数据，其中 hostname 和 port 参数分别指定 Socket 的主机和端口号。

3. 从集合中读取数据

Flink 提供了以下 5 种方法从集合中读取数据。

- ❑ fromCollection(Collection data)：从一个 Collection 中读取数据。
- ❑ fromCollection(Iterator data, Class type)：从一个 Iterator（迭代器）中读取数据，数据类型由 type 指定。
- ❑ fromElements(T ...)：将用户指定的数据作为数据源。
- ❑ fromParallelCollection(SplittableIterator iterator, Class type)：从一个 SplittableIterator 中读取数据，数据类型由 type 指定。
- ❑ generateSequence(long from, long to)：通过 from 和 to 参数指定一个序列的开始和结尾，并将这个序列作为数据源。

4.3.2　从 Socket 中读取数据

在日常开发中，测试是必不可少的，从一个模拟的数据源读取数据可以帮助测试 Flink 代码逻辑的正确性。Flink 预置了从 Socket 数据源中读取数据的 Connector。从 Socket 中读取数据并将结果打印到控制台中，如代码清单 4-4 所示。

代码清单 4-4　从 Socket 读取数据并打印结果

```
// 从 Socket 中读取数据
DataStream<String> source = env.socketTextStream("localhost", 7000);
// 转换数据
DataStream<String> transformation = source.map(v -> v.split(" ")[0] + "examples");
// 打印结果到控制台
DataStreamSink<String> sink = transformation.print();
```

使用 Linux 的 Netcat 命令在本地的 7000 端口构建一个 Socket。

```
$ nc -l 7000
123
abc
```

运行 Flink 作业后，控制台输出结果如下。

```
123examples
abcexamples
```

4.3.3　从 Kafka 中读取数据

在各大公司设计的流处理链路方案中，消息队列一直是最常用的数据源存储引擎和数据汇存储引擎。Kafka 就是大数据场景中常用的消息队列之一，Flink 也为 Kafka 预置了 Connector。

在开始学习下面的案例之前，默认读者已经了解了 Kafka 的基础概念，并且安装了 Kafka 相关的服务。

1. 引入 Kafka 依赖

在 pom.xml 中引入 Flink 为 Kafka 预置的 Connector 依赖，如代码清单 4-5 所示。

代码清单 4-5　Flink Kafka Connector 的依赖

```
<dependency>
    <groupId>org.apache.flink</groupId>
    <artifactId>flink-connector-kafka_2.11</artifactId>
    <version>1.14.4</version>
</dependency>
```

2. Flink 代码案例

如代码清单 4-6 所示，使用 Flink 为 Kafka 预置的 FlinkKafkaConsumer 从 Kafka Topic 中读取数据，FlinkKafkaConsumer 的入参含义见代码清单 4-6 中的注释。

代码清单 4-6　从 Kafka Topic 中读取数据

```
Properties properties = new Properties();
properties.setProperty("bootstrap.servers", "localhost:9092");
    // Flink 消费的 Kafka Topic 的 bootstrap server
properties.setProperty("group.id", "flink-kafka-source-example-consumer");
    // Flink 消费者的 group-id
SourceFunction<String> sourceFunction = new FlinkKafkaConsumer<String>(
        "flink-kafka-source-example" // Flink 消费的 Kafka Topic 名称
        , new SimpleStringSchema()    // Flink 读到 Kafka Topic 中二进制数据时反序列化器，
                                      // SimpleStringSchema 可以将 byte[] 反序列化为
                                      // String 字符串
        , properties);
// 从 Kafka Topic 中读取数据
DataStream<String> source = env.addSource(sourceFunction)
        .setParallelism(2);
DataStream<String> transformation = source.map(v -> v.split(" ")[0] + " 消息 ")
        .setParallelism(2);
DataStreamSink<String> sink = transformation.print()
        .setParallelism(1);
```

3. 运行 Flink 作业

接下来使用 Kafka 提供的命令行工具 Producer，向名为 flink-kafka-source-example 的 Kafka Topic 中写入数据。

```
$ kafka-console-producer --broker-list localhost:9092 --topic flink-kafka-source-example
> 1
> 2
```

运行 Flink 作业后，将会在控制台打印如下的结果。

1 消息
2 消息

4. Flink 作业的语义

当上述步骤运行完成后，基本上可以在生产环境中启动一个 Flink 作业来消费 Kafka Topic 了。对于 Flink 的使用者来说，相比于掌握 API 的使用方法和成功运行 Flink 作业来说，更加高效、深入地学习 Flink 的方法是理解 Flink 流处理作业的语义，这是在生产环境中设计方案、定位和解决 Flink 性能问题的前提。

那什么是 Flink 流处理作业的语义？在笔者看来，这个问题的答案包含以下两点。

第一，绘制逻辑数据流图及并行数据流图。在开发完 Flink 作业后，需要结合代码中自定义函数的上下游链路和每个自定义函数的执行逻辑在脑海中绘制逻辑数据流图，并在逻辑数据流图的基础上，根据算子并行度将这个逻辑数据流图转换为并行数据流图。以代码清单 4-6 为例，我们绘制的逻辑数据流图和并行数据流图如图 4-4 所示。

第二，理解 Flink 作业中每个算子处理数据的机制。设想这个 Flink 作业运行之后，

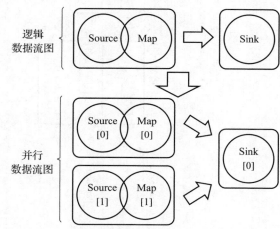

图 4-4　逻辑数据流图和并行数据流图

并行数据流图中的每一个 SubTask，对于每一条输入数据，会做什么样的处理。以代码清单 4-6 为例，需要理解 Source 算子是如何从 Kafka Topic 中读取数据的，Map 算子是按照什么样的逻辑处理数据并下发给 Sink 算子的，Sink 算子又是如何将数据打印到控制台的。当我们理解了每一个 SubTask 处理数据的机制后，就可以绘制出图 4-5 所示的 Flink 作业处理流程。

在每次开发 Flink 作业后，如果能够快速地按照上面两点进行梳理，就能快速判断这个 Flink 作业的数据处理过程是否符合预期。

由于描述 Flink 流处理作业的语义会占用比较长的篇幅，所以在后续介绍 API 的过程中，对于简单易懂的 API，会省略详细的介绍，只对重点、难点 API 介绍 Flink 流处理作业的语义。建议读者在学习每一种 API 时都可以在脑海中梳理一遍 Flink 流处理作业的语义。

5. 注意事项

在 Kafka Topic 中存储的都是二进制数据，那么在代码清单 4-6 中，Flink 是怎么将二进制数据转换为 String 这种字符串格式的数据的？

这和我们在初始化 FlinkKafkaConsumer 时传入的 SimpleStringSchema 息息相关。SimpleString-Schema 实现了 DeserializationSchema 接口，如图 4-6 上半部分所示，当 Source 算子读取到 Kafka Topic 中的二进制数据时，会调用 DeserializationSchema 中的 T deserialize(byte[] message) 将 Kafka Topic 中的二进制数据反序列化为 Flink 中的 Java 对象。同样，如图 4-6 下半部分所示，在 Flink 的 Sink 算子向 Kafka Topic 写入数据时，也会经历将 Java 对象序列化为二进制数据的过程。

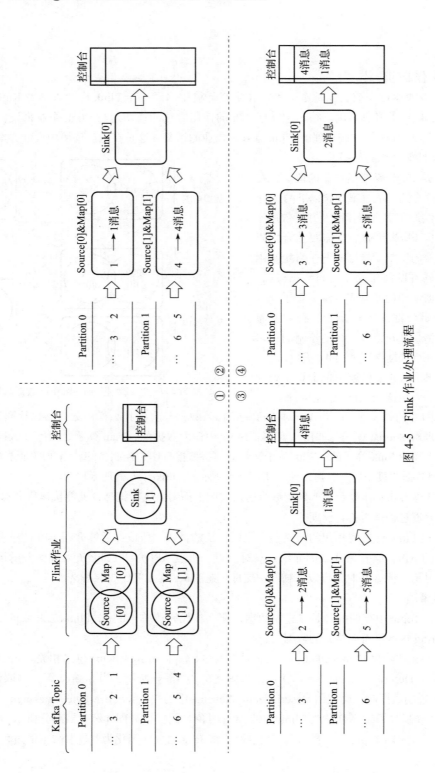

图 4-5 Flink 作业处理流程

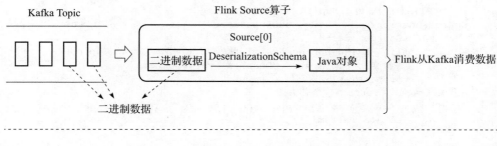

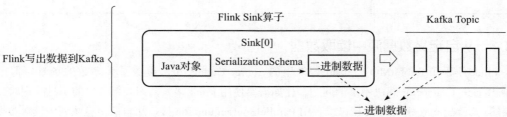

图 4-6　DeserializationSchema 反序列化 Kafka 中的二进制数据

注意，DeserializationSchema 的实现逻辑取决于 Kafka Topic 存储数据的序列化方式。而 Kafka Topic 中常见的数据序列化方式有以下两种。

❑ JSON：如果 Kafka Topic 中的数据是以 JSON 字符串进行序列化的，那么在读取数据时，就可以用 Flink 预置的 SimpleStringSchema 将 Kafka Topic 中的二进制数据反序列化为 JSON 字符串。

❑ Protobuf：如果 Kafka Topic 中的数据是以 Protobuf 进行序列化的，就需要用户自己实现 DeserializationSchema 接口或继承 AbstractDeserializationSchema 抽象类来实现反序列化的逻辑。以代码清单 4-7 为例，假如 Kafka Topic 中的数据是以名为 KafkaSourceModel 的 Protobuf Java 类序列化后的二进制数据，我们就可以使用 ProtobufAbstractDeserialization-Schema 将 Kafka Topic 中的二进制数据反序列化为 KafkaSourceModel 对象。

代码清单 4-7　读取 Kafka Topic 中 Protobuf 类型的数据

```
public static class ProtobufAbstractDeserializationSchema extends
    AbstractDeserializationSchema<KafkaSourceModel> {
    @Override
    public KafkaSourceModel deserialize(byte[] bytes) throws IOException {
        // 反序列化 Kafka 数据
        return KafkaSourceModel.parseFrom(bytes);
    }
}
public static void main(String[] args) throws Exception {
    ...
    Properties properties = new Properties();
    properties.setProperty("bootstrap.servers", "localhost:9092");
        // Flink 消费的 Kafka Topic 的 bootstrap server
    properties.setProperty("group.id", "flink-kafka-source-example-consumer");
```

```
            // Flink 消费者的 group-id
            SourceFunction<KafkaSourceModel> sourceFunction = new FlinkKafkaConsumer
                <KafkaSourceModel>(
                    "flink-kafka-source-example" // Flink 消费的 Kafka Topic 名称
                    , new ProtobufAbstractDeserializationSchema()
                    , properties);
            // 从 Kafka 读入 Protobuf 类型的数据
            DataStream<KafkaSourceModel> source = env.addSource(sourceFunction)
                    .setParallelism(2);
            ...
    }
```

4.3.4 从自定义数据源中读取数据

Flink 预置了 RabbitMQ、Pulsar 等常用的 Source Connector，覆盖了大多数的场景。但也有 Flink 预置的 Connector 解决不了的问题，比如需要使用 Flink 接入公司内部自研的消息队列时，就需要用户实现 SourceFunction 接口或者用 ParallelSourceFunction 接口从自研消息队列中读取数据。

接下来学习如何实现一个自定义的 SourceFunction。

如代码清单 4-8 所示，简单起见，我们实现了一个每秒输出一条数据的 UserDefinedSource。UserDefinedSource 实现了 SourceFunciton 接口中的两个方法。

❑ run() 方法：用于从数据源中读取数据。如代码清单 4-8 所示，我们并没有连接一个外部数据源来读取数据，而是通过每秒输出一条数据来模拟从数据源读取到了数据，并且通过 SourceContext.collect(T) 方法将数据发送给下游的算子。注意，Flink 作业在启动时，只会调用一次 SourceFunction 中的 run() 方法，因此当连接的数据源是一个无界流时，就需要在 run() 方法中实现从数据源中源源不断读取数据的逻辑。代码清单 4-8 中，在 run() 方法中使用了 while 循环来模拟源源不断的读取数据。

❑ cancel() 方法：由于大多数情况下 run() 方法被调用一次就循环运行了，所以当 Flink 作业停止时（用户主动停止、作业异常退出等），需要主动停止 run() 方法。cancel() 方法就是用于实现停止循环的逻辑的。当 Flink 作业停止时，cancel() 方法会被调用，我们会使用 cancel() 方法实现停止从外部数据源读取数据的逻辑。以代码清单 4-8 为例，当 cancel() 方法被调用时，会标记 isCancel 为 true，那么 run() 方法中的 while 循环就会退出，停止运行。

代码清单 4-8　自定义 SourceFunction

```java
private static class UserDefinedSource implements SourceFunction<String> {
    private volatile boolean isCancel = false;
    @Override
    public void run(SourceContext<String> ctx) throws Exception {
        int i = 0;
        while (!this.isCancel) {
            i++;
            ctx.collect(i + "");
            Thread.sleep(1000);
```

```
        }
    }
    @Override
    public void cancel() {
        this.isCancel = true;
    }
}
```

　　这样一个简单的自定义 SourceFunction 就完成了，但是 UserDefinedSource 存在一个问题，那就是 UserDefinedSource 对应的 Source 算子的并行度只能为 1，如果使用 setParallelism(n) 方法设置算子并行度且 n>1，Flink 作业在提交时就会直接报错，这是因为 SourceFunction 只支持并行度为 1 的数据源。在大数据场景中，数据源算子的并行度通常都是大于 1 的，比如一个 Kafka Topic 拥有 10 分区，如果使用实现了 SourceFunction 接口的 Source 算子读取数据，只会有一个 SubTask，却需要读取 10 个分区的数据，那么当 Kafka Topic 流量比较大时，这个 SubTask 就会出现数据消费延迟的问题。

　　针对这个问题，Flink 提供了 ParallelSourceFunction 接口。ParallelSourceFunction 接口是 SourceFunction 接口的多并行度版本。当使用实现了 ParallelSourceFunction 接口的 Source 算子去读取数据时，就可以把 Source 算子的并行度设置为大于 1，这样 Source 算子同时有多个 SubTask 在运行，就可以解决上述消费延迟的问题了。

　　值得一提的是，ParallelSourceFunction 接口继承自 SourceFunction 接口，两者提供的方法也一模一样，因此可以直接将代码清单 4-8 中的 SourceFunction 接口替换为 ParallelSourceFunction 接口，这样 UserDefinedSource 就支持运行在多个 SubTask 中了。

 提示　如果对于自定义 Source Connector 和 Sink Connector 没有好的实现思路，推荐参考 Flink 预置的 Connector，比如 Kafka Connector 就可以作为从消息队列中读取数据的参考案例。

　　如代码清单 4-9 所示，我们用代码清单 4-8 中自定义的 UserDefinedSource 作为整个 Flink 作业的数据源。

代码清单 4-9　从自定义 UserDefinedSource 读取数据

```
// 从 UserDefinedSource 中读取数据
DataStream<String> source = env.addSource(new UserDefinedSource());
// 转换数据
DataStream<String> transformation = source.map(v -> v.split(" ")[0] + "-user-
    defined-source-examples");
// 输出数据到控制台
DataStreamSink<String> sink = transformation.print();
```

运行 Flink 作业后，控制台输出结果如下。

```
1-user-defined-source-examples
2-user-defined-source-examples
```

4.4 数据简单转换

转换数据是将从数据源接入的数据做各种各样的转换操作，Flink 预置了多种转换数据的 DataStream API。在本节中，我们主要学习 Flink 在单条数据流和多条数据流上的一些基础、常用的转换操作 API。针对每一种数据转换操作 API，都会按照以下 3 个方向来介绍。

❑ 数据转换操作的功能及应用场景。

❑ Flink 为数据转换操作提供的 DataStream API。

❑ 在实际案例中使用数据转换操作的 API，并查看执行效果。

4.4.1 单流的 3 种数据简单转换

1. Map

（1）功能及应用场景　Map 操作用于数据映射和转换，可以将输入的数据转换为另一种格式的数据并输出，通常会使用 Map 操作来对数据做字段清洗、标准化。在 Map 操作中，每条输入数据都有一条对应的输出数据，如图 4-7 所示是一个将长方形转化为圆形的 Map 算子。

（2）Flink DataStream API　代码清单 4-10 实现了一个将输入的数值翻倍的 Map 操作。DataStream API 提供了 SingleOutputStreamOperator <R> map(MapFunction<T, R> mapper) 方法来实现 Map 操作。我们需要实现的就是 MapFunction

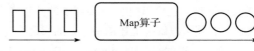

图 4-7　Map 操作

<T, R> 接口中的 R map(T in) 方法，其中 T 代表输入数据类型，R 代表输出类型数据，方法的返回值是 SingleOutputStreamOperator，其继承自 DataStream，因此能看出 Map 操作的输出是一条新的数据流。

代码清单 4-10　Flink DataStream API 中的 Map 操作

```
DataStream<Integer> dataStream = ...
dataStream.map(new MapFunction<Integer, Integer>() {
    @Override
    public Integer map(Integer value) throws Exception {
        return 2 * value;
    }
});
```

（3）Flink 代码案例　案例：对用户年龄进行分段。输入数据为 InputModel（包含 username、age 字段，分别代表用户名、年龄），我们需要将年龄按照 0～18、18～50、50+ 进行分段，转换为 OutputModel（包含 username、ageRange 字段，分别代表用户名、年龄段）并输出。最终的实现如代码清单 4-11 所示。

代码清单 4-11　Map 操作案例

```
DataStream<InputModel> source = env.addSource(new UserDefinedSource());
DataStream<OutputModel> transformation = source
```

```
    .map(new MapFunction<InputModel, OutputModel>() {
        @Override
        public OutputModel map(InputModel inputModel) throws Exception {
            int age = inputModel.getAge();
            String ageRange = "UNKNOWN";
            if (age >= 0 && age < 18) {
                ageRange = "0-18";
            } else if (age >= 18 && age < 50) {
                ageRange = "18-50";
            } else if (age >= 50) {
                ageRange = "50+";
            }
            return OutputModel
                    .builder()
                    .username(inputModel.getUsername())
                    .ageRange(ageRange)
                    .build();
        }
    });
DataStreamSink<OutputModel> sink = transformation.print();
```

运行 Flink 作业，结果如下。

```
// 输入数据
username= 张三, age=13
username= 李四, age=36
username= 王五, age=63
// 控制台输出
username= 张三, ageRange=12-18
username= 李四, ageRange=18-50
username= 王五, ageRange=50+
```

2. Filter

（1）功能及应用场景　Filter 操作用于数据过滤，比如对脏数据、测试数据进行过滤，Filter
操作并不会改变输入输出的数据类型。在
Filter 操作中，输入 1 条数据，输出 0 条或者
1 条数据。图 4-8 所示是一个能够将圆形数据
过滤掉的 Filter 算子，输入数据中有圆形数
据，输出数据中不包含圆形数据。

图 4-8　Filter 操作

（2）Flink DataStream API　代码清单 4-12 所示实现了一个将值为 0 的数据过滤掉的 Filter 操
作。DataStream API 提供了 SingleOutputStreamOperator<T> filter(FilterFunction<T> filter) 方法来
完成数据过滤，我们需要实现的就是 FilterFunction<T> 接口中的 boolean filter(T in) 方法，其中 T
是输入数据类型，返回值为 boolean，当返回值为 true 时，这条数据会被保留并发给下游算子；当
返回值为 false 时，这条数据会被过滤掉，不会发给下游算子。

代码清单 4-12　Flink DataStream API 中的 Filter 操作

```
dataStream.filter(new FilterFunction<Integer>() {
```

```
        @Override
        public boolean filter(Integer value) throws Exception {
            return value != 0;
        }
});
```

（3）Flink 代码案例　案例：过滤年龄大于、等于 50 岁的用户日志。输入数据为 InputModel（包含 username、age 字段，分别代表用户名、年龄），我们需要将 age ≥ 50 岁的数据过滤掉，最终的实现如代码清单 4-13 所示。

代码清单 4-13　Filter 操作案例

```
DataStream<InputModel> source = env.addSource(new UserDefinedSource());
DataStream<InputModel> transformation = source
        .filter(new FilterFunction<InputModel>() {
            @Override
            public boolean filter(InputModel inputModel) throws Exception {
                return inputModel.getAge() < 50;
            }
        });
DataStreamSink<InputModel> sink = transformation.print();
```

运行 Flink 作业，结果如下。

```
// 输入数据
username= 张三，age=13
username= 李四，age=36
username= 王五，age=63
// 输出数据
username= 张三，age=13
username= 李四，age=36
```

3. FlatMap

（1）功能及应用场景　FlatMap 操作用于数据展开映射，是 Filter+Map 的组合以及扩展。FlatMap 操作可以实现加工输入数据并改变数据的数据类型，然后不输出数据或者输出多条数据。如图 4-9 所示，输入的数据中包含多个长方形和多个圆形，FlatMap 算子可以解析并只输出其中的长方形。

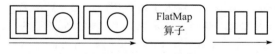

图 4-9　FlatMap 操作

（2）Flink DataStream API　代码清单 4-14 实现了一个将英文语句转换为单词并输出的 FlatMap 操作。DataStream API 提供了 SingleOutputStreamOperator<R> flatMap(FlatMapFunction<T, R> flatMapper) 来实现数据的展开映射。我们需要实现的是 FlatMapFunction<T, R> 接口中的 void flatMap(T in, Collector<O> collector) 方法，其中 T 代表输入数据类型，R 代表输出类型数据。相比于实现 MapFunction、FilterFunction 来说，FlatMapFunction 的不同之处在于 flatMap() 方法没有返回值，我们需要用 Collector.collect(O o) 方法将结果输出。当我们不希望输出数据时，就不调用 Collector.collect(O o) 方法，如果要输出多条数据，就多次调用 Collector.collect(O o) 方法。

代码清单 4-14　Flink DataStream API 中的 FlatMap 操作

```
dataStream.flatMap(new FlatMapFunction<String, String>() {
    @Override
    public void flatMap(String value, Collector<String> out)
        throws Exception {
        for(String word: value.split(" ")){
            out.collect(word);
        }
    }
});
```

（3）Flink 代码案例　案例：将一条批量上报的页面点击日志转换为多条日志输出，并且只保留页面 1 的点击日志。输入数据为 InputModel（包含 username、batchLog 字段，分别代表用户名、多次点击页面的批量日志），我们需要将用户多次点击页面的 batchLog 拆分成多条日志，把不是页面 1 的点击日志过滤掉，最后转换为 OutputModel（包含 username、log 字段，分别代表用户名、点击一次页面的日志）并输出，最终的实现如代码清单 4-15 所示。

代码清单 4-15　FlatMap 操作案例

```
DataStream<InputModel> source = env.addSource(new UserDefinedSource());
DataStream<OutputModel> transformation = source
        .flatMap(new FlatMapFunction<InputModel, OutputModel>() {
            @Override
            public void flatMap(InputModel inputModel, Collector<OutputModel>
                collector) throws Exception {
                for (Tuple2<String, String> log : inputModel.getBatchLog()) {
                    // log.f0 代表页面
                    if (log.f0.equals("页面 1")) {
                        collector.collect(
                                OutputModel
                                        .builder()
                                        .username(inputModel.getUsername())
                                        .log(log)
                                        .build()
                        );
                    }
                }
            }
        });
DataStreamSink<OutputModel> sink = transformation.print();
```

运行 Flink 作业，结果如下。

```
// 输入数据
username= 张三，batchLog=[( 页面 1，按钮 1)，( 页面 1，按钮 2)]
username= 李四，batchLog=[( 页面 1，按钮 1)，( 页面 2，按钮 2)，( 页面 1，按钮 3)]
// 输出数据
username= 张三，log=( 页面 1，按钮 1)
username= 张三，log=( 页面 1，按钮 2)
username= 李四，log=( 页面 1，按钮 1)
username= 李四，log=( 页面 1，按钮 3)
```

注意，虽然某些场景下 Map 操作结合 Filter 操作可以实现和 FlatMap 操作一样的功能，但是从性能角度考虑，建议使用 FlatMap 操作。这是因为 Map 和 Filter 是两个算子，Flink 会根据两个算子的并行度、数据传输策略以及是否开启了对象重用机制，决定 Map 算子和 Filter 算子之间的 SubTask 进行数据传输时是否需要对数据进行序列化操作，而 FlatMap 仅有一个算子，不会涉及数据序列化，因此大多数情况下 FlatMap 操作的性能更优。

4.4.2 多流的 4 种数据简单转换

数据流上的 Map、Filter 和 FlatMap 操作都是对单数据流的操作，本节介绍如何对多条数据流进行合并操作。

1. Union

（1）功能及应用场景　Union 操作用于数据合并，可以将多条数据类型相同的数据流合并为一条数据流，如图 4-10 所示。

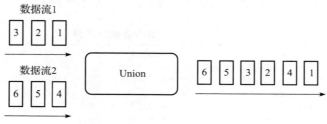

图 4-10　Union 操作

相比于 Map、Filter、FlatMap 这样的数据转换操作，Union 操作代表的是数据流的合并过程，它控制的是数据的传输过程，而非数据的计算过程，所以没有专门的算子来完成 Union 操作。当一个 Flink 作业使用了 Union 操作时，在这个作业的 Flink Web UI 的逻辑数据流图中看不到有一个专门称作 Union 的算子，只能看到多条数据流进行了合并，而 Map、Filter 操作在逻辑数据流图中是有对应的 Map、Filter 算子的。

需要注意的是，Union 操作将多个数据流合并为一条新数据流后，新数据流中来自多条数据流的数据之间是无序的，但是来自同一条数据流的数据依然是有序的。

（2）Flink DataStream API　DataStream API 提供了 DataStream<T> union(DataStream<T>... streams) 方法来完成数据合并，其中 T 代表输入数据类型，union() 方法的入参就是需要被合并的其他几条数据流，需要被合并的所有数据流的数据类型一定要完全一致，才能使用 union() 方法。如代码清单 4-16 所示是 Union 操作的使用案例。

代码清单 4-16　Flink DataStream API 中的 Union 操作

```
dataStream.union(otherStream1, otherStream2, ...);
```

（3）Flink 代码案例　案例：将某公司旗下 3 个 App 的用户点击日志合并。数据源来自 3 个 App，输入数据都为 InputModel（包含 username、age 字段），需要将 3 个数据源的数据合并后输出，最终的实现如代码清单 4-17 所示。

代码清单 4-17　Union 操作案例

```
DataStream<InputModel> app1Source = env.addSource(new UserDefinedSource1());
DataStream<InputModel> app2Source = env.addSource(new UserDefinedSource2());
DataStream<InputModel> app3Source = env.addSource(new UserDefinedSource3());
DataStream<InputModel> transformation = app1Source.union(app2Source, app3Source);
DataStreamSink<InputModel> sink = transformation.print();
```

运行 Flink 作业，结果如下。

```
// App1 输入数据
username= 张三 1, age=13
username= 李四 1, age=36
// App2 输入数据
username= 张三 2, age=14
username= 李四 2, age=37
// App3 输入数据
username= 张三 3, age=15
username= 李四 3, age=38
// 输出数据
username= 张三 1, age=13
username= 张三 2, age=14
username= 李四 1, age=36
username= 李四 2, age=37
username= 张三 3, age=15
username= 李四 3, age=38
```

2. Connect、CoMap、CoFlatMap

（1）功能及应用场景　Connect 操作的功能和 Union 操作一样，也是数据合并，那两者之间有什么区别？

我们知道 Union 操作只能合并相同数据类型的数据流，然而生产场景是复杂的，没有办法保证多条输入数据流的数据类型一定是相同的。那么针对这种场景就需要先将多条输入数据流使用 Map 或者 FlatMap 操作处理成同一种数据类型的数据流，再使用 Union 操作进行合并。这种解决方案的缺点非常明显，将数据清洗成相同的数据类型会使得代码实现更加复杂，性能开销也会变大。

因此 Connect 操作诞生了，Connect 操作可以将两条数据类型不相同的 DataStream 合并为一条 ConnectedStreams。结果为什么不是 DataStream 而是 ConnectedStreams？因为 DataStream 的数据流中的数据类型是相同的，而 ConnectedStreams 代表的是两种不同数据类型的数据流的合并数据流。

同时，常见的 Flink 作业一般会有一个 Sink 算子，而 Sink 算子最终输出到数据汇存储引擎中的结果只能为一种数据类型，所以如果想将结果数据写出，就需要把 ConnectedStreams 再转换为 DataStream。这时可以使用 Flink 在 ConnectedStreams 上提供的 CoMap 和 CoFlatMap 操作将两条不同类型的输入数据流转换成同一种数据类型的输出数据流。

CoMap 和 CoFlatMap 操作的用法和 Map 操作以及 FlatMap 操作的用法相同。通常情况下，Connect 操作会和 CoMap、CoFlatMap 操作同时使用。如图 4-11 所示是 Connect 操作结合 CoMap 操作的案例，我们使用 Connect 操作将长方形和圆形的数据进行合并，并且通过 CoMap 操作将长方形和圆形都转换为三角形并输出。

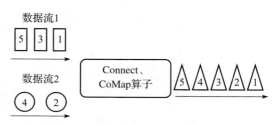

图 4-11　Connect 操作结合 CoMap 操作

（2）Flink DataStream API　DataStream API 提供了 ConnectedStreams<T, R> connect(DataStream<R> dataStream) 方法来完成数据的 Connect 操作，其中 T 代表第一条数据流的输入数据类型，R 代表第二条数据流的输入数据类型。在 ConnectedStreams 上，我们可以使用 SingleOutputStreamOperator<R> map(CoMapFunction<IN1, IN2, R> coMapper)、SingleOutputStreamOperator<R> flatMap(CoFlatMapFunction<IN1, IN2, R> coFlatMapper) 方法来完成对于两种不同类型数据流的处理，其中 CoMapFunction、CoFlatMapFunction 的入参 IN1 代表第一条流的输入数据类型，IN2 代表第二条流的输入数据类型，R 代表两条流经过处理后输出结果的数据类型。如代码清单 4-18 所示是 Connect、CoMap、CoFlatMap 操作的使用案例。

代码清单 4-18　Flink DataStream API 中的 Connect、CoMap、CoFlatMap 操作

```
DataStream<Integer> someStream = ...
DataStream<String> otherStream = ...
// Connect 操作
ConnectedStreams<Integer, String> connectedStreams = someStream.connect(otherStream);
// CoMap 操作
connectedStreams.map(new CoMapFunction<Integer, String, Boolean>() {
    // 处理数据流 1 的数据，数据类型为 Integer
    @Override
    public Boolean map1(Integer value) {
        return true;
    }
    // 处理数据流 2 的数据，数据类型为 String
    @Override
    public Boolean map2(String value) {
        return false;
    }
});
// CoFlatMap 操作
connectedStreams.flatMap(new CoFlatMapFunction<Integer, String, String>() {
    // 处理数据流 1 的数据，数据类型为 Integer
    @Override
    public void flatMap1(Integer value, Collector<String> out) {
        out.collect(value.toString());
    }
    // 处理数据流 2 的数据，数据类型为 String
    @Override
    public void flatMap2(String value, Collector<String> out) {
```

```
            for (String word: value.split(" ")) {
                out.collect(word);
            }
        }
    });
```

（3）Flink 代码案例　案例：公司有两个 App，App1 的用户点击日志上报机制是用户每点击一次上报一条日志，日志格式为 InputModel1（包含 username、log 字段）；App2 的用户点击日志上报机制是批量上报，上报的每条日志中包含用户点击的多条记录，日志格式为 InputModel2（包含 username、batchLog 字段），我们需要将两个 App 的日志合并后输出，输出数据格式为 OutputModel（username、log 字段）。最终的实现如代码清单 4-19 所示。

代码清单 4-19　Connect 和 CoFlatMap 操作案例

```
DataStream<InputModel1> app1Source = env.addSource(new UserDefinedSource1());
DataStream<InputModel2> app2Source = env.addSource(new UserDefinedSource2());
ConnectedStreams<InputModel1, InputModel2> connectedStreams = app1Source.
    connect(app2Source);
DataStream<OutputModel> transformation = connectedStreams
    .flatMap(new CoFlatMapFunction<InputModel1, InputModel2, OutputModel>() {
        // App1 点击日志的处理逻辑
        @Override
        public void flatMap1(InputModel1 value, Collector<OutputModel> out)
            throws Exception {
            out.collect(
                    OutputModel
                            .builder()
                            .username(value.getUsername())
                            .log(value.getLog())
                            .build()
            );
        }
        // App2 点击日志的处理逻辑
        @Override
        public void flatMap2(InputModel2 value, Collector<OutputModel> out)
            throws Exception {
            for (Tuple2<String, String> log : value.getBatchLog()) {
                out.collect(
                        OutputModel
                                .builder()
                                .username(value.getUsername())
                                .log(log)
                                .build()
                );
            }
        }
    });
DataStreamSink<OutputModel> sink = transformation.print();
```

运行 Flink 作业，结果如下。

```
// App1 输入数据如下
username= 张三，log=（页面 1，按钮 1）
username= 李四，log=（页面 1，按钮 1）
// App2 输入数据如下
username= 李四，batchLog=[（页面 1，按钮 1），（页面 2，按钮 2），（页面 1，按钮 3）]
// 输出数据
username= 张三，log=（页面 1，按钮 1）
username= 李四，log=（页面 1，按钮 1）
username= 李四，log=（页面 1，按钮 1）
username= 李四，log=（页面 2，按钮 2）
username= 李四，log=（页面 1，按钮 3）
```

至此，我们已经完成了合并数据流操作的学习。数据有合就有分，如果想把一条数据流拆分成多条数据流要怎么做？

在低版本的 Flink 中，DataStream API 提供了 DataStream.split 方法，如今该方法已被废弃。作为替代方案，Flink 在有状态流处理 API 中提供了名为旁路输出流（SideOutput）的方式来帮助我们将一条数据流拆分成多条数据流，关于旁路输出流的操作方法，我们将在第 7 章学习。

4.5　数据分组与聚合

在 4.4 节中，我们学习了 Flink DataStream API 在单流、多流上的一些数据处理方法，在生产场景中，对于数据处理、加工和统计的逻辑则更为复杂。

举两个常见的案例。第一个案例是电商场景中，商家想计算店铺中每种商品的实时销量以及店铺的累计销量，从而快速判断热销商品。第二个案例是数据分析场景中，分析不同年龄段、不同性别用户的 App 累计使用时长，从而分析 App 的用户画像。

仅使用 4.4 节介绍的数据简单转换操作是无法满足上述场景的。不过仔细观察会发现这两种场景有一个共性，那就是先将数据进行分组，然后对同一组数据进行聚合计算。接下来，按照先分组、再聚合的步骤将上述场景进行总结，见表 4-1。

表 4-1　电商场景和数据分析场景的分组、聚合过程

场景	分组、聚合过程
电商场景：计算店铺中商品的实时销量以及店铺的累计销量	❏ 按照商品种类进行分组，然后聚合计算每种商品的累计销量 ❏ 按照店铺进行分组，然后聚合计算每个店铺的累计销量
数据分析场景：计算不同年龄段、不同性别用户的 App 累计使用时长	❏ 按照年龄段进行分组，然后聚合计算每个年龄段的 App 累计使用时长 ❏ 按照性别进行分组，然后聚合计算每个性别的 App 累计使用时长

图 4-12 所示是计算每种商品累计销量的分组、聚合过程，圆圈内的数字代表商品的种类，1、2、3 分别代表商品 1、商品 2、商品 3。第一步是分组操作，按照商品种类进行分组。第二步是聚合操作，对图中每一组的商品数量求和，最终可以得到商品 1、商品 2、商品 3 的销量分别为 4、3、2。

其实分组操作和聚合操作在其他大数据引擎或者数据库系统中也是非常常见的，比如 SQL

中的 group by 等，MapReduce 中的 Reduce 阶段也是对数据的分组、聚合操作。

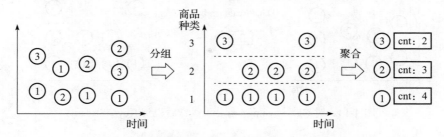

图 4-12 计算每种商品累计销量的分组、聚合过程

4.5.1 KeyBy

1. 功能及应用场景

KeyBy 操作可以按照 key 对数据分组，key 就是分组的依据。KeyBy 操作可以将一条输入 DataStream 按照 key 转换为分组的数据流——KeyedStream。KeyBy 操作和 Union、Connect 操作类似，控制的是数据流在上下游算子间的传输方式，而非对数据流中数据的计算操作。

图 4-13 所示是一个将输入数据中的数字作为 KeyBy 操作的 key 进行分组。以电商场景为例，要对商品、商家进行分组，我们就需要将商品、商家作为 KeyBy 操作的 key。

图 4-13 KeyBy 操作

2. Flink DataStream API

DataStream API 提供了 KeyedStream<T, K> keyBy(KeySelector<T, K> key) 方法来完成数据的分组操作，其中 T 代表输入数据的类型，K 代表数据分组键（分区键）的数据类型。我们需要实现的是 KeySelector<T, K> 接口中的 KEY getKey(T in) 方法，该方法的入参 in 是每条需要进行分组的数据，返回值是这条数据的 key，称作分组键。如代码清单 4-20 所示是 KeyBy 操作的使用案例。方法的返回结果是 KeyedStream<T, K>，称作分组数据流，代表结果是一个经过分组的数据流，如图 4-14 所示。

代码清单 4-20　Flink DataStream API 中的 KeyBy 操作

```
dataStream.keyBy(value -> value.getSomeKey());
dataStream.keyBy(value -> value.f0);
```

此外，KeyedStream 继承自 DataStream，这也比较好理解，因为 KeyedStream 本质上还是一条数据流，只不过这个数据流上的每条数据都被分类了而已，可以在 KeyedStream 上使用 DataStream 提供的方法来处理数据。

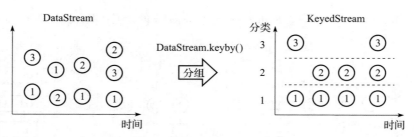

图 4-14 对 DataStream 进行分组操作后得到 KeyedStream

3. Flink 代码案例

案例：电商场景中统计商品的累计销售额。在这个案例中我们不统计每种商品的累计销售额，只按照商品进行分组，然后直接输出结果查看数据分组是否正确。输入数据是每条商品的销售额记录 InputModel（包括 productId、income 字段，分别代表商品 id 和商品销售额），需要将 productId 作为 KeyBy 操作的分组 key 来对每一种商品分组。最终的实现如代码清单 4-21 所示。

代码清单 4-21 KeyBy 操作案例

```
env.setParallelism(2);
DataStream<InputModel> source = env.addSource(new UserDefinedSource());
KeyedStream<InputModel, String> transformation = source
        .keyBy(new KeySelector<InputModel, String>() {
            @Override
            public String getKey(InputModel inputModel) throws Exception {
                return inputModel.getProductId();
            }
        });
DataStreamSink<InputModel> sink = transformation.print();
```

运行 Flink 作业，结果如下。

```
// 输入数据
Source[0] > productId= 商品 1, income=10
Source[0] > productId= 商品 2, income=20
Source[0] > productId= 商品 3, income=30
Source[1] > productId= 商品 2, income=20
Source[1] > productId= 商品 1, income=30
Source[1] > productId= 商品 3, income=10
// 输出数据
Sink[1] > productId= 商品 1, income=10
Sink[0] > productId= 商品 2, income=20
Sink[1] > productId= 商品 3, income=30
Sink[0] > productId= 商品 2, income=20
Sink[1] > productId= 商品 1, income=30
Sink[1] > productId= 商品 3, income=10
```

输入数据中的 Source[0] 代表这条数据来自 Source 算子中下标为 0 的 SubTask，输出数据中的 Sink[1] 代表这条数据是由 Sink 算子中下标为 1 的 SubTask 打印到控制台的。我们可以发现数据经过分区之后，同一种商品（相同 productId）的数据都被发送到下游 Sink 算子的同一个 SubTask 中，商品 2 的数据只会发送到 Sink[0] 中，商品 1 和商品 3 的数据只会发送到 Sink[1] 中。

那么 Flink 作业是如何将来自上游算子不同 SubTask 上相同 key 的数据发送到下游算子的同一个 SubTask 中？

在 Flink 作业中，上游算子在通过 KeySelector 获取数据的 key 后，会先对 key 取哈希值，然后使用哈希值对下游算子的并行度取模，计算这个 key 要发往的下游算子 SubTask 的下标，因此只要 key 相同，计算得到的下游算子 SubTask 的下标就相同，从而实现了相同 key 可以发送到下游算子的同一个 SubTask 中。以代码清单 4-21 为例，假设 Source 算子的并行度为 5，Sink 算子的并行度为 3，那么 Source 算子的 5 个 SubTask 在处理数据时，对于 productId 为 100 的数据，取哈希值然后对下游算子并行度取模，都会得到结果 1（100%3=1），所以 Source 算子的 5 个 SubTask 都可以将 productId 为 100 的数据发往 Sink[1] 中。关于某个 key 的数据要发往的 SubTask 下标的具体实现逻辑，可以参考 Flink 源码中的 KeyGroupStreamPartitioner.selectChannel 方法。

需要注意，key 不会作为上下游算子 SubTask 网络传输的字段，上游算子的 SubTask 和下游算子的 SubTask 会分别使用 KeySelector 执行一遍，从而获取当前这条数据的 key。这就要求 KeySelector 中获取 key 的处理逻辑不能有随机性，要保障上游算子的 SubTask 在传输时获取的 key 和下游算子的 SubTask 对于同一条数据处理完得到的 key 是相同的，否则会导致计算结果错误。

4. Flink 作业的语义

KeyBy 是生产中非常常用且重要的操作，接下来我们深入分析 KeyBy 操作的语义。以代码清单 4-21 为例，按照以下步骤进行分析。

第一步，绘制逻辑数据流图及并行数据流图。如图 4-15 所示是代码清单 4-21 的逻辑数据流图和并行数据流图，Source 算子和 Sink 算子之间存在 KeyBy 操作，Source 算子的每一个 SubTask 都会和下游 Sink 算子的每一个 SubTask 构建网络连接。

第二步，理解 Flink 作业中每个算子处理数据的机制。如图 4-16 所示，将代码清单 4-21 的数据源替换为 Kafka Topic，Kafka Topic 数据中的数字代表商品的 productId，Source[0] 在接收到 productId=1 的数据后，在向下游算子发送之前，通过 KeySelector 获取该条数据的 key=1，然后经过计算得到这条数据需要被发送到下游算子的 Sink[1] 中。Source[0] 接收到 productId=2 的数据后，经过同样的计算，得到这条数据需要被发送到下游算子的 Sink[0] 中。同样，Source[1] 会将 productId 为 2 和 1 的数据也分别发往 Sink[0] 和 Sink[1] 中。

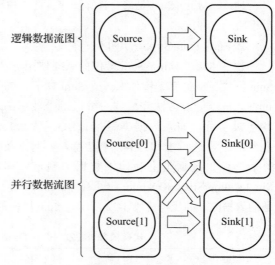

图 4-15　逻辑数据流图和并行数据流图

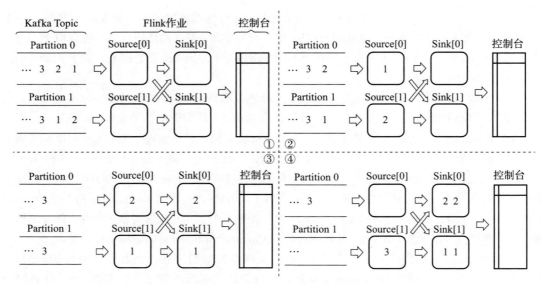

图 4-16 含有 KeyBy 的 Flink 作业执行流程

4.5.2 Max、Min 和 Sum

1. 功能及应用场景

通过 KeyBy 操作对数据进行分组不是最终目的，最终目的是将分组后的数据进行聚合计算，得到某一段时间周期内的统计结果，这才是具有价值的。以电商场景中计算每种商品累计销量的案例来说，按照商品类型进行分组不是目的，目的是按照商品类型分组后，对每种商品销量进行求和计算，得到累计销量，这才能判断出销售火爆的商品是哪种。

Max、Min、Sum 是聚合计算操作，这 3 种操作分别用于对同一个分组上的数据计算最大值、最小值、求和值。

2. Flink DataStream API

由于 Max、Min、Sum 操作的 API 使用方法类似，因此这里只介绍 Sum 操作的使用方法，Sum 操作对应的算子称作 KeyBy/Sum 算子。KeyedStream 提供了 SingleOutputStreamOperator\<T\> sum(String field) 方法完成同一分区键上数据的求和。入参 field 是每一条输入数据中需要求和的字段名称，如果数据类型是 POJO，那么 KeyBy/Sum 算子会自动查找 POJO 中名称和 field 一致的字段进行求和计算。T 是输入数据以及输出数据的类型，从这里可以看出经过聚合计算后，输出数据类型和输入数据类型是一样的，方法返回值是 SingleOutputStreamOperator，SingleOutputStreamOperator 继承自 DataStream，这代表一个分组数据流经过聚合计算后会变为普通的数据流。如代码清单 4-22 所示是 Sum 操作的使用案例。

代码清单 4-22 Flink DataStream API 中的 Sum 操作

```
dataStream.keyBy(value -> value.getSomeKey()).sum("f0");
dataStream.keyBy(value -> value.f0).sum("f0");
```

图 4-17 所示是数据进行分组、求和的计算流程。

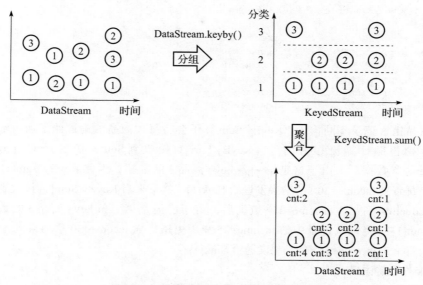

图 4-17　数据分组、求和的计算流程

3. Flink 代码案例

案例：电商场景中计算每种商品的累计销售额。输入数据是商品的销售记录 InputModel（包含 productId、income 字段，分别代表商品 id、商品销售额），需要将 productId 作为 KeyBy 的 key 进行数据分组，然后对每一组数据通过 Sum 操作进行求和计算，最终得到每种商品的累计销售额。最终的实现如代码清单 4-23 所示。

代码清单 4-23　KeyBy/Sum 聚合操作案例

```
env.setParallelism(2);
DataStream<InputModel> source = env.addSource(new UserDefinedSource());
DataStream<InputModel> transformation = source
        .keyBy(new KeySelector<InputModel, String>() {
            @Override
            public String getKey(InputModel inputModel) throws Exception {
                return inputModel.getProductId();
            }
        })
        .sum("income");
DataStreamSink<InputModel> sink = transformation.print();
```

运行 Flink 作业，结果如下。

```
// 输入数据
Source[0] > productId= 商品 1, income=10
Source[0] > productId= 商品 2, income=20
Source[0] > productId= 商品 3, income=30
```

```
Source[1] > productId= 商品 2, income=20
Source[1] > productId= 商品 3, income=25
Source[1] > productId= 商品 1, income=10
// 输出数据
Sink[1] > productId= 商品 1, income=10
Sink[0] > productId= 商品 2, income=20
Sink[1] > productId= 商品 3, income=30
Sink[0] > productId= 商品 2, income=40
Sink[1] > productId= 商品 3, income=55
Sink[1] > productId= 商品 1, income=20
```

随着商品销售记录不断输入，KeyBy/Sum 算子会将每种商品的销售额累加后输出。以商品 3 的累计销售额计算流程为例，当 KeyBy/Sum[1] 接收到 Source[0] 发送的 <productId= 商品 3, income=30> 数据后，由于这是第一条 key= 商品 3 的数据，因此 KeyBy/Sum[1] 会直接将 <productId= 商品 3, income=30> 的结果发送给 Sink[1]。接下来当 KeyBy/Sum[1] 接收到 Source[1] 发送的 <productId= 商品 3, income=25> 数据后，由于已经是第二条 key= 商品 3 的数据了，这时 KeyBy/Sum[1] 会将该条记录中的 income=25 和历史销售额 income=30 累加得到 55。最后将 <productId= 商品 3, income=55> 的结果发送给 Sink[1]。

4. Flink 作业的语义

以代码清单 4-23 为例，我们按照以下步骤进行分析。

第一步，绘制逻辑数据流图和并行数据流图，如图 4-18 所示。

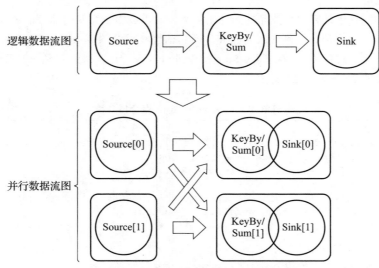

图 4-18　逻辑数据流图和并行数据流图

第二步，理解 Flink 作业中每个算子处理数据的机制。如图 4-19 所示，假设数据源是 Kafka Topic，保存了商品的销售记录，Kafka Topic 数据中的数字就是商品的 productId，并且每个销售记录的销售额都为 10。

接下来我们分别分析 KeyBy 操作和 Sum 操作的执行流程。

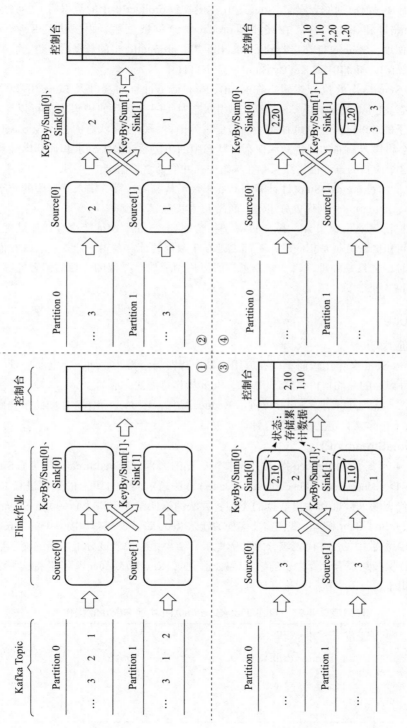

图 4-19　含有 KeyBy/Sum 算子的 Flink 作业执行流程

先分析 KeyBy 操作的执行逻辑。Source[0] 在接收到 productId=1 的数据后，会将这条数据发送到 KeyBy/Sum[1] 和 Sink[1] 中，在接收到 productId=2 的数据后，再发送到 KeyBy/Sum[0] 和 Sink[0] 中。类似地，Source[1] 在接收到 productId=2 和 productId=1 的数据后，也会将数据分别发送到 KeyBy/Sum[0]、Sink[0] 和 KeyBy/Sum[1]、Sink[1] 中。

再来分析 Sum 操作的执行逻辑。在 KeyBy/Sum 算子计算时会涉及 Flink 中非常重要的一个机制——状态。Flink 的 KeyBy/Sum 算子利用状态对每一个商品的销售额进行累计求和计算，KeyBy/Sum 算子的 SubTask 会将每种商品的历史累计销售额保存在状态中，当 SubTask 接收到一条新数据时，会将输入商品的销售额和保存在状态中的历史累计销售额求和计算出最新的累计销售额，然后将这个最新的累计销售额保存在状态中，并作为结果输出。

如图 4-20 所示是 KeyBy/Sum[1] 计算商品 3 累计销售额的过程，输入数据中的数字就是商品 id，图中的 key、p_id 和 i 分别代表分组键、商品 id 和商品销售额。

至此，我们清楚地了解了 KeyBy/Sum 算子执行原理。Max、Min 等聚合操作处理逻辑类似，对于状态的访问和更新机制是相同的，不同之处在于数据的计算逻辑。此外，后续在面对更加复杂的聚合操作时，也只是处理逻辑变复杂了，底层机制依然是类似的，相信读者能够举一反三，很快就能够上手应用。

4.5.3　Reduce

1. 功能及应用场景

Max、Min、Sum 操作比较简单，在应用场景中存在局限性。比如，在电商场景中，我们如果想要计算每件商品的平均售价，Max、Min、Sum 操作是无法完成的。

针对这种复杂聚合的需求，Flink 提供了 Reduce 操作。Reduce 操作称作归约聚合操作，用户可以通过 Reduce 操作来自定义数据聚合计算的逻辑。

2. Flink DataStream API

代码清单 4-24 是使用 Reduce 操作实现求和计算的案例。KeyedStream 提供了 SingleOutputStreamOperator<T> reduce(ReduceFunction<T> reducer) 方法来对同一分组上的数据进行 Reduce 聚合计算，其中 T 代表输入数据和输出数据的类型，方法的返回结果是一个新的 DataStream，这一点 Reduce 和 Max、Min、Sum 相同。我们需要实现的就是 ReduceFunction<T> 接口中的 T reduce(T acc, T in) 方法，输入参数中的 acc 代表该分组的历史聚合结果，in 代表该分组中新的输入数据，方法返回值代表这一次归约聚合计算之后的结果，在运行时，KeyBy/Reduce 算子会将这个结果在状态中保存下来，用于进行下一次归约聚合计算。

代码清单 4-24　Flink DataStream API 中的 Reduce 操作

```
keyedStream.reduce(new ReduceFunction<Integer>() {
    @Override
    public Integer reduce(Integer value1, Integer value2)
    throws Exception {
        return value1 + value2;
    }
});
```

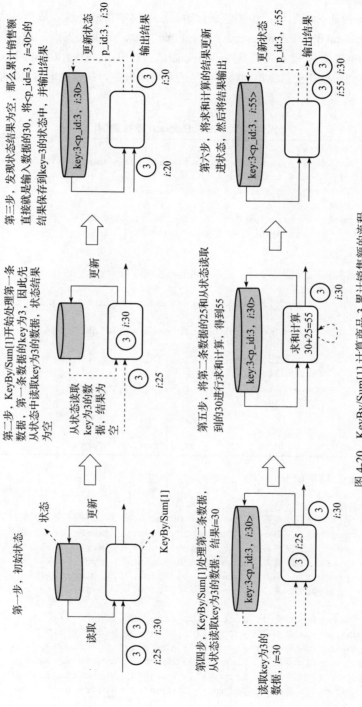

图 4-20 KeyBy/Sum[1] 计算商品 3 累计销售额的流程

3. Flink 代码案例

案例：计算每种商品的累计销售额、累计销量、平均销售额。输入数据是商品销售额记录 InputModel（包括 productId、income、count、avgPrice 字段，分别代表商品 id、商品销售额、商品销量、商品平均销售额）。实现逻辑是按照 productId 进行分组，通过 Reduce 操作来计算累计销售额和累计销量，然后做除法运算得到每种商品的平均销售额，最后输出结果。最终的实现如代码清单 4-25 所示。

代码清单 4-25　Reduce 操作案例

```
env.setParallelism(2);
DataStream<InputModel> source = env.addSource(new UserDefinedSource());
DataStream<InputModel> transformation = source
        .keyBy(new KeySelector<InputModel, String>() {
            @Override
            public String getKey(InputModel inputModel) throws Exception {
                return inputModel.getProductId();
            }
        })
        .reduce(new ReduceFunction<InputModel>() {
            @Override
            public InputModel reduce(InputModel acc, InputModel in) throws Exception {
                // 计算累计销售额
                acc.setIncome(acc.getIncome() + in.getIncome());
                // 计算累计销量
                acc.setCount(acc.getCount() + in.getCount());
                // 计算平均销售额
                acc.setAvgPrice(((double) acc.getIncome()) / acc.getCount());
                return acc;
            }
        });
DataStreamSink<InputModel> sink = transformation.print();
```

运行 Flink 作业，结果如下。

```
// 输入数据
Source[0] > productId= 商品 1, income=10, count=1, avgPrice=10.0
Source[0] > productId= 商品 2, income=20, count=1, avgPrice=20.0
Source[0] > productId= 商品 3, income=30, count=1, avgPrice=30.0
Source[1] > productId= 商品 2, income=30, count=1, avgPrice=30.0
Source[1] > productId= 商品 3, income=45, count=1, avgPrice=45.0
Source[1] > productId= 商品 1, income=20, count=1, avgPrice=20.0
// 输出数据
Sink[1] > productId= 商品 1, income=10, count=1, avgPrice=10.0
Sink[0] > productId= 商品 2, income=20, count=1, avgPrice=20.0
Sink[1] > productId= 商品 3, income=30, count=1, avgPrice=30.0
Sink[0] > productId= 商品 2, income=50, count=2, avgPrice=25.0
Sink[1] > productId= 商品 3, income=75, count=2, avgPrice=37.5
Sink[1] > productId= 商品 1, income=30, count=2, avgPrice=15.0
```

4.6　数据汇

经过从数据源读入数据，给数据做各种转换之后，我们终于来到了最后一个阶段，将处理完成的结果输出到外部数据存储引擎中。和学习数据源的思路一样，本节我们先学习 Flink 预置的向外部数据汇存储引擎写入数据的 API，然后从常用的 3 个场景出发，通过案例介绍如何将数据写入外部数据汇存储引擎。

- ❑ 将 Flink 中的数据结果打印到控制台，常用于本地环境测试。
- ❑ 将 Flink 中的数据结果写入 Kafka，常用于生产环境。
- ❑ 将 Flink 中的数据结果写入自定义的 Sink，常用于需要接入自定义数据汇存储引擎的场景。

4.6.1　向数据汇存储引擎写数据的 API

Flink 为我们提供了 DataStream.addSink(SinkFunction) 方法用于将 DataStream 的数据写到外部数据存储引擎中，入参 SinkFunction 用于定义如何连接数据汇存储引擎以及如何将数据写到数据汇存储引擎中，addSink() 方法的返回值是 DataStreamSink，DataStreamSink 没有继承DataStream，这说明我们的数据流已经到终点了。

SinkFunction 和 SourceFunction 一样，在 Flink 中都是用于连接外部数据存储引擎的模块，被称作 Connector，SinkFunction 也称作 Sink Connector。如图 4-21 所示，Flink 官方和 Apache Bahir 项目预置了许多 Sink Connector，比如 Kafka、Elasticsearch、JDBC 等。以 Kafka 为例，Flink 提供了 FlinkKafkaProducer 工具类，并实现了 SinkFunction 接口，我们可以使用 addSink(new FlinkKafkaProducer<>(...)) 方法来将 Flink 中的数据写到 Kafka Topic 中。

```
Apache Kafka （source/sink）
Apache Cassandra （sink）
Amazon Kinesis Streams （source/sink)
Elasticsearch （sink）
FileSystem （sink）
RabbitMQ （source/sink）
Google PubSub （source/sink）
Hybrid Source （source）              Apache ActiveMQ （source/sink）
Apache NiFi （source/sink）           Apache Flume （sink）
Apache Pulsar （source）              Redis （sink）
Twitter Streaming API （source）      Akka （sink）
JDBC （sink）                         Netty （source）
```

图 4-21　Flink 和 Bahir 预置的 Connector

4.6.2　向控制台输出数据

向控制台输出数据是测试阶段常用的一种检查产出数据是否符合预期的方法，在 4.4 节、4.5 节数据转换操作的案例中，为了方便查看数据结果，我们将输出数据输出到了控制台中。

代码清单 4-26 所示是一个从 Socket 读取数据并将结果输出到控制台的 Flink 作业。

代码清单 4-26　从 Socket 中读取数据并输出数据到控制台中

```
DataStream<String> transformation = source.map(v -> v.split(" ")[0] + "sink-examples");
DataStreamSink<String> sink = transformation.print();
```

Socket 数据输入如下。

```
$ nc -l 7000
123
abc
```

运行 Flink 作业，结果如下。

```
123sink-examples
abcsink-examples
```

4.6.3　向 Kafka 写入数据

Flink 和 Kafka 的关系密不可分，Kafka 不但经常作为流处理链路的数据源存储引擎，也常常作为流处理链路的数据汇存储引擎，如图 4-22 所示，Kafka 在流处理链路中起到了桥接的作用。

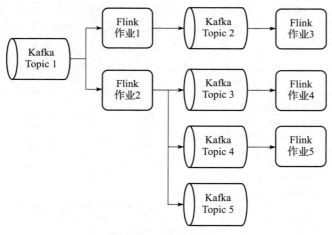

图 4-22　流处理链路

下面介绍如何使用 Flink 预置的 Kafka Sink Connector 将数据写入 Kafka Topic。

1. 引入 Kafka 依赖

在 pom.xml 中引入 Flink 为 Kafka 预置的 Connector 依赖，如代码清单 4-27 所示。

代码清单 4-27　Flink Kafka Connector 的 Maven 依赖

```
<dependency>
    <groupId>org.apache.flink</groupId>
```

```
<artifactId>flink-connector-kafka_2.11</artifactId>
<version>1.14.4</version>
</dependency>
```

2. Flink 代码案例

如代码清单 4-28 所示，我们使用 Flink 为 Kafka 预置的 FlinkKafkaProducer 将数据写到 Kafka Topic 中，FlinkKafkaProducer 的入参含义如代码清单 4-28 中的注释。

代码清单 4-28　从 Kafka 读取数据并将计算结果写到 Kafka 中

```
Properties properties = new Properties();
properties.setProperty("bootstrap.servers", "localhost:9092");
properties.setProperty("group.id", "flink-kafka-source-example-consumer");
SourceFunction<String> sourceFunction = new FlinkKafkaConsumer<String>(
        "flink-kafka-source-example"
        , new SimpleStringSchema()
        , properties);
// 从名为 flink-kafka-source-example 的 Kafka Topic 中读取数据
DataStream<String> source = env.addSource(sourceFunction);
DataStream<String> transformation = source.map(v -> v.split(" ")[0] + "-kafka-
    sink-examples");
SinkFunction<String> sinkFunction = new FlinkKafkaProducer<String>(
        "flink-kafka-sink-example" // Flink 生产的 Kafka Topic 名称
        , new SimpleStringSchema() // Flink 将数据写到 Kafka Topic 时，将数据序列化为
                                   // 二进制数据时的序列化器，SimpleStringSchema
                                   // 可以将 String 反序列化为 byte[]
        , properties);
// 将结果写到名为 flink-kafka-sink-example 的 Kafka Topic 中
DataStreamSink<String> sink = transformation.addSink(sinkFunction);
```

3. 运行 Flink 作业

我们使用 Kafka 提供的命令行工具 Producer，向名为 flink-kafka-source-example 的 Kafka Topic 中写入数据，结果如下。

```
$ kafka-console-producer --broker-list localhost:9092 --topic flink-kafka-
    source-example
> 1
> 2
```

启动 Flink 作业后，Flink 作业会消费 flink-kafka-source-example 的数据并写入 flink-kafka-sink-example。接下来我们使用 Kafka 提供的命令行工具 Consumer 消费名为 flink-kafka-sink-example 的 Kafka Topic 中的数据，结果如下。

```
$ kafka-console-consumer --bootstrap-server localhost:9092 --topic flink-
    kafka-sink-example --from-beginning
> 1-kafka-sink-examples
> 2-kafka-sink-examples
```

4. 注意事项

当 Kafka Topic 作为数据源存储引擎时，我们需要给 FlinkKafkaConsumer 传入 Deserialization-

Schema 来将 Kafka 中的二进制数据反序列化为 Java 对象。当 Kafka Topic 作为数据汇存储引擎时也不例外，我们需要向 FlinkKafkaProducer 中传入 SerializationSchema，将 Flink 中的 Java 对象序列化成 Kafka Topic 能够存储二进制数据。

如代码清单 4-28 所示，我们传入了 SimpleStringSchema，SimpleStringSchema 实现了 SerializationSchema 接口。如图 4-23 所示，当 FlinkKafkaProducer 这个算子读取到上游算子发送的数据时，会调用 SerializationSchema 中的 byte[] serialize(T element) 方法将 Java 对象序列化为二进制数据，然后写入 Kafka Topic。

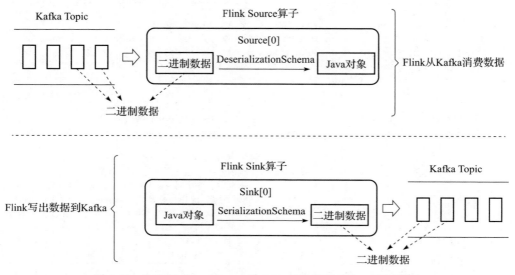

图 4-23　SerializationSchema 将 Java 对象序列化为二进制数据

此外，如果想使用 Protobuf 将数据进行序列化并写到 Kafka Topic 中，我们可以自定义 SerializationSchema。如代码清单 4-29 所示，KafkaSourceModel 是 Protobuf Java 对象，我们可以使用 ProtobufSerializationSchema 将 KafkaSourceModel 对象序列化为二进制数据后写入 Kafka Topic。

代码清单 4-29　将 Protobuf 类型的数据序列化为字节数组

```
public static class ProtobufSerializationSchema implements SerializationSchema
    <KafkaSourceModel> {
    @Override
    public byte[] serialize(KafkaSourceModel element) {
        return element.toByteArray();
    }
}
public static void main(String[] args) throws Exception {
    ...
    Properties properties = new Properties();
    properties.setProperty("bootstrap.servers", "localhost:9092");
        //Flink 消费的 Kafka Topic 的 bootstrap server
    properties.setProperty("group.id", "flink-kafka-source-example-consumer");
```

```
    // Flink 消费者的 group-id
    SourceFunction<KafkaSourceModel> sourceFunction = new FlinkKafkaConsumer
        <KafkaSourceModel>(
            "flink-kafka-source-example" // Flink 消费的 Kafka Topic 名称
            , new ProtobufAbstractDeserializationSchema()
            , properties);
    // 从 Kafka Topic 中读取数据 Protobuf 类型的数据
    DataStream<KafkaSourceModel> source = env.addSource(sourceFunction)
            .setParallelism(2);
    SinkFunction<KafkaSourceModel> sinkFunction = new FlinkKafkaProducer
        <KafkaSourceModel>(
            "flink-kafka-sink-example"
            , new ProtobufSerializationSchema()
            , properties);
    // 将 Protobuf 类型的数据写到 Kafka Topic 中
    DataStreamSink<KafkaSourceModel> sink = source.addSink(sinkFunction);
    ...
}
```

4.6.4　向自定义数据汇写入数据

当 Flink 和 Apache Bahir 预置的 Sink Connector 不能满足我们的需求时，可以通过实现 Sink-Function 接口（或者继承 RichSinkFunction 抽象类）将数据写入数据汇存储引擎。

接下来，我们学习如何自定义一个 SinkFunction。

如代码清单 4-30 所示，我们通过实现 SinkFunction 接口的 invoke() 方法定义了一个将结果数据打印到日志中的 SinkFunction。关于 invoke() 方法的调用时机，Flink 作业在运行时，Sink 算子每收到上游算子下发的一条数据，就会调用一次 SinkFunction 中的 invoke() 方法，将数据写到外部数据汇引擎中。注意，SinkFunction 中 invoke() 方法的调用逻辑和 SourceFunction 的 run() 方法的调用逻辑是完全不同的，SourceFunction 的 run() 方法只会被 Flink 调用一次。

代码清单 4-30　自定义 SinkFunction

```
@Slf4j
private static class UserDefinedSink implements SinkFunction<String> {
    @Override
    public void invoke(String value, Context context) throws Exception {
        log.info(" 向外部数据汇引擎写入数据：{}", value);
    }
}
```

如代码清单 4-31 所示，我们使用 UserDefinedSource() 作为整个 Flink 作业的数据源，并且将数据写到代码清单 4-30 中自定义的 UserDefinedSink() 中。

代码清单 4-31　从自定义 Source 中读取数据并将结果写入自定义 Sink

```
DataStream<String> source = env.addSource(new UserDefinedSource());
DataStream<String> transformation = source.map(v -> v.split(" ")[0] + "-user-
    defined-sink-examples");
DataStreamSink<String> sink = transformation.addSink(new UserDefinedSink());
```

启动 Flink 作业后，查看打印的日志，结果如下。

```
向外部数据汇引擎写出数据: 1-user-defined-sink-examples
向外部数据汇引擎写出数据: 2-user-defined-sink-examples
向外部数据汇引擎写出数据: 3-user-defined-sink-examples
```

4.7 算子间数据传输的 8 种策略

至此，我们了解了 Flink DataStream API 中基础且常用的数据转换 API。在前文的多个案例中，我们多次提到了 Flink 上下游算子的 SubTask 之间会进行数据传输。举例来说，在一个逻辑数据流为 Source → Map → KeyBy/Sum → Sink 的 Flink 作业中，当 Source 和 Map 算子的并行度相同时，Source 和 Map 算子之间的 SubTask 会一对一地进行数据传输。而在 Map 算子和 KeyBy/Sum 算子之间，Map 算子会根据 key 来决定将这条数据发往 KeyBy/Sum 算子的哪个 SubTask 中，Map 和 KeyBy/Sum 算子之间的 SubTask 会一对多地进行数据传输。

那么 Flink 作业中上下游算子间的数据传输方式到底是由什么决定的呢？

由于这个问题比较宽泛，我将其细化为以下 3 个问题。

❑ 问题 1：在上述案例中，Source 和 Map 算子在并行度相同时会一对一传输数据，那么当 Source 和 Map 算子的并行度不同时，算子之间的 SubTask 会按照什么策略传输数据呢？

❑ 问题 2：默认情况下，Flink 算子间的数据传输策略是什么？

❑ 问题 3：Flink 有没有提供什么方法让我们能够主动控制上下游算子之间的数据传输策略呢？

对于问题 3，本节的标题其实已经给出了答案，Flink 提供了 8 种算子间的数据传输策略。我们按照下面的 3 个步骤来学习每一种数据传输策略，并给出问题 1 和问题 2 的答案。

❑ 学习这种数据传输策略的功能。

❑ 学习 Flink 为这种数据传输策略提供的 DataStream API 并运行一个 Flink 作业。

❑ 学习这种数据传输策略的应用场景并提供生产环境中的建议。

4.7.1 Forward

1. 功能

Forward 指上游算子在传输数据给下游算子时采用一对一的模式，即上游算子的一个 SubTask 只会将数据传输到下游算子的唯一一个 SubTask 上，如图 4-24 所示。

在 Forward 传输策略下，上游算子的 SubTask[0] 只会传输到下游算子的 SubTask[0] 中。同时，数据在上下游算子的 SubTask 之间是按照顺序下发的。举例来说，数据在上游算子的 SubTask 中的顺序是 A、B、C，那么下游算子的 SubTask 读取到的数据的顺序也是 A、B、C。

在 Flink 作业中，如果不主动通过代码设置传输策略，算子之间默认的数据传输策略就是 Forward。但是，让上下游算子之间使用 Forward 传输策略传输数据也是有条件的，只有当上下游的算子并行度相同，并且 ChainingStrategy 为 ALWAYS 或 HEAD 时，两个算子之间的数据传输策略才可以为 Forward。

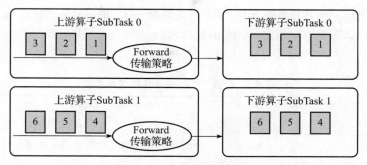

图 4-24 Forward 传输策略

ChainingStrategy 是 Flink 中每一个算子都具备的属性，以 Map 算子为例，Flink 中 Map 算子的实现类为 StreamMap，如代码清单 4-32 所示，StreamMap 的 ChainingStrategy 为 ALWAYS。此外，其他算子的 ChainingStrategy 也可以在对应的算子实现类中查询到，比如 StreamSource、StreamFlatMap 等。

代码清单 4-32　Map 算子的实现类 StreamMap

```java
public class StreamMap<IN, OUT> extends AbstractUdfStreamOperator<OUT,
    MapFunction<IN, OUT>>
        implements OneInputStreamOperator<IN, OUT> {
    private static final long serialVersionUID = 1L;
    public StreamMap(MapFunction<IN, OUT> mapper) {
        super(mapper);
        // ChainingStrategy 为 ALWAYS
        chainingStrategy = ChainingStrategy.ALWAYS;
    }
    @Override
    public void processElement(StreamRecord<IN> element) throws Exception {
        output.collect(element.replace(userFunction.map(element.getValue())));
    }
}
```

2. Flink DataStream API 及代码案例

在 Flink DataStream API 中，有以下两种方式可以让算子之间的数据传输策略变为 Forward。需要注意的是，这两种设置方式的前提都是上下游算子满足 Forward 的传输条件。

❑ 方法 1：在上下游算子满足 Forward 传输条件时，我们不用主动进行代码设置，默认传输策略就是 Forward，并且默认情况下，Flink 会将上下游算子合并成算子链。

❑ 方法 2：通过 DataStream.forward() 方法主动设置。注意，使用这种方法时，如果上下游算子之间满足 Forward 传输条件，则可以正常运行，否则会抛出异常，异常中会声明上下游算子之间不满足 Forward 传输策略的条件。

我们通过一个案例来验证 Forward 传输策略在上下游算子 SubTask 之间的一对一传输效果。如代码清单 4-33 所示，InputModel 中包含一个 indexOfSourceSubTask 字段，这个字段的含义为 Source 算子 SubTask 的下标，取自 SubTask 运行时上下文。

如果要验证 Forward 传输策略下上下游算子之间是一对一的，只需要观察 Sink 算子的结果打印到控制台时的 SubTask 下标和数据中的 indexOfSourceSubTask 是否一致，如果一致，则说明是一对一传输。

代码清单 4-33　Forward 传输策略案例

```java
public static void main(String[] args) throws Exception {
    ...
    env.setParallelism(4);
    DataStreamSource<InputModel> source = env.addSource(new UserDefinedSource());
    DataStream<InputModel> transformation = source
            //1. 不设置 Forward, 满足 Forward 条件时默认就是 Forward 传输策略
            .map(new MapFunction<InputModel, InputModel>() {
                @Override
                public InputModel map(InputModel inputModel) throws Exception {
                    return inputModel;
                }
            })
            //2. 主动设置 Forward
            .forward()
            .filter(new FilterFunction<InputModel>() {
                @Override
                public boolean filter(InputModel outputModel) throws Exception {
                    return true;
                }
            });
    DataStreamSink<InputModel> sink = transformation.print();
    env.execute();
}
private static class UserDefinedSource extends RichParallelSourceFunction<InputModel> {
    private volatile boolean isCancel = false;
    @Override
    public void run(SourceContext<InputModel> ctx) throws Exception {
        while (!this.isCancel) {
            ctx.collect(
                    InputModel
                            .builder()
                            .indexOfSourceSubTask(getRuntimeContext().
                                getIndexOfThisSubtask())
                            .build()
            );
            Thread.sleep(1000);
        }
    }
    @Override
    public void cancel() {
        this.isCancel = true;
    }
}
```

运行 Flink 作业，结果如下。

```
// 输入数据
Source[3]> ForwardExamples.InputModel(indexOfSourceSubTask=3)
Source[1]> ForwardExamples.InputModel(indexOfSourceSubTask=1)
Source[2]> ForwardExamples.InputModel(indexOfSourceSubTask=2)
Source[0]> ForwardExamples.InputModel(indexOfSourceSubTask=0)
Source[3]> ForwardExamples.InputModel(indexOfSourceSubTask=3)
Source[1]> ForwardExamples.InputModel(indexOfSourceSubTask=1)
Source[0]> ForwardExamples.InputModel(indexOfSourceSubTask=0)
Source[2]> ForwardExamples.InputModel(indexOfSourceSubTask=2)
// 输出数据
Sink[3]> ForwardExamples.InputModel(indexOfSourceSubTask=3)
Sink[1]> ForwardExamples.InputModel(indexOfSourceSubTask=1)
Sink[2]> ForwardExamples.InputModel(indexOfSourceSubTask=2)
Sink[0]> ForwardExamples.InputModel(indexOfSourceSubTask=0)
Sink[3]> ForwardExamples.InputModel(indexOfSourceSubTask=3)
Sink[1]> ForwardExamples.InputModel(indexOfSourceSubTask=1)
Sink[0]> ForwardExamples.InputModel(indexOfSourceSubTask=0)
Sink[2]> ForwardExamples.InputModel(indexOfSourceSubTask=2)
```

从输出数据来看，Sink 算子的 SubTask 下标和 InputModel 中的 indexOfSourceSubTask 是一致的，说明 Forward 算子 SubTask 的数据传输是一对一的。

3. 推荐应用场景

Forward 传输策略由于一对一传输的特性，具备性能消耗少的优势，因此 Flink 在默认情况下，对满足 Forward 传输策略条件的算子会使用 Forward 传输策略。在日常开发中也建议沿用 Flink 的默认逻辑。

4.7.2　Rebalance

1. 功能

在 Rebalance 传输策略下，上游算子会按照轮询模式传输数据给下游算子，即上游算子的一个 SubTask 会将数据轮询传输到下游算子的每一个 SubTask 上。轮询算法采用的是 Round-Robin 负载均衡算法，这种算法会将数据均匀地发送到下游算子的所有 SubTask 中，如图 4-25 所示。

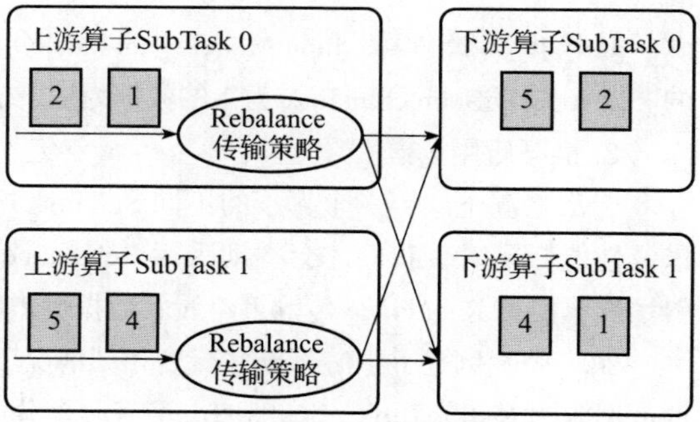

图 4-25　Rebalance 传输策略

2. Flink DataStream API 及代码案例

在 Flink DataStream API 中，有两种方式可以让算子之间的数据传输策略变为 Rebalance。

❑ 在用户没有指定其他数据传输策略（比如 Shuffle、Rescale 等）并且不满足 Forward 传输策略的条件下，Flink 默认算子间的数据传输策略就是 Rebalance。

❑ 通过 DataStream.rebalance() 方法主动设置。

下面我们沿用 Forward 传输策略中的案例思路来验证 Rebalance 传输策略，如代码清单 4-34 所示。

代码清单 4-34　Rebalance 传输策略案例

```
env.setParallelism(2);
DataStreamSource<InputModel> source = env.addSource(new UserDefinedSource());
DataStream<InputModel> transformation = source
        // 指定数据传输策略为 Rebalance
        .rebalance();
DataStreamSink<InputModel> sink = transformation.print();
```

运行 Flink 作业，结果如下。

```
// 输入数据
Source[1]> RebalanceExamples.InputModel(indexOfSourceSubTask=1)
Source[1]> RebalanceExamples.InputModel(indexOfSourceSubTask=1)
Source[1]> RebalanceExamples.InputModel(indexOfSourceSubTask=1)
Source[1]> RebalanceExamples.InputModel(indexOfSourceSubTask=1)
Source[0]> RebalanceExamples.InputModel(indexOfSourceSubTask=0)
Source[0]> RebalanceExamples.InputModel(indexOfSourceSubTask=0)
Source[0]> RebalanceExamples.InputModel(indexOfSourceSubTask=0)
Source[0]> RebalanceExamples.InputModel(indexOfSourceSubTask=0)
// 输出数据
Sink[0]> RebalanceExamples.InputModel(indexOfSourceSubTask=1)
Sink[1]> RebalanceExamples.InputModel(indexOfSourceSubTask=1)
Sink[0]> RebalanceExamples.InputModel(indexOfSourceSubTask=1)
Sink[1]> RebalanceExamples.InputModel(indexOfSourceSubTask=1)
Sink[0]> RebalanceExamples.InputModel(indexOfSourceSubTask=0)
Sink[1]> RebalanceExamples.InputModel(indexOfSourceSubTask=0)
Sink[0]> RebalanceExamples.InputModel(indexOfSourceSubTask=0)
Sink[1]> RebalanceExamples.InputModel(indexOfSourceSubTask=0)
```

从输出数据来看，InputModel 中的 indexOfSourceSubTask 和 Sink 算子 SubTask 的关系是轮询的。以 indexOfSourceSubTask 为 1 的数据为例，输出结果中的 Sink[0] 和 Sink[1] 是轮流交替出现的。

3. 推荐应用场景

一般情况下，当一个算子的不同 SubTask 之间要处理的数据量差异很大，导致出现数据倾斜以及性能瓶颈时，我们才会主动采用 Rebalance 传输策略来缓解数据倾斜的问题。举两个数据倾斜场景下使用 Rebalance 传输策略缓解数据倾斜问题的案例。

第一个案例是上下游算子并行度相同情况下的 Rebalance。如图 4-26 上半部分，该 Flink 作业的数据源为 Kafka Topic，Kafka Topic 有两个分区，两个分区的流量分别为 2000QPS、20 000QPS。Flink 作业的逻辑数据流为 Source → Map → Sink，并且每个算子的并行度都为 2，那么默认情况下 Source、Map 和 Sink 算子之间的数据传输策略就为 Forward。

假定 Map 算子每个 SubTask 的峰值吞吐量为 15 000QPS，要处理 20 000QPS 的 Map[1] 就会成为瓶颈，Map[1] 消费 Kafka Topic 的 Partition 1 会出现延迟。为了解决这个问题，我们可以在 Source 算子和 Map 算子之间使用 Rebalance 传输策略，让 Source 算子把数据均匀发送到 Map 算子中进行处理。如图 4-26 中下半部分所示，使用 Rebalance 后，Map 算子的两个 SubTask 会分别处理 11 000QPS 的数据，这样就不会出现性能问题了。

第二个案例是上下游算子并行度不相同情况下的 Rebalance。如图 4-27 上半部分，我们假定

Map 算子每个 SubTask 的峰值吞吐量为 6000QPS，Map 算子的每个 SubTask 实际将要处理的数据吞吐量为 11 000QPS，这时 Map 算子的两个 SubTask 就成为整个 Flink 作业的处理瓶颈了。

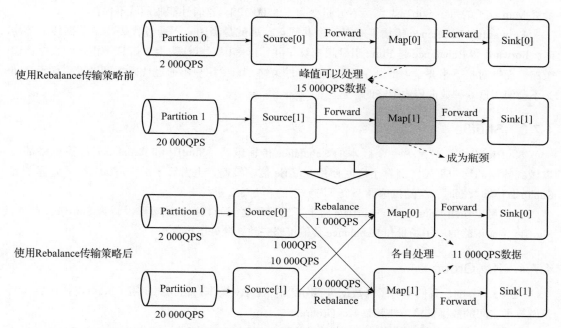

图 4-26　上下游算子并行度相同时使用 Rebalance 缓解数据倾斜

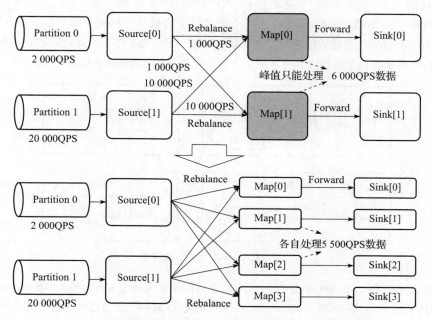

图 4-27　上下游算子并行度不同时的 Rebalance 传输策略

为了解决这个问题，我们可以将 Map 和 Sink 两个算子的并行度通过 setParallelism(4) 方法设置为 4，那么 Source 和 Map 算子之间默认的传输策略就变为了 Rebalance。如图 4-27 下半部分，最终 Map 算子的每个 SubTask 实际吞吐量变为了 5500QPS，这时性能瓶颈就不存在了。

Forward 和 Rebalance 传输策略有一个共同点，那就是当用户不通过代码指定数据传输策略时，Forward 和 Rebalance 是 Flink 引擎根据算子并行度等因素默认为上下游算子指定的数据传输策略。而针对接下来要学习的其余 6 种数据传输策略，只要用户不通过代码主动设置，算子之间是不会使用这 6 种数据传输策略的。

4.7.3 Shuffle

Shuffle 传输策略是另一个版本的 Rebalance 传输策略，Shuffle 和 Rebalance 传输策略都可以做到数据的均匀下发。当算子之间使用 Shuffle 传输策略，上游算子的 SubTask 往下游算子的 SubTask 传输数据时，会随机选择一个下游算子的 SubTask 进行下发。

我们可以使用 DataStream.shuffle() 将上下游算子之间的数据传输策略设置为 Shuffle。此外，Shuffle 传输策略的应用场景和 Rebalance 传输策略一致，此处不再赘述。

4.7.4 KeyGroup

在 4.5.1 节中，我们学习了对数据进行分组的 KeyBy 操作，当我们使用了 KeyBy 操作后，上下游算子之间的数据传输策略就是 KeyGroup。

对于 KeyGroup 传输策略来说，上游算子的每一个 SubTask 对于每一条数据，会通过 DataStream. keyBy() 方法的入参 KeySelector 来获取 key，然后根据这个 key 经过哈希算法计算要将该条数据下发到下游算子的哪一个 SubTask 中，相同 key 的数据会被下发到同一个 SubTask 中进行处理。此外，KeyGroup 也称作哈希传输策略，在 Flink Web UI 中 Flink 作业的逻辑数据流图会展示为哈希。如图 4-28 所示是按照奇数或偶数将数据进行分组下发的 KeyGroup 传输策略。

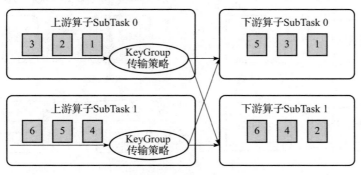

图 4-28　KeyGroup 传输策略

我们可以使用 DataStream.keyBy() 方法来指定数据传输策略为 KeyGroup。DataStream.keyBy() 方法会将 DataStream 转换为 KeyedStream，具体的实现代码在 4.5.1 节已经介绍，此处不再赘述。

日常需求中有太多关于数据分组的需求了，比如按照用户分组、按照商品分组、按照订单分组等，这些都依赖 DataStream.keyBy() 方法来实现，因此 KeyGroup 传输策略在 Flink 作业中非常常见。值得一提的是，Flink SQL 中的 GROUP BY 操作其实就是 DataStream API 中的 KeyBy 操作。

4.7.5　Rescale

1. 功能

在 Rescale 传输策略下，上游算子会将数据均匀地传输给下游算子，Rebalance 传输策略也是均匀分配数据，两者有什么不同呢？和 Rebalance 不同的地方在于，Rescale 不是完全将数据轮询下发到下游算子的所有 SubTask 上，而是轮询下发到下游算子的一部分 SubTask 上，如图 4-29 所示。

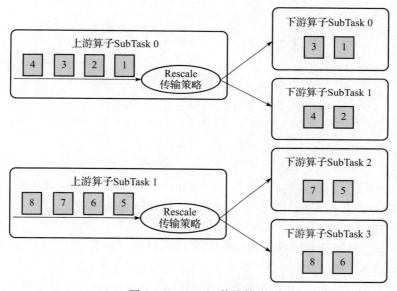

图 4-29　Rescale 传输策略

如图 4-29 所示，当上游算子的 SubTask 有 2 个，下游算子的 SubTask 有 4 个时，上游算子的每一个 SubTask 会将数据轮询下发到下游算子的 2 个 SubTask 中。反过来，当上游算子的 SubTask 为 4 个，下游算子的 SubTask 为 2 个时，上游算子的每 2 个 SubTask 会将数据下发到下游算子的 1 个 SubTask 中。而当上下游算子的 SubTask 个数不为倍数关系时，比如上游算子的 SubTask 为 5 个，下游算子的 SubTask 为 2 个，那么下游算子的一个 SubTask 会接收上游算子 3 个 SubTask 的数据，另一个 SubTask 会接收上游算子 2 个 SubTask 的数据。

2. Flink DataStream API 及代码案例

如代码清单 4-35 所示，在 Flink DataStream API 中，我们可以使用 DataStream.rescale() 方法指定上下游算子之间的数据传输策略为 Rescale。

代码清单 4-35　Rescale 传输策略

```
env.setParallelism(2);
DataStreamSource<InputModel> source = env.addSource(new UserDefinedSource());
```

```
// 指定数据传输策略为 Rescale
DataStream<InputModel> transformation = source.rescale();
DataStreamSink<InputModel> sink = transformation.print().setParallelism(4);
```

运行 Flink 作业, 结果如下。

```
// 输入数据
Source[0]> RescaleExamples.InputModel(indexOfSourceSubTask=0)
Source[0]> RescaleExamples.InputModel(indexOfSourceSubTask=0)
Source[0]> RescaleExamples.InputModel(indexOfSourceSubTask=0)
Source[0]> RescaleExamples.InputModel(indexOfSourceSubTask=0)
Source[1]> RescaleExamples.InputModel(indexOfSourceSubTask=1)
Source[1]> RescaleExamples.InputModel(indexOfSourceSubTask=1)
Source[1]> RescaleExamples.InputModel(indexOfSourceSubTask=1)
Source[1]> RescaleExamples.InputModel(indexOfSourceSubTask=1)
// 输出数据
Sink[0]> RescaleExamples.InputModel(indexOfSourceSubTask=0)
Sink[1]> RescaleExamples.InputModel(indexOfSourceSubTask=0)
Sink[0]> RescaleExamples.InputModel(indexOfSourceSubTask=0)
Sink[1]> RescaleExamples.InputModel(indexOfSourceSubTask=0)
Sink[2]> RescaleExamples.InputModel(indexOfSourceSubTask=1)
Sink[3]> RescaleExamples.InputModel(indexOfSourceSubTask=1)
Sink[2]> RescaleExamples.InputModel(indexOfSourceSubTask=1)
Sink[3]> RescaleExamples.InputModel(indexOfSourceSubTask=1)
```

从输出数据来看, Sink[0] 和 Sink[1] 只会收到 indexOfSourceSubTask 为 0 的数据, 并且是轮询交替出现的, Sink[2] 和 Sink[3] 只会收到 indexOfSourceSubTask 为 1 的数据。

3. 推荐应用场景

Rescale 传输策略和 Rebalance 传输策略是类似的, 主要差异有以下 3 点, 我们可以根据这 3 点差异来选择合适的传输策略。

❑ Rescale 比 Rebalance 占用的网络传输资源更小, Rebalance 传输策略中, 上游的每一个 SubTask 都要连接下游所有的 SubTask, 而 Rescale 只需要连接下游算子的部分 SubTask。

❑ Rescale 比 Rebalance 对于数据乱序的影响更小, 在 Rebalance 传输策略中, 由于数据会轮询下发到下游算子所有的 SubTask 中, 所以在这个过程中会加剧数据乱序, 而 Rescale 只是下发到下游算子的部分 SubTask 中, 因此数据乱序的程度相比 Rebalance 更小。数据乱序问题会对时间窗口算子的数据计算过程产生影响, 关于时间和窗口的内容我们将在第 5 章学习。

❑ Rebalance 相比于 Rescale 来说, 下发到下游算子 SubTask 中的数据量更加均匀。

建议读者在大多数情况下使用 Flink 默认的 Rebalance 传输策略, 后续需要进行性能调优时再选择 Rescale 传输策略。

4.7.6 Broadcast

1. 功能

在 Broadcast 传输策略下, 上游算子会将数据广播下发给下游算子, 即上游算子的一个 SubTask

在往下游算子的 SubTask 传输数据时，会将每一条数据都下发给下游算子的所有 SubTask，如图 4-30 所示。

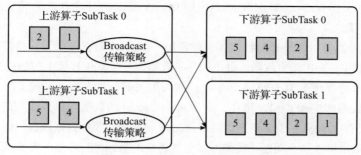

图 4-30　Broadcast 传输策略

2. Flink DataStream API 及代码案例

如代码清单 4-36 所示，在 Flink DataStream API 中，我们可以使用 DataStream.broadcast() 方法指定上下游算子之间的数据传输策略为 Broadcast。

代码清单 4-36　Broadcast 传输策略案例

```
env.setParallelism(2);
DataStreamSource<InputModel> source = env.addSource(new UserDefinedSource());
// 设置数据传输策略为 Broadcast
DataStream<InputModel> transformation = source.setParallelism(1).broadcast();
DataStreamSink<InputModel> sink = transformation.print();
```

运行 Flink 作业，结果如下。

```
// 输入数据
Source[0]> BroadcastExamples.InputModel(id=1, indexOfSourceSubTask=0)
Source[0]> BroadcastExamples.InputModel(id=2, indexOfSourceSubTask=0)
Source[0]> BroadcastExamples.InputModel(id=3, indexOfSourceSubTask=0)
Source[0]> BroadcastExamples.InputModel(id=4, indexOfSourceSubTask=0)
// 输出数据
Sink[0]> BroadcastExamples.InputModel(id=1, indexOfSourceSubTask=0)
Sink[1]> BroadcastExamples.InputModel(id=1, indexOfSourceSubTask=0)
Sink[0]> BroadcastExamples.InputModel(id=2, indexOfSourceSubTask=0)
Sink[1]> BroadcastExamples.InputModel(id=2, indexOfSourceSubTask=0)
Sink[0]> BroadcastExamples.InputModel(id=3, indexOfSourceSubTask=0)
Sink[1]> BroadcastExamples.InputModel(id=3, indexOfSourceSubTask=0)
Sink[0]> BroadcastExamples.InputModel(id=4, indexOfSourceSubTask=0)
Sink[1]> BroadcastExamples.InputModel(id=4, indexOfSourceSubTask=0)
```

从输出数据来看，每当 Source[0] 产生一条数据，Sink[0] 和 Sink[1] 会各自接收 Source[0] 广播下发的数据。

3. 推荐应用场景

Broadcast 是一个非常消耗作业资源的数据传输策略，我们要慎重使用。举例来说，如果有一个逻辑数据流为 Source → Map → Sink 的 Flink 作业，每个算子的并行度都为 200，Source 和 Map

算子之间的数据传输方式设置为 Broadcast，那么 Source 算子往 Map 算子发送数据的吞吐量就会被放大 200 倍，假设 Source 算子整体的 QPS 为 20 000，那么 Source 算子往 Map 算子发送数据的 QPS 就会变成 200×20 000=4 000 000QPS。使用 Broadcast 要格外注意此类问题，以防止出现不符合预期的性能问题。

Broadcast 主要的使用场景是大数据流关联操作（Join）小数据流场景。举例来说，A 流为数据流量大的一条数据流，B 流为数据流量小的一条数据流，A 流和 B 流中的数据都包含 unique_id 字段，现在的需求是 A 流和 B 流通过 unique_id 做数据关联。当面临这种需求时，我们的第一反应往往是对两条数据流进行 KeyBy 操作，将相同 unique_id 的数据发送到相同的 SubTask 中进行关联处理。这种方案的缺点在于如果出现热点 unique_id，就会导致数据倾斜。而这时就可以使用 Broadcast 传输策略来解决这个问题，我们可以对 B 流中的数据进行广播，将 B 流的数据广播到 A 流的所有 SubTask 中进行数据关联，以此来避免数据倾斜。

类似地，在 Hive 批处理场景中，当两个 Hive 表在做 Join 操作时，常见的一种优化手段就是大数据量的 Hive 表不动，将小数据量的 Hive 表广播到大 Hive 表所在的机器上进行本地关联计算，从而避免大 Hive 表数据在网络传输时的网络带宽资源消耗。

4.7.7　Global

在 Global 传输策略下，上游算子会将所有数据下发到下游算子下标为 0 的 SubTask 中，即使下游算子的并行度大于 1，也只有下标为 0 的 SubTask 会收到数据，如图 4-31 所示。

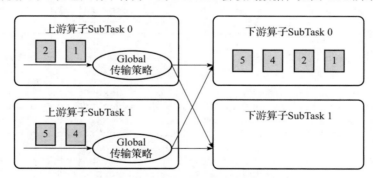

图 4-31　Global 数据传输策略

我们可以使用 DataStream.global() 方法来指定 Global 数据传输策略。Global 在生产环境中不常使用，此处不再赘述。

4.7.8　Custom Partition

当上述 7 种数据传输策略都不能满足需求时，我们还可以自定义数据传输策略，即使用 Flink 提供的 Custom Partition 数据传输策略通过自定义的方式将当前数据发送到下游算子指定下标的 SubTask 中。

在 Flink DataStream API 中，我们可以使用 DataStream.partitionCustom(Partitioner p, KeySelector k)

方法来自定义数据传输策略，该方法包含了 Partitioner 和 KeySelector 两个入参，SubTask 在执行 Custom Partition 传输策略时分为两个步骤，每个步骤会使用一个入参。

第一步是使用 KeySelector 获取当前数据的 key，第二步是执行 Partitioner。Partitioner 的入参分别是第一步获取的 key 以及下游算子 SubTask 的个数，返回值是这个 key 对应的数据要被发送到下游算子的 SubTask 下标。

如代码清单 4-37 所示，我们实现了一个根据数值的奇偶将数据发送到不同 SubTask 中的数据传输策略。

代码清单 4-37　Custom Partition 数据传输策略案例

```
env.setParallelism(2);
DataStreamSource<InputModel> source = env.addSource(new UserDefinedSource());
DataStream<InputModel> transformation = source
        .setParallelism(1)
        // 设置数据传输策略为 Custom Partition
        .partitionCustom(
                new Partitioner<Integer>() {
                    @Override
                    public int partition(Integer l, int i) {
                        return l % 2;
                    }
                },
                new KeySelector<InputModel, Integer>() {
                    @Override
                    public Integer getKey(InputModel inputModel) throws Exception {
                        return inputModel.getCounter();
                    }
                }
        );
DataStreamSink<InputModel> sink = transformation.print();
```

运行 Flink 作业，代码如下。

```
// 输入数据
Source[0]> CustomPartitionExamples.InputModel(counter=0, indexOfSourceSubTask=0)
Source[0]> CustomPartitionExamples.InputModel(counter=1, indexOfSourceSubTask=0)
Source[0]> CustomPartitionExamples.InputModel(counter=2, indexOfSourceSubTask=0)
Source[0]> CustomPartitionExamples.InputModel(counter=3, indexOfSourceSubTask=0)
Source[0]> CustomPartitionExamples.InputModel(counter=4, indexOfSourceSubTask=0)
Source[0]> CustomPartitionExamples.InputModel(counter=5, indexOfSourceSubTask=0)
// 输出数据
Sink[0]> CustomPartitionExamples.InputModel(counter=0, indexOfSourceSubTask=0)
Sink[1]> CustomPartitionExamples.InputModel(counter=1, indexOfSourceSubTask=0)
Sink[0]> CustomPartitionExamples.InputModel(counter=2, indexOfSourceSubTask=0)
Sink[1]> CustomPartitionExamples.InputModel(counter=3, indexOfSourceSubTask=0)
Sink[0]> CustomPartitionExamples.InputModel(counter=4, indexOfSourceSubTask=0)
Sink[1]> CustomPartitionExamples.InputModel(counter=5, indexOfSourceSubTask=0)
```

从输出数据来看，Sink[0] 中只会收到 counter 数值为偶数的数据，Sink[1] 中只会收到 counter 数值为奇数的数据。

4.8 数据异步 I/O 处理

在 4.1 ～ 4.7 节数据处理的案例中，数据都是封闭在 Flink 作业内部的算子中进行处理的。在生产环境中，我们在处理数据的时候，会访问一些外部的接口去获取扩展数据。举例来说，在处理用户点击数据流时，需要分析不同年龄段用户的实时点击数据，而年龄段这种数据在原始日志中通常是获取不到的。这类信息通常会作为用户画像存储在数据库或者 K-V 存储引擎中，这就需要 Flink 作业中的算子去访问数据库或者 K-V 存储引擎，如图 4-32 所示。

通过访问外部数据库获取数据的过程，在 Flink 中被称作 I/O 处理。注意，别被 I/O 这个词迷惑，这和 Flink 作业中 Source 算子从数据源存储引擎中获取数据以及 Sink 算子将数据写入数据汇存储引擎的 I/O 是不一样的，此处的 I/O 处理是指在 Map、FlatMap 等算子中处理数据时访问外部的数据库（比如 MySQL）、K-V（比如 Redis）等存储引擎。

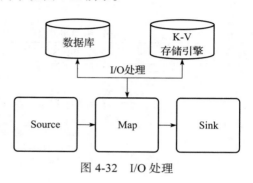

图 4-32　I/O 处理

4.8.1　同步 I/O 处理导致作业低吞吐

I/O 操作常用且简单，我们直接在 Map、FlatMap 这类算子里访问外部的数据库就可以，为什么需要用大篇幅来分析呢？难道 I/O 处理时会出现什么问题吗？

当算子处理数据的吞吐量比较小的时候，Flink 作业运行可能没有什么问题，当吞吐量逐渐变大时，问题就浮现出来了，原因在于对外部数据库或 K-V 引擎的 I/O 访问操作是一个非常耗时的过程。

以 Map 算子为例，在不访问外部存储的情况下，Map 算子的一个 SubTask 峰值吞吐量大约为 10 000QPS（每 0.1ms 处理一条数据）。如果 Map 算子访问数据库，就需要经过网络请求，那么 Map 算子的一个 SubTask 从接收一条数据，到通过网络请求访问数据库并获取数据（一般需要花费 10ms），再到处理数据（0.1ms），所花的时间就会变为 10.1ms，这时 Map 算子的一个 SubTask 峰值吞吐量就变为 100QPS（10ms 处理一条数据）了。不访问外部存储和访问外部存储相比，Map 算子一个 SubTask 的峰值吞吐量下降了 100 倍。

上述 Map 算子访问外部存储引擎的处理过程被称作同步 I/O 处理。如图 4-33 所示，同步 I/O 处理吞吐量低的原因在于每处理 1 条数据，实际上只有 0.1ms 用于处理数据，剩下的 10ms 都在等待数据库返回结果，这 10ms 的时间里什么也不能做，资源被白白浪费了。

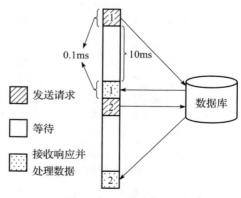

图 4-33　同步 I/O 处理

4.8.2　同步 I/O 处理低吞吐的 4 种解决方案

解决同步 I/O 处理低吞吐问题的常用方案有以下 4 种。

方案 1：提高 Map 算子的并行度。

通过提高 Map 算子并行度，增加 SubTask 的个数来增加吞吐。举例来说，当 Map 算子的并行度为 10 时，Map 算子的每个 SubTask 的峰值吞吐为 100QPS，那么整个 Map 算子的峰值吞吐为 1000QPS。如果这时数据源的峰值为 10 000QPS，那么就可以计算出要将 Map 算子的并行度最少提高到 100 才能处理 10 000QPS 的数据。

提高算子并行度是解决低吞吐问题最简单的一种方案，该方案的缺点在于算子并行度越大，我们需要为这个 Flink 作业分配的资源就越多，需要部署更多的 TaskManager，分配更多的 Task Slot，而同步 I/O 处理不是 CPU 密集型的工作，我们分配的这些资源很多都是闲置状态，存在资源浪费。

方案 2：使用本地缓存（Local Cache）来减少 I/O 请求。

大多数场景中，I/O 处理访问的外部维表中的数据变化频率很低，比如用户画像数据，因此第一次访问之后，就可以将结果缓存在 SubTask 的本地缓存中，这样可以减少 I/O 请求。此外，我们还可以将 I/O 处理的请求参数作为 KeyBy 操作的 key，将相同 key 的数据发送到 I/O 处理算子的同一个 SubTask 中，从而提高本地缓存的命中率。

方案 3：批量访问外部存储。

对外部数据库进行批量访问可以均摊请求结果的返回时间，提高吞吐量。举例来说，假如我们访问的数据库是 Redis，那么可以在 Flink 作业中实现每攒够 20 条数据，使用 Redis 提供的工具 RedisPipeline 批量访问一次 Redis，每次访问只需要花费 10ms，在这 10ms 内就可以处理 20 条数据。相比原本一个 SubTask 每 10ms 只能处理 1 条数据，峰值吞吐量提高了 20 倍。

方案 4：将同步 I/O 处理转换为异步 I/O 处理。

通过异步 I/O 处理的方式增大同时访问数据库的数据量。举例来说，在同步 I/O 处理的过程中，每 10ms 只能发送并接收 1 个数据库请求，当我们将这个过程转变为异步 I/O 处理后，第一个数据库请求发出之后，算子不需要一直等待结果返回，可以继续处理后续的数据，接着对数据库发出请求。只有当数据库请求返回之后，算子才接着处理数据，产出结果。原本只能用于等待的 10ms 时间被充分利用了起来，从而提升了 SubTask 的峰值吞吐量。

方案 1、方案 2 和方案 3 不属于本节的重点，不再赘述，本节主要聚焦于方案 4 中的异步 I/O 处理。

4.8.3　异步 I/O 处理原理

如图 4-34 所示，图左是 SubTask 进行同步 I/O 处理的过程，图右是 SubTask 进行异步 I/O 处理的过程。图左的 SubTask 在收到第一条数据后会向数据库发送一个请求，然后一直等待请求返回结果。而图右的 SubTask 在收到第一条数据，向数据库发起请求后，还可以接着处理第二条数据，SubTask 在等待第一条请求返回的时间中可以处理后续的数据，这样原本被浪费的等待时间也会被充分利用起来。

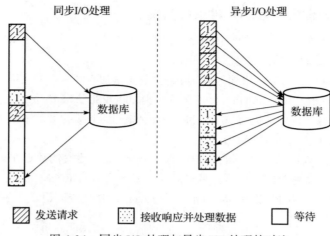

图 4-34　同步 I/O 处理与异步 I/O 处理的对比

4.8.4　异步 I/O 处理 API

　　Flink 异步 I/O 处理的 API 和 DataStream 进行了良好的集成。同时，为了实现与外部数据库进行异步 I/O 的交互，通常需要数据库提供可以支持异步请求的客户端。许多主流数据库都提供了异步 I/O 客户端，Flink 算子需要使用异步 I/O 客户端来发起异步请求，如果数据库没有提供异步 I/O 客户端，我们也可以通过线程池同步调用的方式，将同步调用的过程转换为异步调用。

　　我们分别来看下面两种场景下异步 I/O 处理 API 的案例。

1. 数据库具备异步 I/O 客户端的异步 I/O 处理

　　如代码清单 4-38 所示，Flink 异步 I/O 处理为我们提供了一个特殊的 AsyncDataStream，在 AsyncDataStream 中提供了 SingleOutputStreamOperator<OUT> unorderedWait(DataStream<IN> in, AsyncFunction<IN, OUT> func, long timeout, TimeUnit timeUnit, int capacity) 和 SingleOutputStream-Operator<OUT> orderedWait(DataStream<IN> in, AsyncFunction<IN, OUT> func, long timeout, TimeUnit timeUnit, int capacity) 方法。我们使用上述两个方法的任意一个就可以增加一个具备异步 I/O 处理能力的算子。方法入参 IN 是该算子输入数据流的数据类型，方法入参 OUT 是经过异步 I/O 算子处理后输出数据流的数据类型。

代码清单 4-38　数据库具备异步 I/O 客户端的异步 I/O 处理案例

```
public static void main(String[] args) throws Exception {
    ...
    DataStreamSource<InputModel> source = env.addSource(new UserDefinedSource());
    // 方法 1：AsyncDataStream.unorderedWait
    DataStream<Tuple2<InputModel, String>> transformation = AsyncDataStream.
        unorderedWait(
            source, new AsyncDatabaseRequest(), 1000, TimeUnit.MILLISECONDS, 100);
    // 方法 2：AsyncDataStream.orderedWait
    DataStream<Tuple2<InputModel, String>> transformation = AsyncDataStream.
        orderedWait(
```

```java
            source, new AsyncDatabaseRequest(), 1000, TimeUnit.MILLISECONDS, 100);
    DataStreamSink<Tuple2<InputModel, String>> sink = transformation.print();
    ...
}
private static class AsyncDatabaseRequest extends RichAsyncFunction<InputModel,
    Tuple2<InputModel, String>> {
    /** 异步 I/O 客户端 */
    private transient DatabaseClient client;
    @Override
    public void open(Configuration parameters) throws Exception {
        super.open(parameters);
        // 新建并打开数据库客户端连接
        this.client = new DatabaseClient(host, post);
        this.client.open();
    }
    @Override
    public void asyncInvoke(InputModel input, ResultFuture<Tuple2<InputModel,
        String>> resultFuture) throws Exception {
        // 异步 I/O 的客户端发起请求得到 Future<String>
        final Future<String> result = client.query(input.getCounter());
        CompletableFuture.supplyAsync(new Supplier<String>() {
            @Override
            public String get() {
                try {
                    return result.get();
                } catch (InterruptedException | ExecutionException e) {
                    // 如果发生异常，返回 null
                    return null;
                }
            }
        }).thenAccept((String dbResult) -> {
            // 从数据库获取结果后的回调函数
            // 将结果传递给 resultFuture
            resultFuture.complete(Collections.singleton(new Tuple2<>(input,
                dbResult)));
        });
    }
    // 重写 timeout() 方法
    @Override
    public void timeout(InputModel input, ResultFuture<Tuple2<InputModel,
        String>> resultFuture) throws Exception {
        resultFuture.complete(Collections.singleton(new Tuple2<>(input, "UNKNOWN")));
    }
    @Override
    public void close() throws Exception {
        super.close();
        // 关闭客户端连接
        this.client.close();
    }
}
```

用户需要实现的就是 AsyncFunction 中的 asyncInvoke(IN input, ResultFuture<OUT> resultFuture)

方法，方法入参 input 是输入数据，resultFuture 是请求数据库并获取数据之后的回调函数。我们需要在该方法内通过异步客户端去请求数据库，并在获取数据库返回结果后回调 resultFuture，将数据结果发出。

　　timeout 是超时参数，timeUnit 是超时参数的单位，这两个参数用于定义异步请求的超时时间，避免处理数据的流程卡住。举例来说，当请求一直得不到响应时，通过超时功能可以让 SubTask 主动抛出超时的异常，防止作业卡死。注意，默认情况下，一旦超时抛出异常，Flink 就会重启作业，对此 Flink 也提供了超时异常的处理方法，我们可以重写 AsyncFunction 中的 timeout() 方法来主动处理异常。

　　capacity 是容量参数，用于定义可以同时进行的异步 I/O 请求数。配置合理的 capacity 可以限制并发请求的数量，避免流量突然增大给数据库造成请求压力，能够确保 Flink 作业以及数据库的稳定性。

2. 数据库不具备异步 I/O 客户端的异步 I/O 处理

　　在数据库没有提供异步客户端的情况下，我们需要使用线程池来将客户端发起请求的过程变为一个异步过程，如代码清单 4-39 所示。

代码清单 4-39　数据库不具备异步 I/O 客户端的异步 I/O 处理案例

```
private static class AsyncDatabaseRequest extends RichAsyncFunction<InputModel,
    Tuple2<InputModel, String>> {
    private transient ExecutorService threadPool;
    /** 没有提供异步 I/O 能力的客户端 */
    private transient DatabaseClient client;
    @Override
    public void open(Configuration parameters) throws Exception {
        super.open(parameters);
        // 初始化一个线程池
        this.threadPool = Executors.newCachedThreadPool();
        // 新建并打开数据库客户端连接
        this.client = new DatabaseClient(host, post);
        this.client.open();
    }
    @Override
    public void asyncInvoke(InputModel input, ResultFuture<Tuple2<InputModel,
        String>> resultFuture) throws Exception {
        final Future<String> result = this.threadPool.submit(new Callable<String>() {
            @Override
            public String call() throws Exception {
                return client.query(input.getCounter());
            }
        });
        CompletableFuture.supplyAsync(new Supplier<String>() {
            @Override
            public String get() {
                try {
                    return result.get();
                } catch (InterruptedException | ExecutionException e) {
                    // 如果发生异常，返回 null
```

```
                    return null;
                }
            }
        }).thenAccept((String dbResult) -> {
            // 从数据库获取结果后的回调函数
            // 将结果传递给 resultFuture
            resultFuture.complete(Collections.singleton(new Tuple2<>(input, dbResult)));
        });
    }
    @Override
    public void timeout(InputModel input, ResultFuture<Tuple2<InputModel,
        String>> resultFuture) throws Exception {
        resultFuture.complete(Collections.singleton(new Tuple2<>(input, "UNKNOWN")));
    }
    @Override
    public void close() throws Exception {
        super.close();
        this.client.close();
    }
}
```

4.8.5　异步 I/O 处理 API 的注意事项

1. 产出数据的顺序保障

我们可以使用 AsyncDataStream.unorderedWait() 和 AsyncDataStream.orderedWait() 两个方法来构建具备异步 I/O 处理能力的算子，这两个方法的差异就和本节讨论的产出数据的顺序保障息息相关。产出数据的顺序保障所讨论的问题是异步 I/O 算子输入数据的顺序和经过异步 I/O 算子处理后的输出结果的顺序是否一致。

很多读者会想到，Map、FlatMap、Filter 这类常见的数据转换算子在处理数据的时候都是按照顺序一条一条处理的，输出数据的顺序和输入的顺序一致，难道经过异步 I/O 算子处理后数据的顺序会被打乱？

答案是肯定的，确实存在乱序的可能，原因在于异步 I/O 算子同时发出多个请求的返回时间是不确定的。举例来说，假如第一条数据发出 I/O 请求后的响应时长为 20ms，第二条数据发出 I/O 请求后的响应时长为 10ms，那么这时候就会碰到一个问题：异步 I/O 算子是直接输出第二条数据的计算结果，还是让第二条数据等着，直到第一条数据的 I/O 请求返回后，再按照顺序输出第一条数据以及第二条数据的计算结果呢？

针对这个问题，Flink 提供了两种模式来控制结果数据以何种顺序发出。

（1）有序模式　AsyncDataStream.orderedWait() 方法代表有序模式。在有序模式下，可以保证产出结果数据流中数据的顺序和输入数据流中数据的顺序相同。以上述案例来说，虽然第二条数据 I/O 请求的结果会先返回，但是异步 I/O 算子会将第二条数据的结果保存下来，直到第二条数据之前的所有数据的计算结果都发出（包括超时）后，才会发出第二条数据的计算结果。

有序模式适用于对数据产出顺序有严格要求的场景。比如，异步 I/O 算子输入的 3 条数据顺序分别为创建商品订单、用户支付商品订单、商品订单退款，那么在这种场景下就会严格要求产出数据的顺序，否则可能会导致计算结果错误。注意，在有序模式下，由于异步 I/O 算子要缓存数据结果，所以数据的产出延迟会比较高。

（2）无序模式 AsyncDataStream.unorderedWait() 方法代表无序模式。在无序模式下，异步 I/O 请求一结束就会立刻发出计算结果。以上述案例来说，第二条数据处理完成之后会先发出，然后输出第一条数据的结果，因此输入数据流中的数据顺序在经过异步 I/O 算子处理之后可能会发生改变。无序模式相比有序模式在数据产出延迟和性能开销上具有优势，如果我们对输出数据的顺序没有要求，可以选择无序模式。

2. 无序模式与事件时间的关系

有的 Flink 作业中包含事件时间的时间窗口算子，时间窗口算子对于输入数据的乱序是非常敏感的，因为严重的数据乱序会导致时间窗口算子产出错误的结果。那么如果我们使用了无序模式下的异步 I/O 算子，并且在异步 I/O 算子之后使用时间窗口算子，是不是就会导致时间窗口算子产出错误的结果呢？

答案是否定的。虽然是无序模式，但是异步 I/O 算子依然可以保证事件时间语义下时间窗口计算结果的正确性。当使用了无序模式的异步 I/O 算子时，异步 I/O 算子可以通过 Watermark 建立数据产出顺序的边界，相邻的两个 Watermark 之间的数据可能是无序的，但是同一个 Watermark 前后的数据依然可以保证有序。举例来说，在无序模式下，异步 I/O 算子输入数据的顺序为 A、B、C、D，在 B、C 间有一个 Watermark 时，输出数据的顺序可能为 B、A、D、C 或者 B、A、C、D，但是不可能是 A、C、B、D，因为 B、C 间的 Watermark 会保证先输出 A、B，再输出 Watermark，最后输出 C、D。通过这种机制就能保证事件时间语义下时间窗口算子计算结果的正确性。

3. 避免使用同步阻塞的方式等待 I/O 请求返回

异步 I/O 算子执行时，对于输入数据流中的每一条数据，是以单线程调用 AsyncFunction 的 asyncInvoke() 方法，并非多线程调用。因此在 asyncInvoke() 方法中实现逻辑如果是使用同步阻塞的方式等待 I/O 请求返回，就和同步 I/O 处理没有区别了，所以在实现 asyncInvoke() 方法时一定要注意以下两点。

❑ 不要直接使用同步数据库客户端发起 I/O 请求，因为同步数据库客户端会在 I/O 请求返回前一直阻塞 Flink 客户端。

❑ 在使用了异步客户端的情况下，异步客户端方法会返回 Future，不要以阻塞的形式去等待 Future 返回结果，比如不能直接对 Future 对象使用 Future.get() 方法。

4.9　RichFunction

无论数据转换处理还是数据异步 I/O 处理，需要用户做的都是在 Flink DataStream API 提供的各种 Function 中实现数据处理的逻辑。除了 Function 之外，Flink 还为我们提供了功能更加强大的 RichFunction（富函数）。在 Flink DataStream API 中，Function 都有一个对应的 RichFunction，比如 MapFunction、FlatMapFunction、AsyncFunction 分别对应 RichMapFunction、RichFlatMapFunction、RichAsyncFunction。RichFunction 其实就是在原本的 Function 前添加了

一个 Rich 前缀，而且我们可以直接将之前代码案例中的 implement MapFunction 替换为 extends RichMapFunction，不会报错并且运行结果一致。

那么我们为什么要"多此一举"把原本的 Function 替换为 RichFunction 呢？

如代码清单 4-40 所示，我们来看 RichFunction 接口的定义，RichFunction 接口继承自 Function 接口，相比于 Function 接口多了 5 个函数。

代码清单 4-40　RichFunction 接口定义

```
public interface RichFunction extends Function {
    void open(Configuration parameters):
    void close() throws Exception;
    RuntimeContext getRuntimeContext();
    IterationRuntimeContext getIterationRuntimeContext();
    void setRuntimeContext(RuntimeContext t);
}
```

RichFunction 基于这 5 个函数，为 Function 扩展了两个重要功能，分别是自定义函数的生命周期和 SubTask 运行时上下文。

1. 自定义函数的生命周期

RichFunction 通过 open() 和 close() 两个方法为用户自定义函数提供了生命周期。在算子的 SubTask 初始化的阶段，我们通过 open() 方法可以加载一些外部资源，比如与外部的数据库建立连接。在 SubTask 运行阶段，可以直接使用初始化阶段加载好的资源来处理数据。在算子的 SubTask 停止阶段，我们通过 close() 方法可以与数据库断开连接，释放资源。

❑ open(Configuration parameters)：算子的 SubTask 在初始化阶段调用一次。我们可以从 parameters 中获取 Flink 作业的全局参数。

❑ close()：算子的 SubTask 失败或者停止时，调用一次。

关于 open() 和 close() 方法的使用案例，可以参考 4.8.4 节异步 I/O 处理 API 的案例，在异步 I/O 处理的两个案例中，我们使用了 open() 方法与数据库建立连接，使用 close() 方法与数据库断开连接。

2. SubTask 运行时上下文

SubTask 运行时上下文其实就是 SubTask 的环境信息。通过 SubTask 运行时上下文我们可以获取当前算子的并行度、用户自定义函数名称、当前 SubTask 的下标等各种 SubTask 运行时的环境信息。值得一提的是，SubTask 运行时上下文还提供了一个强大的功能——状态，我们可以从中创建状态数据，访问并更新状态中的数据，关于状态的操作我们将在第 6 章学习。

除了 open() 和 close() 方法，RichFunction 的另外 3 个方法是和 SubTask 上下文相关的。

❑ setRuntimeContext(RuntimeContext t)：算子的 SubTask 在初始化时会调用该方法传入上下文信息，用户不需要实现此方法。

❑ RuntimeContext getRuntimeContext()：RuntimeContext 是 SubTask 运行时上下文，该方法是我们在流处理作业中常用的方法，我们可以从 RuntimeContext 中获取 SubTask 的名称、下标、性能指标以及状态数据。

❑ IterationRuntimeContext getIterationRuntimeContext()：该方法是批处理作业中使用的上下文信息。

在流处理作业中，我们主要使用 getRuntimeContext() 方法，如代码清单 4-41 所示是关于 getRuntimeContext() 方法的使用案例。

代码清单 4-41　getRuntimeContext() 方法使用案例

```
StreamExecutionEnvironment env = StreamExecutionEnvironment.getExecutionEnvironment();
env.setParallelism(2);
// 设置 Flink 作业的全局参数
Configuration conf = new Configuration();
conf.setString("global-params-1", "value");
env.getConfig().setGlobalJobParameters(conf);
DataStream<String> source = env.addSource(new UserDefinedSource());
DataStream<String> transformation = source.map(
        new RichMapFunction<String, String>() {
            @Override
            public void open(Configuration parameters) throws Exception {
                super.open(parameters);
                // 获取当前 SubTask 的下标
                int indexOfThisSubtask = getRuntimeContext().getIndexOfThisSubtask();
                // 获取当前算子的最大并行度
                int maxNumberOfParallelSubtasks = getRuntimeContext().
                    getMaxNumberOfParallelSubtasks();
                // 获取当前算子的并行度
                int numberOfParallelSubtasks = getRuntimeContext().
                    getNumberOfParallelSubtasks();
                // 获取 Flink 作业的全局参数
                String globalParams1 = getRuntimeContext().getExecutionConfig().
                    getGlobalJobParameters().toMap().get("global-params-1");
                // 获取当前算子的 Task、SubTask 的名称
                String taskName = getRuntimeContext().getTaskNameWithSubtasks();
                System.out.println("indexOfThisSubtask:" + indexOfThisSubtask);
                System.out.println("maxNumberOfParallelSubtasks:" +
                    maxNumberOfParallelSubtasks);
                System.out.println("numberOfParallelSubtasks:" +
                    numberOfParallelSubtasks);
                System.out.println("globalParams1:" + globalParams1);
                System.out.println("taskName:" + taskName);
            }
            @Override
            public String map(String value) throws Exception {
                return value;
            }
        }
);
env.execute();
```

运行 Flink 作业并查看控制台的输出结果。

```
indexOfThisSubtask:0
```

```
maxNumberOfParallelSubtasks:128
numberOfParallelSubtasks:2
globalParams1:value
taskName:Map (1/2)#0

indexOfThisSubtask:1
maxNumberOfParallelSubtasks:128
numberOfParallelSubtasks:2
globalParams1:value
taskName:Map (2/2)#0
```

建议在生产环境中直接使用 RichFunction 而非 Function。

4.10　数据序列化

　　Flink 是一个分布式的数据处理引擎，上下游算子的 SubTask 之间会使用各种数据传输策略通过网络传输数据，而在网络中，数据只能以二进制的形式进行传输，因此，上下游算子 SubTask 之间的数据传输过程势必会涉及数据的序列化和反序列化。

　　如图 4-35 所示，在 Flink 作业运行时，上游算子的 SubTask 发送数据时会将 Java 对象转换为二进制数据，这个过程称作序列化（Serialization），然后经过网络传输，到达下游算子的 SubTask 后，下游算子的 SubTask 将二进制数据转换为 Java 对象，这个过程称作反序列化（Deserialization）。关于数据的序列化和反序列化过程，后文统称为数据的序列化过程。

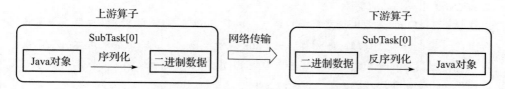

图 4-35　上下游算子 SubTask 传输数据的过程

　　读者是不是觉得图 4-36 似曾相识？没错，如图 4-36 所示，在学习从 Kafka 中读取数据以及向 Kafka 写入数据的时候，我们提到过关于 Kafka 数据的序列化过程，Kafka 数据的序列化过程也涉及将二进制数据反序列化为 Java 对象以及将 Java 对象序列化为二进制数据的操作。

　　但是这两种序列化是完全不同的。Flink 从 Kafka 中读取数据、向 Kafka 写入数据的序列化过程是 Flink 的 Source 和 Sink 算子与 Kafka Topic 进行数据交换时发生的，而是否需要进行数据序列化以及按照什么样的方式进行数据序列化则与数据源、数据汇存储引擎密切相关。本节提到的数据序列化过程是在 Flink 算子的 SubTask 之间进行数据交换时发生的，两种数据序列化发生的背景、时间、地点都是不同的。

　　在明确了本节讨论的 SubTask 之间的数据序列化问题之后，相信有读者会注意到，在前面的 Flink 代码案例中，只编写了数据处理逻辑，并没有体现 SubTask 之间的数据序列化过程，SubTask 之间的数据序列化是自动完成的，那么 SubTask 是如何自动对数据进行序列化的呢？

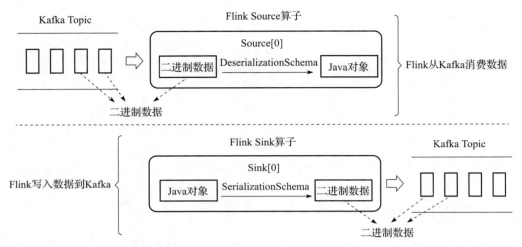

图 4-36　Flink 读取、写入数据的序列化过程

作为一个成熟的大数据流处理框架，Flink 为我们构建了一套完整且高效的数据序列化机制，因此在大多数情况下我们不需要关心数据的序列化过程，也不需要为序列化过程添加额外的代码片段。本节我们系统地学习 SubTask 之间的数据序列化机制。

> **注意** 除了上下游算子的 SubTask 在网络传输过程中会涉及数据的序列化过程，还有以下两种场景也会使用相同的机制进行序列化。
>
> ❑ 场景 1：Flink 作业中状态数据的持久化以及 Flink 作业异常容错从快照中恢复状态数据的过程也会涉及数据的序列化。在 Flink 流处理作业中，一般会定时地将状态数据序列化存储到远程分布式文件系统上，以便 Flink 作业在发生故障时可以从远程分布式文件系统上重新获取状态数据，然后恢复作业。
>
> ❑ 场景 2：如果一个 SubTask 中运行了算子链，那么算子链中的不同算子在传输数据时也需要进行数据序列化。

4.10.1　Flink 数据序列化机制的诞生过程

我们思考这样一个问题：如果我们自己去实现数据的序列化机制，有哪些方案呢？

相信很多人的答案中会出现 Java 序列化、Kryo、Apache Avro 等一系列已经非常成熟的序列化框架的名字。这几种序列化框架使用起来确实非常方便，在很多应用场景中我们会使用这些序列化框架来序列化数据。这 3 种框架虽然使用起来方便，但是作为通用的数据序列化框架，在性能上总会做一些妥协，Flink 为了实现更优的数据序列化性能，自己实现了一套数据序列化机制，这套机制的核心步骤如下。

第一步，分析算子间传输数据的数据类型。

为什么要分析数据类型呢？答案很容易理解，我们对一条数据所包含的字段类型了解得越清楚，就越有机会找到这些字段最优的序列化方法。举例来说，如代码清单 4-42 所示，算子间使用了 Order 类进行数据传输，Order 类中包含 id、num、name 共 3 个不同类型的字段，当 Flink 能够精准分析出 Order 类中 3 个字段的数据类型分别为 long、int 和 String 时，就能找到 long、int、String 数据类型"在这个世界上最快的序列化方法"，进而对 id、num、name 字段进行序列化，这样就能使 Order 类的序列化速度达到极致。

代码清单 4-42　算子间使用了 Order 类进行数据传输

```java
public static void main(String[] args) throws Exception {
    StreamExecutionEnvironment env = StreamExecutionEnvironment
            .getExecutionEnvironment();
    DataStream<Order> source = env.addSource(new UserDefinedSource());
    DataStream<Order> transformation = source.filter(...);
    ...
}
public static class Order {
    public long id;        //订单 id
    public int num;        //订单数量
    public String name;    //订单名称
}
```

那么 Flink 是如何精准分析算子间传输数据的数据类型的呢？

Flink 在解析用户编写的自定义函数时，会通过自定义函数的方法签名去获取并自动解析算子的输出数据类型，最终用 TypeInformation<T> 来存储数据的数据类型信息，TypeInformation <T> 抽象类是 Flink 数据类型系统的核心，算子间传输数据的数据类型都会被 Flink 解析为一个个具体的 TypeInformation<T> 实现类。以 source.map(new RichMapFunction<String, String>() {...}) 代码片段为例，Flink 会自动通过 RichMapFunction<String, String> 的签名推断出 Map 算子的输出数据类型为 String，最终创建一个 BasicTypeInfo<String> 来代表 String 数据类型，BasicTypeInfo 继承自 TypeInformation 抽象类。

第二步，依据第一步分析得到的数据类型，创建该数据类型的序列化器。

序列化器是对数据进行序列化和反序列化的组件。第一步完成后，Flink 会使用 TypeInformation<T> 中的 TypeSerializer<T> createSerializer(ExecutionConfig config) 方法为该数据类型构建序列化器，方法返回值 TypeSerializer<T> 就是序列化器，当 SubTask 在运行时，会使用 TypeSerializer<T> 来序列化和反序列化数据。

以第一步中 source.map(new RichMapFunction<String, String>() {...}) 代码片段为例，我们已经获取到 BasicTypeInfo<String>，接下来调用 BasicTypeInfo<String> 的 createSerializer(Execution-Config config) 方法就可以创建 StringSerilizer 作为算子间的数据序列化器，StringSerilizer 继承自 TypeSerializer 抽象类。

4.10.2　Flink 支持的 7 种数据类型

Flink 实现高效序列化的思路就是精准分析算子间传输的数据类型，而为了准确识别数据类型，Flink 将常见的数据类型划分为以下几种。

1. 基础类型

基础类型包含所有 Java 的基础类型[⊖]，包括装箱和未装箱的类型，如 int、Integer、double、Double 等。基础类型的 TypeInformation<T> 实现类为 BasicTypeInfo<T>，以 int 为例，int 对应的类型为 IntegerTypeInfo<Integer>，IntegerTypeInfo<Integer> 继承自 BasicTypeInfo<T>。Flink 通过 Integer-TypeInfo<Integer> 的 createSerializer 方法可以创建 int 类型数据的序列化器 IntSerializer。

2. 数组类型

数组类型包含基础类型的数组、对象数组，比如 int[]、Integer[] 或者 Object[]。数组类型对应的 TypeInformation<T> 实现类为 BasicArrayTypeInfo<T, C>。

3. 复合类型

复合类型是其他数据类型组合而成数据类型，包含以下 4 种。

- Tuple：Flink DataStream API 提供的工具类，称作元组，Java 和 Scala 中都有这个类型。Flink 支持从 Tuple0、Tuple1、Tuple2 一直到 Tuple25 的元组，后面的数字标识了元组中包含的字段个数。举例来说，有一个 Tuple2<String, Long> 类型的变量 t，那么 t 中会包含 f0、f1 两个字段，f0 的类型为 String，f1 的类型为 Long，在实际使用时可以用 t.f0、t.f1 来分别访问 f0 和 f1 字段。再以 Tuple3 和 Tuple5 举例，我们分别定义 Tuple3<Double, Long, String>、Tuple5<Double, Long, String, Double, Integer>，元组使用起来很简洁，是生产环境中常用的工具类之一。
- Row：Flink 对于 Tuple 的扩展，不同之处在于 Row 支持任意数量的字段。
- Scala case class：几乎不使用，不再赘述。
- Java POJO：用户自定义的 Java 类，如果需要被 Flink 识别为 POJO 类型，对 Java 类有以下 4 条限制。
  - 类的签名必须为 public。
  - 必须有一个 public 的无参构造函数。
  - 类中的所有字段要么是 public，要么提供对应的 getter() 和 setter() 方法。比如代码清单 4-42 中的 Order 类，类中 name 字段的签名如果为 private，那么必须要为 name 字段提供 String getName() 和 setName(String name) 方法。
  - 所有已有的字段必须是 Flink 支持的数据类型。

4. 辅助类型

Java 中的 Map、List 等，Scala 中的 Option、Either 等。

5. Hadoop Writable 类型

Flink 支持对实现了 org.apache.hadoop.Writable 接口的数据类型进行序列化，在 SubTask 运行时会使用 org.apache.hadoop.Writable 接口中 write() 和 readFields() 方法来对数据序列化。

6. Value 类型

Value 类型是指实现了 org.apache.flink.types.Value 接口的数据类型，Value 接口中包含了 read()

⊖ 对于本章出现的 Java 类，读者可以去 Flink 源码中搜索并查阅，做到理论与实践结合。

和 write() 两个方法。当 Flink 检测到数据类型实现了 Value 接口时，会使用 read() 和 write() 两个方法对数据进行序列化。

7. 其他类型

不能被识别为 POJO 类型的类会被识别为其他类型，Flink 认为这些数据类型是黑盒的，因此会使用序列化框架 Kryo 对这类数据进行序列化和反序列化。

我们看一下 Flink 识别出的数据类型在数据序列化时的性能表现，如图 4-37 所示。

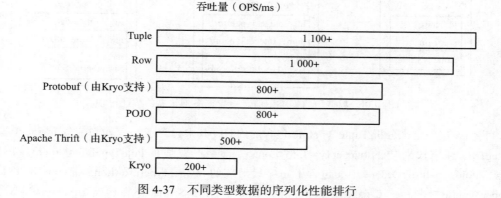

图 4-37　不同类型数据的序列化性能排行

4.10.3　TypeInformation 与 TypeSerializer

在学习 Flink 划分的 7 种数据类型时，int、long 这种基础类型的 TypeInformation 和 TypeSerializer 的构建过程比较容易理解，但是日常开发中的数据类型是一层嵌套一层的，非常复杂，那么 Flink 构建 TypeInformation 和 TypeSerializer 的过程又是怎样的呢？

如代码清单 4-43 所示，我们以 Source 算子输出的 Tuple3<Integer, Long, Order> 数据类型为例，分析其构建过程。

代码清单 4-43　算子间传输的数据类型为复杂嵌套类型

```java
public static void main(String[] args) throws Exception {
    ...
    DataStream<Tuple3<Integer, Long, Order>> source = env.addSource(new
        UserDefinedSource());
    DataStream<String> transformation = source.map(v -> v.f2.name);
    DataStreamSink<String> sink = transformation.print();
    ...
}
public static class Order {
    public long id;
    public int num;
    public String name;
}
```

如图 4-38 所示，Flink 会为 Tuple3<Integer, Long, Order> 数据类型构建一个嵌套层级和原始数据一模一样的 TupleTypeInfo<Tuple3<Integer, Long, Order>> 以及 TupleSerializer<Tuple3<Integer, Long, Order>> 来作为该数据的类型信息和序列化器。

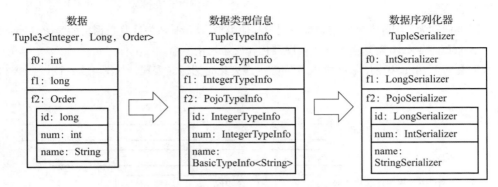

图 4-38　数据→数据类型信息→数据序列化器的构建过程

我们一层一层来分析 TupleTypeInfo 包含的内容，其中包含了 f0 字段对应的 IntegerTypeInfo <Integer>、f1 字段对应的 IntegerTypeInfo<Long>、f2 字段对应的 PojoTypeInfo<Order>。再深入一层，PojoTypeInfo<Order> 中又包含了 id 字段对应的 IntegerTypeInfo<Long>、num 字段对应的 IntegerTypeInfo<Integer>、name 字段对应的 BasicTypeInfo<String>。在构建 TupleTypeInfo 之后，Flink 会使用 TupleTypeInfo 的 createSerializer 方法构建 TupleSerializer，TupleSerializer 的嵌套层级和 TupleTypeInfo 的嵌套层级也是相同的。

总结一下 Flink 为复杂数据类型创建数据类型信息以及序列化器的流程，Flink 遍历、深挖以及分析数据字段及其类型，并按照数据原本的嵌套逻辑和字段顺序，为该类型构建相同结构的 TypeInformation 以及 TypeSerializer。

接 下 来 看 一 下 SubTask 使 用 TupleSerializer<Tuple3<Integer, Long, Order>> 对 Tuple3<Integer, Long, Order> 数据进行序列化的过程，如图 4-39 所示。

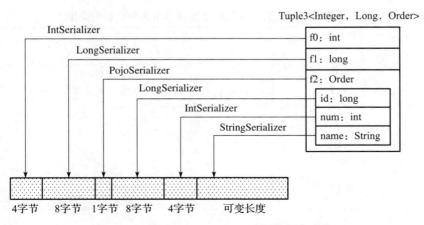

图 4-39　使用 TypeSerializer 进行数据序列化

值得一提的是，如果对数据类型的划分规则比较模糊，想知道 Flink 为每种数据类型到底构建了什么样的 Typeinformation 和 TypeSerializer，可以使用代码清单 4-44 所示的方式直接获取对应数据类型的 Typeinformation 和 TypeSerializer，其中 TypeHint 是 Flink 提供的工具类，我们可以将实际数据类型放在 TypeHint 的签名中，Flink 会自动从签名中提取类型信息。

代码清单 4-44　获取 Typeinformation 以及 TypeSerializer 的方法

```
StreamExecutionEnvironment env = StreamExecutionEnvironment.getExecutionEnvironment();
// 获取 Tuple3<Integer, Long, Order> 的 TypeInformation
TypeInformation<Tuple3<Integer, Long, Order>> typeInformation = TypeInformation.of(
        new TypeHint<Tuple3<Integer, Long, Order>>() {
            });
// 根据 TypeInformation 构建对应的 TypeSerializer
TypeSerializer<Tuple3<Integer, Long, Order>> typeSerializer = typeInformation.
    createSerializer(env.getConfig());
```

4.10.4　Java Lambda 表达式对数据序列化的影响

Java 8 引入了 Lambda 表达式，代码非常简洁、清晰。Flink 支持对 Java DataStream API 的所有算子使用 Lambda 表达式，但是当 Lambda 表达式中使用了 Java 泛型时，Flink 无法从 Lambda 表达式中获取泛型的数据类型，这时，Flink 就不知道怎样去序列化数据了，会导致 Flink 作业报错。

举例来说，如代码清单 4-45 所示，没有泛型的 Lambda 表达式可以成功运行。

代码清单 4-45　没有泛型的 Lambda 表达式

```
env.fromElements(1, 2, 3, 4, 5, 6)
    .map(i -> i+1)
    .print();
```

如代码清单 4-46 所示，如果使用有泛型的 Lambda 表达式，Map 算子输出结果的数据类型是 Tuple2<Integer, Integer>，是一个泛型类，那么在 JVM 编译时就会抹掉 Tuple2<Integer, Integer> 中的 Integer 类型信息，只剩下 Tuple2，这时 Flink 解析类型信息时就不能判断出 Tuple2 中 f0 和 f1 字段的具体类型了。

代码清单 4-46　有泛型的 Lambda 表达式

```
import org.apache.flink.api.common.functions.MapFunction;
import org.apache.flink.api.java.tuple.Tuple2;
env.fromElements(1, 2, 3)
    .map(i -> Tuple2.of(i, i))
    .print();
```

运行代码清单 4-46 的 Flink 作业时会报错。

```
Caused by: org.apache.flink.api.common.functions.InvalidTypesException: The
    generic type parameters of 'Tuple2' are missing. In many cases lambda
    methods don't provide enough information for automatic type extraction
```

```
when Java generics are involved. An easy workaround is to use an (anonymous)
class instead that implements the 'org.apache.flink.api.common.functions.
MapFunction' interface. Otherwise the type has to be specified explicitly
using type information.
```

针对上述问题，Flink 提供的解决方案有以下 3 种，总结来说就是显式地将函数的类型信息声明出来。

第一种解决方案是不使用 Lambda 表达式，推荐使用这种方案。如代码清单 4-47、代码清单 4-48 所示，不使用 Lambda 表达式，使用匿名内部类或者定义新的类来实现用户自定义函数，Flink 就可以从类签名中获取足够的类型信息。

代码清单 4-47　使用新类实现用户自定义函数

```
import org.apache.flink.api.common.typeinfo.Types;
import org.apache.flink.api.java.tuple.Tuple2;
env.fromElements(1, 2, 3)
    .map(new MyTuple2Mapper())
    .print();
public static class MyTuple2Mapper extends MapFunction<Integer, Tuple2<Integer,
    Integer>> {
    @Override
    public Tuple2<Integer, Integer> map(Integer i) {
        return Tuple2.of(i, i);
    }
}
```

代码清单 4-48　使用匿名内部类实现用户自定义函数

```
env.fromElements(1, 2, 3)
    .map(new MapFunction<Integer, Tuple2<Integer, Integer>> {
        @Override
        public Tuple2<Integer, Integer> map(Integer i) {
            return Tuple2.of(i, i);
        }
    })
    .print();
```

第二种解决方案是使用 DataStream.returns() 方法声明算子返回结果的数据类型。如代码清单 4-49 所示，我们依然可以使用 Lambda 表达式，但是需要在输出数据类型为泛型的用户自定义函数后面使用 DataStream.returns() 方法声明函数返回结果的数据类型。

代码清单 4-49　使用 DataStream.returns() 方式声明函数返回结果的数据类型

```
import org.apache.flink.api.common.typeinfo.Types;
import org.apache.flink.api.java.tuple.Tuple2;
env.fromElements(1, 2, 3)
    .map(i -> Tuple2.of(i, i))
    // 使用 returns() 方法显式返回数据类型，其中 Types.TUPLE 是构建 TypeInformation 的工具类
    .returns(Types.TUPLE(Types.INT, Types.INT))
    .print();
```

第三种解决方案是使用一个新类继承泛型类，在类签名上体现数据类型，如代码清单 4-50 所示。

代码清单 4-50　使用新类继承泛型类

```
env.fromElements(1, 2, 3)
    .map(i -> new DoubleTuple(i, i))
    .print();
public static class DoubleTuple extends Tuple2<Integer, Integer> {
    public DoubleTuple(int f0, int f1) {
        this.f0 = f0;
        this.f1 = f1;
    }
}
```

4.10.5　使用注意事项

在 4.10.2 节提到 Flink 将数据类型分为 7 类去实现极致的数据序列化性能，而我们常用的 Protobuf 和 Thrift 数据类型，会被 Flink 识别为第 7 类。当使用 Kryo 序列化 Protobuf 或者 Thrift 时，要么因数据类型识别不准而报错，要么序列化性能很差，针对这两种常用的数据类型，我们通常会自定义对应的序列化器。

以 Protobuf 为例，代码清单 4-51 是名为 KafkaSourceModel 的 Protobuf Message 定义。

代码清单 4-51　KafkaSourceModel 的 Protobuf Message 定义

```
message KafkaSourceModel {
    string name = 1;
    repeated string names = 2;
    map<string, int32> si_map = 7;
}
```

当使用 KafkaSourceModel 作为算子间传输的数据时，Kryo 序列化器会抛出代码清单 4-52 中的异常。原因是 KafkaSourceModel 中的 names 是 repeated 类型，那么 Protobuf 内部会使用 UnmodifiableCollection，这是一种不支持修改的集合类型。而 Kryo 中并没有包含 Unmodifiable-Collection 的序列化器，Kryo 会默认使用 CollectionSerializer 去序列化 UnmodifiableCollection。CollectionSerializer 在序列化 UnmodifiableCollection 期间会调用 UnmodifiableCollection 的 add() 方法，而 UnmodifiableCollection 禁止添加数据，最终导致报错。

代码清单 4-52　Kryo 序列化器对 KafkaSourceModel 进行序列化时报错

```
Caused by: java.lang.UnsupportedOperationException
    at java.util.Collections$UnmodifiableCollection.add(Collections.java:1055)
    at com.esotericsoftware.kryo.serializers.CollectionSerializer.read
        (CollectionSerializer.java:109)
    at com.esotericsoftware.kryo.serializers.CollectionSerializer.read
        (CollectionSerializer.java:22)
    at com.esotericsoftware.kryo.Kryo.readObject(Kryo.java:679)
    at com.esotericsoftware.kryo.serializers.ObjectField.read(ObjectField.java:106)
```

针对上述问题，解决方案其实很多，推荐在 Flink 中使用 ExecutionConfig 向 Kryo 注册 Protobuf 和 Thrift 对应的序列化器。使用这种方案，不但序列化效率高，而且不会出现上述问题，如代码清单 4-53 所示。

代码清单 4-53　向 Kryo 注册 Protobuf 和 Thrift 对应的序列化器

```
import com.twitter.chill.protobuf.ProtobufSerializer;
import com.twitter.chill.thrift.TBaseSerializer;
StreamExecutionEnvironment env = StreamExecutionEnvironment.getExecutionEnvironment();
// 注册 Protobuf 类型的序列化器
env.getConfig().registerTypeWithKryoSerializer(ProtobufJavaClass.class,
    ProtobufSerializer.class);
// 注册 Thrift 类型的序列化器
env.getConfig().addDefaultKryoSerializer(ThriftJavaClass.class, TBaseSerializer.class);
```

这种方案使用了 ProtobufSerializer 和 TBaseSerializer 两个序列化器，需要提前在 pom.xml 中引入对应的依赖，如代码清单 4-54 所示。

代码清单 4-54　引入 ProtobufSerializer 和 TBaseSerializer 的依赖 JAR

```
<!-- Apache Thrift 依赖 -->
<dependency>
    <groupId>com.twitter</groupId>
    <artifactId>chill-thrift</artifactId>
    <version>0.7.6</version>
    <exclusions>
        <exclusion>
            <groupId>com.esotericsoftware.kryo</groupId>
            <artifactId>kryo</artifactId>
        </exclusion>
    </exclusions>
</dependency>
<dependency>
    <groupId>org.apache.thrift</groupId>
    <artifactId>libthrift</artifactId>
    <version>0.11.0</version>
    <exclusions>
        <exclusion>
            <groupId>javax.servlet</groupId>
            <artifactId>servlet-api</artifactId>
        </exclusion>
        <exclusion>
            <groupId>org.apache.httpcomponents</groupId>
            <artifactId>httpclient</artifactId>
        </exclusion>
    </exclusions>
</dependency>
<!-- Google Protobuf 依赖 -->
<dependency>
    <groupId>com.twitter</groupId>
    <artifactId>chill-protobuf</artifactId>
    <version>0.7.6</version>
```

```
<!-- exclusions for dependency conversion -->
<exclusions>
    <exclusion>
        <groupId>com.esotericsoftware.kryo</groupId>
        <artifactId>kryo</artifactId>
    </exclusion>
</exclusions>
</dependency>
<dependency>
    <groupId>com.google.protobuf</groupId>
    <artifactId>protobuf-java</artifactId>
    <version>3.7.0</version>
</dependency>
```

4.11　工具类及 Debug 建议

本节介绍 Flink 提供的一个短小精悍的工具类 ParameterTool 以及如何通过本地 Debug 确定 Flink DataStream API 中的逻辑数据流被解析为哪些算子。

4.11.1　ParameterTool

在日常的生产环境中，我们常常会遇到以下场景。

编写 Flink 作业并提交运行后，发现 Flink 作业中某一个算子的并行度设置得不合适，当我们想调整这个算子的并行度时，首先需要在代码中修改算子的并行度，然后重新构建 JAR 包，最后提交作业到集群中运行。这样的开发过程十分低效。

为了解决这个问题，Flink 提供了一个名为 ParameterTool 的工具类。如代码清单 4-55 所示，我们可以在使用命令行提交 Flink 作业时将 flatMapParallelism 参数传入 main 函数，然后在 main 函数中通过 ParameterTool 工具类解析 flatMapParallelism 参数，使用 flatMapParallelism 调整 Flink 作业中算子的并行度。

代码清单 4-55　使用 ParameterTool 工具类

```
public static void main(String[] args) {
    ...
    ParameterTool parameters = ParameterTool.fromArgs(args);
    int parallelism = parameters.get("flatMapParallelism", 2);
    DataStream<Tuple2<String, Integer>> counts = text.flatMap(new
        FlatMapProcessor()).setParallelism(parallelism);
    ...
}
// 通过命令行将 Flink 作业提交到集群并指定 --flatMapParallelism 4；Flink 作业
// 可以通过 parameters.get("flatMapParallelism", 2) 获取命令行中指定的 4
./bin/flink run -c flink.examples.datastream._02._2_5.WordCountExamples
    ./flink-examples-0.1.jar --flatMapParallelism 4
```

除了算子并行度，Flink 作业的输入输出数据源相关的参数也可以通过这种方式随时调整，ParameterTool 在生产场景中是必备的利器！

4.11.2　Debug 建议

当我们想通过本地 Debug 确定 Flink DataStream API 中的逻辑数据流被解析为哪些算子时，可以利用 IDE 提供的 Debug 功能，将断点（breakpoint）标记在代码片段最后 StreamExecution-Environment 的 execute() 方法上。通过 Debug 方式去运行这个 Flink 作业，当作业运行到 StreamExecutionEnvironment 中 execute() 方法的断点位置时，这个 Flink 作业的逻辑数据流就解析完成了。这时，我们可以去查看 StreamExecutionEnvironment 中名为 transformations 的变量，该变量是一个数组，里面保存了逻辑数据流图的每一个节点以及每个节点的上下游关系，每一个节点都继承自 Transformation 抽象类。Transformation 抽象类有多种实现类，这些实现类根据应用场景的不同分为如下两类。

1. 数据传输逻辑的 Transformation

所有的数据传输逻辑的 Transformation 都继承自 Transformation 抽象类，比如 PartitionTrans-formation。在 PartitionTransformation 中包含了 StreamPartitioner，StreamPartitioner 用于保存数据传输策略。

2. 数据处理逻辑的 Transformation

所有的数据处理逻辑的 Transformation 都继承自 PhysicalTransformation 抽象类。举例来说，逻辑数据流为 Source → Filter → Sink 的 Flink 作业，对应的 Transformation 链为 LegacySourceTrans-formation → OneInputTransformation → LegacySinkTransformation，这 3 个 Transformation 都包含了算子、用户自定义函数、算子并行度以及算子最大并行度等核心字段，用于定位算子的相关信息。

❑ parallelism：算子并行度。

❑ operatorFactory：用于保存当前 Transformation 对应的算子，在 operatorFactory 中包含了 operator 字段，operator 用于保存当前算子，以 LegacySinkTransformation 为例，operatorFactory 中的 operator 字段为 StreamSink，StreamSink 中的 userFunction 用于保存自定义函数。

❑ name：算子名称，用于在 Flink Web UI 中展示。

4.12　本章小结

本章介绍了 Flink DataStream API 中常用的操作。

在 4.1 节中，我们学习了 Flink DataStream API 的核心类——DataStream。DataStream 就是数据流，反过来，只要有一条数据流，就可以用 DataStream 来代表，两者的含义相同。

在 4.2 节中，我们学习了 Flink 作业的第一个模块——创建 Flink 作业执行环境。Flink 提供了 4 种创建 Flink 作业执行环境的方式，最常用的方式就是 StreamExecutionEnvironment.getExecutionEnvironment() 方法。

在 4.3 ～ 4.8 节中，我们学习了 Flink 作业的第二个模块——定义数据处理逻辑。Flink 为我们提供了 StreamExecutionEnvironment.addSource(SourceFunction) 方法，用于从数据源存储引擎中读取数据，并提供了 DataStream.addSink(SinkFunction) 方法将 Flink 中的数据写到数据汇存储引擎中。此外，Flink 贴心地预置了包括 Kafka、Plusar 等常用数据存储引擎的 Connector。接下来我们学习了 Map、FlatMap、Union 等单流、双流上的数据转换操作，KeyBy、Sum 等常用的数据分组、聚合操作以及 Flink 上下游算子间的 8 种数据传输策略。最后学习了 Flink 提供的异步 I/O 处理 API，为算子的 I/O 处理提效。

在 4.9 节中，我们学习了 Flink 提供的 RichFunction。通过 RichFunction，我们可以管理自定义函数的生命周期，可以在 SubTask 初始化时建立与外部数据库的网络连接，在 SubTask 停止时断开与外部数据库的网络连接。同时，我们还可以通过 RichFunction 获取 SubTask 运行时的上下文信息，比如算子并行度、SubTask 下标等，还可以通过上下文来操作状态数据。

在 4.10 节中，我们学习了 Flink SubTask 之间数据传输时的序列化机制。该序列化机制用于算子链中算子间的数据传输、状态持久化以及异常容错从持久化快照恢复状态数据的场景。此外，在日常开发中，我们需要注意 Java Lambda 表达式引起的数据类型信息获取异常，建议不要使用 Lambda 表达式来实现用户自定义函数。

在 4.11 节中，我们学习了在生产环境中常用的工具类 ParameterTool 以及 Debug Flink 作业的方法。通过 Debug Flink 作业，我们可以在 Flink 作业上线前查看作业逻辑数据流中的算子、用户自定义函数、算子并行度和最大并行度等信息。

Flink 的时间语义和时间窗口

时间语义和时间窗口是 Flink 在流处理领域的王牌武器，也是 Flink 的理论基石。本章我们来探究时间语义和时间窗口的奥秘。

5.1 时间语义和时间窗口概述

如标题所示，作为本章的第一节，重点就是给大家的脑海中根植一个印象——时间语义和时间窗口两者密不可分。

那么什么是时间语义和时间窗口呢？

我们知道理论概念的诞生都离不开实际的应用场景，为了回答这个问题，下面先列举 3 个常见的实时数据计算场景。

❑ 场景 1：电商场景中计算每种商品每 1min 的累计销售额。

❑ 场景 2：我们在观看直播时，直播间的右上角会展示最近 1min 的在线人数，并且每隔 1min 会更新一次。

❑ 场景 3：一件商品被推荐给我们时，会展示这个商品的累计销量，并且销量还会不断更新（假设 10s 更新一次）。

当我们仔细分析这 3 个场景中计算的实时指标时，会发现它们都可以被同一个计算模型描述出来，即每隔一段时间计算并输出过去一段时间内的数据统计结果。这个计算模型就是时间窗口，其中"每隔一段时间计算并输出""过去一段时间内的数据""统计结果"分别代表了时间窗口的 3 个重要属性。

❑ 时间窗口的计算频次。

❑ 时间窗口的大小。

❑ 时间窗口内数据的处理逻辑。

接下来我们以每 1min 计算并输出过去 1min 内所有商品的累计销售额为例，说明时间窗口计算模型的处理机制。如图 5-1 所示，输入数据流中的每一个圆圈代表商品的一条销售记录，圆圈内的数字代表商品的销售额。那么按照时间窗口计算模型的 3 个属性来剖析这个需求，就得到了时间窗口的计算频次为 1min，时间窗口的大小为 1min，时间窗口内的数据处理逻辑是将商品销售额求和。按照时间窗口计算模型的计算，步骤如下。

第一步，按照 1min 的时间窗口大小来划分窗口，将输入数据流按照 1min 的粒度划分为一个一个大小为 1min 的窗口。如图 5-1 中阴影部分所示，假设销售额为 3 和 4 的数据的时间分别为 09:01:03 和 09:02:56，那么这两条数据会分别被划分到 [09:01:00, 09:02:00) 和 [09:02:00, 09:03:00) 两个窗口中。

第二步，按照 1min 的时间窗口计算频次来触发窗口内数据的计算，每过 1min，计算过去 1min 窗口内的数据。举例来说，当时间到达 09:02:00 时，会触发 [09:01:00, 09:02:00) 窗口内数据的计算。

第三步，当窗口触发计算后，对窗口内所有数据的销售额进行求和。举例来说，当 [09:02:00, 09:03:00) 的窗口触发计算时，对所有数据销售额求和得到 9，最后将结果输出，输出数据流中每一条数据都是当前这 1min 内商品的总销售额。

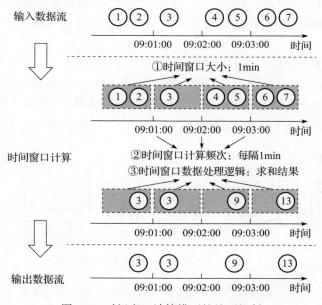

图 5-1　时间窗口计算模型的处理机制

> **注意** 左开右闭的区间 [09:01:00, 09:02:00) 用于描述时间范围大于、等于 09:01:00 和小于 09:02:00 的时间窗口。

通过上述案例，相信大家对时间窗口计算模型已经有了初步的了解。接下来，我们使用时间窗口计算模型重新描述一下本节开头提到的 3 个实时数据计算场景，得到表 5-1。

表 5-1　使用时间窗口计算模型描述实时数据计算场景

场景	时间窗口计算模型		
	时间窗口的计算频次	时间窗口的大小	时间窗口内数据的处理逻辑
电商场景计算销售额	每隔 1min 计算	1min 内	每种商品的销售额
直播间同时在线人数	每隔 1min 计算	1min 内	人数
商品累计销量	每隔 10s 计算	商品上架后到当前时刻	累计销量

通过表 5-1 可以发现，使用时间窗口计算模型来描述指标的口径后，这 3 种实时计算场景中指标的计算逻辑会变得清晰且标准。值得一提的是，当我们将场景范围进一步扩大时，会发现大部分实时指标，包括离线指标的计算过程都符合时间窗口计算模型。比如每天计算一次过去一天的商品 GMV（Gross Merchandise Volume，商品交易总额），每小时计算一次过去 24 小时的 GMV，这些离线指标的计算过程都可以用时间窗口计算模型来描述。

在明确了时间窗口计算模型的计算过程之后，当我们想使用 Flink 大干一场时，却发现只用时间窗口来定义和描述指标口径还存在一个问题，这个问题和本章的另一个重点——时间语义息息相关。先总结一下这个问题：当我们按照时间窗口计算模型处理数据时，是使用数据真实发生的时间来计算，还是使用数据到达 Flink 时间窗口算子 SubTask 时的本地机器时间来计算呢？

以哪种时间进行时间窗口的计算就是时间语义要讨论的问题。

干巴巴地去说明这个问题不太容易理解，我们以场景 2 中的直播间同时在线人数为例，如图 5-2 所示，A、B 两名用户分别在 09:01:50 和 09:02:00 观看了一场直播，并上报了两条观看直播的数据，但是由于网络传输存在延迟，这两条数据分别在 09:03:00 和 09:03:01 才到达 Flink 的 SubTask 中。

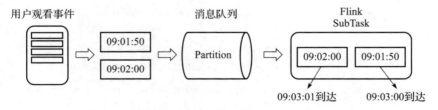

图 5-2　数据经过传输之后到达 SubTask 中进行计算

在上面这个场景中，一条数据出现了两个不同的时间，第一个是事件发生（数据产生）的时间，第二个是数据到达 SubTask 的本地机器时间，如果使用第一个时间进行时间窗口计算，我们就称这个时间窗口的时间语义是事件时间，如果使用第二个时间进行时间窗口计算，我们就称这个时间窗口的时间语义是处理时间。如果要执行时间窗口的计算，就需要我们选择其中一种时间语义，而不同的时间语义计算得到的结果是不同的。

如图 5-3 所示，假设我们选择处理时间语义作为时间窗口进行计算，那么这两条数据的时间戳就是 09:03:00 和 09:03:01，在进行计算时，这两条数据会被划分到 [09:03:00, 09:04:00) 这个时间窗口中，并在 SubTask 本地时间到达 09:04:00 时触发 [09:03:00, 09:04:00) 窗口的计算，计算得到的结果是在 09:03:00 到 09:04:00 这 1min 内有两名用户观看了直播。

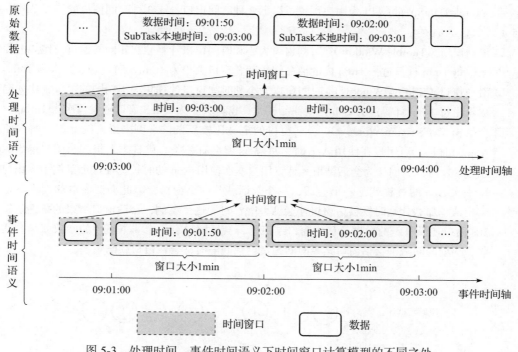

图 5-3　处理时间、事件时间语义下时间窗口计算模型的不同之处

如图 5-3 所示，假设我们选择事件时间语义作为时间窗口进行计算，那么这两条数据的时间戳就是 09:01:50、09:02:00。接下来进行计算时，这两条数据会被分别分配到 [09:01:00, 09:02:00)、[09:02:00, 09:03:00) 这两个时间窗口中进行计算，并在数据的时间到达 09:02:00 时计算一次 [09:01:00, 09:02:00) 窗口内的数据，在数据的时间到达 09:03:00 时计算一次 [09:02:00, 09:03:00) 窗口内的数据。最终得到的结果是这个直播间在 09:01:00 到 09:02:00 这 1min 有一名用户观看了直播，在 09:02:00 到 09:03:00 这 1min 也有一名用户观看了直播。

对比上述两种时间语义可以发现，以不同的时间语义去执行时间窗口计算，得到的结果可能完全不同，因此要想把时间窗口计算模型的计算逻辑完完全全地定义清楚，时间语义也是必不可少的。

在简单了解了时间窗口和时间语义后，在接下来的 5.2、5.3 节，我们将详细学习这两个重要概念。

5.2　时间窗口

在本节中，我们来学习 Flink 时间窗口 DataStream API。

5.2.1 Flink 中的时间窗口

由于大多数时间窗口的计算过程在时间窗口大小、时间窗口计算频次这两个属性上具有共性，所以 Flink DataStream API 为用户预置了以下 3 种时间窗口，这 3 种时间窗口的特点及差异如图 5-4 所示。

- ❑ 滚动窗口（Tumble Window）：时间窗口大小和时间窗口计算频次相同的窗口，比如电商场景中每 1min 计算过去 1min 内的商品销售额，窗口大小为 1min，窗口触发频次为 1min。
- ❑ 滑动窗口（Sliding Window）：时间窗口大小和时间窗口计算频次不相同的窗口，比如电商场景中每 1min 计算过去 24h 内的商品销量，窗口大小为 24h，窗口触发频次为 1min。
- ❑ 会话窗口（Session Window）：会话窗口的定义比较复杂，举例来说，统计用户每次使用 App 的时长，当用户在使用 App 时，每隔 5s 就会有一条心跳日志上报，当用户退出 App 超过 30s 时，我们认为会话结束并计算用户本次使用 App 的时长。在这个案例中，用户使用一次 App 的过程就是一个会话，一个会话就是一个窗口，因此会话窗口的大小不是一个定值，那么什么时候会话窗口才会结束呢？对于这个案例，会话窗口结束的条件是超过 30s 窗口还没有新的数据就认为窗口结束了，会话窗口有一个非常重要的参数就是会话间隔，当前时间减去会话窗口结束时间超过会话间隔时，会话窗口就结束了。

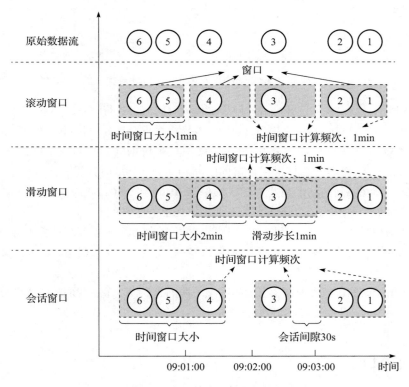

图 5-4　Flink 为常用场景预置的 3 种时间窗口

5.2.2 为什么需要时间窗口

读者看到这个标题可能会疑惑，这个问题不是已经在 5.1 节给出答案了吗？

在 5.1 节，我们提到任何概念的诞生都是由生产中的实际需求催生的，而催生时间窗口的需求就是使用时间窗口的计算模型能帮助我们清晰且标准地描述大多数实时、离线指标的计算口径以及计算过程。

然而 5.1 节给出的这个答案还不够全面。其实时间窗口诞生还有另外一个重要的原因，那就是当我们使用时间窗口的计算模型后，可以将无界流上的数据处理过程变为有界流上的数据处理过程，这会带来以下 3 点优势。

❑ 可以按照批处理作业的方式去高效理解并开发 Flink 作业。

❑ 时间窗口的计算机制可以减轻数据汇存储引擎的压力。

❑ 时间窗口的计算机制能为每一个窗口都计算出唯一确定的结果。

接下来我们剖析这 3 点优势。

1. 可以按照批处理作业的方式去高效理解并开发 Flink 作业

如图 5-5 所示，有界流和无界流的区别在于有界流有上下界，并且上下界通常按照时间进行划分。而时间窗口计算模型就是以时间作为上下界的分界点，在无界流上划分出无数个有界流并进行计算的过程。

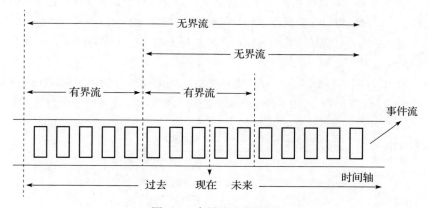

图 5-5 有界流和无界流

以一个 1min 的滚动窗口为例，如图 5-6 所示，在时间窗口的计算过程中，会将原始的无界数据流划分为无数个连续的 1min 大小的窗口，在划分完成后，每 1min 窗口内的数据都是有限个数并且包含的内容也是确定的，我们只需要不断地对每 1min 窗口内的这部分数据进行处理。

我们对比有界流和无界流的处理过程。有界流的数据集合是确定的，里面包含的数据也是确定的，那么对于一个确定集合的数据我们想怎么处理就怎么处理，无论理解还是开发都比较简单。而对于无界流来说，数据是源源不断、无穷无尽的，我们不但要考虑当前数据怎么处理，还要考虑未来数据的处理方式。因此大多数情况下，在有界流上对数据处理的理解、开发成本低于在无界流上的成本。

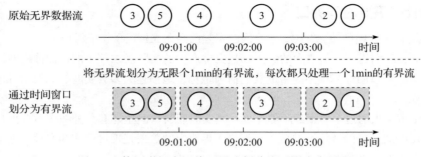

图 5-6　使用时间窗口将无界流划分为无限个有界流

2. 时间窗口的计算机制可以减轻数据汇存储引擎的压力

在第 4 章学习 Flink 的数据转换操作时，KeyBy/Reduce 算子处理数据的过程就是在无界流上的处理，KeyBy/Reduce 算子每输入一条数据，就会产出一条结果，那么在输入数据量很大的情况下，算子输出结果的数据量也将同等变大。举例来说，有一个逻辑数据流为 Source → KeyBy/Reduce → Sink 的 Flink 作业，Source 算子从数据源存储引擎读取的数据吞吐量为 100 万 QPS，那么 Sink 算子输出到数据汇存储引擎的数据吞吐量也为 100 万 QPS。在整个计算流程中，不但 Flink 作业承担了大量的运算压力，数据汇存储引擎也承担了巨大的存储压力。其实大多数的实时应用场景并不需要每来一条数据就计算并更新结果，通常只要满足每 10s 或每 30s 计算并更新一次结果就足够了。而时间窗口计算模型中的时间窗口计算频次的属性就可以优雅地解决这个问题，我们可以实现每 10s 或者每 30s 计算一次窗口内的数据并输出一个聚合结果，这将大大减少数据汇存储引擎的存储压力。

如图 5-7 所示，以计算每 1min 窗口内数据条目数的滚动窗口为例，假设 1min 内有 50 条数据，在没有使用时间窗口前，使用 KeyBy/Reduce 操作进行计算会一条条进行处理，将数值从 1

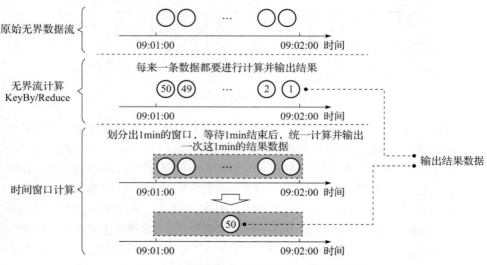

图 5-7　无界流计算和有界流计算计算频次不同

到 50 的共 50 条结果源源不断地写入数据汇存储引擎。而使用时间窗口后，1min 只会计算得到一个值为 50 的结果，并写入数据汇，写入数据汇存储引擎的数据量大大减少了。

3. 时间窗口的计算机制能为每一个窗口都计算出唯一确定的结果

我们以图 5-7 的案例进行说明，如果使用 KeyBy/Reduce 操作计算，1min 内会输出值从 1 到 50 共 50 条结果，这 1min 内输出到数据汇存储引擎的结果一直在发生变化，并且前 49 条结果都是这 1min 内的临时结果，只有值为 50 的结果才是最终结果。对于用户来说，往往不太关心这个变化过程，只关心最终结果，因此为了减少维护和理解的成本，我们可以使用时间窗口计算来实现，1min 只会输出一条结果值为 50 的数据。

5.2.3　时间窗口程序的骨架结构

在了解了时间窗口计算的 3 点优势后，接下来我们学习 Flink DataStream API 提供的时间窗口程序的骨架结构，如代码清单 5-1 所示。

代码清单 5-1　时间窗口程序的骨架结构

```
// (1) KeyedStream 上的时间窗口操作
stream
    .keyBy(KeySelector<T, K> key)              <- 将 DataStream 转换为 KeyedStream
    .window(WindowAssigner<? super T, W> assigner)      <- 指定窗口分配器 (必选)
    [.trigger(Trigger<? super T, ? super W> trigger)]
        <- 指定窗口触发器 (可选, 如果没有声明, 则使用 WindowAssigner 提供的默认 Trigger)
    [.evictor(Evictor<? super T, ? super W> evictor)]
        <- 指定窗口移除器 (可选, 如果没有声明, 则默认没有 Evictor)
    .reduce/aggregate/apply/process(...)      <- 指定窗口数据计算函数 (必选)

// (2) DataStream (非 KeyedStream) 上的时间窗口操作
stream
    .windowAll(...)                           <- 指定窗口分配器 (必选)
    [.trigger(Trigger<? super T, ? super W> trigger)]
        <- 指定窗口触发器 (可选, 如果没有声明, 则使用 WindowAssigner 提供的默认 Trigger)
    [.evictor(Evictor<? super T, ? super W> evictor)]
        <- 指定窗口移除器 (可选, 如果没有声明, 则默认没有 Evictor)
    .reduce/aggregate/apply/process(...)      <- 指定窗口数据计算函数 (可选)
```

Flink DataStream API 提供了两种类型的时间窗口操作，分别为 KeyedStream 上的时间窗口操作和 DataStream（非 KeyedStream）上的时间窗口操作。我们可以使用 DataStream.keyBy() 方法以及 KeyedStream.window() 方法来实现 KeyedStream 上的时间窗口操作，使用 DataStream.windowAll() 方法来实现 DataStream 上的时间窗口操作，两者之间的区别如图 5-8 所示。

首先我们来看 DataStream 上如何进行时间窗口操作。从图 5-8 中我们可以看到，使用 DataStream.windowAll() 方法在 DataStream 上进行时间窗口操作不会对数据进行分类，而是直接将数据按照时间做"纵向"的切分后进行计算。DataStream.windowAll() 方法的实现很有意思，DataStream.windowAll() 方法不会对数据进行分类，而不分类换个角度来看就是将所有的数据划分为同一类，因此 DataStream.windowAll() 方法也可以理解为将所有数据划分为同一类后，再进行时间窗口操作。不止如此，DataStream.windowAll() 方法底层的逻辑是通过 DataStream.keyBy(new NullByteKeySelector()) 方法实现的。NullByteKeySelector 中的 getKey() 方法的实现逻辑是返回一个固定的值 0，这就说明所有数据的 key 都是 0，这也印证了在 DataStream 上进行时间窗口操作等同于将所有的数据都划分为同一类后再进行时间窗口操作。注意，在生产环境中使用 DataStream.windowAll() 方法时，由于所有数据的 key 都为 0，所以上游算子会将所有的数据发送到时间窗口算子的同一个 SubTask 中进行处理，时间窗口算子的并行度会被 Flink 强制设置为 1，这有极大概率会产生数据倾斜。因此该操作并不常用，此处不再赘述。

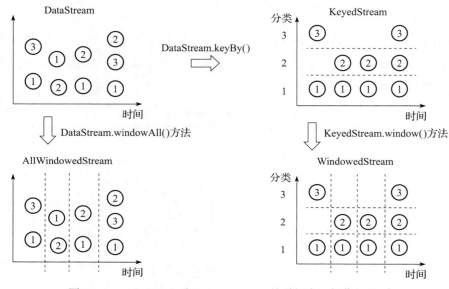

图 5-8　KeyedStream 和 DataStream 上的时间窗口操作的区别

接下来看 KeyedStream 上的时间窗口操作，该操作会先对数据按照分类做"横向"切分，然后对分类后的数据按照时间做"纵向"切分。这个操作很常用，典型的案例就是 5.1 节提到的电商场景计算每种商品每 1min 的累计销售额，在该场景的计算流程中会先按照商品种类进行分组，然后对分组后的每种商品计算每 1min 的累计销售额。

KeyedStream 上的时间窗口操作在生产环境中更加常用，接下来我们学习 KeyedStream 上时间窗口操作中的 4 个方法，前 3 个方法的功能分别对应于时间窗口计算模型 3 个属性中的时间窗口大小、时间窗口内数据的处理逻辑和时间窗口的计算频次。

1. WindowedStream<T, KEY, W> window(WindowAssigner<? super T, W> assigner)

KeyedStream 上的 window() 方法会将一个 KeyedStream 转变为 WindowedStream，代表将分组的数据流转换为窗口化的数据流，方法的入参是 WindowAssigner，代表窗口分配器。窗口分配器会根据每一条输入数据的时间（处理时间或者事件时间）、窗口大小等参数来决定将这条数据分配到哪个时间范围内的窗口中。注意，相同时间戳的不同 key 的数据会被窗口分配器划分在不同的时间窗口中。

在 5.2.5 节中，我们将详细学习 Flink 预置的 Tumble Window、Sliding Window、Session Window、Global Window 等 4 种窗口分配器。

2. WindowedStream<T, KEY, W> trigger(Trigger<? super T, ? super W> trigger)

WindowedStream 上的 trigger() 方法用于指定窗口触发器，方法的入参是 Trigger，代表窗口触发器。窗口触发器用于决定窗口在什么时间点触发计算，窗口触发器是通过定时器来触发窗口计算的。以电商场景中计算每种商品每 1min 的累计销售额为例，假设有一个 [08:59:00, 09:00:00) 的窗口，该窗口会在 09:00:00 时触发计算，那么通过窗口触发器，就可以为该窗口注册一个 09:00:00 的定时器，当时间到达 09:00:00 时，定时器就会触发窗口计算。定时器就如同闹钟，当时间到达闹钟设定的时间后，闹钟就会响铃。

那么为什么窗口触发器是一个可选配置项呢？

这是因为大多数情况下窗口触发计算的时间都是窗口结束的时间，所以当我们确定了窗口分配器之后，窗口触发器也就能确定了。以一个 1min 的滚动窗口为例，其中 [09:00:00, 09:01:00) 的窗口触发计算时间就是 09:01:00。这一点在 Flink DataStream API 中 WindowAssigner 抽象类的定义中也能体现出来，WindowAssigner 抽象类中包含了一个 getDefaultTrigger() 方法，代表每个窗口分配器有一个默认的窗口触发器，当我们没有使用 WindowedStream 的 trigger() 方法强制指定窗口触发器的时候，就会直接使用这个默认的窗口触发器。关于窗口触发器，我们将在 5.2.7 节中详细学习。

3. SingleOutputStreamOperator<T> reduce/aggregate/apply/process(...)

reduce()、aggregate()、apply()、process() 这 4 种方法都可以用于指定窗口数据的处理逻辑，这些方法可以将 WindowedStream 转换为 SingleOutputStreamOperator。SingleOutputStreamOperator 继承自 DataStream，代表窗口化的数据流经过窗口处理函数的处理后变为普通的数据流。

以常用的 apply() 方法为例，其入参为 WindowFunction<T, R, K, W> function，代表窗口处理函数，在窗口处理函数中我们可以定义每个窗口中数据的处理逻辑。关于窗口处理函数，我们将在 5.2.6 节中详细学习。

4. WindowedStream<T, KEY, W> evictor(Evictor<? super T, ? super W> evictor)

WindowedStream 上的 evictor() 方法用于指定窗口数据移除器，方法的入参是 Evictor，代表窗口数据移除器，窗口数据移除器可以在窗口处理函数执行计算之前移除一些不需要参与计算的数据，窗口数据移除器在生产中并不常用，后续不再赘述。

总结一下，上述 4 个操作中核心的操作是前 3 个，前 3 个操作中的窗口分配器、窗口触发器、窗口处理函数分别对应着时间窗口计算模型的 3 个属性中的时间窗口大小、时间窗口的计算频次和时间窗口内数据的处理逻辑。此外，上述 4 个方法中的所有组件都会被封装进窗口算子（WindowOperator 类）中。

5.2.4　时间窗口的计算机制

对 Flink DataStream API 提供的时间窗口程序的骨架结构有了初步了解之后，相信读者已经能推理出时间窗口算子处理数据的逻辑了。如图 5-9 所示，我们以一个窗口大小为 1min 的滚动窗口为例来说明 Flink 时间窗口算子的计算流程。

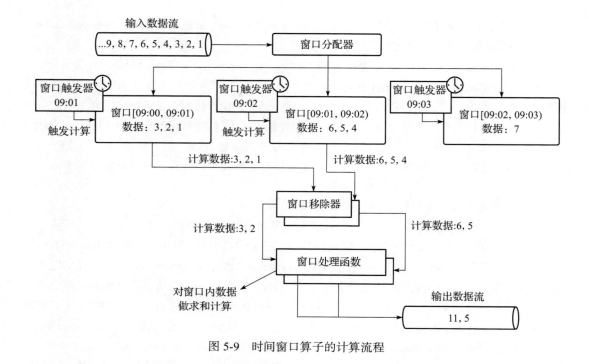

图 5-9   时间窗口算子的计算流程

时间窗口算子执行计算的流程如下。

第一步，窗口分配器将每一条输入数据按照数据时间（事件时间或处理时间）分配到各自的窗口中。如图 5-9 所示，输入数据分别被划分到了 [09:00, 09:01)、[09:01, 09:02)、[09:02, 09:03) 共 3 个 1min 大小的窗口中。

第二步，通过窗口触发器注册定时器，并不断检查当前时间是否大于定时器的时间，从而判断是否应该触发计算窗口中的数据。如图 5-9 所示，窗口算子会通过窗口触发器为每个窗口注册一个定时器，图中的 3 个窗口注册的定时器分别为 09:01、09:02、09:03。以窗口 [09:00, 09:01) 为例，定时器的时间是 09:01，那么窗口触发器会不断检查时间是否到达了 09:01，如果到达 09:01，就会触发 [09:00, 09:01) 窗口内的数据计算。

第三步，窗口触发器被触发后，窗口算子会将窗口中的数据集合交由窗口移除器来移除不需要的数据。注意，只有我们指定了窗口移除器，才会执行这一步。如图 5-9 所示，[09:00, 09:01)、[09:01, 09:02) 两个窗口在触发后，时间窗口算子会将窗口的数据集合数据 3、2、1 和 6、5、4 分别交给窗口移除器进行处理，图中的窗口移除器会将每一个窗口中的第一条数据过滤掉，最终每个窗口的结果就只剩下了 3、2 和 6、5。

第四步，将经过窗口移除器处理的窗口集合数据交给窗口处理函数来执行计算，并输出结果。如图 5-9 所示，图中窗口处理函数的功能就是对窗口内的数据求和，最终输出的结果分别为 11（6+5）和 5（3+2）。

第五步就是将计算完成的窗口进行关闭和销毁，窗口算子会将该窗口内的原始数据进行清除，并将窗口触发器中已经被触发的定时器清除。

上述 5 个步骤就是时间窗口算子在执行时的整体流程，如果对执行原理感兴趣，建议读者详细阅读 Flink DataStream API 的 WindowOperator 类源码。

至此，我们已经学习了时间窗口算子中 4 个组件配合计算的流程，接下来我们分别从窗口分配器、窗口处理函数、窗口触发器这 3 个常用组件出发，了解 Flink DataStream API 预置了哪些开箱即用的实现。

5.2.5　窗口分配器

在 5.2.1 节我们提到过，Flink 预置了以下 4 种窗口分配器的实现。

❑ 滚动窗口（Tumble Window）。

❑ 滑动窗口（Sliding Window）。

❑ 会话窗口（Session Window）。

❑ 全局窗口（Global Window）。

本节我们从含义及应用场景、Flink DataStream API 和 Flink 作业代码案例的角度，分别学习这 4 种窗口分配器。

1. 滚动窗口

（1）含义及应用场景　滚动窗口的窗口大小（Window Size）是固定的，每条数据只会被分配给一个窗口，窗口之间不重叠，如同一个固定大小的窗口滚动形成，因此得名滚动窗口。此外，滚动窗口的窗口大小和窗口计算频次是相同的。如图 5-10 所示是一个窗口大小为 1min 的滚动窗口，其中每一条原始数据都会被划分到唯一的一个 1min 的窗口中。

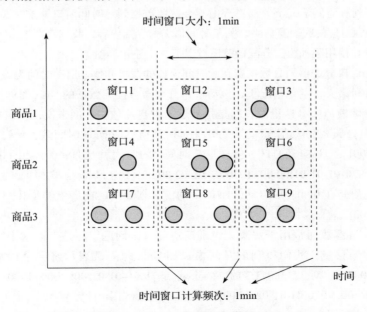

图 5-10　1min 大小的滚动窗口

滚动窗口常见的应用场景如每 1min 计算一次最近 1min 的销售额、每 1min 计算一次最近 1min 的同时在线人数等。

（2）Flink DataStream API 如代码清单 5-2 所示，Flink DataStream API 为滚动时间窗口预置了 3 个窗口分配器。

代码清单 5-2　Flink DataStream API 中的滚动窗口

```
DataStream<T> input = ...;
input
    .keyBy(<key selector>)
    .window(TumblingEventTimeWindows.of(Time.seconds(5)))
    // .window(TumblingProcessingTimeWindows.of(Time.seconds(5)))
    // .window(TumblingEventTimeWindows.of(Time.days(1),Time.hours(-8)))
    .<windowed transformation>(<window function>);
```

❑ TumblingEventTimeWindows.of(Time.seconds(5))：事件时间语义下，窗口大小为 5s 的滚动时间窗口。我们可以使用 Time 工具类中的 Time.seconds()、Time.minutes()、Time.hours() 方法来自定义滚动窗口的大小。

❑ TumblingProcessingTimeWindows.of(Time.seconds(5))：处理时间语义下，窗口大小为 5s 的滚动时间窗口。

❑ TumblingEventTimeWindows.of(Time.days(1), Time.hours(–8))：事件时间语义下，窗口大小为 1 天，偏移量为 –8h 的滚动窗口。

在上述 3 个方法中我们可以发现，Flink 分别提供了事件时间和处理时间两种时间语义的窗口分配器。在事件时间语义下，窗口分配器会按照数据本身携带的时间戳来将数据划分到对应的时间窗口中。在处理时间语义下，窗口分配器会按照数据到达时间窗口算子时 SubTask 的本地时间来将数据划分到对应的时间窗口中。关于时间语义的详细内容，我们将在 5.3 节学习。

除此之外，在使用滚动窗口分配器时还有以下 3 个注意事项。

第一，滚动窗口分配器划分数据所在的时间窗口的逻辑和作业启动时间无关。无论处理时间语义还是事件时间语义，默认情况下，滚动窗口分配器会按照数据的 Unix 时间戳（Unix Epoch）将数据划分到自然窗口中，这里的自然是指数学上的自然数。举例来说，我们有一个窗口大小为 1h 的滚动窗口，那么默认情况下，划分出来的时间窗口用 Unix 时间戳表示就是 [0, 3600000)、[3600000, 7200000)...，对应到 UTC（格林尼治时间）的时间就是 [1970-01-01 00:00:00, 1970-01-01 01:00:00)、[1970-01-01 01:00:00, 1970-01-01 02:00:00)。窗口都是按照 1h 的准点进行划分的，因此作业即使是在 09:03:08 启动，1h 的滚动窗口划分出的窗口依然是 [09:00:00, 10:00:00)、[10:00:00, 11:00:00)...。

第二，偏移量参数通常用于解决天级别窗口的时区问题。还是上面这个案例，如果我们设置了 15min 的偏移量，我们得到的时间窗口用 Unix 时间戳表示将会是 [900000, 4500000)、[4500000, 8100000)...，对应到 UTC 的时间就是 [1970-01-01 00:15:00, 1970-01-01 01:15:00)、[1970-01-01 01:15:00, 1970-01-01 02:15:00)。举例来说，当我们想定义一个 1 天的滚动窗口时，自然会想到使用 TumblingEventTimeWindows.of(Time.days(1))，那么 Flink 划分出来的滚

动窗口用 Unix 时间戳表示就是 [0, 86400000)、[86400000, 172800000)...。接下来我们将 Unix 时间戳转换到北京时区，得到的北京时间就是 [1970-01-01 08:00:00, 1970-01-02 08:00:00)、[1970-01-02 08:00:00, 1970-01-03 08:00:00)...，这时问题就出现了，这些窗口并不是北京时间（东八区）的用户实际感受到的一天。为了解决这个问题，我们可以使用偏移量参数，将 TumblingEventTimeWindows.of(Time.days(1)) 改写为 TumblingEventTimeWindows.of(Time.days(1), Time.hours(–8))，这样划分得到的窗口才是北京时间的用户实际感受到的一整天。

第三，Flink 预置的窗口分配器自带默认的窗口触发器，一般情况下用户无须自己设置窗口触发器。事件时间滚动窗口分配器和处理时间滚动窗口分配器默认的窗口触发器分别为 EventTimeTrigger、ProcessingTimeTrigger，这两种触发器都会在时间到达窗口的结束时间后，触发窗口数据的计算。

（3）Flink 作业代码案例　案例：计算每种商品每 1min 内的累计销售额。输入数据为所有商品销售订单数据 InputModel（包含 productId、income、timestamp 字段，分别代表商品 id、商品销售额、商品售出时的 Unix 时间戳），输出结果为每种商品每 1min 内的累计销售额 OutputModel（包含 productId、minuteIncome、minuteStartTimestamp 字段，分别代表商品 id、1min 内的累计销售额、1min 窗口的窗口起始 Unix 时间戳），最终的实现如代码清单 5-3 所示。注意，在本节以及后续的代码案例中，只要包含时间窗口，默认使用事件时间语义。在事件时间语义下，我们需要在时间窗口算子前使用 WatermarkStrategy 从数据中获取时间戳并分配 Watermark，这样时间窗口算子中的窗口分配器、窗口触发器就可以用数据自带的时间戳将数据划分到对应窗口中并且持续不断地触发时间窗口数据的计算。

代码清单 5-3　计算每种商品每 1min 内的累计销售额的滚动窗口代码案例

```
env.setParallelism(1);
DataStream<InputModel> source = env.addSource(new UserDefinedSource());
WatermarkStrategy<InputModel> watermarkStrategy =
        WatermarkStrategy
        .<InputModel>forMonotonousTimestamps()
        // (1) 从数据中获取时间戳作为事件时间语义下的时间戳
        .withTimestampAssigner((e, lastRecordTimestamp) -> e.getTimestamp());
DataStream<InputModel> transformation = source
        // (2) 事件时间语义下需要分配时间戳和 Watermark，关于 Watermark 的功能我们将在 5.4 节学习
        .assignTimestampsAndWatermarks(watermarkStrategy)
        // (3) 将商品分类
        .keyBy(i -> i.getProductId())
        // (4) 1min 的事件时间滚动窗口
        .window(TumblingEventTimeWindows.of(Time.seconds(60)))
        // (5) 计算每种商品每 1min 窗口内的累计销售额
        .apply(new WindowFunction<InputModel, OutputModel, String, TimeWindow>() {
            // String key: keyBy 方法返回的参数，也就是 productId
            // TimeWindow window: TimeWindow 代表时间窗口，可以通过 TimeWindow 获取时间
            // 窗口的开始时间戳和结束时间戳
            // Iterable<InputModel> input: 窗口内的数据集合（集合就是有界流，时间窗口
            // 操作会将无界流上的数据处理转换为有界流上的数据处理）
            // Collector<OutputModel> out: 使用 Collector 输出窗口计算的结果
            @Override
```

```java
        public void apply(String key, TimeWindow window, Iterable<InputModel> input,
                Collector<OutputModel> out) throws Exception {
            String productId = key;
            long minuteIncome = 0L;
            for (InputModel inputModel : input) {
                minuteIncome += inputModel.getIncome();
            }
            out.collect(
                OutputModel
                    .builder()
                    .productId(productId)
                    .minuteIncome(income)
                    .minuteStartTimestamp(window.getStart())
                    .build()
            );
        }
    });
DataStreamSink<OutputModel> sink = transformation.print();
```

启动 Flink 作业，结果如下。

```
// 输入数据
(1) productId= 产品 1, income=10, timestamp=1640966400000 // 2022-01-01 00:00:00
(2) productId= 产品 1, income=20, timestamp=1640966403000 // 2022-01-01 00:00:03
(3) productId= 产品 3, income=30, timestamp=1640966404000 // 2022-01-01 00:00:04
(4) productId= 产品 2, income=20, timestamp=1640966465000 // 2022-01-01 00:01:05
(5) productId= 产品 1, income=10, timestamp=1640966527000 // 2022-01-01 00:02:07
(6) productId= 产品 2, income=30, timestamp=1640966646000 // 2022-01-01 00:04:06
(7) productId= 产品 2, income=30, timestamp=1640966706000 // 2022-01-01 00:05:06
...
// 输出数据
(1) productId= 产品 1, minuteIncome=30, minuteStartTimestamp=1640966400000
    // 2022-01-01 00:00:00
(2) productId= 产品 3, minuteIncome=30, minuteStartTimestamp=1640966400000
    // 2022-01-01 00:00:00
(3) productId= 产品 2, minuteIncome=20, minuteStartTimestamp=1640966460000
    // 2022-01-01 00:01:00
(4) productId= 产品 1, minuteIncome=10, minuteStartTimestamp=1640966520000
    // 2022-01-01 00:02:00
(5) productId= 产品 2, minuteIncome=30, minuteStartTimestamp=1640966640000
    // 2022-01-01 00:04:00
...
```

输入前三条数据时，滚动时间窗口算子的窗口分配器会将数据（1）和（2）分配到 key 为产品 1 并且时间范围为 [2022-01-01 00:00:00, 2022-01-01 00:01:00) 的窗口中，将数据（3）分配到 key 为产品 3 并且时间范围为 [2022-01-01 00:00:00, 2022-01-01 00:01:00) 的窗口中，分别为这两个窗口注册时间为 2022-01-01 00:01:00 的定时器。数据（4）输入时的执行逻辑也相同，但是在这条数据输入之后，会紧接着输入一个时间戳为 2022-01-01 00:01:05 的 Watermark（Watermark 用于标记当前的事件时间），这时滚动时间窗口算子发现事件时间已经超过 2022-01-01 00:01:00 定时器的时间了，那么定时器就会被触发，接下来 key 为产品 1 和产品 2 各自的 [2022-01-01 00:00:00,

2022-01-01 00:01:00) 窗口就会触发计算并输出结果。后续的输入数据计算机制也一样，不再赘述。

> **注意**　窗口分配器是使用 Unix 时间戳进行窗口划分的，因此使用 [1640966400000, 1640966460000) 来描述北京时间的时间范围为 [2022-01-01 00:00:00, 2022-01-01 00:01:00) 的窗口会更加标准。为了方便读者阅读，我直接使用了 [2022-01-01 00:00:00, 2022-01-01 00:01:00) 来描述。

读者可能会对输出结果产生以下两个问题。

第一，在输入数据中有时间为 2022-01-01 00:05:06 的数据，为什么在输出数据中没有 minuteStartTimestamp 为 2022-01-01 00:05:00 的数据呢？这其实是符合预期的，原因是当前的时间还没有到达窗口结束时间，窗口还没有被触发，也就没有输出结果，随着时间到达窗口结束时间，窗口自然可以触发计算。

第二，为什么在输出数据中没有 minuteStartTimestamp 为 2022-01-01 00:03:00 的数据呢？这同样是符合预期的，原因是输入数据中就没有时间区间为 [2022-01-01 00:03:00, 2022-01-01 00:04:00) 的数据，那么窗口分配器就不会生成这个时间区间的窗口，自然也就没有输出数据了。

2. 滑动窗口

（1）含义及应用场景　滑动窗口与滚动窗口的区别在于，滑动窗口除了窗口大小，还有一个控制滑动步长的参数，滑动步长决定了窗口数据计算的频率。图 5-11 是一个窗口大小为 2min，滑动步长为 1min 的滑动窗口，该滑动窗口每 1min 会触发一次计算，每次计算的数据范围是过去 2min 内的数据，就好像是一个 2min 的窗口不断按照 1min 的频次随着时间往前滑动的过程，因此得名滑动窗口。注意，如果滑动的步长小于窗口大小，那么同一条数据就会被窗口分配器分配到多个窗口当中，也就是窗口之间产生了重叠。如果滑动的步长等于窗口大小，滑动窗口就变为了滚动窗口，所以说滚动窗口是一种特殊的滑动窗口。

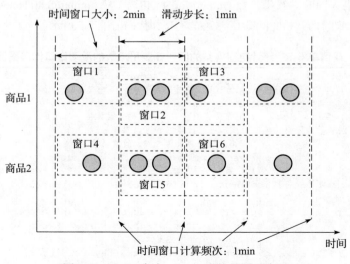

图 5-11　2min 大小、1min 步长的滑动窗口

　　滑动窗口的常见应用场景如每 1min 计算并输出一次最近 2min 内的在线人数，每 1h 计算并输出最近 24h 内的销售额等。

　　（2）Flink DataStream API　如代码清单 5-4 所示，Flink DataStream API 为滑动时间窗口预置了 3 个窗口分配器。

代码清单 5-4　Flink DataStream API 中的滑动窗口

```
DataStream<T> input = ...;
input
    .keyBy(<key selector>)
    .window(SlidingEventTimeWindows.of(Time.seconds(10), Time.seconds(5)))
    // .window(SlidingProcessingTimeWindows.of(Time.seconds(10), Time.seconds(5)))
    // .window(SlidingProcessingTimeWindows.of(Time.hours(12), Time.hours(1),
    // Time.hours(-8)))
    .<windowed transformation>(<window function>);
```

❑ SlidingEventTimeWindows.of(Time.seconds(10), Time.seconds(5))：事件时间语义下，窗口大小为 10s、滑动步长为 5s 的滑动时间窗口。

❑ SlidingProcessingTimeWindows.of(Time.seconds(10), Time.seconds(5))：处理时间语义下，窗口大小为 10s、滑动步长为 5s 的滑动时间窗口。

❑ SlidingProcessingTimeWindows.of(Time.hours(24), Time.hours(1), Time.hours(-8))：事件时间语义下，窗口大小为 1 天，滑动步长为 1h，偏移量为 –8h 的滑动时间窗口。

　　注意，在介绍滑动窗口分配器时提到的 3 个注意事项同样适用于滚动窗口。

　　（3）Flink 作业代码案例　案例：统计电商网站的同时在线用户数，即每 1min 计算一次过去 2min 内的在线用户数。输入数据为用户使用网站时的心跳日志 InputModel（包含 userId、timestamp 字段，分别代表用户 id、上报用户心跳日志的时间戳），一个用户的心跳日志每 1min 上报一次，输出结果为同时在线用户数 OutputModel（包含 UV、minuteStartTimestamp 字段，分别代表在线用户数、窗口的开始时间戳），最终的实现如代码清单 5-5 所示。

代码清单 5-5　统计电商网站的同时在线用户数的滑动窗口代码案例

```
DataStream<OutputModel> transformation = source
        // (1) 事件时间分配 Watermark，复用代码清单 5-3 中的 watermarkStrategy
        .assignTimestampsAndWatermarks(watermarkStrategy)
        // (2) 使用 windowAll() 方法将所有用户的心跳数据放在一起计算。注意：使用 windowAll()
        // 方法有数据倾斜的风险，生产中的计算方案可以参考 5.7.3 节
        // (3) 设置窗口大小为 2min，滑动步长为 1min 的滑动窗口
        .windowAll(SlidingEventTimeWindows.of(Time.minutes(2), Time.minutes(1)))
        // (4) 使用窗口处理函数计算在线用户数
        .apply(new AllWindowFunction<InputModel, OutputModel, TimeWindow>() {
            @Override
            public void apply(TimeWindow window, Iterable<InputModel> input,
                    Collector<OutputModel> out) throws Exception {
                // 将用户 id 放入 Set 中进行去重计算
                Set<Long> userIds = Lists.newArrayList(input)
                        .stream()
```

```
                    .map(InputModel::getUserId)
                    .collect(Collectors.toSet());
            out.collect(
                    OutputModel
                            .builder()
                            .uv(userIds.size())
                            .minuteStartTimestamp(window.getStart())
                            .build()
            );
        }
    });
DataStreamSink<OutputModel> sink = transformation.print();
```

启动 Flink 作业，结果如下。

```
// 输入数据
(1) userId=2, timestamp=1640966463000 // 2022-01-01 00:01:03
(2) userId=3, timestamp=1640966524000 // 2022-01-01 00:02:04
(3) userId=4, timestamp=1640966524000 // 2022-01-01 00:02:04
(4) userId=5, timestamp=1640966524000 // 2022-01-01 00:02:04
(5) userId=6, timestamp=1640966585000 // 2022-01-01 00:03:05
(6) userId=6, timestamp=1640966645000 // 2022-01-01 00:04:05
...
// 输出数据
(1) uv=1,minuteStartTimestamp=1640966400000 // 2022-01-01 00:00:00
(2) uv=4,minuteStartTimestamp=1640966460000 // 2022-01-01 00:01:00
(3) uv=5,minuteStartTimestamp=1640966520000 // 2022-01-01 00:02:00
...
```

输入数据（1）时，Flink 作业的滑动窗口分配器会将数据（1）分配到时间范围为 [2022-01-01 00:00:00, 2022-01-01 00:02:00)、[2022-01-01 00:01:00, 2022-01-01 00:03:00) 的两个窗口中，并为这两个窗口注册时间为 2022-01-01 00:02:00、2022-01-01 00:03:00 的定时器。输入数据（2）的执行逻辑相同，但是在数据（2）输入后会输入一个时间为 2022-01-01 00:02:04 的 Watermark，这时时间为 2022-01-01 00:02:00 的定时器会被触发，[2022-01-01 00:00:00, 2022-01-01 00:02:00) 窗口触发计算并输出结果，这里的结果就是输出数据中的（1）。后续的数据计算机制类似，此处不再赘述。

3. 会话窗口

（1）含义及应用场景　会话窗口下，相邻两个窗口之间会有一个时间间隔（Session Gap），以处理时间语义下的会话窗口为例，假设第一条数据输入会话窗口算子时，SubTask 本地时间为 t1，算子会将该数据分配到时间范围为 [t1, t1+gap) 的窗口中。假如 SubTask 本地时间到达 t1+gap 时还没有下一条数据输入，那么该窗口就会触发计算。假如在 SubTask 本地时间到达 t1+gap 之前，有一条新的数据输入，SubTask 本地时间为 t2（t2<t1+gap），并且这条数据和第一条数据是相同的 key，那么算子会将该数据分配到时间范围为 [t2, t2+gap) 的窗口中，这时由于 t2<t1+gap，时间窗口算子会将上述两个窗口合并为一个时间范围为 [t1, t2+gap) 的窗口。类似地，对于该窗口来说，会在时间到达窗口结束时间之前等待新的数据输入，直到时间到达窗口结束时间才会触发。

如图 5-12 所示，会话窗口相比滚动窗口、滑动窗口最大的特点就是没有一个固定的窗口开始和结束时间，窗口的大小是不固定的，只有一个会话间隔用于判断会话是否结束。

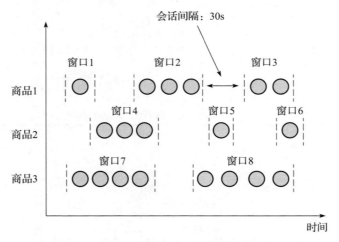

图 5-12　会话间隔为 30s 的会话窗口

会话窗口的常见应用场景如统计用户使用电商 App 时浏览商品的次数，超过 5min 没有浏览行为就认为用户下线了，我们可以使用时间间隔为 5min 的会话窗口来统计该指标。

（2）Flink DataStream API　如代码清单 5-6 所示，Flink DataStream API 为会话窗口预置了 4 个窗口分配器。

代码清单 5-6　Flink DataStream API 中的会话窗口

```
DataStream<T> input = ...;
input
    .keyBy(<key selector>)
    .window(EventTimeSessionWindows.withGap(Time.minutes(10)))
    // .window(EventTimeSessionWindows.withDynamicGap(<SessionWindowTimeGapExtractor>)
    // .window(ProcessingTimeSessionWindows.withGap(Time.minutes(10)))
    // .window(ProcessingTimeSessionWindows.withDynamicGap(<SessionWindowTimeGapExtractor>)
```

❑ EventTimeSessionWindows.withGap(Time.minutes(10))：事件时间语义下，会话间隔为 10min 的会话窗口。

❑ EventTimeSessionWindows.withDynamicGap(<SessionWindowTimeGapExtractor>)：事件时间语义下，根据每一条输入数据动态地指定时间间隔的会话窗口。入参 SessionWindowTimeGapExtractor 用于指定每一条数据所在会话窗口的时间间隔。

❑ ProcessingTimeSessionWindows.withGap(Time.minutes(10))：处理时间语义下，会话间隔为 10min 的会话窗口。

❑ ProcessingTimeSessionWindows.withDynamicGap((element) -> {})：处理时间语义下，根据每一条输入数据动态的指定时间间隔的会话窗口。

（3）Flink 代码案例　案例：统计用户使用电商 App 时浏览商品的次数，超过 5min 没有浏览行为就认为用户下线了。输入数据为用户浏览商品日志 InputModel（包含 userId、timestamp 字段，分别代表用户 id、用户浏览商品日志生成的时间戳），用户每浏览一件商品就会上报一条日志，输出结果为 OutputModel（包含 count、sessionStartTimestamp 字段，分别代表用户在本次会话期间浏览商品总次数、本次会话的开始时间戳），最终的代码实现如代码清单 5-7 所示。

代码清单 5-7　统计用户使用电商 App 时浏览商品的次数的会话窗口代码案例

```
DataStream<OutputModel> transformation = source
        // (1) 事件时间需要分配 Watermark
        .assignTimestampsAndWatermarks(watermarkStrategy)
        // (2) 按照用户分组
        .keyBy(i -> i.getUserId())
        // (3) 会话间隔为 5min 的会话窗口
        .window(EventTimeSessionWindows.withGap(Time.minutes(5)))
        // (4) 计算用户在会话期间的总浏览商品次数
        .apply(new WindowFunction<InputModel, OutputModel, Long, TimeWindow>() {
            @Override
            public void apply(Long userId, TimeWindow window, Iterable<InputModel>
                input,
                    Collector<OutputModel> out) throws Exception {
                out.collect(
                        OutputModel
                                .builder()
                                .userId(userId)
                                // 窗口中数据集合的大小就是浏览商品次数
                                .count(Lists.newArrayList(input).size())
                                .sessionStartTimestamp(window.getStart())
                                .build()
                );
            }
        });
DataStreamSink<OutputModel> sink = transformation.print();
```

启动 Flink 作业，结果如下。

```
// 输入数据
(1) userId=2, timestamp=1640966463000 // 2022-01-01 00:01:03
(2) userId=2, timestamp=1640966702000 // 2022-01-01 00:05:02
(3) userId=2, timestamp=1640969463000 // 2022-01-01 00:51:03
(4) userId=2, timestamp=1640969523000 // 2022-01-01 00:52:03
(5) userId=2, timestamp=1640973123000 // 2022-01-01 01:52:03
...
// 输出数据
(1) userId=2, count=2, sessionStartTimestamp=1640966463000 // 2022-01-01 00:01:03
(2) userId=2, count=2, sessionStartTimestamp=1640969463000 // 2022-01-01 00:51:03
...
```

输入数据（1）时，窗口算子的会话窗口分配器会将数据（1）分配到 key 为 2 且时间范围为 [2022-01-01 00:01:03, 2022-01-01 00:05:03) 的窗口中，并为这个窗口注册时间为 2022-01-01 00:05:03

的定时器。输入数据（2）时，算子的会话窗口分配器会将数据（2）分配到 key 为 2 且时间范围为 [2022-01-01 00:05:02, 2022-01-01 00:10:02) 的窗口中。接下来时间窗口算子发现这两个窗口可以合并，于是将两个窗口合并为一个时间范围为 [2022-01-01 00:01:03, 2022-01-01 00:10:02) 的窗口，删除时间为 2022-01-01 00:05:03 的定时器并重新注册时间为 2022-01-01 00:10:02 的定时器。当数据（3）输入时执行逻辑相同，在数据（3）输入之后，会输入一个时间为 2022-01-01 00:51:03 的 Watermark，这时时间窗口算子发现时间已经超过了 2022-01-01 00:10:02 定时器，那么 key 为 2 的 [2022-01-01 00:01:03, 2022-01-01 00:10:02) 窗口就会触发计算，并输出结果（1），之后的数据处理逻辑类似，这里不再赘述。

4. 全局窗口

（1）含义及应用场景　滑动窗口、滚动窗口、会话窗口都是有大小的，而全局窗口的大小是无限大的，相当于把输入数据流放在了一个无限大的窗口中，如图 5-13 所示。如果需要全局窗口触发计算，用户就要主动指定窗口触发器，否则全局窗口永远不会触发计算。

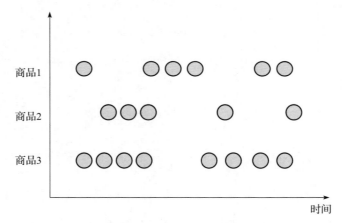

图 5-13　全局窗口

（2）Flink DataStream API　如代码清单 5-8 所示，我们可以使用 GlobalWindows.create() 方法来定义一个全局窗口，在生产中，全局窗口的应用场景较少，主要应用场景就是计数窗口。

代码清单 5-8　Flink DataStream API 中的全局窗口

```
DataStream<T> input = ...;
input
    .keyBy(<key selector>)
    .window(GlobalWindows.create()) // 全局窗口的窗口分配器
    .trigger(<trigger>)              // 全局窗口一定要指定窗口触发器，否则窗口不会触发计算
    .<windowed transformation>(<window function>);
```

5.2.6　窗口处理函数

按照时间窗口计算机制的流程，用户在开发包含时间窗口的 Flink 作业时，第一步配置窗

口分配器，第二步配置窗口触发器，第三步配置窗口处理函数。我们在 5.2.5 节提到，Flink 预置的窗口分配器中提供了默认的窗口触发器，并且大多数情况下这些窗口触发器是符合需求的，所以本着先学习常用功能的思路，这里先跳过窗口触发器，直接来到第三步，学习窗口处理函数。

Flink 预置的窗口处理函数按照处理数据的机制分为以下 3 种。

❑ 全量窗口处理函数。

❑ 增量窗口处理函数。

❑ 增量、全量搭配使用。

三者的主要区别在于时间窗口算子是在窗口触发之后获取窗口内的全量数据进行处理还是在窗口触发之前就对每一条输入数据进行增量的处理。接下来，我们从定义、Flink DataStream API、特点及应用场景 3 个方面来学习这 3 种窗口处理函数。

1. 全量窗口处理函数

（1）定义　当使用全量窗口处理函数时，窗口内的数据会等到窗口触发后再进行全量处理。如图 5-14 所示（图中省略了窗口数据移除器），在窗口没有达到触发条件时，时间窗口算子会将输入的原始数据缓存在窗口算子中，在窗口触发器触发时才会调用全量窗口处理函数来执行数据的计算并输出结果。

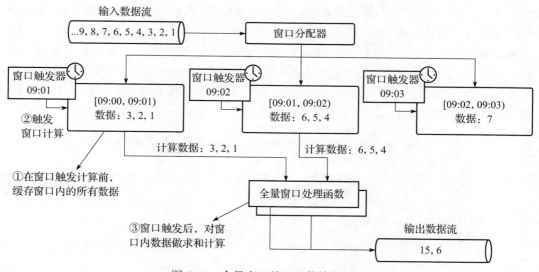

图 5-14　全量窗口处理函数执行过程

（2）Flink DataStream API　Flink DataStream API 提供了以下两种全量窗口处理函数。

❑ WindowFunction。

❑ ProcessWindowFunction。

如代码清单 5-9 所示，对于 WindowFunciton 我们已经非常熟悉了，在 5.2.5 节学习窗口分配器的代码案例中，就是使用 WindowFunction 来执行窗口数据计算的。

代码清单 5-9　WindowFunction 的定义及使用方法

```
// (1) WindowFunction 接口的定义
public interface WindowFunction<IN, OUT, KEY, W extends Window> extends Function,
    Serializable {
    //KEY key: KEY 为 KeyedStream 中 key 的数据类型
    //W window: 如果是时间窗口, W 为 TimeWindow, 通过 TimeWindow 可以获取窗口开始时间戳和
    // 结束时间戳; 当使用全局窗口分配器时, W 为 GlobalWindow
    //Iterable<IN> input: Iterable 代表窗口内的数据集合, 其中 IN 是窗口数据的类型
    //Collector<OUT> out: 使用 Collector 可以输出窗口计算的结果, 其中 OUT 是窗口函数计算
    // 完成后输出结果的数据类型
    void apply(KEY key, W window, Iterable<IN> input, Collector<OUT> out) throws
        Exception;
}

// (2) 使用 WindowFunction
DataStream<Tuple2<String, Long>> input = ...;
input
    .keyBy(<key selector>)
    .window(<window assigner>)
    //调用 apply() 方法传入 WindowFunction 接口的实现类
    .apply(new MyWindowFunction());
```

　　时间窗口计算的优势在于可以将无界流的处理过程转化为有界流的处理过程，这一点在 WindowFunction 接口的定义中也能体现，WindowFunction 中 apply() 方法的入参 Iterable<IN> input 代表一个有限的集合，也就是一个有界流。

　　ProcessWindowFunction 是 WindowFunction 的增强版本，ProcessWindowFunction 相比 Window-Function 多了获取 Flink 作业运行时上下文的功能，ProcessWindowFunction 抽象类的源码如代码清单 5-10 所示。需要注意，ProcessWindowFunction 是 Flink 提供的有状态流处理 API，关于有状态流处理 API 的详细内容，我们将会在第 7 章学习。

代码清单 5-10　ProcessWindowFunction 的定义和使用方法

```
// (1) ProcessWindowFunction 抽象类的定义
public abstract class ProcessWindowFunction<IN, OUT, KEY, W extends Window>
        extends AbstractRichFunction {
    //process() 方法用于执行窗口数据计算, 该方法相比 WindowFunction 中的 apply() 方法多了
    // 运行时上下文的 Context
    public abstract void process(
            KEY key, Context context, Iterable<IN> elements, Collector<OUT> out)
                throws Exception;
    ...
    // 运行时上下文信息
    public abstract class Context implements java.io.Serializable {
        // 返回当前窗口的信息
        public abstract W window();
        // 返回当前 SubTask 的处理时间
        public abstract long currentProcessingTime();
        // 返回当前 SubTask 事件时间的 Watermark
        public abstract long currentWatermark();
```

```
// 返回当前 key 及当前窗口下的状态存储器 KeyedStateStore，从 KeyedStateStore 中
// 获取状态的作用域（scope），作为当前 key 的窗口
public abstract KeyedStateStore windowState();
// 返回当前 key 下的全局状态存储器 KeyedStateStore，从 KeyedStateStore 中获取
// 状态的作用域（scope），作为当前 key，可以跨窗口
public abstract KeyedStateStore globalState();
// 旁路输出
public abstract <X> void output(OutputTag<X> outputTag, X value);
    }
}

// (2) 使用 ProcessWindowFunction
DataStream<Tuple2<String, Long>> input = ...;
input
    .keyBy(<key selector>)
    .window(<window assigner>)
    // 调用 process() 方法传入 ProcessWindowFunction 的实现类
    .process(new MyProcessWindowFunction());
```

ProcessWindowFunction 和 WindowFunction 的用法类似，区别在于 ProcessWindowFunction 可以获取运行时上下文，运行时上下文提供了以下 4 种功能。

❑ 访问窗口信息：通过 Context 的 window() 方法获取当前时间窗口的开始时间和结束时间。

❑ 访问时间信息：通过 Context 的 currentProcessingTime() 方法和 currentWatermark() 方法，分别获取当前 SubTask 的处理时间以及事件时间的 Watermark。

❑ 访问状态：通过 Context 的 windowState() 方法访问当前 key 下窗口内的状态，通过 Context 的 globalState() 方法可以访问当前 key 的状态，这里访问的状态是跨窗口的。

❑ 旁路输出：通过 Context 的 output(OutputTag<X> outputTag, X value) 方法可以将数据输出到指定旁路中，入参 outputTag 是旁路的唯一标识，value 是要输出到旁路中的数据。

上述 4 种功能中，最常用的是访问状态。以电商场景中统计每件商品过去 1min 内的访问次数（Page View，PV）以及截至当前这 1min 的历史累计访问次数为例，很明显这是一个 1min 的滚动窗口。其中输入数据为每件商品的用户访问记录 InputModel（包括 userId、productId、timestamp 字段，分别代表用户 id、商品 id、用户访问商品的时间戳），用户每访问一次商品就有一条商品访问记录，输出结果是每种商品当前这 1min 内的访问次数和历史累计访问次数，输出结果使用 OutputModel（包括 productId、windowStart、type、pv 字段，分别代表商品 id、窗口开始时间戳、指标类型、访问次数）来存储。其中每种商品每 1min 的访问次数可以使用 1min 的滚动窗口计算得到，而历史累计访问次数是跨窗口统计的，这就需要使用运行时上下文提供的跨窗口 globalState 来计算了，最终的实现如代码清单 5-11 所示。

代码清单 5-11　ProcessWindowFunction 使用 globalState 计算历史累计访问次数

```
env.setParallelism(1);
DataStream<OutputModel> transformation = source
        .assignTimestampsAndWatermarks(watermarkStrategy)
        // 按照商品类型分类
        .keyBy(i -> i.getProductId())
```

```
// 1min 的滚动时间窗口
.window(TumblingEventTimeWindows.of(Time.seconds(60)))
.process(new ProcessWindowFunction<InputModel, OutputModel, String,
    TimeWindow>() {
    // 使用 ValueState（状态）来存储历史累计访问次数
    private ValueStateDescriptor<Long> cumulatePvValueStateDescriptor =
            new ValueStateDescriptor<Long>("cumulate-pv", Long.class);
    @Override
    public void process(String productId, Context context, Iterable
        <InputModel> elements,
            Collector<OutputModel> out) throws Exception {
        // 集合的大小就是这 1min 的访问次数
        String windowStart = DateFormatUtils.format(
new Date(context.window().getStart()), "yyyy-MM-dd HH:mm:ss");
        long minutePv = IterableUtils.toStream(elements).count();
        // 输出这 1min 内的访问次数
        out.collect(
                OutputModel.builder()
                        .productId(productId)
                        .windowStart(windowStart)
                        .type("1min 内访问次数 ")
                        .pv(minutePv)
                        .build()
        );
        // 通过上下文的 globalState() 方法获取用于存储历史累计访问次数的
        // cumulatePvValueState
        ValueState<Long> cumulatePvValueState = context.globalState().
            getState(cumulatePvValueStateDescriptor);
        Long cumulatePv = cumulatePvValueState.value();
        // 当 cumulatePvValueState 值为 null 时，说明是第一次访问，将默认值为设置为 0
        cumulatePv = (cumulatePv == null) ? 0L : cumulatePv;
        // 历史累计访问次数 = 旧历史累计访问次数 + 当前这 1min 的访问次数
        cumulatePv = cumulatePv + minutePv;
        // 将历史累计访问次数的结果存储到状态中
        cumulatePvValueState.update(cumulatePv);
        // 输出历史累计访问次数的结果
        out.collect(
                OutputModel.builder()
                        .productId(productId)
                        .windowStart(windowStart)
                        .type(" 历史累计访问次数 ")
                        .pv(cumulatePv)
                        .build()
        );
    }
});
DataStreamSink<String> sink = transformation.print();
```

运行 Flink 作业，结果如下，其中省略了输入数据，我们着重分析输出结果即可。

```
// 输出结果
productId= 商品 1，windowStart=2022-01-01 00:00:00，type=1min 内访问次数 ，pv=3
productId= 商品 1，windowStart=2022-01-01 00:00:00，type= 历史累计访问次数 ，pv=3
```

```
productId=商品 2, windowStart=2022-01-01 00:00:00, type=1min 内访问次数，pv=5
productId=商品 2, windowStart=2022-01-01 00:00:00, type=历史累计访问次数，pv=5
productId=商品 1, windowStart=2022-01-01 00:01:00, type=1min 内访问次数，pv=5
productId=商品 1, windowStart=2022-01-01 00:01:00, type=历史累计访问次数，pv=8
productId=商品 1, windowStart=2022-01-01 00:02:00, type=1min 内访问次数，pv=10
productId=商品 1, windowStart=2022-01-01 00:02:00, type=历史累计访问次数，pv=18
productId=商品 2, windowStart=2022-01-01 00:02:00, type=1min 内访问次数，pv=10
productId=商品 2, windowStart=2022-01-01 00:02:00, type=历史累计访问次数，pv=15
...
```

如结果所示，每种商品每 1min 的窗口触发计算之后，都会输出两条结果，第一条结果为当前这 1min 内的访问次数，第二条结果为截至当前这 1min 的历史累计访问次数，从结果中也可以看出，每 1min 的访问次数之和等于当前这 1min 的历史累计访问次数。

需要注意的是，上述案例的结果虽然乍一看没有问题，但是一旦和实际场景结合起来，站在用户的角度去理解，还是有一些不符合预期的现象。由于商品 2 在 2022-01-01 00:01:00 到 2022-01-01 00:02:00 这 1min 窗口内没有数据输入，因此这 1min 也就没有对应的结果数据。这是符合预期的，但是问题在于这 1min 的历史累计访问次数也不会输出，站在用户使用数据的角度来思考，就不符合预期了。关于这个问题的一种可行的 Flink 解决方案我们将在第 7 章节学习。

通过对比 ProcessWindowFunction 和 WindowFunction，我们发现 ProcessWindowFunction 在没有提高用户开发成本的基础上，提供了更多的上下文信息，所以推荐在生产中直接使用 ProcessWindowFunction。

（3）特点及应用场景　提到全量窗口处理函数，就不得不提到状态大、执行效率低这两个问题。以统计每 1min 内用户浏览商品的总次数为例，假设某 1min 内的所有用户浏览记录为 10 万条，那么当我们使用全量窗口处理函数执行计算时，这两个问题就会凸显出来。

首先是状态大，在窗口触发计算前，窗口算子会在状态中一直缓存这 10 万条原始数据而不进行计算，这样窗口算子的存储压力是比较大的。其次是执行效率低，只有时间到达窗口结束时间，触发窗口触发器时，窗口处理函数才能获取这 10 万条原始数据进行计算，因此 Flink 作业的资源使用率呈现出时而空载、时而满载的现象，而且这种现象会随着窗口触发频次的增大愈发明显。

那么全量窗口处理函数就一无是处了吗？

答案是否定的，全量窗口处理函数适用的场景和它在窗口触发时获取窗口全量数据的特点是息息相关的。一个典型的应用场景就是 4.8.2 节同步 I/O 低效问题解决方案中的批量访问外部接口。举例来说，我们有一条用户浏览商品的日志数据流，需要访问外部数据库获取商品的名称、售价等扩展信息，并且每 1min 内有 10 万条原始数据输入，那么我们就可以定义 1min 的滚动窗口配合全量窗口处理函数来实现批量访问外部接口。当某 1min 的窗口触发时，全量窗口处理函数会先获取窗口内的 10 万条数据，然后在全量窗口处理函数内将这 10 万条数据切分为 1000 个 100 条的数据集合，每 100 条批量访问外部的数据库一次。我们只需要 1000 次 I/O 操作就可以获取这 10 万条原始数据的商品名称、售价等扩展信息，显著提高了作业 I/O 处理的效率。

2. 增量窗口处理函数

（1）定义　增量窗口处理函数和全量窗口处理函数恰恰相反，窗口每接收一条数据，就会直接调用增量窗口处理函数进行计算，当窗口被触发时后，会直接输出增量窗口处理函数的结果。如图 5-15 所示是一个对数据做求和计算的增量窗口处理函数的执行过程，在窗口没有达到触发条件时，对于每一条输入数据，时间窗口算子会直接调用增量窗口处理函数进行数据的求和计算。在窗口到达触发的条件时，可以直接获取已经计算完成的结果。

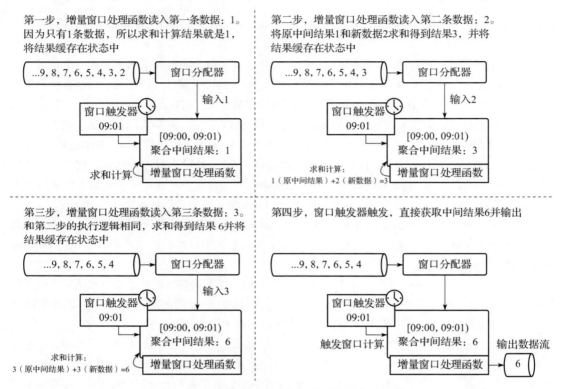

图 5-15 增量窗口处理函数的执行过程

大多数情况下，增量窗口处理函数的执行机制可以有效缓解全量窗口处理函数中提到的状态大和执行效率低的问题。我们以统计每 1min 内用户浏览商品的次数为例，假设这 1min 内的用户浏览记录为 10 万条，那么使用增量窗口处理函数计算，每输入一条用户浏览记录的原始数据，算子就会调用增量窗口处理函数将用户浏览商品的次数加 1，然后这条输入数据就被处理完了，时间窗口算子只需要在状态中维护用户浏览商品次数的聚合中间结果，不需要保存已经被计算过的数据，因此相比全量窗口处理函数来说，原本需要在状态中缓存的 10 万条原始数据就被简化为了 1 条中间结果数据，状态大大减小。同时，由于每输入一条用户浏览记录数据，Flink 增量窗口处理函数就会进行计算，最终在窗口触发的时候，只需要从状态中获取已经计算好的用户浏览商品次数的结果，相比全量窗口处理函数来说，增量窗口处理函数具备高的执行效率。

（2）Flink DataStream API Flink 提供了以下两种增量窗口处理函数。

❑ ReduceFunction。

❑ AggregateFunction。

相信读者已经对 ReduceFunction 比较熟悉了，ReduceFunction 叫作归约聚合函数，用于对数据进行归约聚合计算，ReduceFunction 要求输入数据、聚合结果、输出数据的类型一致。

无论 ReduceFunction 作为窗口处理函数，还是作为数据聚合操作中的归约聚合函数，在使用方法和执行机制上是基本相同的，用一个公式表达就是：新的聚合中间结果 =ReduceFunction(旧的聚合中间结果，新输入数据)。不同之处在于，作为窗口处理函数时，ReduceFunction 每次都是对一个窗口内的数据（有界流）进行归约聚合，而数据聚合操作是对无界流的归约聚合。

如代码清单 5-12 所示，我们可以调用 WindowedStream 的 reduce() 方法来传入 ReduceFunction。

代码清单 5-12　ReduceFunction 的定义及使用方法

```
// (1) ReduceFunction 接口的定义
public interface ReduceFunction<T> extends Function, Serializable {
    // 入参 value1 为旧的聚合中间结果，value2 为新输入数据，方法返回值为新的聚合中间结果
    T reduce(T value1, T value2) throws Exception;
}
// (2) 使用 ReduceFunction
input
    .keyBy(<key selector>)
    .window(<window assigner>)
    // 调用 reduce() 方法传入 ReduceFunction 接口的实现类
    .reduce(new MyReduceFunction());
```

我们以统计每种商品每 1min 内的平均销售额为例来看看 ReduceFunction 执行时的效果，输入数据流为商品的销售记录 InputModel（包括 productId、income、timestamp 字段，分别代表商品 id、商品销售额、商品销售时间戳），期望的输出结果为 OutputModel（包括 productId、windowStart、avgIncome 字段，分别代表商品 id、窗口开始时间、1min 内商品的平均销售额），最终的实现如代码清单 5-13 所示。

代码清单 5-13　使用 ReduceFunction 统计每种商品每 1min 内的平均销售额

```
DataStream<InputModel> source = env.addSource(new UserDefinedSource());
DataStream<OutputModel> transformation = source
        .assignTimestampsAndWatermarks(watermarkStrategy)
    // (1) 计算商品平均销售额需要两个字段，分别为商品销售额和商品销量，商品的销售额字段在
    // InputModel 中已经有了，还缺少一个商品销量的字段，因此我们通过 map 操作添加一个用于
    // 存储商品销量的字段，扩充之后变为 Tuple2，其中 f1 是原始数据 InputModel，f2 字段代表
    // 销量，值为 1
    .map(new MapFunction<InputModel, Tuple2<InputModel, Long>>() {
        @Override
        public Tuple2<InputModel, Long> map(InputModel v) throws Exception {
            return Tuple2.of(v, 1L);
        }
    })
    .keyBy(i -> i.f0.getProductId())
    .window(TumblingEventTimeWindows.of(Time.seconds(60)))
    // (2) 使用 ReduceFunction 计算 1min 内该商品的销售额和销量
    .reduce(new ReduceFunction<Tuple2<InputModel, Long>>() {
```

```
        @Override
        public Tuple2<InputModel, Long> reduce(Tuple2<InputModel, Long>
            v1, Tuple2<InputModel, Long> v2)
                throws Exception {
            v1.f0.income += v1.f0.income;
            v1.f1 += v2.f1;
            return v1;
        }
    })
    // (3) 总销售额除以总销量得到 1min 内的平均销售额
    .map(i -> OutputModel
        .builder()
        .productId(i.f0.productId)
        .windowStart(DateFormatUtils.format(
            new Date(i.f0.timestamp), "yyyy-MM-dd HH:mm:ss"))
        .avgIncome(((double) i.f0.income) / i.f1)
        .build()
    );
DataStreamSink<OutputModel> sink = transformation.print();
```

如代码清单 5-13 所示，我们通过三步就可以计算得到每种商品每 1min 内的平均销售额。第一步，为了计算 1min 内的平均销售额，需要有销售额、销量两个字段，由于原始输入数据 InputModel 中没有销量字段，直接用 InputModel 作为 ReduceFunction 的输入是无法计算平均销售额的，因此我们使用 map 操作扩展了一个销量字段，数据类型变为 Tuple2<InputModel, Long>，其中字段 f2 代表销量。第二步，使用 reduce 操作计算 1min 内的总销售额和总销量。第三步，使用 map 操作将 Tuple2<InputModel, Long> 中的总销售额和总销量相除，获得平均销售额并输出结果。运行 Flink 作业，结果如下。

```
// 输出结果
productId= 商品 1, timestamp=2022-01-01 21:38:20, avgIncome=6.0
productId= 商品 2, timestamp=2022-01-01 21:38:20, avgIncome=4.0
productId= 商品 1, timestamp=2022-01-01 21:39:50, avgIncome=4.0
...
```

注意，对于每一个窗口来说，如果输入的数据是当前窗口的第一条数据，则无须归约聚合，窗口算子会直接将这条数据作为中间结果存入状态。当该窗口接收新数据时，才会调用 ReduceFunction 中的 reduce() 方法来做数据的聚合，然后将方法的返回结果保存在状态中，最后当窗口被触发时，从状态中获取结果并输出。

AggregateFunction 和 ReduceFunction 之间的关系类似于 ProcessWindowFunction 和 WindowFunction 之间的关系，AggregateFunction 是 ReduceFunction 的一个增强版本。

那么 AggregateFunction 强在哪里呢？

在学习 ReduceFunction 时，我们提到 ReduceFunction 要求输入数据类型、聚合结果类型、输出数据类型一致，因此使用 ReduceFunction 做一些简单的求和计算是非常方便的，但是在面临生产环境中复杂的计算场景时，这种要求会成为一种限制。以代码清单 5-13 计算每种商品每 1min 内的平均销售额为例，由于 ReduceFunction 的限制，我们需要在 reduce 操作之前使用 map 操作先扩展一个销量字段才能计算平均销售额，但是统计的指标越多就越复杂，我们需要额外扩展和维护的字段逻辑也会越来越多，维护成本越来越高。那么有没有一种方法能让我们在执行聚合操作之前不需要扩展这么多的字段，从而简化编码逻辑呢？

　　其实优化思路并不复杂。首先，为了实现计算平均销售额，扩展销量字段的操作是必需的，同时，在窗口结果计算完成之后使用总销售额除销量的计算逻辑也是必需的，所以整个计算流程是没法简化的，涉及的计算步骤还是这 3 个，涉及的数据类型也依然会是 InputModel、Tuple2<InputModel, Long>、OutputModel 这 3 种。既然计算流程上无法优化，那么能优化就是编码 API 了，于是 aggregate 操作和 AggregateFunction 就诞生了，如代码清单 5-14 所示是 AggregateFunction 接口的定义和使用方式。

代码清单 5-14　AggregateFunction 接口的定义和使用方式

```
// (1) AggregateFunction 接口定义
public interface AggregateFunction<IN, ACC, OUT> extends Function, Serializable {
    // 为每一个窗口创建一个初始化的累加器，用于存储聚合的中间结果
    ACC createAccumulator();
    // 将输入数据和聚合的中间结果进行聚合计算，返回一个新的聚合中间结果，该方法的作用和
    // ReduceFunction 中的 reduce() 方法相同
    ACC add(IN value, ACC accumulator);
    // 从累加器中获取结果
    OUT getResult(ACC accumulator);
    // 合并两个累加器的结果
    ACC merge(ACC a, ACC b);
}

// (2) 使用 AggregateFunction
DataStream<Tuple2<String, Long>> input = ...;
input
    .keyBy(<key selector>)
    .window(<window assigner>)
    // 调用 aggregate() 方法传入 AggregateFunction 的实现类
    .aggregate(new MyAggregateFunction());
```

如代码清单 5-14 所示，AggregateFunction 接口包含 3 种数据类型和 4 个方法。3 种数据类型的含义如下。

❑ IN：输入数据类型。

❑ ACC：增量计算的中间聚合结果的数据类型。

❑ OUT：输出结果类型。

4 个方法的作用如下。

❑ ACC createAccumulator()：在创建一个新窗口的时候调用，也就是每个窗口的第一条数据到达时调用，该方法会初始化一个用于存储当前窗口中间结果的累加器，并作为方法返回值返回。注意，每个新窗口创建时都会初始化一个新的累加器，窗口算子会将累加器存储在状态当中。

❑ ACC add(IN value, ACC accumulator)：在接收到窗口的输入数据时调用，该方法会将每一

条输入数据与旧累加器的结果聚合，得到新累加器的结果。方法入参有两个，value 是输入的数据，accumulator 是当前窗口的累加器。方法的返回值是经过聚合计算得到的新累加器的结果。举例来说，假设窗口数据的计算逻辑为求和，那么我们需要在 add() 方法中将输入数据与累加器的值相加，并将结果值作为方法的返回值返回。

❑ OUT getResult(ACC accumulator)：在窗口触发器触发时调用，该方法会使用累加器的值计算并得到窗口算子的输出结果，方法入参 accumulator 是累加器，方法返回值为窗口算子的输出结果。

❑ ACC merge(ACC a, ACC b)：在合并窗口的场景中调用，典型的合并窗口就是会话窗口。以会话窗口为例，当两个窗口可以合并时就会调用该方法，通常我们需要在该方法中合并两个窗口累加器的结果值，得到一个新的累加器后返回。方法入参 a 是第一个窗口的累加器，入参 b 是第二个窗口的累加器，方法的返回值是新的累加器。值得一提的是，Flink 预置的滚动窗口和滑动窗口都不是合并窗口，因此使用这两种窗口时，该方法永远不会被调用，在滚动窗口和滑动窗口中，我们无须实现该方法。

窗口算子调用 AggregateFunction 中 4 个方法的流程如下。当窗口收到第一条数据时，会调用 createAccumulator() 方法为这个窗口初始化一个新的累加器。随着窗口数据不断输入，会为每一条数据调用 add() 方法执行聚合计算，并将返回结果存储在状态中。最后在窗口触发器触发窗口计算时，调用 getResult() 方法获取当前窗口的结果并输出。需要注意的是，merge() 方法只有进行窗口合并时才会调用。

接下来我们使用 AggregateFunction 计算每种商品每 1min 内的平均销售额，并对比 ReduceFunction 和 AggregateFunction 的差异。输入数据为商品的销售记录 InputModel（包括 productId、income、timestamp 字段，分别代表商品 id、商品销售额、商品销售时间戳），期望的输出结果为 OutputModel（包括 productId、timestamp、allIncome、allCnt、avgIncome 字段，分别代表商品 id、时间、1min 内商品的总销售额、1min 内商品的总销量、1min 内商品的平均销售额），最终的实现如代码清单 5-15 所示。

代码清单 5-15　使用 AggregateFunction 计算每种商品每 1min 内的平均销售额

```
DataStream<InputModel> source = env.addSource(new UserDefinedSource());
AggregateFunction<InputModel, Tuple2<InputModel, Long>, OutputModel>
    myAggFunction = new AggregateFunction<InputModel, Tuple2<InputModel,
    Long>, OutputModel>() {
        @Override
        public Tuple2<InputModel, Long> createAccumulator() {
            System.out.println("AggregateFunction 初始化累加器 ");
            return Tuple2.of(null, 0L);
        }
        @Override
        public Tuple2<InputModel, Long> add(InputModel v, Tuple2<InputModel,
            Long> acc) {
            if (null == acc.f0) {
                acc.f0 = v;
                acc.f1 = 1L;
```

```
        } else {
            // 累加销售额
            acc.f0.income += v.income;
            // 累加销量
            acc.f1 += 1L;
        }
        return acc;
    }
    @Override
    public OutputModel getResult(Tuple2<InputModel, Long> acc) {
        System.out.println("AggregateFunction 获取结果 ");
        return OutputModel
                    .builder()
                    .productId(acc.f0.productId)
                    .timestamp(DateFormatUtils.format(
                            new Date(acc.f0.timestamp), "yyyy-MM-dd
                            HH:mm:ss"))
                    .avgIncome(((double) acc.f0.income) / acc.f1)
                    .allIncome(acc.f0.income)
                    .allCnt(acc.f1)
                    .build();
    }
    @Override
    public Tuple2<InputModel, Long> merge(Tuple2<InputModel, Long>
        acc1, Tuple2<InputModel, Long> acc2) {
        return null; // 滚动窗口，无须实现 merge() 方法
    }
};
DataStream<OutputModel> transformation = source
        .assignTimestampsAndWatermarks(watermarkStrategy)
        .keyBy(i -> i.getProductId())
        .window(TumblingEventTimeWindows.of(Time.seconds(60)))
        .aggregate(myAggFunction);
DataStreamSink<OutputModel> sink = transformation.print();
```

启动 Flink 作业后，控制台日志如下，此处省略了输入数据，只展示控制台结果日志。

```
// key 为商品 1 且时间范围为 [2022-01-01 21:39:00, 2022-01-01 21:40:00) 窗口的日志
(1) AggregateFunction 初始化累加器
(2) AggregateFunction 获取结果
(3) productId= 商品 1, timestamp=2022-01-01 21:39:50, avgIncome=3.0, allIncome=30,
    allCnt=10
// key 为商品 1 且时间范围为 [2022-01-01 21:40:00, 2022-01-01 21:41:00) 窗口的日志
(4) AggregateFunction 初始化累加器
(5) AggregateFunction 获取结果
(6) productId= 商品 1, timestamp=2022-01-01 21:40:50, avgIncome=5.0, allIncome=50,
    allCnt=10
...
```

当 key 为商品 1 的数据输入时，窗口算子会调用 AggregateFunction 的 createAccumulator() 方法初始化累加器，如控制台日志中的（1）和（4）所示。随着 key 为商品 1 的数据不断输入，AggregateFunction 会调用 add() 方法进行聚合计算，当时间到达窗口结束时间时，窗口会触发计

算，并调用 getResult() 方法输出商品 1 的结果，如控制台日志中的（2）、（3）、（5）、（6）所示。

在生产环境中，由于 AggregateFunction 更具通用性，因此推荐大家使用 AggregateFunction。需要注意的是，AggregateFunction 并不是完美的，当聚合中间结果是集合数据结构（比如 HashMap、List 等），并且这个集合包含非常多的元素时，有可能导致 Flink 作业在读取和访问状态时出现数据序列化性能变差的问题，关于这个问题将在 6.4.3 节详细分析并给出解决方案。

3. 增量、全量搭配使用

现在我们知道了全量窗口处理函数、增量窗口处理函数的适用场景，其中增量窗口处理函数由于性能优势，在大多数场景下都会优先使用。

不过增量窗口处理函数也有缺点，即只有执行数据计算的方法以及参数，并不能获取作业运行时的上下文信息。在某些场景下，SubTask 运行时的上下文、时间窗口信息对数据处理来说是必需的。举例来说，在计算每种商品每 1min 销售额的案例中，分析人员会关注销售额峰值所在的时间点，所以需要以时间作为横轴、销售额作为纵轴的折线图来分析销售额的波动情况，如图 5-16 所示。为了满足这样的需求，就要在结果数据上标记计算数据所在的那一分钟的窗口的开始时间戳，而窗口的开始时间戳只能从 SubTask 运行时上下文中获取。

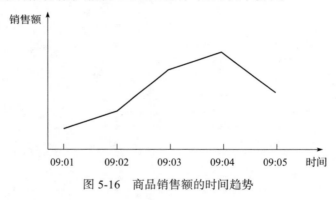

图 5-16　商品销售额的时间趋势

在学习全量窗口处理函数时，具有上下文的 ProcessWindowFunction 还可以在计算每种商品每 1min 内访问次数的同时去计算历史累计访问次数，历史累计访问次数就是通过 ProcessWindowFunction 提供的运行时上下文获取跨窗口的状态实现的。

综合上述两种场景，能够在窗口处理函数中获取 SubTask 运行时上下文非常有必要。但无论 ReduceFunction 还是 AggregatingFunction，都获取不到 SubTask 运行时上下文，难道我们只能忍痛割爱使用全量窗口处理函数了吗？

答案是否定的。针对上述场景，Flink DataStream API 提供了将增量窗口处理函数和全量窗口处理函数结合在一起的功能。如代码清单 5-16 所示，WindowedStream 上的 reduce()、aggregate() 方法除了可以传入 ReduceFunction、AggregateFunction 外，还可以传入 WindowFunction 或者 Process-WindowFunction。以 AggregateFunction 搭配 ProcessWindowFunction 的组合为例，窗口算子在执行时，对输入的每条数据依然会使用 AggregateFunction 执行增量的数据处理，并在窗口触发器被触发时，使用 AggregateFunction 的 getResult() 方法获取结果。这时窗口算子不会将结果直接发给下游算子，而是将这条结果数据放入 Iterable 集合，作为 ProcessWindowFunction 中 process() 方法的入参传递给 ProcessWindowFunction 执行，这时我们就可以在 ProcessWindowFunction 中获取 SubTask 的上下文信息了。

代码清单 5-16　Flink DataStream API 中增量窗口处理函数、全量窗口处理函数搭配使用

```
// (1) AggregateFunction 和 WindowFunction 搭配使用
public <ACC, V, R> SingleOutputStreamOperator<R> aggregate(
        AggregateFunction<T, ACC, V> aggFunction, WindowFunction<V, R, K, W>
            windowFunction)
// (2) AggregateFunction 和 ProcessWindowFunction 搭配使用
public <ACC, V, R> SingleOutputStreamOperator<R> aggregate(
        AggregateFunction<T, ACC, V> aggFunction,
        ProcessWindowFunction<V, R, K, W> windowFunction)
// (3) ReduceFunction 和 WindowFunction 搭配使用
public <R> SingleOutputStreamOperator<R> reduce(
        ReduceFunction<T> reduceFunction, WindowFunction<T, R, K, W> function)
// (4) ReduceFunction 和 ProcessWindowFunction 搭配使用
public <R> SingleOutputStreamOperator<R> reduce(
        ReduceFunction<T> reduceFunction, ProcessWindowFunction<T, R, K, W>
            function)
```

我们以代码清单 5-15 中的 AggregateFunction 统计每种商品每 1min 内的平均销售额为例，结合 ProcessWindowFunction 来做一些扩展。扩展的功能主要包含两部分，一部分用于计算累计的商品平均销售额，另一部分用于给输出结果标记时间窗口的开始时间戳，以方便后续使用折线图来展示销售额趋势，最终的实现如代码清单 5-17 所示。

代码清单 5-17　AggregateFunction 结合 ProcessWindowFunction 的代码案例

```
env.setParallelism(1);
DataStream<OutputModel> transformation = source
        .assignTimestampsAndWatermarks(watermarkStrategy)
        .keyBy(i -> i.getProductId())
        .window(TumblingEventTimeWindows.of(Time.seconds(60)))
        // AggregateFunction 复用之前代码案例中的 myAggFunction
        .aggregate(myAggFunction, new ProcessWindowFunction<OutputModel,
            OutputModel, String, TimeWindow>() {
            // 使用 ValueState 存储每种商品的历史累计销售额和销量
            private ValueStateDescriptor<Tuple2<Long, Long>>
                historyInfoValueStateDescriptor =
                    new ValueStateDescriptor<Tuple2<Long, Long>>("history-info"
                        , TypeInformation.of(
                        new TypeHint<Tuple2<Long, Long>>() {
                        }));
            // Iterable<OutputModel> elements 中只包含一条数据
            @Override
            public void process(String s, Context context, Iterable<OutputModel>
                elements,
                    Collector<OutputModel> out) throws Exception {
                long windowStart = context.window().getStart();
                // 通过 globalState 获取历史累计销售额和销量
```

```
            ValueState<Tuple2<Long, Long>> historyInfoValueState = context.
                globalState().getState(historyInfoValueStateDescriptor);
            for (OutputModel e : elements) {
                System.out.println("ProcessWindowFunction 输出 1min 内的增量数据 ");
                e.timestamp = windowStart;
                // 输出当前商品 1min 内的销售额、销量、平均销售额
                out.collect(e);
                Tuple2<Long, Long> historyInfoValue = historyInfoValueState.
                    value();
                if (null == historyInfoValue) {
                    historyInfoValue = Tuple2.of(e.allCount, e.allIncome);
                } else {
                    historyInfoValue =
                            Tuple2.of(e.allCount + historyInfoValue.f0,
                                e.allIncome + historyInfoValue.f1);
                }
                // 使用 historyInfoValueState 存储累计销售额和销量
                historyInfoValueState.update(historyInfoValue);
                System.out.println("ProcessWindowFunction 输出历史累计数据 ");
                // 输出当前商品的累计销售额、销量、平均销售额
                out.collect(OutputModel
                        .builder()
                        .productId(e.productId)
                        .timestamp(DateFormatUtils.format(new Date(windowStart),
                            "yyyy-MM-dd HH:mm:ss")
                        .avgIncome(((double) historyInfoValue.f1) /
                            historyInfoValue.f0)
                        .allIncome(historyInfoValue.f0)
                        .allCnt(historyInfoValue.f1)
                        .build());
            }
        }
    });
DataStreamSink<OutputModel> sink = transformation.print();
```

如代码清单 5-17 所示，我们复用了代码清单 5-15 中的 AggregateFunction 来计算 1min 内的平均销售额，然后使用 ProcessWindowFunction 中的上下文获取 globalState 来存储和获取累计的销量、销售额及平均销售额。

运行 Flink 作业，控制台日志如下，此处省略了输入数据，只展示控制台结果日志。

```
AggregateFunction 初始化累加器
AggregateFunction 获取结果
ProcessWindowFunction 输出 1min 内的增量数据
productId= 商品 1, timestamp=2022-01-01 23:27:00, avgIncome=3.0, allIncome=30,
    allCount=10
ProcessWindowFunction 输出累计数据
productId= 商品 1, timestamp=2022-01-01 23:27:00, avgIncome=3.0, allIncome=30,
    allCount=10
AggregateFunction 初始化累加器
AggregateFunction 获取结果
ProcessWindowFunction 输出 1min 内的增量数据
```

```
productId= 商品 1, timestamp=2022-01-01 23:28:00, avgIncome=4.5, allIncome=90,
    allCount=20
ProcessWindowFunction 输出累计数据
productId= 商品 1, timestamp=2022-01-01 23:28:00, avgIncome=4.0, allIncome=120,
    allCount=30
...
```

5.2.7　窗口触发器

窗口触发器用于决定由窗口分配器划分出来的窗口应该在什么时间点触发，对应着时间窗口计算模型中计算频次的概念。

1. Flink 预置的窗口触发器

Flink 预置的滚动窗口、滑动窗口、会话窗口分配器中提供的默认窗口触发器分为以下两种。

❑ ProcessingTimeTrigger：处理时间语义的触发器，会为窗口注册处理时间的定时器。当处理时间达到处理时间定时器的时间时，触发窗口计算，否则继续等待触发。

❑ EventTimeTrigger：事件时间语义的触发器，会为窗口注册事件时间的定时器。当 Watermark 达到事件时间定时器的时间时，触发窗口计算，否则继续等待触发。

除上述两种常见的窗口触发器之外，Flink 还预置了以下 6 种窗口触发器。

❑ ContinuousProcessingTimeTrigger.of(Time interval)：处理时间语义下，按照 interval 间隔持续触发的触发器。以一个 5min 大小滚动窗口为例，当我们设置 ContinuousProcessing-TimeTrigger.of(Time.minutes(1)) 的窗口触发器后，假设其中一个窗口为 [09:00:00, 09:05:00)，那么该窗口将会在 09:01:00、09:02:00、09:03:00、09:04:00、09:05:00 分别触发一次窗口内数据的计算，这种触发器也称作提前（Early-Fire）触发器。

❑ ContinuousEventTimeTrigger.of(Time interval)：事件时间语义下，按照 interval 间隔持续触发的触发器，功能和 ContinuousProcessingTimeTrigger 相同。

❑ CountTrigger.of(long maxCount)：计数触发器，在窗口条目数达到 maxCount 时触发计算。计数触发器用于计数窗口，本节主要介绍时间窗口，关于计数窗口的内容将在 5.6 节介绍。

❑ DeltaTrigger.of(double threshold, DeltaFunction<T> deltaFunction, TypeSerializer<T> stateSerializer)：阈值触发器，使用 deltaFunction 利用原始数据计算一个数值，接下来判断该数值是否超过了用户设置的 threshold，如果超过了 threshold 则触发窗口计算。

❑ ProcessingTimeoutTrigger.of(Trigger<T, W> nestedTrigger, Duration timeout, boolean resetTimerOnNewRecord, boolean shouldClearOnTimeout)：处理时间语义下的超时触发器，该触发器需要和其他触发器搭配使用，其中 nestedTrigger 是搭配使用的窗口触发器，timeout 为处理时间的超时时间。以一个 5min 的事件时间语义的滚动窗口为例，假设 Flink 作业的数据源只有 15:00 ～ 22:00 会有数据，那么每天的最后一个窗口 [21:55:00, 22:00:00) 由于当天后续没有数据到来，Watermark 无法达到窗口的结束时间，因此这个窗口会一直无法触发计算。等到第二天 09:00 接收数据后，Watermark 才能达到 [21:55:00, 22:00:00) 窗口的结束时间，这时候才能触发该窗口的计算。这会存在一个问题，即当天的数据没法在当天计算完成了。这时我们可以使用 ProcessingTimeoutTrigger.

of(EventTimeTrigger.create(), Duration.ofMinutes(8L), false, true) 作 为 该 窗 口 的 窗 口 触 发 器，效 果 是 在 最 后 一 个 窗 口 创 建 8min 后，如 果 Watermark 还 触 发 不 了 窗 口 的 计 算，就 通 过 处 理 时 间 触 发 这 个 窗 口 的 计 算，从 而 使 得 当 天 的 数 据 在 当 天 计 算 完 成。其 中 入 参 resetTimerOnNewRecord 代 表 窗 口 有 新 的 数 据 输 入 时，是 否 需 要 重 置 timeout。入 参 shouldClearOnTimeout 代 表 超 时 触 发 计 算 后，是 否 需 要 清 空 该 窗 口 的 状 态，当 我 们 设 置 shouldClearOnTimeout 为 false 时，即 使 处 理 时 间 超 时 触 发 窗 口 计 算，该 窗 口 依 然 会 保 留，直 到 第 二 天 09:00 再 有 数 据 到 来 时，事 件 时 间 到 达 窗 口 结 束 时 间，该 窗 口 再 次 触 发 计 算，当 shouldClearOnTimeout 为 true 时，该 窗 口 在 第 一 次 触 发 之 后 就 会 被 清 空 并 删 除。

❑ PurgingTrigger.of(Trigger<T, W> nestedTrigger)：清 除 触 发 器。可 以 将 任 意 类 型 的 触 发 器 加 上 清 除（Purge）的 功 能，如 果 一 个 触 发 器 包 含 Purge 属 性，那 么 在 窗 口 触 发 器 触 发 窗 口 计 算 后，会 将 窗 口 内 的 原 始 数 据 清 除，入 参 nestedTrigger 就 是 需 要 被 转 换 为 清 除 触 发 器 的 触 发 器。

虽 然 Flink 为 我 们 提 供 了 多 种 功 能 丰 富 的 触 发 器，不 过 一 般 情 况 下，我 们 使 用 窗 口 分 配 器 提 供 的 默 认 触 发 器 就 能 够 满 足 需 求。

2. 窗口触发器原理

如 代 码 清 单 5-18 所 示 是 窗 口 触 发 器 Trigger 抽 象 类 的 定 义，其 中 节 选 了 窗 口 触 发 器 6 个 重 要 的 方 法。

代码清单 5-18　窗口触发器 Trigger 抽象类的定义

```
public abstract class Trigger<T, W extends Window> implements Serializable {
    public abstract TriggerResult onElement(T element, long timestamp,
        W window, TriggerContext ctx) throws Exception;
    public abstract TriggerResult onProcessingTime(long time, W window,
        TriggerContext ctx) throws Exception;
    public abstract TriggerResult onEventTime(long time, W window,
        TriggerContext ctx) throws Exception;
    public boolean canMerge() {
        return false;
    }
    public void onMerge(W window, OnMergeContext ctx) throws Exception {
        throw new UnsupportedOperationException("This trigger does not support
            merging.");
    }
    public abstract void clear(W window, TriggerContext ctx) throws Exception;
    ...
    // 窗口触发器上下文
    public interface TriggerContext {
        long getCurrentProcessingTime();              // 获取当前的处理时间
        long getCurrentWatermark();                   // 获取当前的事件时间 Watermark
        void registerProcessingTimeTimer(long time);  // 注册处理时间定时器
        void registerEventTimeTimer(long time);// 注册事件时间定时器
        void deleteProcessingTimeTimer(long time);    // 删除处理时间定时器
        void deleteEventTimeTimer(long time);         // 删除事件时间定时器
        ...
    }
}
```

6 个方法的作用分别如下。

❑ TriggerResult onElement(T element, long timestamp, W window, TriggerContext ctx)：窗口算子收到输入数据时调用该方法，用于判断窗口是否应该触发计算。方法入参 element 是输入数据，timestamp 是输入数据的时间戳，window 为输入数据所在的窗口，ctx 为窗口触发器的上下文，用于注册处理时间定时器或者事件时间定时器。

❑ TriggerResult onProcessingTime(long time, W window, TriggerContext ctx)：窗口算子中注册的处理时间定时器被触发时会回调该方法。其中 time 为触发的处理时间定时器的时间戳，window 为定时器触发计算的窗口，ctx 为窗口触发器的上下文。

❑ TriggerResult onEventTime(long time, W window, TriggerContext ctx)：窗口算子中注册的事件时间定时器被触发时会回调该方法。其中 time 为触发的事件时间定时器的时间戳，window 为定时器触发计算的窗口，ctx 为窗口触发器的上下文。

❑ void clear(W window, TriggerContext ctx)：该方法会在窗口计算完成后清理已经被触发的定时器。为什么要清理已经被触发的定时器呢？原因是注册的定时器会被作为数据保存在窗口算子中，当定时器被触发之后，就需要将其清理掉，避免窗口算子中保存的无用定时器数据越来越多。通常会在该方法中将 TriggerContext.registerProcessingTimeTimer(long time) 方法和 TriggerContext.registerEventTimeTimer(long time) 方法注册的定时器都删除掉。

❑ boolean canMerge()：在合并窗口（比如会话窗口）中用于判断不同窗口的触发器能否合并，如果返回值为 true，则说明触发器是可以合并的，同时，合并操作需要实现 onMerge() 方法。

❑ void onMerge(W window, OnMergeContext ctx)：在合并窗口（比如会话窗口）进行窗口合并时调用，在此方法中需要将多个窗口的触发器进行合并，入参 window 为多个窗口合并后的窗口，ctx 为合并上下文，在该方法中，会使用 ctx 来重新注册合并后窗口的定时器。

我们重点关注前 3 个方法，前 3 个方法用于判定窗口是否达到了触发条件，返回值都为 TriggerResult。窗口算子会根据 TriggerResult 来决定执行什么操作，其中 TriggerResult 是枚举类型，有以下 4 个枚举值。

❑ CONTINUE：窗口算子不做任何操作，继续处理后续数据。

❑ FIRE：窗口算子认为窗口可以触发计算，使用窗口处理函数处理窗口中的数据。

❑ PURGE：窗口算子会删除窗口以及窗口中保存的数据。

❑ FIRE_AND_PURGE：是 FIRE 和 PURGE 的组合，窗口算子会先执行 FIRE 的操作，然后执行 PURGE 的操作。

此外，窗口触发器中还包含了一个 TriggerContext（窗口触发器上下文），功能和定时器相关。如代码清单 5-18 中的 TriggerContext 接口定义，我们不但可以通过 TriggerContext 获取不同时间语义下当前的时间，还可以通过 TriggerContext 注册不同时间语义下的定时器，从而在定时器被触发时，回调窗口触发器中的 onProcessingTime() 方法（处理时间定时器被触发时调用）或者 onEventTime() 方法（事件时间定时器被触发时调用）来触发窗口计算。

3. 剖析 EventTimeTrigger 运行机制

我们以生产中最常用的 EventTimeTrigger 为例来剖析窗口触发器的执行流程。如代码清单 5-19 所示是 EventTimeTrigger 的定义，其中每一个方法的实现思路，我都通过注释进行了标注。

代码清单 5-19　EventTimeTrigger 定义

```
// 时间窗口算子每输入一条数据都会调用该方法，检查当前事件时间的 Watermark 是否达到窗口最大时间戳。
// 如果是，说明当前窗口已经满足了触发条件，直接返回 FIRE；如果否，说明窗口还不能被触发计算，则为
// 当前这个窗口注册一个窗口最大时间戳的定时器，等待定时器触发
@Override
public TriggerResult onElement(
        Object element, long timestamp, TimeWindow window, TriggerContext ctx)
        throws Exception {
    if (window.maxTimestamp() <= ctx.getCurrentWatermark()) {
        return TriggerResult.FIRE;
    } else {
        ctx.registerEventTimeTimer(window.maxTimestamp());
        return TriggerResult.CONTINUE;
    }
}
// 当事件时间的定时器被触发时，回调该方法。如果当前触发的定时器的时间等于窗口最大时间戳，则触发窗口计算
@Override
public TriggerResult onEventTime(long time, TimeWindow window, TriggerContext ctx) {
    return time == window.maxTimestamp() ? TriggerResult.FIRE : TriggerResult.CONTINUE;
}
// 该方法只有在处理时间定时器被触发时回调，在 EventTimeTrigger 中不会被调用
@Override
public TriggerResult onProcessingTime(long time, TimeWindow window, TriggerContext ctx)
        throws Exception {
    return TriggerResult.CONTINUE;
}
// 窗口销毁时，调用该方法。删除已经被触发的定时器
@Override
public void clear(TimeWindow window, TriggerContext ctx) throws Exception {
    ctx.deleteEventTimeTimer(window.maxTimestamp());
}
```

接下来，我们以一个事件时间语义下 1min 的滚动窗口来说明 EventTimeTrigger 的执行流程。

第一步，输入窗口算子：一条时间戳为 09:01:03 的数据输入窗口算子，窗口算子会调用窗口分配器 TumblingEventTimeWindows 将其划分到时间范围为 [09:01:00, 09:02:00) 的窗口中。

第二步，窗口算子调用 EventTimeTrigger 的 onElement() 方法：在 onElement() 方法中，通过 TriggerContext.getCurrentWatermark() 方法获取当前 SubTask 事件时间的 Watermark。假设 Watermark 为 09:02:01，到达 [09:01:00, 09:02:00) 窗口的最大时间戳了，则说明可以触发这个窗口的计算了，返回 FIRE；假设 Watermark 为 09:01:01，没有到达 [09:01:00, 09:02:00) 窗口的最大时间戳，那么使用 TriggerContext 注册一个窗口最大时间戳（09:01:59:999）的定时器。

第三步，触发定时器：窗口算子继续处理数据，直到事件时间 Watermark 到达窗口最大时间戳，定时器就会被触发，然后回调 EventTimeTrigger 的 onEventTime() 方法，返回 FIRE。

第四步，窗口处理函数执行计算：窗口算子获取 FIRE 的结果后，调用窗口处理函数来处理数据并输出结果。

在了解了 EventTimeTrigger 的执行原理后，我们再去看 Flink 预置的其他窗口触发器时，会发现执行逻辑是类似的。感兴趣的读者可以在源码中查看 Trigger 抽象类的每种实现类并尝试去应用这些窗口触发器。

4. 自定义窗口触发器

虽然 Flink 预置的窗口触发器能满足大多数通用的需求场景，但是依然有少部分需求是预置的窗口触发器满足不了的。

我们以电商场景中计算每种商品每天的累计销售额、销量以及平均销售额为例，这是一个典型的时间窗口大小为 1 天的滚动窗口，我们可以使用 TumblingEventTimeWindows.of(Time.days(1), Time.hours(−8)) 来实现。问题在于，如果以默认的 EventTimeTrigger 来计算，窗口算子在一整天中都只会在窗口中累计数据，只有到了 0 点才会触发计算并输出结果，指标的实时性很差！而我们所期望的是在这 1 天中每隔 1min 都触发一次窗口的计算，得到的结果是当天 0 点到当前这 1min 的累计销售额、销量以及平均销售额，效果如图 5-17 所示。在这个案例中，窗口大小还是 1 天，只不过我们希望能够将窗口触发器从 1 天触发一次改为 1 天中每 1min 都触发一次，这种触发器被称作提前触发器（Early-Fire Trigger）。

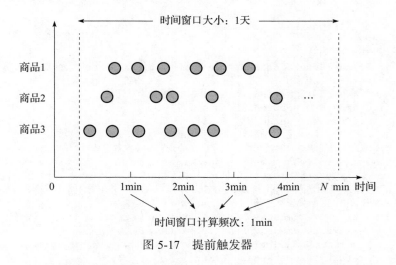

图 5-17　提前触发器

我们自定义一个窗口触发器来实现提前触发的功能，最终的实现如代码清单 5-20 所示，我们实现了一个名为 EarlyFireEventTimeTrigger 的窗口触发器。

代码清单 5-20　EarlyFireEventTimeTrigger 的实现

```
public class EarlyFireEventTimeTrigger<W extends Window> extends Trigger<Object, W> {
    // 提前触发的时间间隔
    private final long interval;
    // 将下一次要触发的时间戳记录在状态中
```

```
private final ReducingStateDescriptor<Long> stateDesc =
        new ReducingStateDescriptor<>("early-fire-time", new
            EarlyFireEventTimeTrigger.Min(), LongSerializer.INSTANCE);
private EarlyFireEventTimeTrigger(long interval) {
    this.interval = interval;
}
@Override
public TriggerResult onElement(Object element, long timestamp, W window,
    TriggerContext ctx)
        throws Exception {
    // (1) 如果 Watermark 大于窗口最大时间戳，则直接触发计算，否则注册定时器
    if (window.maxTimestamp() <= ctx.getCurrentWatermark()) {
        return TriggerResult.FIRE;
    } else {
        ctx.registerEventTimeTimer(window.maxTimestamp());
    }
    // (2) 注册提前触发的定时器
    // 获取下一次要提前触发计算的时间
    ReducingState<Long> earlyFireTimestampState = ctx.getPartitionedState(stateDesc);
    // 如果为空，则按照时间间隔计算下一次要提前触发的时间，并注册定时器
    if (earlyFireTimestampState.get() == null) {
        registerEarlyFireTimestamp(
            timestamp - (timestamp % interval), window, ctx,
                earlyFireTimestampState);
    }
    return TriggerResult.CONTINUE;
}
@Override
public TriggerResult onEventTime(long time, W window, TriggerContext ctx)
    throws Exception {
    // 如果时间是窗口最大时间戳，则返回 FIRE，触发窗口计算
    if (time == window.maxTimestamp()) {
        return TriggerResult.FIRE;
    }
    // 如果时间不是窗口最大时间戳，则判断是否是窗口提前触发的时间
    ReducingState<Long> earlyFireTimestampState = ctx.getPartitionedState(stateDesc);
    Long earlyFireTimestamp = earlyFireTimestampState.get();
    // 如果定时器触发的时间戳和 earlyFireTimestamp 相等，则注册下一个提前触发的定时器，
    // 并返回 FIRE 触发窗口计算
    if (earlyFireTimestamp != null && earlyFireTimestamp == time) {
        earlyFireTimestampState.clear();
        registerEarlyFireTimestamp(time, window, ctx, earlyFireTimestampState);
        return TriggerResult.FIRE;
    }
    return TriggerResult.CONTINUE;
}
@Override
public TriggerResult onProcessingTime(long time, W window, TriggerContext ctx)
        throws Exception {
    return TriggerResult.CONTINUE;
}
@Override
public void clear(W window, TriggerContext ctx) throws Exception {
```

```
        ReducingState<Long> earlyFireTimestampState = ctx.getPartitionedState(stateDesc);
        Long earlyFireTimestamp = earlyFireTimestampState.get();
        if (earlyFireTimestamp != null) {
            ctx.deleteEventTimeTimer(earlyFireTimestamp);
            earlyFireTimestampState.clear();
        }
    }
    @Override
    public boolean canMerge() {
        return true;
    }
    // 合并窗口进行合并时调用
    @Override
    public void onMerge(W window, OnMergeContext ctx) throws Exception {
        // 合并多个窗口中记录的提前触发计算的时间戳，并将新的时间戳注册到事件时间定时器中
        ctx.mergePartitionedState(stateDesc);
        Long earlyFireTimestamp = ctx.getPartitionedState(stateDesc).get();
        if (earlyFireTimestamp != null) {
            ctx.registerEventTimeTimer(earlyFireTimestamp);
        }
    }
    public static <W extends Window> EarlyFireEventTimeTrigger<W> of(Time interval) {
        return new EarlyFireEventTimeTrigger<>(interval.toMilliseconds());
    }
    private static class Min implements ReduceFunction<Long> {
        private static final long serialVersionUID = 1L;
        @Override
        public Long reduce(Long value1, Long value2) throws Exception {
            return Math.min(value1, value2);
        }
    }
    private void registerEarlyFireTimestamp(
            long time, W window, TriggerContext ctx, ReducingState<Long>
                earlyFireTimestampState)
            throws Exception {
        // 下一次要触发的时间戳肯定是窗口内小于、等于窗口最大时间戳的一个时间
        long earlyFireTimestamp = Math.min(time + interval, window.maxTimestamp());
        earlyFireTimestampState.add(earlyFireTimestamp);
        ctx.registerEventTimeTimer(earlyFireTimestamp);
    }
}
```

在 EarlyFireEventTimeTrigger 的实现中，我们定义了两个变量。

❏ interval：窗口提前触发的时间间隔，在滚动窗口大小为 1 天、触发时间间隔为 1min 的电商场景中，interval 就是 1min。

❏ stateDesc：将窗口中下一次需要提前触发的时间戳保存在状态中。

接下来，我们使用 EarlyFireEventTimeTrigger 来实现每种商品每天的累计销售额，并实现在 1 天的滚动窗口中每隔 1min 触发一次计算，最终的实现如代码清单 5-21 所示。代码清单 5-21 中的 watermarkStrategy、myAggFunction 复用了代码清单 5-15 中的 watermarkStrategy、myAggFunction。

代码清单 5-21　使用 EarlyFireEventTimeTrigger 实现 1 天窗口中每隔 1min 触发一次计算

```
DataStream<OutputModel> transformation = source
        .assignTimestampsAndWatermarks(watermarkStrategy)
        .keyBy(i -> i.getProductId())
        .window(TumblingEventTimeWindows.of(Time.days(1), Time.hours(-8)))
        // 通过 trigger() 方法指定窗口触发器为 EarlyFireEventTimeTrigger
        .trigger(EarlyFireEventTimeTrigger.of(Time.seconds(60)))
        .aggregate(myAggFunction);
```

运行 Flink 作业，输出结果如下。

```
// key 为商品 1 且时间范围为 [2022-01-01 00:00:00, 2022-01-02 00:00:00) 窗口的日志
AggregateFunction 初始化累加器
// 当时间到达 2022-01-01 00:01:00 时提前触发一次
AggregateFunction 获取结果
productId= 商品 1, timestamp=2022-01-01 00:00:50, avgIncome=3.0, allIncome=15,
    allCount=5
// 当时间到达 2022-01-01 00:02:00 时提前触发一次
AggregateFunction 获取结果
productId= 商品 1, timestamp=2022-01-01 00:01:50, avgIncome=3.0, allIncome=45,
    allCount=15
// 当时间到达 2022-01-01 00:03:00 时提前触发一次
AggregateFunction 获取结果
productId= 商品 1, timestamp=2022-01-01 00:02:50, avgIncome=3.0, allIncome=75,
    allCount=25
...
```

如结果所示，时间窗口算子只会在 1 天的窗口初始化时调用 AggregateFunction 的 create-Accumulator() 方法创建一次累加器。接下来针对这 1 天内输入窗口中的新数据，会不断调用 AggregateFunction 的 add() 方法进行聚合计算。当这 1 天内每 1min 的定时器被触发时，时间窗口算子会直接调用 AggregateFunction 的 getResult() 方法获取结果并直接输出。

5.3　时间语义

完成时间窗口的计算，时间语义是必不可少的。要想透彻掌握时间窗口的使用方法，必须先理解时间语义。

Flink 提供了事件时间、处理时间和摄入时间 3 种时间语义，在不同的时间语义下，Flink 的时间窗口算子执行时间窗口的计算逻辑时，会认为数据的时间是不一样的。举例来说，我们需要统计每个用户每 1min 内的 App 点击量，这是一个典型的 1min 窗口大小的滚动窗口案例，输入数据是用户点击 App 的日志数据，每点击一次 App 就会有一条日志数据，接下来我们结合这个案例来分析 3 种时间语义的不同之处。如图 5-18 所示，用户分别在 09:01:50、09:02:00 各点击了 1 次 App，并生产两条点击数据，经过网络传输，到达 Source 算子的时间分别为 09:02:55、09:02:50，最后到达 KeyBy/Window 算子（时间窗口算子）SubTask 的时间分别为 09:03:00、09:03:01。

❑ 事件时间（Event Time）：在事件时间语义下，Flink 认为数据的时间就是这条数据产生的时间（或者说是这个事件发生的时间），一般情况下数据的事件时间是数据中自带的一个

时间戳，比如常见数据中都会有一个 create_time 字段。如图 5-18 所示，事件时间语义中，Flink 会认为这两条数据的时间为 09:01:50、09:02:00，接下来 KeyBy/Window 算子会按照 09:01:50、09:02:00 来将这两条数据划分到窗口中并触发窗口计算。通常情况下，我们需要通过 DataStream 提供的 assignTimestampsAndWatermarks() 方法从数据中获取事件时间。

❑ 处理时间（Processing Time）：在处理时间语义下，Flink 认为数据的时间是数据到达 KeyBy/Window 算子 SubTask 时本地机器的时间。如图 5-18 所示，处理时间语义中，Flink 认为这两条数据的时间为 09:03:00、09:03:01，接下来 KeyBy/Window 算子会按照 09:03:00、09:03:01 来将这两条数据划分到窗口中并触发窗口计算。

❑ 摄入时间（Ingestion Time）：在摄入时间语义下，Flink 认为数据的时间就是这条数据进入 Source 算子时的 SubTask 本地机器的时间。如图 5-18 所示，摄入时间语义中，Flink 认为这两条数据的时间为 09:02:55、09:02:50，接下来 KeyBy/Window 算子会按照 09:02:55、09:02:50 来将这两条数据划分到窗口中并触发窗口计算。

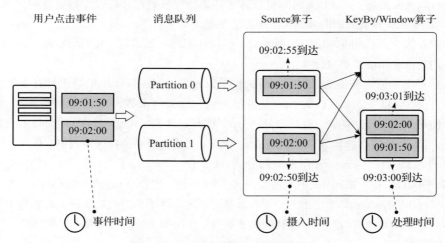

图 5-18　Flink 提供的 3 种时间语义

在了解了 3 种时间语义的区别后，接下来，我们以统计每个用户每 1min 内的 App 点击量为例，分别用不同的语义实现，从 Flink 时间窗口算子在运行时的实际效果、特点和应用场景 3 个角度来分析 3 种时间语义的特点。

5.3.1　处理时间

1. 处理时间语义下统计每个用户每 1min 内的 App 点击量

处理时间语义下的实现如代码清单 5-22 所示。

代码清单 5-22　处理时间语义下统计每个用户每 1min 内的 App 点击量

```
DataStream<OutputModel> transformation = source
        // 按照用户分组
        .keyBy(i -> i.getUserId())
```

```
// 处理时间语义下窗口大小为 1min 的滚动窗口
.window(TumblingProcessingTimeWindows.of(Time.minutes(1)))
// 此处省略 myAggFunction 的实现
.aggregate(myAggFunction);
```

在处理时间语义下，这两条数据到达 KeyBy/Window 算子时，会给这两条数据标记时间为 09:03:00 和 09:03:01，然后 KeyBy/Window 算子会使用 TumblingProcessingTimeWindows 窗口分配器将这两条数据划分到时间范围为 [09:03:00, 09:04:00) 的窗口中，随后使用窗口分配器默认提供的 ProcessingTimeTrigger 注册时间为 09:03:59:999 的定时器。注意，ProcessingTimeTrigger 会以窗口的结束时间减去 1ms 的时间戳 09:03:59:999 作为定时器的时间。当 KeyBy/Window 算子的 SubTask 本地机器时间到达 09:03:59:999 时，就会触发窗口计算，回调窗口处理函数 myAggFunction 计算时间范围为 [09:03:00, 09:04:00) 窗口的用户点击次数。

2. 特点

处理时间语义的特点是 Flink 时间窗口算子在划分窗口数据和触发窗口计算时只和 SubTask 本地机器时间有关，因此处理时间的优势、劣势也基于这个特点。

❑ 优势：因为只依赖 SubTask 本地时间，所以性能好、延迟低，窗口可以随着本地 SubTask 时间的推进而持续触发计算。

❑ 劣势：正是因为和本地机器时间有关，所以处理时间窗口产出的结果具有不确定性。以统计每个用户每 1min 内的 App 点击量为例，假如一条数据到达 KeyBy/Window 算子的时间是 09:03:01，算子会将其划分到时间范围为 [09:03:00, 09:04:00) 的窗口中，如果这时候 Flink 作业突然故障宕机了，Flink 作业恢复之后会重新消费这条数据。假如这时这条数据到达 KeyBy/Window 算子的时间变为 09:05:01，那么算子会将其重新划分到 [09:05:00, 09:06:00) 的窗口中。因此一旦发生故障，同一条数据极有可能被划分到两个窗口中，那么 KeyBy/Window 算子产出的结果也就具有不确定性了，因此建议在生产环境中使用处理时间语义的时间窗口时一定要确认这种不确定性是否会导致不符合预期的结果。

3. 应用场景

总的来说，处理时间语义的应用场景就是不关注数据真实发生时间的场景。在这种场景下，使用处理时间语义可以保证作业的性能最佳。

典型的应用场景就是先通过处理时间的窗口积攒一批数据，然后批量访问外部接口，以提升 I/O 处理的访问效率。具体到实现层面，我们可以使用处理时间语义的滚动时间窗口结合全量窗口处理函数，使用处理时间语义的滚动时间窗口积攒数据。接下来，窗口会随着 Flink SubTask 本地时间的推进而触发计算。最后使用全量窗口处理函数获取窗口中积攒的这一批数据，并批量访问外部接口。

5.3.2 事件时间

1. 事件时间语义下统计每个用户每 1min 内的 App 点击量

事件时间语义下的实现如代码清单 5-23 所示。我们在 source 后使用了 assignTimestamps-

AndWatermarks() 方法来从原始数据中获取数据的事件时间，从方法名称可以看到，这个方法不但可以获取数据的时间戳，还会分配 Watermark，Watermark 是事件时间语义下的时钟。在 5.4 节，我们将详细学习 Watermark 的功能以及原理。

代码清单 5-23　事件时间语义下统计每个用户每 1min 内的 App 点击量

```
DataStream<OutputModel> transformation = source
    .assignTimestampsAndWatermarks(WatermarkStrategy
        .<InputModel>forBoundedOutOfOrderness(Duration.ZERO)
        .withTimestampAssigner(new SerializableTimestampAssigner
            <InputModel>() {
            @Override
            public long extractTimestamp(InputModel o, long l) {
                // 使用数据中自带的时间戳
                return o.getTimestamp();
            }
        }))
    .keyBy(i -> i.getUserId())
    // 事件时间语义下窗口大小为 1min 的滚动窗口
    .window(TumblingEventTimeWindows.of(Time.seconds(60)))
    .aggregate(myAggFunction);
```

在事件时间语义下，Flink 会通过 WatermarkStrategy 获取这两条数据的时间戳，并给这两条数据标记上 09:01:50、09:02:00 的时间戳。这两条数据到达 KeyBy/Window 算子时，算子会使用 TumblingEventTimeWindows 窗口分配器将这两条数据分别划分到时间范围为 [09:01:00, 09:02:00) 和 [09:02:00, 09:03:00) 的两个窗口中，并使用窗口分配器默认提供的 EventTimeTrigger 分别为这两个窗口注册时间为 09:01:59:999、09:02:59:999 的定时器。当 SubTask 的 Watermark 到达 09:01:59:999 时，[09:01:00, 09:02:00) 窗口就会触发计算，KeyBy/Window 算子会使用 myAggFunction 计算该窗口内的用户点击次数。当 Watermark 到达 09:02:59:999 时，也会触发计算 [09:02:00, 09:03:00) 窗口的用户点击次数。

2. 特点

事件时间语义的特点和处理时间语义的特点恰好相反。

在 5.3.1 节中，我们提到处理时间语义下作业故障重启时，会导致产出不确定的结果，而事件时间语义的优势就在于即使作业故障重启，时间窗口算子产出的结果依然是一致的、确定的。以统计每个用户每 1min 内的 App 点击次数为例，假如一条数据的事件时间为 09:01:50，在作业正常运行时，这条数据会被 KeyBy/Window 算子划分到时间范围为 [09:01:00, 09:02:00) 的窗口中。作业宕机恢复后重新消费这条数据时，这条数据依然会被 KeyBy/Window 算子划分到 [09:01:00, 09:02:00) 窗口中，无论故障发生前还是故障发生后，数据的事件时间没有变，数据所在的窗口也没变，因此 KeyBy/Window 算子能够保证产出的结果是一致的、确定的。

值得一提的是，由于事件时间语义下的时间窗口算子产出的数据结果可以还原数据本身的时序特征，因此在结果上更具分析价值。以统计每个用户每 1min 内的 App 点击次数为例，假如用户点击 App 的时间为 09:01:01，到达 KeyBy/Window 算子的时间为 09:03:00，事件时间语义下，

会将其划分在 [09:01:00, 09:02:00) 窗口中，计算得到的结果是用户在 09:01:00 ~ 09:02:00 点击了一次 App。处理时间语义下，会将其划分在 [09:03:00, 09:04:00) 窗口中，计算得到的结果是用户在 09:03:00 ~ 09:04:00 点击了一次 App。而对于数据分析人员来说，其实更关心用户什么时候点击 App 的，而不是数据什么时候到达 Flink 作业，因此只有事件时间语义计算得到的结果才能真正反映用户实际点击 App 时的活跃情况，这也就奠定了事件时间语义应用的广泛性。

事件时间语义也不是完美的。通常情况下，数据在传输的过程中，由于网络拥堵等原因会导致 Flink 作业读取的数据存在乱序的情况，而数据乱序可能会导致时间窗口算子在计算时丢弃一些乱序严重的数据，从而导致计算结果出现偏差，关于这个问题我们将在 5.4.4 节展开讨论。此外，由于事件时间需要额外从数据中获取时间，并且需要维护整个 Flink 作业的 Watermark 时钟，所以事件时间语义在性能上的开销通常大于处理时间语义。

3. 应用场景

如果想按照数据真实发生的时间计算结果或者分析数据，必选事件时间语义。

需要注意的是，时间语义的生效范围是算子粒度的。举例来说，假如一个 Flink 作业包含两个滚动窗口算子，那么这两个滚动窗口算子可以使用不同的语义，第一个滚动窗口算子可以是事件时间语义，第二个滚动窗口算子可以是处理时间语义。通常情况下，一个 Flink 作业中所有基于时间的算子要么都是事件时间语义，要么都是处理时间语义，因此我们也称这个 Flink 作业是事件时间作业或者处理时间作业。

5.3.3 摄入时间

相比处理时间语义和事件时间语义来说，摄入时间语义在性能上不是最优的，并且也不能保证结果的一致性，因此在实际应用场景中很少用到，此处不展开介绍。

5.4 Watermark

事件时间语义具备很多优势，应用场景也很广泛。但是我们发现总有一个身影伴随在事件时间语义的身旁，那就是 Watermark，本节我们逐步揭开 Watermark 的神秘面纱。

5.4.1 Watermark 的诞生背景

回顾 5.1 节，我们提到时间窗口的 3 个属性分别为时间窗口的计算频次、时间窗口的大小和时间窗口内数据的处理逻辑。其中时间窗口大小和时间窗口内数据的处理逻辑比较好理解，唯独让我们感觉理解起来比较难的是时间窗口的计算频次。接下来我们以统计每个用户每 1min 内的 App 点击次数为例来详细分析。

假设用户在 9:01:50 点击了 App，点击日志产生后，到达 KeyBy/Window 算子 SubTask 本地的时间为 9:03:00。在处理时间语义下，窗口分配器会将这条数据分配到 [09:03:00, 09:04:00) 窗口中，并且需要在处理时间到达 09:04:00（注意，此处为了方便理解，我们使用了窗口结束时间 09:04:00，而非窗口最大时间戳 09:03:59:999，后续统一使用窗口结束时间）时触发该窗口的计算。而在事件时间语义下，窗口分配器会将其分配到 [09:01:00, 09:02:00) 窗口中，并且需要在事件时间到达 09:02:00 时触发该窗口的计算。而关键问题就在于 Flink 作业在处理时间语义下，怎么知道处理时间有没有到达 09:04:00 呢？在事件时间语义下，又怎么知道事件时间有没有到达 09:02:00 呢？

接下来，我们分别对处理时间语义和事件时间语义两个场景进行分析。

1. 处理时间语义下 Flink 作业实现触发时间窗口的机制

对于处理时间语义来说，这个问题很好解决，Flink 作业只需要访问 SubTask 本地的系统时钟就可以知道处理时间有没有到达 09:04:00。举例来说，下面两种方案都可以解决这个问题。

方案 1：每输入一条数据，时间窗口算子从 SubTask 本地时钟获取处理时间，看看有没有到达 09:04:00，到达了就触发 [09:03:00, 09:04:00) 窗口的计算。

方案 2：时间窗口算子在本地维护一个单独的线程，定时从 SubTask 本地时钟查看时间有没有到达 09:04:00，如果到达了 09:04:00 就触发 [09:03:00, 09:04:00) 窗口的计算。

总的来说，两种方案在处理时间语义下都是很容易实现窗口触发的。

2. 事件时间语义下 Flink 作业实现触发时间窗口的机制

对于事件时间语义来说，是不是也可以学习处理时间语义的解决思路，使用 SubTask 本地的系统时钟来判断事件时间有没有到达 09:02:00 呢？答案是否定的。在事件时间语义下，当 09:01:50 的数据到达 KeyBy/Window 算子后，会被分配到 [09:01:00, 09:02:00) 窗口中，由于数据通过网络传输会造成延迟，所以到达 KeyBy/Window 算子的 SubTask 本地时间为 09:03:00。如果以 SubTask 本地的系统时钟作为事件时间时钟，理论上 [09:01:00, 09:02:00) 窗口早就触发计算并且关闭了，而事实上 [09:01:00, 09:02:00) 窗口的第一条数据才到来，这个窗口才刚刚创建，所以说以 SubTask 本地的系统时钟作为事件时间时钟会存在数据无法被正常统计进窗口的问题。

有读者可能会想到，既然这个问题是因为网络传输延迟导致的，那么我们把 SubTask 本地的系统时钟调慢一点是不是就能解决这个问题了呢？比如把 SubTask 本地系统时钟调慢 2min，本地的系统时间就可以从 09:03:00 变为 09:01:00，那么当事件时间为 09:01:50 的数据到达 KeyBy/Window 算子后，本地的系统时间才到达 09:01:00，这样就使得事件时间为 [09:01:00, 09:02:00) 的窗口正常触发计算了。

然而这只是从表面上解决了问题，并没有从根本上解决问题。原因是不同的场景中，数据传输的延迟时间是不一样的，难道每次我们都需要先调研数据传输延迟是多少，再定制化地调慢 SubTask 本地系统时钟吗？这个操作成本太高了！我们以处理时间语义中 SubTask 本地的系统时钟作为事件时间的时钟是行不通的。

既然正向推理没有很好的解决思路，我们就来反向推理。在事件时间语义下，想触发时间窗口算子 SubTask 中时间范围为 [09:01:00, 09:02:00) 的窗口，我们需要怎么做？答案是需要让时间窗口算子 SubTask 的事件时间到达到 09:02:00。那么如果想让时间窗口算子 SubTask 的事件时间到达 09:02:00，我们又需要怎么做？答案是需要一条时间戳为 09:02:00 的数据，只要有了这条数据，就说明 09:02:00 之前的数据已经到达窗口算子的 SubTask 了，同时也说明 SubTask 已经收集全了 [09:01:00, 09:02:00) 窗口中的数据，这时 [09:01:00, 09:02:00) 窗口自然而然就可以触发计算了。

总结一下，这种方案就是让时间窗口算子的 SubTask 通过输入数据自带的时间来判断现在的事件时间。从这个思路出发，时间窗口算子的 SubTask 可以取所有输入数据的最大时间戳来建立 SubTask 的事件时间时钟，之后 SubTask 通过这个事件时间时钟去判断窗口是否能够触发计算。接下来，我们以统计每个用户每 1min 内的 App 点击次数为例来验证该方案的可行性。如图 5-19 所示，该案例的逻辑数据流为 Source → KeyBy/Window → Sink，在图 5-19 中省略了 Sink 算子。

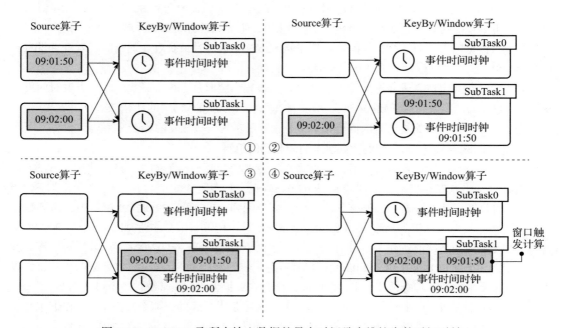

图 5-19　SubTask 取所有输入数据的最大时间戳来维护事件时间时钟

如图 5-19 中①所示，Source 算子消费到了两条点击数据。接下来如图 5-19 中②所示，Source[0] 会将时间为 09:01:50 的数据发给 KeyBy/Window[1]，KeyBy/Window[1] 将这条数据划分到 [09:01:00, 09:02:00) 的窗口中，并将 09:01:50 的时间更新到事件时间时钟里。如图 5-19 中的③和④所示，Source[1] 时间为 09:02:00 的数据发送给 KeyBy/Window[1] 后，KeyBy/Window[1] 会将这条数据划分到 [09:02:00, 09:03:00) 的窗口中，并将 09:02:00 的时间更新到事件时间时钟里，这时 KeyBy/Window[1] 发现 [09:01:00, 09:02:00) 这个窗口的结束时间是小于事件时间时钟 09:02:00 的，就可以触发窗口的计算了。

上面这个方案看起来很完美，当我们修改算子的并行度和数据源存储引擎中的数据之后，就会发现还是存在一些问题的。

如图 5-20 中①所示，我们将 Flink 作业 Source 算子的并行度改为 1，并且将输入数据变为 3 条，时间分别为 09:01:50、09:01:55、09:02:00。如图 5-20 中②所示，数据从 Source 算子发往 KeyBy/Window 算子，两条数据分别被发往 KeyBy/Window 算子不同的 SubTask 中，09:01:50 的数据发送到 KeyBy/Window[1] 中，KeyBy/Window[1] 会将这条数据划分到 [09:01:00, 09:02:00) 的窗口中，并将事件时间时钟更新为 09:01:50，另一条 09:01:55 的数据发送到 KeyBy/Window[0] 中，KeyBy/Window[0] 会将这条数据划分到 [09:01:00, 09:02:00) 的窗口中，并将事件时间时钟更新为 09:01:55。接下来如图 5-20 中③所示，09:02:00 的数据被发往 KeyBy/Window[1] 中，KeyBy/Window[1] 会将这条数据划分到 [09:02:00, 09:03:00) 的窗口中，并将事件时间时钟更新为 09:02:00，然后触发 KeyBy/Window[1] 中 [09:01:00, 09:02:00) 窗口的计算。问题就出现在这里，当时间 KeyBy/Window 算子消费到时间为 09:02:00 的这条数据时，说明 09:02:00 之前的数据都到了，因此不论 KeyBy/Window[0] 中的 [09:01:00, 09:02:00) 窗口还是 KeyBy/Window[1] 中的 [09:01:00, 09:02:00) 窗口，都应该被触发计算，但是在该场景中，只能触发 KeyBy/Window[1] 中 [09:01:00, 09:02:00) 窗口的计算，KeyBy/Window[0] 中 [09:01:00, 09:02:00) 窗口无法触发计算。

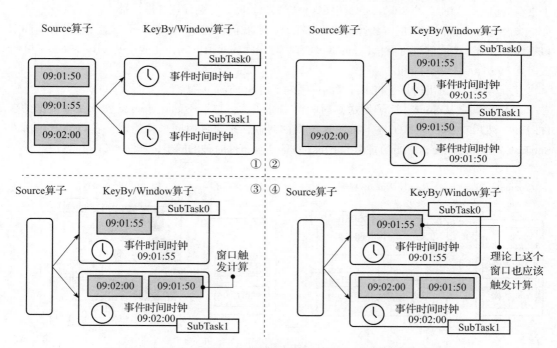

图 5-20　通过窗口算子输入数据时间维护事件时间时钟存在的问题

导致这个问题的原因在于，时间窗口算子中每个 SubTask 只根据当前 SubTask 的输入数据的时间各自维护各自的事件时间时钟，没有一个全局统一的时钟，这就导致时间窗口算子不同 SubTask 的事件时间时钟无法同步！

那么有没有什么解决方案能让时间窗口算子各个 SubTask 的事件时间时钟同步呢？具体到上面这个案例来说，有没有办法让 KeyBy/Window[0] 的事件时间也更新为 09:02:00 呢？下面介绍两个优化方案。

优化方案 1：每当 SubTask 的事件时间时钟更新时，广播到其他 SubTask 中。

既然 KeyBy/Window[1] 知道了最新的时间，那就让 KeyBy/Window[1] 告诉 KeyBy/Window[0]。举例来说，KeyBy/Window[1] 收到这条时间为 09:02:00 的数据后，先将本地的事件时间时钟更新为 09:02:00，然后只把事件时间时钟发生更新的消息广播给算子的其他 SubTask，当 KeyBy/Window[0] 收到这条消息后，就可以把时间更新为 09:02:00 了，也可以触发窗口的计算了。

这个思路虽然可以解决不同 SubTask 事件时间时钟不同步的问题，但是实现成本和计算成本是非常高的。首先是实现成本，原本时间窗口算子的 SubTask 只需要和上下游算子的 SubTask 之间进行网络通信，使用该方案后，还需要和同一个算子的其他 SubTask 进行网络通信。其次是计算成本，当时间窗口算子的每个 SubTask 维护的事件时间时钟更新后，都要广播给这个算子其他的 SubTask，这会导致非常大的数据传输量和计算量。举例来说，窗口算子的并行度为 100，那么其中一个 SubTask 更新了事件时间时钟后，将会给其他 99 个 SubTask 都发送一条事件时间时钟发生更新的消息，当所有的 SubTask 都按照这种方式执行时，将会导致广播风暴。

既然这个方案的实现成本和计算成本都很高，那我们再进一步思考一下，能不能不让时间窗口算子的 SubTask 之间进行通信，只依赖现有的算子间的通信方式，还能让 KeyBy/Window[0] 也获取到 09:02:00 的事件时间消息呢？

优化方案 2：由上游算子将事件时间广播到下游 SubTask 中。

既然数据是从 Source 算子发送到时间窗口算子的，那么不如让 Source 算子获取数据的事件时间，然后在 Source 算子往下游发送数据的时候，把事件时间广播给时间窗口算子的所有 SubTask，这样时间窗口算子的每个 SubTask 也能实现事件时钟的同步，如图 5-21 所示。

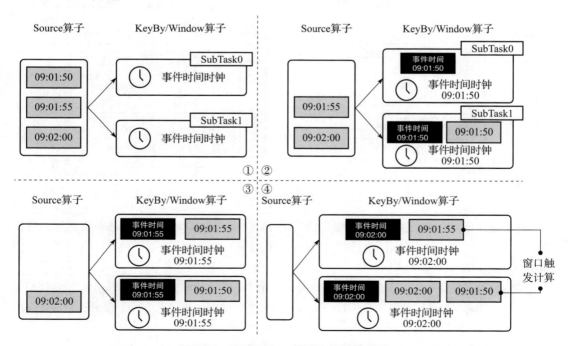

图 5-21　通过 Source 算子广播事件时间

接下来我们验证一下这个方案。还是相同的案例，如图 5-21 中①所示，Source 算子的并行度为 1，如阴影部分所示，其中包含了时间分别为 09:01:50、09:01:55、09:02:00 的 3 条数据。如图 5-21 中②所示，Source[0] 将时间为 09:01:50 的数据发送给 KeyBy/Window[1]，然后将数据的事件时间 09:01:50（图中黑底白字的消息）广播给 KeyBy/Window[0] 和 KeyBy/Window[1]。这时 KeyBy/Window[1] 收到原始数据和事件时间 09:01:50 两条消息后，首先将原始数据划分到 [09:01:00, 09:02:00) 的窗口中，然后将本地事件时间时钟的时间更新为 09:01:50。KeyBy/Window[0] 只会接收到 09:01:50 这条事件时间消息，因此直接将本地维护的事件时间时钟的时间更新为 09:01:50。如图 5-21 中③所示，和②的执行逻辑一致，Source[0] 会将时间为 09:01:55 的原始数据发送给 KeyBy/Window[1]，然后将事件时间 09:01:55 广播给 KeyBy/Window[0] 和 KeyBy/Window[1]。这时 KeyBy/Window[0] 收到原始数据和事件时间两条消息后，将数据划分到 [09:01:00, 09:02:00) 的窗口中，然后将本地的事件时间时钟更新为 09:01:55。KeyBy/Window[1] 只会接收到 09:01:55 这条事件时间消息，因此直接将本地的事件时间时钟更新为 09:01:55。如图 5-21 中④所示，执行逻辑和②、③一样，KeyBy/Window[0] 和 KeyBy/Window[1] 的事件时间时钟都会被更新为 09:02:00，那么这两个 SubTask 中 [09:01:00, 09:02:00) 窗口就都可以被触发计算了。

通过这种优化方案不但可以复用现有的上下游算子的数据传输链路，而且巧妙地解决了各个 SubTask 事件时间时钟不同步的问题。Flink 算子的 SubTask 目前采用的就是这种事件时间时钟的维护以及更新机制，其中 Source 算子对下游时间窗口算子广播的事件时间消息在 Flink 中就叫作 Watermark。

5.4.2　Watermark 的定义及特点

在详细分析了 Watermark 的由来后，我们从以下 3 个角度来对 Watermark 下一个具体的定义。

1. Watermark 是什么

Watermark 是一个单位为 ms 的 Unix 时间戳，用于维护和标识事件时间时钟。举例来说，Flink 作业中 Watermark 的值可以为 1640966400000（北京时间：2022-01-01 00:00:00）。当 SubTask 的 Watermark 不断变大时，表示当前这个 SubTask 的事件时间在不断推进，就如同 Unix 时间戳不断变大时，现实世界的时间也是在不断推进的。

Watermark 是一个只包含时间戳的数据，作为数据，Watermark 可以在上下游算子间传输，Flink 通过传输 Watermark 来保证各个 SubTask 之间的事件时间时钟是同步的。在 Flink 中，所有算子之间传输的数据的顶层抽象类为 StreamElement。StreamElement 有两种实现类，一种是 StreamRecord，算子间的数据会被包装到 StreamRecord 中进行传输，另一种是 Watermark，用于存储事件时间。

2. 怎样生成 Watermark

Watermark 的时间戳一般取自原始数据中的时间戳，因此需要用户通过代码自定义获取时间戳的方法。举例来说，原始数据中有一个 create_time 字段代表数据的生成时间，我们可以指定 Watermark 值取自数据中的 create_time。此外，Flink 提供了两种方法用于获取数据的时间戳。

❏ 方法 1：DataStream 的 assignTimestampsAndWatermarks(WatermarkStrategy<T> watermarkStrategy) 方法。我们可以通过调用 DataStream 的 assignTimestampsAndWatermarks(WatermarkStrategy<T> watermarkStrategy) 方法从数据中获取数据的时间并生成 Watermark。

❏ 方法 2：在 SourceFunction 中获取数据的时间戳并生成 Watermark。

关于这两种方法的 DataStream API，我们将会在 5.4.5 节中详细学习。我们先来看 Watermark 是怎样生成并随着数据流动的。举例来说，我们可以使用 DataStream 的 assignTimestampsAndWatermarks(WatermarkStrategy<T> watermarkStrategy) 方法为数据流构建一个用于获取数据时间戳以及生成 Watermark 的算子（Timestamps/Watermarks 算子），并且指定方法入参 WatermarkStrategy 的逻辑为每一条数据都生成一个 Watermark。那么在运行时，Timestamps/Watermarks 算子的 SubTask 获取上游算子的 SubTask 发送的数据后，会从这些数据中获取数据时间戳并生成 Watermark，然后将 Watermark 穿插在输入数据之后并输出。形象一点的说法就是 Watermark 会随着数据流动。

举例来说，如图 5-22 所示，每一个小方块代表一条原始数据，方块中的数字代表数据的时间，为了方便标识，我们将时间简化为分钟∶秒的格式，其中 W(01:55) 和 W(01:10) 代表时间戳为 01:55 和 01:10 的 Watermark。我们可以看到，经过算子处理之后，每条数据都跟着一条时间相同的 Watermark，这些 Watermark 会随着数据发送给下游算子。

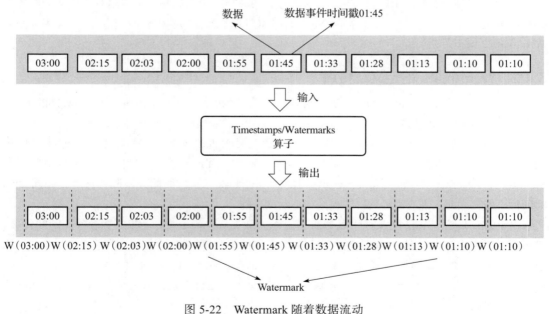

图 5-22　Watermark 随着数据流动

3. Watermark 的特点

既然 Watermark 是用来维护事件时间时钟的，我们知道时钟的特点是时间只会变大，不会变小，那么 Watermark 时间戳也一样，不会变小。当下游算子 SubTask 收到上游算子 SubTask 发来的 Watermark 时，下游算子 SubTask 中事件时钟的新时间 =Max(新 Watermark 的时间，事件时钟的旧时间)，这代表着下游算子的 SubTask 认为上游算子的 SubTask 之后发的数据的时间戳都不会比这个时间小了。举例来说，当窗口算子的一个 SubTask 收到值为 1640966400000（北京时间：2022-01-01 00:00:00）的 Watermark 时，会认为既然都有时间戳为 1640966400000 的数据了，那么上游算子的 SubTask 就不会有比 1640966400000 早的数据再发来了。注意，前提是默认数据都是有序的，不考虑数据乱序的情况。

5.4.3　Watermark 的传输策略

在前文中，为了减小读者理解 Watermark 的难度，我们列举的案例都是经过简化的，只有一个 Source 算子和一个时间窗口算子。在生产环境中，Flink 作业会比较复杂，图 5-23 所示是一个逻辑数据流为 Source → Filter → KeyBy/Window → Sink 的 Flink 作业，其中包含了 4 个算子，并且涉及 Forward、KeyGroup 两种数据传输策略。在该作业中，我们在 Source 算子中通过 SourceFunction 来获取数据时间戳并分配 Watermark，那么在这个相对复杂的 Flink 作业中，算子间传输和处理 Watermark 的方式又是什么样的呢？

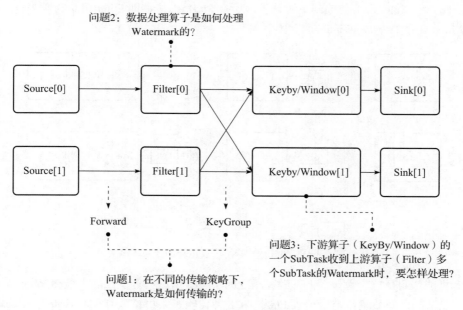

图 5-23　复杂 Flink 作业

这个问题比较复杂，我将其细化并拆解为以下 3 个子问题。

❑ 问题 1：在不同的数据传输策略下，Watermark 是如何传输的？

❑ 问题 2：数据处理算子是如何处理 Watermark 的？比如 Watermark 被传给了 Filter 算子，那么 Filter 算子会像正常处理数据一样将 Watermark 给过滤掉吗？

❑ 问题 3：下游算子（KeyBy/Window）的一个 SubTask 收到上游算子（Filter）多个 SubTask

的 Watermark 时，要怎样处理？应该以哪个 SubTask 的 Watermark 为准去维护事件时间时钟呢？

接下来我们逐一分析这 3 个问题并给出答案。

问题 1：在不同的数据传输策略下，上下游算子之间的 Watermark 是如何传输的？

为了让下游算子所有 SubTask 的事件时间时钟实现同步，上游算子会向下游算子广播 Watermark。这里的广播并不是数据传输策略的广播传输策略，而是上游算子的 SubTask 会把一个 Watermark 发送到连接下游算子的所有 SubTask 中，无论上下游算子之间采用哪种数据传输策略，Watermark 都遵循这样的传输策略。

举例来说，如图 5-24 所示，Source 算子与 Filter 算子之间采用 Forward 传输策略，Filter 算子与 KeyBy/Window 算子之间采用 KeyGroup 传输策略。如果上下游算子之间是 Forward 传输模式，上游算子的一个 SubTask 只会连接下游算子的一个 SubTask，那么上游算子的 SubTask 在传输 Watermark 时就只会传输到连接当前 SubTask 的下游算子的 SubTask 中，即 Source[0] 只会传输 Watermark 到 Filter[0] 中，Source[1] 只会传输 Watermark 到 Filter[1] 中。如果上游算子和下游算子之间采用 KeyGroup 传输策略，上游算子的 SubTask 就会连接下游算子的所有 SubTask，那么上游算子就会将 Watermark 传输到下游算子的所有 SubTask 中，即 Filter[0] 会传输 Watermark 到 KeyBy/Window[0]、KeyBy/Window[1] 中。

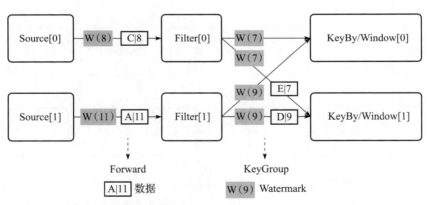

图 5-24　不同数据传输策略下 Watermark 的传输方式

读者可能感到疑惑，为什么上下游算子之间不直接用广播传输策略来传输 Watermark 呢？答案是可以选择广播传输策略，但没必要。在 8 种传输策略中，只有在 Forward、Rescale 这两种数据传输策略下，上游算子的一个 SubTask 不会和下游算子的所有 SubTask 连接，其他 6 种传输策略本质上都是使用广播传输策略来传输 Watermark 的。那么这个问题就转化为在 Forward、Rescale 的数据传输策略下，Watermark 为什么不选择广播传输策略？

我们以 Forward 场景为例。首先从数据计算的角度出发，在 Forward 场景中，下游算子的一个 SubTask 只会收到上游算子的一个 SubTask 的数据，不会接收来自其他 SubTask 的数据。在处理数据时，下游算子只需要依赖上游的这一个 SubTask 的 Watermark 来更新事件时间时钟。从作业执行的性能角度出发，如果上下游算子之间采用 Forward 数据传输策略，这种策略下也按照广播传输策略来传输 Watermark，上游算子的一个 SubTask 就要和下游算子的所有 SubTask 连接，需要额外构建专门传输 Watermark 的网络通道。这不但会增加网络带宽的消耗，也会增加 Flink 作业资源的消耗，因此 Watermark 的传输策略没有选择广播传输策略。

问题 2：数据处理算子是如何处理 Watermark 的？比如 Watermark 被传给了 Filter 算子，那么 Filter 算子会像正常处理数据一样将 Watermark 给过滤掉吗？

答案包含以下两点。

第一点，Watermark 的传输不会受到数据处理算子的影响，数据处理算子在收到 Watermark 后，依然会向下游算子（如果有下游算子）发送 Watermark。

原因在于每条 Watermark 中只包含一个用于标记事件时间进度的时间戳，Watermark 本身没有包含任何用于数据处理的信息，数据处理算子并不会影响 Watermark 的传输。如图 5-25 所示，经过 Filter 算子处理之后，只有数据被过滤了，Watermark 依然存在。

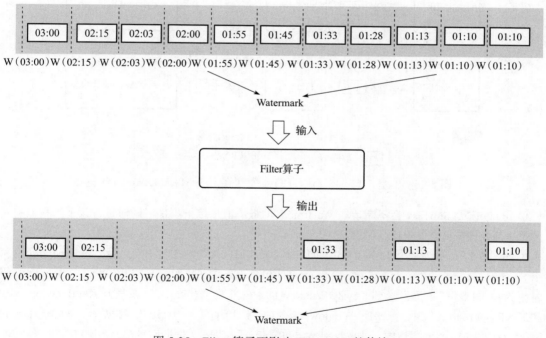

图 5-25　Filter 算子不影响 Watermark 的传输

第二点，算子收到 Watermark 后，会在这条 Watermark 引起的计算完成之后继续向下游传输 Watermark。

如图 5-25 所示，以 Filter 算子为例，数据和 Watermark 会按顺序先后到达 Filter 算子，那么 Filter 算子会先处理数据，再处理 Watermark，随后向下游算子发出 Watermark。我们以事件时间窗口为例，这是 Watermark 最主要的应用场景，当事件时间窗口算子的 SubTask 收到 Watermark

后，如果触发了窗口计算，就要先等这个窗口计算完成并将结果输出到下游算子之后，才会将 Watermark 发出。

问题 3：下游算子（KeyBy/Window）的一个 SubTask 收到上游算子（Filter）多个 SubTask 的 Watermark 时，要怎样处理？应该以哪个 SubTask 的 Watermark 为准去维护事件时间时钟呢？

为了便于读者理解 Watermark 工作机制，5.4.1 节案例中 Source 算子的并行度都设置为 1，不会出现一个 SubTask 接收上游多个 SubTask 传输的 Watermark 的问题。

在实际的生产环境中，Source 算子的并行度往往大于 1，那么时间窗口算子的一个 SubTask 就会接收来自上游算子的多个 SubTask 的数据以及 Watermark。由于 Source 算子的每个 SubTask 处理进度不同，因此窗口算子收到来自多个 SubTask 的 Watermark 的时间戳大概率也是不同的，有大有小。举例来说，图 5-26 中的 KeyBy/Window[1] 收到了来自上游 Filter[0] 和 Filter[1] 发送的 W(7) 和 W(9)，这时应该取哪个值呢？

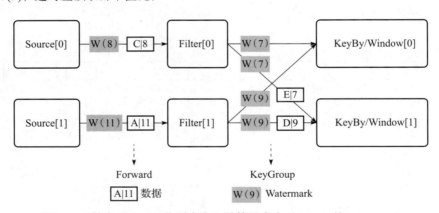

图 5-26　单个 SubTask 收到来自上游算子多个 SubTask 的 Watermark

我们知道，SubTask 会不断地取 Watermark 的最大值来维护事件时间时钟，接下来我们看看按照这种处理逻辑会发生什么现象。

如图 5-27 所示为一个 1min 大小的事件时间滚动窗口。如图 5-27 中①所示，Source 算子有两个 SubTask，Source[0] 包含 3 条数据，Source[1] 包含 1 条数据。如图 5-27 中②所示，Source[0] 将时间为 09:01:50 的数据发送到 KeyBy/Window[1] 中，并将 W(09:01:50) 发送到 KeyBy/Window[0] 和 KeyBy/Window[1] 中，KeyBy/Window[1] 在收到时间为 09:01:50 的数据后，将其划分到 [09:01:00, 09:02:00) 的窗口中，并在收到 W(09:01:50) 后，将事件时间时钟更新为 09:01:50，KeyBy/Window[0] 在收到 W(09:01:50) 后将事件时间时钟更新为 09:01:50。如图 5-27 中③所示，Source[1] 将时间为 09:02:10 的数据发送到 KeyBy/Window[0] 中，并将 W(09:02:10) 发送到 KeyBy/Window[0] 和 KeyBy/Window[1] 中，这时我们重点关注 KeyBy/Window[1]，KeyBy/Window[1] 在收到 W(09:02:10) 后，由于会取 Watermark 的最大值，因此会将本地的事件时间时钟更新为 09:02:10，这时发现时间到达了 [09:01:00, 09:02:00) 窗口的结束时间，那么该窗口就会触发计算。接下来就出问题了，如图 5-27 中④所示，Source[0] 将时间为 09:01:55 的数据发送到 KeyBy/Window[1] 时，

发现 [09:01:00, 09:02:00) 的窗口已经触发计算了，那么这条数据就会被丢弃，最终窗口结果计算就会不准确！

　　因此 SubTask 仅通过取 Watermark 最大值的方式来维护事件时间时钟的方案是不可行的！而解决方案也很简单，我们知道窗口算子的 SubTask 取上游多个 SubTask 传输的 Watermark 最大值会导致因时间推进较快而丢数，那么为了保证上游算子 Watermark 推进最慢的 SubTask 的数据到达时间窗口算子的 SubTask 时也能被正常计算，我们可以反向操作，不取 Watermark 的最大值，而是取上游所有 SubTask 传输的 Watermark 的最小值，让时间窗口算子的 SubTask 按照时间更新最慢的上游 SubTask 来维护本地的事件时间时钟，这个思路形象来说就是木桶效应。

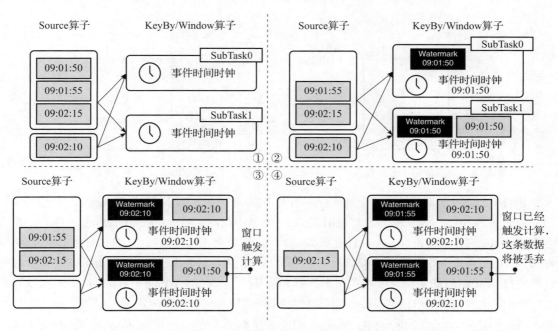

图 5-27　通过取 Watermark 最大值的方式维护 SubTask 本地事件时间时钟存在的问题

　　实现木桶效应也不复杂，如图 5-28 中①所示，当算子的一个 SubTask 收到来自上游算子的 3 个 SubTask 的 Watermark 时，会在 SubTask 本地维护上游每个 SubTask 传输的最新的 Watermark，并计算出 3 个 SubTask 发送的 Watermark 的最小值作为当前 SubTask 的事件时间时钟的值。如图 5-28 中②所示，当前 SubTask 收到来自上游算子 SubTask1 的 W(09:01:12) 时，会更新 SubTask1 的 Watermark，当前 SubTask 会计算得到 3 个 SubTask 的 Watermark 的最小值 09:01:10，然后将本地的事件时间时钟更新为 09:01:10，将 W(09:01:10) 广播到下游算子的 SubTask 中。图 5-28 中③采用和②相同的更新方式，此处不再赘述。最后如图 5-28 中④所示，当前 SubTask 收到上游算子的 SubTask2 发送的 W(09:02:19)，更新 SubTask2 的 Watermark，然后计算得到 3 个 SubTask 的 Watermark 最小值 09:01:11，发现该值和上次相比并没有变化，事件时间时钟没有更新，因此就不会向下游算子发送新的 Watermark 了。

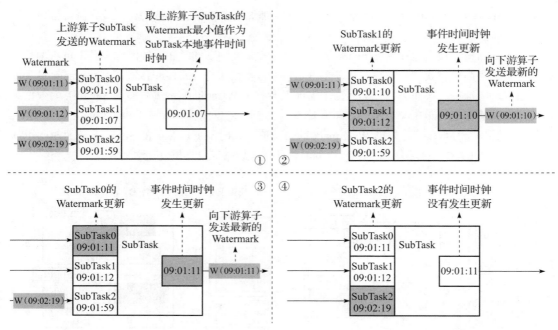

图 5-28　通过取多个 SubTask 的 Watermark 最小值来维护 SubTask 本地事件时间时钟

如图 5-29 所示，我们应用这个思路，查看时间窗口算子在计算时是否还会丢数据。

如图 5-29 中②所示，Source[0] 将时间为 09:01:50 的数据发送到 KeyBy/Window[1] 中，并广播 W(09:01:50)，KeyBy/Window[1] 在收到时间为 09:01:50 的数据后，将其划分到 [09:01:00, 09:02:00) 的窗口中，并在收到 W(09:01:50) 后将其维护起来。这时由于 KeyBy/Window[1] 还没有收到来自 Source[1] 的数据，所以在图中我们并没有标注 KeyBy/Window[1] 的 Watermark。如图 5-29 中③所示，Source[1] 将时间为 09:02:10 的数据发送到 KeyBy/Window[0] 中，并将 W(09:02:10) 广播到 KeyBy/Window[0] 和 KeyBy/Window[1]，这时 KeyBy/Window[0] 和 KeyBy/Window[1] 取 Watermark 最小值后就得到了 09:01:50，事件时间时钟会被更新为 09:01:50。接下来我们看 [09:01:00, 09:02:00) 窗口何时才会触发计算，如图 5-29 中④所示，Source[0] 将时间为 09:01:55 的数据发送到 KeyBy/Window[1] 中，并广播 W(09:01:55)，那么 KeyBy/Window[0] 和 KeyBy/Window[1] 的事件时间时钟将会被更新为 09:01:55。如图 5-29 中⑤所示，Source[0] 将时间为 09:02:15 的数据发送到 KeyBy/Window[0] 中，并广播 W(09:02:15)，那么 KeyBy/Window[0] 和 KeyBy/Window[1] 的事件时间时钟会被更新为 09:02:10，这时 KeyBy/Window[1] 中时间为 09:01:50、09:01:55 的两条数据就可以随着 [09:01:00, 09:02:00) 窗口的触发而正常计算并得到正确的计算结果。目前 Flink 的 SubTask 采用该方案来通过 Watermark 维护事件时间时钟。

至此，我们已经分析了 Watermark 在 Flink 作业传输时遇到的 3 个问题的原理机制。在生产中很多关于事件时间窗口的问题都和 Watermark 传输策略有关，如果我们对 Watermark 传输原理有深入的理解，在面临这些问题时，就可以快速定位问题并给出解决方案。

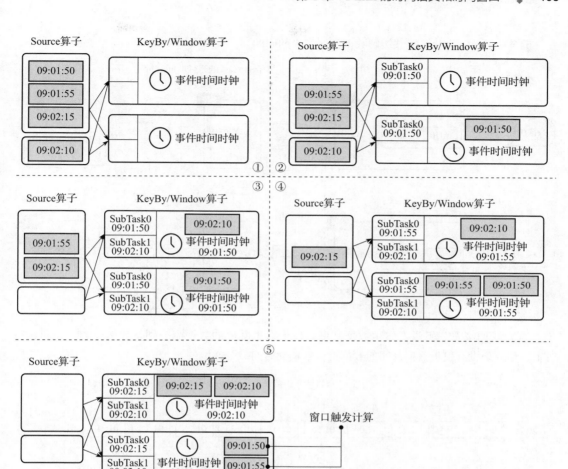

图 5-29　通过取 Watermark 最小值的方式维护 SubTask 本地事件时间时钟

　　如图 5-30 所示，我们进一步了解运行中的 Flink 作业中的 Watermark 以及数据的传输过程，其中阴影方块代表数据，所有的数据 A 都来自分区 0，所有的数据 C 都来自分区 1，字母后面的数字代表数据的时间戳。

> **注意**　在 Flink 作业中，Watermark 是在作业内部的算子之间进行传输的，不会被写入数据汇存储引擎。

5.4.4　使用 Watermark 缓解数据乱序问题

　　正常的数据都是乱序的。用户终端网络信号差、网络传输延迟，甚至 Flink 内部算子间进行数据传输时都会导致数据乱序。我们在搜索引擎中查询关于 Flink 事件时间窗口的知识或者问题时，最常见的词条就是数据乱序。本节我们分析数据乱序会对事件时间窗口的计算产生什么影响，并分析 Watermark 为什么能够缓解数据乱序带来的问题。

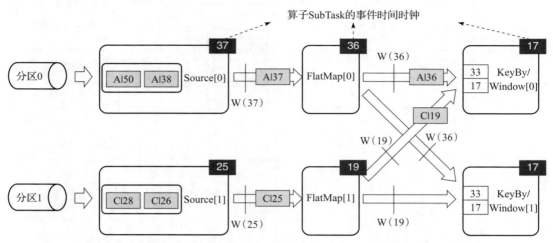

图 5-30　Watermark 以及数据在 Flink 作业中的传输过程

首先我们来看一下没有发生数据乱序和发生数据乱序的数据流分别是什么样的，如图 5-31 所示，是一条没有发生数据乱序的数据流，数据的时间戳是递增的。

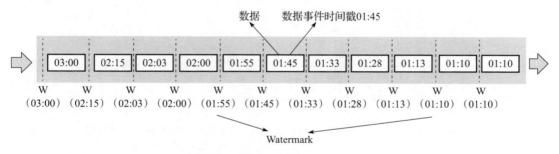

图 5-31　没有发生数据乱序的数据流

如图 5-32 所示，是一条发生了数据乱序的数据流。有两条时间戳为 01:28 和 01:33 的数据是晚于时间为 02:15 的数据到达的。

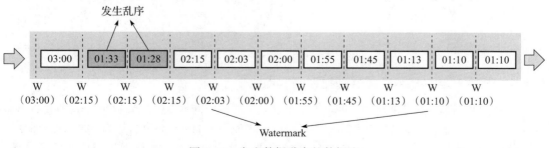

图 5-32　发生数据乱序的数据流

然后我们分析一下如果出现了数据乱序，事件时间窗口在数据计算时会出现什么问题。

我们以 1min 的事件时间滚动窗口为例，将图 5-32 中的数据流作为 Flink 作业的输入数据流。当滚动窗口算子收到时间小于 02:00 的数据时，会将这些数据划分到 [01:00, 02:00) 的窗口中。接下来收到时间为 02:00 数据时，会将其划分到 [02:00, 03:00) 的窗口中，同时还会收到 W(02:00) 的 Watermark，并将 SubTask 本地的事件时间时钟更新为 02:00，然后触发 [01:00, 02:00) 窗口的计算并将结果输出。需要注意的是，后面两条时间为 01:28 和 01:33 的数据再到达时，会发现 [01:00, 02:00) 窗口已经完成计算并关闭了，窗口算子只能将这两条迟到的数据丢弃，最终导致计算结果不准确。

问题明确了，那么数据乱序导致的窗口算子丢数问题要如何解决呢？相信大家都能想到的一个简单的思路：为了让窗口算子等这两条数据，我们把事件时间时钟往前拨 1min，而时钟的时间是由 Watermark 来更新的，因此我们让 Watermark 整体减小 1min，那么原本的 W(02:00)、W(03:00) 就会变为 W(01:00)、W(02:00)，效果如图 5-33 所示。我们再看时间窗口算子处理这条数据流的效果，当窗口算子收到时间为 01:28 和 01:33 的两条乱序数据时，Watermark 为 01:15，SubTask 本地的事件时间时钟也为 01:15，这时窗口 [01:00, 02:00) 还没有触发计算，那么这两条数据就不会被丢弃，可以被收集到窗口中，等到收到 W(02:00) 时，才会触发窗口计算，最终得到正确的结果。

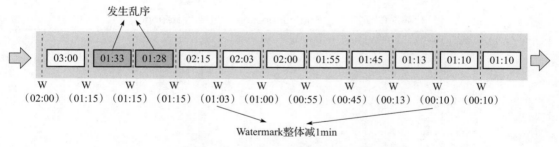

图 5-33　Watermark 整体减 1min

让 Watermark 整体减小 1min 的操作就是给 Watermark 设置 1min 的最大乱序时间，我们将在 5.4.5 节详细学习如何给 Watermark 设置最大乱序时间。

一些读者会产生一种错误的想法：在实际生产环境中，我也不知道数据乱序的程度会有多严重，既然最大乱序时间这么好用，为了避免数据乱序导致窗口丢数，直接把最大乱序时间的参数值设置为 1 天，就不怕窗口丢失数据了。实际上，直接把最大乱序时间设置为 1 天会导致窗口延迟一天才触发计算，数据的产出也会延迟 1 天。这是因为相当于把时钟的时间往前拨了 1 天，所有窗口都会晚 1 天才能触发计算，这就不能叫作实时数据了！

在生产环境中，建议读者本着好用但不能贪多的原则去设置最大乱序时间，我们需要在乱序带来的数据计算误差问题和数据产出时延问题之间作出权衡，才能决定最大乱序时间的数值。因此本节标题是使用 Watermark 缓解数据乱序问题，而非解决数据乱序问题。关于数据乱序问题在生产中的体系化解决方案我们将在 5.7.2 节讨论。

5.4.5　生成 Watermark 的 API

5.4.1 ～ 5.4.4 节介绍了 Watermark 的诞生背景以及如何使用 Watermark 来缓解数据乱序问题。本节，我们学习使用 Flink DataStream API 生成 Watermark 的两种方法。

❑ 方法 1：在数据源算子的 SourceFunction 中生成 Watermark。

❑ 方法 2：在任意的 DataStream 上调用 assignTimestampsAndWatermarks() 方法生成 Watermark。

1. 在 SourceFunction 生成 Watermark

在 5.4.1 ～ 5.4.4 节的案例中，我们强调 Watermark 应该是由 Source 算子生成并发送到下游算子的，Flink 在 SourceFunction 中提供了从数据中获取时间戳并生成 Watermark 的 API。

如代码清单 5-24 所示，我们可以调用 SourceContext 的 collectWithTimestamp() 方法输出数据并标注数据的时间戳。标记时间戳的逻辑并不复杂，我们知道 Flink 算子之间传输的数据会被包装到 StreamRecord 中（Flink 中的 StreamRecord 类），StreamRecord 中包含 value 和 timestamp 两个字段，value 字段就是上下游算子传输的数据，timestamp 字段就是数据的时间戳。当时间窗口算子获取 StreamRecord 对象后，会从 timestamp 字段中获取数据的时间戳，然后通过窗口分配器将这条数据分配到窗口中。注意，接下来我们还需要调用 SourceContext 的 emitWatermark() 方法向下游算子发送 Watermark。创建一个 Watermark 对象只需要传入一个时间戳，这也就从 Flink DataStream API 的角度说明了 Watermark 是一条只包含时间戳的数据。

代码清单 5-24　在 SourceFunction 中生成 Watermark

```
private static class UserDefinedSource implements SourceFunction<InputModel> {
    ...
    public void run(SourceContext<InputModel> ctx) throws Exception {
        int i = 0;
        while (!this.isCancel) {
            i++;
            long timestamp = System.currentTimeMillis();
            // (1) 从数据中获取到时间戳
            ctx.collectWithTimestamp(
                InputModel.builder()
                    .productId(" 商品 " + i % 3)
                    .timestamp(timestamp)
                    .income(3)
                    .build()
                , timestamp
            );
            // (2) 向下游算子输出 Watermark
            ctx.emitWatermark(new Watermark(timestamp));
            Thread.sleep(1000);
        }
    }
    ...
}
```

在 SourceFunction 中生成 Watermark 可以非常灵活地控制在什么时间生成什么样的 Watermark。这种灵活性的典型案例就是 Flink 提供的用于消费 Kafka Topic 的 FlinkKafkaConsumer。举例来说，当 Kafka Topic 的分区为 6，Source 算子的并行度为 3 时，Source 算子的一个 SubTask 会同时消费两个分区，这时 Source 算子的每个 SubTask 中的 FlinkKafkaConsumer 会为每个分区单独维护 Watermark，取两个分区中 Watermark 的最小值发送给下游算子。通过这样的实现方式可以尽可能地缓解 Kafka Topic 不同分区之间因数据乱序而导致的事件时间窗口丢数的问题。

2. 在任意数据流上生成 Watermark

获取数据中事件时间戳和生成 Watermark 的过程只能在 Source 算子中完成吗？答案是否定的。举例来说，我们有一个逻辑数据流为 Source → Filter → FlatMap → Map → KeyBy/EventTime-TumbleWindow(1min) → Sink 的 Flink 作业，为了能让这个滚动窗口触发计算，只需要在 Map 算子之后获取数据的时间戳并生成 Watermark，就可以驱动 KeyBy/EventTimeTumbleWindow(1min) 算子进行计算了。获取数据事件时间戳和生成 Watermark 的过程不一定非要在 Source 算子中完成，只要在时间窗口算子之前完成就可以。

Flink 也为我们提供了对应的方法，我们可以通过调用 DataStream 的 assignTimestampsAnd-Watermarks(WatermarkStrategy<T> watermarkStrategy) 方法来为 DataStream 所代表的数据流中的数据分配事件时间戳并插入 Watermark，入参 WatermarkStrategy 被称为 Watermark 生成策略。

如代码清单 5-25 所示，在 Filter 之后调用 assignTimestampsAndWatermarks() 方法获取数据的事件时间戳并生成 Watermark。当该作业运行时，Flink 会在 Filter 算子之后创建一个专门用于获取数据时间戳和生成 Watermark 的算子，称作 Timestamps/Watermarks 算子。

代码清单 5-25　调用 assignTimestampsAndWatermarks() 方法生成 Watermark

```
DataStream<InputModel> transformation = source
    .filter(i -> i.getProductId() != "3")
    // 获取数据时间戳和分配 Watermark
    .assignTimestampsAndWatermarks(new WatermarkStrategy<InputModel>() {
        @Override
        public TimestampAssigner<InputModel> createTimestampAssigner(
                TimestampAssignerSupplier.Context context) {
            // 返回能够从数据中获取事件时间戳的 TimestampAssigner
            return null;
        }
        @Override
        public WatermarkGenerator<InputModel> createWatermarkGenerator(
                WatermarkGeneratorSupplier.Context context) {
            // 返回能够生成 Watermark 的 WatermarkGenerator
            return null;
        }
    })
    .keyBy(i -> i.getProductId())
    .window(TumblingEventTimeWindows.of(Time.seconds(60)))
    .reduce(new ReduceFunction<InputModel>() {
        @Override
```

```
        public InputModel reduce(InputModel v1, InputModel v2)
                throws Exception {
            v1.income += v2.income;
            return v1;
        }
    });
DataStreamSink<InputModel> sink = transformation.print();
```

在 DataStream 上调用 assignTimestampsAndWatermarks() 方法时，需要传入一个 WatermarkStrategy 的实现类，我们通过代码清单 5-26 来看一下 WatermarkStrategy 接口的定义。

代码清单 5-26　WatermarkStrategy 接口的定义

```
public interface WatermarkStrategy<T>
    extends TimestampAssignerSupplier<T>, WatermarkGeneratorSupplier<T>{
    @Override
    TimestampAssigner<T> createTimestampAssigner(TimestampAssignerSupplier.
        Context context);
    @Override
    WatermarkGenerator<T> createWatermarkGenerator(WatermarkGeneratorSupplier.
        Context context);
}
```

WatermarkStrategy 包含 createTimestampAssigner() 和 createWatermarkGenerator() 两个方法，这两个方法的功能如下。

❏ TimestampAssigner<T> createTimestampAssigner(TimestampAssignerSupplier.Context context)：该方法用于构建 TimestampAssigner（时间戳分配器）。TimestampAssigner 用于从数据中获取事件时间戳。在 Flink 作业运行时，Timestamps/Watermarks 算子会使用 TimestampAssigner 从数据中获取事件时间戳，并将事件时间戳标记到数据上。

❏ WatermarkGenerator<T> createWatermarkGenerator(WatermarkGeneratorSupplier.Context context)：该方法用于构建 WatermarkGenerator（Watermark 生成器）。WatermarkGenerator 用于给数据流插入 Watermark。在 Flink 作业运行时，Timestamps/Watermarks 算子会调用 WatermarkGenerator 来生成 Watermark，并将 Watermark 插入数据流。

分析了两个组件的功能后，相信读者能猜出两个组件的配合机制了，Timestamps/Watermarks 算子会先使用 TimestampAssigner 获取数据的事件时间戳，给这条数据标记事件时间戳，然后通过 WatermarkGenerator 生成 Watermark，插入数据流。

TimestampAssigner 比较简单，不需要过多讨论，而 WatermarkGenerator 的花样就比较多了，接下来我们重点看一下 WatermarkGenerator，如代码清单 5-27 所示。

代码清单 5-27　WatermarkGenerator 接口定义

```
public interface WatermarkGenerator<T> {
    void onEvent(T event, long eventTimestamp, WatermarkOutput output);
    void onPeriodicEmit(WatermarkOutput output);
}
```

WatermarkGenerator 接口包含 onEvent() 和 onPeriodicEmit() 方法，这两个方法都可以生成 Watermark，区别在于方法的调用时机和应用场景不同，通常情况下我们只会使用其中一个方法来输出 Watermark。

- void onEvent(T event, long eventTimestamp, WatermarkOutput output)：Timestamps/Watermarks 算子的 SubTask 处理每条数据都会调用该方法，入参 event 是原始数据，eventTimestamp 是使用 TimestampAssigner 获取的事件时间戳，WatermarkOutput 用于输出 Watermark。使用 onEvent() 方法可以非常灵活地定义碰到什么样的数据或者何时输出 Watermark。在 Flink 中，如果使用 onEvent() 方法输出 Watermark，这种 Watermark-Generator 就被称作标记 Watermark 生成器（Punctuated WatermarkGenerator），这种 Watermark-Generator 的使用场景较少。

- void onPeriodicEmit(WatermarkOutput output)：Timestamps/Watermarks 算子的 SubTask 会定时调用该方法输出 Watermark，默认的时间间隔为处理时间的 200ms，也就是 SubTask 会按照本地的处理时间每隔 200ms 调用一次并输出 Watermark。注意，调用的时间间隔也可以使用 StreamExecutionEnvironment.getConfig().setAutoWatermarkInterval(long interval) 方法修改。在 Flink 中，如果使用 onPeriodicEmit() 方法输出 Watermark，这种 Watermark-Generator 就被称作周期性 Watermark 生成器（Periodic WatermarkGenerator），这种 Watermark-Generator 的使用场景非常广泛。

为什么存在两种不同的 Watermark 生成器呢？既然每条数据都会生成一个对应的 Watermark，那么直接使用标记 Watermark 生成器不就好了？

原因在于周期性 Watermark 生成器相比标记 Watermark 生成器在解决以下两个问题时更具优势。

- 过多的 Watermark 会降低 Flink 作业的性能：由于 Timestamps/Watermarks 算子会广播 Watermark，如果每来一条数据就生成一个 Watermark，会导致在网络中传输的 Watermark 数量远远多于用于计算的数据的数量。同时，由于下游的算子收到每一个 Watermark 后还要使用 Watermark 做计算并发出新的 Watermark，就会导致 Flink 作业将过多的计算资源用在 Watermark 的计算上，而非数据本身的计算。

- 过多的 Watermark 中只有少数是实际触发窗口计算的，大多数 Watermark 是"无效"的：Watermark 的核心功能是维护事件时间时钟，从而推动时间窗口触发计算。在明确了这个前提之后，我们再来解释为什么大多数的 Watermark 是"无效"的。以一个 1min 的事件时间滚动窗口算子为例，其中有一个时间范围为 [09:00:00, 09:01:00) 的窗口，这个窗口内有 100 万条数据，如果每条数据都跟着一个 Watermark，那么时间窗口算子就需要处理超过 100 万个 Watermark，其实要触发 [09:00:00, 09:01:00) 窗口的计算只需要一条时间为 09:01:00 的 Watermark，因此这 100 余万条 Watermark 中只有时间为 09:01:00 的一条 Watermark 会促使该窗口的触发，其余的 Watermark 即使到达了滚动窗口算子，也不会触发窗口的计算，所以大多数的 Watermark 看起来都是"无效"的。

为了避免生成过多"无效"的 Watermark 导致 Flink 作业性能降低，诞生了标记 Watermark 生成器和周期性 Watermark 生成器来让用户自己决定在什么样的场景选择通过什么样的方式来生成 Watermark。相比来说，周期性 Watermark 生成器每 200ms 生成一次 Watermark 的方式既不会让 Watermark 太少而导致时间窗口触发不及时，也不会因出现大量的 Watermark 而导致作业性能下降，因此周期性 Watermark 生成器更具优势，使用场景更加广泛，大多数情况下选择周期性 Watermark 生成器即可。

案例：事件时间语义下，统计每种商品每 1min 内的销售额，输入数据流为商品的销售流水 InputModel（包括 productId、timestamp 字段，分别代表商品 id、购买商品的时间戳），最终的实现如代码清单 5-28 所示。无论选择标记 Watermark 生成器还是周期性 Watermark 生成器，计算得到的结果都是相同的。注意，在该案例中生成 Watermark 时减去了 1min，等同于设置了 1min 的最大乱序时间。

代码清单 5-28　标记 Watermark 生成器和周期性 Watermark 生成器的代码案例

```
DataStream<InputModel> source = env.addSource(new UserDefinedSource());
// 标记 Watermark 生成器
WatermarkStrategy<InputModel> punctuatedWatermarkGenerator = new WatermarkStrategy
    <InputModel>() {
    @Override
    public WatermarkGenerator<InputModel> createWatermarkGenerator
        (WatermarkGeneratorSupplier.Context context) {
        return new WatermarkGenerator<InputModel>() {
            @Override
            public void onEvent(InputModel event, long eventTimestamp,
                WatermarkOutput output) {
                // 每来一条数据输出一次 Watermark，此处将 Watermark 减 1min 代表设置了
                // 1min 的最大乱序时间
                output.emitWatermark(new Watermark(eventTimestamp - (60 * 1000L)));
            }
            @Override
            public void onPeriodicEmit(WatermarkOutput output) {
                // 标记 Watermark 生成器不需要实现此方法
            }
        };
    }
    @Override
    public TimestampAssigner<InputModel> createTimestampAssigner
        (TimestampAssignerSupplier.Context context) {
        return (e, lastRecordTimestamp) -> e.getTimestamp();
    }
};
// 周期性 Watermark 生成器
WatermarkStrategy<InputModel> periodicWatermarkGenerator = new WatermarkStrategy
    <InputModel>() {
    @Override
    public WatermarkGenerator<InputModel> createWatermarkGenerator
        (WatermarkGeneratorSupplier.Context context) {
        return new WatermarkGenerator<InputModel>() {
            private long currentMaxTimestamp;
            @Override
            public void onEvent(InputModel event, long eventTimestamp,
```

```
                WatermarkOutput output) {
                    // 每来一条数据都会计算当前的最大时间戳
                    currentMaxTimestamp = Math.max(currentMaxTimestamp, eventTimestamp);
                }
                @Override
                public void onPeriodicEmit(WatermarkOutput output) {
                    // 算子每隔 200ms 调用一次该方法并输出当前的 Watermark
                    output.emitWatermark(new Watermark(currentMaxTimestamp - (60 * 1000L)));
                }
            };
        }
        @Override
        public TimestampAssigner<InputModel> createTimestampAssigner
            (TimestampAssignerSupplier.Context context) {
            return (e, lastRecordTimestamp) -> e.getTimestamp();
        }
    };
DataStream<InputModel> transformation = source
        // (1) 使用标记 Watermark 生成器 punctuatedWatermarkGenerator
        .assignTimestampsAndWatermarks(punctuatedWatermarkGenerator)
        // (2) 使用周期性 Watermark 生成器 periodicWatermarkGenerator
        // .assignTimestampsAndWatermarks(periodicWatermarkGenerator)
        .keyBy(i -> i.getProductId())
        .window(TumblingEventTimeWindows.of(Time.seconds(60)))
        .reduce(new ReduceFunction<InputModel>() {
            @Override
            public InputModel reduce(InputModel v1, InputModel v2)
                    throws Exception {
                v1.income += v2.income;
                return v1;
            }
        });
DataStreamSink<InputModel> sink = transformation.print();
```

在 Flink 作业中，只要出现 DataStream，就可以调用 assignTimestampsAndWatermarks() 方法，假设一个 Flink 作业的逻辑数据流为 Source → Timestamps/Watermarks → Filter → Timestamps/Watermarks → KeyBy/Window → Sink，在 Source 算子和 Filter 算子之后都调用了 DataStream 的 assignTimestamps-AndWatermarks() 方法来获取数据时间戳并分配 Watermark，会发生什么呢？

结论是 Source 算子后的 Timestamps/Watermarks 算子会接收来自 Source 算子的数据，获取数据时间戳并分配 Watermark 下发到 Filter 算子。Filter 算子后的 Timestamps/Watermarks 算子会接收来自 Filter 算子的数据，获取数据时间戳并分配 Watermark 下发到 KeyBy/Window 算子。相当于 Source 算子后的 Timestamps/Watermarks 算子获取的数据时间戳和生成的 Watermark 被 Filter 算子后的 Timestamps/Watermarks 算子覆盖了，具体处理逻辑可以参考 Timestamps/Watermarks 算子的实现类 TimestampsAndWatermarksOperator。不过一般情况下，我们并不会多次调用 DataStream 的 assignTimestampsAndWatermarks() 方法，只会在 Source 算子处调用一次 assignTimestampsAndWatermarks() 方法来获取数据时间戳和生成 Watermark。

3. Flink 内置的 WatermarkGenerator

大多数场景下 Watermark 的生成策略是固定的，因此为了简化用户的编码成本，Flink 预置了 BoundedOutOfOrdernessWatermarks 和 AscendingTimestampsWatermarks 这两种开箱即用的 Watermark 生成器。注意，这两种 Watermark 生成器都通过实现 WatermarkGenerator 接口中的 onPeriodicEmit() 方法来定期输出 Watermark，onEvent() 方法只用于维护当前数据流的最大时间戳。

1. BoundedOutOfOrdernessWatermarks

BoundedOutOfOrdernessWatermarks（固定延迟的 Watermark 生成器）用于存在乱序的数据流的场景，但是要求（非强制要求）数据的乱序程度在有限（固定）范围内，如代码清单 5-29 所示是 BoundedOutOfOrdernessWatermarks 的定义。

代码清单 5-29　BoundedOutOfOrdernessWatermarks 的定义

```
public class BoundedOutOfOrdernessWatermarks<T> implements WatermarkGenerator<T> {
    // 当前最大的事件时间戳
    private long maxTimestamp;
    // 最大乱序时间
    private final long outOfOrdernessMillis;
    public BoundedOutOfOrdernessWatermarks(Duration maxOutOfOrderness) {
        this.outOfOrdernessMillis = maxOutOfOrderness.toMillis();
        this.maxTimestamp = Long.MIN_VALUE + outOfOrdernessMillis + 1;
    }

    @Override
    public void onEvent(T event, long eventTimestamp, WatermarkOutput output) {
        maxTimestamp = Math.max(maxTimestamp, eventTimestamp);
    }

    @Override
    public void onPeriodicEmit(WatermarkOutput output) {
        output.emitWatermark(new Watermark(maxTimestamp - outOfOrdernessMillis - 1));
    }
}
```

在生产环境中，数据乱序很常见，BoundedOutOfOrdernessWatermarks 是必选的。举例来说，当我们知道输入数据流有乱序的情况，并且数据乱序程度在 30s 以内时，我们可以使用 WatermarkStrategy 的 forBoundedOutOfOrderness(Duration.ofSeconds(30L)) 方法来定义一个最大乱序时间为 30s 的 Watermark 生成器，如代码清单 5-30 所示。

代码清单 5-30　最大乱序时间为 30s 的 BoundedOutOfOrdernessWatermarks

```
WatermarkStrategy<InputModel> boundedOutOfOrdernessWatermarkGenerator =
        WatermarkStrategy
        // 输入参数 Duration.ofSeconds(30L) 代表最大乱序时间为 30s
        .<InputModel>forBoundedOutOfOrderness(Duration.ofSeconds(30L))
        .withTimestampAssigner((e, lastRecordTimestamp) -> e.getTimestamp());
```

2. AscendingTimestampsWatermarks

AscendingTimestampsWatermarks（事件时间单调递增的 Watermark 生成器）用于完全有序的数据流的场景，代码清单 5-31 所示是 AscendingTimestampsWatermarks 的定义，其继承自 BoundedOutOfOrdernessWatermarks，入参 Duration.ofMillis(0) 代表数据的最大乱序时间为 0。

代码清单 5-31　AscendingTimestampsWatermarks 的定义

```
public class AscendingTimestampsWatermarks<T> extends BoundedOutOfOrdernessWatermarks<T> {
    public AscendingTimestampsWatermarks() {
        super(Duration.ofMillis(0));
    }
}
```

如果输入数据流没有任何乱序，我们就可以使用 Flink 预置的 AscendingTimestamps-Watermarks，如代码清单 5-32 所示，使用 WatermarkStrategy 的 forMonotonousTimestamps() 方法就可以将 Watermark 生成器定义为 AscendingTimestampsWatermarks。

代码清单 5-32　将 AscendingTimestampsWatermarks 作为 Watermark 生成器

```
WatermarkStrategy<InputModel> ascendingTimestampsWatermarkGenerator =
        WatermarkStrategy
        // 事件时间单调递增的 Watermark 生成策略
        .<InputModel>forMonotonousTimestamps()
        .withTimestampAssigner((e, lastRecordTimestamp) -> e.getTimestamp());
```

4. FlinkKafkaConsumer 的 Watermark 生成策略

FlinkKafkaConsumer 提供了通过 SourceFunction 生成 Watermark 的功能，并且当 Source 算子的一个 SubTask 消费 Kafka Topic 的多个分区时，会采用和 SubTask 处理上游算子的多个 SubTask 的 Watermark 相同的策略来生成 Watermark，都是取 Watermark 最小值，可以有效缓解数据乱序导致的事件时间窗口丢数问题，如图 5-34 所示。

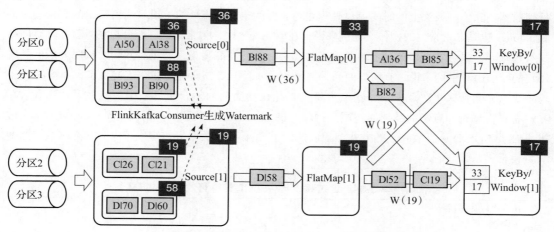

图 5-34　FlinkKafkaConsumer 生成 Watermark

值得一提的是，为了减少用户的使用成本，FlinkKafkaConsumer 也提供了 assignTimestamps-AndWatermarks() 方法，我们可以直接调用 FlinkKafkaConsumer 的 assignTimestampsAndWatermarks() 方法来配置 WatermarkStrategy。配置完成后，FlinkKafkaConsumer 会使用 WatermarkStrategy 来获取数据时间戳并生成 Watermark，如代码清单 5-33 所示。

代码清单 5-33　使用 assignTimestampsAndWatermarks() 方法

```
WatermarkStrategy<InputModel> watermarkStrategy = WatermarkStrategy
        .<InputModel>forMonotonousTimestamps()
        .withTimestampAssigner((e, lastRecordTimestamp) -> e.getTimestamp());
Properties properties = new Properties();
properties.setProperty("bootstrap.servers", "localhost:9092");
properties.setProperty("group.id", "flink-kafka-source-example-consumer");
SourceFunction<InputModel> sourceFunction = new FlinkKafkaConsumer<InputModel>(
        "flink-kafka-source-example"
        , new InputModelSchema()
        , properties)
        .assignTimestampsAndWatermarks(watermarkStrategy);
DataStream<InputModel> source = env.addSource(sourceFunction)
        .setParallelism(2);
```

注意，FlinkKafkaConsumer 是 SourceFunction 的实现类而并非 DataStream 的，因此 FlinkKafka-Consumer 提供的 assignTimestampsAndWatermarks() 方法和 DataStream 提供的 assignTimestampsAnd-Watermarks() 方法是不同的，前者通过 SourceFunction 生成 Watermark，后者会创建 Timestamps/Watermarks 算子来生成 Watermark。

5.5　双流数据时间窗口关联

在 5.2.5 节中，我们学习了在一条数据流上可以使用 Tumble、Sliding、Session 等时间窗口来处理数据。除了一条流上的时间窗口处理之外，对两条数据流上的一段时间窗口内的数据进行关联（Join）也是非常常见的操作。举例来说，在电商场景中，很常见的一个分析场景就是计算商品的有效曝光，只有发生了商品点击的曝光才算是有效的商品曝光，通过有效曝光可以分析商品对用户的吸引力。举例来说，有两件商品，如果商品 A 平均 5 次曝光会带来 5 次点击，而商品 B 平均 5 次曝光会带来 1 次点击，那就说明商品 A 相比商品 B 对用户更具吸引力。为了计算有效曝光，需要将曝光和点击的数据通过用户操作时的唯一 id 进行关联。如代码清单 5-34 所示是通过离线 Hive SQL 计算有效曝光的方式，我们使用了 SQL 中的关联操作完成了曝光和点击数据之间的关联。

代码清单 5-34　通过离线 Hive SQL 计算有效曝光的方式

```
// 数据的计算频率为 1 天
SELECT
    tmp1.*
```

```
    , tmp2.*
FROM (
    // 数据的时间窗口为 1 天
    SELECT * FROM show_table WHERE date = '2022-01-01'
) tmp1
// 数据的计算逻辑是关联计算
INNER JOIN (
    // 数据的时间窗口为 1 天
    SELECT * FROM click_table WHERE date = '2022-01-01'
) tmp2
ON tmp1.unique_id = tmp2.unique_id
```

如果按照代码清单 5-34 的批处理方式进行关联操作，就会面临数据产出延迟高的问题，通常 1h 或者 1 天之后才能得到关联的结果，这会导致商家没办法根据商品的实时吸引力对商品进行及时的调整。我们用流处理的思路进行提速，一种简单的解决思路就是提高关联计算的频率，比如将 1h 或者 1 天的关联频率降低到 1min，每 1min 都使用过去 24h 内的曝光数据去关联过去 24h 内的点击数据，从而计算过去 24h 的实时有效曝光。

基于这个思路，Flink 提供了双流数据的时间窗口关联操作，并且根据时间窗口关联的不同处理机制，将其分为以下两类。

❏ 时间窗口关联
❏ 时间区间关联

5.5.1　时间窗口关联

1. 定义

时间窗口关联是 Flink 在滚动、滑动、会话等常用时间窗口的基础上提供的两条流窗口的数据关联操作。如图 5-35 所示，Flink 针对上述 3 种时间窗口提供了 3 种不同的时间窗口关联操作。

注意，时间窗口关联操作是 Inner Join，输出结果是两条流同一个窗口内数据的笛卡儿积。当两条流同一段时间的窗口内都有数据时，计算结果是两个窗口内数据的笛卡儿积，当只有一条流的窗口中有数据时，不会产出结果。

2. Flink DataStream API

如代码清单 5-35 所示是 Flink 提供的时间窗口关联操作的 API。注意，代码清单 5-35 中的关联操作不仅限于时间窗口关联，任意类型的窗口都支持关联操作，比如将在 5.6 节介绍的计数窗口。

代码清单 5-35　时间窗口关联操作

```
stream.join(otherStream)
    .where(<KeySelector>)
    .equalTo(<KeySelector>)
    .window(<WindowAssigner>)
    .apply(<JoinFunction>);
```

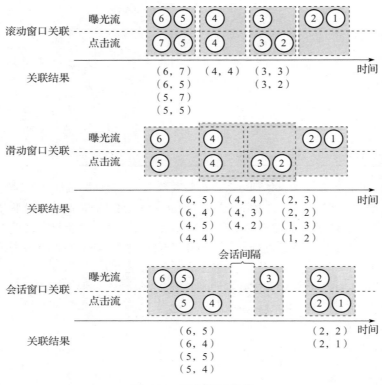

图 5-35　时间窗口关联

要完成两条数据流的时间窗口关联，我们需要实现以下 5 个方法，这 5 个方法的入参和在单流上实现时间窗口的入参基本一致。

❑ join(otherStream)：将两条数据流进行关联操作。如果用 SQL 来对比理解，该操作的含义等同于代码清单 5-34 中的 INNER JOIN 子句。

❑ where(<KeySelector>)、equalTo(<KeySelector>)：通过给这两个方法传入 KeySelector 来从两条数据流中获取关联的 key，只有相同 key 上相同时间范围的窗口才会进行关联操作。如果用 SQL 来对比理解，该操作的含义等同于代码清单 5-34 中的 JOIN...ON... 子句中的数据关联条件。

❑ window(<WindowAssigner>)：用于指定两条流进行关联的时间窗口类型，WindowAssigner 是窗口分配器。如果用 SQL 来对比理解，该操作的含义等同于代码清单 5-34 中 WHERE date=... 子句，该子句用于限制关联数据的时间范围。

❑ apply(<JoinFunction>)：用于指定关联数据的处理方式。JoinFunction 中包含了一个 OUT join(IN1 first, IN2 second) 方法，入参 IN1 和 IN2 分别是两条输入数据流的数据类型，OUT 是完成关联后输出数据流的数据类型。如果用 SQL 来对比理解，该操作的含义等同于代码清单 5-34 中 SELECT tmp1.*, tmp2.* 子句。

下面介绍时间窗口 Join 算子的执行机制。在计算时，两条流各自的算子首先会使用 KeySelector 将两条数据流中相同 key 的数据发往窗口 Join 算子的同一个 SubTask 中。接下来，窗口 Join 算子会使用窗口分配器将数据划分到对应的窗口中，等到时间达到窗口结束时间，窗口触发器触发计算时，计算两条流中相同窗口内数据的笛卡儿积。最后调用 JoinFunction 来处理这个笛卡儿积，将得到的结果输出。

值得一提的是，apply() 方法不仅支持 JoinFunction，还支持 FlatJoinFunction。看到 Flat 这个前缀，就可以联想到 FlatMap 和 Map 操作，FlatJoinFunciton 和 JoinFunction 之间的关系和前两者的关系相同，通过 FlatJoinFunciton，我们可以输出任意个数的关联结果。

3. Flink 作业代码案例

案例：计算每种商品每 1min 内的有效曝光。输入数据流有两条，一条为商品曝光数据流 ShowInputModel（包含 userId、productId、uniqueId、timestamp 字段，分别代表用户 id、商品 id、用于关联用户曝光和点击行为的唯一 id、发生曝光的时间戳），另一条流为商品点击数据流 ClickInputModel（包含 userId、productId、uniqueId、timestamp 字段，分别代表用户 id、商品 id、用于关联用户曝光和点击行为的唯一 id、发生点击的时间戳），输出结果为关联到点击的曝光数据 OutputModel（包含 ShowInputModel 中的所有字段，并且包含一个额外的 clickTimestamp 字段，代表关联到的点击行为的时间戳），最终的实现如代码清单 5-36 所示。

代码清单 5-36　使用 1min 的事件时间滚动窗口关联曝光和点击数据

```
// 曝光数据流
DataStream<ShowInputModel> showSource = env.addSource(new ShowUserDefinedSource());
// 点击数据流
DataStream<ClickInputModel> clickSource = env.addSource(new ClickUserDefinedSource());
// 曝光数据的 Watermark 生成策略
WatermarkStrategy<ShowInputModel> showWatermarkStrategy =
        WatermarkStrategy
        .<ShowInputModel>forBoundedOutOfOrderness(Duration.ofSeconds(30L))
        .withTimestampAssigner((e, lastRecordTimestamp) -> e.getTimestamp());
// 点击数据的 Watermark 生成策略
WatermarkStrategy<ClickInputModel> clickWatermarkStrategy =
        WatermarkStrategy
        .<ClickInputModel>forBoundedOutOfOrderness(Duration.ofSeconds(30L))
        .withTimestampAssigner((e, lastRecordTimestamp) -> e.getTimestamp());
DataStream<OutputModel> transformation = showSource
        .assignTimestampsAndWatermarks(showWatermarkStrategy)
        // (1) 双流关联
        .join(clickSource.assignTimestampsAndWatermarks(clickWatermarkStrategy))
        // (2) 从曝光数据流中获取 key
        .where(show -> show.getUserId() + show.getProductId() + show.getUniqueId())
        // (3) 从点击数据流中获取 key
        .equalTo(click -> click.getUserId() + click.getProductId() + click.
            getUniqueId())
        // (4) 指定 1min 的事件时间滚动窗口
        .window(TumblingEventTimeWindows.of(Time.seconds(60)))
        // (5) 关联得到的笛卡儿积的处理方法
        .apply((show, click) -> OutputModel
```

```
                    .builder()
                    .productId(show.productId)
                    .userId(show.userId)
                    .uniqueId(show.uniqueId)
                    .timestamp(show.timestamp)
                    .clickTimestamp(click.timestamp)
                    .build()
        );
    DataStreamSink<OutputModel> sink = transformation.print();
```

5.5.2　时间窗口 CoGroup 操作

1. 定义

时间窗口关联的一个显著特点就是它的执行逻辑是 INNER JOIN。也就是说，如果一条数据流的窗口内有数据，另一条数据流的相同窗口内没有数据，时间窗口算子计算得到的笛卡儿积为空，JoinFunction/FlatJoinFunction 就不会被调用，自然也就没有结果数据了。在实际的应用场景中，OUTER JOIN（比如 LEFT JOIN、RIGHT JOIN、FULL JOIN）也是非常常用的操作。举例来说，如果有效曝光的案例中需要输出没有关联到点击的曝光数据（show LEFT JOIN click），这时又该怎么办呢？

针对上面的这种需求场景，Flink 提供了时间窗口上的 CoGroup 操作。

时间窗口 CoGroup 操作和时间窗口关联的不同之处在于，时间窗口 CoGroup 提供了 OUTER JOIN 的功能，当出现只有一条数据流的时间窗口中有数据，另一条数据流的时间窗口中没有数据的情况时，时间窗口 CoGroup 也会进行计算。

2. Flink DataStream API

如代码清单 5-37 所示，要实现时间窗口 CoGroup 操作，只需要将代码清单 5-35 中 DataStream 上的 join() 方法换为 coGroup() 方法，并且将 apply() 方法入参的 JoinFunction 替换为 CoGroupFunction。where()、equalTo()、window() 这 3 个方法的使用方式不变。

代码清单 5-37　窗口 CoGroup 操作

```
stream.coGroup(otherStream)
    .where(<KeySelector>)
    .equalTo(<KeySelector>)
    .window(<WindowAssigner>)
    .apply(<CoGroupFunction>);
```

接下来我们重点查看 apply() 方法的入参 CoGroupFunction。CoGroupFunction 接口提供了一个 void coGroup(Iterable<IN1> first, Iterable<IN2> second, Collector<O> out) 方法，入参中的 first 是当前时间窗口内第一条数据流中的数据集合，second 是当前时间窗口内第二条数据流中的数据集合，CoGroupFunction 接口中的 coGroup() 方法在以下 3 种场景都会被调用。

❑ 当时间窗口触发，两条数据流的时间窗口内的数据都不为空时，会将两条数据流当前时间窗口的数据分别封装为 Iterable，并调用 CoGroupFunction 方法。

❑ 当时间窗口触发，第一条数据流的时间窗口内的数据不为空，而第二条数据流的时间窗口
数据为空时，调用 CoGroupFunction 的 coGroup() 方法，入参 first 不为空，second 为空。

❑ 当时间窗口触发，第二条数据流的时间窗口内的数据不为空，而第一条数据流的时间窗口
数据为空时，调用 CoGroupFunction 的 coGroup() 方法，入参 second 不为空，first 为空。

时间窗口 CoGroup 操作通过将两条数据流时间窗口内的数据全部交给用户来处理的方式，有
效提高了数据处理的灵活度。

3. Flink 作业代码案例

案例：计算每种商品每 1min 内的有效曝光，无论曝光日志有没有关联到点击日志，都输
出结果。这是一个典型的 LEFT JOIN 的执行逻辑，输入数据流有两条，第一条为商品曝光数据
流 ShowInputModel（包含 userId、productId、uniqueId、timestamp 字段，分别代表用户 id、商
品 id、用于关联用户曝光和点击行为的唯一 id、发生曝光的时间戳），另一条为商品点击数据流
ClickInputModel（包含 userId、productId、uniqueId、timestamp 字段，分别代表用户 id、商品 id、
用于关联用户曝光和点击行为的唯一 id、发生点击的时间戳），输出结果为关联到点击的曝光数据
OutputModel（包含 ShowInputModel 中的所有字段，并且包含一个额外的 clickTimestamp 字段，
代表关联到点击行为的时间戳，如果没有关联到点击数据，clickTimestamp 的值为 –1），最终的实
现如代码清单 5-38 所示。

代码清单 5-38 使用 1min 的滚动时间窗口 CoGroup 关联曝光和点击数据

```
// CoGroupFunction 实现 LEFT JOIN 的逻辑
CoGroupFunction<ShowInputModel, ClickInputModel, OutputModel> leftJoinCoGroupFunction =
    new CoGroupFunction<ShowInputModel, ClickInputModel, OutputModel>() {
    // first 为曝光数据流的窗口数据集合，second 为点击数据流的窗口数据集合
    @Override
    public void coGroup(Iterable<ShowInputModel> first, Iterable<ClickInputModel>
        second,
            Collector<OutputModel> out) throws Exception {
        List<ClickInputModel> clicks = IterableUtils.toStream(second).
            collect(Collectors.toList());
        for (ShowInputModel show : first) {
        OutputModel result = OutputModel
                    .builder()
                    .productId(show.productId)
                    .userId(show.userId)
                    .uniqueId(show.uniqueId)
                    .timestamp(show.timestamp)
                    .build();
        // 如果点击数据流的数据集合为空，那么直接将结果数据的 clickTimestamp 设置为 -1
        if (null == clicks || 0L == clicks.size()) {
            result.setClickTimestamp(-1L);
            out.collect(result);
        } else {
            // 如果点击数据流的数据集合不为空，那么需要进行笛卡儿积的数据关联，
            // 并将结果的 clickTimestamp 设置为点击发生时的时间戳
            for (ClickInputModel click : clicks) {
```

```
                                  result.setClickTimestamp(click.getTimestamp());
                                  out.collect(result);
                              }
                          }
                      }
                  }
          };
          DataStream<OutputModel> transformation = showSource
                  .assignTimestampsAndWatermarks(showWatermarkStrategy)
                  .coGroup(clickSource.assignTimestampsAndWatermarks(clickWatermarkStrategy))
                  .where(show -> show.getUserId() + show.getProductId() + show.getUniqueId())
                  .equalTo(click -> click.getUserId() + click.getProductId() +
                      click.getUniqueId())
                  .window(TumblingEventTimeWindows.of(Time.seconds(10)))
                  .apply(leftJoinCoGroupFunction);
          DataStreamSink<OutputModel> sink = transformation.print();
```

5.5.3 时间区间关联

时间窗口关联以及 CoGroup 操作有一个共同点，那就是只有相同时间窗口内的数据才可以进行关联操作，在实际的生产环境中，这个特点会导致计算结果不准确。举例来说，我们使用时间窗口关联来计算商品有效曝光，如图 5-36 所示，商品在 08:59:55 曝光给用户，而用户在 09:00:01、09:00:35 分别点击了一次商品，那么使用 1min 滚动时间窗口关联的话，这次曝光会被划分到 [08:59:00, 09:00:00) 窗口中，这两次点击会被划分到 [09:00:00, 09:01:00) 的窗口中，这是两个不同的窗口，时间窗口 Join 算子无法关联这次曝光和用户的两次点击。对于数据分析人员来说，这两次点击都是由这次曝光带来的，关联不到就会导致计算得到的有效曝光小于真实的有效曝光。值得注意的是，这个问题并不是偶发的，而是在生产环境中普遍存在的，原因是需要进行关联操作的两条数据流中的数据通常有先后顺序，比如曝光商品的行为一定会比点击商品的行为先发生。

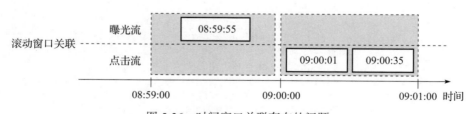

图 5-36　时间窗口关联存在的问题

解决这个问题的思路并不复杂，我们可以去掉时间窗口划分的边界，允许曝光数据流关联点击数据流一段时间范围内的数据。举例来说，如图 5-37 所示，商品在 08:59:55 曝光，这次曝光引发的两次点击分别在 09:00:01、09:00:35，那么我们可以让曝光去关联曝光行为发生之后 2min 内的商品点击数据，即 08:59:55 发生的曝光可以去关联 [08:59:55, 09:01:55] 时间区间内的点击数据。这时，09:00:01、09:00:35 发生的点击就可以被 08:59:55 发生的曝光关联到了。

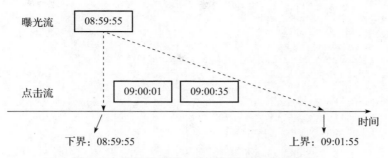

图 5-37　曝光流关联一段时间范围内的点击流

这种通过一条数据流去关联另一条数据流一段时间区间内数据的关联操作就叫作时间区间关联（Interval Join）。

1. 定义

如图 5-38 所示，时间区间关联允许 A、B 两条流在关联时，让 A 流中的每个数据去关联这个数据时间戳前后一段时间范围内的 B 流中的数据。用数学表达式来表示时间区间关联操作中两条流的数据时间戳之间的关系：b.timestamp $\in$ [a.timestamp+lowerBound, a.timestamp+upperBound] 或 a.timestamp+lowerBound<=b.timestamp<=a.timestamp+upperBound。其中 lowerBound 代表下界，upperBound 代表上界，上下界可正可负，但是下界必须小于或等于上界。

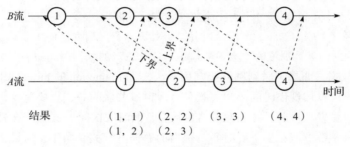

图 5-38　时间区间关联

目前时间区间关联只支持 INNER JOIN（即相同 key 下的两条数据流都有数据时才会输出），并且只支持事件时间，不支持处理时间。

2. Flink DataStream API

如代码清单 5-39 所示是 Flink DataStream API 提供的时间区间关联操作。

代码清单 5-39　Flink DataStream API 的时间区间关联操作

```
DataStream<Integer> a = ...;
DataStream<Integer> b = ...;
a
    .keyBy(<KeySelector>)
    // 使用时间区间关联
    .intervalJoin(b.keyBy(<KeySelector>))
```

```
// 时间区间上下界
.between(Time.milliseconds(-2000), Time.milliseconds(1000))
// .lowerBoundExclusive() // 通过此方法设置时间区间不包含下界
// .upperBoundExclusive() // 通过此方法设置时间区间不包含上界
.process (new ProcessJoinFunction<Integer, Integer, String>(){
    @Override
    public void processElement(Integer left, Integer right, Context ctx,
        Collector<String> out) {
        out.collect(left + "," + right);
    }
});
```

如代码清单 5-39 所示，实现时间区间关联操作时，我们需要先对两条原始数据流使用 keyBy() 方法转换为 KeyedStream。然后调用 KeyedStream 提供的 intervalJoin() 方法来进行时间区间关联操作，方法返回结果为 IntervalJoined。接着在 IntervalJoined 上调用 between() 方法，传入需要关联的数据时间的上下界，在代码清单 5-39 中，下界为 –2s，上界为 1s，这代表 a 数据流中的数据会以自己的时间戳（a_timestamp）为基准，去关联 b 数据流中时间范围为 [a_timestamp–2000, a_timestamp+1000] 的数据。同时，我们还可以通过 lowerBoundExclusive()、upperBoundExclusive() 方法来设置 a 流关联 b 流时的时间区间是否包含上下界。最后在 Interval-Joined 上调用 process() 方法，传入 ProcessJoinFunction<IN1, IN2, OUT> 来处理关联到的数据。ProcessJoinFunction 中包含一个 void processElement(IN1 left, IN2 right, Context ctx, Collector<OUT> out) 方法，方法入参 left 和 right 分别为左流数据和右流数据。

分析完时间区间关联的 DataStream API 用法，接下来介绍时间区间关联算子的运行机制。时间区间关联算子收到两条数据流时，会不断地用当前这条流的数据时间戳去关联另一条流中上下界时间范围内的数据，如果关联到则直接调用 ProcessJoinFunction 的 processElement() 方法处理并输出结果。这里可以体现出时间区间关联和时间窗口关联的一个重要差异，时间窗口关联算子只有在满足窗口触发条件时，才会触发窗口计算，而时间区间 Join 算子在其中一条流的数据到来时就会和另一条数据流在上下界时间范围内的数据进行关联操作，如果关联到就直接进行计算。

那么为什么时间区间关联算子可以实现这样特殊的逻辑呢？原因是时间区间的关联逻辑是镜像的。举例来说，a 数据流中的数据以 a_timestamp（a 数据流中数据的事件时间戳）为基准，去关联 [a_timestamp–2000, a_timestamp+1000] 时间范围的 b 数据流中的数据时，其实也可以认为是 b 数据流中的数据以 b_timestamp（b 数据流中数据的事件时间戳）去关联 [a_timestamp–1000, a_timestamp+2000] 时间范围的 a 数据流中的数据，基于这个镜像的原理，时间区间算子可以实现其中一条数据流的数据到来时就去和另外一条数据流在上下界时间范围内的数据做关联操作，关联到就直接进行计算。

3. Flink 作业代码案例

案例：计算每种商品的有效曝光，曝光发生后 5min 内有点击行为的都算作有效曝光，最终的实现如代码清单 5-40 所示。

代码清单 5-40　时间区间关联的代码案例

```
DataStream<OutputModel> transformation = showSource
        .assignTimestampsAndWatermarks(showWatermarkStrategy)
    // 曝光数据流
    .keyBy(show -> show.getUserId() + show.getProductId() + show.getUniqueId())
    .intervalJoin(
            // 点击数据流
            clickSource
                    .assignTimestampsAndWatermarks(clickWatermarkStrategy)
                    .keyBy(click -> click.getUserId() + click.getProductId() +
                        click.getUniqueId()))
    // 曝光数据流会关联曝光发生后 5min 内的点击数据
    .between(Time.minutes(0), Time.minutes(5))
    // 使用 ProcessJoinFunction 处理关联到的数据,组合成 OutputModel 并输出
    .process(new ProcessJoinFunction<ShowInputModel, ClickInputModel,
        OutputModel>() {
        @Override
        public void processElement(ShowInputModel show, ClickInputModel
            click, Context ctx,
                Collector<OutputModel> out) throws Exception {
            OutputModel result = OutputModel
                    .builder()
                    .productId(show.productId)
                    .userId(show.userId)
                    .uniqueId(show.uniqueId)
                    .timestamp(show.timestamp)
                    .clickTimestamp(click.getTimestamp())
                    .build();
            out.collect(result);
        }
    });
```

5.6　计数窗口

除了基于时间的窗口,还有一种更简单的划分窗口和触发窗口计算的方式,那就是利用数据的条目数。以电商场景的商品销售场景为例,商家想以每件商品累计卖出 30 件为一个小目标,每卖出 30 件商品,就计算一次这 30 件商品的销售额并给商家发送一条达成目标的信息,这个需求就需要利用数据的条目数来划分窗口并触发计算。在 Flink 中,基于数据条目数的窗口计算模型称作计数窗口。

1. 定义

计数窗口和时间窗口在 Flink 中同属窗口计算,计数窗口也拥有时间窗口的 3 个属性,包括窗口的大小、窗口的计算频率以及窗口内数据的处理逻辑,差异在于计数窗口中窗口的大小和窗口的计算频率都是基于数据条目数。如图 5-39 所示,Flink 为我们预置了滚动计数和滑动计数两种类型的计数窗口。

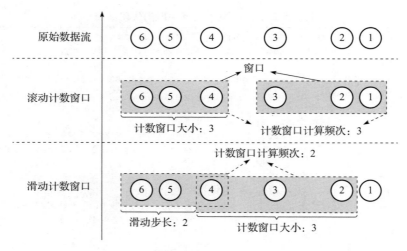

图 5-39　滚动计数窗口和滑动计数窗口

2. Flink DataStream API

如代码清单 5-41 所示是 Flink DataStream API 预置的滚动计数窗口和滑动计数窗口的使用方法。

代码清单 5-41　滚动计数窗口和滑动计数窗口

```
// 滚动计数窗口，size 是计数窗口大小
stream.keyBy(<KeySelector>)
    .countWindow(size)
    ...
// 滑动计数窗口，size 是计数窗口大小，slide 是计数窗口的滑动步长
stream.keyBy(<KeySelector>)
    .countWindow(size, slide)
    ...
```

Flink 预置的计数窗口 API 和时间窗口 API 类似，我们在 KeyedStream 上使用 countWindow() 方法就可以定义一个计数窗口，并且通过方法入参 size 和 slide 快速构建滚动计数窗口或者滑动计数窗口，入参 size 是计数窗口大小，slide 是计数窗口的滑动步长。举例来说，countWindow(3) 代表窗口大小为 3 的滚动计数窗口，该窗口满 3 条数据就会触发窗口计算；countWindow(6, 3) 代表窗口大小为 6，滑动步长为 3 的滑动计数窗口，该窗口每满 3 条数据，就会触发一次窗口计算，计算的数据是过去 6 条数据。

计数窗口的窗口分配器、窗口触发器分别是 GlobalWindows 和 PurgingTrigger。其中 GlobalWindows 是全局窗口分配器，它会构建一个无限大的窗口，触发这个窗口需要指定一个窗口触发器。计数窗口所指定的窗口触发器是 PurgingTrigger.of(CountTrigger.of(size))，该窗口触发器会先执行 CountTrigger 的逻辑，然后执行 PurgingTrigger 的逻辑，CountTrigger 负责记录窗口条目数并触发窗口计算，PurgingTrigger 负责在 CountTrigger 触发计算并执行完成后，清除窗口中的

数据，代码清单 5-42 所示是 CountTrigger 的定义，主要逻辑在 onElement() 方法中。

代码清单 5-42　CountTrigger 定义

```java
public class CountTrigger<W extends Window> extends Trigger<Object, W> {
    private final long maxCount;
    private final ReducingStateDescriptor<Long> stateDesc =
            new ReducingStateDescriptor<>("count", new Sum(), LongSerializer.
            INSTANCE);
    private CountTrigger(long maxCount) {
        this.maxCount = maxCount;
    }
    @Override
    public TriggerResult onElement(Object element, long timestamp, W window,
    TriggerContext ctx)
            throws Exception {
        ReducingState<Long> count = ctx.getPartitionedState(stateDesc);
        count.add(1L);
        if (count.get() >= maxCount) {
            count.clear();
            return TriggerResult.FIRE;
        }
        return TriggerResult.CONTINUE;
    }
    ...
}
```

当我们指定一个窗口大小为 3 的滚动计数窗口时，会初始化一个 maxCount 为 3 的 CountTrigger，滚动计数窗口算子每收到一条输入数据就会调用一次 CountTrigger 的 onElement() 方法。在 onElement() 方法中，会使用 ReducingStateDescriptor<Long> 来累计当前 key 下的条目数，如果当前 key 下累计的条目数达到 3 条，则返回 FIRE 触发窗口计算，如果没有达到，则返回 CONTINUE 继续处理下一条数据。

5.7　生产中的常见问题及解决方案

在 5.1 ～ 5.6 节中，我们学习了时间窗口、时间语义等生产环境中常用的重要知识点以及 API 的使用方法，并且深入探讨了这些 API 的设计思路。读者可能在使用时间窗口 API 的过程中遇到各种各样的问题，本节讨论时间窗口和时间语义在生产中常见的三类问题。

❑ 事件时间窗口不触发计算。

❑ 事件时间窗口数据乱序。

❑ windowAll() 方法导致数据倾斜。

在本节中，我们将会详细分析上述三类问题发生的原因，并探讨对应的解决方案，帮助读者在生产环境中少走一些弯路，少踩一些坑。除了上述三类问题，我们还将在 5.7.4 节介绍一个有趣的问题：Watermark 是否只能从时间戳中取值？希望能够通过这个问题引发读者深入思考 Flink 框架背后的理论基石。

5.7.1 事件时间窗口不触发计算的 3 种原因及解决方案

我们从一个生产中常见的案例出发来讨论事件时间窗口不触发计算的 3 种原因及解决方案。案例为一个包含事件时间 1min 滚动窗口算子的 Flink 作业，逻辑数据流为 Source → Timestamps/Watermarks → Filter → KeyBy/Window → Sink，作业上线运行超过 30min 了，并且也在正常消费上游数据源，没有消费延迟，窗口却迟迟不触发计算，或者虽然窗口能够触发计算，但是产出结果的事件时间是 25min 前的，比实际时间慢很多。

事件时间窗口不触发的问题与 Watermark 有关，导致上述问题的常见场景有以下 3 种。

场景 1：没有正确分配 Watermark。

由于用户编码问题，根本没有分配 Watermark。没有在 SourceFunction 中或者没有使用 DataStream 的 assignTimestampsAndWatermarks() 方法获取数据流中数据的时间戳，也没有分配 Watermark。此外，Flink 要求 Watermark 的时间单位为毫秒级别的 Unix 时间戳，因此还有一种可能性是用户定义的 Watermark 取值方式不是毫秒级别的 Unix 时间戳。举例来说，如果 Watermark 取值自单位为秒的 Unix 时间戳，那么原本 1min 的滚动窗口，就会变为 1000min 才触发一次计算。

场景 2：分配的 Watermark 太少。

上游算子数据量太少，无法产生足够的 Watermark 来更新事件时间窗口算子 SubTask 本地的事件时间时钟。

场景 3：Watermark 不对齐。

由于 SubTask 在收到上游算子多个 SubTask 的 Watermark 时，会取最小值作为当前的事件时间时钟，所以当 Flink 作业数据源存储引擎的多个分区的数据时间相差很大时，会出现一个 SubTask 的 Watermark 拖了其他 SubTask 的后腿。

接下来我们详细分析上述 3 种场景，并给出对应的解决方案。

1. 没有正确分配 Watermark

没有正确分配 Watermark 而导致窗口不触发的原因是很容易理解的，在 Flink 中，Watermark 是触发事件时间窗口所必需的，因此我们一定要设置 Watermark 并且设置正确的时间单位。

那么如何确定我们有没有正确分配 Watermark 呢？

首先，我们要确认是否使用了 5.4.5 节介绍的两种方法来分配 Watermark。在 Flink 1.14.4 版本中，如果没有通过 SourceFunction 或者 DataStream 的 assignTimestampsAndWatermarks() 方法获取数据的事件时间戳并分配 Watermark，上游算子发送到时间窗口算子数据的时间戳就会是默认值 Long.MIN_VALUE。由于 Long.MIN_VALUE 是数据在没有分配时间戳时的默认时间戳，窗口算子检测到该值后，就会直接报出下面的错误，表示用户没有正确地从数据中抽取时间戳并分配 Watermark。

```
Caused by: java.lang.RuntimeException: Record has Long.MIN_VALUE timestamp
    (= no timestamp marker). Is the time characteristic set to 'ProcessingTime',
    or did you forget to call 'DataStream.assignTimestampsAndWatermarks(...)'?
```

其次，定位时间戳单位是否设置正确的方法也很简单，我们可以通过 Flink Web UI 的 Flink 作业详情模块中时间窗口算子所有 SubTask 的 Watermark 列表去查看，如图 5-40 所示为秒级别

的 Watermark，这代表 Watermark 的取值是错误的，我们需要修改为毫秒。修改后如图 5-41 所示，
列表展示的 Watermark 是毫秒级别的。

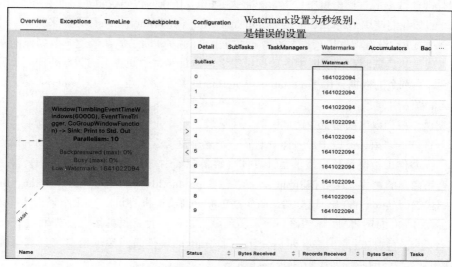

图 5-40　Watermark 设置为秒级别

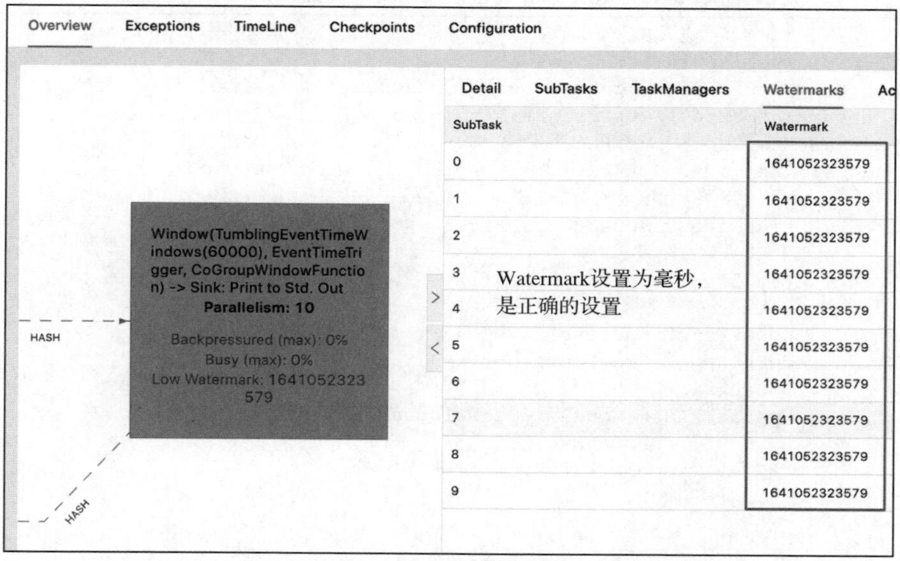

图 5-41　Watermark 设置为毫秒级别

2. 分配的 Watermark 太少

由于上游算子数据量太少，无法产生足够的 Watermark 来更新事件时间窗口算子 SubTask 本
地的事件时间时钟，因此导致事件时间窗口无法正常触发。其实该场景很容易理解，当数据源存

储引擎中的数据量很少时，Watermark 自然也会很少，那么窗口就不会触发计算，这个问题可以很容易地借助 Flink Web UI 定位，为什么还要单独分析呢？

原因是即使数据源存储引擎中数据量非常大，Flink 作业的代码逻辑也可能会导致此类问题。举例来说，假如我们使用 DataStream 的 assignTimestampsAndWatermarks() 方法来获取事件时间戳和分配 Watermark，没有将这段代码放在靠近数据源的地方，而是放在了逻辑数据流的中间，那么可能会出现虽然数据源存储引擎中的数据量很多，但是经过中间算子的数据处理逻辑后剩下的数据非常少，当剩余的数据到达 Timestamps/Watermarks 算子时，也会产生 Watermark 太少，事件时间窗口无法触发计算的问题。

（1）案例　我们以电商场景为例来说明上述场景。

为了开辟新的赛道，商城中加入体育装备会场这个垂类，因为这个垂类比较新，所以想实时查看销售情况并作出策略调整，需求是计算体育装备会场中每件商品每 1min 的销售额。输入数据为所有会场商品的销售流水数据 InputModel（包含 productId、productType、income、timestamp 字段，分别代表商品 id、商品会场分类、商品销售额、商品销售时间），输出结果为体育装备会场中每件商品每 1min 的销售额。使用 Flink 来实现该诉求的一种常见的思路是先通过 productType 将体育装备会场的数据过滤出来，然后使用一个 1min 的事件时间滚动窗口来计算每种商品每 1min 的销售额。最终的实现如代码清单 5-43 所示。

代码清单 5-43　统计体育装备会场中每件商品每 1min 的销售额

```
//(1) 设置作业中的算子并行度为 10
env.setParallelism(10);
DataStream<InputModel> source = env.addSource(new UserDefinedSource());
DataStream<InputModel> transformation = source
    //(2) 过滤体育装备会场的商品
    .filter(i -> "体育装备会场".equals(i.getProductType()))
    //(3) 从数据中抽取时间戳并分配 Watermark
    .assignTimestampsAndWatermarks(watermarkStrategy)
    //(4) 按照商品分组
    .keyBy(i -> i.getProductId())
    //(5) 1min 的事件时间滚动时间窗口
    .window(TumblingEventTimeWindows.of(Time.seconds(60)))
    .reduce(new ReduceFunction<InputModel>() {
        @Override
        public InputModel reduce(InputModel v1, InputModel v2)
                throws Exception {
            v1.income += v2.income;
            return v1;
        }
    });
DataStreamSink<InputModel> sink = transformation.print();
```

上述 Flink 作业的逻辑数据流为 Source → Filter → Timestamps/Watermarks → KeyBy/Window → Sink。Source 算子发送给 Filter 算子的流量为 10 万 QPS，由于体育装备会场是个新开的会场，初期销量极低，经过 Filter 算子之后，数据的流量变为了 1QPM（每分钟一条数据），因此到达 Timestamps/Watermarks 算子的数据量非常少，每分钟 Timestamps/Watermarks 算子只有一个 SubTask 会生成新的 Watermark，假设 Timestamps/Watermarks 算子从 SubTask0、SubTask1 到 SubTask9 获取的数据时间戳分别为 09:00:00、09:01:00、…、09:09:00。这时，KeyBy/Window 算子的 SubTask 的本地事件时间时钟就是 09:00:00，最终导致滚动窗口算子迟迟无法触发或者看起来触发是有延迟的。

（2）定位方法　上述场景的问题很容易通过 Flink Web UI 定位，只要 Timestamps/Watermarks 算子的输出数据量非常少，时间窗口算子的 Watermark 推进得很慢，就能证明是这个问题导致的。

如图 5-42 所示是代码清单 5-43 的 Flink 作业的 Flink Web UI，其中 Filter → Timestamps/Watermarks 是算子链。我们查看该算子 SubTask 的输入输出数据量，发现算子每个 SubTask 的输入数据量很多，但是输出数据量极少，只有 SubTask[6] 有 1 条输出数据。

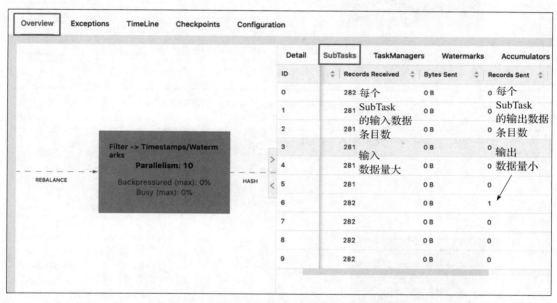

图 5-42　Filter → Timestamps/Watermarks 算子链

我们查看 KeyBy/Window → Sink 算子链，如图 5-43 所示，其中 SubTask[3] 收到了这 1 条数据。

我们查看 KeyBy/Window → Sink 算子链 SubTask 的 Watermark，如图 5-44 所示，列表中的展示为 No Watermark，这说明事件时间窗口不触发是该问题导致的。

（3）解决方案　常用的解决方案是尽可能在数据源端就分配 Watermark。因为数据源端的数据量一般比较多，在数据源端分配 Watermark 可以产生尽可能多或者说足够多的 Watermark，这些 Watermark 会源源不断地到达时间窗口算子，时间窗口算子就可以不断地更新事件时间时钟，并推动窗口触发计算。

我们可以将 DataStream 的 assignTimestampsAndWatermarks() 方法放在 Source 算子和 Filter 算子之间，如代码清单 5-44 所示。

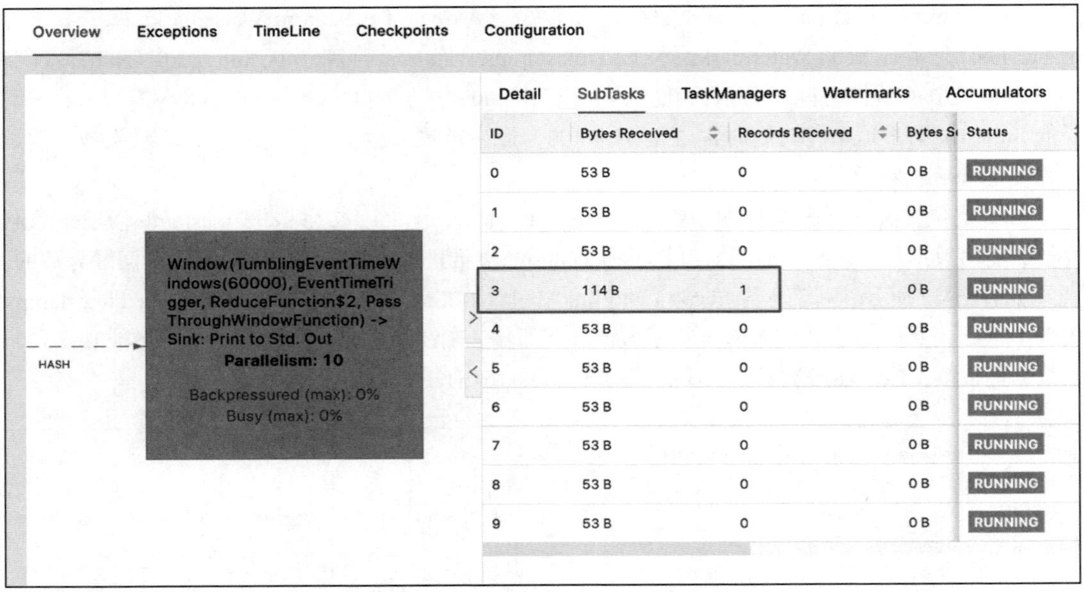

图 5-43　KeyBy/Window → Sink 算子链

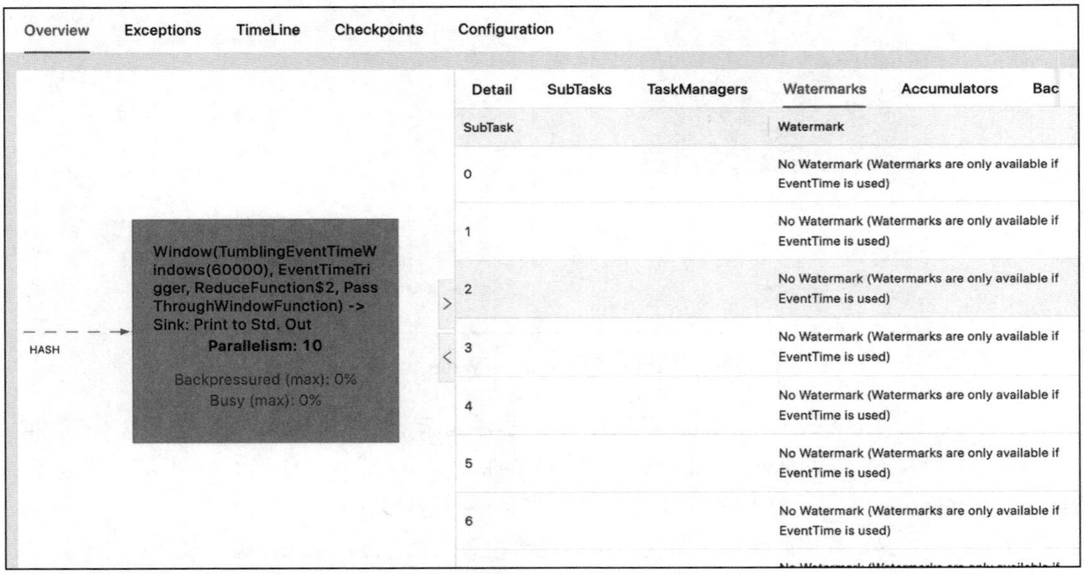

图 5-44　SubTask 的 Watermark 列表展示为 No Watermark

代码清单 5-44　在 Source 算子和 Filter 算子之间分配 Watermark

```
DataStream<InputModel> transformation = source
    .assignTimestampsAndWatermarks(watermarkStrategy)
    .filter(i -> " 体育装备会场 ".equals(i.getProductType()))
```

建议在靠近数据源端的地方来设置 Watermark 分配器。如果使用的数据源为 Kafka，我们可以直接调用 FlinkKafkaConsumer 提供的 assignTimestampsAndWatermarks() 方法设置 Watermark 生成策略。如果使用的是其他类型的数据源，建议在 Source 算子之后通过调用 DataStream 的 assignTimestampsAndWatermarks() 方法来设置 Watermark 生成策略。

3. Watermark 不对齐

由于 SubTask 在收到上游算子多个 SubTask 的 Watermark 时，会取最小值作为当前的事件时间时钟，所以当 Flink 作业数据源存储引擎的多个分区的数据时间相差很大时，会出现一个 SubTask 的 Watermark 拖了其他 SubTask 后腿的情况。该场景被称为多数据源 Watermark 不对齐或者单数据源多个分区 Watermark 不对齐。

（1）案例　我们以多数据源 Flink 作业 Watermark 不对齐的场景为例进行分析。

场景依然是电商场景，计算的指标为所有商品每 1min 的总销售额，数据源有 3 个，分别是体育装备会场的商品销售流水、美妆会场的商品销售流水和时装会场的商品销售流水，3 个数据源的数据格式都是 InputModel（包含 productId、productType、income、timestamp 字段，分别代表商品 id、商品会场分类、商品销售额、商品销售时间）。使用 Flink 来实现该需求的一种简单思路是先将 3 个数据源使用 Union 操作合并为一个新数据流，然后在新数据流上使用 1min 的事件时间滚动窗口来计算所有商品每 1min 的总销售额。最终的实现如代码清单 5-45 所示。

代码清单 5-45　所有商品每 1min 的总销售额案例

```
DataStreamSource<InputModel> sport_source = env.addSource(new SportSource());
DataStreamSource<InputModel> makeup_source = env.addSource(new MakeupSource());
DataStreamSource<InputModel> fashion_source = env.addSource(new FashionSource());
DataStream<InputModel> transformation = sport_source
        .assignTimestampsAndWatermarks(watermarkStrategy)
        .disableChaining()
        .map(i -> i)
        .union(makeup_source.assignTimestampsAndWatermarks(watermarkStrategy)
                    .disableChaining()
                    .map(i -> i)
            , fashion_source.assignTimestampsAndWatermarks(watermarkStrategy)
                    .disableChaining()
                    .map(i -> i))
.windowAll(TumblingEventTimeWindows.of(Time.seconds(60)))
.reduce(new ReduceFunction<InputModel>() {
    @Override
    public InputModel reduce(InputModel v1, InputModel v2)
        throws Exception {
        v1.income += v2.income;
        return v1;
    }
});
DataStreamSink<InputModel> sink = transformation.print();
```

Flink 作业运行的过程中，有可能出现 sport_source 数据源的 Watermark 到达 11:15:00 了，而美妆会场和时装会场由于数据源有延迟（或者数据源数据量比较少）导致 Watermark 仅到达 01:15:00，那么滚动窗口的算子只会取其中的最小值，即 01:15:00，这会让用户感觉数据延迟了 10 小时才产出。

（2）定位方法　针对该问题，我们可以使用 Flink Web UI 中算子 SubTask 的 Watermark 来对比 Watermark 差值是否过大。如图 5-45 所示是代码清单 5-45 的 Flink 作业的 Flink Web UI，逻辑数据流图中每个算子展示的 Low Watermark 代表当前算子所有 SubTask 中的 Watermark 最小值。其中两个 Map 算子的 Low Watermark 分别为 1641093329689（北京时间 2022-01-02 11:15:29）、1641057329689（北京时间 2022-01-02 01:15:29），时间窗口算子的 Low Watermark 值为 1641057329689（北京时间 2022-01-02 01:15:29）。如果 Flink 作业出现图 5-45 的情况，就说明出现了 Watermark 不对齐的问题而导致窗口触发存在延迟。

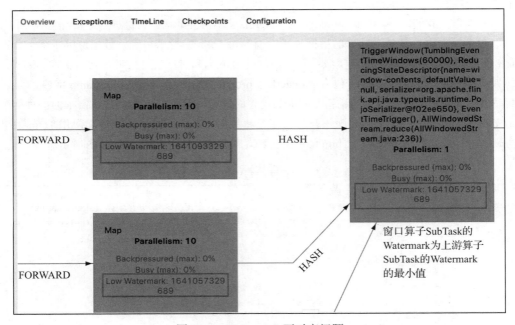

图 5-45　Watermark 不对齐问题

（3）解决方案　问题原因明确了，接下来我们来分析这种问题的解决方案。

如果是数据源存储引擎中的数据本身就存在延迟，那么这个问题并没有什么好的解决方案，因为 Flink 作为一个计算引擎是无法干预数据源存储引擎的，这时只能人工解决数据源中的数据存在延迟的问题。

如果是因为其中一个输入数据源在某一段时间内没有数据持续输入而导致 Watermark 推进慢或者不推进，Flink 提供了相应的解决方案。举例来说，一个 Flink 作业有两个输入数据源，第一个数据源会有源源不断的数据，第二个数据源只在每天 00:00:00 ～ 01:15:00 有数据，那么在 Flink 中，第二个数据源就称为空闲数据源。我们可以使用 WatermarkStrategy 提供的 withIdleness() 方法来检测某个数据源是否是空闲数据源，如果是，就可以将该数据源标记为空闲状态，如代码清单 5-46 所示。

代码清单 5-46　WatermarkStrategy 的 withIdleness() 方法

```
WatermarkStrategy
        .<Tuple2<Long, String>>forBoundedOutOfOrderness(Duration.ofSeconds(20))
        .withIdleness(Duration.ofMinutes(1));
```

withIdleness(Duration.ofMinutes(1)) 代表如果间隔 1min，上游算子的 SubTask 还没有向下游算子的 SubTask 发送数据，那么上游算子的 SubTask 就会向下游算子广播当前 SubTask 处于空闲（IDLE）状态。当下游算子收到上游算子某个 SubTask 广播的空闲状态消息后，认为上游算子的这个 SubTask 是空闲的，不需要再依赖这个 SubTask 的 Watermark 来维护当前 SubTask 的事件时间时钟，只需要通过其他非空闲的 SubTask 来维护和更新当前的 Watermark。

那么回到上述案例中，每天 00:00:00 ～ 01:15:00 有数据的数据源停止产出数据后，时间窗口算子还可以依赖另一个有源源不断的数据的数据源来维护和更新事件时间时钟并触发窗口计算。

通过 Flink 提供的这种空闲数据源检测机制，可以避免由于某些数据源或者某些 SubTask 在某段时间空闲而导致 Watermark 无法正常推进以及事件时间窗口无法按照预期触发的问题。

5.7.2　事件时间窗口数据乱序问题的体系化解决方案

事件时间可以客观反映数据发生的时序特征，因此事件时间窗口的应用非常广泛。但是事件时间窗口并不像我们想的那样完美无缺。除了事件时间窗口不触发计算的问题，另一个对事件时间窗口计算威胁较大的问题是数据乱序，这也是面试中的高频问题。

数据乱序问题对事件时间窗口计算的影响在 5.4.4 节简单讨论过，本节详细剖析事件时间窗口的数据乱序问题，并提供一种生产环境中可实际落地的体系化解决方案。

1. 数据乱序问题带来的实际影响及原因

我们先来探讨数据乱序问题带来的实际影响以及造成这个影响的原因。

（1）数据乱序问题会导致时间窗口计算结果错误　我们在 5.4.4 节中讨论了数据乱序问题会导致乱序数据被时间窗口算子丢弃，从而导致计算结果错误。

举例来说，我们用 1min 的事件时间滚动窗口计算每种商品每 1min 的销售额，如果窗口丢数，就意味着时间窗口计算得到的总销售额小于实际销售额，也就是算错了。而错误的结果数据可能会导致错误的决策，这就是解决事件时间窗口中数据乱序问题如此重要的原因。

（2）数据乱序问题导致时间窗口计算结果错误的两个原因　数据乱序导致事件时间窗口丢数的问题是由下面两个原因共同导致的。

- ❏ 原始数据乱序。
- ❏ Flink 事件时间窗口算子的计算机制问题。时间窗口算子会丢数是因为 Watermark 推进导致窗口触发计算并关闭了窗口，无法将乱序数据放入已经关闭的窗口中，所以乱序的数据会被丢弃。

2. 数据乱序问题的 3 种处理方法

明确了导致窗口丢数问题的两个原因之后，再去理解解决方案就容易多了。由于上述两个原因缺一不可，那么只要解决其中一个，就能让事件时间窗口不再丢数，计算出正确的结果。因此要么解决数据乱序的问题，要么改进 Flink 事件时间窗口算子的计算机制。

第一种方案就是从源头解决，让数据不发生乱序。实际上由于各种客观原因，让数据不发生乱序是无法实现的，我们无法控制数据在网络上的传输过程，所以无法避免数据乱序，只能接受数据可能存在乱序的事实。

接下来我们讨论第二种方案。既然窗口算子丢弃乱序数据的原因是窗口已经触发计算并关闭了，那么我们就可以想到用以下 3 种方法来让乱序的数据依然能够放入窗口并正常计算。

- ❑ 方法 1：让窗口晚一点触发，等等那些乱序的数据。这种方法就是我们在 5.4.4 节中提到的使用 Watermark 缓解数据乱序的方法。
- ❑ 方法 2：让窗口随着 Watermark 的推进而正常触发，窗口先不要关闭和销毁，让乱序的数据依然能被放入窗口，重新触发计算。这种方法就是 Flink 窗口算子提供的 AllowLateness（允许延迟）机制。注意，Flink 将该解决方法称作允许延迟，其实数据延迟就等同于数据乱序，数据乱序也等同于数据延迟，两者是相通的。
- ❑ 方法 3：如果方法 1 和方法 2 都无法解决数据乱序问题，那么将没有统计到窗口内的乱序数据收集到一个单独的地方进行特殊处理，我们可以使用 Flink 窗口算子提供的旁路输出流功能输出乱序数据。

我们以一个具体的案例来分别探讨这 3 种方法的运行机制。案例为电商场景统计每件商品每 1min 内的销售额，这是一个典型的事件时间语义下 1min 的滚动窗口，数据源是商品的销售流水，该数据源存在乱序问题，数据源乱序分布情况如图 5-46 所示，其中 98% 的数据没有发生数据乱序，剩余 2% 的数据发生了乱序，这 2% 的数据乱序时长在 10min 以内。此外，我们还知道乱序时长在 0 ~ 1min、1 ~ 3min、3 ~ 10min 内的数据分别占所有数据的 0.5%、0.5%、1%。

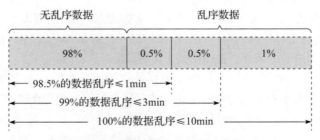

图 5-46　数据源乱序的整体分布情况

方法 1：使用 Watermark 最大乱序时间缓解数据乱序导致的数据质量问题。

在 5.4.4 节，我们分析了通过 Watermark 缓解数据乱序的方法，本节不再赘述，我们直接使用这个方法。假如在这个案例中，我们对实时数据的质量要求是窗口中一定要统计到 99% 的数据，剩余 1% 的数据，窗口统计不到也无所谓，可以接受 1% 的误差，那么我们就可以基于图 5-46 确定只需要解决乱序时长在 3min 以内的数据。我们可以按照代码清单 5-47 所示，将 Watermark 的最大乱序时间设置为 3min，这样 Flink 生成的 Watermark 的时间会比数据中的事件时间慢 3min，从而让时间窗口能够等待并收集乱序时间在 3min 内的数据。

代码清单 5-47　最大乱序时间为 3min 的 Watermark 生成策略

```
WatermarkStrategy<InputModel> boundedOutOfOrdernessWatermarkGenerator =
        WatermarkStrategy
    // 输入参数 Duration.ofMinutes(3L) 代表最大乱序时间为 3min
    .<InputModel>forBoundedOutOfOrderness(Duration.ofMinutes(3L))
    .withTimestampAssigner((e, lastRecordTimestamp) -> e.getTimestamp());
```

方法 2：使用 AllowLateness 机制缓解数据乱序导致的数据质量问题。

通过方法 1 我们可以保证 99% 的数据都能被统计到，虽然达到了数据准确性的目标，但是数据准确性是牺牲了 3min 的数据产出时延而得到的。也就是说，数据产出会至少晚 3min。在某些场景下，不但对于数据的准确性要求很高，对于数据的时延也是非常敏感的，假如我们想在方法 1 的基础上更进一步，在保证 99% 的数据准确率的前提下，使得数据产出时延达到 1min，有没有什么方法能够实现呢？

根据图 5-46 中的数据乱序分布来看，如果要达到 1min 产出时延的目标，必然要将 Watermark 生成器的最大乱序时间改为 1min，而这样做的结果是会有 1.5% 的乱序数据被时间窗口算子丢弃。如果要达到 99% 的数据准确率，我们就需要让乱序时长在 1 ～ 3min 内的那 0.5% 数据也被计算进窗口中。其实解决思路并不复杂，那就是窗口触发计算并输出结果后，暂时不要关闭，将窗口的关闭时间延迟 2min。当乱序时长在 1 ～ 3min 内的那 0.5% 的数据到达时间窗口算子时，虽然窗口已经触发过计算了，但是窗口还没有关闭，因此依然可以将这部分数据分配到对应的时间窗口中，并且重新触发窗口的计算，输出"新而全"的结果。这个方法就是 Flink 事件时间窗口的 AllowLateness 机制，其中窗口延迟关闭的时长就是 AllowLateness 机制中的允许延迟时长参数。

下面，我们结合方法 1 和方法 2，使用最大乱序时间为 1min 的 Watermark 生成器，并使用 2min 允许延迟时长的 AllowLateness 机制。这样就可以实现在 1min 延迟的情况下先让时间窗口算子输出准确性为 98.5% 的数据结果，然后在接下来的 2min 内，乱序时间在 1 ～ 3min 的那 0.5% 的数据会不断地到达时间窗口算子，这时时间窗口算子会将数据收集到窗口中，然后重新触发窗口计算并输出更加准确的结果，让结果的准确性达到 99%。最终的实现如代码清单 5-48 所示。

代码清单 5-48　最大乱序时间为 1min 的 Watermark 生成器和 2min 的 AllowLateness 时长

```
WatermarkStrategy<InputModel> boundedOutOfOrdernessWatermarkGenerator =
        WatermarkStrategy
    // 最大乱序时间为 1min
    .<InputModel>forBoundedOutOfOrderness(Duration.ofMinutes(1L))
    .withTimestampAssigner((e, lastRecordTimestamp) -> e.getTimestamp());
DataStream<InputModel> transformation = source
    .assignTimestampsAndWatermarks(watermarkStrategy)
    .keyBy(i -> i.getProductId())
    .window(TumblingEventTimeWindows.of(Time.minutes(1)))
    // 2min 的允许延迟时间
    .allowedLateness(Time.minutes(2L))
    .reduce(new ReduceFunction<InputModel>() {
        @Override
```

```
public InputModel reduce(InputModel v1, InputModel v2)
        throws Exception {
    v1.income += v2.income;
    return v1;
}
});
```

注意，虽然开启 AllowLateness 机制很方便，但是在使用 AllowLateness 机制时需要注意以下 3 个问题。

第一，开启 AllowLateness 机制后，事件时间窗口算子每收到一条延迟数据就会重新触发一次窗口的计算，这会导致同一个窗口的计算结果重复输出，因此要求数据汇存储引擎能够更新结果。以电商案例来说，我们配置并使用了最大乱序时间为 1min 的 Watermark 生成器和 2min 的 AllowLateness 时长，假如某个窗口中乱序时长在 1 ～ 3min 内的数据有 10 条，那么窗口算子在接收到乱序数据后，会将该窗口触发 10 次，加上原本触发的 1 次，这个窗口总共会被触发 11 次计算，并输出 11 次结果数据，因此为了避免得到错误的结果，我们需要保证数据汇存储引擎能够使用新的结果数据去覆盖旧的结果数据。

第二，开启 AllowLateness 机制后，可能会因为偶然出现大量的延迟数据导致同一窗口大量重复触发并产出大量的结果数据，这可能会导致数据汇存储引擎的可用性降低。举例来说，假设由于某种不可抗因素导致乱序时长在 1 ～ 3min 的数据从 10 条暴涨到了 10 万条，那么这个窗口就会重复触发 10 万次，并输出 10 万条结果数据到数据汇存储引擎中，而大量的结果数据可能会导致数据汇存储引擎的可用性降低。因此需要设置合理的允许延迟时长，避免出现这种问题。

第三，AllowLateness 机制这么好，是不是可以将允许延迟时长设置得非常长呢？比如直接设置为 1 天。在我看来，这个想法的可行性是存在问题的，将允许延迟时长设置为 1 天后，窗口在 1 天之后才会关闭，而这代表 Flink 作业要将 1 天内所有窗口的数据都存储在 SubTask 本地的状态当中。如果 1 天内窗口的数据量比较小，这种思路是可行的，但是如果 1 天内窗口的数据量非常大，就会导致 Flink 作业消耗过多的资源用于存储窗口的数据，使 Flink 作业出现性能问题。因此，在实践应用时，建议结合数据源的实际情况以及作业运行时的实际性能来配置 AllowLateness 的允许延迟时长。

方法 3：将迟到的数据输出到旁路进行数据修复或追查。

方法 1 和方法 2 的处理已能够解决大部分数据乱序导致的数据质量问题。然而数据什么时候发生乱序以及乱序的严重程度是无法准确预测的，因此总会有一些数据会在窗口关闭后才到来，并被窗口算子丢弃，那么对于这部分数据我们就无能为力了吗？

答案是否定的。在 Flink DataStream API 中，我们可以通过旁路输出将没有被窗口统计到的迟到数据输出到一条单独的数据流中。得到这部分迟到的数据后，往往有两种选择。第一种选择是我们依然想使用这条流中的迟到数据去更正窗口算子产出的结果，需要注意的是，这种更正的处理逻辑是很复杂的，需要具体场景具体分析，然后设计相应的方案。第二种选择是不需要使用这部分数据去更正窗口算子产出的结果，只是想知道哪些数据被丢弃了或者将迟到的这部分数据进行留存，那么我们就可以将这部分数据导入到一个专门用于存储迟到数据的存储引擎中，以便后续随时可以查找迟到数据进而分析问题。

从窗口算子中将迟到数据输出到旁路的代码如代码清单 5-49 所示。

代码清单 5-49　将迟到数据输出到旁路

```
DataStream<InputModel> source = env.addSource(new UserDefinedSource());
OutputTag<InputModel> lateDataOutputTag = new OutputTag<>("lateData");
SingleOutputStreamOperator<InputModel> transformation = source
        .assignTimestampsAndWatermarks(watermarkStrategy)
        .keyBy(i -> i.getProductId())
        .window(TumblingEventTimeWindows.of(Time.seconds(60)))
        .allowedLateness(Time.minutes(2L))
    // 将迟到数据输出到 OutputTag<>("lateData") 标签的旁路中
        .sideOutputLateData(lateDataOutputTag)
        .reduce(new ReduceFunction<InputModel>() {
            @Override
            public InputModel reduce(InputModel v1, InputModel v2)
                    throws Exception {
                v1.income += v2.income;
                return v1;
            }
        });
// 获取 OutputTag<>("lateData") 的标签的旁路数据流
DataStream<InputModel> lateDataStream = transformation.getSideOutput
    (lateDataOutputTag);
DataStreamSink<InputModel> sink = transformation.print();
DataStreamSink<InputModel> lateSink = lateDataStream.print();
```

3. 数据乱序问题的体系化解决方案

下面从 3 个角度提供一种体系化解决数据乱序问题的方法。

❑ 预防数据乱序问题（事前）：Flink 作业上线前，通过测算数据乱序的严重程度，并使用 Flink 时间窗口算子提供的 3 种处理方法来预防数据乱序带来的数据质量问题。

❑ 监控数据乱序问题（事中）：Flink 作业上线后，通过监控数据乱序的严重程度以及时间窗口算子是否丢数来及时发现数据乱序是否引发了数据质量出现问题。

❑ 修复数据乱序问题（事后）：发生了严重的数据乱序问题并导致 Flink 的事件时间窗口算子丢失大量数据后，使用 AllowLateness 机制去修复数据质量问题。

（1）预防数据乱序问题（事前）　预防的过程分为两步，分别为"知己知彼"和"对症下药"。"知己知彼"是为了探查数据源的乱序程度，"对症下药"是针对数据源的乱序程度提供合理的解决方案，乱序时长为 1min 的数据源和乱序时长为 30min 的数据源的解决方案有很大不同。

"知己知彼"是指我们需要知道哪些乱序数据被时间窗口算子丢弃了，并统计这部分数据的到底乱序了多长时间。测算数据乱序的方法有以下两种。

第一种测算数据乱序的方法简单且常用。我们可以直接根据历史经验来设置 Watermark 生成器的最大乱序时间。举例来说，根据历史经验，大部分数据源的最大乱序时间不会超过 1min，我们就可以直接将最大乱序时间设置为 1min。如图 5-47 所示，在作业运行的过程中，我们可以通过 Flink Web UI 中算子的 Metrics 模块中的 numLateRecordsDropped 指标来查看当前 SubTask 丢弃了多少条迟到的数据。

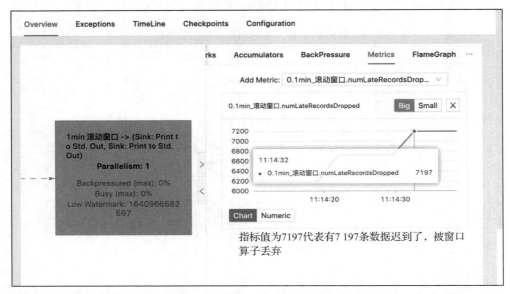

图 5-47　通过 Flink Web UI 中算子的 Metrics 模块中的 numLateRecordsDropped 查看迟到数据量

> **注意** 如果我们使用旁路输出的方式将迟到的数据输出，Flink 的 SubTask 将不会统计 numLate-RecordsDropped 指标。

　　我们可以通过不断调整 Watermark 生成器的最大乱序时间来将数据乱序的影响降低到可接受的误差范围内。1min 的最大乱序时间仅可以统计到 98.5% 的数据，那么我们可以不断地将最大乱序时间调大，直到调整到 3min 统计到 99% 的数据为止。

　　这种方法虽然简单，但是也存在缺点，那就是无法精准地分析出数据乱序的分布情况。接下来我们介绍第二种方法，这是一种精准探查数据乱序的方法。如果想要精准探查数据乱序，首先要了解 Flink 时间窗口算子是怎么判断数据是乱序的并将乱序数据丢弃的。我们知道时间窗口算子会通过 Watermark 维护的事件时间时钟来判断是否到达事件时间窗口的最大时间戳，从而触发窗口计算，那么判断数据是否迟到的条件也就显而易见了，如果当前这条数据所属时间窗口的最大时间戳小于事件时间时钟，就说明这条数据所在的窗口已经被触发了，那么这条数据就会被时间窗口算子认为是一条迟到的数据并丢弃。

　　基于这个判断逻辑，我们就可以使用一个逻辑数据流为 Source → KeyBy/KeyedProcess → Sink 的 Flink 作业来统计乱序数据的整体分布情况。如代码清单 5-50 所示，其中 KeyBy/KeyedProcess 算子对应的用户自定义函数为 KeyedProcessFunction，我们可以从 KeyedProcessFunction 的运行时上下文中获取当前 SubTask 的事件时间时钟。

代码清单 5-50　统计数据乱序分布的 Flink 作业

```
source
    .assignTimestampsAndWatermarks(watermarkStrategy)
    .keyBy(i -> i.getProductId())
    .process(new KeyedProcessFunction<String, InputModel, InputModel>() {
        @Override
        public void processElement(InputModel value, Context ctx, Collector
            <InputModel> out)
                throws Exception {
            // 返回值为当前 SubTask 的事件时间时钟
            long watermark_timestamp = ctx.timerService().currentWatermark();
            // 根据数据时间戳计算当前数据所在窗口的最大时间戳
            long window_max_timestamp = value.getTimestamp() -
                (value.getTimestamp() % 60000L) + 59999L;
            // 计算当前数据是否迟到，以及迟到了多长时间
            value.setLate_time(watermark_timestamp - window_max_timestamp);
            out.collect(value);
        }
    });
```

具体的测算步骤如下。

第一步，KeyBy/KeyedProcess 算子的 SubTask 每读入一条数据，都会通过运行时上下文获取当前 SubTask 的事件时间时钟 watermark_timestamp。

第二步，通过该条输入数据的事件时间戳计算该条数据所在窗口的最大时间戳 window_max_timestamp。

第三步，计算 watermark_timestamp-window_max_timestamp 的结果，这个结果就是数据乱序的时长，将结果保存到 late_time 字段中并输出。

第四步，根据输出数据的 late_time 字段对数据的乱序时长进行统计分析。统计规则如下，如果 late_time<0，则说明这条数据到达时，窗口还没有被触发计算，那么该条数据会被正常计算进窗口，如果 late_time ≥ 0，则说明该条数据到达时，所属的窗口已经触发计算了，那么就认为该条数据是迟到的数据，最终我们可以根据所有数据的 late_time 计算得到数据乱序的时长分布。

举例来说，统计之后发现 late_time<0、0 ≤ late_time<1min、1min ≤ late_time<3min、3min ≤ late_time<10min 的数据分别占 98%、0.5%、0.5、1%，整体的数据乱序分布情况就会如图 5-48 所示，其中 98% 的数据没有发生数据乱序，剩余 2% 的数据发生了乱序。

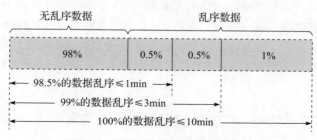

图 5-48　数据乱序的整体分布情况

注意，测算得到的结果只代表测算的那一段时间内的数据乱序情况，不能代表这条数据流今后的乱序时长分布。以图 5-48 来说，虽然测算得到的结果是数据流乱序时长都在 10min 以内，但是无法保证这条数据流今后得数据乱序时长都在 10min 以内。虽然会出现乱序大于 10min 的情况，但也是一个小概率事件，大多数情况下一条数据流的时延分布是比较稳定的，上述测算工作依然具有很高参考价值。

在完成了第一步的"知己知彼"之后，接下来我们进入预防数据乱序问题的第二步："对症下药"。处理数据乱序问题的方法有 3 种，那么我们如何决定在哪种场景下使用哪种方法呢？

我们可以发现，这 3 种方法在实现成本和维护成本急剧增长的同时，解决的问题场景却变得越来越有限。以图 5-48 所示的数据乱序场景来说，使用方法 1，将 Watermark 最大乱序时间设置为 1min，我们就可以保证数据准确率达到 98.5%。在方法 1 的基础上使用方法 2，将 AllowLateness 的允许延迟时长设置为 2min，这只能将 98.5% 的数据准确率提升到 99%，方法 2 还引入了新的"麻烦"，我们要额外考虑 AllowLateness 机制导致的窗口重复计算对于下游的影响。而使用方法 3，将窗口丢弃的数据输出到旁路，这也需要我们对旁路数据流进行额外的处理，但是这些额外的处理逻辑并不能将 99% 的数据准确率提升到 100%。

虽然生产环境中大多数场景下数据会有乱序，但是数据乱序问题并没有那么严重。数据乱序通常是秒或者分钟级别的，3 种方法的使用场景是符合二八定律的。在生产环境中，对于非核心场景，应用方法 1 就已经足够，遇到对数据时延、数据质量有严苛要求的核心场景时，再去考虑应用方法 2 和方法 3。

（2）监控数据乱序问题（事中）　数据乱序问题是无法 100% 解决的，在 Flink 作业发生严重的数据乱序时，为了让开发人员及时感知到，需要建立一套监控数据乱序的机制。

Flink Web UI 中窗口算子 SubTask 提供了一个名为 numLateRecordsDropped 的指标，这个指标用于统计被窗口算子丢弃数据的条目数。我们可以利用 Flink 提供的 Metric Reporter，将这个监控指标发送到指定的数据库中，比如 Prometheus、Datadog、StatsD、Graphite、InfluxDB 等。统一收集这些指标之后，我们可以开发一个定时监控系统去监控这个指标值，从而在指标值发生变化时及时通知开发人员。关于 Metric Reporter 的配置和使用方法不属于本书的重点内容，读者可以参考 Flink 官网 Deployment 模块下的相关文档进行学习。

（3）修复数据乱序问题（事后）　以电商场景中 1min 的事件时间滚动窗口为例，假如我们只应用了方法 1，设置了最大乱序时长为 3min 的 Watermark 生成器。某一天，由于数据源生产方出现故障，导致 09:00:00 ～ 09:30:00 之间 70% 数据的乱序时长都到达了 3 ～ 10min，那么就会导致这段时间内 70% 的数据被窗口算子丢弃，这是非常严重的故障了，如图 5-49 所示。

既然故障已经发生了，想去修复这个数据质量问题需要怎么做呢？我们只需要将 AllowLateness 的允许延迟时长调整为 10min，然后回溯 09:00:00 ～ 09:30:00 之间的数据就可以产出正确的结果。

5.7.3　windowAll() 方法导致数据倾斜问题的解决方案

我们在 5.2.3 节中提到，windowAll() 方法会将所有的数据划分为同一类，其底层是通过调用

DataStream.keyBy(new NullByteKeySelector()) 方法实现的，因为 NullByteKeySelector 中的 getKey() 方法只会返回一个固定的值 0，所以最终所有数据的 key 都将为 0，而这会导致上游算子将所有的数据发送到时间窗口算子的同一个 SubTask 中进行处理，产生数据倾斜的风险。以电商大促场景为例，在大促那一天，常常会去统计所有商品每 1min 内的总销售额，输入数据流是商品销售流水 InputModel（包含 productId、userId、income、timestamp 字段，分别代表商品 id、购买用户 id、商品销售额、商品销售时间），在应对这种场景时，很多读者的第一反应是使用 DataStream 的 windowAll() 方法来计算，如代码清单 5-51 所示。

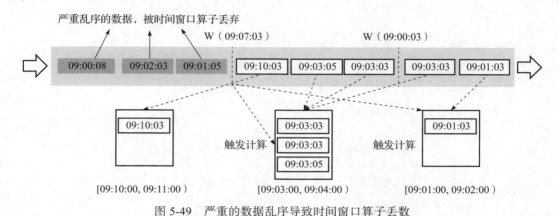

图 5-49　严重的数据乱序导致时间窗口算子丢数

代码清单 5-51　使用 windowAll() 方法统计所有商品 1min 内的总销售额

```
SingleOutputStreamOperator<InputModel> transformation = source
    .assignTimestampsAndWatermarks(watermarkStrategy)
    .windowAll(TumblingEventTimeWindows.of(Time.seconds(60)))
    .reduce(new ReduceFunction<InputModel>() {
        @Override
        public InputModel reduce(InputModel v1, InputModel v2)
                throws Exception {
            v1.income += v2.income;
            return v1;
        }
    });
```

代码清单 5-51 对应的物理数据流图如图 5-50 所示，很明显，使用 windowAll() 方法会导致严重的数据倾斜，尤其是这种大流量的大促场景。

解决数据倾斜问题的方法也很简单，那就是分而治之，包括分桶和合桶两步。第一步是将商品订单数据分桶，我们可以先用 userId 对 1000 取模，将所有商品的订单分到 1000 个桶当中，1000 个桶其实就是 1000 个 key，不

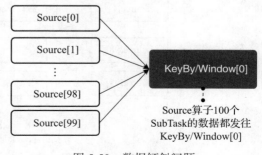

图 5-50　数据倾斜问题

同 key 的商品销售订单数据会被发往不同的 SubTask 中，这样就可以将商品订单数据打散到多个 SubTask 中计算了。接下来在每个 SubTask 中计算每个桶中商品每 1min 的总销售额。第二步是将分桶计算得到的商品每 1min 的总销售额进行合桶累加，这样就可以得到所有商品每 1min 的总销售额了。最终的实现如代码清单 5-52 所示。

代码清单 5-52　计算所有商品每 1min 的总销售额

```
SingleOutputStreamOperator<InputModel> transformation = source
    .assignTimestampsAndWatermarks(watermarkStrategy)
    // 使用 userId 对 1000 取模后将数据打散到 1000 个分桶当中
    .keyBy(i -> i.getUserId() % 1000)
    .window(TumblingEventTimeWindows.of(Time.seconds(60)))
    // 计算每个分桶中的总销售额
    .reduce(new ReduceFunction<InputModel>() {
        @Override
        public InputModel reduce(InputModel v1, InputModel v2)
                throws Exception {
            v1.income += v2.income;
            return v1;
        }
    })
    // 将 1 000 个分桶中的商品销售额求和
    .windowAll(TumblingEventTimeWindows.of(Time.seconds(60)))
    .reduce(new ReduceFunction<InputModel>() {
        @Override
        public InputModel reduce(InputModel v1, InputModel v2)
                throws Exception {
            v1.income += v2.income;
            return v1;
        }
    });
```

上述 Flink 作业的物理数据流图如图 5-51 所示。前后两个时间窗口算子都使用了 1min 的事件时间滚动窗口，第一个时间窗口算子用于分桶计算每个桶内商品订单的销售额，第二个时间窗口算子用于对分桶销售额进行求和。这种先分桶然后再合桶的方案在生产环境中很常用。

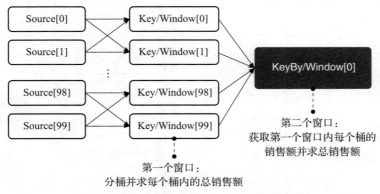

图 5-51　计算所有商品每 1min 的总销售额

5.7.4　扩展思考：Watermark 是否只能从时间戳中取值

看到本节的标题，相信读者会疑惑，在 5.4 节中，我们说 Watermark 是一个 Unix 时间戳，本节的标题不是和 Watermark 的定义相互冲突了吗？

先说结论，两者并不冲突。为了解释这个问题，我们回归 Watermark 要解决的本质问题上，Watermark 是为了维护 SubTask 的事件时间时钟，从而让事件时间窗口能够不断触发计算而诞生的。Watermark 其实是一个标识时间在往前推进的属性。从这个思路出发，我们就能发现，可以用于标识时间在往前推进的并不只有时间，在不同的场景有不同的属性。举例来说，MySQL 数据库中的自增 id 会随着数据的插入而变大，那么使用自增 id 就能标识时间在往前推进。再比如计数窗口中的计数器也是随着数据的到来而不断变大，那么计数器也能标识时间在往前推进。

如果只站在要找到一个属性来标识时间在往前推进的角度，时间并不是唯一的选择，那么为什么 Flink 的 Watermark 会选择使用 Unix 时间戳呢？这是因为时间是进行数据分析时最常用的属性，比如通常情况下我们会按照一分钟、一小时、一天来计算数据的结果。

5.8　本章小结

在 5.1 节中，我们首先从常见的 3 种流处理场景出发，理解了时间窗口计算模型的应用是非常广泛的，随后了解了时间窗口的 3 个核心属性，最后学习了时间语义以及常见的事件时间语义和处理时间语义，并且强调了要实现时间窗口计算，一定要明确时间语义。

在 5.2 节中，我们展开学习了时间窗口。首先学习了 Flink 预置的滚动窗口、滑动窗口和会话窗口。然后学习了时间窗口计算的优势在于可以将无界流上的计算过程转化为有界流上的计算过程。最后深入学习了 Flink DataStream API 中时间窗口代码的骨架结构以及 Flink 预置的窗口分配器、窗口处理函数和窗口触发器，并学习了这些组件之间是如何配合进行时间窗口计算的。

在 5.3 节中，我们首先知道了 Flink 的时间窗口算子在按照不同的时间语义执行计算时，会"认为"数据的时间是不一样的。然后学习了 Flink 提供的处理时间、事件时间和摄入时间 3 种时间语义的含义。

在 5.4 节中，我们讨论了 Flink 的 Watermark 机制诞生的背景，首先我们提出了一个问题：如何触发事件时间窗口计算？然后通过一步一步地推理分析，解决了这个问题并得到了 Flink Watermark 的运行机制。接下来我们从作业、算子、单个 SubTask 这 3 个角度讨论了 Watermark 在 Flink 作业中的传输策略，并通过数据乱序导致事件时间语义下的时间窗口丢数的问题引出了可以用 Watermark 缓解数据乱序问题，这也是 Watermark 的一个核心功能。最后我们学习了两种生成 Watermark 的方法，分别是在 SourceFunction 中生成 Watermark 和在 DataStream 上调用 assignTimestampsAndWatermarks() 方法生成 Watermark。

在 5.5 节中，我们学习了 Flink 提供的时间窗口关联、时间窗口 CoGroup 和时间区间关联操作，其中时间窗口关联和时间窗口 CoGroup 可以实现两条流相同时间窗口的关联，时间区间关联可以用一条流中的数据关联另一条数据流中前后一段时间内的数据。

在 5.6 节中，我们扩展学习了 Flink 提供的计数窗口。

在 5.7 节中，我们学习了一些使用时间窗口时会碰到的常见问题的解决方案。首先分析了事件时间窗口不触发计算的 3 种原因。然后从预防、监控、修复 3 个角度给出了事件时间窗口数据乱序问题的体系化解决方案。最后我们通过分而治之的思想解决了 DataStream 的 windowAll() 方法导致的数据倾斜问题。

至此，我们完成了 Flink 在流处理领域的时间窗口和时间语义两个"王牌武器"的学习，这只是 Flink 强大功能的一部分，接下来我们开始另外两个"王牌武器"——有状态计算和检查点的学习！

第 6 章 *Chapter 6*

Flink 状态原理及异常容错机制

Flink 是一个高可用的有状态计算引擎，在第 5 章的案例中，也频繁出现了状态这个概念。那么状态是什么呢？有状态计算又是什么呢？Flink 基于状态提供了什么样的功能呢？相信读者的疑问还有很多，本章我们逐一解答这些疑问。

6.1　Flink 有状态计算

Flink 的有状态计算和异常容错机制是 Flink 最核心也最复杂的概念，要想理解为何 Flink 着重突出有状态计算能力，就要从状态和有状态计算这两个基本概念入手。

6.1.1　状态及有状态计算的定义

相信读者在看到有状态计算这个词之后，也会和我第一次看到这个词的反应一样，脑海中出现一个问题：既然有"有状态（Stateful）计算"，那么是不是也有"无状态（Stateless）计算"呢？

没错。不但有无状态计算，而且我们学习有状态计算时，必须要用无状态计算作为比较。我们先来看看两者的具体定义。

在一个计算作业中，如果当前的计算过程不依赖之前的数据就可以直接计算出结果，那么就称为无状态计算。以图 6-1 的数据处理场

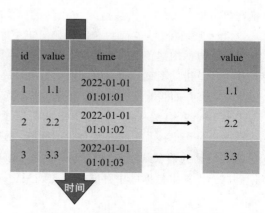

图 6-1　无状态计算的执行过程

景为例，有一个数据格式为 {id:long, value:long, time:long} 的数据源，需求是解析其中的 value 值并将结果输出到数据汇存储引擎中，那么该数据处理作业在处理数据时直接解析当前这条数据就可以得到结果，不会依赖之前的数据，这就是一个典型的无状态计算。

有状态计算则恰恰相反。在一个计算作业中，如果当前数据的计算过程需要依赖之前数据的历史计算结果，使用历史计算结果和当前的数据同时进行计算才能得到新的结果，那么我们就称之为有状态计算，其中依赖的历史计算结果就称为状态。举例来说，如图 6-2 所示，有一个数据格式为 {id:long, value:long, time:long} 的数据源，我们要解析其中的 value 值，要求只有当前的 value 值比前一个 value 值大时才输出结果，那么在处理数据时，我们就需要与上一个 value 进行对比，这就是一个典型的有状态计算。

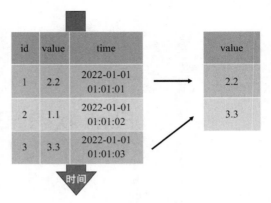

图 6-2　有状态计算的执行过程

如图 6-3 所示，在有状态计算的执行过程中，都会访问前一次的 value 值，并在计算完成后将当前的 value 值更新到状态中以便下一次计算。

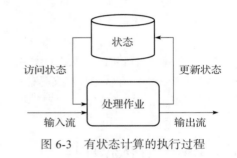

图 6-3　有状态计算的执行过程

> **注意**　有状态计算是指数据处理作业进行数据处理的过程，而状态强调的是状态数据。

从有状态计算的定义中不难发现，状态和有状态计算在各个领域都是普遍存在的，我们的生活与状态和有状态计算也有着千丝万缕的关系，比如下面的场景。

当大家坐在办公桌前办公时，如何知道自己面前放着的是一台计算机而不是其他东西呢？眼睛接收外界的图案，大脑接收到眼睛传输的图案信息后，与大脑中存储的图案进行对比，因为匹配到了计算机的图案，所以识别出这是一台计算机。在这个匹配的过程中，大脑记忆中存储的图案就是状态，而匹配过程就是一个有状态计算。

用户打开电商 App，点击历史购买记录按钮后，App 会立即展示用户的历史购买商品列表，这个过程也涉及了状态及有状态计算。在用户点击按钮后，App 会立即发送查询当前用户历史购买记录的请求到服务器，服务器接到请求后，去数据库查询该用户的购买记录并将结果返回到 App，其中数据库中存储的历史购买记录就是状态，整个查询以及匹配过程就是有状态的计算。

以前的语音助手都是用户问一句，机器回答一句，机器只能回答用户当前这个问题，并不能将用户多句话的上下文整合起来去理解用户的问题。而最近火热的 ChatGPT 拥有整合用户上下文并回答问题的能力，这就是 ChatGPT 看起来那么"聪明"的原因之一，ChatGPT 整合上下文的语境回答问题的过程也是一个有状态计算。

6.1.2　Flink 有状态计算的 4 类应用

在对状态和有状态计算的概念有了初步了解之后，我们回到 Flink 中，看看 Flink 中经常涉及状态和有状态计算的 4 类应用。

1. 分组聚合应用

在第 4 章介绍的数据分组聚合操作中，Max、Min、Sum、Reduce 等操作的计算过程都是有状态计算，这 4 类操作的执行流程都是先将当前的输入数据和历史中间结果进行聚合计算，然后得到最新的结果并输出，其中保存的历史中间结果就是状态，聚合计算的过程就是有状态计算。

举例来说，使用 Sum 操作来计算每种商品的累计销售额，KeyBy/Sum 算子每输入一条商品销售记录的数据，都会将历史累计的商品销售额和当前这个商品的销售额相加，得到商品最新的累计销售额并输出。

2. 时间窗口应用

在第 5 章介绍的时间窗口应用中，时间窗口的计算过程也是有状态计算。当我们使用的窗口数据处理函数是全量窗口处理函数时，在窗口触发计算之前，窗口算子会将数据存储在窗口内，并在窗口触发时统一计算窗口内的数据。在这个过程中，每条数据的计算都不是独立的，都依赖窗口内的其他数据，其中存储在窗口内的数据就是状态，窗口算子触发窗口计算的过程就是有状态计算。当我们使用的窗口数据处理函数是增量窗口处理函数时，窗口算子会将输入数据累加到当前窗口的累加器中并得到新的结果，其中窗口累加器中保存的数据就是状态，窗口算子进行增量计算的过程就是有状态计算。

3. 用户自定义状态的应用

在前两种有状态计算的应用中，我们使用的是 Flink 预置的分组聚合和时间窗口的 DataStream API。这两种 API 屏蔽了有状态计算的过程，让用户感受不到有状态计算的存在。我们还可以在 Flink 中自定义状态并进行有状态计算，比如在 5.2.6 节介绍增量窗口处理函数和全量窗口处理函数时，我们通过自定义状态计算了每种商品的历史累计销售额和销量，这种使用用户自定义状态的应用也是 Flink 中常见的一种有状态计算。

4. 机器学习应用

当在数据流上训练机器学习模型时，通过状态保存当前版本的模型参数。这个应用场景不是本书的主要内容，此处不再赘述。

Flink 常见的应用场景或多或少都和有状态计算相关，因此熟练掌握状态、有状态计算的概念以及状态相关 DataStream API 的使用对于 Flink 开发人员来说是必备技能。

6.1.3　传统有状态计算方案应用于大数据场景时存在的 3 个问题

在学习了 Flink 中常见的 4 种有状态计算应用后，读者可能会产生疑问：在 Flink 诞生之前，有状态计算的应用已经出现了，并且在生活中也非常常见，为什么 Flink 能把有状态计算作为自己的"王牌武器"呢？ Flink 的有状态计算到底厉害在哪里？

任何新技术的诞生都源于旧技术无法解决当前应用场景下的新问题，而 Flink 有状态计算的诞生过程也不例外，要想回答上述问题，就要从下面这个问题讲起：为什么传统的有状态计算方案不能应用到大数据流处理场景中？

首先我们以 Flink 诞生之前就很常见的传统事务型应用（常见的 Web 应用都是传统事务型应用）为例，来看看传统事务型应用中有状态计算的实现方案。如图 6-4 所示，在传统事务型应用中，通常会将状态存储在关系型数据库（比如 MySQL）中，后端应用在执行有状态计算时，会通过网络通信访问和更新数据库中的状态数据，计算并输出结果。

如果在大数据流处理场景中采用传统事务型应用的有状态计算方案，就会出现以下 3 个问题。

❑ 状态访问性能差。
❑ 异常容错成本高。
❑ 状态接口易用性差。

接下来我们针对这 3 个问题逐一分析。

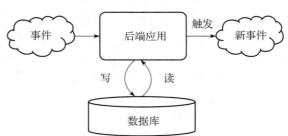

图 6-4　传统事务型应用有状态计算执行流程

1. 状态访问性能差

相比传统事务型应用的场景，在大数据流处理领域的场景中，每一个 Flink 作业需要处理的数据量都是非常庞大的，数据处理的峰值吞吐量可以达到每秒百万条甚至千万条。如果 Flink 选择将状态数据存储在数据库中，并通过网络去访问，就会出现大量的网络 I/O 请求。执行一次网络 I/O 请求至少是毫秒级别的响应延迟，那么在大数据量处理场景中，就会导致数据处理的高延迟和低吞吐，状态访问性能不佳，如图 6-5 所示。

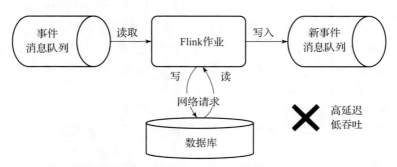

图 6-5　Flink 采用传统有状态计算方案将导致数据处理的高延迟和低吞吐

2. 异常容错成本高

无论在哪种数据处理场景中，我们都需要重点关注网络连接问题或者机器硬件故障导致的作业宕机问题，这些问题往往会导致数据不一致。为了解决数据不一致的问题，我们通常会选择编写复杂的容错性代码实现数据处理的精确一次。我们先对异常容错时数据处理的精确一次做一个简单的解释：数据处理的精确一次要求作业在发生故障时做到数据处理的不重复、不丢失，从而保证状态值既不会算多也不会算少，最终计算得到的结果和没有发生过故障得到的结果一致。

在传统有状态计算方案中要实现数据处理的精确一次，最常用的方法是利用事务访问和更新数据库。事务这种异常容错方式的开发成本不但高，而且由于要考虑的异常场景很多，因此无法保证数据处理的精确一次，如果 Flink 使用传统事务型应用的有状态计算方案，将会使异常容错的成本变得很高，如图 6-6 所示。

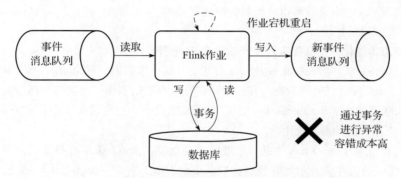

图 6-6　Flink 采用传统有状态计算方案将导致异常容错成本高

3. 状态接口易用性差

在传统事务型应用的有状态计算实现方案中，不同的业务场景下我们可能会使用不同的数据库来存储状态数据，比如 MySQL、Redis、HBase 等。那么用户就要同时学习并使用每种数据库提供的接口，这对于用户来说也是一个不低的成本。除此之外，当存储状态的数据库选型发生变化时，用户不但要去修改作业代码，将代码中访问、更新状态的接口替换为新的数据库提供的接口，还需要考虑如何将状态数据从一个数据库迁移到另一个数据库中。因此，如果 Flink 使用传统事务型应用的有状态计算方案，状态接口会很不易用，如图 6-7 所示。

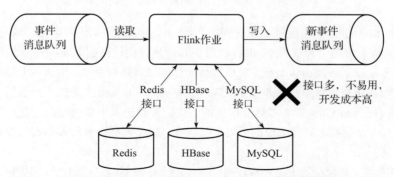

图 6-7　Flink 采用传统有状态计算方案会凸显状态接口不易用的问题

6.1.4 Flink 实现有状态计算的思路

在 6.1.3 节中我们探讨了在大数据流处理场景中应用传统有状态计算方案存在的 3 个问题，这 3 个问题是 Flink 成为优秀有状态计算引擎路上的三座大山，但是 Flink 不惧困难，针对这 3 个问题分别提出了以下 3 个优雅的解决思路，最终形成了具有 Flink 特色的有状态计算方案。

❑ 针对状态访问性能差的问题：通过状态本地化、持久化实现极致的状态访问速度。

❑ 针对异常容错成本高的问题：通过精确一次的一致性快照实现低成本的异常容错。

❑ 针对状态接口易用性差的问题：通过统一的状态接口提升状态的易用性。

接下来我们分析上述 3 个解决思路的诞生过程。需要提前说明的是，由于每个解决思路包含的内容都比较多，因此本节只简单分析每种解决思路的核心思想，在 6.2 节及后续章节再分析每种思路的具体实现以及使用方法。

1. 通过状态本地化、持久化实现极致的状态访问速度

在 6.1.3 节中提到，如果 Flink 使用传统有状态计算的方案通过网络请求去访问或者更新状态值，将会导致 Flink 作业在处理数据时存在高延迟和低吞吐的问题。解决这个问题的方法很简单，就是将状态数据存储在 Flink SubTask 的本地内存或磁盘中，避免访问和更新状态时发起网络请求，这个解决思路称为状态本地化。

为了实现状态本地化，Flink 中的状态数据需要存储在 SubTask 所在机器的内存或者磁盘中。SubTask 只需要访问内存或者本地磁盘就可以获取状态值，这样对于状态访问和更新的耗时就可以从毫秒级别降低到微秒甚至纳秒级别，即使在处理超大数据量的情况下，也能做到极致的低延迟和高吞吐，如图 6-8 所示。

图 6-8　Flink 通过状态本地化实现极致的状态访问和更新速度

状态本地化的优化思路看起来很完美，但是一旦实现了状态本地化，就意味着存储在 SubTask 本地的状态数据全都需要 Flink 自己维护和管理，而这又引入了一些新的问题。举例来说，我们需要考虑以下问题：状态数据应该以什么样的数据结构存储在 SubTask 本地，以及将状态数据存储在内存还是磁盘中？作业发生故障时，存储在 SubTask 本地的状态数据丢失了又该怎么办？这些新问题都是 Flink 要去考虑和解决的，我们先讨论其中最核心的问题，即作业发生故障时，存储在 SubTask 本地的状态数据丢失了怎么办。这个问题也被称作状态本地化后状态数据的异常容错问题。

在生产环境中，有状态的流处理作业通常是 7×24 小时不间断运行的，因为网络连接或者机器硬件故障导致的作业宕机问题无法避免，因此遇到这种问题时，我们希望流处理作业能够自动

恢复，继续处理数据。在传统事务型应用的有状态计算方案中，状态数据是存储在远程数据库中的，因此即使作业发生故障宕机，存储在远程数据库中的状态数据也不会丢失，这就可以实现在作业恢复后继续处理，并得到正确的计算结果。

如果采用状态本地化的方案，将状态数据保存在 SubTask 内存或者本地磁盘中，在故障宕机时，状态数据极易丢失，这时即使作业能够自动恢复并继续处理数据，大概率也会得到错误的计算结果。

以 6.1.2 节介绍的分组聚合应用场景为例，有一个计算每种商品累计销售额的 Flink 作业，使用状态来存储并计算每种商品的累计销售额。假设这时商品 1 的累计销售额已经达到 300 元，如果状态数据保存在内存中，那么在作业宕机后内存中的数据会直接丢失。接下来作业恢复后继续计算，商品 1 的累计销售额就只能重新从 0 元开始累计，这就会导致商品累计销售额错误。

对于这个问题，有读者会想到在批处理作业中，作业发生故障常见的解决方案就是重新运行一遍，那么流处理作业是不是也可以参考批处理作业的方式，在发生故障后从头回溯数据呢？

没错，只要能做到从头回溯数据，计算结果的准确性也是可以保证的，但是问题就出现在从头回溯数据这件事的可行性上。从头回溯数据是一个需要对数据源存储引擎中所有的历史数据进行全量处理的过程，而一旦涉及全量处理，下面这 3 个问题就随之而来了。

- ❏ 数据质量问题：从头回溯数据要求数据源存储引擎保留所有的原始数据，而在实际场景中，大多数情况下数据源存储引擎是不可能保留所有历史数据的。以常用的消息队列数据源 Kafka 为例，Kafka Topic 中通常只会保留最近几天甚至几小时的数据，而 Flink 作业通常以月、年的时间周期运行，运行时长一旦超过 Kafka Topic 的保留时长，即使我们想从头回溯数据，也没法获取完整的数据。

- ❏ 数据时效问题：假设数据源存储引擎中能够保留所有的原始数据，Flink 作业从头回溯数据也是一个耗时、耗力的过程。假如商品累计销售额 Flink 作业已经运行了 10 天，这时作业发生故障宕机，那么就要回溯 10 天的数据，而这很难在短时间内完成。我们对流处理作业的核心诉求就是保证数据产出的低延迟，一旦回溯数据，就意味着无法保证低产出延迟了。

- ❏ 链路稳定性问题：一旦从头回溯数据，Flink 作业就会将所有的结果重新产出一遍，在短时间的回溯过程中会产出大量重复的历史结果，这可能会导致数据汇存储引擎出现稳定性问题。

在流处理领域，异常容错方案一旦涉及从头进行全量数据的回溯，往往不是一个好的选择，既然全量回溯这条路走不通，那我们就往增量回溯的思路上探索。

我们先想想在生活中遇到宕机问题是怎么处理的，以我们常用的编码软件 IDE（Integrated Development Environment，集成开发环境）来说，市面上无论哪款 IDE，为了防止 IDE 卡死或者电脑宕机导致用户编写的代码丢失，都会将用户编写的代码定时、自动保存一份快照到本地磁盘中，甚至有些 IDE 为了避免本地磁盘的损坏，提供了将代码快照自动保存到云端存储（远程持久化存储）的能力。有了保存代码快照的功能，即使发生故障，IDE 依然可以从上一次保存成功的代码快照恢复，用户就可以继续开发，而无须重写代码。

从上面这个案例出发，解决思路自然而然就有了。Flink 有状态计算的过程和用户使用 IDE 编码的过程是非常相似的。Flink 引擎等同于 IDE 开发环境，Flink 中的状态等同于用户使用 IDE 编写的代码，Flink 有状态计算的过程等同于用户使用 IDE 编写代码的过程，Flink 作业遇到故障宕机等同于 IDE 卡死或者电脑宕机，那么 Flink 中状态数据的异常容错也可以参考 IDE 通过持久化代码快照实现异常容错的机制。

在 Flink 中具体要如何实现呢？其实方案并不复杂，如图 6-9 所示，我们可以让 Flink 作业在运行时定时且自动地将作业中的状态数据持久化到远程的分布式文件系统（比如 HDFS）中。当 Flink 作业遇到故障时，重启之后可以从远程分布式文件系统中获取上一次保存的快照，利用该快照进行恢复，恢复后继续处理数据即可。在恢复后，作业就可以正常运行了，在接下来的运行过程中，依然定时且自动地将作业中的最新状态数据持久化到远程分布式文件系统中，这样就可以避免因为网络连接或者机器硬件故障导致作业宕机后状态数据丢失的问题了。上述解决方案被称作状态的持久化机制，也称作快照机制。

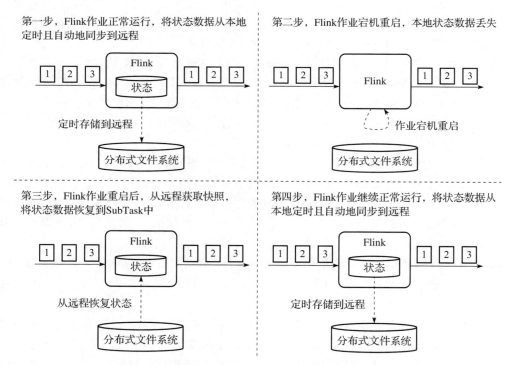

图 6-9　通过将状态持久化实现状态数据的异常容错

2. 通过精确一次的一致性快照实现低成本的异常容错

如果 Flink 使用传统有状态计算的方案，那么为了实现异常容错时数据处理和状态结果满足精确一次的一致性要求，用户就不得不使用事务这样的机制，这将导致用户耗费很大的开发成本在异常容错上。

下面来分析 Flink 针对这个问题的解决思路。异常容错应对的主要场景就是网络连接或者机器硬件故障等问题导致的宕机问题，而这类问题最大的特点就是并非用户编码问题导致的，而是外在环境因素导致的。既然错误不是用户编码导致的，理想情况下就应该把实现状态一致性异常容错的逻辑从用户的代码里完全剥离出来，由 Flink 计算框架自身完成，用户无须参与。

Flink 给出的解决方案是，在状态持久化的基础上，以 Chandy-Lamport 分布式系统快照算法作为理论基础，实现了名为 Checkpoint 的分布式轻量级异步快照，保证了精确一次的数据处理和一致性状态，数据既不会多，也不会丢。

Flink Checkpoint 最有价值的地方在于真正实现了处理数据逻辑和异常容错逻辑之间的解耦，用户无须像传统事务型应用的有状态计算方案一样编写事务相关的代码来保障精确一次的数据处理和状态数据的一致性，只需要使用 Flink 状态接口，并开启 Checkpoint 机制，Flink 作业就可以自动实现精确一次的数据处理，如图 6-10 所示。

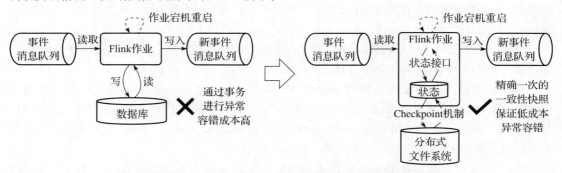

图 6-10　通过精确一次的一致性快照实现低成本的异常容错

3. 通过统一的状态接口提升状态的易用性

如果 Flink 使用传统有状态计算的方案，那么由于不同场景下存储状态数据的可选数据库类型是非常多的，因此用于访问、更新状态的接口也是五花八门的，这将导致状态接口易用性很差。

针对这个问题，Flink 在状态本地化、状态持久化以及 Checkpoint 机制的基础上，基于 DataStream API 提供了一套标准且易用的状态接口。用户使用这套状态接口，不但能够享受状态本地化带来的极致的状态访问速度，还能够得到状态持久化和一致性快照带来的异常容错场景下精确一次的数据处理保证。

其实对于状态接口我们并不陌生，在 5.2.6 节介绍增量窗口和全量窗口处理函数时，我们使用了名为 ValueState 的状态接口计算得到每种商品的累计销售额、累计销量以及平均销售额。在 ValueState 中包含 T get() 和 void update(T value) 两个方法，分别用于访问和更新状态值，我们只需要在自定义函数中调用这两个方法就能轻松访问和更新状态。如图 6-11 所示，相比传统事务型应用的有状态计算方案来说，使用 Flink 提供的统一状态接口来访问状态，编码逻辑被极大地简化了。

关于 Flink DataStream API 中状态接口的使用方法将在 6.2 节进行介绍。

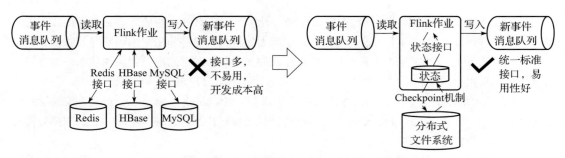

图 6-11　通过统一的状态接口提升状态的易用性

4. Flink 有状态计算案例

前面我们讨论了 Flink 采用状态本地化、状态持久化、Checkpoint 以及统一的状态接口这 4 种特性解决了传统有状态计算方案在大数据处理场景中存在的一系列问题，从而形成了具有 Flink 特色的有状态计算方案。

下面我们通过一个应用案例，了解如何在 Flink 中应用这些特性，并实际感受这些特性给我们开发一个有状态的流处理作业所带来的便利。

案例：电商场景中统计每种商品的累计销售额。输入数据流为商品的销售额流水数据 InputModel（包含 productId、income、timestamp 字段，分别代表商品 id、商品销售额、商品销售的时间戳），期望的输出结果也为 InputModel（包含 productId、income、timestamp 字段，分别代表商品 id、商品的累计销售额、商品最新一次的销售时间戳）。

这个需求的实现思路并不复杂，使用一个逻辑数据流为 Source → KeyBy/Reduce → Sink 的 Flink 作业就可以实现。我们先将 productId 作为 keyBy() 方法的 key 来对商品进行分类，然后在 KeyedStream 上调用 reduce() 方法来计算每种商品的累计销售额。由于在这个解决方案中 KeyBy/Reduce 算子屏蔽了有状态计算的流程，不适合说明 Flink 有状态计算的特性，因此我们把 KeyedStream 上调用的 reduce() 方法变为 map() 方法。在 KeyBy/Map 算子中，我们通过 Flink 提供的状态接口自定义一个状态来存储每种商品的累计销售额，那么该作业的逻辑数据流变为 Source → KeyBy/Map → Sink。

同时，为了突出 Flink 有状态计算可以通过 Checkpoint 机制实现精确一次的数据处理这个特性，我们使用以下两种方案来实现上述需求场景并进行对比。

方案 1：实现一个不具备精确一次的数据处理能力的作业。

我们在 KeyBy/Map 算子中维护一个 HashMap<String, Long> 数据结构来存储每种商品的累计销售额。最终的实现如代码清单 6-1 所示。

代码清单 6-1　使用 HashMap<String, Long> 存储每种商品的累计销售额

```
DataStream<InputModel> transformation = source
    .keyBy(i -> i.getProductId())
    .map(new RichMapFunction<InputModel, InputModel>() {
        private transient HashMap<String, Long> cumulateIncomeState;
        @Override
```

```
public void open(Configuration parameters) throws Exception {
    super.open(parameters);
    this.cumulateIncomeState = new HashMap<>();
}
@Override
public InputModel map(InputModel value) throws Exception {
    Long cumulateIncome = this.cumulateIncomeState.get(value.
        getProductId());
    if (null == cumulateIncome) {
        cumulateIncome = value.getIncome();
    } else {
        cumulateIncome += value.getIncome();
    }
    this.cumulateIncomeState.put(value.getProductId(), cumulateIncome);
    value.setIncome(cumulateIncome);
    return value;
}
});
```

在作业运行时，KeyBy/Map 算子的每一个 SubTask 都会在内存中维护一个 HashMap<String, Long> 来存储商品的累计销售额。接下来我们看看上述 Flink 作业运行时的效果，输入数据如下。

```
productId= 商品 1,income=1,timestamp=1641050648000 // 注：北京时间 2022-01-01 23:24:08
productId= 商品 2,income=1,timestamp=1641050658000 // 注：北京时间 2022-01-01 23:24:18
productId= 商品 1,income=2,timestamp=1641050668000 // 注：北京时间 2022-01-01 23:24:28
productId= 商品 1,income=1,timestamp=1641050678000 // 注：北京时间 2022-01-01 23:24:38
productId= 商品 1,income=1,timestamp=1641050688000 // 注：北京时间 2022-01-01 23:24:48
```

当 Flink 作业正常运行时，输出结果如下。

```
productId= 商品 1,income=1,timestamp=1641050648000
productId= 商品 2,income=1,timestamp=1641050658000
productId= 商品 1,income=3,timestamp=1641050668000
productId= 商品 1,income=4,timestamp=1641050678000
productId= 商品 1,income=5,timestamp=1641050688000
```

当作业正常运行时，输出结果并不会有什么问题，但是一旦上述 Flink 作业在处理数据的过程中宕机重启，不具备精确一次的数据处理能力的弊端就凸显出来了。假设在时间为 2022-01-01 23:24:18 的数据计算完成并输出结果之后，Flink 作业发生故障宕机，那么保存在内存中的 HashMap<String, Long> cumulateIncomeState 就会丢失，当作业重启之后，会重新初始化一个 cumulateIncomeState，那么每种商品的累计销售额就要重新从 0 计算了，这时我们就会得到如下的错误结果。

```
productId= 商品 1,income=1,timestamp=1641050648000
productId= 商品 2,income=1,timestamp=1641050658000
//Flink 作业发生故障重启，商品的累计销售额开始重新累计，得到以下 3 条错误的结果
productId= 商品 1,income=2,timestamp=1641050668000
productId= 商品 1,income=3,timestamp=1641050678000
productId= 商品 1,income=4,timestamp=1641050688000
```

方案 2：实现一个具备精确一次的数据处理能力的作业。

我们使用 Flink 提供的状态接口以及 Checkpoint 机制来实现一个具备精确一次的数据处理能力的作业。在此之前，我们需要有一些 Flink 状态接口的知识储备，先学习一下 Flink 状态接口提供的 ValueState。

ValueState 被称为值状态，对应 Flink DataStream API 中的 ValueState<T> 接口，可以用于存储单一变量，其中 T 就是变量的数据类型，我们可以用值状态存储 Double、String 类型的数据，比如 ValueState<Double>、ValueState<String>，还可以用值状态存储自定义的复杂数据结构。在 ValueState<T> 接口中包含以下两个方法。

❑ T value()：用于获取状态值。

❑ void update(T value)：用于更新状态值。

我们将用于保存每种商品累计销售额的 HashMap<String, Long> 的状态替换为 ValueState<Long>，最终的实现如代码清单 6-2 所示。这时读者可能会产生疑惑，ValueState<Long> 是如何存储每种商品的累计销售额的呢？这和 KeyedStream 的关系很紧密，当我们在 KeyedStream 上的算子内使用 ValueState<Long> 时，Flink 会为每一个 key 维护一个独立的 ValueState<Long> 状态实例用于存储状态数据，这里就不需要使用 HashMap<String, Long> 这种数据结构来保存每种商品的累计销售额了，只需要 ValueState<Long> 即可。

代码清单 6-2　使用 ValueState 状态接口以及 Checkpoint 机制实现状态的异常容错

```
//1．配置 Checkpoint 自动执行的时间间隔：每 10s 执行一次 Checkpoint，并且配置 Checkpoint 为
//精确一次的数据处理
env.enableCheckpointing(10000L, CheckpointingMode.EXACTLY_ONCE);
//2．配置 Checkpoint 将快照保存在远程分布式文件系统的存储目录中，此处为了便于测试，将快照的
//状态数据存储在本地磁盘目录 file:///Users/flink/checkpoints 中
env.getCheckpointConfig().setCheckpointStorage(new FileSystemCheckpointStorage
    ("file:///Users/flink/checkpoints"));
DataStream<InputModel> transformation = source
    .keyBy(i -> i.getProductId())
    .map(new RichMapFunction<InputModel, InputModel>() {
        //3．定义 ValueState 状态描述符
        private ValueStateDescriptor<Long> cumulateIncomeStateDescriptor
                = new ValueStateDescriptor<Long>("cumulate income", Long.class);
        private transient ValueState<Long> cumulateIncomeState;
        @Override
        public void open(Configuration parameters) throws Exception {
            super.open(parameters);
            //4．从 RichFunction 的上下文中获取状态句柄
            this.cumulateIncomeState = this.getRuntimeContext().getState
                (cumulateIncomeStateDescriptor);
        }
        @Override
        public InputModel map(InputModel value) throws Exception {
            //通过 ValueState 提供的 T value() 方法访问状态中保存的历史累计结果
            Long cumulateIncome = this.cumulateIncomeState.value();
            if (null == cumulateIncome) {
                //如果是当前 key 下的第一条数据，则从状态中访问到的数据为 null
```

```
        cumulateIncome = value.getIncome();
    } else {
        cumulateIncome += value.income;
    }
    // 通过 ValueState 提供的 void update(T value) 方法将当前商品累计销售额更新到状态中
    this.cumulateIncomeState.update(cumulateIncome);
    value.setIncome(cumulateIncome);
    return value;
    }
});
```

上述 Flink 作业在执行过程中，每 10s 就会将所有 key 的 ValueState 数据持久化到本地磁盘的 file:///Users/flink/checkpoints 目录中，这也就将所有商品最新的累计销售额状态数据都保存到磁盘中了。

接下来，我们使用故障场景来测试一下 Checkpoint 机制实现精确一次的数据处理的效果，数据源的输入数据如下。

```
productId= 商品 1,income=1,timestamp=1641050648000 // 注释: 北京时间 2022-01-01 23:24:08
productId= 商品 2,income=1,timestamp=1641050658000 // 注释: 北京时间 2022-01-01 23:24:18
productId= 商品 1,income=2,timestamp=1641050668000 // 注释: 北京时间 2022-01-01 23:24:28
productId= 商品 1,income=1,timestamp=1641050678000 // 注释: 北京时间 2022-01-01 23:24:38
productId= 商品 1,income=1,timestamp=1641050688000 // 注释: 北京时间 2022-01-01 23:24:48
```

假设在时间为 2022-01-01 23:24:18 的数据计算完成并输出结果之后，该 Flink 作业恰好执行了一次 Checkpoint，并且在 Checkpoint 执行完后发生故障，那么打印的日志结果如下所示。

```
productId= 商品 1,income=1,timestamp=1641050648000
productId= 商品 2,income=1,timestamp=1641050658000
// 作业触发 Checkpoint 的执行，通过 Checkpoint 机制将状态数据保存到 /Users/flink/checkpoints/
// 5aa5740984f42a5a0b7932a52e7064bf/chk-1 目录中
[Map -> Sink: Print to Std. Out (1/1)#0] DEBUG org.apache.flink.runtime.state.
    SnapshotStrategyRunner - DefaultOperatorStateBackend snapshot
    (FsCheckpointStorageLocation {fileSystem=org.apache.flink.core.fs.
    SafetyNetWrapperFileSystem@5805492d, checkpointDirectory=file:/Users/
    flink/checkpoints/5aa5740984f42a5a0b7932a52e7064bf/chk-1
// 此时作业异常重启，Flink 作业会自动从 chk-1 文件夹中保存的快照恢复状态值
org.apache.flink.runtime.executiongraph.ExecutionGraph - Job Flink Streaming
    Job (5aa5740984f42a5a0b7932a52e7064bf) switched from state RESTARTING to RUNNING.
org.apache.flink.runtime.checkpoint.CheckpointCoordinator - Restoring job
    5aa5740984f42a5a0b7932a52e7064bf from Checkpoint 1 for 5aa5740984f42a5a0b7
    932a52e7064bf located at file:/Users/flink/checkpoints/5aa5740984f42a5a0b7
    932a52e7064bf/chk-1.
// 在状态恢复后，作业会继续处理数据，这时我们就可以得到如下正确的数据
productId= 商品 1,income=3,timestamp=1641050668000
productId= 商品 1,income=4,timestamp=1641050678000
productId= 商品 1,income=5,timestamp=1641050688000
```

我们利用上述日志的结果还原一下 Flink 作业异常容错的过程。在第二条数据计算完成之后，KeyBy/Map 算子中包含如表 6-1 所示的两条 ValueState 状态数据。

表 6-1 KeyBy/Map 算子中 ValueState 的状态数据

key	value
商品 1	productId= 商品 1, income=1, timestamp=1641050648000
商品 2	productId= 商品 2, income=1, timestamp=1641050658000

当 Flink 作业开始执行 Checkpoint 时, 会将 KeyBy/Map 算子中的这两条状态数据持久化到本地文件系统的 /Users/flink/checkpoints/5aa5740984f42a5a0b7932a52e7064bf/chk-1 目录中。

当 Flink 作业发生故障并重启之后, Flink 作业会从该目录中获取这两条状态数据, 恢复到 KeyBy/Map 算子的 ValueState 中, 并在恢复完成后继续处理数据产出结果, 因此我们得到的结果依然是正确的, 整个过程就如同没有发生过故障一样!

6.1.5 Flink 实现有状态计算面临的 2 个难题

在 6.1.4 节中, 我们讨论了 Flink 通过状态本地化极大地提升了状态访问和更新的性能, 但是天下没有免费的午餐, 相比于传统的有状态计算方案来说, 状态本地化又引入了两个新问题。

❑ 作业横向扩展、升级时的状态恢复问题。

❑ 状态本地化后的大状态存储问题。

本小节我们将探讨这两个问题, 为学习 6.2 节的 Flink 状态接口、6.3 节的 Flink 状态管理和 6.4 节的 Flink 状态后端做好铺垫。

1. 作业横向扩展、升级时的状态恢复问题

在以下两种场景中, 用户会主动将作业做横向扩展或者升级。

❑ Flink 作业扩容、缩容: 在上游数据源流量大小无法进行精准预测的场景中, 对 Flink 作业中的算子并行度进行扩容或者缩容是一个比较常见的操作。比如流量激增, Flink 作业处理数据时出现瓶颈, 我们就需要增大 Flink 作业中的算子并行度。当输入流量变小后, 算子的并行度过大又会导致资源浪费, 我们需要对 Flink 作业进行缩容。但是在状态本地化之后, 扩容和缩容的操作就不是那么简单了, 因为涉及了有状态算子中状态的重分布问题。

❑ Flink 作业逻辑升级: 业务是在不断地发展更迭的, 因此 Flink 作业的处理逻辑也要做改动, 我们可能会在作业中新增一些有状态的算子或者从中删除一些有状态的算子。我们需要考虑如何在作业逻辑数据流发生变化的情况下, 依然能够让作业从快照中正确地恢复状态数据。

将上述两种场景总结一下, Flink 要解决的就是以下两个核心问题。

❑ 有状态算子并行度变化时的状态重分布问题。

❑ 增、减有状态算子时的状态恢复问题。

接下来我们分析一下这两个问题。

(1) 有状态算子并行度变化时的状态重分布问题 在传统事务型应用的有状态计算方案中, 状态存储在远程数据库中, 因此作业中算子的并行度即使发生了变化, 也不会对状态的访问、更新产生任何影响。以电商场景中计算每种商品的累计销售额为例, 该作业的逻辑数据流为 Source → KeyBy/Map → Sink。当使用传统事务型应用的有状态计算方案时, 算子并行度发生变

化的过程如图 6-12 所示。

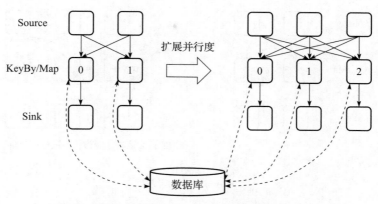

图 6-12　传统事务型应用有状态算子并行度发生变化

如图 6-12 左图所示，当 KeyBy/Map 算子的并行度为 2 时，假设 key 为"商品 1"的数据被发送到 KeyBy/Map[1]，那么 KeyBy/Map[1] 就会计算"商品 1"的累计销售额，并存储到数据库中。

如图 6-12 右图所示，KeyBy/Map 算子的并行度扩展为 3，这时由于算子并行度发生了变化，含有不同 key 的数据的发送策略也会被重新分布，假设这时 key 为"商品 1"的数据被发送到 KeyBy/Map[2]，那么 KeyBy/Map[2] 依然可以从传统事务型数据库中读取"商品 1"的累计销售额，然后累加计算后得到新的累计销售额并存储到数据库中。因此，在传统事务型应用的有状态计算的实现方案中，算子并行度发生变化时并不会对状态的访问和更新过程产生影响。

除了上面这个案例，我们还可以从另一个角度来理解传统的有状态计算方案中算子并行度发生变化并不会影响有状态计算的原因。当我们将数据库和数据处理作业合并在一起并从应用整体的角度看时，整个应用是有状态的。但是如果将数据库抛开，只看数据处理作业，数据处理作业本身是不存储状态数据的，那么就可以理解为无状态的。从这个角度去理解，采用了传统有状态计算方案的作业的横向扩展过程就和无状态作业的扩展过程一样，不会对状态的访问和更新过程产生任何影响。

在 Flink 的有状态计算实现方案中，情况就不一样了。如图 6-13 所示，当 KeyBy/Map 算子的并行度为 2 时，两个 SubTask 分别在本地维护着状态数据。算子并行度变为 3 后，如何将原本在两个 SubTask 中维护的状态数据分配到 3 个 SubTask 中呢？这就是有状态算子并行度变化时的状态重分布问题。

为了解决这个问题，Flink 为不同使用场景下的状态提供了不同的解决方案，Flink 将状态分为算子状态和键值状态两类，并针对这两类状态提供了不同的解决方案。

❏ 针对算子状态，Flink 提供了平均分割的状态重分布策略和合并状态重分布策略，让用户来选择具体通过什么方式对状态进行重分布。

❏ 针对键值状态，Flink 提出了算子最大并行度和 Key-Group（键 – 组）的方案，实现了在作业横向扩展后自动将每个 key 的状态数据按照 key 的分发策略重分布到新的 SubTask 中，整个过程都是 Flink 作业自动完成的，用户无须参与。

关于上述两类状态的重分布策略的诞生过程和原理，我们将在 6.2.2 节和 6.2.3 节探讨。

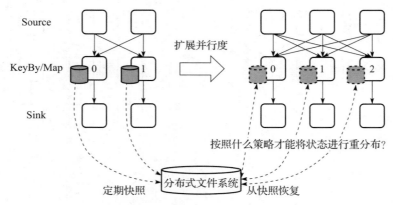

图 6-13　状态本地化后有状态算子并行度发生变化时存在的问题

（2）增、减有状态算子时的状态恢复问题　如图 6-14 所示，将该问题拆解后，可以得到以下子问题。

❏ 当我们在一个包含有状态算子 A 的作业中新增了一个有状态算子 B 之后，如何将快照文件中算子 A 的状态数据准确无误地匹配到新作业中的算子 A 并恢复？新增的有状态算子 B 中的状态数据又要如何初始化？

❏ 当我们删除了一个有状态算子之后，要如何从快照文件中恢复状态？

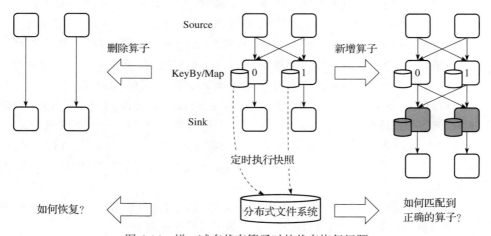

图 6-14　增、减有状态算子时的状态恢复问题

针对增、减有状态算子时的状态恢复问题，Flink 提出了 Savepoint（保存点）机制。我们可以将 Savepoint 看作一种由用户手动触发的特殊的 Checkpoint。Savepoint 提供的一个核心功能就是由用户给每个算子添加一个唯一的 id 标识，当算子的 SubTask 生成快照时，会给当前算子的状态数据标记这个 id，后续无论作业是添加新的有状态算子还是删除有状态算子，从快照恢复状态数据时，

都可以对新作业的逻辑数据流中的算子 id 和快照中状态数据的算子 id 进行匹配, 如果匹配到了, 就将快照中对应 id 的状态数据恢复到对应 id 的算子上。关于该机制的细节, 我们将在 6.3.4 节探讨。

2. 状态本地化后的大状态存储问题

不同的有状态计算作业的状态大小是不同的, 在某些场景中, 如果不及时清理无用的状态数据, 状态将会随着时间单调递增, 达到 TB 级别。在传统事务型应用中, 状态存储在数据库中, 同时由于市面上常用的数据库都支持通过横向扩展的方式进行扩容, 因此在传统事务型应用的有状态计算实现方案中, 即使状态再大也没关系, 容量不够的时候提前对数据库进行扩容即可。

而 Flink 有状态计算的核心就是状态本地化, 我们需要考虑 SubTask 本地的存储空间是否有足够的容量来存储大量的状态数据。我们知道最简单的状态本地化方式就是把状态数据保存到 SubTask 本地的内存中, 但这会导致状态的大小受限于每一个 SubTask 分配的内存大小, 如果我们放任状态持续变大, 最终会导致内存溢出, 作业失败。

为了解决状态本地化后的大状态数据存储问题, 我们需要根据状态的具体应用场景来具体分析, 通常情况下, 在一个 Flink 作业中, 状态的应用场景可以分为以下两类。

❑ 缓存场景: 在该场景中, Flink 作业访问的状态数据通常是最近几天甚至几小时之内的热数据, 而不会去访问很久之前的冷数据, 因此针对缓存场景下状态持续变大的问题, 我们可以选择将状态中保存的冷数据清除掉, 从而保证状态维持一个相对稳定的大小。

❑ 存储场景: 在该场景中, Flink 作业访问的状态数据会包含历史所有的状态数据, 没有冷、热之分, 因此即使状态持续变大, 我们也只能被动接受, 但是这并不意味着我们没有更优的解决方案。因为内存是一种昂贵的资源, 通过不断扩展内存来存储大状态的成本会很高, 所以我们的思路可以转变为寻求一种更加便宜、高速且能实现状态本地化的状态存储引擎来替代内存。

根据上述两种状态的应用场景的特点, Flink 为我们提供了以下两种解决方案。

❑ 缓存场景下, 键值状态保留时长功能: 通过提供类似于 Redis 中数据的保留时长功能, 来清除那些失效且无用的状态, 关于键值状态保留时长的内容我们将在 6.2.5 节学习。

❑ 存储场景下, 可插拔的状态后端机制: 状态后端是 SubTask 存储状态数据的组件, 它决定了 Flink 使用什么样的存储介质并以什么样的数据结构来存储状态数据。Flink 预置了 HashMap、RocksDB 两种类型的状态后端。使用 HashMap 状态后端就是将状态数据存储在 SubTask 的内存中, 使用 RocksDB 状态后端就是将状态数据存储在 SubTask 的磁盘中, 前者的访问速度更快, 但存储容量通常比较小, 后者的存储容量更大, 可以用于存储大数据量的状态, 但状态访问、更新速度比前者慢。用户可以根据业务场景中状态的大小、状态的访问性能等条件来选择将状态数据存储到内存中还是本地磁盘中, 关于状态后端的内容我们将在 6.4 节学习。

6.1.6　Flink 有状态计算总结

Flink 的有状态计算和异常容错机制是日常使用 Flink 的过程中最核心也最复杂的概念, 因此本小节主要通过提出问题以及回答问题的方式带领读者感受具有 Flink 特色的有状态计算, 并且在学习的过程中，不断引出 Flink 有状态计算和异常容错机制中涉及的各种概念，为后续学习 Flink 有状态计算的各种机制做铺垫。

在 6.1.1 节和 6.1.2 节，我们着重探讨了有状态计算的定义。6.1.1 节介绍了有状态计算在计算过程中会依赖历史计算结果，其中历史计算结果就是状态。同时，我们还提到有状态计算并不是 Flink 的专利，而是日常应用中普遍存在的。在 6.1.2 节我们回归 Flink，学习了分组聚合应用、时间窗口应用、用户自定义状态应用和机器学习这 4 种 Flink 中常见的有状态计算的应用场景。

在 6.1.3 节，我们着重探讨了 Flink 不采用传统有状态计算方案的原因。在大数据流处理场景中，采用传统有状态计算的实现方案会存在状态访问性能差、异常容错成本高以及状态接口易用性差这 3 个问题。

在 6.1.4 节，我们探讨了具有 Flink 特色的有状态计算方案是如何实现的。在 6.1.3 节提出的 3 个问题的基础上，我们探讨了 Flink 提出的 3 种优雅的解决思路，分别是通过状态本地化实现极致的状态访问速度、通过 Flink Checkpoint 机制实现低成本的状态数据异常容错以及通过统一的状态接口提升状态的易用性。最后，我们以一个常见的电商场景计算每种商品累计销售额的案例说明了 Flink 是如何将这些功能全部集成在 Flink 的状态接口上供用户使用的。

6.1.5 节是对 6.1.4 节的扩展，我们在 6.1.4 节中着重强调了 Flink 有状态计算中状态本地化所带来的优势，但是状态本地化又引入了作业横向扩展、升级时的状态恢复问题以及状态本地化后的大状态问题，而为了解决这两个难题，Flink 提出了 Savepoint、状态保留时长、状态后端等多项核心技术。

对 Flink 有状态计算的全貌有了基本了解之后，接下来我们深入学习 Flink 有状态计算的各种功能。

6.2 Flink 状态接口

Flink 状态接口是 Flink 为用户提供的可以用于访问、更新状态的一套统一的 DataStream API，通过 Flink 的状态接口，我们可以构建一个具有状态本地化、状态持久化以及精确一次的数据处理能力的有状态计算作业。

6.2.1 Flink 状态的分类

设计一个优雅的接口的前提是对应用场景进行高度的抽象和概括，Flink 状态接口的设计也遵循这个原则。

Flink 在设计状态接口时对状态的应用场景进行了分类，它根据状态是否需要通过 key 进行分类，将状态分为算子状态和键值状态两种，这两种状态的最大区别在于访问和更新状态值时状态值的作用域是不同的。除此之外，还有一种从算子状态演化而来的广播状态。

1. 算子状态

在状态本地化后，Flink 算子中的每一个 SubTask 只能访问到 SubTask 本地的状态数据，因此每个 SubTask 在处理数据时，访问和更新状态值的范围自然被限制在当前 SubTask 中。而这种作用域为当前算子的单个 SubTask 的状态被 Flink 归类为算子状态。在 Flink 中，每种算子都可以使用算子状态。

　　Flink DataStream API 提供了两种不同功能的算子状态，分别为列表状态（ListState）和合并列表状态（UnionListState），关于这两种状态的不同之处我们会在 6.2.2 节分析。

　　算子状态的一个典型应用场景是 FlinkKafkaConsumer。FlinkKafkaConsumer 是 Flink 预置的用于消费 Kafka Topic 数据的 SourceFunction。在 FlinkKafkaConsumer 中使用算子状态来保存 Kafka Topic 中每个分区（Partition）的偏移量（Offset），从而在异常容错时能够从快照恢复偏移量并从恢复的偏移量处继续处理数据。

　　如图 6-15 所示，我们以电商场景中计算每种商品的累计销售额为例，对应的 Flink 作业的逻辑数据流为 Source → KeyBy/Map → Sink，算子的并行度为 2，数据源存储引擎为 Kafka Topic。Kafka Topic 的分区个数也为 2，Kafka Topic 中的消息就是商品的销售记录。当我们使用 FlinkKafkaConsumer 来消费 Kafka Topic 中的数据时，Source 算子的每一个 SubTask 都会维护一个用于保存 Kafka Topic 中分区偏移量的算子状态实例。当作业运行时，只要是 Source 算子的同一个 SubTask 中处理的数据，访问到的算子状态实例都是同一个。

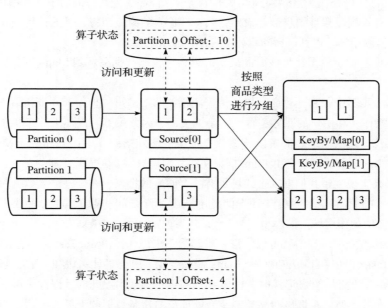

图 6-15　使用算子状态存储 Kafka Topic 中分区的偏移量

 注意　在本节中，我们提到了状态以及状态实例，两者的区别在于状态是概念上的定义，而状态实例代表的是 Flink 作业运行时实际用于保存状态值的变量。SubTask 可以从状态实例中访问具体的状态值，也可以将某一个状态值更新到状态实例中。状态和状态实例之间的关系可以类比为 Java 语言中的 Java 类和 Java 应用程序实际运行时的类实例。

2. 键值状态

算子状态非常通用，Flink 中每个算子都可以创建算子状态，既然有算子状态，为什么还有键值状态呢？

这是因为算子状态的通用性意味着算子状态不易用，而键值状态就是在这样的背景下诞生的。在常见的分析型应用中，对数据进行分组、聚合操作是很常见的，比如在本书中频繁出现的电商场景中计算每种商品累计销售额的案例，其逻辑数据流为 Source → KeyBy/Map → Sink。在这个案例中，我们需要先对输入数据按照商品类型进行分组，得到 KeyedStream< 商品类型 , 商品销售记录 > 的分组数据流，然后在 KeyedStream< 商品类型 , 商品销售记录 > 后的 KeyBy/Map 算子中使用状态去保存并计算每种商品的累计销售额。那么在这个场景中，假如使用算子状态去保存每种商品的累计销售额，要如何实现呢？

由于 KeyBy/Map 算子的每一个 SubTask 会接收多个 key（多种商品类型）的数据，因此在状态中就需要维护一个 Map< 商品类型 , 历史累计销售额 > 的数据结构。接下来，针对每一条数据，我们只需要通过以下 3 步处理就能得到正确的计算结果。

第一步，访问状态数据：处理输入的商品销售记录时，从输入数据中获取当前的商品类型，并从 Map< 商品类型 , 历史累计销售额 > 状态中获取该商品类型对应的历史累计销售额。

第二步，计算商品累计销售额并输出结果：把输入的商品销售记录的销售额和从状态中获取的历史累计销售额相加，得到最新的累计销售额并输出结果。

第三步，更新状态数据：将该商品最新的累计销售额数据更新到 Map< 商品类型 , 历史累计销售额 > 状态中。

在上述 3 个步骤中，和计算商品累计销售额相关的就是第二步，第一步和第三步是访问状态和更新状态的操作，和用户的业务逻辑其实是无关的，因此虽然可以使用算子状态来实现，但是实现步骤是比较烦琐的。理想的解决方案就是把第一步和第三步中访问和更新 Map< 商品类型 , 历史累计销售额 > 状态的过程交由 Flink 框架完成，用户只需要完成第二步。

具体要怎么实现呢？我们发现上述场景有一个明显的特点，在处理输入数据时只会访问和更新输入数据对应的商品类型的累计销售额状态值，并不会访问和更新其他商品类型的累计销售额状态，所以状态值的作用域被缩小为一个 key，或者说是一个 SubTask 下的一个 key。

了解这个特点之后，我们就可以将第一步和第三步简化，由 SubTask 在底层自动完成。具体的思路是 SubTask 在底层自动维护一个 Map< 商品类型 , 历史累计销售额 > 的状态数据结构，当 SubTask 处理输入的商品销售记录时，由于我们将商品类型作为 key，因此 SubTask 可以自动获取这条数据的商品类型，并把该商品类型作为处理当前这条数据的上下文。后续当用户在自定义函数中访问状态时，SubTask 就可以自动从上下文中获取当前的商品类型，并从 Map< 商品类型 , 历史累计销售额 > 中获取该商品的累计销售额。同时，当用户在自定义函数中更新商品累计销售额的状态值时，SubTask 也可以自动从上下文中获取当前的商品类型，将商品累计销售额更新到 Map< 商品类型 , 历史累计销售额 > 状态中。

通过这样的方式，用户就无须手动编写代码去访问和更新 Map< 商品类型 , 历史累计销售额 > 状态了。总结下来，处理每一条数据的步骤就简化为了以下三步，其中的第一步和第三步都无须用户完成，用户只需要实现第二步的累计销售额计算逻辑。

第一步，访问状态数据：处理输入的商品销售记录时，SubTask 会从输入数据中获取当前的商品类型，并将其作为上下文，当用户在自定义函数中访问商品累计销售额时，SubTask 可以自动从 Map< 商品类型, 历史累计销售额 > 状态中获取该商品类型对应的累计销售额。

第二步，计算商品累计销售额并输出结果：用户在自定义函数中把输入的商品销售记录的销售额和从状态中获取的历史累计销售额相加，得到最新的累计销售额，并输出结果。

第三步，更新状态数据：用户在自定义函数中更新商品累计销售额时，SubTask 自动将累计销售额数据更新到 Map< 商品类型, 历史累计销售额 > 状态中。

这种作用域为一个 SubTask 下的一个 key 的状态被 Flink 称作键值状态。键值状态是在算子状态的基础上演化而来的，相比算子状态的作用域来说，键值状态的作用域更小。同时，由于键值状态需要依赖键值，因此只有在 KeyedStream 上才能使用键值状态。

在 KeyedStream 上的算子使用键值状态时，SubTask 在处理相同 key 的数据时会共享同一个键值状态实例，相同 key 的数据访问状态时会从同一个键值状态实例中获取状态值，更新状态时会将状态值更新到同一个键值状态实例中，不同 key 的数据会访问不同的键值状态实例。

除此之外，键值状态的应用场景很广泛，Flink DataStream API 提供了 5 种键值状态接口，包括 ValueState（值状态）、MapState（映射状态）、ListState（列表状态）、ReducingState（归约状态）和 AggregatingState（聚合状态），我们将在 6.2.3 节学习这 5 种键值状态接口。

如图 6-16 所示，我们依然以电商场景中计算每种商品累计销售额的案例来说明键值状态的特点。在该案例中，我们在 KeyBy/Map 算子中使用键值状态来存储每种商品的累计销售额，经过

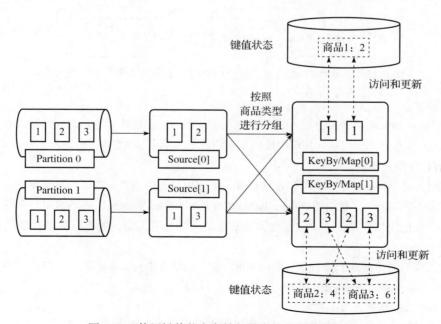

图 6-16　使用键值状态存储每种商品的累计销售额

哈希数据分区策略后，同一种商品的数据会被发送到同一个 SubTask 中，并且会访问同一个状态实例值，其中商品 2 和商品 3 的数据会被发送到 KeyBy/Map[1] 中，KeyBy/Map[1] 在处理商品 2 的数据时，会访问和更新商品 2 的累计销售额键值状态实例，在处理商品 3 的数据时会访问和更新商品 3 的累计销售额键值状态实例。

我们把上述案例中的算子状态和键值状态合并到一张图就会得到图 6-17。图 6-17 中的这类 Flink 作业就是我们日常开发的 Flink 作业的典型代表，大多数 Flink 流处理作业中会同时使用算子状态和键值状态。

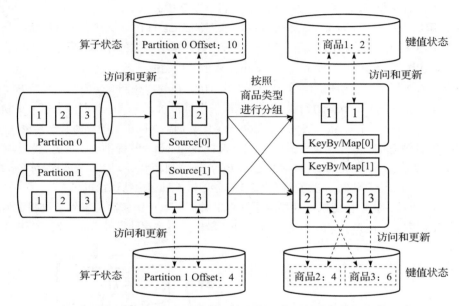

图 6-17　常见的 Flink 流处理作业中会同时使用算子状态和键值状态

3. 广播状态

广播状态（Broadcast State）是一种特殊的算子状态，它也是从算子状态演化而来的。广播状态延续了算子状态中的作用域，其作用域也是当前算子的单个 SubTask，但是相比算子状态来说，广播状态有以下两点不同。

- 使用方法不同：算子状态可以在任何算子上使用，而广播状态在使用时需要用一条广播数据流去关联另一条数据流（KeyedStream 或者非 Keyed Stream），在两者进行关联处理的算子中才能使用广播状态。这里会涉及数据的广播分发策略，关于广播分发策略可以参考 4.7.6 节。
- 状态值不同：在算子状态中，不同 SubTask 上的状态值可以是不同的，但是广播状态要求不同 SubTask 上的状态值必须一致。

那么为什么广播状态有上述限制呢？

这就要提到广播状态的应用场景了，广播状态通常用于需要动态改变算子配置规则的场景。

举例来说，有一条商品销售记录的日志流（其中包含 userId、productId 字段，分别代表用户 id、商品 id），我们需要过滤出其中某一部分 productId 的销售记录日志，那么只需要构建一个逻辑数据流为 Source → Filter → Sink 的作业就可以实现，使用 Filter 算子来过滤我们需要的 productId 的销售记录日志。

接下来需求升级，要求过滤的 productId 集合动态地进行配置修改，这时广播状态就派上用场了，如图 6-18 所示，我们可以构建一条获取最新 productId 集合的广播数据流，一般称作规则日志流，每当 productId 集合发生变化，最新的 productId 集合就会被发送到规则日志流中。

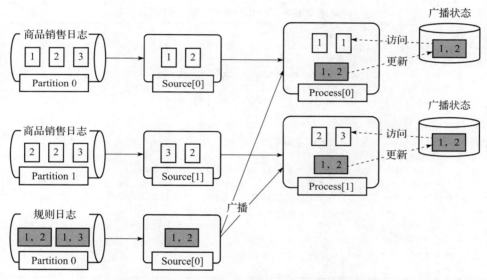

图 6-18　使用广播状态存储最新的过滤规则集合

我们将规则日志流和商品销售记录日志流使用 DataStream 的 connect() 方法进行关联，这样规则日志流就可以将 productId 的最新配置广播到用于过滤 productId 算子（Process 算子）的所有 SubTask 中，并更新到 SubTask 的广播状态中。Process 算子在处理商品销售记录日志时，可以从广播状态中获取最新的 productId 集合，然后过滤出 productId 集合中的数据，这样就实现了动态配置过滤算子的 productId 集合的能力。

至此，我们已经清楚了 Flink 中的三类状态的定义以及由来，接下来我们学习 Flink 为每一种状态提供的 DataStream API。

6.2.2　算子状态

算子状态是状态本地化后最简单、最易理解的一种状态，其作用域就是单个 SubTask。不过算子状态的应用场景并不广泛，常见的应用场景就是在 Source 算子中用于保存数据源的偏移量。本小节我们将学习 Flink 为算子状态提供的 DataStream API 及其设计思路和使用方法。

1. 算子状态的分类

Flink DataStream API 为我们提供了两种类型的算子状态，分别是 ListState 和 UnionListState。两者的不同之处在于从快照恢复时算子状态值的重分布方式是不同的，ListState 对应的策略为平均分割重分布策略，UnionListState 对应的策略为合并重分布策略。

（1）ListState ListState 被称为列表状态，对应 Flink 算子状态中的 ListState<T> 接口，功能和 Java 中常用的 List 一样，其中 T 代表列表中元素的数据类型。ListState 在状态重分布时会按照平均分割重分布策略对状态数据进行重分布。

代码清单 6-3 所示是 ListState<T> 接口的定义。

代码清单 6-3　ListState<T> 接口的定义

```
//ListState<T> 接口的定义
public interface ListState<T> extends MergingState<T, Iterable<T>> {
    // 将 ListState 中的状态值更新为 values 列表
    void update(List<T> values) throws Exception;
    // 将入参 values 中的所有元素添加到 ListState 中
    void addAll(List<T> values) throws Exception;
}
//MergingState 接口定义
public interface MergingState<IN, OUT> extends AppendingState<IN, OUT> {}
//AppendingState 接口定义
public interface AppendingState<IN, OUT> extends State {
    // 获取 AppendingState 的结果，因为 ListState 继承了 AppendingState 接口，所以这里的 OUT
    // 就代表 Iterable<T>，在 ListState 中调用 get() 方法的返回值的数据类型为 Iterable<T>
    OUT get() throws Exception;
    // 向 AppendingState 中添加元素，因为 ListState 继承了 AppendingState 接口，所以这里的
    // 入参 IN 的数据类型是 ListState<T> 中的 T
    void add(IN value) throws Exception;
}
```

如代码清单 6-3 所示，ListState<T> 接口继承自 MergingState<IN, OUT> 接口，MergingState<IN, OUT> 接口继承自 AppendingState<IN, OUT>，AppendingState 代表可以追加数据的状态，IN 代表追加数据时的输入数据类型，OUT 代表输出数据类型。

接下来我们来看看 ListState 的平均分割重分布策略。如图 6-19 所示，如果使用了 ListState，那么在算子并行度从 2 变为 3 时，两个 SubTask 的 ListState 中的列表元素会被合并为一个完整列表，然后使用 Round-Robin 策略将这个完整的列表平均划分到算子的 3 个 SubTask 上。

（2）UnionListState UnionListState 被称为合并列表状态，其数据结构和 ListState 相同，也对应着 Flink DataStream API 中的 ListState<T> 接口，不过 UnionListState 会使用合并重分布策略对状态数据进行重分布。

如图 6-20 所示，UnionListState 在算子并行度从 3 变为 2 时，原本的 3 个 SubTask 的 Union-ListState 中的列表元素会被合并为一个完整的列表，然后分配到算子的 2 个 SubTask 上。需要注意的是，如果列表中的元素非常多，UnionListState 很容易导致内存溢出（Out-Of-Memory），因此这种场景下不建议使用 UnionListState。

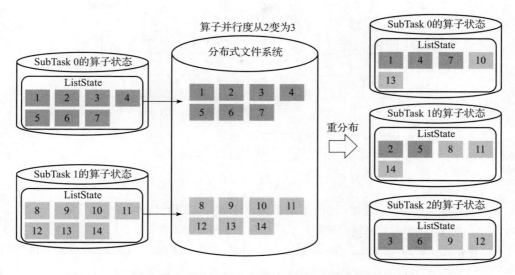

图 6-19　ListState 使用平均分割重分布策略对状态数据进行重分布的过程

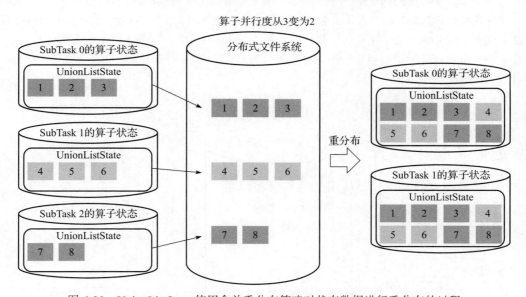

图 6-20　UnionListState 使用合并重分布策略对状态数据进行重分布的过程

2. 算子状态的 API 设计思路

读者可能会有疑问：为什么算子状态要提供两种不同的重分布策略呢？为什么都是 List 类型的接口呢？为什么不是 Map 类型的接口呢？

这就要提到状态本地化后作业横向扩展时的状态数据恢复问题了。我们先来回顾一下这个问题，如图 6-21 所示，Source 算子中使用算子状态保存了数据源的偏移量，那么当 Source 算子并行度从 2 变化为 3 时，我们就要思考如何将 2 个 SubTask 上保存的 2 份状态数据划分到 3 个新的 SubTask 上。

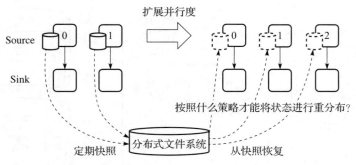

图 6-21　算子状态在算子并行度发生变化时的重分布问题

　　一种简单的设计思路就是平均划分状态数据，将原本的 2 份状态数据平均分为 3 份。既然是平均划分，必然对状态的数据结构有要求，只有 List 这种列表结构才能进行平均划分，像 Map 这种字典结构是无法进行平均划分的，这就决定了 Flink 为算子状态提供的 DataStream API 的数据结构必须为 List 结构。

　　如图 6-22 所示，按照平均划分的思路，当算子状态为 List 数据结构，算子并行度从 2 变为 3 时，原本的两个 SubTask 的列表元素会被合并为一个完整列表，我们可以使用 Round-Robin 策略将这个列表平均分成 3 份，并重新分配到算子的 3 个 SubTask 上。这种在算子状态重分布时对状态数据进行平均划分的策略被称为平均分割重分布策略（Even-Split Redistribution），对应的状态接口为 ListState。

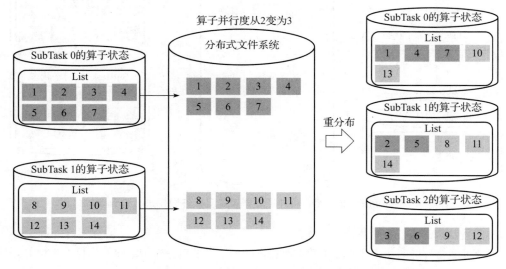

图 6-22　使用平均分割重分布策略对算子状态数据进行平均划分

　　平均分割重分布策略并不能解决所有场景下的状态重分布问题，在平均分割重分布策略中，每个 SubTask 得到的重分布结果与算子的并行度强相关，并且具有一定的随机性。在某些特殊场景下，我们想使用其他平均划分策略对状态数据进行重分布，或者根本不想通过平均划分策略对状态数据进行重分布，而是希望能在每一个 SubTask 中获取所有的状态数据之后由用户自定义处理，总的来说就是需要灵活地定义状态数据的重分布方式。

　　针对这种场景，Flink 提供了合并重分布策略（Union Redistribution），并提供了 UnionListState 接口。当我们使用合并重分布策略时，Flink 会合并所有 SubTask 的算子状态数据，并直接分发给算子的每一个 SubTask，让用户自行决定每一个 SubTask 应该保留和使用哪些状态数据。如图 6-23 所示，按照这个思路，在算子并行度从 2 变为 3 时，原本的两个 SubTask 的列表元素会被合并为一个完整列表，并直接分配到算子的 3 个 SubTask 上。

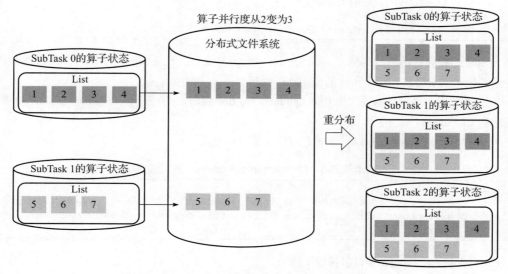

图 6-23　使用合并重分布策略对算子状态数据进行合并

3. 算子状态的使用方法

使用算子状态的步骤如下。

第一步，定义状态描述符 ListStateDescriptor<T>。

第二步，用户自定义函数实现 CheckpointedFunction 接口，并通过 ListStateDescriptor<T> 获取状态句柄 ListState<T>。

第三步，通过状态句柄 ListState<T> 访问、更新状态数据。

下面详细介绍每一个步骤的实现过程。

第一步，定义状态描述符 ListStateDescriptor<T>。

首先我们要定义状态描述符，ListState 和 UnionListState 这两种算子状态对应的状态描述符都为 DataStream API 中的 ListStateDescriptor<T>。在初始化 ListStateDescriptor<T> 时，我们需要传入两个参数，分别是状态名称和状态的数据类型，二者缺一不可。状态名称用于区分一个算子中的不同状态，状态的数据类型决定了 Flink 如何序列化和反序列化状态数据，关于数据序列化的内容参见 4.10 节。

代码清单 6-4 所示是常用的两种定义 ListStateDescriptor 的方式。

代码清单 6-4　定义状态描述符 ListStateDescriptor

```
// 方式 1：定义名为 partition-offset、数据类型为 Long 的 ListStateDescriptor<Long>
ListStateDescriptor<Long> listStateDescriptor = new ListStateDescriptor<Long>
    ("partition-offset", Long.class);
// 方式 2：如果数据类型是集合，定义名为 map-list、数据类型为 HashMap<String, String> 的
// ListStateDescriptor<HashMap<String, String>>，使用 TypeHint 和 TypeInformation
// 来抽取状态数据的类型信息
ListStateDescriptor<HashMap<String, String>> mapListStateDescriptor = new
    ListStateDescriptor<HashMap<String, String>>(
    "map-list"
    ,TypeInformation.of(new TypeHint<HashMap<String, String>>() { }));
```

定义状态描述符的过程如同在 Java 应用程序中定义变量，在定义一个变量时，我们也需要定义变量名称和变量类型，接下来才能使用这个变量。

第二步，用户自定义函数实现 CheckpointedFunction 接口，并通过 ListStateDescriptor<T> 获取状态句柄 ListState<T>。

代码清单 6-5 所示为 CheckpointedFunction 接口的定义。

代码清单 6-5　CheckpointedFunction 接口的定义

```
public interface CheckpointedFunction {
    void initializeState(FunctionInitializationContext context) throws Exception;
    void snapshotState(FunctionSnapshotContext context) throws Exception;
}
```

CheckpointedFunction 接口包含以下两个方法。

❑ void initializeState(FunctionInitializationContext context)：在 Flink 作业启动或者异常容错从快照恢复时调用这个方法，FunctionInitializationContext 为用户自定义函数的初始化上下文，其中提供了以下 4 个方法。

● boolean isRestored()：用于判断当前作业是否从快照恢复，如果是则返回 true。

● OptionalLong getRestoredCheckpointId()：如果当前作业是从某个快照恢复的，则可以用该方法获取该快照的 id。

● OperatorStateStore getOperatorStateStore()：用于获取算子状态的状态存储器 Operator-StateStore，使用 OperatorStateStore 提供的 ListState<S> getListState(ListStateDescriptor<S> stateDescriptor) 方法可以获取平均分割重分布策略的 ListState，使用 ListState<S> get-UnionListState(ListStateDescriptor<S> stateDescriptor) 方法可以获取合并重分布策略的 UnionListState。

● KeyedStateStore getKeyedStateStore()：用于获取键值状态的状态存储器 KeyedStateStore，通过 KeyedStateStore 可以获取键值状态的状态句柄，关于键值状态的使用方法我们将在 6.2.3 节学习。

❑ void snapshotState(FunctionSnapshotContext context)：在 Flink 作业执行快照时调用这个方法，FunctionSnapshotContext 为用户自定义函数的快照上下文，其中提供了以下两个方法。

- long getCheckpointId()：返回当前快照的 id，在一个 Flink 作业中，快照的 id 是从 1 开始单调递增的，对于已经执行完成的快照 A 和快照 B，如果快照 B 的 id 大于快照 A 的 id，则意味着快照 B 是在快照 A 之后执行的。
- long getCheckpointTimestamp()：快照的执行是由 JobManager 统一调度并触发的，该方法可以返回 JobManager 开始执行当前快照的时间戳。

注意 当一个 Flink 作业从快照恢复时，会先恢复状态数据再对用户自定义函数进行初始化，如果用户自定义函数实现了 CheckpointedFunction 接口的同时也继承了 RichFunction 抽象类，那么 CheckpointedFunction 中的 initializeState() 方法会先于 RichFunction 中的 open() 方法执行，因此读者需要注意这两个方法执行的先后顺序，以免出现不符合预期的情况。

第三步，通过状态句柄 ListState<T> 访问、更新状态数据。

获取状态句柄 ListState<T> 后，我们就可以通过 ListState<T> 接口中提供的 5 个方法来访问和更新状态。

在流处理场景中，MySQL 是一种常见的数据汇存储引擎，当我们使用 SinkFunction 将数据写入 MySQL 的逻辑时，通常每来一条数据就向 MySQL 写入一条数据，那么在大流量、频繁写入 MySQL 的情况下，会导致 MySQL 出现稳定性问题。针对这个问题常见的解决方案就是在数据汇算子中积累一批数据后批量写出，比如设定每 10 条数据向 MySQL 中批量写入一次，那么就可以将写入 MySQL 的频次降低到原来的 1/10。

我们可以使用 ListState 来保存这批数据，从而利用状态的异常容错能力防止作业在出现异常时丢失数据，这也是算子状态很常见的一种应用场景，最终的实现如代码清单 6-6 所示。

代码清单 6-6　使用 ListState 实现批量写数据到数据汇的 BatchSinkFunction 中

```
public class BatchSinkFunction extends RichSinkFunction<String> implements
        CheckpointedFunction {
    private final int threshold;
    private transient ListState<String> checkpointedState;
    private List<String> bufferedElements;

    public BatchSinkFunction(int threshold) {
        this.threshold = threshold;
        this.bufferedElements = new ArrayList<>();
    }

    @Override
    public void open(Configuration parameters) throws Exception {
        super.open(parameters);
    }

    @Override
```

```java
        public void invoke(String value, Context contex) throws Exception {
            bufferedElements.add(value);
            if (bufferedElements.size() >= threshold) {
                // 数据批量写入 MySQL, 此处省略实现逻辑
                for (String element: bufferedElements) {
                }
                bufferedElements.clear();
            }
        }

        @Override
        public void snapshotState(FunctionSnapshotContext context) throws Exception {
            checkpointedState.clear();
            for (String element : bufferedElements) {
                checkpointedState.add(element);
            }
        }

        @Override
        public void initializeState(FunctionInitializationContext context) throws Exception {
            ListStateDescriptor<String> descriptor =
                    new ListStateDescriptor<>("buffered-elements", String.class);
            checkpointedState = context.getOperatorStateStore().getListState(descriptor);
            if (context.isRestored()) {
                for (String element : checkpointedState.get()) {
                    bufferedElements.add(element);
                }
            }
        }
    }
```

如代码清单 6-6 所示，在 BatchSinkFunction 中我们定义了以下 3 个参数。

❑ int threshold：代表一批数据的大小。

❑ List<String> bufferedElements：用于存储这批数据。

❑ ListState<String> checkpointedState：用于在执行快照时将 bufferedElements 保存到 ListState 中的状态句柄。

CheckpointFunction 接口的两个方法的实现逻辑也不复杂。

在 void initializeState(FunctionInitializationContext context) 方法中，我们定义了 ListStateDescriptor <String> 状态描述符，并从 FunctionInitializationContext 中获取 ListState<Long> checkpointedState 状态句柄，然后通过 isRestored() 方法判断是否从上次的快照恢复，如果从上次的快照恢复，那么就将 checkpointedState 中的状态数据放入 bufferedElements 中。

在 void snapshotState(FunctionSnapshotContext context) 方法中，我们先将 checkpointedState 中的状态数据清空，然后将 bufferedElements 中的数据全部存储到 checkpointedState 中，这样 SubTask 在执行 Checkpoint 时，就会自动将存储在 checkpointedState 中的数据持久化到远程分布式文件系统中。

4. UnionListState 案例

我们以一个典型案例介绍 UnionListState 的使用场景和方法。FlinkKafkaConsumer 使用 UnionListState 保存 Kafka Topic 分区中的偏移量，保证 Flink 作业在异常容错时能从上次执行成功的快照中获取偏移量并继续处理数据。那么 Kafka Topic 的一个分区只能被 Flink Source 算子的一个 SubTask 消费，为什么 FlinkKafkaConsumer 的实现不选择 ListState 而选择 UnionListState 呢？

原因是如果使用 ListState，在 Flink 作业从快照恢复时，Source 算子中 SubTask 消费哪些分区是由 ListState 的 Round-Robin 平均分割重分布策略决定的，丧失了灵活性，而使用 Union-ListState 则可以保留这种灵活性。接下来，我们仿照 FlinkKafkaConsumer 实现一个用于消费 Kafka Topic 的自定义 SourceFunction，并说明如何通过 UnionListState 保留状态重分布时的灵活性。

我们自定义的 SourceFunction 的核心功能如下：在 Source 算子并行度发生变化时，Source 算子消费的分区需要平均划分到每个 SubTask 上。同时，哪个 SubTask 消费哪个分区需要严格按照 SubTask 下标顺序进行分配。

如图 6-24 左图所示，当 Kafka Topic 有 4 个分区，Source 算子的并行度为 4 时，每个 SubTask 的下标和消费的分区的下标是相同的。如图 6-24 右图所示，当 Source 算子的并行度从 4 变为 2 后，SubTask0 会消费下标为 0 和 1 的分区，SubTask1 会消费下标为 2 和 3 的分区。

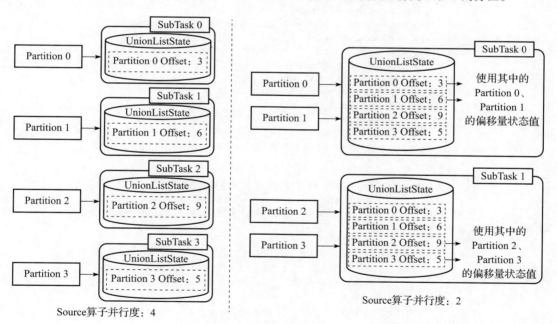

图 6-24　通过 UnionListState 存储 Kafka Topic 分区的偏移量

最终的实现如代码清单 6-7 所示。

代码清单 6-7　使用 UnionListState 保存 Kafka Topic 分区的偏移量

```
public class SourceOffsetUnionListStateFunction extends RichParallelSourceFunction
```

```java
<String>
    implements CheckpointedFunction {
protected static final Logger LOG = LoggerFactory.getLogger
    (SourceOffsetUnionListStateFunction.class);
private final Properties kafkaTopicProperties;
// 用于保存当前 SubTask 消费的所有分区的偏移量
private Map<Long, Long> subscribedPartitionsToStartOffsets;
// 用于保存当前 SubTask 消费的所有分区的偏移量的状态句柄
private transient ListState<Tuple2<Long, Long>> unionOffsetStates;
// 用于保存从快照恢复的所有分区的偏移量
private transient volatile Map<Long, Long> restoredState;
private volatile boolean isRunning = true;

public SourceOffsetUnionListStateFunction(Properties kafkaTopicProperties) {
    this.kafkaTopicProperties = kafkaTopicProperties;
}

@Override
public void open(Configuration parameters) throws Exception {
    // 通过 PartitionDiscoverer 工具类获取当前 SubTask 消费的分区，此处省略
    // PartitionDiscoverer 的实现
    final List<Long> subscribedPartitions = PartitionDiscoverer.discoverPartitions(
            kafkaTopicProperties
            , getRuntimeContext().getNumberOfParallelSubtasks()
            , getRuntimeContext().getIndexOfThisSubtask());
    LOG.info("Consumer subtask {} 订阅的 Partition 列表为 {}"
            , this.getRuntimeContext().getIndexOfThisSubtask()
            , subscribedPartitions);
    this.subscribedPartitionsToStartOffsets = new HashMap<>();
    if (null != this.restoredState) {
        for (Long partition : subscribedPartitions) {
            this.subscribedPartitionsToStartOffsets.put(partition, this.
                restoredState.get(partition));
        }
    } else {
        // 为简单起见，如果不是从快照恢复，直接将偏移量置为 0
        for (Long partition : subscribedPartitions) {
            this.subscribedPartitionsToStartOffsets.put(partition, 0L);
        }
    }
    LOG.info("Consumer subtask {} 订阅的 Partition 列表的偏移量为 {}"
            , this.getRuntimeContext().getIndexOfThisSubtask()
            , this.subscribedPartitionsToStartOffsets);
}

@Override
public void run(SourceContext<String> ctx) {
    final Object lock = ctx.getCheckpointLock();
    while (isRunning) {
        // 通过 lock 保证消费 Kafka Topic 中的数据或执行快照
        synchronized (lock) {
            for (Map.Entry<Long, Long> entry : this.subscribedPartitionsTo
                StartOffsets.entrySet()) {
```

```
                      // 轮询所有分区，输出从分区中消费到的数据，并将偏移量加 1
                      ctx.collect(...);
                      this.subscribedPartitionsToStartOffsets.put(entry.getKey(),
                          entry.getValue() + 1);
                      LOG.info("Consumer subtask {} 订阅 Partition {} 的偏移量为 {}"
                              , getRuntimeContext().getIndexOfThisSubtask()
                              , entry.getKey()
                              , entry.getValue());
                }
            }
        }
    }

    @Override
    public void cancel() {
        isRunning = false;
    }

    @Override
    public void initializeState(FunctionInitializationContext context) throws
        Exception {
        // 通过 UnionListState 获取快照中保存的所有分区的偏移量
        this.unionOffsetStates = context.getOperatorStateStore().
            getUnionListState(new ListStateDescriptor<>(
                "topic-partition-offset-states",
                TypeInformation.of(new TypeHint<Tuple2<Long, Long>>() { })));
        if (context.isRestored()) {
            this.restoredState = new HashMap<>();
            for (Tuple2<Long, Long> kafkaOffset : this.unionOffsetStates.get()) {
                this.restoredState.put(kafkaOffset.f0, kafkaOffset.f1);
            }
            LOG.info("Consumer subtask {} 从快照 chk-{} 恢复的偏移量为 {}"
                    , this.getRuntimeContext().getIndexOfThisSubtask()
                    , context.getRestoredCheckpointId().getAsLong()
                    , this.restoredState);
        } else {
            LOG.info("Consumer subtask {} 没有从快照恢复"
                    , getRuntimeContext().getIndexOfThisSubtask());
        }
    }

    @Override
    public void snapshotState(FunctionSnapshotContext context) throws Exception {
        unionOffsetStates.clear();
        // 将当前 SubTask 消费的每一个分区的偏移量保存到状态句柄中
        for (Map.Entry<Long, Long> subscribedPartition : this.subscribed
            PartitionsToStartOffsets.entrySet()) {
            unionOffsetStates.add(Tuple2.of(subscribedPartition.getKey(),
                subscribedPartition.getValue()));
        }
        LOG.info("Consumer subtask {} 执行快照 chk-{}，持久化的偏移量为 {}"
                , this.getRuntimeContext().getIndexOfThisSubtask()
                , context.getCheckpointId()
```

```
                    , this.subscribedPartitionsToStartOffsets);
        }
    }
```

在 SourceOffsetUnionListStateFunction 的实现中，我们主要使用了以下 4 个变量。

❑ Properties kafkaTopicProperties：用于保存当前 SourceFunction 消费的 Kafka Topic 的配置信息，用户需要在初始化 SourceOffsetUnionListStateFunction 时传入这个配置信息。

❑ Map<Long, Long> subscribedPartitionsToStartOffsets：用于保存当前 SubTask 消费的所有分区的偏移量，每当 SubTask 从分区中消费一条数据，偏移量就会加 1。

❑ ListState<Tuple2<Long, Long>> unionOffsetStates：用于保存当前 SubTask 消费的所有分区偏移量的状态句柄。

❑ Map<Long, Long> restoredState：用于保存从快照恢复的所有分区的偏移量。

下面我们在 Flink 作业中使用 SourceOffsetUnionListStateFunction 来查看打印的日志，Source 算子消费的 Kafka Topic 分区有 4 个，Source 算子的并行度也为 4，当该作业第一次执行时，打印的日志如下。

```
Consumer subtask 0 没有从快照恢复
Consumer subtask 0 订阅的 Partition 列表为 0
Consumer subtask 0 订阅的 Partition 列表的偏移量为 {0=0}
Consumer subtask 1 没有从快照恢复
Consumer subtask 1 订阅的 Partition 列表为 1
Consumer subtask 1 订阅的 Partition 列表的偏移量为 {1=0}
...
// 所有的 SubTask 开始处理数据
Consumer subtask 0 订阅 Partition 0 的偏移量为 1
Consumer subtask 1 订阅 Partition 1 的偏移量为 1
...
Consumer subtask 0 订阅 Partition 0 的偏移量为 5000
Consumer subtask 1 订阅 Partition 1 的偏移量为 4500
Consumer subtask 2 订阅 Partition 2 的偏移量为 4800
Consumer subtask 3 订阅 Partition 3 的偏移量为 4900
// 所有的 SubTask 开始执行快照
Consumer subtask 0 执行快照 chk-1，持久化的偏移量为 {0=5000}
Consumer subtask 1 执行快照 chk-1，持久化的偏移量为 {1=4500}
Consumer subtask 2 执行快照 chk-1，持久化的偏移量为 {2=4800}
Consumer subtask 3 执行快照 chk-1，持久化的偏移量为 {3=4900}
// 快照执行结束，SubTask 继续处理数据
Consumer subtask 0 订阅 Partition 1 的偏移量为 5001
Consumer subtask 1 订阅 Partition 2 的偏移量为 4501
...
```

接下来我们通过作业宕机以及作业横向扩展这两个场景来验证 UnionListState 的异常容错能力及其灵活性。

（1）作业异常容错的场景　在该场景中，算子的并行度不会变化，当作业宕机恢复后，会从上次成功的快照 chk-1 恢复重启，打印的日志如下。

```
// 从快照 chk-1 恢复
```

```
Consumer subtask 0 从快照 chk-1 恢复的偏移量为 {0=5000, 1=4500, 2=4800, 3=4900}
Consumer subtask 0 订阅的 Partition 列表为 0
Consumer subtask 0 订阅的 Partition 列表的偏移量为 {0=5000}
Consumer subtask 1 从快照 chk-1 恢复的偏移量为 {0=5000, 1=4500, 2=4800, 3=4900}
Consumer subtask 1 订阅的 Partition 列表为 1
Consumer subtask 1 订阅的 Partition 列表的偏移量为 {1=4500}
...
// 从快照 chk-1 恢复后，SubTask 继续处理数据
Consumer subtask 0 订阅 Partition 0 的偏移量为 5001
Consumer subtask 1 订阅 Partition 1 的偏移量为 4501
...
```

从上述日志我们可以得知，当 Flink 作业宕机恢复后，会自动找到最近一次成功的快照 chk-1，然后使用合并重分布策略将所有分区的偏移量状态数据分发给每一个 SubTask，接下来每个 SubTask 都会从整个列表中获取自己消费的分区的偏移量，最后继续处理数据。

（2）作业由于资源浪费进行缩容的场景　我们停止作业并主动触发执行快照，保存得到的快照为 chk-2。

```
// 用户主动触发 SubTask 执行快照，快照执行完成后作业停止
Consumer subtask 0 执行快照 chk-2，保存的偏移量为 {0=5005}
Consumer subtask 1 执行快照 chk-2，保存的偏移量为 {1=4505}
Consumer subtask 2 执行快照 chk-2，保存的偏移量为 {2=4805}
Consumer subtask 3 执行快照 chk-2，保存的偏移量为 {3=4905}
```

接下来将 Source 算子并行度从 4 调整为 2，并从快照 chk-2 重启 Flink 作业，启动后打印的日志如下。

```
// 从快照 chk-2 恢复
Consumer subtask 0 从快照 chk-2 恢复的偏移量为 {0=5005, 1=4505, 2=4805, 3=4905}
Consumer subtask 0 订阅的 Partition 列表为 0, 1
Consumer subtask 0 订阅的 Partition 列表的偏移量为 {0=5005, 1=4505}
Consumer subtask 1 从快照 chk-2 恢复的偏移量为 {0=5005, 1=4505, 2=4805, 3=4905}
Consumer subtask 1 订阅的 Partition 列表为 2, 3
Consumer subtask 1 订阅的 Partition 列表的偏移量为 {2=4805, 3=4905}
// SubTask 继续处理数据
Consumer subtask 0 订阅 Partition 0 的偏移量为 5006
Consumer subtask 0 订阅 Partition 1 的偏移量为 4506
Consumer subtask 1 订阅 Partition 2 的偏移量为 4806
Consumer subtask 1 订阅 Partition 3 的偏移量为 4906
...
```

启动作业后，在合并重分布策略下，Flink 作业会将所有分区的偏移量状态数据分发给 Source 算子的每一个 SubTask。这时由于 Source 算子的并行度变为 2，因此 SubTask 0 会同时消费 Partition 0 和 Partition 1 中的数据，并从恢复的状态数据中获取这两个分区的偏移量，然后从偏移量处继续处理数据。

6.2.3　键值状态

键值状态是在算子状态的基础上演化而来的一种状态类型，只有在 KeyedStream 上的算子才

能使用键值状态，其作用域相比算子状态更小，仅是单个 SubTask 的单个 key。

虽然键值状态是由算子状态演化而来的，但是键值状态的应用场景，比算子状态广泛多了。算子状态最常见的应用场景只有两种，一种是在数据源算子中保存偏移量，另一种是在数据汇算子中保存一批数据，进行批量写出，由于 Flink 已经预置了常用的数据源、数据汇的 Connector，在这些 Connector 当中，通常已经实现了上述功能，因此站在用户的角度来说，很少会主动使用算子状态，直接使用这些预置的 Connector 就能满足需求。键值状态就不一样了，键值状态的使用场景和业务逻辑强相关，常见的分组聚合场景需要键值状态才能完成计算。

在本节中，我们会学习 Flink 为键值状态提供的 DataStream API 的设计思路以及 5 种键值状态的使用方法。

1. 键值状态的 5 种分类

Flink DataStream API 为我们提供了 5 种数据结构的键值状态，包括 ValueState、MapState、ListState、ReducingState 和 AggregatingState，相信读者通过每种状态的前缀就能猜到功能特点了，接下来我们一一分析。

（1）ValueState　ValueState 被称为值状态，对应 Flink 中的 ValueState<T> 接口，用于存储单一变量，其中 T 是变量的数据类型，如代码清单 6-8 所示是 ValueState<T> 接口的定义。

代码清单 6-8　ValueState<T> 接口的定义

```
public interface ValueState<T> extends State {
    T value() throws IOException;
    void update(T value) throws IOException;
}
```

ValueState<T> 接口中包含以下两个方法。

❏ T value()：该方法用于获取状态值。

❏ void update(T value)：该方法用于更新状态值。如果入参为 null，则会调用 void clear() 方法删除该状态值，void clear() 方法来源于 ValueState<T> 接口继承的 State 接口，除了 ValueState，其他 4 种键值状态同样继承自 State 接口，都支持 void clear() 方法。

（2）MapState　MapState 被称为映射状态，对应 Flink 中的 MapState<UK, UV> 接口，MapState 的功能和 Java 中常用的 Map 一样，是字典类型的数据结构，其中 UK 是键的数据类型，UV 是值的数据类型，如代码清单 6-9 所示是 MapState<UK, UV> 接口的定义。

代码清单 6-9　MapState<UK,UV> 接口的定义

```
public interface MapState<UK, UV> extends State {
    // 从 MapState 中获取入参 key 对应的 value，如果 MapState 中没有这个 key，则返回 null
    UV get(UK key) throws Exception;
    // 将一个键值对保存到 MapState 中
    void put(UK key, UV value) throws Exception;
    // 将入参 map 集合中所有的键值对保存到 MapState 中
    void putAll(Map<UK, UV> map) throws Exception;
    // 从 MapState 中移除入参 key 的值
    void remove(UK key) throws Exception;
```

```
// 判断 MapState 中是否包含入参 key，如果包含则返回 true，如果不包含则返回 false
boolean contains(UK key) throws Exception;
// 从 MapState 中获取当前存储的所有键值对
Iterable<Map.Entry<UK, UV>> entries() throws Exception;
// 从 MapState 中获取当前存储的所有键
Iterable<UK> keys() throws Exception;
// 从 MapState 中获取当前存储的所有 value
Iterable<UV> values() throws Exception;
// 从 MapState 中获取当前存储的所有键值对的迭代器
Iterator<Map.Entry<UK, UV>> iterator() throws Exception;
// 判断当前 MapState 是否为空
boolean isEmpty() throws Exception;
}
```

（3）ListState　ListState 和算子状态中的 ListState 相同，都对应着 Flink DataStream API 中的 ListState<T> 接口，使用方法也一致，此处不再赘述。注意，虽然两者都对应着 ListState<T> 接口，但是键值状态和算子状态的 ListState 是两种类型的状态。

（4）ReducingState、AggregatingState　ReducingState 称为归约状态，对应 Flink 中的 Reducing-State<T> 接口，可以用于存储单一变量，其中 T 就是变量的数据类型，ReducingState<T> 提供的方法和 ListState<T> 类似，两者都继承自 MergingState<IN, OUT> 接口，我们可以使用 ReducingState<T> 提供的 void add(T) 方法向状态中添加元素。

ReducingState 和 ListState 的区别在于 ListState 会保存添加的所有元素的列表，而 Reducing-State 在初始化时会通过状态描述符 ReducingStateDescriptor 传入一个 ReduceFunction<T>，每当使用 void add(T) 方法向 ReduceingState 中添加数据时，都会通过 ReduceFunction<T> 将历史状态值和新添加的元素值进行归约计算，得到新的状态值并保存，因此在 ReducingState 中始终只保存一个结果值。

AggregatingState 被称为聚合状态，对应 Flink 中的 AggregatingState<IN, OUT> 接口，也是用于存储单一变量的状态。AggregatingState 和 ReducingState 的区别就是 5.2.6 节介绍的增量聚合窗口函数中 ReduceFunction 和 AggregateFunction 的区别，AggregatingState 允许输入元素的数据类型和输出结果的数据类型不同，AggregatingState 在初始化时需要我们在状态描述符 AggregatingStateDescriptor<IN, ACC, OUT> 中传入一个 AggregateFunction<IN, ACC, OUT> 来定义数据聚合计算的逻辑。

代码清单 6-10 是 ReducingState<T> 和 AggregatingState<IN, OUT> 的接口定义。

代码清单 6-10　ReducingState<T> 和 AggregatingState<IN, OUT> 的接口定义

```
public interface ReducingState<T> extends MergingState<T, T> { }
public interface AggregatingState<IN, OUT> extends MergingState<IN, OUT> {}
```

下面我们以一个执行求和计算的案例来说明 ReducingState 的使用方法。如代码清单 6-11 所示，在定义 ReducingStateDescriptor 时，除了状态名称和数据类型，我们还需要传入一个实现求和计算的 ReduceFunction。当我们在用户自定义函数中调用 ReducingState 的 void add(T value)

方法时，ReducingState 会使用 ReduceFunction 将输入数据和状态中的数据累加计算并得到新的结果。

代码清单 6-11　在 ReducingStateDescriptor 中定义 ReduceFunction

```
new ReducingStateDescriptor<String>("reducing state name", new ReduceFunction<Long>() {
    @Override
    public Long reduce(Long value1, Long value2) throws Exception {
        return value1 + value2; //求和
    }
}, Long.class);
```

至此，我们已经学习了键值状态提供的 5 种数据类型的状态接口，我们以图 6-25 来展示 Flink 中键值状态的继承关系，其中 ListState、ReducingState、AggregatingState 都继承自 MergingState 和 AppendingState，MergingState 代表可以对元素进行合并操作的状态，AppendingState 代表可以追加元素的状态。

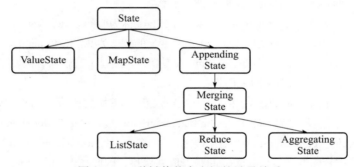

图 6-25　5 种键值状态之间的继承关系

2. 键值状态的 API 设计思路

对比键值状态和算子状态的特点之后，读者可能会感到疑惑，为什么键值状态的数据类型这么丰富呢？难道是因为键值状态在从快照恢复时不需要通过平均重分布或者合并重分布策略来重分布状态数据吗？

确实如此，在键值状态中，状态数据的重分布策略是确定的，原因在于键值状态的重分布策略就是 KeyedStream 的哈希数据分区策略，在算子并行度出现变化时，键值状态的重分布需要随着 KeyedStream 的哈希数据分区策略一起变化。

我们以电商场景中计算每种商品累计销售额的场景为例，逻辑数据流为 Source → KeyBy/Map → Sink，算子并行度均为 2，我们在 KeyBy/Map 算子中使用键值状态来保存每种商品的累计销售额。假设在哈希数据分区策略下，key 为商品 1 的数据会被发送到 KeyBy/Map[1]，那么商品 1 的累计销售额状态数据就会保存在 KeyBy/Map[1] 本地。接下来 KeyBy/Map 算子并行度变为 3，假设这时 key 为商品 1 的数据要被发送到 KeyBy/Map[2] 中，就要求 key 为商品 1 的状态数据一定要被重分布到 KeyBy/Map[2] 中，否则商品 1 的累计销售额就会计算错误。

正是因为键值状态的重分布策略是按照 key 进行的，并且重分布策略就是 KeyedStream 的哈希数据分区策略，所以键值状态的数据类型不会像算子状态那样被限制为 List 类型。

3. 键值状态的使用方法

下面我们来学习键值状态的使用方法。使用键值状态的步骤如下，这三步操作对上述 5 种数据结构的键值状态都适用。

第一步，定义状态描述符。

第二步，用户自定义函数继承 RichFunction 抽象类，在 RichFunction 提供的运行时上下文中通过状态描述符获取状态句柄。

第三步，通过状态句柄来访问、更新状态数据。

接下来我们看看上述步骤的实现过程。

第一步，定义状态描述符。

键值状态中定义状态描述符的方式和算子状态类似，不同之处在于 DataStream API 为 5 种类型的键值状态提供了不同的状态描述符。

❏ ValueStateDescriptor<T>

❏ MapStateDescriptor<UK, UV>

❏ ListStateDescriptor<T>

❏ ReducingStateDescriptor<T>

❏ AggregatingStateDescriptor<IN, ACC, OUT>

如代码清单 6-12 所示，我们分别定义了一个 MapStateDescriptor<Long, Long> 和一个 ValueStateDescriptor<Long>。

代码清单 6-12　MapStateDescriptor<Long, Long> 和 ValueStateDescriptor<Long>

```
// 定义一个名为 user-age，key 和 value 的数据类型为 Long 的 MapStateDescriptor
new MapStateDescriptor<Long, Long>("user-age", Long.class, Long.class);
// 定义一个名为 cumulate-income，数据类型为 Long 的 ValueStateDescriptor
new ValueStateDescriptor<Long>("cumulate-income", Long.class);
```

第二步，用户自定义函数继承 RichFunction 抽象类，在 RichFunction 提供的运行时上下文中通过状态描述符获取状态句柄。

我们可以通过 RichFunction 提供的 RuntimeContext getRuntimeContext() 方法获取 Flink 作业的运行时上下文 RuntimeContext。如代码清单 6-13 所示，在 RuntimeContext 中包含获取上述 5 种键值状态句柄的方法，方法入参为状态描述符，出参为状态句柄。

代码清单 6-13　RuntimeContext 中获取 5 种键值状态句柄的方法

```
// 获取 ValueState 状态句柄
<T> ValueState<T> getState(ValueStateDescriptor<T> stateProperties);
// 获取 MapState 状态句柄
<UK, UV> MapState<UK, UV> getMapState(MapStateDescriptor<UK, UV> stateProperties);
// 获取 ListState 状态句柄
<T> ListState<T> getListState(ListStateDescriptor<T> stateProperties);
// 获取 ReducingState 状态句柄
```

```
<T> ReducingState<T> getReducingState(ReducingStateDescriptor<T> stateProperties);
// 获取 AggregatingState 状态句柄
<IN, ACC, OUT> AggregatingState<IN, OUT> getAggregatingState(
        AggregatingStateDescriptor<IN, ACC, OUT> stateProperties);
```

第三步，通过状态句柄来访问、更新状态数据。

案例：电商场景中计算每种商品的累计销售额，我们使用 ValueState 来保存每一种商品的累计销售额，最终的实现如代码清单 6-14 所示。

代码清单 6-14　使用 ValueState 计算每种商品的累计销售额

```
DataStream<InputModel> transformation = source
    .keyBy(i -> i.getProductId())
    .map(new RichMapFunction<InputModel, InputModel>() {
        // 定义用于存储每一种商品累计销售额的 ValueStateDescriptor
        private ValueStateDescriptor<Long> cumulateIncomeStateDescriptor
                = new ValueStateDescriptor<Long>("cumulate-income", Long.class);
        private transient ValueState<Long> cumulateIncomeState;
        @Override
        public void open(Configuration parameters) throws Exception {
            super.open(parameters);
            // 在运行时上下文中通过状态描述符获取状态句柄
            this.cumulateIncomeState = this.getRuntimeContext().getState
                (cumulateIncomeStateDescriptor);
        }
        @Override
        public InputModel map(InputModel value) throws Exception {
            // 注意：除了在 open() 方法中可以获取状态句柄，我们也可以在 map() 方法中通过
            // 运行时上下文获取状态句柄
            // this.cumulateIncome = this.getRuntimeContext().getState
            // (cumulateIncomeDescriptor);
            // 通过 ValueState 提供的 value() 方法访问状态中保存的商品累计销售额
            Long cumulateIncome = this.cumulateIncomeState.value();
            // 如果当前的订单数据是该商品的第一条数据，则从状态中访问到的数据为 null
            if (null == cumulateIncome) {
                cumulateIncome = value.getIncome();
            } else {
                cumulateIncome += value.income;
            }
            // 通过 ValueState 提供的 update() 方法将商品的累计销售额更新到状态中
            this.cumulateIncomeState.update(cumulateIncome);
            value.income = cumulateIncome;
            return value;
        }
    });
```

如代码清单 6-14 所示，我们定义了名为 cumulate-income，数据类型为 Long 的 ValueState-Descriptor<Long> cumulateIncomeStateDescriptor 作为保存每一种商品的历史累计销售额的状态描述符。

我们在 RichMapFunction 的 open() 方法中，以 cumulateIncomeDescriptor 作为入参，通过

RuntimeContext 的 getState() 方法获取 ValueState<Long> 状态句柄。接下来，我们在 RichMapFunction 的 map() 方法中，通过 ValueState 提供的 T value() 方法和 void update(T value) 方法来访问和更新 ValueState，从而计算商品的累计销售额。

值得一提的是，我们不但可以在 open() 方法中获取状态句柄，还可以在 RichMapFunction 中的 map() 方法中获取状态句柄，但是相比下来，open() 方法使用起来更加简便，因此建议直接在 open() 方法中获取状态句柄，然后在 map() 方法中使用。

我们再来看代码清单 6-14 对应的 Flink 作业在实际执行时的流程。当 KeyBy/Map 算子的 SubTask 处理 KeyedStream< 商品类型, 商品销售记录 > 的分组数据流时，会在底层维护一个 Map< 商品类型, 商品累计销售额 > 的状态数据集合，若输入数据的 key 为商品 1，那么在 RichMapFunction 的 map() 方法中调用 ValueState 的 T value() 方法时，就会从 Map< 商品类型, 商品累计销售额 > 中获取商品 1 的累计销售额。

类似地，在 RichMapFunction 的 map() 方法中调用 ValueState 的 void update(T value) 方法时，会更新 Map< 商品类型, 商品累计销售额 > 中商品 1 的累计销售额。而在代码清单 6-14 中，并没有访问和更新 Map< 商品类型, 商品累计销售额 > 相关的代码，那么 KeyBy/Map 算子是如何做到在输入数据的 key 为商品 1 时，在用户自定义函数中调用 ValueState 的 T value() 方法就可以准确获取商品 1 的累计销售额状态值呢？

这就和 KeyBy/Map 算子在底层维护的 KeyContext 变量息息相关了，KeyContext 代表 key 的上下文。当 KeyBy/Map 算子的 SubTask 收到 key 为商品 1 的数据时，首先会将 KeyContext 置为商品 1，代表处理当前这条数据的整个生命周期的 key 都为商品 1。接下来在 KeyBy/Map 算子中 RichMapFunction 的 map() 方法中访问或者更新 ValueState 时，在 KeyContext 中查询当前的 key，如果查询到 key 为商品 1，那么就可以从 Map< 商品类型, 商品累计销售额 > 中查询商品 1 的累计销售额的状态值了，更新状态值的过程也相同。

我们以两张图来描述 KeyBy/Map 算子的 SubTask 在运行时访问和更新状态值的过程。如图 6-26 所示，SubTask 已经运行了一段时间，商品 1 的累计销售额为 30，商品 2 的累计销售额为 50。

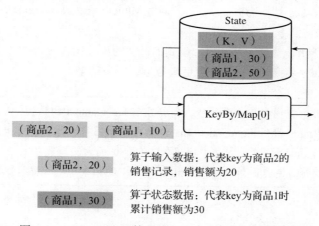

图 6-26　KeyBy/Map 算子的一个 SubTask 的中间状态

图 6-27 是从图 6-26 的中间状态继续处理剩余的两个输入数据的过程。

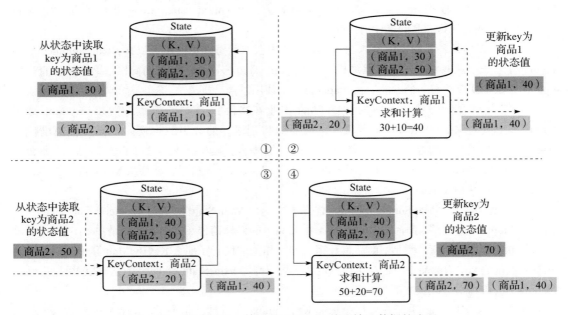

图 6-27 KeyBy/Map 算子的 SubTask 处理输入数据的流程

如图 6-27 中①所示，处理第一条数据（商品 1，10），输入数据的 key 为商品 1，那么 SubTask 首先会将 KeyContext 切换为商品 1。接下来在用户自定义函数 RichMapFunction 中通过 ValueState 的 T value() 方法从状态中读取 key 为商品 1 的状态值 30。

如图 6-27 中②所示，执行求和计算，得到商品 1 的累计销售额为 40，然后在 RichMapFunction 中通过 ValueState 的 void update(T value) 方法将商品 1 的状态值更新为 40，并输出计算结果。

如图 6-27 中③所示，处理第二条数据（商品 2，20），输入数据的 key 为商品 2，那么 SubTask 会将上下文的 key 切换为商品 2，然后通过 ValueState 的 T value() 方法从状态中读取 key 为商品 2 的状态值 50。

如图 6-27 中④所示，执行求和计算，得到商品 2 的累计销售额为 70，并通过 ValueState 的 void update(T value) 方法将商品 2 的状态值更新为 70，输出结果。

> **注意** 对于键值状态的访问和更新等操作，需要在有 KeyContext 的数据处理方法中执行。比如，我们可以在 RichFlatMapFunction 的 map() 方法中使用状态句柄访问和更新键值状态，但是不能在 open()、close() 这类方法中使用状态句柄访问和更新键值状态，因为这类方法并不是在处理数据时调用的，所以 KeyContext 会为空，如果访问和更新键值状态会直接报错。

4. MapState 案例

案例：过滤某用户第一次购买某种商品的记录。输入数据流为用户购买商品的记录

InputModel（包含 productId、userId、timestamp 字段，分别代表商品 id、用户 id、购买商品时的时间戳），期望的输出结果为每个 productId 下每个 userId 的第一次购买记录 InputModel（包含 productId、userId、timestamp 字段，分别代表商品 id、用户 id、该用户第一次购买该商品时的时间戳）。

要实现上述需求，我们可以使用状态对 productId 和 userId 联合后去重，而 MapState 就是一个不错的选择。我们可以使用 productId 作为分组 key，相当于按照商品进行分类。接下来通过 MapState 对所有第一次购买该商品的用户进行去重判断，具体的处理逻辑如下。

如果 MapState 中不包含当前 userId，则说明当前 userId 是第一次购买当前 productId 的商品，那么将当前的 userId 存储到 MapState 中，并将当前这条购买记录输出。如果 MapState 中包含当前 userId，则说明当前 userId 不是第一次购买当前 productId 的商品，那么将当前这条记录直接丢弃，最终的实现如代码清单 6-15 所示。

代码清单 6-15　使用 MapState 去重得到某用户第一次购买某种商品的记录

```java
DataStream<InputModel> transformation = source
    .keyBy(i -> i.getProductId())
    .flatMap(new RichFlatMapFunction<InputModel, InputModel>() {
        private MapStateDescriptor<Long, Boolean> deduplicateMapStateDescriptor
                = new MapStateDescriptor<Long, Boolean>("deduplicate", Long.
                    class, Boolean.class);
        private transient MapState<Long, Boolean> deduplicateMapState;
        @Override
        public void open(Configuration parameters) throws Exception {
            super.open(parameters);
            this.deduplicateMapState = this.getRuntimeContext().getMapState
                (deduplicateMapStateDescriptor);
        }
        @Override
        public void flatMap(InputModel value, Collector<InputModel> out) throws
            Exception {
            // 如果 MapState 中不包含该 userId，那么将该 userId 放入 MapState，并输出结果
            if (!this.deduplicateMapState.contains(value.getUserId())) {
                this.deduplicateMapState.put(value.getUserId(), true);
                out.collect(value);
            }
        }
    });
```

Flink 作业运行后，结果如下。

```
// 输入数据
productId=1,userId=1,timestamp=1640966400000
productId=2,userId=1,timestamp=1640966500000
productId=1,userId=2,timestamp=1640966600000
productId=1,userId=1,timestamp=1640966700000
productId=1,userId=2,timestamp=1640966800000
// 输出结果
productId=1,userId=1,timestamp=1640966400000
```

```
productId=2,userId=1,timestamp=1640966500000
productId=1,userId=2,timestamp=1640966600000
```

使用 ValueState 也能实现相同的效果，比如以下两种方案。

❑ 方案 1：以 productId 和 userId 两个字段同时作为分组的 key，通过 ValueState<Boolean> 进行去重。具体逻辑如下，每来一条数据，通过 ValueState 的 Boolean value() 方法获取状态值，如果返回值为 null，说明这条数据是当前 <productId, userId> 对下的第一条数据，那么将 ValueState 的状态值更新为 true，并将这条数据输出，如果返回值为 true，则说明是重复数据，则将当前这条记录丢弃。

❑ 方案 2：以 productId 作为分组的 key，通过 ValueState<Map<Long, Boolean>> 的数据结构进行行去重。每来一条数据，通过 ValueState 的 T value() 方法获取 Map<Long, Boolean>，通过 Map<Long, Boolean> 去判断当前的 userId 是否是重复数据。

5. ListState 案例

案例：每当一个用户有新的操作行为输入时，输出这个用户最近 3 次的操作行为，以便下游判断当前用户的操作行为是否作弊。

输入数据流为用户的操作行为 InputModel（包含 userId、action 字段，分别代表用户 id、用户操作行为），期望的输出结果为当前这个用户最近 3 次的操作行为。在实现时，我们可以将 userId 作为 key，通过 ListState 记录每一个用户最近 3 次的操作行为，最终的实现如代码清单 6-16 所示。

代码清单 6-16　使用 ListState 记录每个用户最近 3 次的操作行为

```
DataStream<InputModel> transformation = source
    .keyBy(i -> i.getUserId())
    .flatMap(new RichFlatMapFunction<InputModel, InputModel>() {
        private ListStateDescriptor<String> userActionListStateDescriptor
                = new ListStateDescriptor<String>("user action", String.class);
        private transient ListState<String> userActionListState;
        @Override
        public void open(Configuration parameters) throws Exception {
            super.open(parameters);
            this.userActionListState = this.getRuntimeContext().getListState
                (userActionListStateDescriptor);
        }
        @Override
        public void flatMap(InputModel value, Collector<InputModel> out) throws
            Exception {
            this.userActionListState.add(value.getAction());
            ArrayList<String> userActionList = (ArrayList<String>) this.
                userActionListState.get();
            if (userActionList.size() == 4) {
                userActionList.remove(0);
                this.userActionListState.update(userActionList);
            }
            value.setAction(userActionList.toString());
            out.collect(value);
        }
    });
```

Flink 作业运行后，结果如下。

```
// 输入数据
userId=1,action=login
userId=2,action=login
userId=1,action=click-page-1
userId=1,action=click-page-2
userId=1,action=logout
userId=1,action=login
// 输出结果
userId=1,action=login
userId=2,action=login
userId=1,action=login,click-page-1
userId=1,action=login,click-page-1,click-page-2
userId=1,action=click-page-1,click-page-2,logout
userId=1,action=click-page-2,logout,login
```

6. ReducingState、AggregatingState 案例

由于 ReducingState 和 AggregatingState 的应用场景几乎相同，因此我们以 ReducingState 为例。

案例：电商场景计算每种商品的累计销售额。输入数据流为每件商品的销售流水数据 InputModel（包含 productId、income 字段，分别代表商品 id、商品销售额），期望的输出结果为 InputModel（包含 productId、income 字段，分别代表商品 id、商品的累计销售额）。回到具体的实现逻辑上，我们先以 productId 作为 key 来对商品进行分类，然后使用 ReducingState 实现累计销售额的计算逻辑并存储累计销售额的状态值，最终的实现如代码清单 6-17 所示。

代码清单 6-17　使用 ReducingState 来存储每种商品的累计销售额

```
DataStream<InputModel> transformation = source
    .keyBy(i -> i.getProductId())
    .flatMap(new RichFlatMapFunction<InputModel, InputModel>() {
        private ReducingStateDescriptor<Long> cumulateStateDescriptor
                = new ReducingStateDescriptor<Long>("cumulate income", new
                    ReduceFunction<Long>() {
                    @Override
                    public Long reduce(Long value1, Long value2) throws Exception {
                        return value1 + value2;          // 对销售额求和
                    }
                }, Long.class);
        private transient ReducingState<Long> cumulateStateState;
        @Override
        public void open(Configuration parameters) throws Exception {
            super.open(parameters);
            this.cumulateStateState = this.getRuntimeContext().getReducingState
                (cumulateStateDescriptor);
        }
        @Override
        public void flatMap(InputModel value, Collector<InputModel> out) throws
            Exception {
            this.cumulateStateState.add(value.getIncome());     // 计算累计销售额
            value.setIncome(this.cumulateStateState.get());
```

```
        out.collect(value);
    }
});
```

Flink 作业运行后，结果如下。

```
// 输入数据
productId= 商品 1,income=10
productId= 商品 2,income=10
productId= 商品 1,income=10
productId= 商品 1,income=20
productId= 商品 1,income=30
// 输出结果
productId= 商品 1,income=10
productId= 商品 2,income=10
productId= 商品 2,income=20
productId= 商品 1,income=30
productId= 商品 1,income=60
```

7. 键值状态重分布机制

键值状态在重分布时要和 KeyedStream 的哈希数据分区策略保持一致。原理理解起来很简单，实际上 Flink 键值状态重分布的机制在此基础上还做了很多性能优化。下面我们详细剖析键值状态重分布的过程，掌握这部分知识会对我们在生产环境中解决数据倾斜问题带来很大的帮助。

我们以计算每种商品累计销售额的场景为例，逻辑数据流为 Source → KeyBy/Map → Sink，我们在 KeyBy/Map 算子中使用键值状态 ValueState 来保存每种商品的累计销售额。

我们看看 ValueState 键值状态在 KeyBy/Map 算子并行度从 2 变为 3 时键值状态的重分布过程。如图 6-28 所示，用 parallelism 代表算子并行度，KeyedStream 的哈希数据分区策略的计算公式为 SubTask(key)=hash(key)%parallelism（符号 % 代表取余计算），该公式用于计算某个 key 的数据要被发往 KeyBy/Map 算子的 SubTask 下标。

当 KeyBy/Map 算子的并行度为 2 时，哈希数据分区策略为 SubTask(key)=hash(key)%2，假设这时经过计算后，key 为商品 3 的数据会被发送到 KeyBy/Map[1] 中，那么商品 3 的累计销售额的状态数据就会存储在 KeyBy/Map[1] 本地。当用户将 KeyBy/Map 算子的并行度扩展为 3 后，哈希数据分区策略就变为 SubTask(key)=hash(key)%3，由于数据分区策略的计算公式变化了，因此每一个 key 的数据要发往的 SubTask 也会发生改变。假设这时 key 为商品 3 的数据会被发送到 KeyBy/Map[0] 中，那么商品 3 的累计销售额状态数据必然要被重分布到 KeyBy/Map[0] 中，如图 6-28 所示。

虽然键值状态的重分布策略能够降低用户的开发成本，但是这种重分布策略对键值状态重分布的性能提出了巨大的挑战。如图 6-28 所示，当算子并行度为 2 时，每个 SubTask 在执行快照时会将本地状态数据按顺序写入远程分布式文件系统，SubTask 0 和 SubTask 1 分别写入文件 1 和文件 2。当算子并行度变为 3 后，根据新的哈希分区策略计算，key 为商品 0、商品 3、商品 6 和商品 9 的数据要被恢复到 SubTask 0 中，那么 SubTask 0 就要同时读取文件 1 和文件 2。SubTask 1 和 SubTask 2 的恢复过程相同，分别从文件 1 和文件 2 中恢复一部分 key 的状态数据。

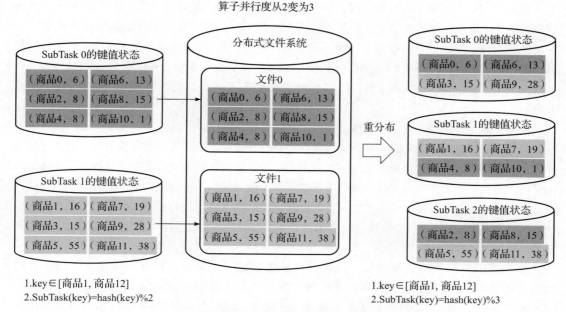

图 6-28　键值状态的重分布过程

这时我们发现如果要让每个 SubTask 都完整且正确地恢复状态数据，就需要让每个 SubTask 从分布式文件系统中读取所有的快照文件，然后过滤出属于当前 SubTask 的 key 的状态数据，但是按照这样的流程执行，就会出现以下两个问题。

❑ 状态恢复时的性能问题：在算子以新的并行度启动并从快照恢复时，算子的每个 SubTask 都会读取大量不属于当前 SubTask 的 key 的状态数据，同时还需要从中筛选出属于当前 SubTask 的状态数据，而这会导致 SubTask 的启动过程耗费大量的时间，作业的恢复过程很漫长。举例来说，如果算子的并行度为 500，每一个 SubTask 中都有 100 万个 key 的状态数据，那么整个作业总计会有 5 亿个 key，这时如果我们将算子并行度扩展为 1000，那么对这 1000 个 SubTask 来说，每一个 SubTask 都要读取这 5 亿个 key 的快照文件，然后过滤出属于自己的 key 的状态数据，平均下来每个 SubTask 最终只会保留 50 万个 key 的状态数据，其余的 4.995 亿个 key 的数据都会被过滤。

❑ 分布式文件系统的稳定性问题：在算子从快照恢复时，所有的 SubTask 都会对分布式文件系统发起大量读取相同文件的请求，这也会对分布式文件系统的稳定性造成影响，并且随着算子并行度增大，这种情况会越来越严重。

综上所述，使用该方案来恢复状态数据时，性能是无法达到预期的。低效的原因在于从状态恢复时，SubTask 不知道分布式文件系统中的每一份快照文件中存储了哪些 key 的状态数据，也不知道这些 key 的状态数据在快照文件中的偏移量，所以只能全量读取后再按照 key 一个一个地过滤。

这样看来，对快照文件按照 key 建立索引似乎是一个不错的优化方案。于是新的方案诞生了，我们可以在 SubTask 执行快照时，给每个 key 加上索引，记录某个 key 在快照文件中的偏移量，这样 SubTask 在从快照文件恢复状态数据时就可以根据索引中记录的偏移量去快照文件中读取状态数据了。该方案也存在性能问题，假设有 5 亿个 key，那么每个 SubTask 从快照恢复后，光解析索引就需要耗费大量的时间和资源。除此之外，由于索引的粒度是 key，因此 SubTask 在读取分布式文件系统的快照文件时会产生大量的随机 I/O，最终的性能可能还不如全量读取的方案。

不建立索引性能差，建立索引性能也差，难道没有别的选择了吗？

事实并不是这样。无论选择两种方案的哪一种，性能瓶颈都出现在状态恢复时，对远程文件系统中存储的快照文件的读取上。第一种方案由于对快照文件数据进行了全量读取而导致读取了大量的无效数据，第二种方案虽然避免了全量读取，但是又引入了随机读取的问题。那么解决思路就是避免全量读取和随机读取。针对这两种问题的解决方式也很明确，那就是范围读取和连续读取，只要在 Flink 作业从快照恢复时实现对分布式文件系统的范围读取和连续读取，就可以提升状态恢复的效率。

要实现范围读取和连续读取，一种简单的思路就是在算子以旧并行度停止并以新并行度恢复的时候，还是按照算子旧并行度所产生的快照文件的粒度进行恢复。举例来说，如图 6-29 所示，当算子并行度从 3 变为 2 时，需要保证 KeyedStream 的分发策略依然是 SubTask(key)=hash(key)%3，并且在新的算子并行度下，由图右的 SubTask 0 来处理图左的 SubTask 0 和 SubTask 2 应该接收到的那部分 key 的数据，由图右的 SubTask 1 来处理图左的 SubTask 1 应该接收到的那部分 key 的数据。

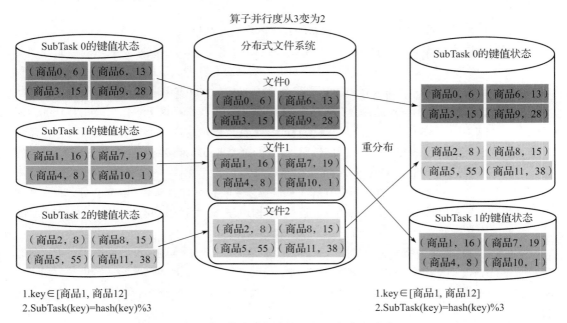

图 6-29 算子并行度变小时的状态重分布

　　按照这个思路，SubTask 从快照文件恢复状态数据的过程就很简单了，直接由图 6-29 右侧的 SubTask 0 从 3 个快照文件中挑选出图左的 SubTask 0 和 SubTask 2 生成的快照文件 0 和快照文件 2 进行恢复，由图右的 SubTask 1 从 3 个快照文件中挑选出图左的 SubTask 1 生成的快照文件 1 进行恢复，这样就实现了对快照文件的范围读取和连续读取。

　　上述思路在算子并行度变小的时候可行，当算子并行度变大时，问题就出现了。如图 6-30 所示，当算子并行度从 2 变为 3 时，KeyedStream 的分发策略依然是 SubTask(key)= hash(key)%2，那么图 6-30 右侧的 SubTask 2 就会出现分配不到快照文件的问题，并且不会有任何 key 的数据被发送到 SubTask 2 上进行处理，这就相当于 SubTask 2 白扩展了！而我们扩大算子并行度的目标就是让新增的 SubTask 来承担一部分数据处理工作，如果状态重分布策略按照上面的这个思路实现，就没法达成这个目标了。

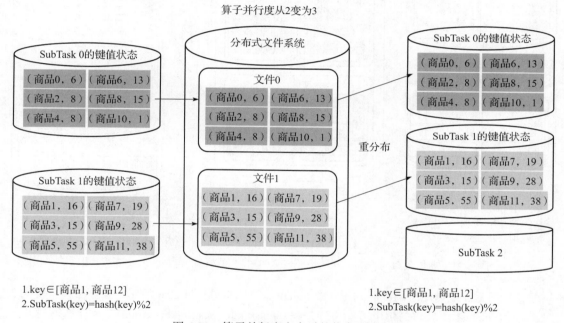

图 6-30　算子并行度变大时的状态重分布

　　有趣的是，假设我们已经知道了这个算子会扩展到的最大并行度，那么为了在算子的并行度达到最大时，让每个 SubTask 都能承担一部分数据处理的工作，我们可以按照计算公式 key_group(key)=hash(key)%max_parallelism 将所有的 key 预先分为 max_parallelism 个组，其中 max_parallelism 代表算子的最大并行度，key_group 称为键组，代表按照最大并行度划分出来的一组 key。

　　我们将预先划分好的 max_parallelism 个 key_group 按照计算公式 subtask(key_group)=key_group × parallelism/max_parallelism 平均分配到算子的每一个 SubTask 上，其中 parallelism 代表算子实际的并行度，parallelism 小于、等于 max_parallelism。通过这种预先按照最大并行度对 key 按组划分的方式，可以做到无论算子并行度怎么变化，只要不超过算子的最大并行度，就能保障算子的每一个 SubTask 至少处理一个 key_group 的数据，不会有新增的 SubTask 被白白浪费。

下面我们验证一下上述思路的效果。如图 6-31 所示，假设我们知道算子的最大并行度为 4，算子的并行度会在 1 ～ 4 之间变化，那么我们按照计算公式 key_group(key)=hash(key)%4 将所有的 key 划分为 4 组，如图 6-31 中图左的 KeyGroup-0、KeyGroup-1、KeyGroup-2 以及 KeyGroup-3 所示。

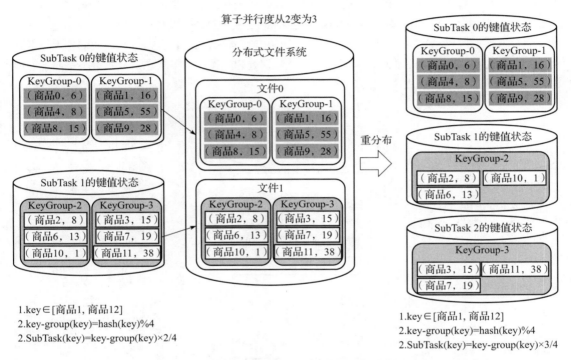

图 6-31　通过键组的方式实现从快照恢复时对快照文件的范围读取、连续读取

我们将这 4 个键组平均分配到每一个 SubTask 中，如图 6-31 图左所示，在算子并行度为 2 时，每个 SubTask 要处理的键组可以通过公式 subtask(key_group)=key_group×2/4 计算得到，其中 SubTask0 处理 KeyGroup-0 和 KeyGroup-1 的数据，SubTask1 处理 KeyGroup-2 和 KeyGroup-3 的数据。

当算子并行度扩展为 3 时，如图 6-31 图右所示，每个 SubTask 要处理的键组的计算公式变为 subtask(key_group)=key_group×3/4，这时图右的 SubTask0 处理的键组变为 KeyGroup-0 和 KeyGroup-1，SubTask1 要处理的键组为 KeyGroup-2，SubTask2 要处理的键组为 KeyGroup-3，那么在状态恢复读取快照文件时，SubTask0 可以直接读取文件 1 进行恢复，SubTask1 读取文件 2 中 KeyGroup-2 的状态数据进行恢复，SubTask2 读取文件 2 中 KeyGroup-3 的状态数据进行恢复。

我们来总结一下，在上述这个解决方案中，每一个 SubTask 从快照文件恢复状态数据时都是明确知道应该读取哪些 KeyGroup 的，这就实现了 SubTask 对快照文件的范围读取。同时，一个 KeyGroup 中会包含一组 key 的状态数据，而 SubTask 在读取快照文件时都是按照 KeyGroup 的粒度读取的，因此从快照文件恢复时，一次性可以恢复一组 key，这就实现了 SubTask 对快照文件的连续读取。这种解决方案就是目前 Flink 中键值状态在算子并行度变化时的重分布方案。KeyedStream 哈希数据分区策略的算法也采用了上述解决方案中的算法。

> **注意**　读者可能会产生疑问：在决定每个 SubTask 要处理哪些键组的数据时，为什么不直接使用 subtask(key_group)=key_group%max_parallelism 公式计算，而是使用 subtask(key_group)= key_group × parallelism/max_parallelism 公式？
>
> 这是为了在从快照恢复时实现对快照文件的连续读取。如图 6-31 所示，假如使用前一个公式，图右的 SubTask0 要处理的键组为 KeyGroup-0 和 KeyGroup-3，而使用后一个公式的话，图右的 SubTask0 要处理的键组为 KeyGroup-0 和 KeyGroup-1，这样在读取快照文件时只需要读取快照文件 0。

我们对键值状态在算子并行度变化时的重分布方案进行总结，该方案的核心如下。

- ❑ 算子最大并行度：Flink 作业中的算子除了要设置算子并行度之外，还需要设置算子的最大并行度，我们可以通过 DataStream 的 setMaxParallelism() 方法来设置算子的最大并行度，关于 Flink 算子最大并行度的其他两种设置方法可以参阅 3.6.7 节。注意，算子的并行度只能小于或等于算子的最大并行度，并且算子的最大并行度在设置完成之后就不能更改了，否则会导致 Flink 作业无法正常从快照恢复。
- ❑ KeyedStream 的哈希数据分区策略：KeyedStream 会按照以下两步对数据进行分区。第一步，按照公式 key_group(key)=hash(key)%max_parallelism 计算这个 key 所在的键组，其中 max_parallelism 是 KeyedStream 上算子的最大并行度。第二步，利用计算得到的键组下标通过公式 subtask(key_group)=key_group × parallelism/max_parallelism 计算这个键组所在的 SubTask，其中 parallelism 是 KeyedStream 上算子的实际并行度。通过上述两步可以获得当前 key 对应的数据要被发送到的 SubTask。
- ❑ SubTask 维护键值状态：SubTask 将键值状态数据的层级结构划分为三层，分别为 key_group、namespace、key。举例来说，在电商场景计算每种商品每 1min 销售额的案例中，假设商品 1 和商品 2 在 1640966400000 到 1640966460000 这 1min 的销售额分别为 10 元和 20 元，那么实际上在 SubTask 中，存储的状态数据如表 6-2 所示，其中 namespace 用于在窗口算子中记录当前状态数据所在的窗口，如果是非窗口的键值状态，那么 namespace 为空。

表 6-2　键值状态数据

key_group	namespace	key	value
1	[1640966400000, 1640966460000)	商品 1	10 元
2	[1640966400000, 1640966460000)	商品 2	20 元

❑ SubTask 键值状态重分布：在 Flink 作业的键值状态的重分布时，将使用 KeyedStream 的哈希数据分区策略中的两个计算公式，并以键组为单位对状态数据进行重分布。

🎯提示　和 Flink 键值状态的重分布策略有异曲同工之妙的还有一致性哈希算法以及 Redis Cluster 中的 Hash Slot 算法。一致性哈希算法在 1997 年由麻省理工学院提出，是一种特殊的哈希算法，使用该算法可以实现在移除或者添加一个服务器时，尽可能小地改变已存在的服务请求与处理请求服务器之间的映射关系。关于这两种算法本书不再赘述，读者可自行查阅学习。

6.2.4　广播状态

广播状态是一种特殊的算子状态，算子状态拥有的特性广播状态也拥有，广播状态的作用域也是算子的单个 SubTask，单个 SubTask 处理的所有数据会共享一个广播状态实例。相比于算子状态来说，广播状态的特殊之处在于算子的每一个 SubTask 上的广播状态值必须完全一样。

本节我们将分析广播状态的由来，并学习广播状态的使用方法。

1. 广播状态的由来

我们来看下面这个场景：有一条商品销售订单的日志流（其中包含 userId、productId 字段，分别代表用户 id、商品 id），我们需要过滤出其中一批 productId 的销售订单日志。一个简单的实现思路是构建一个逻辑数据流为 Source → Filter → Sink 的作业，在 Filter 算子中定义要过滤的 productId 集合，并实现数据过滤的逻辑，如图 6-32 所示。

需求是不断迭代的，想要监控的 productId 集合也会不断变化，Filter 算子的过滤条件也需要不断更新，如果每次新增或者删除一些 productId 都需要修改 Filter 算子的过滤条件并重启作业，效率就太低了。

为了解决这个问题，我们通常将过滤条件做成可配置化的，通过统一的配置中心提供动态更新配置规则的能力。如图 6-33 所示，Filter 算子中的所有 SubTask 会定时访问远程配置中心的配置（或者配置发生更新时，配置中心统一推送新的配置规则给所有的 SubTask），保证 Filter 算子的所有 SubTask 能够获取最新的配置规则。这种方案很常见，支持此类需求的配置中心组件很多，比如 Apollo、Nacos、BRCC 等。

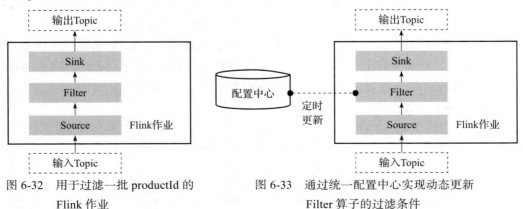

图 6-32　用于过滤一批 productId 的　　　图 6-33　通过统一配置中心实现动态更新
　　　　　　Flink 作业　　　　　　　　　　　　　　Filter 算子的过滤条件

这个方案也存在缺点，如果输入 Topic 流量比较大，那么 Filter 算子也需要设置比较大的算子并行度来处理大流量的数据，这时就会有大量的 SubTask 连接到配置中心，并且读取配置中心的数据，这会对配置中心造成比较大的压力，反过来也会对 Flink 作业的稳定性造成影响。这个问题简单的解决思路是一个作业中只需要一个 SubTask 去访问配置中心，然后将读取到的配置规则发送给其他的 SubTask，这样就可以大大降低对配置中心的压力。

要实现上述思路，我们可以利用 4.6.6 节介绍的广播数据传输策略。如代码清单 6-18 所示，首先在 Flink 作业中定义一个用于定时获取 productId 集合的 ConfigSource，将其算子并行度设置为 1。接下来将商品订单数据流和 ConfigSource 对应的数据流使用 connect() 方法连接，得到 ConnectedStreams< 商品订单，productId 集合 >。然后在 ConnectedStreams 后定义 CoFlatMap 算子，用于接收商品订单数据流以及 ConfigSource 发送的 productId 集合数据。最后在 CoFlatMap 算子中实现过滤 productId 集合的处理逻辑。

代码清单 6-18　定时读取最新的 productId 集合并广播到每一个 SubTask 中

```java
public static void main(String[] args) throws Exception {
    StreamExecutionEnvironment env = StreamExecutionEnvironment.getExecution
        Environment();
    // 广播数据流
    DataStream<ConfigModel> configSource = env.addSource(new ConfigSourceFunction())
            // 设置算子并行度为 1，数据传输策略为 broadcast
            .setParallelism(1)
            .broadcast();

    DataStream<InputModel> transformation = env.addSource(new InputModelSourceFunction())
            // 将广播数据流和订单数据流连接起来
            .connect(configSource)
            .flatMap(new RichCoFlatMapFunction<InputModel, ConfigModel, InputModel>() {
                private volatile ConfigModel configModel;
                @Override
                public void flatMap1(InputModel value, Collector<InputModel>
                    out) throws Exception {
                    if (null != configModel) {
                        // 输出 id 在 configModel 中的订单数据
                        if (configModel.productIds.contains(value.productId)) {
                            out.collect(value);
                        }
                    }
                }

                @Override
                public void flatMap2(ConfigModel value, Collector<InputModel>
                    out) throws Exception {
                    this.configModel = value;
                }
            });
    DataStreamSink<InputModel> sink = transformation.print();
    env.execute();
}
```

```
private static class ConfigSourceFunction extends RichSourceFunction<ConfigModel> {
    private volatile boolean isCancel = false;
    @Override
    public void run(SourceContext<ConfigModel> ctx) throws Exception {
        while (!this.isCancel) {
            ctx.collect(
                    ConfigModel
                            .builder()
                            // 此处省略从配置中心获取 productId 的逻辑
                            .productIds(Lists.newArrayList(1L, 2L, 3L))
                            .build()
            );
            Thread.sleep(1000);
        }
    }

    @Override
    public void cancel() {
        this.isCancel = true;
    }
}

@Data
@Builder
public static class InputModel {
    private long productId;
    private String log;
}

@Data
@Builder
public static class ConfigModel {
    private List<Long> productIds;
}
```

如图 6-34 所示，假定我们要过滤 productId 为 1 和 2 的数据，那么配置中心存储的配置就是 1 和 2，ConfigSource 的 SubTask 会定时读取这份配置并广播到 CoFlatMap 算子的所有 SubTask 中，CoFlatMap 算子在收到商品订单数据后就可以根据这份配置过滤出 productId 为 1 和 2 的数据了。

上述 Flink 作业的实现逻辑乍一看没有问题，当用户主动重启 Flink 作业或者 Flink 作业故障重启时，问题就出现了：作业重启后保存在 CoFlatMap 算子 SubTask 内存中的 configModel 会丢失。由于作业重启之后无法保证广播数据流的数据先于销售订单数据流的数据到达，就会导致在 productId 集合数据还没有到达 CoFlatMap 算子前的这段时间内，CoFlatMap 算子通过 flatmap1() 方法处理销售订单数据时，获取不到配置规则而无法对日志数据做过滤，那么这段时间内的数据就会呈现出被丢弃的现象。

为了解决上述问题，我们可以在 RichCoFlatMapFunction 初始化时，在 open() 方法中主动加载一次 productId 集合，保证在 flatmap1() 方法处理销售订单数据之前就已经获取配置规则。这个方案虽然可行，但是依然存在作业重启时对配置中心有大量的连接和访问的问题。

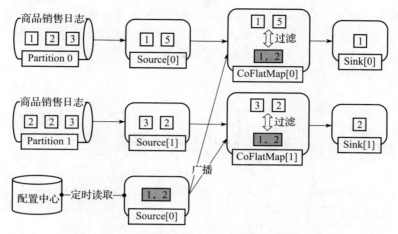

图 6-34　定时读取最新的 productId 集合并广播

　　一个更好的解决方案就是利用状态。我们可以将 productId 集合存储在状态中，这样就可以在作业重启时避免 productId 集合丢失。实现方案也很简单，我们可以将 productId 集合保存在算子状态的 ListState 或者 UnionListState 中。

　　虽然这个方案实现起来并不复杂，但是算子状态的 ListState 或者 UnionListState 各自的重分布策略又给我们带来了一些新的问题。在上述场景中，CoFlatMap 算子中的每一个 SubTask 只会保存一份 productId 集合，并且每个 SubTask 保存的 productId 集合相同。如果我们使用 ListState 来保存 productId 集合，在 CoFlatMap 算子并行度变大时，ListState 的平均分割重分布策略会导致部分 SubTask 分配不到 productId 集合，依然会导致漏算一部分数据。如果使用 UnionListState 来保存 productId 集合，在作业从快照恢复时，合并重分布策略又会导致作业的 SubTask 重复获取大量相同的 productId，使状态恢复过程缓慢。无论使用算子状态的 ListState 还是 UnionListState，都算不上是优雅的解决方案。

　　不过我们可以发现，上述应用场景有一个特点，就是所有的 SubTask 保存了一份相同的 productId 集合。基于这点，我们可以想到一种比算子状态的 ListState 和 UnionListState 更加简单的状态持久化和状态重分布的思路，执行流程如下。

　　❑ 状态持久化：在执行快照时，由于所有 SubTask 的状态数值相同，所以可以随机挑选一个 SubTask，将其中的 productId 集合状态数据进行持久化，只在分布式文件系统中保存一份 productId 集合的快照文件。

　　❑ 状态重分布：在 Flink 作业异常容错从快照恢复时，将分布式文件系统中保存的这一份快照文件分发给恢复后的每一个 SubTask。

　　最终 Flink 基于上述思路，为用户提供了广播状态。如图 6-35 所示，Process 算子在接收到 ConfigSource 广播的 productId 集合后，会将其存储到广播状态中，CoFlatMap 算子在处理商品销售数据时，可以从广播状态中读取 productId 集合，然后过滤出对应的销售订单数据。

　　实际上，Flink 广播状态执行快照的流程和上述思路略有不同。当我们使用了广播状态后，虽然 Process 算子的每一个 SubTask 的广播状态数据都相同，但是 Process 算子的每一个 SubTask 依然会将广播状态数据持久化到分布式文件系统中，这可以避免作业从分布式文件系统中读取快照文件时的热点问题。

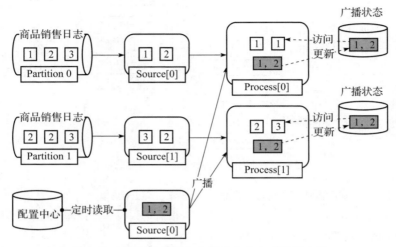

图 6-35　将配置存储在广播状态中实现异常容错

　　如果作业恢复时算子并行度没有变化或者减小了，那么每个 SubTask 依次读取快照文件进行恢复。如果算子并行度增大了，新增的 SubTask 会使用 Round-Robin 算法选取旧 SubTask 持久化的快照文件进行恢复。

2. 广播状态的数据结构

　　由于广播状态的应用场景相对来说比较有限，因此 Flink 仅为广播状态提供了一种数据类型的状态接口——MapState，这和键值状态中的 MapState 是同一个接口，使用方法也完全相同，关于 MapState 的使用方法不再赘述。读者可能会感到疑惑，既然只提供了一种数据类型的状态接口，为什么不是 ValueState 或者 ListState，而是 MapState 呢？

　　这其中隐含了两点巧思：第一点，一般广播状态是用来存储配置数据的，而大多数配置的数据结构都是 Map 类型；第二点，在 KeyedStream 上使用广播状态是比较常见的，同时因为 KeyedStream 后的数据处理逻辑都是按照 key 进行计算的，通常也会按照 key 去获取配置，因此使用 MapState 的数据结构会更加方便。

3. 广播状态的使用方法

　　广播状态的使用步骤如下。

　　第一步，定义广播数据流、广播状态描述符以及日志数据流。

　　第二步，将两条数据流通过 connect() 方法进行连接。

　　第三步，定义广播处理函数，在广播处理函数中通过状态描述符获取广播状态句柄，接下来就可以访问或者更新广播状态数据了。

接下来详细介绍广播状态的实现过程。

第一步，定义广播数据流、广播状态描述符以及日志数据流。

如代码清单 6-19 所示，广播状态的使用方式和代码清单 6-18 中使用 DataStream 的 broadcast()
方法来定义广播数据流的方式大致相同。唯一的区别在于，使用广播状态需要我们定义广播状态
描述符 MapStateDescriptor，并将广播状态描述符作为 broadcast() 方法的入参，方法的返回值为
BroadcastStream，代表广播数据流。注意，broadcast() 方法的入参支持传入多个广播状态描述符，
这代表我们可以同时使用多个广播状态。

代码清单 6-19　定义广播数据流、广播状态描述符以及日志数据流

```
// 定义广播状态 MapState 的描述符
MapStateDescriptor<String, ConfigModel> configModelStateDescriptor =
    new MapStateDescriptor<>(
        "ConfigModelBroadcastState",
        BasicTypeInfo.STRING_TYPE_INFO,
        TypeInformation.of(new TypeHint<ConfigModel>() { }));
// 通过广播状态描述符获取广播数据流
BroadcastStream<ConfigModel> configSource = env.addSource(new ConfigSourceFunction())
        .setParallelism(1)
        // 设置数据传输策略为 broadcast
        .broadcast(configModelStateDescriptor);
// 定义日志数据流
DataStream<InputModel> source = env.addSource(new InputModelSourceFunction());
```

第二步，将两条数据流通过 connect() 方法进行连接。

如代码清单 6-20 所示，日志数据流 source 通过 connect() 方法连接广播数据流 configSource，得
到返回值 BroadcastConnectedStream，代表广播连接数据流。

代码清单 6-20　将广播数据流和日志数据流进行连接

```
BroadcastConnectedStream<InputModel, ConfigModel> transformation = source
    .connect(configSource);
```

第三步，定义广播处理函数，在广播处理函数中通过状态描述符获取广播状态句柄，接下来
就可以访问或者更新广播状态数据。

在第二步得到的 BroadcastConnectedStream 上，我们可以调用 process() 方法来传入
BroadcastProcessFunction 或者 KeyedBroadcastProcessFunction 来定义日志数据流以及广播数
据流的处理逻辑。如果日志数据流是 KeyedStream，那么我们需要实现的广播处理函数就是
KeyedBroadcastProcessFunction，如果日志数据流不是 KeyedStream，那么我们需要实现的广播处理
函数就是 BroadcastProcessFunction。在通过 productId 过滤商品销售订单的场景中，销售订单数据流
不是 KeyedStream，那么我们需要实现的就是 BroadcastProcessFunction。如代码清单 6-21 所示，在
BroadcastProcessFunction 中包含了 processElement() 和 processBroadcastElement() 两个方法，前者用
于处理日志数据流，后者用于处理广播数据流。

代码清单 6-21　使用 BroadcastProcessFunction 定义广播数据和日志数据的处理逻辑

```
broadcastConnectedStream
    .process(new BroadcastProcessFunction<InputModel, ConfigModel, OutputModel>() {
        // 该方法用于处理日志数据流发送的数据
        @Override
        public void processElement(InputModel value, ReadOnlyContext ctx,
            Collector<OutputModel> out)
                throws Exception {
            // 通过 ReadOnlyContext 获取广播状态
            ReadOnlyBroadcastState<String, ConfigModel> configModelBroadcastState =
                    ctx.getBroadcastState(configModelStateDescriptor);
            ...
        }
        // 该方法用于处理广播数据流发送的数据
        @Override
        public void processBroadcastElement(ConfigModel value, Context ctx,
            Collector<OutputModel> out)
                throws Exception {
            // 通过 Context 获取的广播状态
            BroadcastState<String, ConfigModel> configModelBroadcastState =
                    ctx.getBroadcastState(configModelStateDescriptor);
            ...
        }
    });
```

BroadcastProcessFunction 中 processElement() 和 processBroadcastElement() 方法的入参 value 和 out 很好理解，一个代表输入数据，一个代表输出数据的收集器，接下来我们重点关注两个方法入参的上下文。

❑ processElement() 方法入参中的 ReadOnlyContext：代表对广播状态仅有只读权限的上下文，从 ReadOnlyContext 中只能获取到 ReadOnlyBroadcastState，使用 ReadOnlyBroadcast-State 只能读取广播状态，不能更新广播状态。在 processElement() 方法中对广播状态的读写权限进行管控是为了保证当前算子中所有 SubTask 的广播状态是一致的。如果不加管控，日志数据流也能更新广播状态，可能会导致 SubTask 存储的广播状态不同，使作业产生不符合预期的结果。

❑ processBroadcastElement() 方法入参中的 Context：通过 Context 可以获取广播状态句柄 BroadcastState，通过 BroadcastState 可以读取和更新广播状态，通常使用 processBroadcastElement() 方法将广播数据流发送的配置数据存储到 SubTask 的广播状态中。

下面我们使用广播状态来完整实现动态更新商品 productId 集合的 Flink 作业，最终的实现如代码清单 6-22 所示。

代码清单 6-22　使用广播状态动态更新商品 productId 集合

```
// 定义广播状态 MapState 的状态描述符
MapStateDescriptor<String, ConfigModel> configModelStateDescriptor =
```

```
new MapStateDescriptor<>(
    "ConfigModelBroadcastState",
    BasicTypeInfo.STRING_TYPE_INFO,
    TypeInformation.of(new TypeHint<ConfigModel>() { }));

// 定义广播数据流
BroadcastStream<ConfigModel> configSource = env.addSource(new ConfigSourceFunction())
    .setParallelism(1)
    // 设置数据传输策略为 broadcast
    .broadcast(configModelStateDescriptor);

// 定义商品销售订单数据流并和广播数据流进行连接
DataStream<InputModel> transformation = env.addSource(new InputModelSourceFunction())
    .connect(configSource)
    .process(new BroadcastProcessFunction<InputModel, ConfigModel,
        InputModel>() {
        @Override
        public void processElement(InputModel value, ReadOnlyContext ctx,
            Collector<InputModel> out)
                throws Exception {
            // 从广播状态中读取 productId 集合, 只过滤出在 productId 集合中的商品订单数据
            ReadOnlyBroadcastState<String, ConfigModel> configModelBroadcastState =
                    ctx.getBroadcastState(configModelStateDescriptor);
            ConfigModel configModel = configModelBroadcastState.
                get("latest-config");
            if (null != configModel) {
                if (configModel.productIds.contains(value.productId)) {
                    out.collect(value);
                }
            }
        }

        @Override
        public void processBroadcastElement(ConfigModel value, Context ctx,
            Collector<InputModel> out)
                throws Exception {
            // 将收到的最新的 productId 集合更新到广播状态中
            BroadcastState<String, ConfigModel> configModelBroadcastState =
                    ctx.getBroadcastState(configModelStateDescriptor);
            configModelBroadcastState.put("latest-config", value);
        }
    });
DataStreamSink<InputModel> sink = transformation.print();
```

　　如代码清单 6-22 所示，在 processBroadcastElement() 方法的实现中，获取最新的 productId 集合之后会保存到广播状态中。在 processElement() 方法中处理商品销售订单日志时，会从广播状态中获取当前最新的 productId 集合，如果商品销售订单的 productId 在集合范围内，则将这条商品销售订单日志输出，否则直接丢弃。当上述 Flink 作业进行异常容错时，可以从快照文件中恢复广播状态的 productId 集合，并继续处理数据。

6.2.5　键值状态保留时长

键值状态保留时长是 Flink 专为缓存场景的键值状态提供的功能，缓存场景的特点在于 Flink 作业处理数据时，访问的状态数据通常是最近几天甚至几小时之内的热数据，而不会去访问很久之前的冷数据。

我们举一个将状态用于缓存场景的案例：电商场景中计算每种商品每天的访问用户数。输入数据流为每件商品的用户访问日志 InputModel（包含 productId、userId、date 字段，分别代表商品 id、用户 id、用户访问商品的日期，日期格式为 yyyy-MM-dd），输出数据流为每种商品每天的访问用户数 OutpuModel（包含 productId、uv、date 字段，分别代表商品 id、访问用户数、日期）。我们可以构建一个逻辑数据流为 Source → KeyBy/Map → Sink 的 Flink 作业，将 productId 和 date 字段作为 key，在 KeyBy/Map 算子中使用 MapState<Long, Boolean> 对该商品下每日的访问用户数进行去重，计算每种商品每天的实时访问用户数，最终的实现如代码清单 6-23 所示。

代码清单 6-23　计算每种商品每天的实时访问用户数

```
DataStream<OutputModel> transformation = source
    .keyBy(i -> "<" + i.getProductId() + ", " + i.getDate()+ ">")
    .flatMap(new RichFlatMapFunction<InputModel, OutputModel>() {
        private MapStateDescriptor<Long, Boolean> deduplicateMapStateDescriptor
                = new MapStateDescriptor<Long, Boolean>("deduplicate",
                    Long.class, Boolean.class);
        private transient MapState<Long, Boolean> deduplicateMapState;

        @Override
        public void open(Configuration parameters) throws Exception {
            super.open(parameters);
            this.deduplicateMapState = this.getRuntimeContext().getMapState
                (deduplicateMapStateDescriptor);
        }

        @Override
        public void flatMap(InputModel value, Collector<OutputModel> out)
            throws Exception {
            if (!this.deduplicateMapState.contains(value.getUserId())) {
                this.deduplicateMapState.put(value.getUserId(), true);
                out.collect(
                        OutputModel.builder()
                                .date(value.getDate())
                                .productId(value.getProductId())
                                .uv(IterableUtils.toStream(this.deduplicateMapState.
                                    keys()).count()) // MapState 中元素的个数就是用户数
                                .build()
                );
            }
        }
    });
```

代码清单 6-23 中 KeyBy/Map 算子处理数据的流程如下。假如当前日期为 2022-01-01，用户访问了商品 1，那么这条数据的 key 就是 < 商品 1, 2022-01-01>。SubTask 在处理这条数据时，会在这个 key 下的 MapState 中存储该用户的访问记录，后续用户在 2022-01-01 这一天重复访问商品 1 时，通过 MapState 就可以对访问数据进行去重。2022-01-02 这一天，该用户再去访问商品 1 时，SubTask 会收到 key 为 < 商品 1, 2022-01-02> 的数据，就会使用 key 为 < 商品 1, 2022-01-02> 下的 MapState 对用户 id 进行去重，从而计算商品 1 在 2022-01-02 这一天的访问用户数。

在该场景中，随着时间的推移，我们会发现 Flink 作业中的 key 越来越多，并且这些 key 对应的 MapState<Long, Boolean> 状态数据也会一直保留，键值状态会越来越大。

这个应用场景中的状态其实是当作缓存使用的，因为每到新的一天，昨天的状态数据就再也不会被访问和使用了。举例来说，在 2022-01-01 这一天，只要有用户访问商品 1，在 Flink 作业中，就会访问 key 为 < 商品 1, 2022-01-01> 下的 MapState。而到了 2022-01-02 这一天，当用户再去访问商品 1 时，就只会访问 key 为 < 商品 1, 2022-01-02> 下的 MapState，也不会访问 key 为 < 商品 1, 2022-01-01> 下的 MapState 了，因此 Flink 作业就可以将 key 为 < 商品 1, 2022-01-01> 下的 MapState 状态数据删除，从而保证整个 Flink 作业的键值状态维持在一个相对稳定的水平，避免 Flink 作业因为状态出现性能问题。

基于这类将状态用作缓存的场景，Flink 的键值状态提供了状态保留时间（Time To Live，TTL）功能，我们为键值状态设定状态数据保留时长后，只要状态数据过期，Flink 引擎就会自动将其删除。键值状态保留时长功能的启用方式很简单，Flink 将键值状态保留时长抽象为一个通用的配置，用户只需要在状态描述符中配置状态保留时长的参数，这和常用的本地缓存组件 Guava Cache 中对于缓存保留时长的配置方式是类似的。

1. 5 种键值状态保留时长的生效粒度

ValueState、ReducingState、AggregatingState 保存的都是单个值，因此保留时长生效的粒度自然为单个值。MapState 和 ListState 都是集合类型的数据结构，那么保留时长生效的粒度就为集合中的每一个元素。MapState 中每个 K-V 对都有一个单独的保留时长，ListState 中每一个元素也有一个单独的保留时长。对于 MapState 和 ListState 来说，当 K-V 对或者元素过期时，只会删除这个 K-V 对或者元素，不会将整个 MapState 或者 ListState 集合删除。

2. 启用键值状态保留时长

使用键值状态保留时长功能时，需要构建一个 StateTtlConfig 实例，在 StateTtlConfig 中可以声明状态保留时长、状态保留时长的更新机制、过期状态的清除机制等多项配置。我们只需要将 StateTtlConfig 作为状态描述符的 void enableTimeToLive(StateTtlConfig ttlConfig) 方法的入参，就可以将该状态声明为具有保留时长的状态。如代码清单 6-24 所示，声明了一个 1min 保留时长的 MapState。

代码清单 6-24　通过 StateTtlConfig 声明一个 1min 保留时长的 MapState

```
private MapStateDescriptor<String, String> mapStateDescriptor =
        new MapStateDescriptor<>("map state name", String.class, String.class);
private transient MapState<String, String> mapState;
@Override
public void open(Configuration parameters) throws Exception {
```

```
        super.open(parameters);
        // 声明状态过期的具体属性
        StateTtlConfig stateTtlConfig = StateTtlConfig
                .newBuilder(Time.minutes(1))
                .setUpdateType(StateTtlConfig.UpdateType.OnCreateAndWrite)
                // .updateTtlOnCreateAndWrite()
                // .updateTtlOnReadAndWrite()
                .setStateVisibility(StateTtlConfig.StateVisibility.NeverReturnExpired)
                // .returnExpiredIfNotCleanedUp()
                // .neverReturnExpired()
                .setTtlTimeCharacteristic(TtlTimeCharacteristic.ProcessingTime)
                // .useProcessingTime()
                .cleanupFullSnapshot()
                // .cleanupIncrementally(1000, true)
                // .cleanupInRocksdbCompactFilter(3)
                // .disableCleanupInBackground()
                .build();
        // 通过状态描述符配置 stateTtlConfig
        this.mapStateDescriptor.enableTimeToLive(stateTtlConfig);
        this.mapState = this.getRuntimeContext().getMapState(mapStateDescriptor);
    }
```

StateTtlConfig 中的配置项非常多，我们可以将其归为以下五类。

（1）状态保留时长（必填配置项） 通过 StateTtlConfig 的 newBuilder(Time ttl) 或者 setTtl(Time ttl) 方法配置状态保留的具体时长。

（2）状态时间戳的更新策略（可选配置项） 当我们开启状态保留时长功能后，状态中的每个元素都会包含一个状态时间戳，状态时间戳加上状态保留时长就等于状态的过期时间点（状态过期时间点 = 状态时间戳 + 状态保留时长），在 SubTask 运行时，如果当前 SubTask 本机的系统时间（处理时间）大于这个状态过期时间点，就认为这个元素过期了，可以将其删除。

如果想延长状态的过期时间，就需要更新上述计算公式中的状态时间戳，StateTtlConfig 为我们提供了 setUpdateType(StateTtlConfig.UpdateType u) 方法来配置更新状态时间戳的策略，其中方法入参 StateTtlConfig.UpdateType 有 3 个枚举值，分别代表 3 种更新策略。

❑ StateTtlConfig.UpdateType.OnCreateAndWrite：在创建和更新状态值时，会将状态时间戳更新为当前 SubTask 的处理时间。除此之外，我们也可以通过调用 StateTtlConfig 提供的 updateTtlOnCreateAndWrite() 方法声明选择该策略。

❑ StateTtlConfig.UpdateType.OnReadAndWrite：在访问和更新状态值时，会将状态时间戳更新为当前 SubTask 的处理时间。除此之外，我们也可以通过调用 StateTtlConfig 提供的 updateTtlOnReadAndWrite() 方法声明选择该策略。

❑ StateTtlConfig.UpdateType.Disabled：即使我们配置了状态保留时长，状态也永远不会过期，通常不会使用该策略。

如果用户不进行设置，默认的状态时间戳更新策略为 StateTtlConfig.UpdateType.OnCreateAnd-Write。

（3）状态保留时长的时间语义（可选配置项） 第 5 章，我们学习了事件时间、处理时间两种常用的时间语义，凡是在 Flink 中涉及时间相关的内容，我们就要条件反射式地考虑到底是事件时间语义还是处理时间语义。在状态保留时长上我们无须考虑到底是哪种时间语义，目前状态保留时长只支持处理时间语义，即 Flink 作业更新状态时间戳时，会直接使用 SubTask 本地的时间。值得一提的是，StateTtlConfig 依然为我们提供了 setTtlTimeCharacteristic (TtlTimeCharacteristic t) 和 useProcessingTime() 方法来指定状态保留时长的时间语义为处理时间。

注意，因为状态保留时长目前只支持处理时间语义，所以在生产环境中我们一定要预留足够的时长来保证状态数据不因为过期而导致作业计算结果出错。

举例来说，如果状态的保留时长设置为 1h，那么在某些场景下，如果 Flink 作业因为故障而停止了 2 小时，作业重新启动后，状态元素就全部过期了，这可能会导致计算结果出错。以电商场景中计算每种商品每天访问用户数为例，将 productId 和 date 作为 key，理论上我们只需要设置状态保留时长为 1 天，但是保险起见，在资源允许的情况下，建议设置为 2 天。

（4）过期状态的清理策略（可选配置项）　该配置项用于配置 Flink 作业清除过期状态值的策略。总结下来，Flink 提供了以下 4 种状态清除策略，而这些清除策略和常用数据库 Redis 中的清除策略类似，可以对比参考学习。

A. 惰性删除策略

默认情况下，Flink 通过惰性删除策略删除过期状态。惰性删除策略只有在主动访问状态值时才会去判断状态值是否过期，如果过期了，则会主动执行删除操作，比如调用 ValueState 的 T value() 方法、MapState 的 UV get(UK key) 方法时，就会判断状态值是否过期，如果过期则直接删除。惰性删除策略是一种默认生效的策略。

如果只使用惰性删除策略，会出现因某些过期的状态值不会被访问到而无法删除的问题，状态依然会越变越大，计算每种商品每天的访问用户数的案例就符合这种场景。为了解决这种问题，Flink 额外提供了下面介绍的 3 种状态清除策略，从而让 Flink 引擎在后台主动将过期的状态值删除。

B. 执行快照时主动清除过期状态数据策略

Flink 作业在执行快照时，可以主动将过期的状态数据从快照中剔除。StateTtlConfig 为我们提供了 cleanupFullSnapshot() 方法来配置这种策略，在使用这种策略时，需要额外注意以下 3 点。

❑ 使用这种策略时，虽然持久化的快照文件中不会包含过期的状态数据，但是 SubTask 本地存储的过期状态数据依然不会被清理，只有当 Flink 作业从快照文件恢复时，才不会包含过期的状态数据。

❑ 当状态后端为 RocksDB 并且是增量 Checkpoint 的情况下，该策略不会执行。

❑ 用户可以在作业重启时选择打开或者关闭该策略，不会对 Flink 作业从快照恢复的过程产生影响。

C. HashMap 状态后端——增量清除过期状态数据

状态后端为 HashMap 时，状态数据会存储在 SubTask 内存中，这时可以通过设置该策略实现在以下两种场景中，额外遍历一组状态值并将其中过期的状态值删除。

❑ 第一个场景是 SubTask 每访问一次状态数据：当访问状态数据时，额外遍历当前状态下的一组状态值并将其中过期的状态值删除。

❑ 第二个场景是 SubTask 每处理一条输入数据：当 SubTask 收到一条数据时，会对设置了该策略的每一个状态句柄额外遍历一组状态值并将过期的状态值删除。

StateTtlConfig 提供了 cleanupIncrementally(int cleanupSize, boolean runCleanupForEveryRecord) 方法来配置该策略，其中入参 cleanupSize 代表每次额外遍历的一组状态值的个数，默认值为 5。注意，只要我们配置了该策略，在第一个场景下是默认执行的，而在第二个场景下是否执行，则由入参 runCleanupForEveryRecord 控制，如果为 true 则执行，如果为 false 则不执行，runCleanupForEveryRecord 的默认值为 false。

在使用该策略时，需要额外注意以下 4 点。

❑ 目前该策略只支持 HashMap 状态后端，不支持 RocksDB 状态后端。

❑ 如果 SubTask 没有输入数据或者不访问状态数据，就不会执行该策略，过期状态仍会保留。除此之外，不同场景的作业使用该策略的实际效果也不同。举例来说，如果 Flink 作业中配置的状态过期时间较长，那么遍历了 10 条数据可能都没有过期，就都不能删除。如果 Flink 作业中配置的状态过期时间较短，那么遍历了 10 条数据可能都过期了，都能被删除。因此建议在配置该策略后，在生产环境中对实际效果进行验证。

❑ 由于该策略清除状态的方式是遍历一组状态数据，因此会增加每条数据的处理时延。

❑ 用户可以在作业重启时选择打开或者关闭该策略，不会对 Flink 作业从快照恢复的过程产生影响。

D. RocksDB 状态后端——压缩状态数据时清除过期状态数据

状态后端为 RocksDB 时，状态数据会存储在 SubTask 在本地启动的 RocksDB 存储引擎中，而 RocksDB 最终会将状态数据存储在本地磁盘中。RocksDB 在运行的过程中，会定期将存储在磁盘中的状态数据进行压缩，这时我们可以通过设置该策略让 RocksDB 在定期压缩时将其中过期的状态值删除，关于 RocksDB 状态后端的内容可参考 6.4.2 节。

StateTtlConfig 提供了 cleanupInRocksdbCompactFilter(long queryTimeAfterNumEntries) 方法来配置该策略，其中入参 queryTimeAfterNumEntries 用于决定 RocksDB 在处理多少条数据时从 Flink 作业的 SubTask 中更新一次时间戳。RocksDB 会使用该时间戳和状态数据的过期时间戳进行对比，如果大于状态数据的过期时间戳，则说明当前这条状态数据过期了，可以被删除，queryTimeAfterNumEntries 的默认值为 1000。

RocksDB 需要从 Flink 作业的 SubTask 中更新时间戳是因为 RocksDB 是使用 C++ 开发的，它在运行时是以本地线程的形式嵌入 TaskManager 进程的，和 Flink 作业处理数据的 SubTask 线程并非同一个，而判断状态数据是否过期，需要使用 SubTask 本地的处理时间戳，因此 RocksDB 需要通过 JNI（Java Native Interface，JNI 允许 Java 代码和 C 和 C++ 代码进行交互）从 SubTask 中获取处理时间戳。

在使用该策略时，需要额外注意以下 3 点。

❑ RocksDB 在判断状态是否过期时，需要解析状态中每个元素的状态时间戳，对于 ListState 或者 MapState 这种集合状态类型，会检查集合中每个元素的状态时间戳，这会对 Flink 作业的性能产生影响。

- ❑ RocksDB 会将 ListState 中的所有元素序列化为一个字节数组后再存储，如果 ListState 中的元素数据类型是非固定字节长度，比如 String 类型，那么 RocksDB 在遍历 ListState 中的每个元素时，需要额外通过 JNI 调用该数据类型的序列化器，将当前元素进行反序列化后才能确定集合中下一个元素的偏移量，这样才可以解析出下一个元素的状态时间戳，并判断是否过期，这也会对 Flink 作业的性能产生影响。
- ❑ 用户可以在作业重启时选择打开或者关闭该策略，不会对 Flink 作业从快照恢复的过程产生影响。

（5）访问到未被清理的过期状态值的可见性（可选配置项）　Flink 提供了许多过期状态清除策略来帮助用户及时清理过期状态，这些策略都无法保证状态值在过期后能立即被清除，SubTask 依然会访问到过期的状态值。StateTtlConfig 提供了 setStateVisibility(StateTtlConfig.StateVisibility s) 方法来配置当访问到一个过期状态值时，是否要把过期状态值返回给用户，方法入参 StateTtlConfig.StateVisibility 有 2 个枚举值，分别代表两种过期状态值的可见性。

- ❑ NeverReturnExpired：过期的状态值不会被返回给用户。该配置常用于对状态保留时长有严格要求的场景，比如某些法律法规要求隐私敏感数据只能保留指定时长的场景。我们也可以通过调用 StateTtlConfig 提供的 neverReturnExpired() 方法声明选择这种可见性。
- ❑ ReturnExpiredIfNotCleanedUp：过期的状态值会被返回给用户。我们可以通过调用 StateTtlConfig 提供的 returnExpiredIfNotCleanedUp() 方法声明选择这种可见性。

如果用户不设置，访问到过期状态值时默认的可见性为 StateTtlConfig.StateVisibility.NeverReturnExpired。

3. 使用状态保留时长时的注意事项

在 Flink 作业启用状态保留时长功能后，有以下两点注意事项。

（1）额外的性能消耗　状态后端在存储状态数据时需要额外存储状态时间戳，因此会增加状态的大小，尤其是 ListState 和 MapState 两种集合类型的状态，会为集合中的每一个元素额外存储一个状态时间戳字段。

（2）开启状态保留时长后无法关闭状态保留时长功能　如果某个键值状态启用了状态保留时长功能，并且生成了快照文件，那么 Flink 作业将该键值状态的状态保留时长功能关闭，并从该快照文件恢复时，作业会出现状态不兼容的异常（StateMigrationException）。反之，如果某个键值状态没有启用状态保留时长功能，并且生成了快照文件，那么 Flink 作业将该键值状态的状态保留时长功能开启，并从该快照文件恢复时，同样会出现状态不兼容的异常。

产生该问题的原因在于启用状态保留时长的情况下，状态数据会额外生成一个状态时间戳字段，而没启用的情况下不会有这个字段，因此启用和不启用的状态数据类型是不同的，这就导致了状态不兼容的异常。在从快照恢复时，状态保留时长功能的启用状态必须和之前保持一致。

4. 为什么只有键值状态有状态保留时长的功能

在我看来，专门为键值状态提供状态保留时长的功能也是 Flink 引擎不得已而为之。在算子状态中，用户要想将过期的状态数据删除，只需要在 CheckpointedFunction 接口提供的 void snapshotState(FunctionSnapshotContext context) 方法中实现删除过期状态的逻辑。在键值状态中，用户要想主动将某个 key 下的过期状态删除，有一个前提条件，那就是需要输入一条该 key 的数据，之后调用状态句柄中的 void clear() 方法执行删除操作。

这个前提往往是无法实现的，以计算每种商品每天的访问用户数为例，要想在 2022-01-02 将 key 为 < 商品 1, 2022-01-01 > 下的 MapState 删除，就需要在 2022-01-02 这一天给这个 KeyBy/Map 算子输入一条 key 为 < 商品 1, 2022-01-01 > 的数据，而在正常的数据处理逻辑中，时间已经到了 2022-01-02，怎么可能会有日期为 2022-01-01 的数据到来呢？因此在键值状态中，用户难以主动删除过期的状态数据，为了解决这个问题，Flink 只能从引擎底层给键值状态提供状态保留时长的功能。

6.2.6 Flink 状态接口总结

在本节，我们学习了 Flink 提供的算子状态、键值状态以及广播状态的定义、由来以及 DataStream API 的使用方法。

在 6.2.1 节中，我们学习了 Flink 根据应用场景的不同，将状态接口分为算子状态、键值状态和广播状态。算子状态的作用域是单个 SubTask，键值状态的作用域是单个 key，广播状态是一种特殊的算子状态，它要求每个 SubTask 的状态值相同。

在 6.2.2 节中，我们学习了算子状态。在状态的重分布问题上，算子状态提供了平均分割重分布策略的 ListState 以及合并重分布策略的 UnionListState。在大多数的场景中，ListState 就能满足我们的需求，而面对一些个性化的场景，则可以通过 UnionListState 灵活实现。在状态的异常容错问题上，算子状态通过 CheckpointedFunction 接口为我们提供了 snapshotState() 和 initializeState() 方法，通过这两个方法，我们可以自定义算子状态持久化的逻辑以及异常容错时恢复状态的逻辑。

在 6.2.3 节中，我们学习了键值状态。键值状态为我们提供了 ValueState、MapState、ListState、ReducingState 和 AggregatingState 共 5 种数据结构的状态接口。在状态的重分布问题上，键值状态比算子状态简单，键值状态的重分布策略和 KeyedStream 的哈希数据分组策略是一致的。同时，为了解决状态重分布时的性能问题，键值状态以范围读取、连续读取作为读取快照文件的核心思想，提出了将所有的 key 分为键组（KeyGroup）的思路，按照键组的粒度将状态数据平均分配到每一个 SubTask 上，这样可以提高从快照恢复键值状态的效率，其中键组的个数就是算子的最大并行度。在状态的异常容错问题上，由于键值状态的使用和业务逻辑强相关，并且重分布策略也是确定的，因此相比于算子状态，键值状态 DataStream API 使用起来更加简单，并且用户无须实现状态的持久化以及异常容错的逻辑，Flink 引擎会在后台自动完成。

在 6.2.4 节中，我们学习了广播状态。广播状态的核心应用场景就是动态修改 Flink 作业的配置。

在 6.2.5 节中，我们学习了键值状态特有的状态保留时长功能。首先学习了状态保留时长的应用场景，即将键值状态用作缓存的场景，然后学习了 Flink 键值状态保留时长的 5 种配置项的使用方法以及使用时的注意事项。

6.3　Flink 状态管理

在大数据处理场景中，执行环境错综复杂，处理的数据流量大，作业也是分布式的，在这个复杂的场景中，Flink 作业的任意一个节点存在问题都有可能导致作业宕机。因此在学习 Flink 实现有状态计算的思路时，除了讨论 Flink 通过状态本地化实现了极致的状态访问速度，我们还强调了状态本地化后要解决的一个核心问题，即发生故障时本地的状态会丢失。针对这个问题，Flink 提出了状态持久化（快照机制）方案，该方案的执行流程如图 6-36 所示。

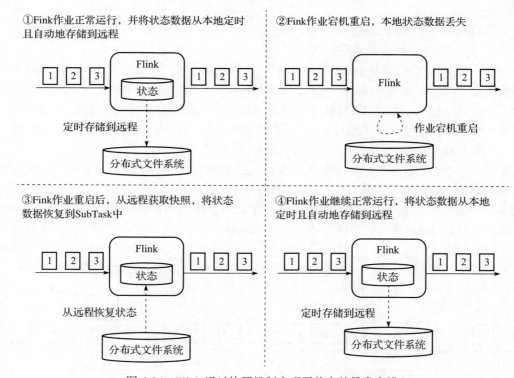

图 6-36　Flink 通过快照机制实现了状态的异常容错

Flink 作业正常执行时可以自动、定时地将状态数据持久化到远程分布式文件系统中。当 Flink 作业发生故障并重启后，会从远程分布式文件系统中读取快照并恢复状态数据，这样就避免了状态数据丢失的问题。然而，状态持久化只实现了基本的异常容错，在生产环境中，用户所期望的异常容错能力还要满足精确一次的数据处理。在发生故障时，Flink 作业不但要能从持久化的快照中恢复状态数据，还要保证能够协调所有的 SubTask 在故障恢复后实现数据处理的不重、不丢，状态值既不会算多也不会算少，保证计算出来的结果如同没有发生过故障一样。针对这个问题，Flink 实现了名为 Checkpoint 的分布式轻量级异步快照，保证了数据处理的精确一次。

本节我们来剖析 Flink 是如何通过 Checkpoint 实现精确一次的数据处理的。我们将采用层层递进的学习思路，首先从单机数据处理应用出发，探讨单机数据处理应用要实现精确一次的数据处理和一致性快照的前提条件和理论基础。接下来，将单机数据处理应用扩展到分布式数据处理应用中，分析在分布式数据处理应用中要实现精确一次的数据处理和一致性快照的条件和理论基础。最后，从分布式数据处理应用扩展到 Flink 中，学习 Flink 的 Checkpoint 机制是如何实现精确一次的数据处理和一致性快照的。

6.3.1 单机应用的精确一次数据处理

从单机应用出发，我们可以很容易地推理出在数据处理应用中完成精确一次数据处理的前提条件和执行机制。

1. 完成精确一次数据处理的条件

我们以一个单机应用的案例展开讨论。

案例：电商场景中统计所有商品的累计销售额。输入数据源为商品销售订单数据，输入的每一条数据代表一笔商品销售订单，其中包含了商品销售额等信息，这个单机数据处理应用的处理逻辑为每输入一条销售订单数据，就将历史累计销售额和当前商品订单的销售额相加，输出一条所有商品累计销售额的数据。在该应用中，我们使用状态来计算并存储所有商品的累计销售额。

我们来看看这个单机应用正常处理数据的过程。

如图 6-37 图左所示，作业输入数据中的数字就是每笔订单的销售额，该作业已经处理了一段时间的数据，本地状态中存储的所有商品累计销售已经达到了 100。如图 6-37 中图右所示，作业先读入数据 1，然后将状态中的累计销售额 100 和当前订单的销售额 1 相加得到 101，并将 101 的结果输出。这时作业恰好执行一次状态的持久化，将累计销售额 101 持久化到远程的分布式文件系统中。

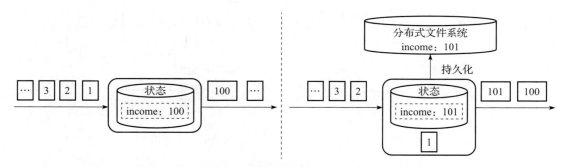

图 6-37　计算商品累计销售额的单机数据处理作业

（1）至多一次的数据处理　我们看看这个单机应用发生故障时的情况。

如图 6-38 中①所示，作业读入数据 2，准备继续计算，这时作业发生故障，作业宕机。如图 6-38 中②所示，作业重启后，会丢失两部分数据，一部分是保存在应用本地的累计销售额状态数据，另一部分是作业读入的销售额为 2 的订单数据。如图 6-38 中③所示，作业可以从文件存储系统中恢复累计销售额的状态数据。销售额为 2 的订单数据就没有那么幸运了，这条数据将无法恢复，那么单机应用只能从销售额为 3 的订单数据开始继续处理。最终如图 6-38 中④所示，作业读入销售额为 3 的数据后，将状态中的累计销售额 101 和 3 相加得到 104，并将结果值 104 输出。

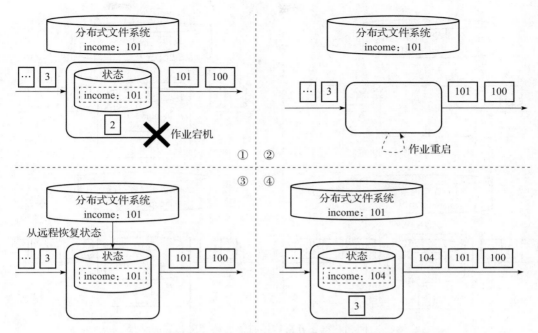

图 6-38　仅实现了状态持久化的作业在异常容错时会产出错误的结果

　　这时问题就很明显了，这个作业漏算了数据。正确的结果应该是数据 1、2、3 输入后，分别输出 101、103、106，现在数据 2 却被漏算了。虽然通过状态持久化的能力可以从分布式文件系统中将状态值 101 恢复，但是由于漏算了数据 2，最终导致状态中保存的累计销售额以及作业输出的累计销售额结果比正确结果小，用户得到的是一个错误的结果。通过这个案例我们知道了为什么即使实现了状态持久化也无法保证作业在异常容错后得到正确的结果。

　　上述这种仅通过状态持久化来实现异常容错的数据处理过程被称为至多一次的数据处理，在这种场景下，持久化的快照文件被称为至多一次的一致性快照。在至多一次的语义下，作业一旦发生故障，无法保证每条数据都会被正确地处理和计算，自然也就不能保证每条数据的结果都会被累计到状态中了。然而大多数情况下，至多一次的数据处理是无法被接受的！在上述场景中，随着故障次数变多，销售额的计算结果与真实结果之间的差异只会越变越大，这会对数据分析人员的决策产生误导。

　　（2）至少一次的数据处理　既然不允许漏算数据，那么作业故障重启时，往前回溯一段时间的数据，保证数据不被漏算可以吗？既然要回溯数据，作业消费的数据源就必须是可回溯的，在流处理场景中，常用的数据源存储引擎都是支持数据回溯的，比如消息队列 Kafka 可以指定从某个偏移量或者某个时间点开始重新消费数据。

　　接下来，我们将回溯数据的思路应用到电商场景中。如图 6-39 所示，作业故障重启后，从远程分布式文件存储系统中读取上一次的状态值 101，并继续处理数据，假如这时从数据 1 开始重新回溯，那么就会输出 102，读入数据 2，输出 104，读入数据 3，输出 107。

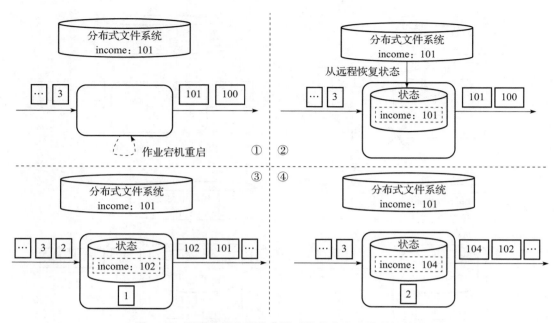

图 6-39　回溯数据在异常容错时依然会产出错误的结果

　　然而这时的输出结果也同样是存在问题的，这个作业多算了数据！我们发现数据 1 在作业发生故障之前被处理了一次，将销售额累加到了状态中。在作业故障重启之后，由于从数据 1 开始重新回溯数据，导致数据 1 又被作业处理了一次，将销售额累加到了状态中，数据 1 被计算了两遍，而这最终会导致状态结果中保存的累计总销售额以及作业输出的累计销售额相比正确结果被多算了，用户同样得到了一个错误的结果。

　　这种容错保证被称为至少一次的数据处理，在该种场景下的作业，持久化的状态数据被称为至少一次的一致性快照。在至少一次的语义下，作业一旦发生故障，能保证每条数据至少处理一次，由于有可能会重复处理数据，因此同一条输入数据就会重复累加到状态中。虽然故障场景下，至少一次的语义会算多，但是在一些使用状态进行去重的场景中，可以得到正确的结果，比如当把统计所有商品的累计销售额的场景改为统计所有商品的累计购买用户数时，至少一次的语义也能得到正确的结果。需要注意的是，这是利用了指标本身可以去重的特性才得到的正确的结果，在不去重的场景中，至少一次的语义依然会导致结果错误。

　　（3）精确一次的数据处理　既然至多一次和至少一次都会导致结果错误，那么有没有什么方法能够做到在作业异常容错时既不让数据少算也不让数据多算，达到数据处理的精确一次呢？

　　回到单机应用的故障场景中，我们可以发现如果要在异常容错时计算得到正确的结果，那么在作业从分布式文件系统中将状态值 101 恢复到作业本地之后，一定要从 101 这个状态值对应的数据偏移量开始继续处理数据。数据偏移量用于记录当前 101 的状态值是处理了哪一条数据后得到的。作业能准确地知道偏移量，就能在故障发生后，从这个偏移量开始处理，从而保证精确一次的数据处理。

　　举例来说，在上述场景中，状态值 101 对应的偏移量是数据 2，那么当单机处理作业在异常容错时，从分布式文件系统中获取 101 后，就需要从数据 2 开始继续处理，这时就可以得到正确的结果。反观上述至多一次和至少一次语义场景中产生错误的原因，在至多一次语义的场景中是从数据 3 开始处理的，而在至少一次语义的场景中是从数据 1 开始处理的，两种语义下都没有从状态值 101 对应的偏移量数据 2 开始处理。

　　思路有了，解决方案也不复杂，核心步骤如下。

- ❑ 作业在持久化状态数据时：不但需要持久化状态结果，还需要持久化当前状态结果对应的数据偏移量。偏移量一般可以从数据源存储引擎中获取，以消息队列 Kafka 为例，Kafka Topic 中的分区会记录每一条数据的偏移量，数据处理作业可以在读取 Kafka 数据时，将当前的偏移量保存到状态中。
- ❑ 作业在异常容错时：从远程分布式文件系统恢复状态数据后，从恢复的状态数据中读取当前的偏移量，并从该偏移量处重新读取数据源存储引擎中的数据。

　　我们将这个解决方案应用到电商场景中。如图 6-40 所示，状态中不但需要存储所有商品的累计销售额 income，还需要存储当前累计销售额状态数据对应处理的数据的偏移量，偏移量来自原始数据。如图 6-40 中①所示，作业正常运行了一段时间，本地状态值中保存的累计销售额 income=100、offset=30。如图 6-40 中②所示，读入数据 1，经过计算后得到 income=101，将数据 1 的 offset=31 记录到状态中，处理完成之后输出结果值 101。这时开始执行快照，将 income=101、offset=31 的状态值保存到远程分布式文件系统中。如图 6-40 中③所示，作业读入数据 2 开始处理，这时作业突然故障宕机。如图 6-40 中④所示，作业重新启动后，会从远程的分布

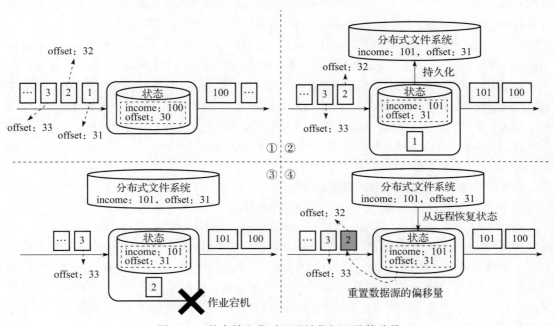

图 6-40　状态持久化时记录销售额以及偏移量

式文件系统中重新读取状态结果 income=101、offset=31，这时作业知道当前的累计销售额 income 的结果是处理完 offset 为 31 的输入数据时的累计销售额，下一条要处理的数据的 offset 为 32，这样就可以从数据源中 offset 为 32 的数据 2 开始继续处理了。

如图 6-41 中图左所示，作业读入数据 2，计算后得到 income=103，并将数据 2 的 offset=32 记录到状态中，产出结果 103。如图 6-41 中图右所示，读取数据 3，计算后得到 income=106，并将数据 3 的 offset=33 记录到状态中，产出结果 106。最终我们发现，按照这个方案执行计算，即使发生故障，输出的结果也是正确的，既不会漏算也不会多算。

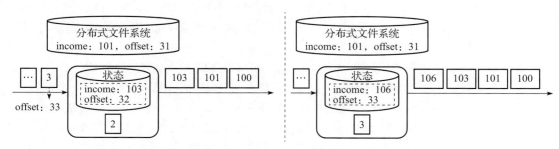

图 6-41　状态持久化时记录销售额以及偏移量

需要注意的是，上述作业在执行状态持久化的过程中隐含了一个条件：状态持久化的逻辑和数据处理的逻辑需要互斥。互斥代表当前的作业要么在执行状态持久化，要么在处理数据，不能一边执行快照，一边处理数据，否则就会产生错误的结果。举一个因不互斥而导致产出错误结果的案例，作业读入数据 1 之后，计算累计销售额得到 income=101，如果这时 offset 还没有更新为 31 就开始持久化状态数据，那么就会将 income=101、offset=30 的状态值保存到远程文件存储系统中。后续当作业发生故障异常容错时，就会从远程分布式文件系统中读到 income=101、offset=30 的状态值，接着作业就会从数据 1 开始继续处理，导致数据 1 被重复处理，又变成了至少一次的语义。

那么具体到作业的执行机制层面，要怎么保证互斥性呢？一个简单的思路就是作业在准备开始执行快照时，停止处理输入数据。举例来说，如图 6-40 中的②所示，当处理完数据 1 之后，原本是要读入数据 2 继续处理的，但是这时作业收到了要开始持久化状态的命令，那么作业停止读入数据，开始专心执行快照，等快照执行完成，将本地的状态数据保存到远程的分布式文件系统后，再开始读入数据 2 继续处理。

2. 完成精确一次一致性快照的时间点

接下来我们讨论单机应用应该何时去完成一个精确一次的一致性快照。

回顾 6.1.4 节介绍的 IDE 自动保存用户代码的案例，在这个案例中，IDE 每隔固定的一段时间保存代码的快照，比如每隔 15s 自动执行一次保存，这个 15s 并不是随便选的，其中有着权衡取舍。如果执行保存操作太频繁，比如用户每写一个单词就保存一次快照，则会占用 IDE 大量的资源，导致用户在编码时出现卡顿的情况。如果间隔很长时间才执行一次保存操作，比如每 10min 执行一次，又会在宕机后丢失最近 10min 内的编码内容。因此以 15s 为间隔保存一次快照既不会导致卡顿，也不会导致宕机时丢失大量的内容。

单机应用执行快照的过程和上述 IDE 保存代码快照的过程是一样的，我们借鉴 IDE 保存代码快照的逻辑，在单机应用中，由用户设定一个时间间隔，应用按照这个时间间隔自动触发执行快照即可。

3. 精确一次的一致性快照执行流程总结

实现精确一次的一致性快照的 2 个前提条件如下。

❑ 可回溯的数据源：指的是支持从指定偏移量进行回溯的数据源。支持该功能的常见组件有两类，一类是消息队列类的数据源，比如 Apache Kafka、RabbitMQ、Amazon Kinesis、Google PubSub，另一类是文件存储系统，比如 HDFS、S3、GFS、NFS、Ceph 等。

❑ 状态持久化存储：支持对状态数据进行持久化的存储系统，比如常用的分布式文件系统 HDFS、S3、GFS、NFS、Ceph 等。

精确一次的一致性快照的执行流程以及异常容错的恢复流程如下。

❑ 一致性快照的触发：在单机应用中，由单机应用定时触发执行快照。

❑ 一致性快照中需要保存的状态数据：快照中不仅要存储业务逻辑相关的状态数据，还要存储作业消费的数据源的偏移量。

❑ 一致性快照的执行流程：确保状态持久化流程和数据处理流程的互斥性，同时只能有一个处理流程在执行。执行快照时，首先将当前数据处理完毕，并输出结果，接下来停止处理数据，开始专心执行状态持久化逻辑，将作业中的状态数据序列化后存储到远程分布式文件系统中，完成状态持久化逻辑之后，继续处理数据。

❑ 一致性快照在异常容错时的恢复流程：异常容错时，作业启动之后需要先从远程分布式文件系统中读取快照文件，接着从快照文件中恢复状态数据，并读取快照中保存的数据源的偏移量，重置数据源的偏移量并从该偏移量继续消费和处理数据。

6.3.2　分布式应用通用的精确一次数据处理

本节介绍在分布式应用的复杂场景下，如何保证状态结果的精确一次。

一个分布式的数据处理应用是由多个单机应用组成的，那么一个直观的想法就是让这个分布式应用中的每个单机节点各自完成精确一次的数据处理，这时就可以保障整个分布式应用满足精确一次的数据处理条件了。同时，单机节点的一致性快照总和就是这个分布式数据处理应用的一致性快照。

逻辑看起来简单，具体要如何实现呢？

我们以电商场景中计算每种商品累计销售额的 Flink 作业为例，输入数据为商品的销售流水数据 InputModel（包含 id、income 字段，分别代表商品 id 和订单销售额），期望的输出结果为每种商品的累计销售额，最终的实现如代码清单 6-25 所示。

代码清单 6-25　计算每种商品累计销售额的 Flink 作业

```
DataStream<InputModel> source = env.addSource(new UserDefinedSource());
DataStream<InputModel> transformation = source
    .keyBy(i -> i.getId())
```

```
        .reduce(new ReduceFunction<InputModel>() {
            @Override
            public InputModel reduce(InputModel value1, InputModel value2) throws
                Exception {
                value2.income += value1.income;
                return value2;
            }
        });
    DataStreamSink<InputModel> sink = transformation.print();
```

如图 6-42 所示，是代码清单 6-25 的 Flink 作业对应的逻辑数据流图以及所有算子并行度为 2 时的物理数据流图。我们从物理数据流图展开，分析这个分布式应用如何实现数据处理的精确一次。

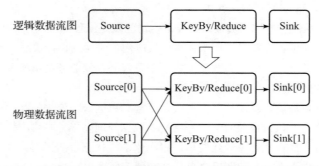

图 6-42　计算商品累计销售额的 Flink 作业的逻辑、物理数据流图

需要注意的是，虽然我们使用的分布式应用案例是代码清单 6-25 对应的 Flink 作业，但我们只是以这个 Flink 作业的分布式架构为例来探究一个分布式应用要如何实现精确一次的数据处理，本节讨论的方案并不是 Flink 最终采用的实现方案，而是对所有的分布式应用都适用的通用的精确一次数据处理的实现方案，Flink 最终采用的 Checkpoint 方案是在本节所介绍的方案上进行了一些优化。

1. 完成精确一次数据处理的条件

如图 6-43 所示，这个作业已经运行了一段时间，其中包含了 Source、KeyBy/Reduce、Sink 共 3 个算子，每个算子的并行度都为 2，整个作业共有 6 个 SubTask，其中黑色背景的是从数据源读取的数据以及算子之间传输的数据，白色背景的是状态数据。

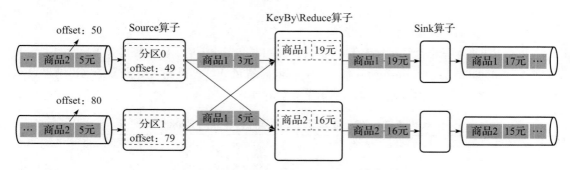

图 6-43　分布式应用运行一段时间的中间状态

我们分别分析 Source、KeyBy/Reduce 和 Sink 算子如何实现精确一次的数据处理。注意，我们并不需要分析每一个算子的所有 SubTask 如何实现精确一次的数据处理，只需要分析每一个算子中的一个 SubTask。同一个算子的 SubTask 的数据处理逻辑相同，实现精确一次的数据处理逻辑也是相同的，只有在不同算子之间实现精确一次的数据处理时，逻辑才会不同。

（1）Source 算子　Source 算子的工作很简单，先读入数据，然后将数据发给下游的 KeyBy/Reduce 算子。Source 算子的 SubTask 可以直接采用 6.3.1 节单机应用实现精确一次数据处理的方案，直接执行快照即可。

❑ 持久化的状态数据：Source 算子中没有用户业务逻辑相关的状态数据，只需要保存偏移量的状态数据。

❑ 执行快照的流程：如图 6-44 所示，当 SubTask 收到 JobManager 发送的执行快照命令时（在分布式应用中由 JobManager 统一管理快照的执行过程），停止读入数据，然后专心执行快照，将数据源偏移量状态数据保存到远程分布式文件系统中。Source 算子的 SubTask 执行完快照之后要一直等待，直到整个 Flink 作业的所有算子的 SubTask 都执行完成后，才会继续读入数据并处理数据。

❑ 异常容错从快照恢复的流程：当作业异常容错时，Source 算子中的 SubTask 先从分布式文件系统中恢复状态数据，然后从状态中保存的偏移量开始，继续消费数据源中的数据。

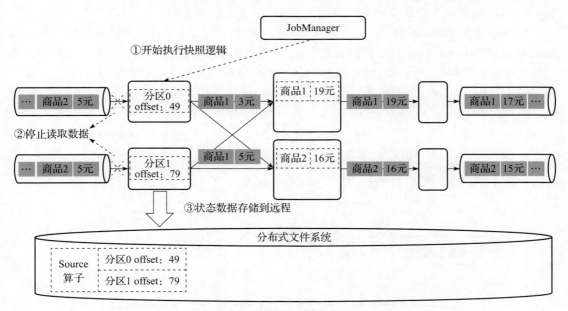

图 6-44　Source 算子执行快照

（2）KeyBy/Reduce 算子　在 Source 算子收到 JobManager 执行快照的命令时，KeyBy/Reduce 算子会同时收到执行快照的命令，那么 KeyBy/Reduce 算子中的 SubTask 也能采用单机应用中精确一次的数据处理方案吗？答案是否定的，原因是存在以下两个问题。

❑ 问题 1：网络传输通道无法回溯数据。KeyBy/Reduce 算子的 SubTask 收到的数据是 Source 算子通过网络传输通道发送的，对于 KeyBy/Reduce 算子的 SubTask 来说，网络传输通道并不是一个可回溯的数据源，那么在异常容错时，SubTask 自然也无法回溯数据，最终会导致出现至多一次的语义。

❑ 问题 2：上下游算子的 SubTask 传输数据时并没有偏移量信息。Source 算子消费的数据一般提供了数据的偏移量信息，Source 算子中的 SubTask 可以把这个偏移量保存在状态中，从而在异常容错时重新回溯数据。由于 KeyBy/Reduce 算子的 SubTask 消费的数据来自 Source 算子的 SubTask，而 Source 算子的 SubTask 并不会给每一条数据标记当前的偏移量，因此 KeyBy/Reduce 算子无法得知数据的偏移量，自然也无法采用单机数据处理应用的精确一次数据处理方案。

上述两个问题都会导致 KeyBy/Reduce 算子中的 SubTask 无法实现数据处理的精确一次，相比于问题 2 来说，问题 1 更加严重，我们先假设问题 2 已经被解决了，也就是 Source 算子的 SubTask 在发送数据给 KeyBy/Reduce 算子的 SubTask 时，可以带上偏移量，然后探讨问题 1 的解决方案。

首先来看问题 1 发生时的现象。假设 Source 算子的 SubTask 在发送数据给 KeyBy/Reduce 算子的 SubTask 时能为每一条数据都标记偏移量，那么 KeyBy/Reduce 算子的 SubTask 执行快照的过程如图 6-45 所示。注意，在图 6-45 中，为了减小理解成本，只绘制了 KeyBy/Reduce 算子的 KeyBy/Reduce[0]。KeyBy/Reduce[0] 的状态中存储了两部分数据，分别是商品 1 的累计销售额 19 元，以及 Source 算子两个 SubTask 发送数据的偏移量，分别为通道 0 的 offset=48 和通道 1 的 offset=78。假如这时 KeyBy/Reduce[0] 收到来自 JobManager 执行快照的命令，就会停止处理输入数据，并将状态数据 < 商品 1，19 元 >、< 通道 0 偏移量，48>、< 通道 1 偏移量，78> 都保存到远程分布式文件系统当中。

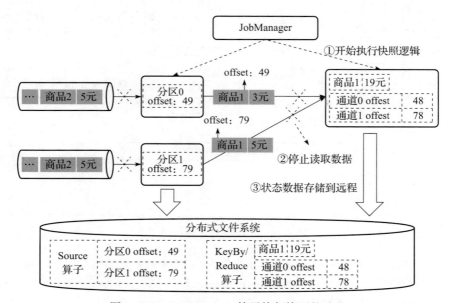

图 6-45　KeyBy/Reduce 算子执行快照的过程

　　假如在快照完成之后，作业突然宕机并重启，从当前完成的这个快照恢复时，问题就出现了，如图 6-46 所示是 Source 算子和 KeyBy/Reduce 算子的 SubTask 从快照恢复的过程。

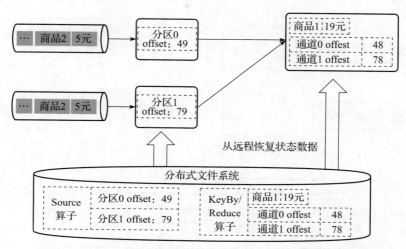

图 6-46　Source 算子和 KeyBy/Reduce 算子从快照恢复的过程

　　Source 算子的 SubTask 恢复，并且从快照中保存的偏移量开始消费数据。KeyBy/Reduce 算子的 SubTask 也进行相同的恢复动作，在恢复后从快照中保存的偏移量开始消费数据。将图 6-46 和图 6-45 进行对比，我们发现 Source 算子和 KeyBy/Reduce 算子之间的＜商品 1，3 元＞、＜商品 1，5 元＞两条数据由于在作业宕机的时候还在网络传输通道中，因此在作业恢复后，这两条数据丢失了。接下来 KeyBy/Reduce[0] 继续处理数据时，就会漏算这两条数据，计算得到的商品 1 的累计销售额会比真实值少 8 元，就变为至多一次的语义了。

　　有读者会认为这个问题很好解决，既然数据丢了，那么直接让 Source 算子将这两条数据重新发送给 KeyBy/Reduce 算子。这是很难实现的，首先，Source 算子的 SubTask 并不知道下游 KeyBy/Reduce 算子的 SubTask 是否成功消费到这两条数据，Source 算子不知道要重发哪些数据。其次，从 Source 算子的执行流程来看，Source 算子并不会将发送给 KeyBy/Reduce 算子的数据保存下来，就没有向下游算子重发数据的可能性。

　　我们转变一下思路，既然 Source 算子不能重发这部分数据，那么将这部分数据存储在 KeyBy/Reduce[0] 的状态中也是一个可行的。

　　实现逻辑很简单，KeyBy/Reduce[0] 在开始执行快照逻辑后，不但要将＜商品 1，19 元＞保存到快照中，还要一直等待收集网络通道中的数据并保存到快照中。那么 KeyBy/Reduce 算子需要存储所有网络通道中的数据吗？并不是，KeyBy/Reduce[0] 只需要要存储开始执行快照后网络通道中的数据，更早的数据已经被 KeyBy/Reduce[0] 处理过了，不需要存储。

　　从这个思路出发，如图 6-47 所示，在执行快照时，KeyBy/Reduce[0] 要等待＜商品 1，3 元＞、＜商品 1，5 元＞这两条数据到达并存储到状态中，最终持久化的状态数据就是＜商品 1，19 元＞、＜商品 1，3 元＞和＜商品 1，5 元＞。

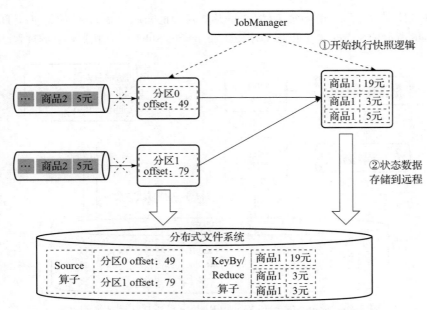

图 6-47　KeyBy/Reduce 算子将通道中的数据保存到状态中

如图 6-48 所示，当上述作业在异常容错时，KeyBy/Reduce[0] 可以从快照中恢复得到 < 商品 1，19 元 >、< 商品 1，3 元 >、< 商品 1，5 元 > 这 3 条数据，在恢复后先处理 < 商品 1、3 元 >、< 商品 1、5 元 > 这两条来自网络通道的数据，再处理 Source 算子发送的数据，保证计算得到的商品 1 的累计销售额是正确的。

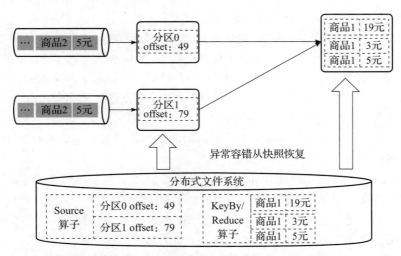

图 6-48　KeyBy/Reduce 算子将通道中的数据保存到状态中

虽然这个方案可以解决网络传输通道中数据丢失的问题，但又引入了一个新问题：当数据还在网络传输通道中传输时，KeyBy/Reduce[0] 并不知道网络传输通道中还有多少数据，也不知道要等多长时间才能把网络传输通道中的数据收集齐，难道要让 KeyBy/Reduce[0] 永无止境地等下去吗？

这个问题也不难解决。KeyBy/Reduce 算子的等待是有范围的，由于 Source 算子开始执行快照时，就不会再向 KeyBy/Reduce 算子发送数据了，所以范围就是 Source 算子开始执行快照到 KeyBy/Reduce 算子开始执行快照的这部分数据。标识这个范围也不难，Source 算子的 SubTask 可以在执行快照时先发送一个名为 barrier（屏障）的特殊标记数据给 KeyBy/Reduce 算子的 SubTask。当 KeyBy/Reduce 算子的 SubTask 收到这个标识之后，自然就知道收集齐了网络传输通道中的所有数据了，这时的网络传输通道中也没有数据了。

注意，为了确保上下游算子所有连接的网络传输通道没有数据了，Source 算子需要通过广播的方式向 KeyBy/Reduce 算子发送 barrier，这里的广播机制和 5.4 节介绍的 Watermark 广播机制是一样的，也就是上游算子的每一个 SubTask 都会把 barrier 发给所有连接到的下游算子的 SubTask。

如图 6-49 所示，Source 算子在停止读取数据并准备执行快照逻辑时，先向下游 KeyBy/Reduce 算子的 SubTask 广播 barrier。

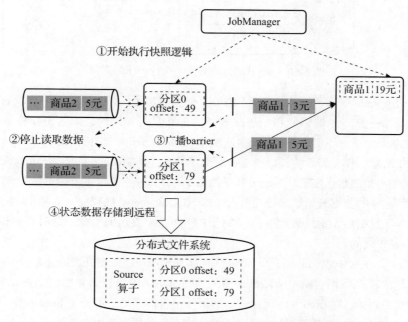

图 6-49　Source 算子在执行快照时先广播 barrier

如图 6-50 所示，KeyBy/Reduce[0] 收到 JobManager 开始执行快照的命令后，会停止处理数据。注意，虽然停止处理数据，但依然会接收来自 Source 算子 SubTask 发送的数据并保存到状态中，直到收到所有 Source 算子 SubTask 发送的 barrier 后，KeyBy/Reduce[0] 知道网络传输通道中没有数据了，可以将用于计算商品累计销售额的状态数据 < 商品 1，19 元 > 以及网络传输通道中的状态数据 < 商品 1，3 元 >、< 商品 1，5 元 > 一起存储到远程分布式文件系统中了。

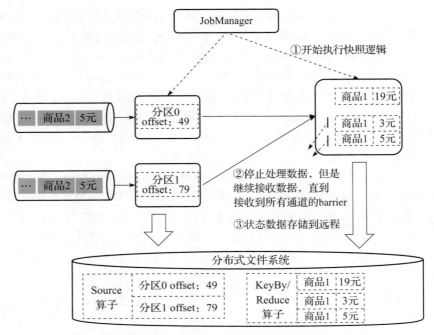

图 6-50　KeyBy/Reduce 算子执行快照的逻辑

这时 KeyBy/Reduce 算子的 SubTask 不需要存储偏移量了，因为网络通道中没有数据了，这代表 KeyBy/Reduce 算子的偏移量和 Source 算子的偏移量是相同的，而这份偏移量已经存储在 Source 算子的状态中了，不需要再存储在 KeyBy/Reduce 算子的状态中了。

如图 6-51 所示，作业异常容错时，Source 算子和 KeyBy/Reduce 算子的 SubTask 会从远程分布式文件系统中将快照数据恢复。Source 算子的两个 SubTask 会从分区 0 偏移量为 49 的数据以及分区 1 偏移量为 79 的数据开始继续处理数据。KeyBy/Reduce[0] 处理完 <商品 1，3 元>、<商品 1，5 元> 这两条数据后，继续处理 Source 算子的 SubTask 发送的数据，这时我们得到的商品 1 的销售额依然是正确的。

我们总结一下 KeyBy/Reduce 算子中 SubTask 实现精确一次数据处理的方案。

❑ 持久化的状态数据：KeyBy/Reduce 算子的 SubTask 中要持久化的状态数据包含两部分，一部分是和业务逻辑相关的每种商品的累计销售额，另一部分是 Source 算子开始执行快照到 KeyBy/Reduce 算子开始执行快照之间的网络传输通道中的数据。

❑ 执行快照的流程：当 KeyBy/Reduce 算子的 SubTask 收到 JobManager 发送的执行快照的命令时，虽然停止读入数据，但是依然会接收来自 Source 算子 SubTask 发送的数据，直到收到所有的 barrier 后，就可以将本地的状态数据持久化到远程分布式文件系统中了。

❑ 异常容错从快照恢复状态数据的流程：当作业异常容错时，所有 SubTask 从分布式文件系统中恢复状态数据。恢复后，首先按照顺序处理状态中保存的来自网络传输通道的数据，等这一部分数据处理完成之后，才会继续处理来自 Source 算子的 SubTask 发送的数据。

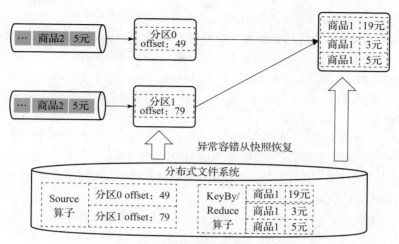

图 6-51　异常容错时从快照恢复

（3）Sink 算子　下面来看 Sink 算子实现精确一次的一致性快照的流程，我们发现 Sink 算子和 KeyBy/Reduce 算子其实是相同的，数据源都是上游的算子，因此 Sink 算子实现精确一次的数据处理的方案也就和 KeyBy/Reduce 算子相同了。

如图 6-52 所示，当 Sink 算子的 SubTask 收到 JobManager 开始执行快照的命令后，会停止处理数据，并继续接收数据，将通道内的数据保存到状态中，直到所有的通道都收到 barrier。由于该案例中，Sink 算子本身没有业务逻辑相关的状态数据，因此 Sink 算子中需要持久化的状态数据只有 Sink[0] 中的通道数据 < 商品 1，19 元 > 以及 Sink[1] 中的通道数据 < 商品 2，16 元 >。

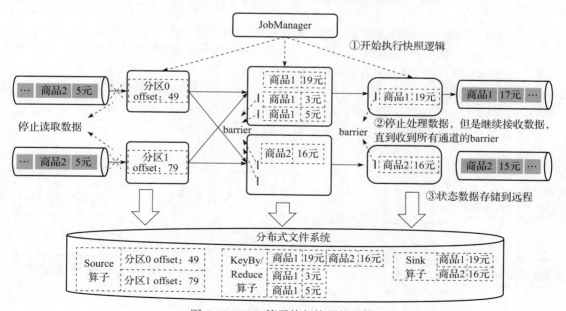

图 6-52　Sink 算子执行快照的逻辑

当作业异常容错时，Sink 算子的 SubTask 会先从分布式文件系统中恢复状态数据，然后处理通道内的数据，将数据输出到数据汇存储引擎中，最后处理 KeyBy/Reduce 算子的 SubTask 发送的数据。

（4）快照执行完成　当作业中的 Source、KeyBy/Reduce 和 Sink 算子的 SubTask 都执行完快照后，将执行成功的结果发送给 JobManager。JobManager 在收到所有 SubTask 反馈的成功执行快照的消息后，会给所有的 SubTask 回应一条可以继续处理数据的消息。SubTask 在收到这条消息后，继续处理数据。

至此，我们讨论清楚了在公布式应用每一个算子实现精确一次的数据处理方案，而将每一个算子的方案合并后，就得到分布式应用精确一次的数据处理方案。

（5）分布式应用精确一次数据处理的案例　我们以计算每一种商品累计销售额的场景为例，实践分布式应用精确一次的数据处理方案。

第一步，作业状态初始化。图 6-53 是该作业运行一段时间后的中间状态。

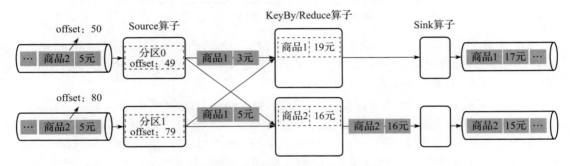

图 6-53　分布式作业运行的中间状态

第二步，作业继续处理输入数据，如图 6-54 所示。

❑ Source[0]：读入数据 < 商品 2，5 元 >，先将本地状态中保存的偏移量更新为 50，然后将这条数据通过网络传输通道发往 Key/Reduce[1]。

❑ KeyBy/Reduce[0]：消费 Source[0] 发送的数据 < 商品 1，3 元 >，和状态中保存的 < 商品 1，19 元 > 状态数据进行累加计算，得到结果 < 商品 1，22 元 > 并通过网络传输通道发往 Sink[0]。

❑ Sink[1]：读入数据 < 商品 2，16 元 > 并写入数据汇存储引擎。

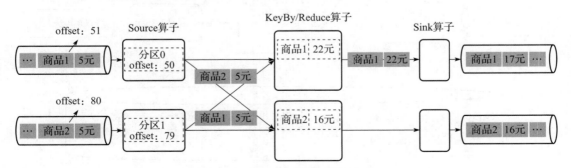

图 6-54　作业继续处理输入数据

第三步，作业执行快照。如图 6-55 所示，JobManager 触发执行快照，并将执行快照的命令发送给所有算子的所有 SubTask。

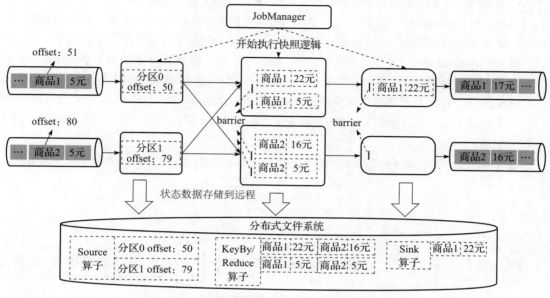

图 6-55　分布式作业执行快照

- Source 算子的 SubTask：收到执行快照命令后会停止读入以及处理数据，给下游 KeyBy/Reduce 算子广播 barrier，并将偏移量状态数据 < 分区 0 offset，50>、< 分区 1 offset，79> 保存到远程分布式文件系统中。

- KeyBy/Reduce 算子的 SubTask：收到执行快照命令后会停止处理数据，给下游 Sink 算子广播 barrier。KeyBy/Reduce 算子的 SubTask 依然会接收来自 Source 算子的 SubTask 发送的数据，直到收齐 barrier 后开始执行快照。接下来将每种商品累计销售额状态数据 < 商品 1，22 元 >、< 商品 2，16 元 > 以及来自通道的状态数据 < 商品 1，5 元 >、< 商品 2，5 元 > 持久化到远程分布式文件系统中。

- Sink 算子的 SubTask：收到执行快照命令后会停止处理数据，由于 Sink 算子中没有和业务逻辑相关的状态数据，因此收到 KeyBy/Reduce 算子的 SubTask 发送的 barrier 后将通道的数据 < 商品 1，22 元 > 持久化到远程分布式文件系统中。

- 快照执行完成：作业中的全部 SubTask 完成快照执行后，会将执行成功的结果发送给 JobManager 节点，JobManager 收到所有 SubTask 的反馈后确认整个作业已经完成了快照的执行，最终得到这个分布式应用的精确一次的一致性快照。

第四步，作业继续处理输入数据。如图 6-56 所示，JobManager 会给所有的 SubTask 发送可以继续处理数据的消息，SubTask 在收到这条消息后，继续开始处理数据。

- Source[0]：读入分区 0 偏移量为 51 的数据 < 商品 1，5 元 >，将本地状态中保存的偏移量更新为 51，然后将这条数据通过网络传输通道发往 KeyBy/Reduce[0]。

❑ Source[1]：读入分区 1 偏移量为 80 的数据 < 商品 2，5 元 >，将本地状态中保存的偏移量更新为 80，然后将这条数据通过网络传输通道发往 KeyBy/Reduce[1]。

❑ KeyBy/Reduce[0]：处理状态中保存的网络通道数据 < 商品 1，5 元 > 后，和 < 商品 1，22 元 > 累加得到计算结果 < 商品 1，27 元 >，将结果通过网络传输通道发往 Sink[0]。

❑ KeyBy/Reduce[1]：处理状态中保存的网络通道数据 < 商品 2，5 元 > 后，和 < 商品 2，16 元 > 累加得到计算结果 < 商品 2，21 元 >，将结果通过网络传输通道发往 Sink[1]。

❑ Sink[0]：首先处理状态中保存的网络通道数据 < 商品 1，22 元 >，将这条数据写入数据汇存储引擎，然后接收上游 KeyBy/Reduce[0] 发送的 < 商品 1，27 元 >，写入数据汇存储引擎。

❑ Sink[1]：收到上游 KeyBy/Reduce[1] 发送的 < 商品 2，21 元 >，将其写入数据汇存储引擎。

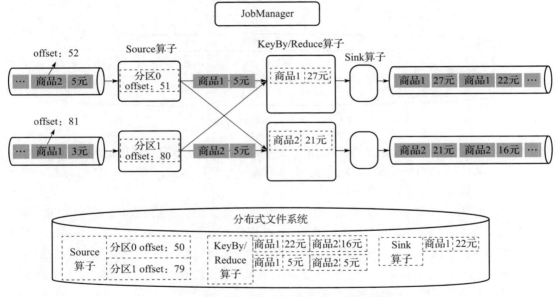

图 6-56　作业执行完快照后继续处理数据

第五步，作业异常容错。假设这时作业发生宕机，作业会从上次的快照进行恢复，恢复后的结果如图 6-57 所示。

从快照恢复后，Source 算子的 SubTask 会从恢复状态中记录的偏移量处开始重新消费数据源中的数据，KeyBy/Reduce 算子和 Sink 算子会先处理恢复的状态中保存的网络通道的数据，然后处理上游算子发送的数据，最后计算得到的结果依然是 < 商品 1，27 元 >、< 商品 2，21 元 >，是正确的结果。

相信读者这时会发现一个问题，虽然作业恢复了，并且恢复后计算得到的结果是正确的，但是计算结果 < 商品 1，22 元 >、< 商品 1，27 元 > 和 < 商品 2，21 元 > 重复输出到了数据汇存储引擎中。这其实是符合预期的，本节讨论的是分布式应用内部数据处理的精确一次，不保证端到端数据处理的精确一次，关于端到端数据处理的精确一次，我们将在 6.3.5 节讨论。

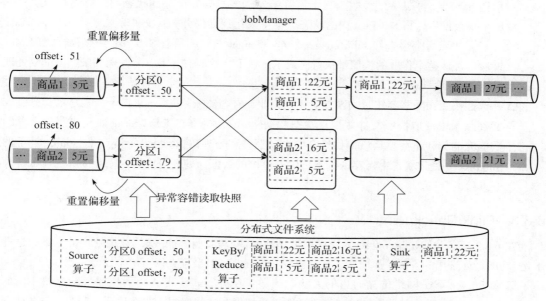

图 6-57　作业异常容错从快照恢复

2. 完成精确一次一致性快照的时间点

和单机应用一样，分布式应用按照一个合适的时间周期定时执行快照即可，不同之处在于，单机应用中快照是由应用自己触发执行，而在分布式应用中可以交由 JobManager 节点统一触发及管理。Flink 采用了这样的方案，JobManager 提供了一个名为 CheckpointCoordinator 的组件，Flink 作业通过 CheckpointCoordinator 来定时触发 SubTask 执行快照。

3. 精确一次一致性快照执行流程总结

我们总结一下在分布式应用中如何以及何时完成一个精确一次的一致性快照。

在分布式应用中，要实现精确一次的数据处理，和单机应用一样要具备以下 2 个前提条件。

❑ 可回溯的数据源：支持从指定偏移量进行回溯的数据源。

❑ 状态持久化存储：支持对状态数据进行持久化的存储系统。

精确一次的一致性快照的执行流程以及异常容错的恢复流程如下。

❑ 一致性快照的触发：由分布式应用的 JobManager 节点触发。

❑ 一致性快照中需要保存的状态数据：对于作业中的所有算子，快照中都需要保存用户业务逻辑的状态数据。除此之外，在 Source 算子的 SubTask 中，要将数据源的偏移量存储在状态中，而在非 Source 算子的 SubTask 中，要将通道内的数据存储在状态中。

❑ 一致性快照的执行流程：由 JobManager 定时触发作业中算子的 SubTask 执行快照，Source 算子的 SubTask 收到 JobManager 发送的执行快照命令后，停止处理数据，向下游算子广播 barrier，并将 SubTask 内的状态数据持久化到远程分布式文件系统中。非 Source 算子的 SubTask 收到 JobManager 发送的执行快照命令后，停止处理数据，向下游算子广播 barrier，并且继续接收来自上游算子发送的数据并保存到状态中，直到收到所有的 barrier 数据后，将 SubTask 内的状态数据持久化到远程分布式文件系统中。每个 SubTask 执行完快照后都会告知 JobManager，JobManager 在收到所有 SubTask 快照执行完成的反馈后，确认整个作业的快照都执行完成了，接下来给所有 SubTask 发送一条可以继续处理数据的命令。

❑ 一致性快照在异常容错时的恢复流程：作业异常容错恢复时，SubTask 会先从远程分布式文件系统中读取快照文件并恢复状态数据。Source 算子的 SubTask 读取到快照中保存的数据源的偏移量后，从该偏移量开始重新消费和处理数据源中的数据。非 Source 算子的 SubTask 先处理状态中保存的网络传输通道中的数据，处理完成后，才会接着处理上游算子发送的数据。

6.3.3　Flink Checkpoint

在 6.3.2 节，我们讨论了分布式应用通过一致性快照实现精确一次的数据处理的方案，这并不是 Flink 最终选用的方案，原因在于执行流程在最终实现时会存在以下两个性能问题。

❑ 非 Source 算子网络传输通道的大状态问题：在分布式应用通用的快照执行逻辑中，非 Source 算子需要将网络传输通道中的明细数据保存在状态中，并在执行快照时，持久化到远程的分布式文件系统中，而网络传输通道的数据量往往是非常大的，这将导致持久化的状态数据非常大，如果网络 I/O 是瓶颈，将严重影响作业性能。

❑ 快照导致的处理时延问题：在分布式应用通用的快照执行逻辑中，只要作业开始执行快照，就要停止读入和处理数据，需要等到整个作业中所有 SubTask 的快照执行完成之后，JobManager 才会通知所有的 SubTask 继续处理数据，这会大大延长流处理作业的处理时延，降低流处理作业的时效性。

接下来我们看看 Flink 如何巧妙地解决上述问题，从而得到 Flink 精确一次数据处理的方案——Checkpoint。

1. 优化通道的大状态问题

通道中出现大状态的原因在于非 Source 算子的 SubTask 保存了网络传输通道中的数据。那么想要让状态中不存储通道中的数据，解决方案就是让非 Source 算子的 SubTask 在收到执行快照的命令后，不停止处理数据，而是继续处理上游算子的 SubTask 发送来的数据，直到收到上游算子所有 SubTask 发送的 barrier。这时网络传输通道中没有数据了，接下来就只需要将每种商品销售额的状态数据持久化到远程分布式文件系统。

因为非 Source 算子要在获取到上游算子发送的所有 barrier 后才开始对状态数据进行持久化，所以作业中算子执行快照是按照算子的上下游顺序进行的。举例来说，只有 Source 算子开始执行快照，才会发送 barrier 到 KeyBy/Reduce。而 KeyBy/Reduce 算子只有在收到所有通道的 barrier 后，才开始执行快照。我们可以对触发 SubTask 执行快照的时机进行优化，即 Source 算子的 SubTask 由 JobManager 触发执行快照，非 Source 算子的 SubTask 由上游算子发送的 barrier 触发执行快照。

优化后的快照执行流程如下。

- ❑ 一致性快照的触发：由 JobManager 节点发送执行快照的命令给 Source 算子的 SubTask。
- ❑ 一致性快照的执行流程：Source 算子的 SubTask 执行逻辑不变，对于非 Source 算子的 SubTask 来说，会正常处理数据，直到收到上游所有 SubTask 发送的 barrier 为止。这时网络传输通道中没有数据了，接下来先向下游算子广播 barrier，再将状态数据持久化到远程文件存储系统中。

2. 优化快照导致的处理时延问题

这个问题的解决思路也不复杂，因为这段时间的等待其实是完全没有必要的。对于 Source 算子来说，在执行快照之后，可以继续读入数据并将数据发送给下游的非 Source 算子。对于非 Source 算子也是同样的逻辑，SubTask 在快照执行完毕后也没有必要等待，可以继续处理上游算子发送的数据。

需要注意的是，由于 Source 算子执行完快照之后还会继续处理数据并向下游算子发送数据，因此非 Source 算子的 SubTask 在收到 barrier 之后，还会收到 Source 算子发送的新数据。而非 Source 算子的 SubTask 只会处理 barrier 之前的数据，不会处理 barrier 之后的数据，当收到上游所有 SubTask 发送的 barrier 之后，非 Source 算子的 SubTask 会向下游广播 barrier，然后将 SubTask 本地的状态数据持久化到远程文件存储系统中，当非 Source 算子的 SubTask 完成快照之后，就可以继续处理 barrier 之后的数据了。

通过这个方案可以实现数据处理的连续性，有效降低流处理作业的时延。

3. Checkpoint 的执行流程总结

解决了前两个问题之后，Flink Checkpoint 机制的执行流程就浮出水面了，总结如下。

- ❑ 一致性快照的触发：由 Flink 作业中 JobManager 的 CheckpointCoordinator 定时发送执行快照的命令给 Source 算子的所有 SubTask。
- ❑ 一致性快照中需要保存的状态数据：所有的 SubTask 只需要保存用户自定义的业务逻辑的状态数据。除此之外，Source 算子的 SubTask 快照要保存数据源的偏移量。
- ❑ 一致性快照的执行流程：对于 Source 算子的 SubTask 来说，在收到 JobManager 发送的快照执行命令后，首先停止读取数据，将 barrier 广播给下游算子的 SubTask，然后将本地的状态数据存储到远程的分布式文件系统中，最后继续处理数据。对于非 Source 算子的 SubTask 来说，正常处理数据直到收到上游所有 SubTask 发送的 barrier 为止，如果有下游算子，则先向下游算子广播 barrier，然后将本地的状态数据存储到远程的分布式文件系统中。注意，在非 Source 算子的 SubTask 完成快照的执行之前，不会处理 barrier 之后的输入数据。JobManager 在收到所有 SubTask 执行完快照的反馈后，认为整个作业的快照执行完成了。

4. Checkpoint 的执行案例

我们以电商场景中计算每种商品累计销售额为例来说明 Flink Checkpoint 的执行流程。图 6-58 是该 Flink 作业运行了一段时间后的中间状态。

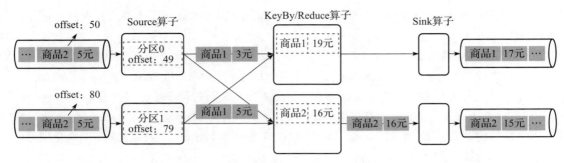

图 6-58　Flink 作业运行了一段时间的中间状态

（1）Flink 作业执行快照　如图 6-59 所示，JobManager 触发执行快照，并将执行快照的命令发送给 Source 算子的 SubTask。

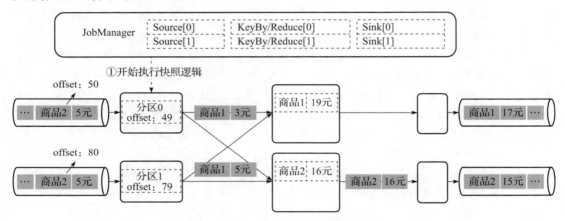

图 6-59　JobManager 触发执行快照

　　如图 6-60 所示，Source[0] 和 Source[1] 在收到快照命令后，会停止读入和处理数据，先给下游的 KeyBy/Reduce 算子广播 barrier 数据，然后将偏移量状态数据 < 分区 0 offset，49>、< 分区 1 offset，79> 持久化到远程分布式文件系统中，当 Source[0] 和 Source[1] 执行完快照后，将执行成功的结果返回给 JobManager。Source[0] 和 Source[1] 会继续读入数据并向 KeyBy/Reduce[0] 和 KeyBy/Reduce[1] 发送数据。

　　如图 6-61 所示，KeyBy/Reduce[0] 收到 Source[0] 发送的 < 商品 1，3 元 > 和 Source[1] 发送的 < 商品 1，5 元 > 两条数据后，经过处理分别产出 < 商品 1，22 元 > 和 < 商品 1，27 元 > 两条数据，并发送给 Sink[0]，然后将本地状态更新为 < 商品 1，27 元 >。KeyBy/Reduce[0] 收到 Source[0] 和 Source[1] 发送的 barrier，停止处理数据并开始执行快照，KeyBy/Reduce[0] 会先给 Sink[0] 发送 barrier，然后将状态数据 < 商品 1，27 元 > 持久化到分布式文件系统中。同时，KeyBy/Reduce[1] 收到 Source[0] 和 Source[1] 发送的 barrier 后，停止处理数据并开始执行快照，给 Sink[1] 发送 barrier，并将状态数据 < 商品 2，16 元 > 持久化到分布式文件系统中。当 KeyBy/Reduce[0] 和 KeyBy/Reduce[1] 完成快照后，会将执行成功的结果返回给 JobManager。

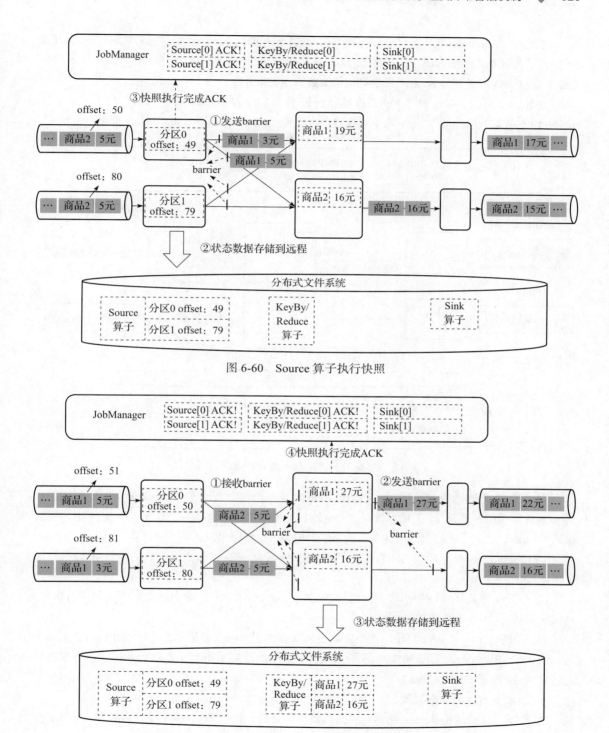

图 6-60　Source 算子执行快照

图 6-61　KeyBy/Reduce 算子执行快照

与此同时，Source[0] 从分区 0 读入偏移量为 50 的 <商品 2，5 元>，将偏移量状态数据更新为 50 后，发送数据给 KeyBy/Reduce[1]。Source[1] 从分区 1 读入偏移量为 80 的 <商品 2，5 元>，将偏移量状态数据更新为 80 后，发送数据给 KeyBy/Reduce[1]。

如图 6-62 所示，Sink 算子 SubTask 的执行逻辑和 KeyBy/Reduce 算子相同，只不过 Sink 算子中并没有状态数据，所以 Sink 算子直接将执行完快照的结果反馈给 JobManager 即可。

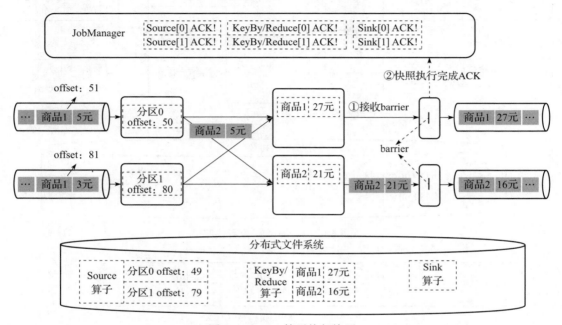

图 6-62　Sink 算子执行快照

在 Sink 算子执行快照的同时，KeyBy/Reduce 算子会继续处理数据，KeyBy/Reduce[1] 读入 Source[1] 发送的 <商品 2，5 元> 数据，和本地状态中存储的 <商品 2，16 元> 经过累加计算后，得到 <商品 2，21 元> 的结果，将本地状态结果更新后，将结果发送给 Sink[1]。

当 JobManager 收到所有 SubTask 反馈的快照执行完成的消息之后，认为本次快照执行结束了。

（2）Flink 作业异常容错　假设这时作业宕机，接下来 Flink 作业会从上次的快照进行恢复。从快照恢复后的 Flink 作业如图 6-63 所示。

从快照恢复后，Source 算子的 SubTask 会从状态中记录的偏移量处开始，重新消费数据源中的数据，KeyBy/Reduce 算子和 Sink 算子在恢复后会继续处理上游算子发送的数据，接下来得到的商品累计销售额依然是正确的。

5. Checkpoint 的参数配置

在了解了 Flink Checkpoint 的执行机制以及案例之后，我们来学习如何在 Flink 作业中开启和配置 Checkpoint。

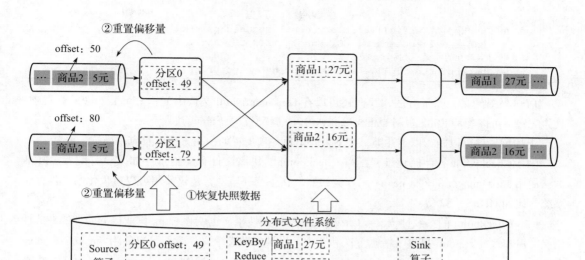

图 6-63　作业异常容错读取快照

Checkpoint 默认情况下是关闭的，我们需要通过 StreamExecutionEnvironment 的 enable-Checkpointing(long interval) 方法来开启 Checkpoint，方法的入参 interval 用于指定 Checkpoint 定时执行的时间间隔，单位为 ms。

不过，在 Flink 作业中开启 Checkpoint 功能通常只是第一步，在不同的应用场景中，容错的要求、状态的大小以及 Checkpoint 的执行效率都会不同，因此 Flink 提供了多种关于 Checkpoint 的配置项来满足不同场景下的要求，如代码清单 6-26 所示。

代码清单 6-26　Flink Checkpoint 配置项

```
StreamExecutionEnvironment env = StreamExecutionEnvironment.getExecutionEnvironment();
// 设置 Checkpoint 的执行时间间隔，单位为 ms，当前配置代表每 1min 执行一次 Checkpoint
env.enableCheckpointing(60000);
// 设置快照持久化存储地址，当前配置代表将快照文件存储到 HDFS 的 hdfs:///my/checkpoint/dir 目录中
env.getCheckpointConfig().setCheckpointStorage("hdfs:///my/checkpoint/dir");
// 设置 Checkpoint 的一致性语义，当前配置代表语义为精确一次
env.getCheckpointConfig().setCheckpointingMode(CheckpointingMode.EXACTLY_ONCE);
// 设置 Checkpoint 的超时时间，单位为 ms，如果执行超时，则认为执行 Checkpoint 失败，当前配置
// 代表 Checkpoint 需要在 1min 内执行完成
env.getCheckpointConfig().setCheckpointTimeout(60000);
// 设置连续两次 Checkpoint 执行的最小间隔时间，单位为 ms，当前配置代表两次 Checkpoint 之间最少
// 要间隔 60s
env.getCheckpointConfig().setMinPauseBetweenCheckpoints(60000);
// 设置可容忍 Checkpoint 的连续失败次数，当前配置代表允许 Checkpoint 连续失败两次
env.getCheckpointConfig().setTolerableCheckpointFailureNumber(2);
// 设置作业同时执行 Checkpoint 的数目，当前配置代表作业同一时间只允许执行一个 Checkpoint
env.getCheckpointConfig().setMaxConcurrentCheckpoints(1);
// 设置是否保留作业的 Checkpoint，当前配置代表在作业取消后，持久化的 Checkpoint 快照文件仍会
// 被保留到文件系统中
```

```
env.getCheckpointConfig().enableExternalizedCheckpoints(
        ExternalizedCheckpointCleanup.RETAIN_ON_CANCELLATION);
// 设置开启实验性的非对齐 Checkpoint
env.getCheckpointConfig().enableUnalignedCheckpoints();
```

值得一提的是，除了方法，我们还可以在 flink-conf.yaml 文件中配置 Checkpoint 的配置项，具体配置项可以参考 Flink 官网 DataStream API 中的状态以及容错模块。

上述配置项可以归为以下几类，接下来介绍每一项配置的使用方法以及应用场景。

（1）Checkpoint 的存储地址　配置 Checkpoint 的快照文件存储地址。如果没有配置，Flink 默认使用 JobManager 的堆（heap）来存储快照，在生产环境中，建议使用可以持久化的文件存储系统，比如 HDFS、S3 等。

（2）Checkpoint 的一致性语义　Checkpoint 的一致性语义也就是 Flink 作业数据处理的一致性语义。Flink Checkpoint 提供了精确一次和至少一次的一致性语义，我们可以使用 StreamExecutionEnvironment.getCheckpointConfig().setCheckpointingMode(CheckpointingMode checkpointMode) 方法来设置一致性语义，方法入参 CheckpointingMode 的枚举值 EXACTLY_ONCE 代表精确一次，AT_LEAST_ONCE 代表至少一次。默认情况下，Flink Checkpoint 的一致性语义为精确一次。

大多数应用都适合配置为精确一次，某些对于数据处理时延有极高要求（比如毫秒级别）但对于数据的一致性没有严格要求的场景中，可以选择至少一次的一致性语义。

（3）Checkpoint 的超时时间　配置 Checkpoint 每次执行的超时时间阈值，如果 Flink 作业执行 Checkpoint 的时间超过该阈值，Checkpoint 会被主动取消，并标记为 Checkpoint 执行失败。

举例来说，某些场景下可能会由于状态过大或者网络等问题，导致 Checkpoint 执行的时间偶尔过长，而我们知道 Checkpoint 在执行时，作业是无法处理数据的，这会导致数据处理时延增大。为了避免这个问题，我们可以通过该配置，将执行时长超过阈值的 Checkpoint 取消，使得数据处理的流程继续执行，等到下一次执行 Checkpoint 时，网络环境问题可能已经恢复了，Checkpoint 就可以快速执行成功。

（4）连续两次 Checkpoint 的最小间隔时间　配置连续两次 Checkpoint 的最小间隔时间，单位为 ms，如果将值设置为 5000，那么在前一个 Checkpoint 完成 5s 后才会执行下一个 Checkpoint，因此不会同时执行两个 Checkpoint。该参数主要用于保证 Flink 作业中有足够的时间来处理数据，而不是一直在执行 Checkpoint。

举例来说，一般情况下，Checkpoint 的执行时长是秒级别的，长一点的 Checkpoint 也就是分钟级别。假设我们设置 Checkpoint 的执行间隔为 2min，超时时长为 3min，如果因为某些原因（比如突然出现波峰流量）Checkpoint 的执行时长超过了 2min，那么下一次 Checkpoint 也就开始执行了，这时同时会有两个 Checkpoint 在 Flink 作业中执行。Checkpoint 的执行时长超过配置的 Checkpoint 执行的时间间隔代表 Checkpoint 的执行任务是比较繁重的，而这时作业中同时执行两个 Checkpoint 更是会拖慢作业处理数据的速度，因此我们可以通过配置 Checkpoint 的最小间隔时间来保证同时只有一个 Checkpoint 在执行，并且在第一个 Checkpoint 执行完成后，作业可以利用最小间隔的这段时间来全速处理数据，保证积压的数据被快速处理。

（5）可容忍 Checkpoint 的连续失败次数　配置可容忍多少次连续的 Checkpoint 失败，失败次数超过配置的阈值后，作业会失败。该配置的默认值为 0，意味着 Checkpoint 一旦失败，作业就会失败。

该配置的应用场景有两类，一类是用户希望 Checkpoint 失败并不影响作业的处理，比如某些场景下由于网络通信问题会导致 Checkpoint 失败，这种场景是偶发的，我们不希望 Checkpoint 失败后作业直接失败，只需要等到网络通信恢复，Checkpoint 就可以执行成功了。另一类是用户希望 Checkpoint 失败后直接重启以做到作业的快速恢复，比如某些场景下 Checkpoint 的失败常常是由于 Flink 作业所在机器出问题导致的，我们希望作业能够快速失败重启来将作业重新部署到没有问题的机器上。

（6）同时执行 Checkpoint 的数目　默认情况下，在上一个 Checkpoint 未完成（失败或者成功）之前，Flink 作业不会执行新的 Checkpoint，这可以保障 Flink 作业不会耗费太多的资源和时间执行 Checkpoint，以免影响正常的数据处理。

在某些应用场景下，同时执行多个 Checkpoint 也是有价值的，对于时效性要求高、Checkpoint 执行相对比较慢的场景，我们可以配置同时执行多个 Checkpoint，这样就可以实现作业失败后从最近且最新的一个 Checkpoint 恢复，接下来作业只需要回溯少量的数据，就可以继续正常运行了。

举例来说，一个 Flink 作业 Checkpoint 的平均执行时长为 5min，Checkpoint 执行的时间间隔为 1min，在默认情况下，Flink 作业不允许同时执行多个 Checkpoint。假设这时作业在上一次 Checkpoint 执行成功 4min 后宕机重启，那么作业就需要回溯至少 9min 的数据（在 Checkpoint 成功后作业处理了 4min 的数据，加上从开始执行 Checkpoint 到结束耗时 5min，总计 9min），而如果我们配置同时执行 Checkpoint 的数目为 5，那么每隔 1min 就会执行一个 Checkpoint，该作业同时会有 5 个 Checkpoint 在执行。虽然作业的性能消耗变大了，但是如果作业宕机重启，只需要回溯最近 6min 的数据（成功执行一个 Checkpoint 耗时 5min，再加上每隔 1min 就会执行一个 Checkpoint，总计 6min）。

注意，该配置项不能和连续两次 Checkpoint 的最小间隔时间配置项同时使用。

（7）是否保留作业的 Checkpoint 文件　Checkpoint 在默认情况下仅用于恢复失败的作业，当 Flink 作业取消或者停止时，Checkpoint 文件会被 Flink 作业从远程分布式文件系统上删除。为了解决快照被删除的问题，Flink 提供了 Savepoint。Savepoint 是一种特殊的 Checkpoint，用户可以在停止作业时主动执行 Savepoint，Savepoint 会将快照文件持久化，这样用户在下一次启动 Flink 作业时就可以使用 Savepoint 的快照文件来恢复作业的状态数据了。

在某些异常场景下，Savepoint 可能无法成功执行，会导致快照文件丢失，无法保障数据处理的精确一次。如果使用保留作业的 Checkpoint 文件的配置，就可以在作业停止时保留 Checkpoint 快照文件，当我们想恢复 Flink 作业时，即使没有 Savepoint 快照文件，也可以让作业从最新的 Checkpoint 快照文件恢复，依然可以保证数据处理的精确一次。我们可以使用代码清单 6-27 中的代码来选择配置是否保留 Checkpoint。

代码清单 6-27　配置保留作业的 Checkpoint 文件

```
CheckpointConfig config = env.getCheckpointConfig();
config.setExternalizedCheckpointCleanup(ExternalizedCheckpointCleanup.RETAIN_
    ON_CANCELLATION);
```

ExternalizedCheckpointCleanup 有以下两个枚举值。

❏ ExternalizedCheckpointCleanup.RETAIN_ON_CANCELLATION：当作业取消时，保留作业的 Checkpoint 快照文件。注意，该场景下，Checkpoint 快照文件会一直保留在分布式文件系统中，如果后续不需要该文件了，需要用户手动删除。

❏ ExternalizedCheckpointCleanup.DELETE_ON_CANCELLATION：当作业取消时，删除作业的 Checkpoint 快照文件。注意，该场景下，作业失败时 Checkpoint 快照文件会被保留。

如果我们想从 Checkpoint 快照文件恢复 Flink 作业，需要使用代码清单 6-28 中的命令。

代码清单 6-28　从 Checkpoint 快照文件恢复 Flink 作业

```
$ bin/flink run -s :checkpointMetaDataPath [:runArgs]
```

6. 关于 Checkpoint 更多的思考

（1）Flink Checkpoint 是一种分布式事务　我们通过案例验证了 Flink Checkpoint 实现精确一次数据处理的正确性，换个角度思考，我们可以发现 Checkpoint 本质上也是一种分布式事务机制。我们将 Flink 作业当作一个整体来看，在一个 Checkpoint 执行的过程中，要么一条输入数据被 Flink 作业完整地处理完了，要么这条数据从来没有被处理过，这就是一个事务的执行过程。成功执行一个 Checkpoint 以及 Flink 作业从一个 Checkpoint 恢复的过程等价于成功执行一个事务以及回滚一个事务。

首先我们来分析为什么成功执行一个 Checkpoint 等同于成功执行一个事务。如图 6-64 所示，Checkpoint 的 barrier 实际上将数据流切分为很多段，每一个 Checkpoint 包含一部分数据。

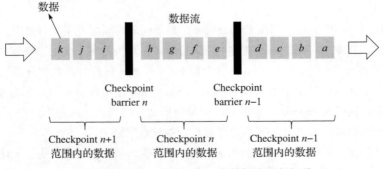

图 6-64　Checkpoint barrier 将数据流进行切分

以图 6-64 中的 Checkpoint n 为例，Checkpoint n 执行成功的前提条件是 Checkpoint n 的 barrier 流经整个 Flink 作业。而 Checkpoint n 的 barrier 流经整个 Flink 作业其实就代表了 Checkpoint n 范围内的数据（数据 e、f、g、h）已经被 Flink 作业全部处理完了，那么我们将 Checkpoint n 看作事

务 n 的话，就等同于事务 n 执行成功了。

　　接下来分析为什么 Flink 作业从一个 Checkpoint 恢复就等同于回滚一个事务。举例来说，如图 6-64 所示，假如现在 Flink 作业的 Checkpoint $n-1$ 执行成功了，从下一条数据 e 开始处理，当处理到数据 f 时，作业出现异常，那么作业就会先从 Checkpoint $n-1$ 进行恢复，然后重新从数据 e 开始处理。

　　我们将这个异常容错过程转换为事务来理解，事务 $n-1$ 执行成功之后，Flink 作业继续执行事务 n，但是在事务 n 执行的过程中（处理到数据 f）出现异常了，那么就要重新执行事务 n（从数据 e 开始重新处理），因此 Flink 作业从 Checkpoint $n-1$ 恢复就等同于回滚事务 n。

　　（2）Flink 非对齐 Checkpoint　在学习 Checkpoint 的参数配置时，我们提到了非对齐 Checkpoint，什么是非对齐 Checkpoint 呢？

　　我们在 6.3.3 节开头提到，Flink 的 Checkpoint 机制为了避免通道的大状态，非 Source 算子会等所有上游算子 SubTask 的 barrier 到达后才开始持久化状态数据，而这就涉及了 barrier 的对齐，什么是 barrier 对齐呢？举例来说，有一个逻辑数据流为 Source → KeyBy/Reduce → Sink 的 Flink 作业，其中 Source 算子的并行度为 2，KeyBy/Reduce 算子和 Sink 算子的并行度为 1。那么 KeyBy/Reduce[0] 在接收 Source 算子两个 SubTask 的 barrier 时，必然会出现其中一个 SubTask 的 barrier 先到，另一个后到的情况。假设是 Source[0] 的 barrier 先到，Source[1] 的 barrier 后到，那么 KeyBy/Reduce[0] 在收到 Source[0] 的 barrier 后，这个 barrier 之后的数据会被一直阻塞无法被处理，直到等到 Source[1] 的 barrier 到达后，才会开始执行快照，待快照执行完成之后再继续处理 barrier 之后的数据，这个过程被称作 barrier 对齐，同时，这样的 Checkpoint 就被称作对齐的 Checkpoint。

　　而非对齐 Checkpoint 正好相反，非对齐 Checkpoint 就是取消了通道大状态优化方案的 Checkpoint，那么取消这个优化能带来什么好处呢？让我们来看看下面这个场景。

　　如图 6-65 所示，Flink 作业的每一个 SubTask 都有一个输入输出数据的缓冲池，输入缓冲池中保存了上游算子发送的数据，这些数据即将被处理。图 6-65 中数据 a、b、c 所示就是 Source[0] 发送给 KeyBy/Reduce[0] 的数据，KeyBy/Reduce[0] 已经收到了这部分数据，但是还没有处理。输出缓冲池中保存了将要发送给下游算子的数据。图 6-65 中数据 o、p、q 所示就是 KeyBy/Reduce[0] 将要发送给下游算子的数据。

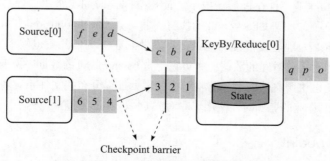

图 6-65　对齐 Checkpoint 数据传输过程

假如这时 KeyBy/Reduce 算子出现了性能问题，导致处理数据极其缓慢，那么在执行
Checkpoint 时，KeyBy/Reduce[0] 会迟迟获取不到 Source 算子的 barrier，这很容易导致 Checkpoint
超时失败。假如 Checkpoint 超时时间为 10min，现在 Checkpoint 已经连续 3 次失败，这时作业再
宕机，从上一次成功的 Checkpoint 恢复将会回溯至少 30min 的数据。

非对齐 Checkpoint 就是用于缓解上述问题的，非对齐 Checkpoint 允许将通道内的数据保存到
状态中，这和分布式应用通用的精确一次的一致性快照机制相同。

我们回到上述问题场景中看看非对齐 Checkpoint 是如何缓解该问题的。如图 6-66 图左
所示，KeyBy/Reduce 算子依然存在处理数据缓慢的问题，但在非对齐 Checkpoint 的执行流程
中，Source[0] 在发送数据给 KeyBy/Reduce[0] 时，Source[0] 可以让 barrier 跳过数据 d 直接发送
给 KeyBy/Reduce[0]。当 KeyBy/Reduce[0] 收到 barrier 后，会跳过 barrier 之前的数据 a、b、c，
优先处理 barrier 数据，这样 KeyBy/Reduce[0] 就可以提前获取 barrier 并执行快照，无须像对
齐 Checkpoint 机制中一个一个处理数据直到收到 barrier 数据才开始执行快照。需要注意的是，
Source 算子和 KeyBy/Reduce 算子需要把 barrier 跳过的那些数据作为状态数据保存到快照中，如
图中背景为黑色的数据 a、b、c、d、1、2，这些数据都需要保存在快照中。

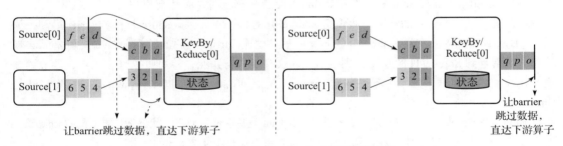

图 6-66　非对齐 Checkpoint 数据传输过程

如图 6-66 图右所示，我们知道在 KeyBy/Reduce 算子开始执行快照时，会先向下游算子广播
barrier，这时 KeyBy/Reduce[0] 可以让 barrier 跳过输出缓冲池中的数据，直接发送给下游 Sink[0]，
然后将缓冲池中被 barrier 跳过的那些数据作为状态数据随着快照被持久化，如图中背景为黑色的
数据 o、p、q。

非对齐 Checkpoint 是一种在极端情况下，使用空间换时间的策略。优势在于通过让 barrier
跳过数据优先到达算子，加速 Checkpoint 的执行。非对齐 Checkpoint 适合 Flink 作业中某一个算
子或者某一个 SubTask 处理速度很慢的场景，可以做到在极端情况下也能成功执行 Checkpoint，
避免在发生故障时回溯很长时间的数据。劣势在于被 barrier 跳过的数据一定要保存到 Checkpoint
快照文件中，这会使得快照文件的大小急剧增加，增大远程分布式文件系统的存储压力，因此状
态后端的 I/O 是 Flink 作业的瓶颈时，使用了非对齐 Checkpoint 也无济于事。

6.3.4　Flink Savepoint

在生产环境中，偶尔会出现由于流量激增，导致 Flink 作业的处理出现瓶颈，数据产出延迟

的问题。这种情况下，我们通常通过调整作业中算子的并行度，让作业有足够的资源来消化这一波激增的流量。具体作法是先修改算子并行度，然后停止并启动 Flink 作业，使得算子以新的并行度运行。而一旦涉及启停 Flink 作业，一个问题就随之诞生了，那就是如何保证作业在停止时不会丢失快照，从而在启动 Flink 时从上一次成功的快照恢复呢？

一种可行的思路就是在 6.3.3 节中学习 Checkpoint 参数配置时提到的，保留作业的 Checkpoint 快照文件的配置项，该配置项可以在作业停止时保留 Checkpoint 快照文件，等到调整完算子并行度启动作业时，再从该 Checkpoint 快照文件恢复。

但是上述方案并不优雅，因为它会导致作业重复输出数据。举例来说，有一个简单数据加工 Flink 作业，逻辑数据流为 Source → Map → Sink，配置 Checkpoint 执行的时间间隔为 1min，其中名为 chk-5 的 Checkpoint 是 9:00:00 开始执行的，在 9:00:05 执行完成，快照中记录的数据源偏移量为 1000。快照完成之后继续处理数据，当处理到偏移量为 1010 的数据时，停止这个作业，然后扩大算子并行度，再从 chk-5 启动这个作业，那么这个 Flink 作业就会从偏移量 1000 开始重新消费数据。结果就是将偏移量在 1000 到 1010 之间的数据重新输出到数据汇存储引擎中。

如果是 Flink 作业发生了故障，作业重复输出结果也就罢了，如果每次升级操作都会导致数据重复输出，就令人难以接受了。尤其是在一些明细数据处理的作业中，使用 Checkpoint 快照文件恢复会导致重复输出大量的结果。

为了解决该问题，Flink 提供了 Savepoint，Savepoint 可以让用户在停止 Flink 作业时，主动触发执行快照，当快照执行完成后，作业停止。以上面这个案例来说，当作业的 chk-5 执行完成后，快照中记录的偏移量为 1000，接下来当处理到偏移量为 1010 的数据时，用户主动触发执行 Savepoint，那么作业就会停止读入数据，然后执行快照 chk-6，快照中记录的偏移量为 1010。用户修改完 Flink 作业算子的并行度之后，再从快照 chk-6 启动就不会出现重复输出数据的问题了。

1. Savepoint 对比 Checkpoint

Flink 的 Savepoint 与 Checkpoint 类似，差异主要在于应用场景，我们可以通过下面两个案例去类比理解 Savepoint 和 Checkpoint 的使用场景。

❑ 用户使用 IDE 编写代码：在用户正常使用 IDE 时，IDE 会自动定时地将代码保存到磁盘中，这其实就是 Checkpoint。当用户编写完代码并关闭 IDE 时，手动使用 Ctrl+S 触发 IDE，将最新的代码保存到磁盘中，这其实就是 Savepoint。而使用 Checkpoint 来停止并启动 Flink 作业导致重复输出数据就相当于用户直接关闭 IDE，下次再打开 IDE 时，可能会发现有少部分代码丢失了，这是因为 IDE 是从上一次自动保存的快照恢复的，用户在这次快照之后编写的代码并没有被保存下来，因此用户还需要重新编写这部分代码。而使用 Savepoint 来停止并启动 Flink 作业就相当于用户保存完最新的代码之后，下次再打开 IDE 时，发现代码还是上次编辑的最新的代码，不会有代码丢失的情况。

❑ 传统数据库中的备份日志与恢复日志：备份日志类似于 Savepoint，恢复日志类似于 Checkpoint。

从上面两个案例总结来说，Checkpoint 是为意外失败的 Flink 作业提供的恢复机制，它有两个设计目标，分别为轻量级创建和尽可能快地恢复，因此在用户停止作业后，除非是明确配置为保留 Checkpoint 快照文件，否则 Flink 作业会自动删除 Checkpoint 快照文件。Checkpoint 的生命周期由 Flink 管理，即 Flink 创建、管理和删除 Checkpoint，整个过程都是 Flink 作业自动完成的，无须用户交互。

与 Checkpoint 相反，Savepoint 是由用户创建、管理和删除的，应用场景通常是用户有计划地对作业快照进行手动备份和恢复，比如升级 Flink 引擎版本、调整用户代码逻辑、改变算子并行度以及红蓝部署等。Savepoint 的设计目标更加关注快照的可移植性和对作业升级的支持，因此在 Flink 作业停止后不会删除 Savepoint 文件。

除去上述设计目标或者应用场景上的差异，Checkpoint 和 Savepoint 在 Flink 引擎中的代码实现基本相同，并且生成的快照格式也相同。

2. Savepoint 的操作命令

如代码清单 6-29 所示，我们可以使用命令行工具来触发 Savepoint。

代码清单 6-29　Savepoint 的操作命令

```
//1. 触发 Savepoint (该命令不会停止 Flink 作业)：触发作业 id 为 jobId 的作业执行 Savepoint，
// 并返回创建的 Savepoint 快照文件路径，我们可以使用此路径来还原和删除 Savepoint 快照文件，
// 除此之外，我们还可以指定 targetDirectory 将 Savepoint 快照文件保存到指定的目录
$ bin/flink savepoint jobId [targetDirectory]
//2. 通过 YARN 触发 Savepoint (该命令不会停止 Flink 作业)：触发作业 id 为 jobId 和 YARN 应用
// 程序 id 为 yarnAppId 的作业执行 Savepoint，并返回创建的 Savepoint 快照文件路径
$ bin/flink savepoint jobId [targetDirectory] -yid yarnAppId
//3. 取消作业并触发 Savepoint：在取消 id 为 jobId 的作业的同时自动触发作业执行 Savepoint，
// 此外，我们可以通过 targetDirectory 指定一个目标文件系统目录来存储 Savepoint 快照文件，
// 该目录需要能被 JobManager 和 TaskManager 访问
$ bin/flink cancel -s [targetDirectory] jobId
//4. 从 Savepoint 快照文件恢复作业：使用指定的 Savepoint 快照文件来启动作业，我们可以通过
// savepointPath 给出 Savepoint 目录或 _metadata 文件的路径
$ bin/flink run -s savepointPath [runArgs]
//5. 从 Savepoint 恢复时跳过无法恢复的状态数据：默认情况下，从 Savepoint 恢复时，Flink 作业
// 会尝试将 Savepoint 快照文件中的所有状态数据一一映射到 Flink 作业的算子中。如果恢复的作业
// 相比原来的作业删除了有状态的算子，那么状态数据就无法和恢复作业的算子一一映射了，这时我们可以
// 通过 --allowNonRestoredState 参数或者简写的 -n 参数来跳过无法映射到新作业的状态数据，
// 被跳过的这部分状态数据会被直接丢弃
$ bin/flink run -s savepointPath -n [runArgs]
//6. 删除 Savepoint 快照文件：删除指定路径为 savepointPath 的 Savepoint 快照文件
bin/flink savepoint -d savepointPath
```

注意，如果在上述命令中我们没有指定 Savepoint 的快照文件目录，那么 Flink 会默认使用 flink-conf.yaml 中的 state.savepoints.dir 参数作为 Savepoint 的默认保存目录，当触发 Savepoint 时，将使用此目录来存储 Savepoint 快照文件。

3. 分配算子 id

除了算子并行度变更的场景，Flink Savepoint 还有一个典型的应用场景是作业业务逻辑的升级，而作业的变更升级就可能涉及有状态算子的删减或者增加。如图 6-67 所示，在作业业务逻辑变更升级的过程中涉及我们在 6.1.5 节提到的作业横向扩展、升级时的状态恢复问题。

❏ 当我们在一个包含有状态算子 A 的作业中新增了一个有状态算子 B 之后，如何将快照文件中原来算子 A 的状态数据准确无误地匹配到新作业中的算子 A 并恢复状态？新增的有状态算子 B 中的状态数据又要如何初始化？

❏ 当我们删除了一个有状态算子之后，如何从快照文件中恢复状态？

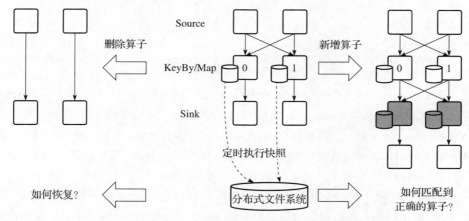

图 6-67　增、减有状态算子时的状态恢复问题

Flink 为上述问题提供了解决方案，即通过算子 id 以及状态名称来唯一标识一个状态。如代码清单 6-30 所示，我们可以通过在算子上调用 uid(String uid) 方法来为一个算子设置 id。注意，每个算子的 id 必须不同。

代码清单 6-30　算子 id 的设置方式

```
env.addSource(...)
       .uid("source-id")
       .flatMap(...)
       .uid("flat-map-id")
       .print()
       .uid("print-id");
```

有了算子的 id，Flink 作业在生成快照时就会维护一个算子 id 和算子状态数据的映射，后续当 Flink 作业从快照恢复时，就会根据算子的 id 找到对应的状态数据然后恢复。

接下来我们以第一种添加有状态算子的场景来分析 Flink Savepoint 提供的算子 id 功能的效果。案例为计算每种商品每 1min 的销售额，数据源为 Kafka Topic，每条数据就是一件商品的销售订单。最终的实现如代码清单 6-31 所示，我们为每一个算子设置了算子 id，该作业的逻辑数据流为 Source → KeyBy/TumbleWindow(1min) → Sink。

代码清单 6-31　计算每种商品每 1min 的销售额

```
DataStreamSink<InputModel> transformation = env.addSource(new FlinkKafkaConsumer
    <InputModel>(...))
       .uid("source-id")
```

```
    .keyBy(InputModel::getProductId) // 通过商品 id 进行数据分组
    .window(TumblingEventTimeWindows.of(Time.seconds(60L)))
    .reduce(new ReduceFunction<InputModel>() {
        @Override
        public InputModel reduce(InputModel value1, InputModel value2)
            throws Exception {
            value1.income += value2.income;
            return value1;
        }
    })
    .uid("window-reduce-id")
    .print()
    .uid("print-id")
```

Source 和 KeyBy/TumbleWindow(1min) 算子都是有状态算子。Source 算子中包含一个名为 topic-partition-offset-states 的算子状态 UnionListState，用于保存 Kafka Topic 分区的偏移量。KeyBy/TumbleWindow(1min) 算子用于计算每种商品每 1min 的销售额，其中包含一个名为 window-contents 的键值状态 ReducingState，用于保存每 1min 窗口的状态数据。

接下来，我们升级作业的业务逻辑，除了计算每种商品每 1min 的销售额，还需要计算所有商品每 1min 的销售额，这时我们可以在原来的 KeyBy/TumbleWindow(1min) 算子后添加一个 TumbleWindowAll(1min) 算子，该算子的输入数据为每种商品每 1min 的销售额。在该算子中，我们将每种商品每 1min 的销售额进行累加，可以得到所有商品每 1min 的销售额。将两部分数据输出，就得到了每种商品每 1min 的销售额以及所有商品每 1min 的销售额。最终的实现如代码清单 6-32 所示，逻辑数据流为 Source → KeyBy/TumbleWindow(1min) → TumbleWindowAll(1min) → Sink，其中 TumbleWindowAll(1min) 算子也是一个有状态算子，其中也有一个名为 window-contents 的键值状态 ListState，用于保存每 1min 窗口的状态数据。

代码清单 6-32　计算每种商品每 1min 的销售额以及所有商品每 1min 的销售额

```
DataStreamSink<InputModel> transformation = env.addSource(new FlinkKafkaConsumer
    <InputModel>(...))
    .uid("source-id")
    .keyBy(InputModel::getProductId)
    .window(TumblingEventTimeWindows.of(Time.seconds(60L)))
    .reduce(new ReduceFunction<InputModel>() {
        @Override
        public InputModel reduce(InputModel value1, InputModel value2)
            throws Exception {
            value1.income += value2.income;
            return value1;
        }
    })
    .uid("window-reduce-id")
    .windowAll(TumblingEventTimeWindows.of(Time.seconds(60L)))
    .process(new ProcessAllWindowFunction<InputModel, InputModel, TimeWindow>() {
        @Override
        public void process(ProcessAllWindowFunction<InputModel, InputModel,
            TimeWindow>.Context context, Iterable<InputModel> elements,
```

```
        Collector<InputModel> out) throws Exception {
        InputModel all = new InputModel();
        all.timestamp = context.window().getStart();
        for (InputModel inputModel : elements) {
            // 输出每种商品每 1min 的销售额
            out.collect(inputModel);
            all.income += inputModel.income;
        }
        // 输出所有商品每 1min 的销售额
        out.collect(all);
    }
})
.uid("all-window-process-id")
.print();
```

我们将代码清单 6-31 的作业升级到代码清单 6-32，需要经历以下三步。

第一步，将代码清单 6-31 的作业停止并触发 Savepoint，得到 Savepoint 快照文件。Savepoint 快照文件中包含的状态数据如表 6-3 所示，由于 Sink 算子是无状态的，因此不是 Savepoint 快照文件的一部分。

表 6-3 Savepoint 快照文件中保存的状态数据

算子 id	状态数据
source-id	名为 topic-partition-offset-states 的 UnionListState 算子状态
window-reduce-id	名为 window-contents 的 ReducingState 键值状态

第二步，使用第一步得到的 Savepoint 快照文件以及代码清单 6-32 的代码启动 Flink 作业。Source 算子和 KeyBy/TumbleWindow(1min) 可以凭借算子 id 准确地从快照文件中找到对应的状态数据进行恢复。而对于 TumbleWindowAll(1min) 算子来说，由于从快照文件中找不到算子 id 为 all-window-process-id 的状态数据，因此该算子的状态数据只会初始化，初始化的状态值为空。

通过这个案例，我们可以开始回答作业横向扩展、升级时的状态恢复问题了。

Flink 作业在从快照文件恢复时，会按照算子 id 从快照文件中匹配状态数据并恢复，新增的有状态算子中的状态数据会初始化为空。

默认情况下，Flink 作业从快照文件恢复时，会将所有状态数据都分配给新作业中的算子，不允许出现快照中的状态数据匹配不到算子的情况，如果有状态算子被删除，那么 Flink 作业就无法从 Savepoint 恢复，会直接抛出异常。在面临这种场景时，我们通常会希望 Flink 作业可以正常恢复，被删除的有状态算子的状态数据直接被丢弃就可以。

为了实现这个目的，如代码清单 6-33 所示，我们可以通过在 run 命令中添加 --allowNon-RestoredState 参数或者简写的 -n 参数实现 Flink 作业在从快照文件恢复时，允许快照中的状态数据匹配不到算子，匹配不到的状态数据就会直接被丢弃，而作业会正常启动，不会抛出异常。

代码清单 6-33 配置允许删除有状态算子的参数

```
$ bin/flink run -s savepointPath -n [runArgs]
```

在生产环境中，从快照恢复时的常见问题还有以下 3 个。

（1）是否需要为 Flink 作业中的所有算子分配 id？ 理论上来说，由于快照文件中仅包含有状态算子的状态数据，所以我们只需要给有状态算子分配 id 就足够了。

在生产实践中，强烈建议为 Flink 作业中的所有算子分配 id。Flink 的一些内置算子（比如消费 Kafka 的数据源算子、窗口算子、分组聚合算子等）都是有状态的，初学者往往不能准确地判断这些算子是否有状态，如果判断错误，没有分配算子 id，则可能导致 Flink 作业从快照恢复时状态无法兼容或者无法按照算子 ID 匹配而将状态数据丢弃。

（2）算子默认 id 生成规则的问题 如果用户没有给算子手动指定 id，那么 Flink 会给算子生成一个默认的 id，生成默认 id 的规则由算子在作业逻辑数据流图中的位置、算子的输入共同决定，其中有一个条件发生变化，算子生成的默认 id 就会发生变化，因此强烈建议为 Flink 作业中的所有算子手动分配 id。算子默认 id 生成规则比较复杂，此处不再赘述，感兴趣的读者可以参考 Flink 中负责生成算子默认 id 的工具类及方法 StreamGraphHasherV2.generateDeterministic-Hash(...)。

（3）添加、删除或重新排序作业中的无状态算子，会发生什么？ 如果给所有的算子都设置了算子 id，那么对于无状态算子的改动就不会影响 Savepoint 的恢复。如果部分有状态算子没有设置算子 id，那么有状态算子自动生成的算子 id 很可能会受到无状态算子重新排序的影响，这将导致 Flink 作业无法按照预期从 Savepoint 快照文件恢复。

6.3.5 端到端的精确一次数据处理

经过 6.3.1 ～ 6.3.4 节的学习，我们知道 Flink 的一致性快照机制可以保证 Flink 作业内部数据处理的精确一次，然而对于端到端数据处理的精确一次，上述快照机制就无法保证了。

端到端是指 Flink 作业从数据源存储引擎消费到数据后，经过 Flink 作业内部算子的加工处理，产出到数据汇存储引擎这一条完整的加工链路。端到端数据处理的精确一次就是指数据源存储引擎中的一条数据，被 Flink 作业中的算子只处理一次，并且只产出一次结果到数据汇存储引擎中。换句话说，分布式事务要包含的范围不仅是 Flink 作业内部，还需要扩展到 Flink 作业的上下游存储引擎。

我们以两个案例来说明为什么通常情况下 Flink 的一致性快照机制无法保证端到端数据处理的精确一次，而只能保证端到端数据处理的至少一次。

❑ 案例 1：简单的 Flink ETL 作业。我们以一个逻辑数据流为 Source → Map → Sink 的 Flink 作业为例，设置 Checkpoint 执行间隔为 30s，当这个作业在 9:01:01 成功执行了一次 Checkpoint，在 9:01:21 时作业发生异常后从上次的 Checkpoint 恢复继续处理数据时，9:01:01 到 9:01:21 之间的数据就会被重复写入数据汇存储引擎。

❑ 案例 2：指标计算的 Flink 作业。电商场景中统计每种商品的累计销售额，逻辑数据流为 Source → KeyBy/Reduce → Sink，该作业在异常容错从以前的快照恢复时，同样会重复写入结果数据到数据汇存储引擎。

无论上述两种场景的哪一种，结果都会被重复写入数据汇存储引擎，因此端到端的数据处理是至少一次的，如果下游还有作业去消费这部分数据，就可能导致数据算多。

针对该问题，在不同的应用场景我们通常会有以下 3 种解决方案。

1. 幂等写入

这种解决方案很容易理解，以统计每种商品累计销售额的案例来说，假设在 Flink 作业中以 Redis 作为数据汇存储引擎，并以 Redis 中的 K-V 数据结构来存储每种商品的累计销售额，key 为商品 id，value 为商品的累计销售额，Sink 算子通过 Redis 的 set 命令将结果写入 Redis。

在 Flink 作业正常执行时，每次有新的结果到达 Sink 算子时，Sink 算子都会通过 set 命令更新 Redis 中的结果，用户可以通过 Redis 的 get 命令查到某个商品 id 的累计销售额。即使作业异常容错，从上次的 Checkpoint 恢复后重复写入数据到 Redis，新的结果也能将旧的结果覆盖，Redis 中保存的结果依然是正确的，这就是幂等写入。

幂等写入能覆盖的应用场景是有限的，主要原因如下。

❑ 幂等写入要求数据写入数据汇存储引擎时是按照 key 进行更新的，如果 Flink 作业的输出数据无法获取 key 来唯一标识一条数据，那么自然也就无法使用幂等写入的方案了。

❑ 幂等写入并没有在本质上解决数据重复输出的问题，如果要采用幂等写入的方案，需要数据汇存储引擎具备更新数据的能力，常见的如 Redis、MySQL 等数据库。

综上所述，统计每种商品累计销售额并写入 Redis 的场景适合采用幂等写入方案保证端到端的精确一次，而使用 Flink 进行 ETL 加工的场景就无法采用幂等写入的方案了。

如果要满足 ETL 加工场景下的端到端数据处理的精确一次，就只能从本质问题出发，解决数据重复输出的问题。解决思路也并不复杂，即作业异常容错从上次执行成功的 Checkpoint 恢复时，把 Checkpoint 执行成功之后输出到数据汇存储引擎的数据，从数据汇存储引擎中删除。这相当于在 Flink 作业和数据汇存储引擎之间构建了一个分布式事务，这个事务要么执行成功，要么执行失败。通过分布式事务的思路，可以保证最终产出到数据汇存储引擎中的结果不会重复，而 Flink 为该解决思路提供了以下两种抽象实现。

❑ 预写日志（Write Ahead Log）：在两次快照间隔中，Sink 算子先不将数据发送到数据汇存储引擎中，而是存储在 Sink 算子的状态中，当快照执行成功后，统一将 Sink 算子状态中保存的数据发送到数据汇存储引擎中。我们可以通过 Flink 提供的 GenericWriteAheadSink<IN> 抽象类来实现预写日志的功能。

❑ 两阶段提交（Two Phase Commit）：在两次快照间隔中，Sink 算子将数据发送到数据汇存储引擎中，但是数据汇存储引擎要将这一部分数据标记为未被提交的数据，未被提交的数据不能被下游作业读取到。当整个 Flink 作业完成快照，Sink 算子收到 JobManager 发送的快照完成的消息之后，才会通知数据汇存储引擎将这部分数据标记为已提交的数据，这时已提交的数据就可以被下游作业读取了。我们可以通过 Flink 提供的 TwoPhaseCommitSinkFunction<IN, TXN, CONTEXT> 抽象类来实现两阶段提交的功能。

2. 预写日志

预写日志的优势在于核心逻辑由 Flink 作业自己完成，不需要数据汇存储引擎参与，劣势在于只能提升端到端精确一次的概率，不能保证端到端数据处理的精确一次。原因在于只有

JobManager 通知 Sink 算子快照执行完成，Sink 算子才会将存储在状态中的数据输出，而这个过程需要依赖一个外部存储组件来记录数据到底有没有全部输出到数据汇存储引擎中。问题就出现在这个外部存储组件中，这个外部存储组件既是提升端到端精确一次概率的核心组件，也是无法保证端到端精确一次的罪魁祸首。

我们来分析一下这个组件为什么能提升端到端精确一次的概率。举例来说，当 Flink 作业 Sink 算子的 SubTask 将保存在状态中的数据输出完成之后，会在外部存储组件中记录当前 SubTask 的快照已经执行完成，并且已经将数据输出。之后如果作业异常容错从上一次成功的快照恢复，Sink 算子的 SubTask 就能从这个外部存储组件中查询此次快照的数据是否已经输出过了。如果结果是肯定的就不再输出，如果结果是否定的，那么说明这部分数据没有输出过。这时就可以正常输出数据，这就是这个外部组件可以提升端到端精确一次概率的原因。

问题就出现在这个流程的两个步骤中，第一步是 Sink 算子输出数据，第二步是将快照执行成功的结果存储到外部存储组件。这两步执行并非原子的，如果 Sink 算子的某一个 SubTask 已经将数据输出了，正准备向外部存储组件中存储当前 SubTask 已经执行完快照的记录时，作业发生异常，那么作业重启之后再去外部存储组件中查询此次快照的数据是否已经输出，结果就是否定的，这时该 SubTask 会将数据重新输出一遍，最终导致端到端的数据处理变为至少一次。

Flink 为预写日志提供的实现可以参考 GenericWriteAheadSink<IN> 抽象类，其中 CheckpointCommitter 就是使用外部存储来记录当前快照是否执行成功的组件。在 Flink 预置的 Connector 中，Cassandra 的 Connector 实现了预写日志的功能，我们可以使用代码清单 6-34 中的代码引入 Cassandra 的 Connector，其中 CassandraRowWriteAheadSink、CassandraTupleWriteAheadSink 都继承自 GenericWriteAheadSink<IN> 抽象类，CassandraCommitter 继承自 CheckpointCommitter 抽象类，如果想为 Sink 算子实现预写日志的功能，可以参考 Cassandra Connector 的实现逻辑。

代码清单 6-34　依赖 Cassandra 的 Connector

```
<dependency>
    <groupId>org.apache.flink</groupId>
    <artifactId>flink-connector-cassandra_2.11</artifactId>
    <version>1.14.4</version>
</dependency>
```

3. 两阶段提交

两阶段提交是一种分布式事务机制，对于端到端数据处理精确一次的保障能力相比于预写日志要强。关键在于两阶段提交的事务执行流程机制中不仅 Flink 作业的 Sink 算子要参与，数据汇存储引擎也需要支持事务并参与到两阶段提交的流程中。两阶段提交的执行流程如下。

1）开启事务：当 Flink 作业 Sink 算子初始化或者 Sink 算子开始执行快照时，开启一个新的事务，这里所指的事务是 Sink 算子和数据汇存储引擎之间的事务，该事务会随着 Flink 作业快照的执行而启动。

2）预提交事务：在当前事务没有提交之前，Sink 算子发送到数据汇存储引擎中的数据都属于预提交的状态。注意，与预写日志方案的不同之处在于，Sink 算子会将数据发送到数据汇存储引擎中，由数据汇存储引擎来保障预提交事务里的数据不被下游的消费者读取到，这就需要数据汇存储引擎也提供事务机制。常见支持事务的数据汇存储引擎如 Kafka，Kafka 通过事务机制保证同一个事务内的数据要么全部写入成功，要么全部写入失败。

3）提交事务：当 Flink 作业执行完快照后，Sink 算子会接收来自 JobManager 发送的快照执行成功的消息，接下来 Sink 算子会通知数据汇存储引擎将处于预提交状态的事务标记为提交，当数据汇存储引擎中数据的状态为已提交时，就可以给下游消费者读取了。

4）回滚事务：当作业发生异常时，会回滚未被提交的事务，那么数据汇存储引擎将丢弃属于预提交状态的数据。

在 Flink 预置的 Connector 中，Kafka Connector 中的 FlinkKafkaProducer<IN> 实现了两阶段提交的能力，其继承自 TwoPhaseCommitSinkFunction<IN, TXN, CONTEXT> 抽象类。如果想实现一个具有两阶段提交能力的 Sink 算子，可以参考 FlinkKafkaProducer<IN> 的实现逻辑。

6.4　Flink 状态后端

在 Flink 作业开启 Checkpoint 机制后，作业中的本地状态数据会随着 Checkpoint 的执行而持久化到远程分布式文件系统中，那么 SubTask 本地的状态数据是以何种形式存储的呢？

Flink 的状态后端组件（State Backend）给了我们答案，状态后端用于管理本地状态数据的存储格式以及状态数据持久化的方式，状态后端是一个可插拔的组件，Flink 预置了 HashMap（HashMapStateBackend）和 RocksDB（EmbeddedRocksDBStateBackend）两种类型的状态后端。

Flink 将状态后端设计为可插拔的目的是为了解决状态本地化后的大状态存储问题。Flink 有状态计算的核心就是状态本地化，在状态本地化的情况下，我们就要考虑 SubTask 本地是否有足够的存储空间来存储大量的状态数据。

举例来说，一些应用场景中的 Flink 作业要保存数百亿条状态数据，如何在 SubTask 本地保存大量的状态数据就是这类应用面临的主要难题。一些应用场景中的 Flink 作业虽然只需要保存数百万条状态数据，但是对于状态的访问和更新频次很高，如何保障状态数据访问的高效性就是这类应用面临的主要难题。为了应对不同场景下存储状态数据和访问状态数据的诉求，可插拔的状态后端诞生了。

回到 Flink 为我们预置的 HashMap 和 RocksDB 状态后端中，两者的区别在于使用 HashMap 状态后端是将状态数据存储在 SubTask 的内存中，使用 RocksDB 状态后端是将状态数据存储在 SubTask 的磁盘中。前者的访问速度更快，但是受限于 SubTask 内存大小，后者的存储容量更大，但是访问速度慢于前者。通过这两种不同类型状态后端，用户可以自由地根据业务场景中状态的大小、状态的访问性能等条件来选择将状态数据存储到内存中还是本地的磁盘中。

6.4.1　HashMap 状态后端

使用 HashMap 状态后端时，状态数据将会以 Java 对象的形式存储在 SubTask 内存的堆中，包括用户自定义的状态、窗口触发器、窗口元素等都是以键值对的形式存储在内存中的，因此得名 HashMap 状态后端。

1. HashMap 状态后端的配置

我们可以通过以下两种方法来将 Flink 作业的状态后端配置为 HashMap 状态后端。

方法 1：通过作业代码设置单个 Flink 作业的状态后端。

如代码清单 6-35 所示，StreamExecutionEnvironment 可以设置单个 Flink 作业的状态后端。

代码清单 6-35　将单个 Flink 作业状态后端设置为 HashMap

```
StreamExecutionEnvironment env = StreamExecutionEnvironment.getExecutionEnvironment();
// 指定状态后端为 HashMap
env.setStateBackend(new HashMapStateBackend());
// Checkpoint 快照文件存储的目录
env.getCheckpointConfig().setCheckpointStorage(new FileSystemCheckpointStorage
    ("hdfs://namenode:40010/flink/checkpoints"));
```

方法 2：通过 flink-conf.yaml 设置状态后端。

如代码清单 6-36 所示，可以通过 flink-conf.yaml 中的 state.backend 参数来设置默认的状态后端。其中 state.backend 参数有两个可选配置项，一个是 hashmap，代表 HashMap 状态后端，另一个是 rocksdb，代表 RocksDB 状态后端。

代码清单 6-36　通过 flink-conf.yaml 将状态后端设置为 HashMap

```
# 状态后端的类型
state.backend: hashmap
# Checkpoint 快照文件存储的目录
state.checkpoints.dir: hdfs://namenode:40010/flink/checkpoints
```

注意，如果不通过上述方法来设置作业的状态后端，Flink 默认的状态后端就是 HashMap 状态后端。

2. HashMap 状态后端的使用建议

HashMap 状态后端适用于处理中等大小状态、短窗口的有状态处理作业，不建议在大状态的作业下使用 HashMap 状态后端，因为大状态数据会导致较长时间的垃圾回收，以至于作业出现性能瓶颈，或者超出内存大小导致作业执行失败。同时，由于 HashMap 状态后端将数据以 Java 对象的形式存储在堆中，因此 HashMap 状态后端的访问性能非常好，适合对状态访问速度有严格要求的场景。HashMap 状态后端典型的应用场景是时间间隔较小的滚动窗口。

此外，使用 HashMap 状态后端时有以下 2 点注意事项。

❑ 由于 HashMap 状态后端将数据以 Java 对象的形式存储在堆中，因此重用状态数据的 Java 对象可能会导致计算结果出现异常，建议不要重用状态数据。

❑ 建议将托管内存（Managed Memory）设为 0，以保证有更多的内存来存储状态数据。托管内存是 Flink 分配的本地堆外内存，应用场景通常在 RocksDB 状态后端下分配给 RocksDB 来存储状态数据，因此在使用 HashMap 状态后端的情况下，我们可以将托管内存设置为 0，将更多的内存提供给 HashMap 状态后端使用。可以通过以下 3 种方式在 flink-conf.yaml 中设置托管内存。

- 通过 taskmanager.memory.managed.size 指定托管内存的大小。
- 通过 taskmanager.memory.managed.fraction 指定托管内存在 Flink 总内存中的占比，默认值为 0.4。
- 当同时指定二者时，会优先采用 taskmanager.memory.managed.size，若二者均未指定，会根据 taskmanager.memory.managed.fraction 的默认值 0.4 计算得到托管内存的大小。除此之外，如图 6-68 所示，在 Flink 作业运行时，我们可以在 Flink Web UI 中查看每一个 TaskManager 托管内存（Managed Memory）的大小以及托管内存的使用情况。

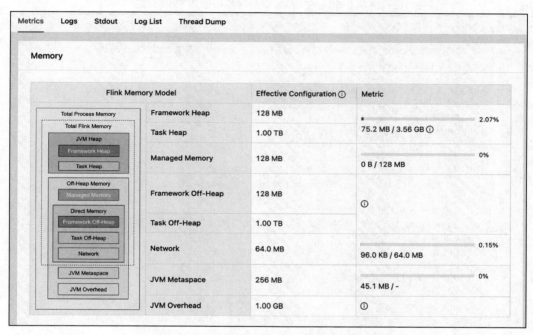

图 6-68　Flink 作业 TaskManager 的内存分配

6.4.2　RocksDB 状态后端

当使用 RocksDB 状态后端时，状态数据会存储在 Flink 作业本地的 RocksDB 中。

1. 什么是 RocksDB

RocksDB 是 Facebook 基于 levelDB 使用 C++ 编写的嵌入式 K-V 存储引擎，我们可以在 pom.xml 中添加代码清单 6-37 所示的内容来引入 RocksDB 的依赖，接下来就可以在 Java 应用程序中使用 RocksDB 了。

代码清单 6-37　RocksDB 的依赖

```
<dependency>
    <groupId>org.rocksdb</groupId>
    <artifactId>rocksdbjni</artifactId>
```

```
            <version>7.7.3</version>
        </dependency>
```

如代码清单 6-38 所示是一个在 Java 应用程序中使用 RocksDB 的案例。启动这个 Java 应用
程序后，会在本地启动 RocksDB 存储引擎，这就是将 RocksDB 称为嵌入式存储引擎的原因。我
们可以使用 RocksDB 提供的接口来写入数据、读取数据以及删除数据，写入 RocksDB 中的数据
会被 RocksDB 持久化到我们指定的本地磁盘目录中。

代码清单 6-38　在 Java 应用程序中使用 RocksDB

```java
public class RocksDBDemo {
    static {
        // 因为 RocksDB 是由 C++ 编写的，在 Java 中使用时需要先加载 Native 库
        RocksDB.loadLibrary();
    }
    public static void main(String[] args) throws RocksDBException {
        // 第一步，打开数据库
        // 创建数据库配置
        Options dbOpt = new Options();
        // 如果数据库不存在，则自动创建
        dbOpt.setCreateIfMissing(true);
        // 打开数据库，RocksDB 默认将数据保存在本地磁盘，需要指定数据存储目录
        RocksDB rdb = RocksDB.open(dbOpt, "./data/rocksdb");

        // 第二步，写入数据
        // RocksDB 是以字节数组的方式写入数据库的，我们需要先将字符串转换为字节数组再写入，
        // 这与 HBase 类似
        byte[] key = "flink".getBytes();
        byte[] value = "rocksdb".getBytes();
        // 使用 put() 方法写入数据
        rdb.put(key, value);
        System.out.println(" 向 RocksDB 写入 key=" + new String(key) + ", value 为
            " + new String(value) + " 的数据 ");
        // 第三步，使用 get() 方法读取数据
        System.out.println(" 从 RocksDB 读取 key=" + new String(key) + ", 得到的
            value 为 " + new String(rdb.get(key)));
        // 第四步，使用 delete() 方法删除数据
        rdb.delete(key);
        System.out.println(" 从 RocksDB 删除 key=" + new String(key));
        // 第五步，使用 get() 方法再次读取数据
        System.out.println(" 从 RocksDB 读取 key=" + new String(key) + ", 得到的
            value 为 " + rdb.get(key));

        // 第六步，关闭 RocksDB
        rdb.close();
        dbOpt.close();
    }
}
```

运行代码清单 6-38 的程序，输出结果如下。同时，我们可以在目录 "./data/rocksdb" 中找到
RocksDB 生成的数据文件。

向 RocksDB 写入 key=flink，value 为 rocksdb 的数据
从 RocksDB 读取 key=flink，得到的 value 为 rocksdb
从 RocksDB 删除 key=flink
从 RocksDB 读取 key=flink，得到的 value 为 null

2. 在 Flink 中使用 RocksDB 状态后端

我们从 Flink 作业启动 RocksDB、访问 RockDB 以及使用 RocksDB 存储状态数据这 3 个的角度来分析 RocksDB 作为嵌入式状态存储引擎在 Flink 作业中如何发挥作用。

（1）启动 RocksDB　如图 6-69 所示，当我们配置 Flink 作业的状态后端为 RocksDB 后，Flink 作业算子的 SubTask 在初始化时，就会在 SubTask 本地启动 RocksDB。RocksDB 在运行时会以本地原生线程的形式嵌入 TaskManager 进程，和 SubTask 处理数据的线程并非同一个。注意，因为 RocksDB 状态后端不使用 JVM 的堆来存储运行中的状态，所以它不受 JVM 垃圾回收的影响，访问、更新 RocksDB 数据的延迟通常是可预测的。

图 6-69　Flink 中 RocksDB 运行方式

（2）访问 RocksDB　RocksDB 是一个 K-V 存储引擎，Flink 作业中的 RocksDB 只用于存储键值状态数据，算子状态数据依然会被存储在 SubTask 的内存中。我们可以得出一个非常关键的结论，在选择 HashMap 或者 RocksDB 状态后端时，其实是在选择将键值状态数据存储在内存还是磁盘中。

在使用键值状态接口存储、更新和访问状态数据时，会由 SubTask 的线程通过 JNI 接口来操作 RocksDB。

（3）使用 RocksDB 存储状态数据　RocksDB 默认将数据存储在 SubTask 所在 TaskManager 的数据目录中，也就是本地磁盘中，而磁盘的空间往往都是非常大的，可以存储 TB 级别的状态数据。

3. RocksDB 状态后端的配置

与 HashMap 状态后端相同，RocksDB 状态后端也可以通过以下两种方法进行配置。

方法 1：通过作业代码设置单个 Flink 作业的状态后端。

如代码清单 6-39 所示，使用 StreamExecutionEnvironment 将单个 Flink 作业的状态后端设置为 RocksDB。

代码清单 6-39　将单个 Flink 作业的状态后端设置为 RocksDB

```
StreamExecutionEnvironment env = StreamExecutionEnvironment.getExecutionEnvironment();
// 设置状态后端为 RocksDB
env.setStateBackend(new EmbeddedRocksDBStateBackend());
// 设置状态后端为 RocksDB，并且设置为增量 Checkpoint
// env.setStateBackend(new EmbeddedRocksDBStateBackend(true));
// 配置 Checkpoint 快照文件的目录
env.getCheckpointConfig().setCheckpointStorage(new FileSystemCheckpointStorage
    ("hdfs://namenode:40010/flink/checkpoints"));
```

方法 2：通过 flink-conf.yaml 设置状态后端。

如代码清单 6-40 所示，在 flink-conf.yaml 中将状态后端设置为 RocksDB。

代码清单 6-40　通过 flink-conf.yaml 将状态后端设置为 RocksDB

```
# 配置状态后端的类型
state.backend: rocksdb
# 设置增量 Checkpoint
state.backend.incremental: true
# 配置 Checkpoint 快照文件的目录
state.checkpoints.dir: hdfs://namenode:40010/flink/checkpoints
```

注意，如果在 IDE 的开发环境中要使用 RocksDB 状态后端，必须引入 Flink RocksDB 状态后端的依赖，如代码清单 6-41 所示。

代码清单 6-41　RocksDB 的依赖

```
<dependency>
    <groupId>org.apache.flink</groupId>
    <artifactId>flink-statebackend-rocksdb_2.11</artifactId>
    <version>1.14.4</version>
</dependency>
```

4. RocksDB 状态后端的使用建议

RocksDB 状态后端非常适合处理大状态、长窗口有状态处理的作业。使用 RocksDB 状态后端时需要注意以下 4 点。

❑ 状态数据序列化：在 RocksDB 中数据是按照字节数组进行存储的，因此对 RocksDB 的数据读写都必须经过序列化、反序列化操作。每条数据如何序列化是由数据序列化器决定的（关于数据序列化的内容可以参考 4.10 节）。举例来说，使用状态接口将数据写入 RocksDB 时，状态数据会先被数据序列化器序列化为字节数组 byte[]，然后通过 JNI 接口写入 RocksDB。

❑ 状态访问性能：由于 RocksDB 将数据存储在磁盘中，对于 RocksDB 中数据的读写都必须经过序列化、反序列化操作，因此访问和更新 RocksDB 状态后端数据的性能相比于访问 HashMap 状态后端数据的性能就差远了。同时，由于访问 RocksDB 中的数据时存在序列化、反序列化操作，因此在 Flink 作业中重用状态数据是安全的。

❑ 状态数据大小：由于 JNI 接口是构建在字节数组之上的，因此每个 key 和 value 最大支持 2^{31} 字节，而在 ListState 这种数据结构中，可能会出现 value 超过 2^{31} 字节的情况，这时获取状态数据会失败，在使用时需要注意。

❑ 状态值比较：RocksDB 只存储字节数组就决定了在对两个值进行比较时是以字节数组进行的，而不是使用 Java 对象的 hashCode() 或 equals() 方法，因此想通过重写 hashCode() 或 equals() 方法来改变两个值的比较逻辑是不生效的。只有使用 HashMap 状态后端的情况下，才会使用 Java 对象的 hashCode() 或 equals() 方法进行比较。以键值状态中的 MapState 为例，假设状态数据结构为 MapState<KeyModel, ValueModel>，其中 KeyModel

和 ValueModel 是用户自定义的数据类型。KeyModel 的定义如代码清单 6-42 所示，其中包含了 userId 和 productId 两个字段，并重写了 hashCode() 和 equals() 方法。equals() 方法的逻辑是只要 userId 相同，就返回 true。在使用了 RocksDB 状态后端的情况下，Flink 作业中使用 MapState 的 ValueModel get(KeyModel key) 方法获取某个 key 的状态结果时，首先将 key 序列化为字节数组，然后去 RocksDB 中查找该字节数组的结果值。实际查找时，匹配条件依然是 userId 和 productId 相同才算作匹配成功，在访问状态的过程中并不会使用 hashCode() 和 equals() 方法进行比较。

代码清单 6-42　KeyModel 的定义

```java
public class KeyModel {
    public long userId;
    public long productId;
    @Override
    public boolean equals(Object o) {
        if (this == o) return true;
        if (!(o instanceof KeyModel)) return false;
        KeyModel keyModel = (KeyModel) o;
        return userId == keyModel.userId;
    }

    @Override
    public int hashCode() {
        return Objects.hash(userId);
    }
}
```

 注意　从 Flink 1.13 开始，Flink 统一了不同状态后端的 Savepoint 的二进制格式，因此我们可以使用一种状态后端生成 Savepoint 并使用另一种状态后端进行恢复，从而实现在极致的状态访问性能（HashMap 状态后端）以及支持大容量的状态存储（RocksDB 状态后端）之间进行灵活切换。

5. RocksDB 状态后端的进阶配置

在使用 RocksDB 状态后端的过程中，还有以下两项非常实用的进阶配置，合理利用这两项配置可以提升 Flink 作业的性能。

（1）RocksDB 状态后端增量快照　RocksDB 状态后端是目前唯一支持增量快照（增量 Checkpoint）的状态后端。与增量快照相反的是全量快照，全量快照很好理解，在 Checkpoint 执行时，Flink 作业将当前所有的状态数据全部备份到远程文件系统中，这就是全量快照。在生产环境中，大多数 Flink 作业两次快照的间隔中发生变化的状态数据只占整体状态数据的一小部分。基于这个特点，增量快照诞生了。增量快照的特点是每一次快照要持久化的数据只包含自上一次快照完成之后发生变化（被修改）的状态数据，所以可以显著减少持久化快照文件的大小以及执行快照的耗时。

关于增量快照这个功能，我们可以使用 Git 版本控制工具来类比理解。如图 6-70 所示，当我们在 IDE 中提交新的代码时，Git 工具可以展示当前代码（快照）相比于上次代码（快照）发生变化的地方，图中发生变化的代码就是当前代码相比于上次代码的增量，而增量的代码往往只占所有代码的一小部分，所以只将发生修改的这部分代码进行持久化会极大缩短持久化的耗时。

图 6-70　Git 工具中代码快照的对比

我们来看看如何配置 RocksDB 状态后端的增量快照。增量快照机制默认是关闭的，我们可以通过以下两种方法来开启。

❑ 通过作业代码设置：在代码中使用 EmbeddedRocksDBStateBackend backend=newEmbedded-
RocksDBStateBackend(true) 来开启增量快照。

❑ 通过 flink-conf.yaml 设置：在 flink-conf.yaml 中配置 state.backend.incremental: true 来开启增量快照。

增量快照的文件会随着时间的推进越来越多，而所有增量快照的文件合起来才是一个完整的快照，如果作业异常容错时从快照恢复，一次性读取这么多的增量快照文件不会出现性能问题吗？举例来说，一个 Flink 作业已经完成了 1000 次增量快照，那么这 1000 次增量快照文件合起来才是一个完成的快照，作业异常容错难道要读取 1000 个文件吗？

答案是否定的。RocksDB 有压缩机制，可以保证快照文件的数量是可控的。当我们开启了 RocksDB 的增量快照机制时，每次增量快照都会存储为 RocksDB 中的一个 SSTable 文件，而 RocksDB 的后台线程会定时通过压缩机制将多个 SSTable 文件合并为一个 SSTable 文件。合并的过程中会将重复的键进行合并及压缩，合并完成后得到的 SSTable 文件中会包含所有的键值对。RocksDB 会将合并前的多个 SSTable 文件删除，只保留合并后的 SSTable 文件。因此增量快照执行的过程中，快照文件不会一直变多，旧快照文件会随着合并的完成被自动清理，只保留新文件。

注意，通常情况下 RocksDB 中压缩机制运行的间隔会大于 Flink 作业执行快照的间隔，所以连续多个快照文件中的 SSTable 文件所包含的数据存在重叠，这会导致作业在异常容错从快照文件恢复时需要下载的快照文件数据量比较大，如果网络带宽是瓶颈，那么基于增量快照恢复可能会比全量快照花费更多的时间。

我们以电商场景计算每种商品的累计销售额为例，假设快照文件 chk-1 中保存了 key 为商品1，value 为 18 的状态数据，当执行 chk-2 时，key 为商品 1 的累计销售额变为了 20 元，那么快照文件 chk-1 和 chk-2 中都会包含商品 1 的累计销售额数据。而这时 RocksDB 还没有将两份快照文件合并为一个快照文件，一旦 Flink 作业异常容错需要从快照恢复，就会同时下载快照文件 chk-1和 chk-2。

注意 一旦开启了增量快照，在 Flink Web UI 的 Checkpoint 模块上展示的 Checkpointed Data Size（本次快照文件大小）指标只代表增量上传到分布式文件系统的快照文件大小，而非整体快照文件的大小。

（2）定时器状态数据的存储　在 Flink 的窗口类应用中，定时器是用于触发窗口计算的核心组件，为了在作业异常时保证注册的定时器不丢失，定时器会被存储到键值状态中。

在 Flink 作业中，用于存储定时器的数据结构是一个支持去重的优先队列。当我们配置RocksDB 作为状态后端时，默认情况下定时器将存储在 RocksDB 中，但是这样的存储方式容易导致 Flink 作业出现性能问题。主要原因有两个，一个是去重优先队列是一个复杂的数据结构，Flink 作业访问 RocksDB 会存在性能问题，另一个是算子对于定时器的访问是比较频繁的，这会加大 Flink 作业处理数据的时延。以事件时间为例，默认情况下 Flink 作业的 Watermark 生成器会每隔 200ms 抽取一次 Watermark，而每当时间窗口算子的 Watermark 发生更新，都要访问优先队列判断当前是否有定时器触发，如果将去重优先队列存储在 RocksDB 中，频繁地访问定时器将会严重影响作业性能。

因此我们将定时器的状态数据存储在 JVM 堆上就可以有效提升访问性能了，为此 Flink 提供了相应的配置来实现将定时器的状态数据单独存储在 JVM 堆上，只使用 RocksDB 存储其他键值状态。配置方式是将 flink-conf.yaml 文件中的 state.backend.rocksdb.timer-service.factory 配置项设置为 heap（默认为 rocksdb）。

6.4.3　状态后端的注意事项

本节介绍在实际应用场景中使用状态后端时的注意事项。

1. 区分键值状态和算子状态

由于算子状态数据只会存储在 SubTask 内存中，因此在生产环境中要严格区分键值状态和算子状态的使用场景，避免因为将算子状态当作键值状态使用而导致出现内存溢出的问题。

2. ValueState<HashMap<String, String>> 还是 MapState<String, String>

作为初学者，如果要在键值状态中存储 Map<String, String> 数据结构的状态，可能会认为使用 ValueState<HashMap<String, String>> 或者使用 MapState<String, String> 都是可行的。

如果我们使用 HashMap 状态后端，那么两种方式的性能不会有很大差异。如果我们使用 RocksDB 状态后端，则推荐使用 MapState<String, String>，避免使用 ValueState<HashMap<String, String>>。因为 ValueState<HashMap<String, String>> 在将数据写入 RocksDB 时，是先将整个 HashMap<String, String> 序列化为字节数组再写入的。同样，在读取时，也是先读取字节数组，然后反序列化为整个 HashMap<String, String>，再给用户使用。每次访问和更新 ValueState 时，实际上都是对 HashMap<String, String> 这个集合类的大对象进行序列化以及反序列化操作，这是一个极其耗费资源的过程，很容易导致 Flink 作业产生性能瓶颈，不推荐在 ValueState 中存储大对象。

6.5　Flink 故障重启策略

本节介绍 Flink 在异常容错场景下提供的 4 种重启策略。

1. 故障不重启策略

当我们配置该策略时，作业发生故障后不会重启，配置方式如代码清单 6-43 所示，通常不会使用该种策略。

代码清单 6-43　设置故障不重启策略

```
//1．在 flink-conf.yaml 中设置
restart-strategy: none
//2．在 Flink 作业代码中设置，代码中的设置优先级高于 flink-conf.yaml 中的设置
StreamExecutionEnvironment env = StreamExecutionEnvironment.getExecutionEnvironment();
env.setRestartStrategy(RestartStrategies.noRestart());
```

2. 固定延迟重启策略

使用固定延时重启策略时需要指定两个参数，一个用于指定尝试重启的最大次数，作业异常容错重启时，如果超过了指定的最大次数，作业将失败，另一个用于指定两次重启之间要等待的固定时长。我们可以通过代码清单 6-44 所示的两种方式设置固定延迟重启策略。

代码清单 6-44　设置固定延迟重启策略

```
//1．在 flink-conf.yaml 中设置
restart-strategy: fixed-delay                    // 指定策略为固定延迟重启策略
restart-strategy.fixed-delay.attempts: 3 // 指定重启的最大次数，默认值为 1
restart-strategy.fixed-delay.delay: 10 s // 指定两次重启之间等待的时间间隔，默认值为 1s
//2．在 Flink 作业代码中设置，代码中的设置优先级高于 flink-conf.yaml 中的设置
StreamExecutionEnvironment env = StreamExecutionEnvironment.getExecutionEnvironment();
env.setRestartStrategy(RestartStrategies.fixedDelayRestart(
    3,
    Time.of(10, TimeUnit.SECONDS)              // 指定两次重启之间等待的时间间隔
));
```

需要注意的是，如果我们既没有在 flink-conf.yaml 文件中配置故障策略，也没有在 Flink 作业代码中配置重启策略，那么在没有开启 Checkpoint 机制的情况下，默认的策略就是不重启策

略，如果开启了 Checkpoint 机制，那么默认的策略就是固定延迟重启策略，其中两次重启的时间间隔为 1s，最大尝试重启次数为 Integer.MAX_VALUE。

3. 指数延迟重启策略

使用指数延迟重启策略时，在作业故障后，会尝试无限次重启作业，两次重启之间的时间间隔将以指数级增长，直到增长到我们指定的最大值为止，我们可以通过代码清单 6-45 所示的两种方式设置指数延迟重启策略。

代码清单 6-45　设置指数延迟重启策略

```
//1. 在 flink-conf.yaml 中设置
restart-strategy: exponential-delay                          // 指定指数级延迟重启策略
restart-strategy.exponential-delay.initial-backoff: 10 s     // 指定两次重启之间时间间隔
                                                             // 的初始值，默认值为 1 s
restart-strategy.exponential-delay.max-backoff: 2 min        // 指定两次重启之间时间间隔的
                                                             // 最大值，默认值为 5 min
restart-strategy.exponential-delay.backoff-multiplier: 2.0   // 指定两次重启之间时间间隔
                                                             // 增长的指数，默认值为 2.0
restart-strategy.exponential-delay.reset-backoff-threshold: 10 min
    // 指定 Flink 作业重新运行多长时间将两次重启的间隔时间恢复到初始值
restart-strategy.exponential-delay.jitter-factor: 0.1
    // 指定重启间隔时间的最大抖动值（加或减去该配置项范围内的一个随机数），该参数可以防止大量
    // 作业在同时失败后又在同一时刻重启时对 Flink 依赖的其他组件产生影响
//2. 在 Flink 作业代码中设置，代码中的设置优先级高于 flink-conf.yaml 中的设置
StreamExecutionEnvironment env = StreamExecutionEnvironment.getExecutionEnvironment();
env.setRestartStrategy(RestartStrategies.exponentialDelayRestart(
        Time.of(10, TimeUnit.SECONDS)     // 指定两次重启之间时间间隔的初始值
        , Time.of(2, TimeUnit.MINUTES)    // 指定两次重启之间时间间隔的最大值
        , 2.0d                            // 指定两次重启之间时间间隔增长的指数
        , Time.of(10, TimeUnit.MINUTES)   // 指定 Flink 作业重新运行多长时间将两次重启的
                                          // 间隔时间恢复到初始值
        , 0.1d                            // 指定重启间隔时间的最大抖动值
));
```

4. 故障率重启策略

使用故障率重启策略需要指定 3 个参数。前两个参数用于计算故障率，第一个参数用于指定计算故障率的时间间隔，第二个参数用于指定在这个时间间隔中允许失败的最大次数，Flink 在尝试重启作业时，如果在指定时间间隔内超过了指定允许失败的最大次数，作业最终将失败，第三个参数用于指定两次重启间等待的时间间隔。我们可以通过代码清单 6-46 所示的两种方式设置故障率重启策略。

代码清单 6-46　设置故障率重启策略

```
//1. 在 flink-conf.yaml 中设置
restart-strategy: failure-rate                // 指定故障率重启策略
restart-strategy.failure-rate.failure-rate-interval: 5 min
    // 第一个参数：指定用于计算故障率的时间间隔，默认值为 1 min
restart-strategy.failure-rate.max-failures-per-interval: 3
    // 第二个参数：指定在这个时间间隔中允许失败的最大次数，默认值为 1
```

```
restart-strategy.failure-rate.delay: 10 s // 第三个参数：指定两次重启之间等待的固定长度
                                          // 时间，默认只为 1 s
// 2．在 Flink 作业代码中设置，代码中的设置优先级高于 flink-conf.yaml 中的设置
StreamExecutionEnvironment env = StreamExecutionEnvironment.getExecutionEnvironment();
env.setRestartStrategy(RestartStrategies.failureRateRestart(
    3, // 指定在这个时间间隔中允许失败的最大次数
    Time.of(5, TimeUnit.MINUTES),      // 指定用于计算故障率的时间间隔
    Time.of(10, TimeUnit.SECONDS)      // 指定两次重启之间等待的固定长度时间
));
```

6.6　本章小结

在 6.1 节中，我们以生活中的常见场景为例，学习了状态以及有状态计算、有状态作业的定义，明确了状态、有状态计算是生活中普遍存在的。同时，在本节中我们还知道了由于存在状态访问性能差、异常容错成本高和状态接口易用性差这 3 个问题，传统有状态计算方案无法应用于大数据流处理场景中。而 Flink 针对这些问题一一提出了解决方案，分别是通过状态本地化、持久化实现极致的状态访问速度，通过精确一次的一致性快照实现低成本的异常容错，以及通过统一的状态接口提升状态的易用性。不仅如此，Flink 还通过 Savepoint 机制、状态后端及键值状态保留时长机制解决了流处理场景中作业横向扩展、升级时的状态恢复问题以及状态本地化后的大状态存储问题。

在 6.2 节中，我们学习了 Flink 中提供的算子状态、键值状态以及广播状态的由来、特点以及使用方法。算子状态是 Flink 中最基本也最容易理解的状态类型，键值状态是为了简化在 KeyedStream 上使用状态的成本而在算子状态的基础上优化得到的，广播状态是为了实现在 Flink 作业中使用可变配置而在算子状态的基础上优化得到的。

在 6.3 节中，我们学习了 Flink 的状态管理能力。状态管理是 Flink 为状态数据提供的异常容错能力。在本节中，我们层层递进，分别讨论了在单机应用的场景下、在分布式应用的场景下实现精确一次的数据处理能力的条件。最后我们讨论了 Flink 为了实现精确一次的数据处理能力而实现的 Checkpoint 机制。

在 6.4 节中，我们学习了 Flink 提供的 HashMap 和 RocksDB 状态后端的定义以及使用方法。HashMap 状态后端将状态数据存储在内存中，适用于中小状态的场景，RocksDB 将状态数据存储在磁盘中，适用于存储大状态的场景。

在 6.5 节中，我们学习了 Flink 提供的 4 种故障重启策略，分别为不重启策略、固定延迟重启策略、指数延迟重启策略和故障率重启策略。

Flink 有状态流处理 API

在第 4～6 章中，我们学习了 Flink DataStream API 提供的数据转换、时间窗口以及状态操作的 API，但是还有两个问题在 Flink DataStream API 中没有被很好地解决。

☐ 窗口 API 使用起来不灵活：以时间窗口算子为例，针对乱序数据，时间窗口算子只能缓解无法解决，而时间窗口算子也没有为用户提供处理乱序数据的自定义方法，这使得乱序数据的处理成本很高。同时，在 Flink 预置的窗口 API 中，一个窗口要么是时间窗口，要么是计数窗口，对于一个既能通过计数来触发，也能通过时间来触发的窗口，实现逻辑是很复杂的，这使得用户无法简便、灵活地操纵数据和时间来满足需求。

☐ 分流成本高：在 Flink DataStream API 中没有提供数据分流操作，如果通过 Source → Filter → Sink 的链路去分流，对于 Flink 作业的性能压力会很大。

针对上述问题，Flink 为用户提供了有状态流处理 API，有状态流处理 API 是 Flink 提供给用户的 4 种 API 中功能最强大的。不同于 DataStream API 中提供的 Map、FlatMap、Reduce 操作，有状态流处理 API 只抽象了一种底层操作——Process（处理）操作，并为 Process 操作提供了对应的 ProcessFunction（处理函数）。在 ProcessFunction 中，用户拥有事件数据、状态数据和定时器（事件时间定时器或处理时间定时器）这 3 个强大组件的完全控制权，可以使用 ProcessFunction 来实现任何流处理作业。

7.1　ProcessFunction

本节分析窗口使用不灵活和分流成本高这两个问题，并通过案例说明现有的 Flink DataStream API 为何无法很好地解决这两个问题。

7.1.1 促使 ProcessFunction 诞生的两个问题

下面我们对 Flink DataStream API 中的两个问题进行分析。

1. 窗口使用不灵活

Flink DataStream API 提供的窗口 API 使用不灵活的问题可以分为以下 3 个子问题。

（1）时间窗口 API 无法优雅地处理乱序数据　以电商场景中计算每种商品每 1min 的累计销售额（事件时间语义）为例。数据源的乱序程度如图 7-1 所示，其中 99% 的数据的乱序时长小于、等于 3min，剩下 1% 的数据乱序时长则大于 3min，并且可能无限大。假设要求在数据延迟为 3min 的情况下，保证数据的准确性达到 99%，使用 Flink DataStream API 提供的时间窗口 API 来处理就可以直接设置 Watermark 的最大乱序时间为 3min。

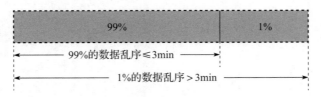

图 7-1　数据源乱序程度

如果要求变为数据延迟在 3min 的情况下，保证数据的准确性达到 100%，该怎么做？

我们在 5.7.2 节学习了处理数据乱序的 3 种方法，分别是设置 Watermark 最大乱序时间、使用 AllowLateness 机制和输出乱序数据到旁路，接下来看看这 3 种方法是否能解决上述问题。

要求数据延迟为 3min，代表 Watermark 的最大乱序时间只能为 3min，而这会导致乱序时长大于 3min 的那 1% 的数据被窗口算子丢弃。这时我们可能会想到使用 AllowLateness 机制来处理乱序迟到的数据，问题在于那 1% 的数据的乱序时长是没有上限的，AllowLateness 机制也不能完全解决这个问题。这时我们所能做的只有将乱序数据输出到旁路，然而即使数据输出到了旁路，大多数情况下用户是无法使用旁路中的乱序数据来修复输出结果的。要怎样才能保证数据的准确性达到 100%？

用户往往不希望乱序数据被直接丢弃，而是希望乱序数据也能被时间窗口算子正常处理，一种能够正常处理乱序数据的思路就是将乱序数据放到还没有被触发的最近的一个窗口中计算。以计算每种商品每 1min 的销售额（事件时间语义）为例，假设 AllowLateness 机制是关闭的，当前 Flink 作业中 SubTask 的 Watermark 是 9:10:50，下一个将要被触发计算的时间窗口是 [9:10:00, 9:11:00)，那么接下来如果有一个时间为 9:01:01 的数据输入到时间窗口算子中。正常情况下这条数据会被丢弃，而我们所期望的优化方案不是丢弃这条数据，而是把这条数据放入还没有被触发的最早的那个窗口里，也就是将这条数据放在窗口 [9:10:00, 9:11:00) 中，虽然数据所在的时间窗口有偏差，但这样至少可以保证数据不丢失。

（2）无法简便、灵活地操纵数据和时间　以电商场景中计算每种商品的历史累计销售额（处理时间语义）为例，输入数据为商品销售订单，输出数据为每种商品的历史累计销售额。在这个案例中，我们将结果以键值对的形式存储在 Redis 中，其中 key 为商品 id，value 为商品的历史累计销售额。为了保证结果更新的及时性，我们希望不但能够每 5s 计算并更新一次结果，还能够每累计 10 条商品订单数据就触发一次计算并更新结果。

这个计算逻辑看起来非常简单，我们只需要维护一个用于计算商品历史累计销售额的状态，当算子处理了 10 条数据或者每隔 5s 的处理时间，就将状态中保存的历史累计销售额输出到 Redis 中。

问题在于，如果要使用窗口 API 去实现上述逻辑，就需要将窗口分配器、窗口触发器和窗口数据处理函数统统自定义一遍，这样实现成本就很高了。

（3）当某个时间窗口没有输入数据时，该窗口将无法触发计算　在 5.2.6 节学习时间窗口 API 提供的全量窗口处理函数时，举了一个统计每件商品过去 1min 内的 PV 以及截至当前这 1min 的历史累计总 PV 的案例。

这个案例使用了 Flink DataStream API 提供的 1min 的事件时间窗口来计算每件商品过去 1min 内的 PV，同时在全量窗口处理函数中使用状态来计算每件商品的历史累计总 PV。按照上述逻辑实现后，Flink 作业在运行时会出现一个不符合用户预期的现象：当某 1min 的窗口没有输入数据时，会导致全量窗口处理函数不会被执行，最终会导致商品每 1min 内的 PV 以及历史累计总 PV 结果无法输出。而站在用户使用数据的角度会觉得每 1min 内的 PV 不输出也就罢了，历史累计总 PV 实际上是有数据的，却不能输出，这是不符合预期的。用户期望的效果是这 1min 即使没有数据输入，依然能够将商品的历史累计 PV 输出。

2. 分流成本高

直接以一个案例来说明分流成本高的问题。我们有一个 Kafka Topic 数据源包含了所有商品的销售订单信息 InputModel（包含 userId、productId 和 productType 字段，分别代表用户 id、商品 id 和商品订单类型），其中商品订单类型包括体育会场商品订单、美妆会场商品订单和服装会场商品订单。我们想将体育会场商品订单、美妆会场商品订单和服装会场商品订单的数据拆分到多个 Kafka Topic 中，那么自然会想到使用逻辑数据流图为 Source → Filter → Sink 的 Flink 作业去处理，如代码清单 7-1 所示是该 Flink 作业的实现。

代码清单 7-1　使用逻辑数据流图为 Source → Filter → Sink 的 Flink 作业进行分流

```
// 美妆会场商品订单分流逻辑
DataStreamSink<InputModel> sink1 = source
        .filter(new FilterFunction<InputModel>() {
            @Override
            public boolean filter(InputModel value) throws Exception {
                return value.getProductType().equals(" 美妆 ");
            }
        })
        .print();
// 服装会场商品订单分流逻辑
DataStreamSink<InputModel> sink2 = source
        .filter(new FilterFunction<InputModel>() {
            @Override
            public boolean filter(InputModel value) throws Exception {
                return value.getProductType().equals(" 服装 ");
            }
        })
```

```
        .print();
// 体育会场商品订单分流逻辑
DataStreamSink<InputModel> sink3 = source
        .filter(new FilterFunction<InputModel>() {
            @Override
            public boolean filter(InputModel value) throws Exception {
                return value.getProductType().equals(" 体育 ");
            }
        })
        .print();
```

代码清单 7-1 中的 Flink 作业虽然可以满足上述分流需求，但是在处理性能上存在致命的缺点。如图 7-2 所示是代码清单 7-1 对应 Flink 作业的逻辑数据流图，其中存在的性能问题如下。

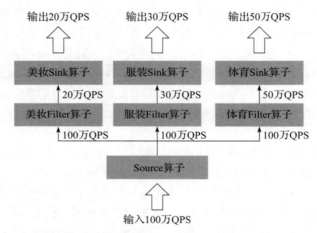

图 7-2　使用 Source → Filter → Sink 的 Flink 作业分流

假设 Source 算子输入数据的吞吐量为 100 万 QPS，由于美妆 Filter 算子、服装 Filter 算子和体育 Filter 算子会分别处理一遍 Source 算子全量的数据，因此 Source 算子输出到下游 3 个 Filter 算子的吞吐量将会达到 300 万 QPS，并且 Source 算子输出数据的吞吐量会随着 Filter 算子（分流规则）的增多而线性增长，如果分流规则越来越多，就会导致 Flink 作业的 Source 算子出现性能问题。

而在上述场景中，同一个商品订单实际上只属于同一个会场，那么优化思路就浮出水面了，我们希望数据处理算子能够按照当前这个商品订单的类型将商品订单数据直接发送到对应会场的 Sink 算子中，而不是把全量数据发送到下游的 Filter 算子后再通过 Filter 算子过滤出该会场的商品订单数据。

举例来说，如图 7-3 所示，在 Source 算子之后只有一个数据处理算子，在这个算子处理每一条数据时，如果发现当前这条商品订单数据是美妆会场的，那么直接把这条商品订单数据发送到美妆会场的 Sink 算子中，不会发送给体育会场和服装会场的 Sink 算子。如果发现这条商品订单数据是服装会场的，那么直接把这条商品订单数据发送到服装会场的 Sink 算子，不会发送给美妆会场和体育会场的 Sink 算子中。针对体育会场的数据处理逻辑类似，不再赘述。通过这样的处理方式，处理算子的输入数据吞吐量为 100 万 QPS 时，输出数据的吞吐量也只有 100 万 QPS。

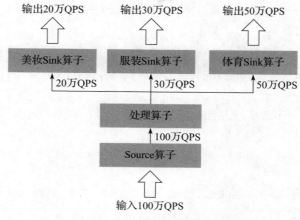

图 7-3　分流的优化思路

上述使用窗口 API 时不灵活的问题以及进行数据分流成本比较高的问题，用 Flink 有状态流处理 API 中的 ProcessFunction 可以很好地解决。在 ProcessFunction 中，用户拥有事件数据、状态数据和定时器（事件时间定时器或处理时间定时器）这 3 个强大组件的完全控制权限，可以自定义所有的计算逻辑。

那么 ProcessFunction 到底有什么魔法可以实现如此多的功能呢？下一小节我们先学习 ProcessFunction 的定义，7.1.3 节我们再学习如何使用 ProcessFunction 解决上述两个问题。

7.1.2　ProcessFunction 的定义

ProcessFunction 是 Flink 有状态流处理 API 提供的用户自定义函数，其对应的算子是 ProcessOperator（处理算子），我们先来看 ProcessFunction 抽象类的定义，如代码清单 7-2 所示。

代码清单 7-2　ProcessFunction 抽象类的定义

```
public abstract class ProcessFunction<I, O> extends AbstractRichFunction {
    /**
     * 每输入一条数据就调用一次 processElement() 方法，processElement() 方法可以输出多条数据
     * 入参 value 代表输入数据
     * 入参 ctx 代表运行时上下文 Context，通过运行时上下文可以访问数据时间戳，注册和删除定时器
     * 入参 out 代表输出数据的收集器
     */
    public abstract void processElement(I value, Context ctx, Collector<O> out)
        throws Exception;
    /**
     * 当定时器触发时，调用 onTimer() 方法
     * 入参 timestamp 代表触发的定时器的时间戳
     * 入参 ctx 代表定时器上下文 OnTimerContext，通过定时器上下文可以获取触发的定时器的时间
     *   语义，注册和删除定时器
     * 入参 out 代表输出数据的收集器
     */
    public void onTimer(long timestamp, OnTimerContext ctx, Collector<O> out)
        throws Exception {}
```

```
// ProcessFunction 的 processElement() 方法入参中的运行时上下文 Context
public abstract class Context {
    // 返回当前数据的时间戳。数据时间戳是指 StreamRecord 中 timestamp 字段保存的数据时间戳
    public abstract Long timestamp();
    // 返回值 TimerService 可以用于查询当前 SubTask 的时钟时间，也可以用于注册和删除定时器
    public abstract TimerService timerService();
    /**
     * output() 方法可以将数据输出到旁路中，旁路的标签由入参 OutputTag<X> outputTag 指定
     * 入参 outputTag 用于标记旁路的标签
     * 入参 value 是需要输出到旁路中的数据
     */
    public abstract <X> void output(OutputTag<X> outputTag, X value);
}

// ProcessFunction 的 onTimer() 方法入参中的定时器上下文 OnTimerContext，OnTimerContext
// 继承自 Context
public abstract class OnTimerContext extends Context {
    // 当前触发的定时器的时间语义
    public abstract TimeDomain timeDomain();
}
}
```

ProcessFunction 提供了以下两个方法。

1. void processElement(I value, Context ctx, Collector<O> out)

该方法用于处理输入数据，每输入一条数据就调用一次该方法，然后不输出数据或者输出多条数据。从 ProcessFunction 提供的 processElement() 方法可以看出，ProcessFunction 就是一个增强版的 FlatMapFunction，两者处理输入数据的逻辑是相同的。ProcessFunction 的入参 value 和 out 分别代表输入数据以及输出数据的收集器，入参 ctx 代表运行时上下文 Context。如代码清单 7-2 中 Context 抽象类的定义所示，Context 抽象类提供了以下 3 个方法用于访问数据的时间戳、注册和删除定时器以及进行旁路数据处理。

❑ Long timestamp()：用于访问数据的时间戳，单位为 ms。数据的时间戳是指 StreamRecord 中 timestamp 字段保存的时间戳。当使用 Watermark 生成策略获取数据时间戳时，Flink 会将数据时间戳保存在 StreamRecord 的 timestamp 字段中。注意，如果没有使用 Watermark 生成策略来获取数据时间戳，那么该方法的返回值为 null，而在处理时间语义下，通常不会用到 Watermark 生成策略，因此方法返回值也为 null。

❑ TimerService timerService()：该方法会返回 TimerService（定时器服务），TimerService 接口的定义如代码清单 7-3 所示。TimerService 接口的定义和窗口触发器 Trigger 抽象类中的 TriggerContext 接口提供的方法一样，两者都提供了获取 SubTask 时钟、注册定时器和删除定时器的功能。其中 long currentProcessingTime() 方法用于获取当前 SubTask 的处理时间时钟的时间戳，long currentWatermark() 方法用于获取当前 SubTask 的事件时间时钟的时间戳，两个方法返回值的单位都为 ms。

代码清单 7-3　TimerService 接口的定义

```
public interface TimerService {
```

```
long currentProcessingTime();                // 获取当前的处理时间，单位为 ms
long currentWatermark();                      // 获取当前的事件时间 Watermark，单位为 ms
void registerProcessingTimeTimer(long time); // 注册处理时间定时器
void registerEventTimeTimer(long time);      // 注册事件时间定时器
void deleteProcessingTimeTimer(long time);   // 删除处理时间定时器
void deleteEventTimeTimer(long time);        // 删除事件时间定时器
}
```

❑ void output(OutputTag<X> outputTag, X value)：用于将数据输出到旁路中。入参 outputTag 是用于标记旁路的标签，value 是需要输出到旁路的数据。ProcessOperator 在执行旁路输出时，相当于给每一条输出到旁路的数据打了一个标签，当下游使用到某个标签的旁路数据时，ProcessOperator 会直接将这个标签下的所有数据发给下游算子，而不是将所有的数据发送到下游算子，这样可以有效减少算子间传输的数据量。

2. void onTimer(long timestamp, OnTimerContext ctx, Collector<O> out)

该方法会在定时器触发时调用。入参 timestamp 代表当前触发的定时器的时间戳，out 代表输出数据的收集器，ctx 代表定时器的上下文 OnTimerContext，OnTimerContext 继承自 Context，因此通过 OnTimerContext 可以访问数据的时间戳、注册和删除定时器以及进行旁路数据处理。

此外，OnTimerContext 相比于 Context 多了一个 TimeDomain timeDomain() 方法，该方法的返回值 TimeDomain 代表当前触发的定时器的时间语义。TimeDomain 是一个枚举类型，包含 EVENT_TIME 和 PROCESSING_TIME 两个枚举值，如果值为 EVENT_TIME，则代表当前触发的定时器是事件时间语义，如果值为 PROCESSING_TIME，则代表当前触发的定时器是处理时间语义。

通过 ProcessFunction 提供的方法的定义，我们知道 ProcessFunction 可以实现自由访问一个流处理作业的事件数据、状态数据和定时器（事件时间定时器或处理时间定时器）的原因了。

❑ 事件数据：每来一条数据都调用 ProcessFunction 的 processElement() 方法进行处理，而且无论 ProcessFunction 的 processElement() 方法中的运行时上下文 Context，还是 ProcessFunction 的 onTimer() 方法中的定时器上下文 OnTimerContext，都通过 output() 方法提供了旁路输出的能力，用户可以通过旁路输出将一条数据流拆分为多条数据流，这样解决了分流成本高的问题。

❑ 状态数据：ProcessFunction 继承自 AbstractRichFunction，可以通过 AbstractRichFunction 的 getRuntimeContext() 方法获取运行时上下文 RuntimeContext，通过 RuntimeContext 就可以访问和更新状态。

❑ 定时器（事件时间定时器或处理时间定时器）：无论 ProcessFunction 的 processElement() 方法中的运行时上下文 Context，还是 ProcessFunction 的 onTimer() 方法的定时器上下文 OnTimerContext，都通过 timerService() 方法提供了用于管理定时器的 TimerService，可以通过 TimerService 查询当前 SubTask 的时钟并注册、删除定时器，这样解决了时间窗口使用起来不灵活的问题。

需要注意，Flink 作业中的定时器有以下 4 个特点。

❑ 定时器是注册在 KeyedStream 上的：定时器只能在 KeyedStream 上使用，并且是按 key 注册和触发的。如果在非 KeyedStream 上使用 ProcessFunction 中的 TimerService 来注册定时器，Flink 作业会直接抛出异常。

❑ 定时器会自动去重：定时器是保存在去重优先队列中的，完全相同的定时器被注册两次，也只会保留一个并只触发一次。

❑ 定时器的数据会被保存在状态中：为了在 Flink 作业异常容错时保证定时器不被丢弃，Flink 会将定时器的数据保存在状态中。这样就可以在 Flink 作业异常容错恢复后，依然能够让定时器正常触发。

❑ 定时器是可以被删除的：当某个定时器被删除之后，就不会再触发了。

7.1.3 解决窗口使用起来不灵活和分流成本高的问题

下面我们使用 ProcessFunction 来解决时间窗口使用起来不灵活和分流成本高这两个问题。

1. 使用 ProcessFunction 自定义乱序数据的处理方式

案例：计算电商场景中每种商品每 1min 的累计销售额（事件时间语义），数据源为商品销售订单 InputModel（包括 productId、income 和 timestamp 字段，分别代表商品 id、订单销售额和订单销售时间戳），数据源的乱序程度如图 7-1 所示，输出数据为每种商品每 1min 的累计销售额 OutputModel（包括 productId、minuteIncome 和 windowStart 字段，分别代表商品 id、1min 的累计销售额和 1min 的窗口开始时间戳）。

要求实现在延迟时间为 3min 的情况下，保证数据的准确性达到 100%。我们可以采用 7.1.1 节提到的折中思路，如果遇到乱序数据，就把这条乱序数据放入最近的一个还没有被触发计算的时间窗口中，保证不会由于数据乱序而丢数。使用 ProcessFunction 的实现逻辑如下：通过 ProcessFunction 提供的定时器来实现时间窗口的计算逻辑并自定义乱序不丢数的逻辑，最终的实现如代码清单 7-4 所示。

代码清单 7-4　使用 ProcessFunction 提供的定时器来实现时间窗口计算

```
// 定义窗口大小为 1min
int windowSize = 60000;
DataStreamSink<OutputModel> sink = env.addSource(new UserDefinedSource())
    .assignTimestampsAndWatermarks(new WatermarkStrategy<InputModel>() {
        @Override
        public WatermarkGenerator<InputModel> createWatermarkGenerator
            (WatermarkGeneratorSupplier.Context context) {
            // 设置 3min 的最大乱序时间
            return new BoundedOutOfOrdernessWatermarks<>(Duration.ofMinutes(3L));
        }
        @Override
        public TimestampAssigner<InputModel> createTimestampAssigner
            (TimestampAssignerSupplier.Context context) {
            return (element, recordTimestamp) -> element.getTimestamp();
        }
    })
    // 按照商品分类
    .keyBy(InputModel::getProductId)
    .process(new ProcessFunction<InputModel, OutputModel>() {
```

```java
// 用于存储每 1min 窗口内的累计销售额
private transient MapState<Long, OutputModel> minutesIncomeMapState;

@Override
public void open(Configuration parameters) throws Exception {
    this.minutesIncomeMapState =
            getRuntimeContext().getMapState(new MapStateDescriptor<Long,
                    OutputModel>(
                    "minutesIncomeMapState", Long.class,
                        OutputModel.class));
}


@Override
public void processElement(InputModel value, ProcessFunction
    <InputModel, OutputModel>.Context ctx, Collector<OutputModel>
    out) throws Exception {
    long timestamp = value.getTimestamp();
    long windowStart = timestamp - (timestamp % windowSize);
    long windowEnd = timestamp - (timestamp % windowSize) + windowSize;
    long watermark = ctx.timerService().currentWatermark();
    // 判断当前数据是否乱序
    if (windowEnd <= watermark) {
        // 如果是乱序数据，则将这条数据放入还没有触发的最近的窗口
        windowStart = watermark - (watermark % windowSize);
        windowEnd = watermark - (watermark % windowSize) + windowSize;
    }
    // 使用窗口结束时间注册事件时间定时器
    ctx.timerService().registerEventTimeTimer(windowEnd);

    // 将当前这条数据保存到对应窗口的状态中
    OutputModel minuteIncome = this.minutesIncomeMapState.get(windowStart);
    if (null == minuteIncome) {
        OutputModel outputModel = OutputModel
                .builder()
                .productId(value.getProductId())
                .minuteIncome(value.getIncome())
                .windowStart(windowStart)
                .build();
        this.minutesIncomeMapState.put(windowStart, outputModel);
    } else {
        minuteIncome.setMinuteIncome(value.getIncome() + minuteIncome.
            getMinuteIncome());
        this.minutesIncomeMapState.put(windowStart, minuteIncome);
    }
}


@Override
public void onTimer(long fireTimestamp,
        ProcessFunction<InputModel, OutputModel>.OnTimerContext ctx,
            Collector<OutputModel> out) throws Exception {
    Iterator<Map.Entry<Long, OutputModel>> iterator = this.
        minutesIncomeMapState.entries().iterator();
    while (iterator.hasNext()) {
```

```
                              Map.Entry<Long, OutputModel> entry = iterator.next();
                              // 输出窗口结束时间小于、等于当前触发的定时器的窗口数据
                              if (entry.getKey() + windowSize <= fireTimestamp) {
                                  out.collect(entry.getValue());
                                  iterator.remove();
                              }
                          }
                      }
                  })
                  .print();
```

如代码清单 7-4 所示，使用 ProcessFunction 完全自定义了一个时间窗口计算程序，用于计算每种商品每 1min 的销售额，其中状态变量 minutesIncomeMapState 用于保存每 1min 内的销售额数据。

这个程序最大的特点在于即使数据存在乱序，也不会将乱序数据丢弃。具体的处理逻辑是，比较数据原本所在窗口的结束时间戳以及当前 SubTask 的事件时间时钟。如果发现 SubTask 的事件时间时钟大于、等于数据原本所在窗口的结束时间戳，说明当前这条数据原本所在的窗口已经触发计算了，这条数据是乱序的，于是将该条数据放入还没有被触发的最近的一个窗口中进行计算。如果发现 SubTask 的事件时间时钟小于数据原本所在窗口的结束时间戳，说明这条数据原本所在的窗口还没有被触发计算，于是将这条数据放入对应的窗口中，随着事件时间的推进，自然地触发窗口计算。

2. 使用 ProcessFunction 灵活操纵数据和时间

案例：电商场景中计算每种商品的历史累计销售额（处理时间语义），输入数据为商品销售订单 InputModel（包括 productId、income 和 timestamp 字段，分别代表商品 id、订单销售额和订单销售时间戳），输出数据为每种商品的历史累计销售额，将结果以键值对的形式存储在 Redis 中，其中 key 为商品 id，Value 为商品的历史累计销售额。同时，为了保证结果更新的及时性，要求不但能够每 5s 进行一次计算，还需要每 10 条商品订单数据就触发一次计算。最终的实现如代码清单 7-5 所示。

代码清单 7-5　使用 ProcessFunction 实现每 5s 以及每 10 条数据触发一次计算

```
DataStreamSink<InputModel> sink = env.addSource(new UserDefinedSource())
        .keyBy(InputModel::getProductId)
        .process(new ProcessFunction<InputModel, InputModel>() {
            private transient ValueState<InputModel> cumulateIncomeState;
            private transient ValueState<Integer> counterState;

            @Override
            public void open(Configuration parameters) throws Exception {
                this.cumulateIncomeState =
                        getRuntimeContext().getState(new ValueStateDescriptor<>(
                                "cumulateIncomeState", InputModel.class));
                this.counterState =
                        getRuntimeContext().getState(new ValueStateDescriptor<>(
                                "counterState", Integer.class));
```

```
    }

    @Override
    public void processElement(InputModel value, ProcessFunction<InputModel,
        InputModel>.Context ctx, Collector<InputModel> out) throws Exception {
        // 注册每 5s 触发一次的处理时间定时器
        long timestamp = value.getTimestamp();
        long windowEnd = timestamp - (timestamp % 5000L) + 5000L;
        ctx.timerService().registerProcessingTimeTimer(windowEnd);

        // 计算商品历史累计销售额
        InputModel inputModel = cumulateIncomeState.value();
        if (null == inputModel) {
            inputModel = value;
        } else {
            inputModel.setIncome(inputModel.getIncome() + value.getIncome());
            inputModel.setTimestamp(Math.max(inputModel.getTimestamp(),
                    value.getTimestamp()));
        }
        this.cumulateIncomeState.update(inputModel);

        // 判断是否累计了 10 条数据
        Integer counter = this.counterState.value();
        if (null == counter) {
            counter = 1;
        } else {
            counter++;
            // 若累计了 10 条数据，则输出该商品的累计销售额
            if (counter >= 10) {
                out.collect(inputModel);
                counter = 0;
            }
        }
        this.counterState.update(counter);
    }

    @Override
    public void onTimer(long timestamp,
            ProcessFunction<InputModel, InputModel>.OnTimerContext ctx,
            Collector<InputModel> out) throws Exception {
        // 如果定时器被触发，则输出该商品的累计销售额并清空 counter
        out.collect(this.cumulateIncomeState.value());
        this.counterState.clear();
    }
})
// 省略写入 Redis 的实现逻辑，使用 print 来代替
.print();
```

在代码清单 7-5 中，使用了以下两个状态变量。

❑ cumulateIncomeState：用于保存每种商品的累计销售额。

❑ counterState：用于保存当前累计的条目数，从而实现每累计 10 条数据就触发一次计算。

同时，为了实现每隔 10s 触发一次计算的逻辑，我们注册了处理时间定时器，从而在定时器触发时执行 onTimer() 方法，输出商品的历史累计销售额。

3. 使用 ProcessFunction 实现窗口的连续触发计算

案例：统计每件商品过去 1min 内的销售额以及截至当前这 1min 的历史累计销售额。输入数据为商品销售订单 InputModel（包括 productId、income 和 timestamp 字段，分别代表商品 id、订单销售额和订单销售时间戳），输出数据为每种商品每 1min 的累计销售额以及历史累计销售额 OutputModel（包括 productId、income、windowStart 和 type 字段，分别代表商品 id、累计销售额、1min 的窗口开始时间戳以及输出结果类型），输出结果类型用于区分当前输出的结果是每 1min 的累计销售额还是历史累计销售额。在这个案例中，要求即使某 1min 的窗口没有数据输入，也要输出历史累计销售额。最终的实现如代码清单 7-6 所示。

代码清单 7-6 使用 ProcessFunction 实现窗口的连续触发计算

```
// 定义窗口大小为 1min
int windowSize = 60000;
DataStreamSink<OutputModel> sink = env.addSource(new UserDefinedSource())
        .assignTimestampsAndWatermarks(new WatermarkStrategy<InputModel>() {
            @Override
            public WatermarkGenerator<InputModel> createWatermarkGenerator
                (WatermarkGeneratorSupplier.Context context) {
                return new AscendingTimestampsWatermarks<>();
            }
            @Override
            public TimestampAssigner<InputModel> createTimestampAssigner
                (TimestampAssignerSupplier.Context context) {
                return (element, recordTimestamp) -> element.getTimestamp();
            }
        })
        // 按照商品分类
        .keyBy(InputModel::getProductId)
        .process(new ProcessFunction<InputModel, OutputModel>() {
            // 用于保存历史累计销售额的状态数据
            private transient ValueState<OutputModel> cumulateIncomeState;
            // 用于保存每 1min 内的销售额的状态数据
            private transient MapState<Long, OutputModel> minutesIncomeMapState;
            // 用于判断是否已经注册了定时器
            private transient ValueState<Boolean> isRegisterTimer;

            @Override
            public void open(Configuration parameters) throws Exception {
                this.cumulateIncomeState =
                        getRuntimeContext().getState(new ValueStateDescriptor<>(
                                "cumulateIncomeState", OutputModel.class));
                this.minutesIncomeMapState =
                        getRuntimeContext().getMapState(new MapStateDescriptor<>(
                                "minutesIncomeMapState", Long.class, OutputModel.
                                    class));
                this.isRegisterTimer =
                        getRuntimeContext().getState(new ValueStateDescriptor<>(
```

```
                              "isRegisterTimer", Boolean.class));
}

@Override
public void processElement(InputModel value, ProcessFunction<InputModel,
    OutputModel>.Context ctx, Collector<OutputModel> out) throws
    Exception {
    long timestamp = value.getTimestamp();
    long windowStart = timestamp - (timestamp % windowSize);
    long windowEnd = timestamp - (timestamp % windowSize) + windowSize;
    long watermark = ctx.timerService().currentWatermark();
    // 判断当前数据是否乱序
    if (windowEnd <= watermark) {
        // 如果是乱序数据，则将这条数据放入还没有触发的最近的窗口
        windowStart = watermark - (watermark % windowSize);
        windowEnd = watermark - (watermark % windowSize) + windowSize;
    }
    // 使用窗口结束时间注册定时器
    if (null == this.isRegisterTimer.value()) {
        ctx.timerService().registerEventTimeTimer(windowEnd);
        this.isRegisterTimer.update(true);
    }

    // 将当前这条数据保存到对应窗口的状态中
    OutputModel minuteIncome = this.minutesIncomeMapState.get(windowStart);
    if (null == minuteIncome) {
        OutputModel outputModel = OutputModel
                .builder()
                .productId(value.getProductId())
                .income(value.getIncome())
                .windowStart(windowStart)
                .build();
        this.minutesIncomeMapState.put(windowStart, outputModel);
    } else {
        minuteIncome.setIncome(value.getIncome() + minuteIncome.
            getIncome());
        this.minutesIncomeMapState.put(windowStart, minuteIncome);
    }
}

@Override
public void onTimer(long fireTimestamp,
        ProcessFunction<InputModel,OutputModel>.OnTimerContextctx,
            Collector<OutputModel> out) throws Exception {
    Iterator<Map.Entry<Long, OutputModel>> iterator = this.
        minutesIncomeMapState.entries().iterator();
    while (iterator.hasNext()) {
        Map.Entry<Long, OutputModel> entry = iterator.next();
        // 输出窗口结束时间小于或等于当前触发的定时器的窗口数据
        if (entry.getKey() + windowSize <= fireTimestamp) {
            // (1) 输出每 1min 的累计销售额
            entry.getValue().setType(" 每 1min 累计销售额 ");
            out.collect(entry.getValue());
```

```
                                        iterator.remove();
                                        // (2) 计算历史累计销售额
                                        OutputModel cumulateIncome = this.cumulateIncomeState.
                                            value();
                                        if (null == cumulateIncome) {
                                            cumulateIncome = OutputModel
                                                    .builder()
                                                    .productId(entry.getValue().getProductId())
                                                    .income(entry.getValue().getIncome())
                                                    .windowStart(entry.getValue().getWindowStart())
                                                    .type("历史累计销售额")
                                                    .build();
                                        } else {
                                            cumulateIncome.setIncome(cumulateIncome.getIncome() +
                                                entry.getValue().getIncome());
                                            cumulateIncome.setWindowStart(entry.getValue().
                                                getWindowStart());
                                        }
                                        this.cumulateIncomeState.update(cumulateIncome);
                                    }
                                }
                                // (3) 输出历史累计销售额
                                out.collect(this.cumulateIncomeState.value());
                                // 注册下 1min 要触发的定时器，从而保证每 1min 的窗口都能连续触发计算
                                ctx.timerService().registerEventTimeTimer(fireTimestamp + windowSize);
                            }
                        })
                        .print();
```

代码清单 7-6 的实现逻辑中使用了以下 3 个状态变量。

❑ minutesIncomeMapState：用于保存每种商品每 1min 的累计销售额。

❑ cumulateIncomeState：用于保存每种商品的历史累计销售额。

❑ isRegisterTimerState：用于判断当前商品是否已经注册过事件时间的定时器，如果注册过就不需要再注册了，如果没有注册过，则注册第一个定时器。当该商品的第一个定时器触发之后，在 onTimer() 方法中自动注册下 1min 的定时器，从而保证每 1min 的窗口都能连续触发计算。

4. 使用 ProcessFunction 实现低成本的分流

案例：有一个 Kafka Topic 数据源包含了所有商品的销售订单信息 InputModel（包含 userId、productId、productType 字段，分别代表用户 id、商品 id 和商品订单类型），商品类型包括体育会场商品订单、美妆会场商品订单和服装会场商品订单。我们需要将体育会场商品订单、美妆会场商品订单和服装会场商品订单的数据分别拆分到多个 Kafka Topic 中。最终的实现如代码清单 7-7 所示。

代码清单 7-7 使用 ProcessFunction 实现低成本的分流

```
OutputTag<InputModel> OUTPUT_TAG_1 = new OutputTag<InputModel>("美妆", TypeInfor
    mation.of(InputModel.class));
```

```
OutputTag<InputModel> OUTPUT_TAG_2 = new OutputTag<InputModel>(" 服装 ",
    TypeInformation.of(InputModel.class));
OutputTag<InputModel> OUTPUT_TAG_3 = new OutputTag<InputModel>(" 体育 ",
    TypeInformation.of(InputModel.class));

SingleOutputStreamOperator<InputModel> sink = env
        .addSource(new UserDefinedSource())
        .process(new ProcessFunction<InputModel, InputModel>() {
            @Override
            public void processElement(InputModel value, ProcessFunction<InputModel,
                InputModel>.Context ctx, Collector<InputModel> out) throws Exception {
                if (value.getProductType().equals(" 美妆 ")) {
                    ctx.output(OUTPUT_TAG_1, value);
                } else if (value.getProductType().equals(" 服装 ")) {
                    ctx.output(OUTPUT_TAG_2, value);
                } else if (value.getProductType().equals(" 体育 ")) {
                    ctx.output(OUTPUT_TAG_3, value);
                }
            }
        });
// 获取美妆会场商品订单的旁路数据并输出
sink.getSideOutput(OUTPUT_TAG_1).print();
// 获取服装会场商品订单的旁路数据并输出
sink.getSideOutput(OUTPUT_TAG_2).print();
// 获取体育会场商品订单的旁路数据并输出
sink.getSideOutput(OUTPUT_TAG_3).print();
```

代码清单 7-7 对应的逻辑数据流如图 7-4 所示，相比于代码清单 7-1 使用 Source → Filter → Sink 的逻辑进行分流的方法来说，Process 算子进行旁路输出时会给每一条输出到旁路中的数据打一个标签，当下游的算子需要使用某个标签的旁路数据时，Process 算子会直接将这个标签下的所有数据发给下游算子，而不是将所有的数据发送给下游算子，这样有效减少了算子间传输的数据量。

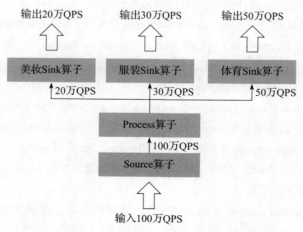

图 7-4　使用 ProcessFunction 实现低成本的分流

7.2　5 种不同应用场景下的处理函数

除了 ProcessFunction 之外，Flink 有状态流处理 API 还针对以下 5 种不同的应用场景额外提供了几种处理函数。

- 键值数据流处理场景——KeyedProcessFunction。从名称就可以看出 KeyedProcessFunction 与 ProcessFunction 的差异，KeyedProcessFunction 是专门用于处理分区数据流的键值处理函数，只能在 KeyedStream 上使用，KeyedProcessFunction 的执行逻辑和 ReduceFunction 这种键值归约聚合函数相同。可以调用 KeyedStream 的 process() 方法传入 KeyedProcessFunction 来处理分区数据流，关于 KeyedProcessFunction 的定义及使用方法将在 7.3 节介绍。

- 数据连接处理场景——CoProcessFunction。CoProcessFunction 是数据流连接处理函数，它是一个增强版的 CoFlatMapFunction。在 4.4.2 节中我们学习了 Connect 操作，Connect 操作会将两条数据流进行连接，然后得到 ConnectedStreams，可以调用 ConnectedStreams 的 process() 方法传入 CoProcessFunction 来处理两条流中的数据。

- 窗口数据处理场景——ProcessWindowFunction 和 ProcessAllWindowFunction。ProcessWindowFunction 和 ProcessAllWindowFunction 都是窗口处理函数，ProcessWindowFunction 只能在 WindowedStream 上使用，而 ProcessAllWindowFunction 只能在 AllWindowedStream 上使用。ProcessWindowFunction 是增强版的 WindowFunction，可以调用 WindowedStream 的 process() 方法传入 ProcessWindowFunction 来处理窗口数据。

- 时间区间 Join 场景——ProcessJoinFunction。ProcessJoinFunction 是数据流关联处理函数。时间区间关联操作用于关联两条数据流，它会让一条流中的每个数据去关联这个数据时间戳前后一段时间范围内的另一条流中的数据，然后得到 IntervalJoin。在 IntervalJoin 上只能调用 process() 方法传入 ProcessJoinFunction 来处理关联到的数据。关于 ProcessJoinFunction 的使用方式可以参考 5.5.3 节。

- 广播状态数据处理场景——BroadcastProcessFunction 和 KeyedBroadcastProcessFunction。BroadcastProcessFunction 和 KeyedBroadcastProcessFunction 都是广播处理函数。在 6.2.5 节中我们学习了广播状态，在使用广播状态时，需要将广播数据流和日志数据流进行关联，关联后会得到 BroadcastConnectedStream，可以调用 BroadcastConnectedStream 的 process() 方法传入 BroadcastProcessFunction 或 KeyedBroadcastProcessFunction 来处理广播数据以及日志数据。如果日志数据流非 KeyedStream，就需要使用 BroadcastProcessFunction，如果日志数据流是 KeyedStream，就需要使用 KeyedBroadcastProcessFunction。

读者在看完上述 5 种处理场景中的处理函数之后，可能会觉得 Flink 有状态流处理 API 把处理函数的种类分得太细了，学习成本太高。

实际上相比于 ProcessFunction 来说，这 7 种处理函数的定义以及使用方式大致相同，可谓"换汤不换药"。

7.3　KeyedProcessFunction

在 7.1 节的案例中，我们在 KeyedStream 上调用 process() 方法时传入的都是 ProcessFunction，为什么又多出来了一个 KeyedProcessFunction？它比起 ProcessFunction 又强在哪里？

KeyedProcessFunction 相比于 ProcessFunction 仅多了一个获取当前 key 的方法。让我们来看一下 KeyedProcessFunction 抽象类的定义，如代码清单 7-8 所示。

代码清单 7-8　KeyedProcessFunction 抽象类的定义

```
public abstract class KeyedProcessFunction<K, I, O> extends AbstractRichFunction {
    public abstract void processElement(I value, Context ctx, Collector<O> out)
        throws Exception;
    public void onTimer(long timestamp, OnTimerContext ctx, Collector<O> out)
        throws Exception {}

    public abstract class Context {
        public abstract Long timestamp();
        public abstract <X> void output(OutputTag<X> outputTag, X value);
        // 获取处理当前数据时的 key
        public abstract K getCurrentKey();
    }

    public abstract class OnTimerContext extends Context {
        public abstract TimeDomain timeDomain();
        // 获取当前触发的定时器的 key
        @Override
        public abstract K getCurrentKey();
    }
}
```

对比代码清单 7-2 和代码清单 7-8，KeyedProcessFunction 中的 Context 和 OnTimerContext 相比于 ProcessFunction 的 Context 和 OnTimerContext 仅多了一个 K getCurrentKey() 的方法。

在 KeyedProcessFunction 的 processElement() 方法中，使用 K getCurrentKey() 方法可以获取当前处理的数据的 key，在 KeyedProcessFunction 的 onTimer() 方法中，使用 K getCurrentKey() 方法可以获取当前触发的定时器的 key。其他方法的执行逻辑和 ProcessFunction 完全相同。

注意，在生产环境中，获取分区数据流的 key 是有用处的，并且使用 KeyedProcessFunction 的编码成本相比于 ProcessFunction 来说并没有增加，因此建议在 KeyedStream 上使用 KeyedProcess-Function 而非 ProcessFunction。

剩余的 6 种处理函数的定义和 ProcessFunction 的定义类似，此处不再赘述。

7.4　本章小结

本章按照先提出问题，再解决问题的思路介绍 Flink 有状态流处理 API。在本章开头，我们介绍了使用 Flink DataStream API 时存在的窗口使用起来不灵活和分流成本高这两个问题。

在 7.1 节中，我们通过案例分析了上述两个问题发生的场景以及原因，针对窗口 API 使用起来不灵活的问题进行了拆解和细分，细分出 3 个子问题，分别是时间窗口无法优雅地处理乱序数据，使用 Flink DataStream API 无法简便、灵活地操纵数据和时间，以及某个时间窗口没有输入数据时将无法触发计算。针对分流成本高的问题，我们以 Source → Filter → Sink 的链路为例分析了该链路在执行分流的过程中存在的性能问题。同时展开介绍了 ProcessFunction 中提供的 TimeService 与旁路输出功能，并使用 ProcessFunction 分别解决了 7.1.1 节中提到的 4 类问题。

在 7.2 节中，我们了解了 Flink 有状态流处理 API 不仅提供了 ProcessFunction 这一种处理函数，还为其他 5 种应用场景提供了 7 种处理函数。这 7 种处理函数和 ProcessFunction 提供能力类似，都拥有对事件数据、状态数据和定时器（事件时间定时器或处理时间定时器）这 3 个强大组件的控制权限。

在 7.3 节中，我们通过对比 KeyedProcessFunction 抽象类和 ProcessFunction 抽象类的定义发现，KeyedProcessFunction 相比于 ProcessFunction 仅多了一个获取 key 的方法，从而在一定程度上说明了这 7 种处理函数的相似性。

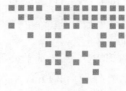

Flink Table API 和 SQL API

在 4 ~ 7 章中，我们学习了 Flink DataStream API 和有状态流处理 API，虽然这两种 API 可以灵活实现各种流处理功能，但是在实际应用中，仍然存在以下 5 个问题。

- 开发阶段的学习和开发成本高。虽然 Flink DataStream API 和有状态流处理 API 已经降低了流处理作业的编码成本，但是用户还需要通过 Java、Scala 等语言编写自定义函数来实现 Flink 作业，依然有一定的学习成本。
- 开发代码编写风格不统一，难以理解，导致开发人员之间互相检查代码逻辑的成本比较高。
- 开发人员技术水平参差不齐，难以进行统一的优化。
- 代码不易管理。
- 运维成本高，每当逻辑变更时，都需要修改代码并重新部署。

为了解决这 5 个问题，Flink 提供了两种更易用的关系型 API：Table API 和 SQL API。Table API 是一个集成在 Java、Scala 语言中的查询 API，它将关系型查询逻辑封装成 Lambda 表达式的 API，允许以强类型接口的方式组合各种关系运算符（如选择、过滤和连接）的查询操作，然后生成一个 Flink 作业并运行。SQL API 基于 SQL 标准，使用 Apache Calcite 框架开发。使用 SQL API 时，只须一条简单的 SQL 语句就能开发一个 Flink 流处理作业。

当我们使用 SQL API 或 Table API 开发 Flink 作业时，就可以解决上述 5 个问题了，Table API 和 SQL API 的优势如下。

- Table API 和 SQL API 都是声明式 API。使用声明式 API 时，用户只需要表达数据是怎样处理的、期望得到怎样的结果，不需要详细编写数据处理的代码。同时，SQL 语言在 Web 应用、数据分析、数据处理等场景中都有广泛的应用，只要掌握 SQL 语法，就能开发 Flink 流处理作业。

❑ SQL API 基于 SQL 标准，语言简洁、稳定。当使用 SQL API 开发 Flink 作业时，同一个场景的解决方案往往是统一的，因此可以统一不同开发人员编写的代码风格，简化代码处理逻辑的理解成本。

❑ Table API 和 SQL API 基于关系代数在引擎层面内置了多种优化器，当用户提交 Table API 或 SQL API 作业后，Flink 引擎可以在保证产出结果正确的前提下，自动对查询逻辑进行优化，无论新用户还是老用户，使用 Table API 或 SQL API 编写 Flink 作业的运行效率几乎相同。

❑ SQL API 中的 SQL 语句易于统一管理。

❑ 在升级 SQL API 中的 SQL 查询逻辑时，成本比较低，运维成本也比较低。

本章详细介绍 Table API 和 SQL API 的使用方法和执行原理。

8.1 直接上手 Table API 和 SQL API

本节我们开发一个 Table API 和 SQL API 的 Flink 作业，来看看这两类 API 的 Flink 作业的骨架结构。

8.1.1 运行环境依赖

在 Java 语言环境下，开发 Table API 和 SQL API 的流处理作业时，需要先将代码清单 8-1 所示的依赖项添加到项目中。

代码清单 8-1　Table API 和 SQL API 的运行环境依赖项

```
<!-- 在 Table API、SQL API 和 DataStream API 之间起到桥接的作用，Table API 和 SQL API
    最终都会被翻译为一个 DataStream API 的作业，关于翻译的过程和原理将在 8.2.3 节介绍 -->
<dependency>
    <groupId>org.apache.flink</groupId>
    <artifactId>flink-table-api-java-bridge_2.11</artifactId>
    <version>1.14.4</version>
</dependency>
<!-- 如果想在本地 IDE 运行 Table API 和 SQL API 作业，需要添加下面的两项依赖 -->
<dependency>
    <groupId>org.apache.flink</groupId>
    <artifactId>flink-table-planner_2.11</artifactId>
    <version>1.14.4</version>
</dependency>
<dependency>
    <groupId>org.apache.flink</groupId>
    <artifactId>flink-streaming-java_2.11</artifactId>
    <version>1.14.4</version>
</dependency>
<!-- 如果想自定义 Table API 和 SQL API 中数据序列化方式（Format）或连接器（Connector），
    需要添加下面的依赖项 -->
<dependency>
    <groupId>org.apache.flink</groupId>
```

```
    <artifactId>flink-table-common</artifactId>
    <version>1.14.4</version>
</dependency>
```

引入上述依赖项之后，就可以开始使用 Table API 和 SQL API 了。

8.1.2　Table API 和 SQL API 案例

我们分别使用 Table API 和 SQL API 来实现电商场景中统计每种商品累计销售额的案例。输入数据包含 productId 和 income 字段，分别代表商品 id 和商品销售额，要求输出数据包含 productId 和 all 字段，分别代表商品 id 和商品的累计销售额。

1. Table API 案例

使用 Table API 统计每种商品累计销售额的实现逻辑如代码清单 8-2 所示。

代码清单 8-2　使用 Table API 统计每种商品的累计销售额

```java
import org.apache.flink.table.api.DataTypes;
import org.apache.flink.table.api.EnvironmentSettings;
import org.apache.flink.table.api.Expressions;
import org.apache.flink.table.api.Schema;
import org.apache.flink.table.api.Table;
import org.apache.flink.table.api.TableDescriptor;
import org.apache.flink.table.api.TableEnvironment;
import org.apache.flink.table.api.TableResult;

public static void main(String[] args) throws Exception {
    // 创建 Table API 执行的上下文环境
    EnvironmentSettings settings = EnvironmentSettings
            .newInstance()
            .inStreamingMode()
            .build();
    TableEnvironment tEnv = TableEnvironment.create(settings);

    // 从数据源存储引擎中读取数据，返回值为 Table
    Table sourceTable = tEnv.from(TableDescriptor.forConnector("datagen")
            .schema(Schema.newBuilder()
                    .column("productId", DataTypes.BIGINT())
                    .column("income", DataTypes.BIGINT())
                    .build())
            .option("rows-per-second", "1")
            .option("fields.productId.min", "1")
            .option("fields.productId.max", "2")
            .option("fields.income.min", "1")
            .option("fields.income.max", "2")
            .build());

    // 执行计算，返回值为 Table
    Table transformTable = sourceTable
            .groupBy(Expressions.$("productId"))
            .select(Expressions.$("productId"), Expressions.$("income").sum().
```

```
                      as("all"));

        // 将结果写到数据汇存储引擎中
        TableResult tableResult = transformTable.executeInsert(TableDescriptor.
            forConnector("print")
                    .schema(Schema.newBuilder()
                            .column("productId", DataTypes.BIGINT())
                            .column("all", DataTypes.BIGINT())
                            .build())
                    .build());
}
```

如代码清单 8-2 所示，Table API 实际上就是在 Java、Scala 等语言上提供了一层强类型的关系型 API。通过这些 API，可以对表中的数据进行各种处理。使用 Table API 实现 Flink 作业的步骤如下。

第一步，创建 TableEnvironment。TableEnvironment 是 Table API 的上下文环境，提供 Table API 的各种接口。TableEnvironment 类似于 DataStream API 中的 StreamExecutionEnvironment。

第二步，使用 TableEnvironment 的 from() 方法创建数据源表 Table sourceTable。通过数据源表可以从数据源存储引擎中读取数据，入参 TableDescriptor 用于定义数据源连接器。在代码清单 8-2 中，我们使用的数据源连接器为 datagen，这是 Table API 提供的一种自动且随机生成数据的数据源。方法返回值为 Table，Table 就是表，而一张表就是一条数据流。反过来，一条数据流也就是一张表，一切的数据流都可以用表来表示，一切的表也都可以使用数据流来表示。可以在 Table 所代表的数据流之上进行各种数据处理操作，Table 类似于 DataStream API 中的 DataStream。

第三步，对数据源表 sourceTable 使用 Table 的 groupBy() 和 select() 方法进行数据处理。其中，groupBy() 方法的逻辑是按照 productId 对商品进行分组，select() 方法的逻辑是对分组后的每种商品的销售额 income 进行求和。groupBy() 和 select() 方法的功能类似于 DataStream API 中的 keyBy() 和 reduce() 方法，代表分组和聚合操作。方法返回值为 Table transformTable，这和 DataStream API 中经过分组聚合操作后得到 DataStream 的过程是类似的。

第四步，调用 Table 的 executeInsert() 方法将结果表 transformTable 的数据写入数据汇存储引擎。方法入参 TableDescriptor 用于定义数据汇连接器。在代码清单 8-2 中，我们使用的数据汇连接器为 print，会将表中的数据打印到控制台。当调用 Table 的 executeInsert() 方法时，Table API 作业就会直接提交并运行了。

作业运行后，产出的结果如下。

```
// 输入数据
+I[ 商品 1, 1]
+I[ 商品 1, 2]
+I[ 商品 2, 3]
+I[ 商品 2, 1]
+I[ 商品 3, 1]
// 输出结果
```

```
+I[ 商品 1, 1]
-U[ 商品 1, 1]
+U[ 商品 1, 3]
+I[ 商品 2, 3]
-U[ 商品 2, 3]
+U[ 商品 2, 4]
+I[ 商品 3, 1]
```

在输出结果中，每条数据都有一个前缀，分别是 +I、-U 和 +U，这 3 种前缀分别代表插入第一条数据、撤回旧数据和发出新数据。Table API 作业处理数据的流程是，当第一条数据 [商品 1, 1] 输入时，由于这是 key= 商品 1 的第一条数据，因此产出结果 +I[商品 1, 1]，代表插入数据 [商品 1, 1] 到结果表中。当数据 [商品 1, 2] 输入时，这已经是 key= 商品 1 的第二条数据了，经过累加计算后得到结果为 [商品 1, 3]，这时会将产出的旧结果撤回，即 -U[商品 1, 1]，并将新结果产出，即 +U[商品 1, 3]。关于 Table API 和 SQL API 的执行机制将在 8.3.4 节介绍。

2. SQL API 案例

使用 SQL API 统计每种商品累计销售额的实现逻辑如代码清单 8-3 所示。

代码清单 8-3　使用 SQL API 统计每种商品的累计销售额

```java
import org.apache.flink.table.api.EnvironmentSettings;
import org.apache.flink.table.api.TableEnvironment;

public static void main(String[] args) throws Exception {
    // 创建 SQL API 执行的上下文环境
    EnvironmentSettings settings = EnvironmentSettings
            .newInstance()
            .inStreamingMode()
            .build();
    TableEnvironment tEnv = TableEnvironment.create(settings);

    // 创建数据源表
    tEnv.executeSql("CREATE TABLE source_table (\n"
            + "    productId BIGINT,\n"
            + "    income BIGINT\n"
            + ") WITH (\n"
            + "  'connector' = 'datagen',\n"
            + "  'rows-per-second' = '1',\n"
            + "  'fields.productId.min' = '1',\n"
            + "  'fields.productId.max' = '2',\n"
            + "  'fields.income.min' = '1',\n"
            + "  'fields.income.max' = '2'\n"
            + ")");

    // 创建数据汇表
    tEnv.executeSql("CREATE TABLE sink_table (\n"
            + "    productId BIGINT,\n"
            + "    all BIGINT\n"
            + ") WITH (\n"
            + "  'connector' = 'print'\n"
```

```
            + ")");

    // 执行计算，并将结果写到数据汇表中
    tEnv.executeSql("INSERT INTO sink_table\n"
                + "SELECT\n"
                + "    productId, sum(income) as all\n"
                + "FROM source_table\n"
                + "GROUP BY productId");
}
```

如代码清单 8-3 所示，SQL API 中的 SQL 语句是遵循 SQL 语法标准的，我们可以通过 SQL 来实现一个 Flink 流处理作业。对比代码清单 8-2 和代码清单 8-3，可以发现 TableEnvironment 不仅是 Table API 的上下文，也是 SQL API 的上下文，这说明 Table API 和 SQL API 之间的关系是很紧密的。使用 SQL API 实现一个 Flink 流处理作业的步骤如下。

第一步，创建 TableEnvironment，提供 SQL API 的接口。

第二步，使用 TableEnvironment 的 executeSql() 方法创建数据源表 source_table，从数据源存储引擎中读取数据。方法入参使用了 SQL 中的 CREATE TABLE 子句来创建数据源表，在代码清单 8-3 中，同样使用了 datagen 数据源连接器。注意，SQL API 中表的概念和 Table API 中表的概念是完全相同的，表就是数据流，数据流就是表。

第三步，使用 TableEnvironment 的 executeSql() 方法创建数据汇表 sink_table，从而将表中的数据写入数据汇存储引擎。方法入参使用了 SQL 中的 CREATE TABLE 子句来创建数据汇表，在代码清单 8-3 中，我们使用了 print 数据汇连接器。

第四步，使用 TableEnvironment 的 executeSql() 方法对数据源表 source_table 进行数据的分组、聚合处理，方法入参使用了 SQL 中的 GROUP BY 子句和 SELECT 子句进行数据的分组、聚合处理。GROUP BY 子句会按照 productId 对商品进行分组，SELECT 子句会对分组后每种商品的销售额 income 进行求和，并将结果写入数据汇表 sink_table。当方法入参的 DML 语句中包含 INSERT INTO 子句时，SQL API 作业就会被提交并运行。

运行代码清单 8-3 的 SQL API 作业后，可以得到和代码清单 8-2 的 Table API 作业相同的结果，这说明 Table API 和 SQL API 作业的执行机制是相同的。

```
// 输入数据
+I[ 商品 1, 1]
+I[ 商品 1, 2]
+I[ 商品 2, 3]
+I[ 商品 2, 1]
+I[ 商品 3, 1]
// 输出结果
+I[ 商品 1, 1]
-U[ 商品 1, 1]
+U[ 商品 1, 3]
+I[ 商品 2, 3]
-U[ 商品 2, 3]
+U[ 商品 2, 4]
+I[ 商品 3, 1]
```

💡**提示**　SQL 语言分为以下几类。

❑ DQL（Data Query Language，数据查询语言）：DQL 中的子句包括 SELECT、FROM 和 WHERE，DQL 用于查询数据库表中的数据。

❑ DML（Data Manipulation Language，数据操纵语言）：DML 中的子句包括 INSERT、UPDATE 和 DELETE，DML 用于操作数据库表中的数据。

❑ DDL（Data Definition Language，数据定义语言）：DDL 中的子句包括 CREATE、ALTER、DROP 等，DDL 用于定义或改变数据库表的结构、数据类型等，通常在建表时使用。

❑ DCL（Data Control Language，数据控制语言）：DCL 中的子句包括 GRANT、ROLLBACK 等，DCL 用于设置或更改数据库用户或角色权限，比如创建用户、用户授权、撤销授权等。

8.1.3　Table API 和 SQL API 的关系

在代码清单 8-2 和代码清单 8-3 中，我们学习了如何使用 Table API 和 SQL API，无论 Table API 还是 SQL API，作业的骨架结构和 DataStream API 作业基本一致，核心步骤都包含以下五步。

第一步，创建执行环境。

第二步，从数据源接入数据。

第三步，转换数据。

第四步，向数据汇中写入数据。

第五步，提交作业并执行。

第一步涉及的核心 API 为 TableEnvironment，我们将在 8.2.1 节详细介绍，第二步到第五步涉及的核心 API 为 Table，我们将在 8.2.2 节介绍。

在代码清单 8-2 和代码清单 8-3 中，我们发现 Table API 和 SQL API 作业使用了同样的上下文 TableEnvironment，并且两个作业运行的结果是相同的，这说明 Table API 和 SQL API 的关系是非常紧密的。接下来我们通过代码清单 8-4 和代码清单 8-5 中的两个案例来说明 Table API 和 SQL API 的关系。

在代码清单 8-4 中，我们使用 SQL API 创建数据源表，经过 SQL API 的处理之后写入使用 Table API 创建数据汇表。

代码清单 8-4　将 SQL API 的执行结果写入使用 Table API 创建的数据汇表

```
public static void main(String[] args) throws Exception {
    // 创建上下文环境
    EnvironmentSettings settings = EnvironmentSettings
            .newInstance()
            .inStreamingMode()
            .build();
    TableEnvironment tEnv = TableEnvironment.create(settings);

    // 使用 SQL API 创建数据源表
    tEnv.executeSql("CREATE TABLE sql_source_table (\n"
```

```
            + "      productId BIGINT,\n"
            + "      income BIGINT\n"
            + ") WITH (\n"
            + "   'connector' = 'datagen',\n"
            + "   'rows-per-second' = '1',\n"
            + "   'fields.productId.min' = '1',\n"
            + "   'fields.productId.max' = '2',\n"
            + "   'fields.income.min' = '1',\n"
            + "   'fields.income.max' = '2'\n"
            + ")");

    // 使用 SQL API 从 sql_source_table 表中计算每种商品的累计销售额并得到返回结果
    Table sqlTransformTable = tEnv.sqlQuery("SELECT\n"
                    + "      productId, sum(income) as all\n"
                    + "FROM sql_source_table\n"
                    + "GROUP BY productId");

    // 将 SQL API 计算得到的结果写入 Table API 创建的数据汇表中
    sqlTransformTable.executeInsert(TableDescriptor.forConnector("print")
            .schema(Schema.newBuilder()
                    .column("productId", DataTypes.BIGINT())
                    .column("all", DataTypes.BIGINT())
                    .build())
            .build());
}
```

在代码清单 8-5 中，我们使用 Table API 创建数据源表，经过 Table API 的处理之后写入使用 SQL API 创建的数据汇表。

代码清单 8-5　将 Table API 的执行结果写入使用 SQL API 创建的数据汇表

```
public static void main(String[] args) throws Exception {
    // 创建上下文环境
    EnvironmentSettings settings = EnvironmentSettings
            .newInstance()
            .inStreamingMode()
            .build();
    TableEnvironment tEnv = TableEnvironment.create(settings);

    // 使用 Table API 创建数据源表
    Table sourceTable = tEnv.from(TableDescriptor.forConnector("datagen")
            .schema(Schema.newBuilder()
                    .column("productId", DataTypes.BIGINT())
                    .column("income", DataTypes.BIGINT())
                    .build())
            .option("rows-per-second", "1")
            .option("fields.productId.min", "1")
            .option("fields.productId.max", "2")
            .option("fields.income.min", "1")
            .option("fields.income.max", "2")
            .build());
```

```
// 使用 SQL API 创建数据汇表
tEnv.executeSql("CREATE TABLE sink_table (\n"
    + "    productId BIGINT,\n"
    + "    all BIGINT\n"
    + ") WITH (\n"
    + " 'connector' = 'print'\n"
    + ")");

// 使用 Table API 执行计算，返回值为 Table
Table transformTable = sourceTable
    .groupBy(Expressions.$("productId"))
    .select(Expressions.$("productId"), Expressions.$("income").sum().
        as("all"));

// 将 Table API 计算得到的结果写入使用 SQL API 创建的数据汇表
transformTable.executeInsert("sink_table");
}
```

通过代码清单 8-4 和代码清单 8-5 我们可以发现，Table API 和 SQL API 之间可以相互转换，并且很多时候是掺杂在一起使用的，事实上 Table API 和 SQL API 的底层原理也是相同的。

在大多数场景下，我们直接使用 SQL API 就可以满足需求，Table API 的使用频次较低，原因在于 Table API 使用起来虽然比 DataStream API 方便，但是比 SQL API 复杂，所能提供的功能又没有 SQL API 丰富，因此 SQL API 更常用。

8.2　Table API 和 SQL API 的核心 API 及功能

本节详细分析使用 Table API 和 SQL API 实现 Flink 作业时的核心 API 及功能。

8.2.1　执行环境

TableEnvironment 是 Table API 和 SQL API 的执行环境，TableEnvironment 在 Table API 和 SQL API 中的地位和 StreamExecutionEnvironment 在 DataStream API 中的地位是相同的，TableEnvironment 可以给 Table API 和 SQL API 作业提供上下文环境信息以及各种接口，比如管理表、用户自定义函数等元数据信息，并提供 SQL 查询和 SQL 执行的能力。

1. 创建执行环境

在 Flink 中，TableEnvironment 是一个接口，有两个实现类，分别为 TableEnvironmentImpl 和 StreamTableEnvironmentImpl。这两种实现类分别应用于以下两个应用场景，每个场景下的 TableEnvironment 有不同的创建方式。

场景 1：仅使用 Table API 和 SQL API。

如果只使用 Table API 和 SQL API 来实现一个 Flink 作业，那么直接使用 TableEnvironmentImpl 就足够了。如代码清单 8-6 所示，可以将 EnvironmentSettings 作为入参，通过调用 TableEnvironment 的 create() 方法来创建 TableEnvironment，方法返回值的实现类为 TableEnvironmentImpl。

代码清单 8-6 通过 EnvironmentSettings 创建 TableEnvironment

```
import org.apache.flink.table.api.EnvironmentSettings;
import org.apache.flink.table.api.TableEnvironment;
// 配置环境信息
EnvironmentSettings settings = EnvironmentSettings
    .newInstance()
    .inStreamingMode()      // 声明为流处理作业
    // .inBatchMode()       // 声明为批处理作业
    .build();
// 创建 TableEnvironment，返回值的实现类为 TableEnvironmentImpl
TableEnvironment tEnv = TableEnvironment.create(settings);
```

场景 2：混合使用 Table API、SQL API 和 DataStream API。

如果我们想混合使用 Table API、SQL API 和 DataStream API，就需要使用 StreamTableEnvironmentImpl。如代码清单 8-7 所示，可以将 StreamExecutionEnvironment 作为入参，通过调用 StreamTableEnvironment 的 create() 方法来创建 TableEnvironment，方法返回值的实现类为 StreamTableEnvironmentImpl。关于 Table API、SQL API 和 DataStream API 混合使用的方法将在 8.3.5 节介绍。

代码清单 8-7 通过 StreamExecutionEnvironment 创建 TableEnvironment

```
import org.apache.flink.streaming.api.environment.StreamExecutionEnvironment;
import org.apache.flink.table.api.bridge.java.StreamTableEnvironment;
// 创建 StreamExecutionEnvironment
StreamExecutionEnvironment env = StreamExecutionEnvironment.getExecutionEnvironment();
// 创建 StreamTableEnvironment，返回值的实现类为 StreamTableEnvironmentImpl
StreamTableEnvironment tEnv = StreamTableEnvironment.create(env);
```

2. 功能

TableEnvironment 包含的功能分为以下两类。

（1）元数据管理　在传统数据库中，要执行 SQL 查询，必须要有数据库和表的元数据信息，因此数据处理的关键就是元数据的管理。如代码清单 8-8 所示，TableEnvironment 也提供了元数据管理的功能，比如创建、使用和查询目录、数据库、表、分区、视图以及用户自定义函数等信息。

代码清单 8-8 TableEnvironment 的元数据管理

```
public static void main(String[] args) throws Exception {
    // 设置环境信息
    EnvironmentSettings settings = EnvironmentSettings
            .newInstance()
            .inStreamingMode()      // 声明为流处理作业
            // .inBatchMode()       // 声明为批处理作业
            .build();
    // 创建 TableEnvironment
    TableEnvironment tEnv = TableEnvironment.create(settings);
    // 获取所有已经注册到 TableEnvironment 中的目录
```

```
        String[] catalogs = tEnv.listCatalogs();
        // 获取当前目录下的所有数据库
        String[] databases = tEnv.listDatabases();
        // 获取当前目录下当前数据库中的所有表
        String[] tables = tEnv.listTables();
        // 获取当前目录下当前数据库中的所有视图
        String[] views = tEnv.listViews();
        // 获取注册到当前 TableEnvironment 中的所有用户自定义函数
        String[] userDefinedFunctions = tEnv.listUserDefinedFunctions();
        // 获取当前 TableEnvironment 中的所有函数
        String[] functions = tEnv.listFunctions();
        // 获取当前 Flink 作业的所有 Module
        String[] modules = tEnv.listModules();

        System.out.println("Arrays.toString(catalogs));
        System.out.println(Arrays.toString(databases));
        System.out.println(Arrays.toString(tables));
        System.out.println(Arrays.toString(views));
        System.out.println(Arrays.toString(userDefinedFunctions));
        System.out.println(Arrays.toString(functions));
        System.out.println(Arrays.toString(modules));
    }
```

运行代码清单 8-8 后，得到的结果如下。由于 String[] listFunctions() 方法会获取当前 TableEnvironment 中的所有函数，代码较长，因此此处省略 GREATEST 之后的函数。

```
Catalogs: [default_catalog]
Databases: [default_database]
Tables: []
Views: []
UserDefinedFunctions: []
Functions: [AGG_DECIMAL_PLUS, CURRENT_WATERMARK, GREATEST, ...]
Modules: [core]
```

如代码清单 8-8 所示，TableEnvironment 所管理的元数据信息分为以下 5 部分。

1）目录管理。String[] listCatalogs() 方法会返回所有已经注册到 TableEnvironment 中的目录。在 Flink 中，一个表的名称由三部分（层级）组成，按照先后顺序分别是目录名称、数据库名称和表名称。举例来说，假设通过 SQL API 的 CREATE TABLE study_catalog.study_database.study_table... 子句创建一个全名为 study_catalog.study_database.study_table 的表，那么 study_catalog 就是目录名称，study_database 是数据库名称，study_table 是表名。

如果在创建表时没有指定目录名称或者数据库名称，就会使用当前默认的目录名称和数据库名称，Flink 默认的目录名称和数据库名称分别为 default_catalog 和 default_database。如果使用 CREATE TABLE source_table... 子句创建名为 source_table 的表，那么这个表的全名为 default_catalog.default_database.source_table。

此外，还可以使用 TableEnvironment 提供的 String getCurrentCatalog()、void registerCatalog() 和 void useCatalog() 方法分别实现获取当前所在目录、注册新的目录以及切换到指定名称的目录下的操作。

2）数据库管理。String[] listDatabases() 方法会返回当前目录下的所有数据库，默认的数据库名为 default_database。此外，还可以使用 TableEnvironment 提供的 String getCurrentDatabase() 和 void useDatabase() 方法分别实现获取当前所在的数据库以及切换到指定名称的数据库下的操作。

3）表管理。String[] listTables() 方法会返回当前目录下当前数据库中的所有表，返回结果包含所有临时表、临时视图、永久表以及永久视图。此外，还可以使用 TableEnvironment 提供的 void createTable() 方法或 SQL API 的 CREATE TABLE 子句来创建表。关于表和视图的创建和处理将在 8.2.2 节详细介绍。

4）视图管理。String[] listViews() 方法会返回当前目录下当前数据库中的所有视图，返回结果包含所有的临时视图和永久视图。此外，还可以使用 TableEnvironment 提供的 void createTemporaryView() 方法或使用 SQL API 的 CREATE VIEW 子句来创建视图。

5）函数管理。函数分为两类，一类是用户自定义函数，另一类是 Flink 预置的函数。

String[] listUserDefinedFunctions() 方法会返回注册到当前 TableEnvironment 中的所有用户自定义函数。此外，还可以使用 TableEnvironment 提供的 void createFunction() 和 boolean dropFunction() 方法来注册和删除用户自定义函数。关于用户自定义函数的详细内容将第 10 章介绍。

String[] listFunctions() 方法会返回当前 TableEnvironment 中的所有函数，包括 Flink 预置的函数以及用户自定义函数。

String[] listModules() 方法会返回当前 Flink 作业所有的 Module，Module 用于管理用户自定义函数。Flink 提供了 HiveModule，可以将 Hive SQL 中预置的用户自定义函数加载到 Flink 引擎中，从而实现在 Flink 引擎中使用 Hive SQL 的预置函数以及用户自定义函数。此外，还可以使用 void loadModule(String moduleName, Module module) 来添加新的 Module 或使用 void useModules(String... moduleNames) 方法来指定 Module。

（2）SQL 查询以及执行　有了元数据之后，我们就可以使用 TableEnvironment 提供的 SQL 查询和 SQL 执行方法对表中的数据进行各种处理了，常用的 SQL 查询以及 SQL 执行方法如代码清单 8-9 所示。

代码清单 8-9　常用的 SQL 查询以及 SQL 执行方法

```
public static void main(String[] args) throws Exception {
    // 设置环境信息
    EnvironmentSettings settings = EnvironmentSettings
            .newInstance()
            .inStreamingMode()      // 声明为流处理作业
            // .inBatchMode()        // 声明为批处理作业
            .build();
    TableEnvironment tEnv = TableEnvironment.create(settings);
    // 创建名为 source_table，类型为 datagen 的数据源表
    tEnv.createTable("source_table", TableDescriptor.forConnector("datagen")
            .schema(Schema.newBuilder()
                    .column("productId", DataTypes.BIGINT())
                    .column("income", DataTypes.BIGINT())
                    .build())
            .option("rows-per-second", "1")
```

```
                .option("fields.productId.min", "1")
                .option("fields.productId.max", "2")
                .option("fields.income.min", "1")
                .option("fields.income.max", "2")
                .build());
    // 创建名为 sink_table，类型为 print 的数据汇表
    tEnv.createTable("sink_table", TableDescriptor.forConnector("print")
                .schema(Schema.newBuilder()
                        .column("productId", DataTypes.BIGINT())
                        .column("income", DataTypes.BIGINT())
                        .build())
                .build());
    // 执行查询
    Table table = tEnv.sqlQuery("select * from source_table where productId = 1");
    // 执行查询并写入数据汇表
    TableResult tableResult =
            tEnv.executeSql("insert into sink_table select * from source_table");
}
```

如代码清单 8-9 所示，TableEnvironment 中常见的 SQL 查询和执行方法如下。

❑ SQL 查询方法：Table sqlQuery(String query)。Table sqlQuery(String query) 方法用于在已经注册的表上执行 SQL 查询，返回值为 Table 对象，代表返回结果为一条数据流。常用的 SQL 查询语句的结构为 SELECT...FROM...WHERE...。

❑ SQL 执行方法：TableResult executeSql(String statement)。如果 SQL 语句是 DML 或 DQL，那么作业提交之后就会运行起来，比如 INSERT INTO...SELECT...FROM...WHERE...。如果 SQL 语句是 DDL 或 DCL，那么在语句执行完成之后，就会直接返回结果并退出程序，比如 CREATE TABLE...。TableResult executeSql(String statement) 方法用于执行 SQL，返回值为 TableResult，TableResult 会包含这句 SQL 执行的结果。

8.2.2　表

相信读者对于传统数据库中的表并不陌生，传统数据库中的表是一个有界的集合。流处理应用中的数据流通常是无界的，因此 Table API 和 SQL API 中表的数据也是无限的。那么应该如何理解 Table API 和 SQL API 中的表？

我们用 DataStream API 中的 DataStream 来对比。在介绍 DataStream API 中的 DataStream 时，提到数据流就是 DataStream，DataStream 就是数据流。在 Table API 和 SQL API 中也是相同的，表就是数据流，数据流就是表，这在 Flink 中被称作流表二象性。举例来说，假设有一个商品销售订单的数据流，包含 userId、productId 和 time 字段，分别代表用户 id、商品 id 和购买商品的时间，用这条数据流来体现流表二象性，结果如图 8-1 所示。

表的元信息存储在 TableEnvironment 的目录中。举例来说，如代码清单 8-10 所示，使用 SQL API 的 CREATE TABLE 子句创建了两张表，这两张表的全名分别为 default_catalog.default_databse.table1 和 default_catalog.mydatabase.table1。

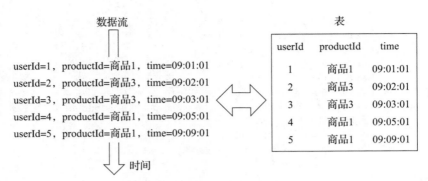

图 8-1　数据流和表的相互映射

代码清单 8-10　创建表

```
tableEnv.executeSql("CREATE TABLE table1 ... WITH ( 'connector' = ... )");
tableEnv.executeSql("CREATE TABLE mydatabase.table1 ... WITH ( 'connector' = ... )");
```

1. 创建表

在 Flink 中，表可以按照以下两种规则进行分类。

❑ 表是实体表还是虚拟表。实体表是指连接器表，虚拟表是指视图。

❑ 表是临时表还是永久表。临时表和永久表的区别在于表的元数据信息是否会被持久化，元数据被持久化的表是永久表，元数据不被持久化的表是临时表。

（1）实体表　实体表是指连接器表，连接器表用于获取外部数据，例如文件、数据库、消息队列等。在 DataStream API 中，获取外部数据是通过 SourceFunction 实现的，而在 SQL API 和 Table API 中，获取外部数据是通过实体表实现的，两者的使用方法大体相同。

举例来说，有一个商品销售订单的 Kafka Topic 数据源，数据类型为 InputModel（包含 userId、productId 和 time 字段，分别代表用户 id、产品 id 和订单销售时间戳），Kafka Topic 中的消息是通过 JSON 进行序列化的。如代码清单 8-11 所示，通过 DataStream API、Table API 以及 SQL API 读取 Kafka Topic 中的数据。需要注意的是，使用 Flink 预置的 Kafka 连接器时，要先引入 Kafka 连接器的依赖。

代码清单 8-11　通过 DataStream API、Table API 以及 SQL API 读取 Kafka Topic 中的数据

```
// 引入 Kafka 连接器的依赖
<dependency>
    <groupId>org.apache.flink</groupId>
    <artifactId>flink-connector-kafka_2.11</artifactId>
    <version>1.14.4</version>
</dependency>

// 设置环境信息
StreamExecutionEnvironment env = StreamExecutionEnvironment.createLocalEnviron
    mentWithWebUI(ParameterTool.fromArgs(args).getConfiguration());
StreamTableEnvironment tEnv = StreamTableEnvironment.create(env);
```

```
// 使用 DataStream API 从 Kafka Topic 中读取数据
Properties properties = new Properties();
properties.setProperty("bootstrap.servers", "localhost:9092");
    // 消费 Kafka Topic 的 server 地址
properties.setProperty("group.id", "flink-kafka-source-example-consumer");
    // 消费 Kafka Topic 应用的 group id
SourceFunction<InputModel> sourceFunction = new FlinkKafkaConsumer<InputModel>(
    // 指定连接器的类型为 Kafka
        "flink-kafka-source-example" // Kafka Topic 名为 flink-kafka-source-example
        , new AbstractDeserializationSchema<InputModel>() { // Kafka Topic 中消息的
                                                            // 序列化方式为 JSON
            @Override
            public InputModel deserialize(byte[] message) throws IOException {
                return // 将 message 按照 JSON 格式反序列化为 InputModel
            }
        }
        , properties);
DataStream<InputModel> source1 = env.addSource(sourceFunction);

// 使用 SQL API 从 Kafka Topic 中读取数据
tEnv.executeSql("CREATE TABLE source_table (\n"            // 表名
    + "    userId BIGINT,\n"                               // 字段名
    + "    productId STRING,\n"
    + "    time BIGINT\n"
    + ") WITH (\n"
    + "  'connector' = 'kafka',\n"                         // 连接器的类型为 Kafka
    + "  'topic' = 'flink-kafka-source-example',\n"        // Kafka Topic 名为 flink-
                                                           // kafka-source-example
    + "  'format' = 'json',\n"  // Kafka Topic 中消息的序列化方式为 JSON
    + "  'properties.bootstrap.servers' = 'localhost:9092',\n"
        // Kafka Topic 的 server 地址
    + "  'properties.group.id' = 'flink-kafka-source-example-consumer'\n"
        // 消费 Kafka Topic 应用的 group id
    + ")");
Table source2 = tEnv.from("source_table");

// 使用 Table API 从 Kafka Topic 中读取数据
Table source3 = tEnv.from(TableDescriptor.forConnector("kafka")
        .schema(Schema.newBuilder() // 字段名
                .column("userId", DataTypes.BIGINT())
                .column("productId", DataTypes.STRING())
                .column("time", DataTypes.BIGINT())
                .build())
        .option("connector", "kafka") // 连接器的类型为 Kafka
        .option("topic", "flink-kafka-source-example") // Kafka Topic 名为 flink-
                                                       // kafka-source-example
        .option("format", "json") // Kafka Topic 中消息的序列化方式为 JSON
        .option("properties.bootstrap.servers", "localhost:9092")
            // Kafka Topic 的 server 地址
        .option("properties.group.id", "flink-kafka-source-example-consumer")
            // 消费 Kafka Topic 应用的 group id
        .build());
```

如代码清单 8-11 所示，使用 DataStream API 和 SQL API 读取 Kafka Topic 中数据源的方法相同，需要的变量如下。由于 Table API 和 SQL API 的用法一致，因此这里只对比 DataStream API 和 SQL API。

- Kafka Topic 的配置信息。在 SQL API 中通过 DDL 的 properties.bootstrap.servers 和 properties.group.id 两个参数指定 Kafka Topic 的配置信息。在 DataStream API 中通过 properties 保存 Kafka Topic 的配置信息，properties 中包含 bootstrap.servers 和 group.id 参数。
- Kafka Topic 名称。在 SQL API 中通过 DDL 的 topic 参数指定 Kafka Topic 名称，在 DataStream API 中，初始化 FlinkKafkaConsumer 时传入 Kafka Topic 名称。
- Kafka Topic 中消息的序列化方式。在 SQL API 中通过 DDL 的 format 参数指定数据序列化的方法，format 参数的值为 json，代表 Kafka Topic 中消息的序列化方式是 JSON，在反序列化后会得到一个包含 userId、productId 和 time 字段的连接器表。在 DataStream API 中，初始化 FlinkKafkaConsumer 时传入了自定义的 AbstractDeserializationSchema 来反序列化 Kafka Topic 中的消息，最终会获得数据类型为 InputModel 的数据流，InputModel 中包含 userId、productId 和 time 字段。

在 DataStream API 中，从数据源获取数据流后，会得到 DataStream 对象。在 Table API 和 SQL API 中，从数据源获取数据流后，会得到 Table 对象，这也能说明流表二象性。

在 DataStream API 中，数据源连接器和数据汇连接器可以通过接口定义明确区分，比如 FlinkKafkaConsumer 和 FlinkKafkaProducer 分别代表消费 Kafka Topic 数据的连接器和生产 Kafka Topic 数据的连接器。而在 Table API 和 SQL API 中，数据源连接器表和数据汇连接器表并不能通过接口定义区分，比如通过 CREATE TABLE 子句创建了 Kafka Topic 连接器表，这个表即可以用作数据源表，也可以用作数据汇表。如果要区分 Flink 预置的某种连接器表是否支持读取或者写入，可以通过 Flink 官网进行查阅，链接为 https://nightlies.apache.org/flink/flink-docs-release-1.14/zh/docs/connectors/table/overview/。

（2）虚拟表　虚拟表是指视图，视图是由已经存在的表加工而来的，一般是 Table API 和 SQL API 的查询结果。用 DataStream API 来对比理解，使用 DataStream API 从数据源获取了数据流之后，对这个数据流进行 Map、Filter 或者 KeyBy 操作会得到一个新的数据流，那么这个新的数据流就可以理解为一个视图。

实体表之所以被称作实体是因为它代表了实际存在的数据，而虚拟表之所以被称作虚拟是因为它并没有实际存在的数据，它只代表实体表的一段加工逻辑，经过加工后的数据并不会被保存下来，只有用户需要使用这张虚拟表时，才会从实体表中加工得到这张虚拟表，这和 Hive SQL 中的实体表和虚拟表的定义是相同的。

举例来说，有一个商品销售订单的 Kafka Topic 数据源，现在要筛选出商品 id 为商品 1 的数据，并将筛选得到的结果注册为虚拟表，最终的实现如代码清单 8-12 所示。

代码清单 8-12　DataStream API、Table API 以及 SQL API 中的虚拟表

```
// DataStream API 中的视图
// 从 Kafka Topic 中读取数据（等同于创建实体表）
```

```
DataStream<InputModel> source1 = env.addSource(new FlinkKafkaConsumer<InputModel>(...));
// DataStream 的加工逻辑 (等同于创建视图)
DataStream<InputModel> view1 = source1.filter(i -> i.productId.equals("商品1"));

// SQL API 中的视图
// 创建实体表: 从 Kafka Topic 中读取数据
tEnv.executeSql("CREATE TABLE source_table (...) WITH (...)");
// 创建视图
tEnv.executeSql("CREATE VIEW source_table_product AS " +
        "SELECT * FROM source_table WHERE productId = '商品1'");
Table view2 = tEnv.from("source_table_product");

// Table API 中的视图
// 创建实体表: 从 Kafka Topic 中读取数据
Table source2 = tEnv.from(...);
// 创建视图
tEnv.createTemporaryView("source_table_product",
        source2.filter(Expressions.$("productId").isEqual("商品1")));
Table view3 = tEnv.from("source_table_product");
```

如代码清单 8-12 所示，在 DataStream API 中，通过 StreamExecutionEnvironment 的 addSource() 方法得到的 DataStream 在物理上是存在的，比如代码清单 8-12 中的 DataStream source1。之后所有经过加工得到的 DataStream 只代表对 source1 的一段加工逻辑，实际上都不是物理存在的，比如 DataStream view1。只有当 Flink 作业运行时，才会对 source1 中的数据进行加工后得到 view1。

在 SQL API 中，source_table 是实体表，是物理存在的，可以通过 CREATE VIEW 子句来创建一个视图。比如代码清单 8-12 中，在 source_table 上定义了一个名为 source_table_product 的视图，source_table_product 只代表对 source_table 的一段加工逻辑，实际上不是物理存在的，只有当 Flink 作业运行时，才会对 source_table 中的数据进行加工后得到 source_table_product。同样，在 Table API 中，可以使用 TableEnvironment 的 createTemporaryView() 方法来创建视图。

注意，当一个视图被后续的多个查询操作使用时，多个查询操作都会将这个视图的逻辑加工一遍，并不会共享这个视图的结果。

（3）临时表　除了实体表和虚拟表的分类，Flink 还将表分为临时表和永久表，不但实体表可以是临时表或者永久表，虚拟表也可以是临时表或者永久表。

临时表的元数据生命周期很短，保存在 Flink 作业的内存中，并不会被持久化，只能在一个 Flink 作业一次运行过程中使用。多个 Flink 作业的临时表的元数据是无法共享的。如代码清单 8-13 所示是通过 SQL API 创建临时实体表和临时虚拟表的语句。

代码清单 8-13　通过 SQL API 创建临时实体表和临时虚拟表的语句

```
// 创建临时实体表
CREATE TEMPORARY TABLE source_table (
    userId BIGINT,
    productId STRING,
    time BIGINT
) WITH (
```

```
    'connector' = 'datagen'
    ...
);
// 创建临时虚拟表
CREATE TEMPORARY VIEW query_view as
SELECT
    *
FROM source_table
where productId = ' 商品 1'
```

（4）永久表　永久表的元数据生命周期是永久的，这要求永久表的元数据要保存在可以持久化元数据的目录中，比如 Hive Metastore 就可以用于保存永久表的元数据。如果目录不支持对元数据持久化，那么即使创建了永久表，多个 Flink 作业之间的永久表的元数据也无法共享。

一旦一张永久表被创建，任何连接到这个目录的 Flink 作业都可以使用这张永久表，直到这张表从目录中删除。如代码清单 8-14 所示是通过 SQL API 创建永久实体表和永久虚拟表的语句。

代码清单 8-14　通过 SQL API 创建永久实体表和永久虚拟表的语句

```
// 创建永久实体表
CREATE TABLE source_table (
    userId BIGINT,
    productId STRING,
    time BIGINT
) WITH (
    'connector' = 'datagen'
    ...
);
// 创建永久虚拟表
CREATE VIEW query_view as
SELECT
    *
FROM source_table
where productId = ' 商品 1'
```

注意，临时表和永久表的全名（目录名 . 数据库名 . 表明）可以是相同的，如果临时表和永久表的全名相同，那么 Flink 作业会优先使用临时表而非永久表。

2. 查询表

在创建好表之后，就可以加工和处理表中的数据了，无论 Table API 还是 SQL API，都为表中数据的处理提供了丰富的接口。我们以电商场景为例来看看 Table API 和 SQL API 提供的常用的数据处理接口。输入数据源为商品销售订单，字段包含 userId、productId 和 income，分别代表用户 id、商品 id 和销售额，我们需要统计商品 1 和商品 2 的销量、总销售额、平均销售额、单个订单最高售价以及单个订单最低售价，输出数据源的字段包含 productId、countResult、incomeResult、avgIncomeResult、maxIncomeResult 和 minIncomeResult，分别代表商品 id、销量、总销售额、平均销售额、单个订单最高售价以及单个订单最低售价。最终 Table API 以及 SQL API 的代码实现如代码清单 8-15 所示。

代码清单 8-15 使用 Table API 以及 SQL API 统计商品销售数据

```
StreamExecutionEnvironment env = StreamExecutionEnvironment.createLocalEnviron
    mentWithWebUI(ParameterTool.fromArgs(args).getConfiguration());
StreamTableEnvironment tEnv = StreamTableEnvironment.create(env);

// 使用 SQL API 创建数据源表
tEnv.executeSql("CREATE TABLE source_table (\n"
        + "     productId STRING,\n"
        + "     income BIGINT\n"
        + ") WITH (\n"
        + "   'connector' = 'datagen',\n"
        + "   'rows-per-second' = '1',\n"
        + "   'fields.income.min' = '1',\n"
        + "   'fields.income.max' = '2'\n"
        + ")");

// 使用 SQL API 创建数据汇表
tEnv.executeSql("CREATE TABLE sink_table (\n"
        + "     productId STRING,\n"
        + "     countResult BIGINT,\n"
        + "     incomeResult BIGINT,\n"
        + "     avgIncomeResult BIGINT,\n"
        + "     maxIncomeResult BIGINT,\n"
        + "     minIncomeResult BIGINT\n"
        + ") WITH (\n"
        + "   'connector' = 'print'\n"
        + ")");

// 使用 Table API 执行计算
tEnv.from("source_table")
        .where(Expressions.$("productId").in("商品 1", "商品 2"))
        .groupBy(Expressions.$("productId"))
        .select(Expressions.$("productId")
                , Expressions.$("income").count().as("countResult")
                , Expressions.$("income").sum().as("incomeResult")
                , Expressions.$("income").avg().as("avgIncomeResult")
                , Expressions.$("income").max().as("maxIncomeResult")
                , Expressions.$("income").min().as("minIncomeResult"))
        .executeInsert("sink_table");

// 使用 SQL API 执行计算
tEnv.executeSql("INSERT INTO sink_table\n" +
        "SELECT productId,\n" +
        "   COUNT(1) as countResult,\n" +
        "   SUM(income) as incomeResult,\n" +
        "   AVG(income) as avgIncomeResult,\n" +
        "   MAX(income) as maxIncomeResult,\n" +
        "   MIN(income) as minIncomeResult\n" +
        "FROM source_table\n" +
        "WHERE productId in ('商品 1', '商品 2')\n" +
        "GROUP BY productId");
```

在代码清单 8-15 中，对表中数据进行处理的方法如下。

❑ Table where(Expression predicate)：用于对表数据进行过滤，功能和 DataStream API 中 Data-Stream 对象的 filter() 方法一致。入参为过滤条件，返回值 Table 代表经过过滤处理的表。

❑ GroupedTable groupBy(Expression... fields)：用于对表数据进行分组，功能和 DataStream API 中 DataStream 对象的 keyBy() 方法一致。入参为分组的字段，返回值 GroupedTable 为分组表，它所代表的含义和 DataStream API 中的 KeyedStream 相同，即经过分组处理的数据流。

❑ Table select(Expression... fields)：用于对 GroupedTable 所代表的分组数据表进行处理，功能和 DataStream API 中的聚合函数相同。入参为聚合函数，可以使用 Expressions.$("income").sum() 方法对 income 字段求和，返回值 Table 代表经过聚合处理之后，分组表变为表，这和 DataStream API 中的 KeyedStream 经过聚合处理之后变为 DataStream 的过程是相同的。

在 SQL API 中，我们可以基于标准 SQL 语句对表中的数据进行处理，比如我们可以使用 GROUP BY 子句按照 productId 对商品分组，并使用 COUNT、SUM、AVG 等聚合函数来计算结果。关于 SQL API 中提供的 SQL 子句，将在第 9 章介绍。

3. 输出表

当 Table API 和 SQL API 的查询操作执行完成之后，我们会获得一个表，最后需要做的工作就是将表的结果输出。如代码清单 8-15 所示，在 Table API 中，我们可以使用 Table 的 executeInsert(String tableName) 方法将 Table 所代表的数据流写入输出表。当调用该方法时，Flink 作业会在目录中查找入参 tableName 对应的表，并将结果写入该表。在 SQL API 中，我们可以使用 INSERT INTO 子句将结果写入输出表。

4. 翻译和执行查询逻辑

通过前几步的操作，我们开发了一个 Table API 和 SQL API 作业，最后一步是提交这个作业并运行。在 DataStream API 中，提交并运行 Flink 作业需要调用 StreamExecutionEnvironment 的 execute() 方法。而在 Table API 和 SQL API 的 Flink 作业中，我们并没有编写提交并运行代码。这是因为 Table API 和 SQL API 的 Flink 作业会在代码清单 8-16 所示的 5 种场景下被直接提交。

代码清单 8-16　Table API 和 SQL API 提交的 Flink 作业

```
// 设置环境信息
StreamExecutionEnvironment env = StreamExecutionEnvironment.createLocalEnviron
    mentWithWebUI(ParameterTool.fromArgs(args).getConfiguration());
StreamTableEnvironment tEnv = StreamTableEnvironment.create(env);

// 场景 1
tEnv.from("source_table")
        .where(Expressions.$("productId").in(" 商品 1", " 商品 2"))
        .groupBy(Expressions.$("productId"))
        .select(Expressions.$("productId")
                , Expressions.$("income").count().as("countResult")
                , Expressions.$("income").sum().as("incomeResult")
                , Expressions.$("income").avg().as("avgIncomeResult")
```

```
                    , Expressions.$("income").max().as("maxIncomeResult"))
                    , Expressions.$("income").min().as("minIncomeResult"))
        // 提交并运行
        .executeInsert("sink_table");

// 场景 2
Table t1 = tEnv.from("source_table");
Table t2 = tEnv.from("source_table");
tEnv.createStatementSet()
        .addInsert(TableDescriptor.forConnector("print")
                .schema(Schema.newBuilder()
                        .column("productId", DataTypes.STRING())
                        .column("income", DataTypes.BIGINT())
                        .build())
                .build(), t1)
        .addInsert(TableDescriptor.forConnector("print")
                .schema(Schema.newBuilder()
                        .column("productId", DataTypes.STRING())
                        .column("income", DataTypes.BIGINT())
                        .build())
                .build(), t2)
        // 提交并运行
        .execute();

// 场景 3
Table t3 = tEnv.from("source_table");
t3.execute();

// 场景 4
tEnv.executeSql("INSERT INTO sink_table_1\n" +
        "SELECT productId,\n" +
        "    count(1) as countResult\n" +
        "FROM source_table\n" +
        "GROUP BY productId");

// 场景 5
tEnv.createStatementSet()
        .addInsertSql("INSERT INTO sink_table_2\n" +
                "SELECT productId,\n" +
                "    count(1) as countResult\n" +
                "FROM source_table\n" +
                "GROUP BY productId")
        .addInsertSql("INSERT INTO sink_table_3\n" +
                "SELECT productId,\n" +
                "    count(1) as countResult\n" +
                "FROM source_table\n" +
                "GROUP BY productId")
        .execute();
```

如代码清单 8-16 所示，Table API 作业会在以下 3 种场景被提交。

❑ 调用 Table 的 executeInsert() 方法：用于将当前表的结果插入目标表，方法入参为目标表，
  一旦该方法被调用，Table API 作业会被立即提交并运行。

❑ 调用 StatementSet 的 execute() 方法：我们可以使用 TableEnvironment 的 createStatementSet() 方法来创建一个计算逻辑的集合 StatementSet，StatementSet 可以在 Flink 作业中运行多段 SQL 执行逻辑。调用 StatementSet 的 addInsert() 方法可以将当前表的结果插入目标表，多次调用 addInsert() 方法就可以在 Flink 作业中同时运行多段查询逻辑。当我们调用 addInsert() 方法时，运行逻辑会被保存在 StatementSet 中，并不会被运行，只有调用 StatementSet 的 execute() 方法时，Table API 作业才会被立即提交并运行。

❑ 调用 Table 的 execute() 方法：该方法会自动生成一个 CollectSinkFunction，并将表中的数据写入 CollectSinkFunction。CollectSinkFunction 可以将查询结果返回提交作业的客户端。

SQL API 作业会在以下 2 种场景中被提交。

❑ 调用 TableEnvironment 的 executeSql() 方法。

❑ 调用 StatementSet 的 execute() 方法：我们可以使用 TableEnvironment 的 createStatementSet() 来创建一个计算逻辑的集合 StatementSet，多次调用 StatementSet 的 addInsertSql() 方法可以实现在一个 Flink 作业中同时运行多段 SQL 语句，调用 StatementSet 的 execute() 方法时，SQL API 作业会被立即提交并运行。

无论 Table API 作业还是 SQL API 作业，从提交到运行的过程中，都会经历以下 3 个步骤。

第一步：优化逻辑运行计划。

根据 Table API 以及 SQL API 内置的优化器对作业的运行逻辑进行优化，这可以有效提高作业的性能。常见的优化策略包括过滤条件的下推、字段裁剪、分区裁剪等。这些优化策略源自关系代数的等价变换，可以保证优化后计算得到的结果和优化前计算得到的结果相同。

第二步：将 Table API 和 SQL API 作业翻译成 DataStream API 作业。这一步可以解释 Table API 和 SQL API 到底是如何运行的。

在分析 Table API 和 SQL API 作业的运行机制之前，我们先来分析 DataStream API 作业是如何运行的。以 Java 语言为例，在 DataStream API 中，处理逻辑是由用户使用 Java 语言编写用户自定义函数来实现的，将 DataStream API 作业在 JVM 中提交后运行。SQL API 作业是通过 SQL 语句来实现的，JVM 不能识别 SQL，那么 SQL API 作业是怎么运行起来的呢？

这就要提到 SQL 背后的关系代数了。任何数据的处理过程都可以由关系代数来表示，SQL 就是关系代数的一种具体实现。如果想让一段 SQL 所代表的关系代数逻辑运行起来，就必然要将这段关系代数逻辑翻译为 DataStream API 中的代码，之后这个 SQL 所代表的数据处理逻辑就可以按照 DataStream API 的作业运行了。

翻译逻辑并不复杂，每一种关系代数都可以对应 DataStream API 中的一种操作。表 8-1 列举了常见关系代数、对应的 SQL 子句以及对应的 DataStream API 中的操作。

表 8-1　常见关系代数、对应的 SQL 子句以及对应的 DataStream API 中的操作

关系代数	SQL 子句	DataStream API 的操作
投影（project）	select 子句	DataStream 的 Map 操作
选择（select）	where 子句	DataStream 的 Filter 操作
并联（union）	union 子句	DataStream 的 Union 操作

（续）

关系代数	SQL 子句	DataStream API 的操作
聚合（aggregation）	group by 子句结合聚合函数（比如 SUM、MAX、MIN 以及用户自定义的聚合函数等）	DataStream 的分组聚合操作（KeyBy 操作以及 Aggreagate 操作）
自然连接（natural join）	inner join 子句	DataStream 的 Join 操作

有了表 8-1 中的关系代数、SQL 语法以及对应的 DataStream API 的操作，就可以将一个 SQL 语句中的所有关系代数运算逻辑逐一翻译为 DataStream API 中的算子了。

举例来说，有一个商品销售订单数据源，字段包含 userId、pId 和 income，分别代表用户 id、商品 id 和销售额，现在要将这个数据源中商品 1 的数据过滤出来，同时要求输出结果只保留其中的 pId 和 income 字段，使用 SQL API 实现这个需求的 SQL 语句如代码清单 8-17 所示。

代码清单 8-17　SQL 语句

```
SELECT
    pId
    , income
FROM source_table
WHERE pId= ' 商品 1'
```

我们将代码清单 8-17 的 SQL 语句提交并运行，Flink 引擎翻译这个 SQL 语句的流程如图 8-2 所示。

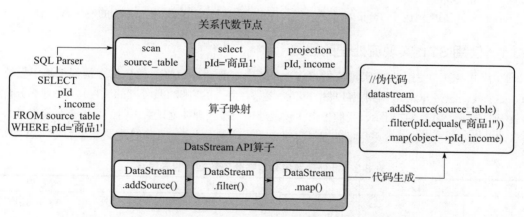

图 8-2　SQL API 的 SQL 语句翻译为 DataStream API 作业的过程

在 Flink 引擎收到 SQL 语句后，首先会使用 SQL Parser 将其解析为关系代数的节点，解析 SQL 语句的能力是由 Apache Calcite 框架提供的。接下来，Flink 引擎将关系代数节点逐一映射为 DataStream API 中的算子，并将关系代数的处理逻辑通过代码生成技术生成 Java 代码，SQL API 作业就翻译为 DataStream API 作业了。最后，提交这个 DataStream API 作业并运行。

注意，在图 8-2 中我们只是举例说明 SQL API 作业翻译为 DataStream API 作业的过程，实际上 Flink 的解析和翻译逻辑和图 8-2 有一定的差异，主要体现在 Flink 生成代码时，会将关系代数的代码处理逻辑通过代码生成技术翻译为底层的 Operator，而不会翻译为 DataStream API 提供的用户自定义函数（比如 MapFunction），这能够保证 SQL API 作业的运行性能。

值得一提的是，Flink 采用的动态编辑 Java 代码的技术是 Janino。Janino 是一个小且快的 Java 编译器。通过 Janino，Flink 可以将生成的 Java 代码进行动态编译并加载到当前的 JVM 中使用。

第三步：提交作业并运行。

当 SQL API 作业被翻译为 DataStream API 作业之后，就会按照 DataStream API 作业的提交流程去运行，最终会调用 StreamExecutionEnvironment 的 execute() 方法提交并运行这个作业。

虽然 Table API、SQL API 和 DataStream API 提供给用户的接口有很大的差异，但通过本节的分析，我们可以发现三者底层的运行机制是相同的。

8.3 使用 SQL 实现流处理的核心技术

本节分析 SQL 实现流处理的核心技术。

为什么要分析这个问题呢？因为传统的关系代数以及 SQL 原本是为了批处理设计的，在传统关系型数据库以及批处理中，数据都是有界的，SQL 语句的执行过程比较好理解。在流处理中，数据是无界的，那么将 SQL 应用于流处理的理解成本以及实现成本相对于批处理就高很多了。本节介绍 SQL 在实现流处理的过程中面临的难题，通过带领读者一步一步解决难题，总结 SQL 实现流处理的核心技术。

由于 SQL API 相比于 Table API 更常用，因此我们只介绍关于 SQL API 的使用方法。

8.3.1 使用 SQL 实现流处理的思路

在流式 SQL（使用 SQL 实现流处理作业）诞生之前，基于 SQL 的数据查询都是基于批处理的。如果我们想将 SQL 应用到流处理中，必然要站在巨人的肩膀（批处理的流程）上，那么分析思路就很清晰了。如表 8-2 所示，我们先来比较批处理与流处理在处理数据时的异同点，如果是共通点，那么流处理就可以直接复用批处理的实现方案，只有差异点才是我们需要重点克服和关注的。

表 8-2 批处理和流处理在处理数据时的异同点

	输入表	处理逻辑	结果表
批处理	静态表：输入数据有界	批处理：执行时能够访问到完整的输入数据，计算并输出完整的结果	静态表：输出的数据有界
流处理	动态表：输入数据无界，数据实时增加并且源源不断	流处理：执行时不能访问完整的输入数据，每次计算得到的结果都是一个中间结果，因此计算永远不会停止，会持续等待新的数据进入并计算	动态表：输出的数据无界

通过表 8-2 对比批处理和流处理在处理数据时的异同点之后，我们发现批处理和流处理在数据处理的 3 个阶段要做的工作是完全不同的，两者差异很大，因此要使用 SQL 实现流处理，就要把下面 3 个问题解决掉。

❑ 问题 1：如何将一个实时的、源源不断的输入数据流表示为 SQL 中的输入表？

❑ 问题 2：将 SQL 处理逻辑翻译成什么样的底层处理技术才能够实时处理输入数据流，并产出输出数据流？

❑ 问题 3：如何将一个实时的、源源不断的输出数据流表示为 SQL 中的输出表？

问题 1 和问题 3 是比较好解决的，只需要将数据流和表进行相互映射，Flink 为此提供了动态表技术，关于动态表将在 8.3.2 节介绍。

问题 2 虽然比较难解决，但是也有解决思路，在常见的高级关系型数据库中会提供物化视图的特性。物化视图和虚拟视图一样，是定义在实体表上的一条 SQL 查询，不同之处在于物化视图会实际执行 SQL 查询并且缓存查询的结果，当我们访问物化视图时，不需要基于原始表进行计算，可以直接获取缓存的物化视图结果。

以批处理为例，天级别的物化视图是每天等数据源准备好之后，调度物化视图的 SQL 执行批处理，然后将结果缓存下来，缓存下来的结果就可以提供服务了。物化视图的特性为 SQL 实现流处理提供了一个很好的思路，流处理中的 SQL 查询实际上也可以看作一个物化视图，只不过在流处理中，数据源表的数据是源源不断的，那么对整个物化视图结果的更新也必须是实时的，只有这样才能保证产出结果的及时性，因此这要求物化视图的更新时延非常低。

思路有了，具体要怎么实现呢？ Flink 采用视图实时更新技术，在物化视图的数据源表发生更新时，立即更新物化视图的结果。如何理解这个视图实时更新技术呢？

我们知道在数据库中，一张表中的数据本质上是由 INSERT、UPDATE 和 DELETE 这 3 种命令作用的结果，如果将每一条命令的执行看作一条数据，那么一张表的数据就可以使用一个包含 INSERT、UPDATE 和 DELETE 命令的数据流来维护，我们将这个数据流称为更新日志流。有了更新日志流，就能实现物化视图的实时更新了，我们可以将数据源表的更新过程转化为更新日志流，那么在数据源表上的 SQL 查询（物化视图）就变为对更新日志流的消费和加工，这样就能实现物化视图的实时更新。在 Flink 中，这种视图实时更新技术被称作连续查询。

总结一下，为了使用 SQL 实现流处理，Flink 提出了动态表和连续查询两种技术，动态表技术用于实现输入、输出数据流和表之间的映射，连续查询技术用于实现物化视图的实时更新。

8.3.2　动态表与连续查询

1. 动态表

动态表是 Table API 和 SQL API 的核心概念。动态表中的动态是相比于批处理中的静态表来说的。

❑ 静态表：应用于批处理，静态表可以理解为不随时间的推进而实时进行变化的。在批处理中，一般按照一小时或者一天的粒度生成分区。

❑ 动态表：动态表是随时间的推进实时进行变化的，如图 8-3 所示。

2. 连续查询

在流处理中，对动态表的查询就是连续查询，连续查询永远不会终止。连续查询的结果也是一个动态表，只要动态输入表有一条数据更新，连续查询就会通过视图实时更新技术计算并输出结果到动态输出表中。

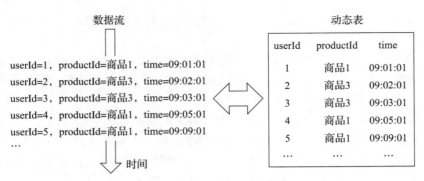

图 8-3　数据流和动态表

如图 8-4 所示，是一个 SQL API 的 Flink 作业的常见逻辑数据流，其中使用了动态表技术以及连续查询技术。

图 8-4　SQL API 作业的动态表以及连续查询

这个 Flink 作业的执行步骤如下。

第一步，输入流映射为 SQL API 中的动态输入表：Flink 作业会先从数据源存储引擎中读入输入流，然后将输入流映射（绑定）为 SQL API 中的动态输入表。注意，虽然在图 8-4 中将输入流和动态输入表分为两个部分，但实际上两者之间是互相映射的关系。

第二步，执行连续查询：在动态输入表上先按照 SQL 的查询逻辑执行连续查询，然后产出动态输出表。注意，在连续查询的执行过程中通常是有状态的。

第三步，SQL API 中的动态输出表映射为输出流：将动态输出表映射为输出流，然后将输出流输出到数据汇存储引擎当中。

> **注意**　虽然流处理和批处理采用的 SQL 查询技术方案不同，但是在 Flink 中，对于同一个 SQL 查询来说，使用流处理在输入表上执行连续查询产出的结果和使用批处理在输入表上执行查询产出的结果是相同的。因此我们说 Flink 的 Table API 和 SQL API 实现了流批一体。

8.3.3　动态表与连续查询的执行案例

我们通过两个案例来说明动态表和连续查询的执行机制以及结果。

1. 案例 1：统计每种商品的历史累计销售额

输入数据为商品销售订单，包含 pId、income 字段，分别代表商品 id、销售额，输出数据包含的字段为 pId、all 字段，分别代表商品 id 和历史累计销售额。

（1）代码实现　该案例通过 SQL API 实现起来很简单，最终的实现如代码清单 8-18 所示。

我们先使用 GROUP BY 子句按照 pId 对商品进行分类，然后在每一种商品上面使用 SUM 聚合函数累加商品的销售额就可以得到每一种商品的累计销售额。

代码清单 8-18　使用 SQL API 统计每种商品的历史累计销售额

```
// 创建数据源表
CREATE TABLE source_table (
    pId BIGINT,
    income BIGINT
) WITH (
    ...
);
// 创建数据汇表
CREATE TABLE sink_table (
    pId BIGINT,
    all BIGINT
) WITH (
    ...
);
// 执行查询
INSERT INTO sink_table
SELECT
    pId
    , SUM(income) as all
FROM source_table
GROUP BY pId;
```

（2）输入流映射为 SQL API 中的动态输入表　如图 8-5 所示，将输入数据流映射为动态输入表，每当输入数据流中增加一条数据，动态输入表也会增加一行数据。

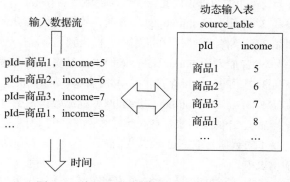

图 8-5　将输入数据流映射为动态输入表

（3）执行连续查询　如图 8-6 所示，在动态输入表的基础之上执行连续查询，由于动态输入表中的数据是一条一条到来的，因此连续查询也会一条一条地处理输入数据。

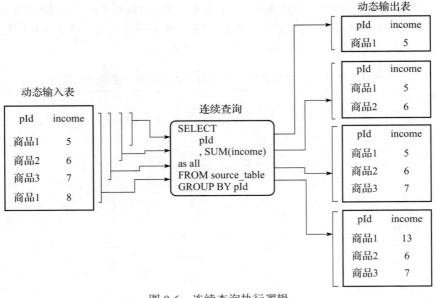

图 8-6　连续查询执行逻辑

连续查询技术的核心是将表的更新映射为更新日志流，在图 8-6 的连续查询逻辑中，会将动态输入表 source_table 映射为更新日志流，由于 source_table 是商品销售订单表，因此 source_table 每输入一条新数据都代表一条 INSERT 消息。同时，由于代码清单 8-18 的 SQL 查询逻辑是按照 pId（商品 id）进行分组的，因此代表动态输出表的主键就是 pId。接下来我们来看看连续查询是如何消费动态输入表中的数据并产出结果到动态输出表的。

❑ 第一行数据 [商品 1, 5] 插入到 source_table 表时，连续查询会按照 SQL 查询逻辑消费这条 INSERT 消息，计算后得到结果 [商品 1, 5]，并将结果保存在状态中。注意，由于动态输出表中没有 pId 为商品 1 的数据，因此连续查询会将结果 [商品 1, 5] 插入到动态输出表中。

❑ 第二行数据 [商品 2, 6] 插入到 source_table 表时，连续查询消费这条 INSERT 消息，计算后得到结果 [商品 2, 6]，将结果保存在状态中并插入到动态输出表中。

❑ 第三行数据 [商品 3, 7] 插入到 source_table 表时，连续查询消费这条 INSERT 消息，计算后得到结果 [商品 3, 7]，将结果保存在状态中并插入到动态输出表中。

❑ 第四行数据 [商品 1, 8] 插入到 source_table 表时，连续查询消费这条 INSERT 消息，和保存在状态中的 [商品 1, 5] 的结果累加后得到结果 [商品 1, 13]，这时由于动态输出表中已经有了 pId 为商品 1 的数据，就不是将结果 [商品 1, 13] 插入到动态输出表了，而是将结果更新到动态输出表中。

在上述案例执行连续查询的过程中，动态输出表的更新日志流中不但有 INSERT 的消息，还有 UPDATE 的消息，这种连续查询操作被 Flink 称作更新查询。

动态输入表的数据是源源不断的，同一个商品 id 的销售订单也是源源不断的。SQL 执行查询操作时，每次产出到动态输出表中的商品累计销售额都是一个中间结果。第一条数据到来时没有中间结果，会将结果插入到动态输出表中，同一个商品 id 的下一条商品销售订单数据到来的时候，就会计算得到新的商品累计销售额，这时就要用新结果把上一次产出的中间结果（旧结果）覆盖，将结果更新到动态输出表中。

2. 案例 2：统计每种商品每 1min 的累计销售额

输入数据为商品销售订单，包含的字段为 pId、income 和 time 字段，分别代表商品 id、销售额和销售时间戳（单位为 ms），输出数据包含的字段为 pId、all 和 minutes 字段，分别代表商品 id 和 1min 的累计销售额和 1min 窗口的开始时间戳。

（1）代码实现　统计每种商品每 1min 的累计销售额是一个典型的 1min 大小的事件时间滚动窗口案例，使用 SQL API 的实现逻辑如代码清单 8-19 所示。

我们使用 GROUP BY 子句按照 pId 对商品进行分类，同时，在 GROUP BY 子句中还包含了 TUMBLE(row_time, INTERVAL '1' MINUTES)，代表我们为每一种商品开启了 1min 事件时间滚动窗口。在每一种商品的每 1min 的窗口上，我们使用 SUM 聚合函数来累加商品的销售额，得到商品每 1min 的累计销售额，其中 TUMBLE_START(row_time, INTERVAL '1' MINUTES) 的返回值为 1min 窗口的开始时间。

代码清单 8-19　使用 SQL API 统计每种商品每 1min 的累计销售额

```
// 创建数据源表
CREATE TABLE source_table (
    pId BIGINT,
    income BIGINT,
    time BIGINT, // 单位为 ms
    // 用于定义数据的事件时间戳
    row_time AS TO_TIMESTAMP_LTZ(time, 3),
    // 用于指定 Watermark 的分配方式，最大乱序时间为 5s
    WATERMARK FOR row_time AS row_time - INTERVAL '5' SECOND
) WITH (
    ...
);
// 创建数据汇表
CREATE TABLE sink_table (
    pId BIGINT,
    all BIGINT,
    minutes STRING
) WITH (
    ...
);
// 执行查询
INSERT INTO sink_table
SELECT
    pId
    , sum(income) as all
    , TUMBLE_START(row_time, INTERVAL '1' MINUTES) as minutes
FROM source_table
GROUP BY
    pId
    , TUMBLE(row_time, INTERVAL '1' MINUTES)
```

（2）输入流映射为 SQL API 中的动态输入表　如图 8-7 所示，我们将输入数据流映射为动态输入表，每当输入数据流中增加一条数据，动态数据表也会增加一行数据。注意，无论 DataStream API、Table API 还是 SQL API，在使用事件时间窗口时，都要求数据事件时间戳的单位为 ms，不过为了方便理解，下面将图 8-7 中的时间格式化为小时：分钟：秒（HH:mm:ss）。

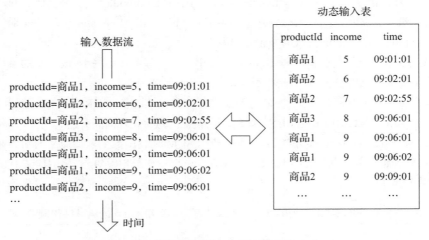

图 8-7　将输入数据流映射为动态输入表

（3）执行连续查询　如图 8-8 所示，在动态输入表的基础上执行连续查询，动态输入表中的数据是一条一条到来的，因此连续查询也会一条一条地处理输入数据。由于本节的案例是窗口查询，因此只有当 SubTask 本地的事件时钟到达窗口最大时间时，才会触发计算并输出结果。这和更新查询中每来一条数据就处理一条数据并输出结果的机制是不同的。

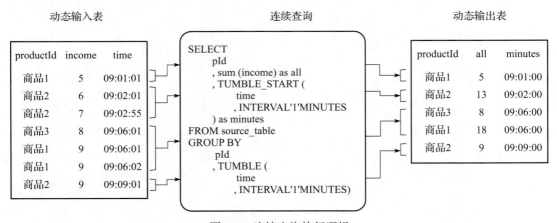

图 8-8　连续查询执行逻辑

在图 8-8 的连续查询逻辑中，同样会将动态输入表 source_table 映射为更新日志流，由于 source_table 是商品销售订单表，因此 source_table 每输入一条新数据都代表一条 INSERT 消息。

代码清单 8-19 的 SQL 查询逻辑是按照 pId（商品 id）分组的，而且在分组数据流上实现了 1min 的滚动窗口，这代表动态输出表的主键有两个，分别是 pId 和 1min 的窗口。接下来我们来看看连续查询是如何消费动态输入表并产出结果到动态输出表的。

上述案例的滚动窗口的步长为 1min，我们按照窗口大小对动态输入表的数据进行划分，事件时间戳在 [09:01:00, 09:02:00)、[09:02:00, 09:03:00)、[09:06:00, 09:07:00) 以及 [09:09:00, 09:10:00) 之间的数据分别有 1 条、2 条、3 条和 1 条。

❑ 当事件时间戳在 [09:01:00, 09:02:00) 之间的数据插入到动态输入表时，连续查询按照 SQL 查询逻辑消费这些消息，当 Watermark 达到 09:02:00 时，窗口触发计算并得到结果 [商品 1, 5, 09:01:00]。接下来，由于动态输出表中没有 pId 为商品 1，且窗口为 [09:01:00, 09:02:00) 的数据，因此连续查询会插入结果到动态输出表中。

❑ 当事件时间戳在 [09:02:00, 09:03:00) 之间的数据插入到动态输入表时，连续查询消费这些消息，当 Watermark 达到 09:03:00 时，窗口计算得到结果 [商品 2, 13, 09:02:00]，并插入到动态输出表中。

❑ 当事件时间戳在 [09:06:00, 09:07:00) 之间的数据插入到动态输入表时，连续查询消费这些消息，当 Watermark 达到 09:07:00 时，窗口计算得到结果 [商品 3, 8, 09:06:00]、[商品 1, 18, 09:06:00]，并插入到动态输出表中。

❑ 当事件时间戳在 [09:09:00, 09:10:00) 之间的数据插入到动态输入表时，连续查询消费这些消息，当 Watermark 达到 09:10:00 时，窗口计算得到结果 [商品 2, 9, 09:09:00]，并插入到动态输出表中。

在上述案例执行连续查询的过程中，动态输出表的更新日志流中只有 INSERT 消息，这种连续查询操作被 Flink 称作追加查询。读者可能会疑惑，为什么这个场景中的动态输出表不会发生更新呢？

在这个案例中，虽然动态输入表的数据是源源不断的，但是这个 SQL 查询的计算逻辑是事件时间滚动窗口。我们知道时间是不会倒流的，当一个窗口触发计算结束后，之后触发的所有窗口的时间都只会比当前窗口大，因此当前窗口的计算结果一旦产出，就不会再被更新了。举例来说，当时间为 [09:09:00, 09:10:00) 的窗口触发计算并输出结果后，再也不会有时间为 [09:09:00, 09:10:00) 的窗口触发计算了。

8.3.4　动态表映射为数据流

在 8.3.3 节的两个案例中，我们提到连续查询是通过更新日志流来不断维护动态表的。如果 SQL 查询是一个更新查询，那么这个 SQL 查询写入的动态输出表有可能是一个只有一行数据，且这一行数据还在不断更新的表。如果这个 SQL 查询是一个追加查询，那么这个 SQL 查询写入的动态输出表就只会插入数据，数据量不断增大，但是不会发生修改。

如果想要将动态输出表的结果写到数据汇存储引擎中，就会遇到一个难题：如何将动态输出表的 INSERT、UPDATE 以及 DELETE 消息进行编码以保证输出到数据汇存储引擎中的数据是正确的呢？

针对这个问题，Flink 的 Table API 和 SQL API 提供了以下 3 种编码方式来将动态表编码为数据流。

1. 将动态表编码为 Append-only 流

如果一个动态表只通过插入消息来维护，那么这个动态输出表就可以被转化为一个只有 INSERT 消息的数据流，只有 INSERT 消息的数据流被称为追加（Append-only）流。

2. 将动态表编码为 Retract 流

Retract 流包含两种类型的消息：新增消息和回撤消息。在动态表被转化为 Retract 流时，动态表的 INSERT 操作会被编码为新增消息，DELETE 操作会被编码为回撤消息，UPDATE 操作会被编码为一条回撤消息以及一条新增消息。

那么怎么来理解新增消息和回撤消息所代表的含义呢？

❑ 新增消息：代表将当前最新的结果发送到数据流中。

❑ 回撤消息：将发送到数据流中旧的结果撤销。

下面我们来分析 Flink 是如何实现将动态表的 INSERT、UPDATE 和 DELETE 操作编码为新增消息和回撤消息的。

❑ INSERT 操作被编码为新增消息：INSERT 操作代表新增了一条数据，那么就应该被编码为新增消息。

❑ UPDATE 操作被编码为一条回撤消息以及一条新增消息：UPDATE 操作会将某个主键下的旧结果更新为新结果。要实现这个操作，一种简单的方法就是先将旧结果删除，然后写入当前最新的结果。UPDATE 操作可以被编码为先发送一条回撤消息将旧结果删除，然后发送一条新增消息将最新的结果发送下去。注意，回撤消息一定在新增消息之前发送，否则会导致结果错误。

❑ DELETE 操作被编码为回撤消息：DELETE 操作代表删除一条数据，那么就编码为回撤消息。

如图 8-9 所示，我们以 8.3.3 节的案例 1 为例，来看看动态输出表编码为 Retract 流的过程。

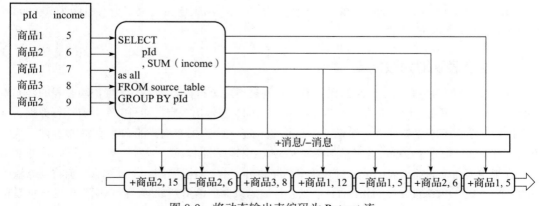

图 8-9　将动态输出表编码为 Retract 流

如图 8-9 所示，Retract 流中的消息有 + 和 − 两种前缀。如果前缀为 +，则代表这条数据为新增消息，如果前缀为 −，则代表这条数据为回撤消息。这两种消息最终都会以数据流的形式写入数据汇存储引擎。

我们来分析一下图 8-9 中 SQL 查询的执行过程。

1）第一行数据 [商品 1, 5] 插入到 source_table 表时，连续查询按照 SQL 查询逻辑消费这条消息，计算后得到结果 [商品 1, 5]，并将结果插入到动态输出表中，这时会将这条 INSERT 操作编码为新增消息，也就是 +[商品 1, 5]。

2）第二行数据 [商品 2, 6] 的执行逻辑同上。

3）第三行数据 [商品 1, 7] 插入到 source_table 表时，连续查询消费这条消息，和状态中保存的 [商品 1, 5] 累加得到结果 [商品 1, 13]，这时动态输出表中已经有了 pId 为商品 1 的数据，就不是将结果 [商品 1, 13] 插入到动态输出表了，而是将结果更新到动态输出表中，这时会将这条 UPDATE 操作编码为一条回撤消息和一条新增消息，即 −[商品 1, 5] 和 +[商品 1, 12]。

4）第四行数据和第一行数据的执行流程相同，第五行数据和第三行数据的执行流程相同，不再赘述。

注意，如果下游还有作业去消费 Retract 流，需要能够正确处理新增和回撤两种消息，防止数据重复计算或者计算错误。

3. 将动态表编码为 Upsert 流

Upsert 流包含两种类型的消息：插入或更新消息和删除消息。在动态表被转化为 Upsert 流时，动态表的 INSERT 和 UPDATE 操作会被编码为插入或更新消息，DELETE 操作会被编码为删除消息。注意，如果一个动态表要被转化为 Upsert 流，那么这个动态表要有主键。

❑ 插入或更新消息：插入或更新消息和数据库中的 UPSERT 子句能力一致，即包含插入和更新两个功能。数据库中的 UPSERT 子句在执行时，如果当前主键下没有数据，就执行 INSERT 操作，如果当前主键下已经有一条数据，那么就执行 UPDATE 操作。如果在流处理的场景中理解插入或更新消息，其实就是将当前主键下最新的结果发送到数据流中。

❑ 删除消息：将发送到数据流中的旧结果删除。

下面我们分析 Flink 是如何实现将动态表的 INSERT、UPDATE 和 DELETE 操作编码为插入或更新消息和删除消息的。

❑ INSERT 操作被编码为插入或更新消息：INSERT 操作代表新增了一条数据，那么自然会被编码为插入或更新消息。

❑ UPDATE 操作被编码为插入或更新消息：UPDATE 操作是将某个主键下的旧结果更新为新结果，显然这个操作会被编码为插入或更新消息。这时就能体现出 Upsert 流和 Retract 流的不同之处了，Retract 流将 UPDATE 操作编码为一条回撤消息和一条新增消息，对于下游来说，收到回撤消息时，就将保存的这条数据删除，收到新增消息时，就将这条新数据保存下来。而 Upsert 流只将 UPDATE 操作编码为一条插入或更新消息，对于下游来说，收到这条插入或更新消息时，必须知道主键才能找到旧的数据并更新为新的数据，这就是一个动态表被编码为 Upsert 流时必须包含主键的原因。

❑ DELETE 操作被编码为删除消息：DELETE 操作代表删除一条数据，那么就编码为删除消息。

如图 8-10 所示，我们依然以 8.3.3 节的案例 1 为例，看看动态输出表编码为 Upsert 流的过程。

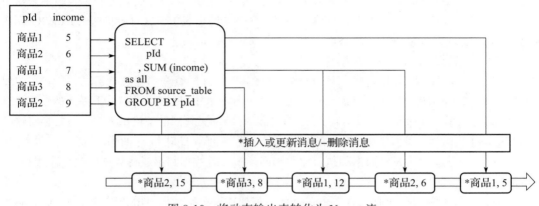

图 8-10　将动态输出表转化为 Upsert 流

如图 8-10 所示，Upsert 流中的消息有 * 和 – 两种前缀，如果前缀为 *，则代表这条数据为插入或更新消息，如果前缀为 –，则代表这条数据为删除消息，这两种数据最终都会以数据流的形式被写入数据汇存储引擎。

下面我们来分析一下图 8-10 中 SQL 查询的执行过程。

1）第一行数据 [商品 1, 5] 插入到 source_table 表时，连续查询按照 SQL 查询逻辑消费这条消息，计算后得到结果 [商品 1, 5]，并将结果插入到动态输出表中，这时就会将这条 INSERT 操作编码为插入或更新消息，也就是 *[商品 1, 5]。

2）第二行数据 [商品 2, 6] 的执行逻辑同上。

3）第三行数据 [商品 1, 7] 插入到 source_table 表时，连续查询消费这条消息，和保存在状态中的 [商品 1, 5] 的结果累加后得到结果 [商品 1, 13]，这时动态输出表（主键为 pId）中已经有了 pId 为商品 1 的数据，就不是将结果 [商品 1, 13] 插入到动态输出表了，而是将结果更新到动态输出表中，这时就会将这条 UPDATE 操作编码为插入或更新消息，即 *[商品 1, 12]。

4）第四行数据和第一行数据的执行流程相同，第五行数据和第三行数据的执行流程相同，不再赘述。

注意，如果下游还有一个作业或者算子去消费 Upsert 流，消费算子需要知道这条数据流的唯一键，以便根据唯一键去处理插入或更新消息以及删除消息。

值得一提的是，如果是更新查询，那么动态输出表既可以编码为 Retract 流也可以编码为 Upsert 流，两者的区别在于 Upsert 流会将 UPDATE 操作编码为一条消息，因此编码为 Upsert 流的执行效率会更高。在上述案例中，编码为 Retract 流共产生了 7 条消息，而编码为 Upsert 流只产生了 5 条消息。

8.3.5　Table API 和 SQL API 与 DataStream API 集成

在开发一个 Flink 流处理作业时，Table API、SQL API 和 DataStream API 这三类 API 是非常重要的。Flink 提供的 Table API 和 SQL API 可以帮助用户以极低的成本来实现一个 Flink 作业，同时 Flink 提供的 DataStream API 则将底层的时间、状态等核心功能提供给了用户，帮助用户实现复杂的个性化流处理作业。

为了结合这 3 种 API 的优点，Flink 提供了 Table API、SQL API 和 DataStream API 之间的集成能力，我们可以灵活使用这 3 种 API 来实现一个 Flink 作业。

举例来说，在电商发优惠券的场景下，如果某种优惠券某 1min 的发放总金额超过 1 万元时，就需要及时提示，帮助商家去控制预算。在实现这个场景的 Flink 作业时，虽然我们可以使用 SQL API 计算优惠券发放的总金额，但是 SQL API 无法实现提示的能力。我们可以将 SQL 查询的结果（即 Table 对象）转换为 DataStream，然后使用 DataStream API 来自定义提示的处理逻辑。最终的实现如代码清单 8-20 所示。

代码清单 8-20　SQL API 与 DataStream API 集成

```
StreamExecutionEnvironment env = StreamExecutionEnvironment.createLocalEnviron
    mentWithWebUI(ParameterTool.fromArgs(args).getConfiguration());
StreamTableEnvironment tEnv = StreamTableEnvironment.create(env);

// 提交 SQL API 作业并执行
tEnv.executeSql("CREATE TABLE source_table (\n"
        + "    id STRING,\n"                          // 优惠券 id
        + "    money BIGINT,\n"                        // 优惠券金额
        + "    row_time AS cast(CURRENT_TIMESTAMP as timestamp_LTZ(3)),\n"
        + "    WATERMARK FOR row_time AS row_time - INTERVAL '5' SECOND\n"
        + ") WITH (\n"
        + "    'connector' = 'datagen',\n"
        + "    'rows-per-second' = '1',\n"
        + "    'fields.money.min' = '1',\n"
        + "    'fields.money.max' = '1000000'\n"
        + ")");

Table table = tEnv.sqlQuery(
        "SELECT id,\n"
        + "    UNIX_TIMESTAMP(CAST(TUMBLE_START(row_time, INTERVAL '1' MINUTE)
                AS STRING)" +
                ") as time_window,\n"
        + "    sum(money) as sum_money\n"            // 每 1min 的优惠券发放总金额
        + "FROM source_table\n"
        + "GROUP BY id, TUMBLE(row_time, INTERVAL '1' MINUTE)");

tEnv.toChangelogStream(table)
        .process(new ProcessFunction<Row, Row>() {
            @Override
            public void processElement(Row value, ProcessFunction<Row, Row>.
                Context ctx, Collector<Row> out) throws Exception {
                String id = String.valueOf(value.getField("id"));
```

```
        long sumMoney = Long.parseLong(String.valueOf(value.getField
            ("sum_money")));
        long timeWindow = Long.parseLong(String.valueOf(value.getField
            ("time_window")));
        if (sumMoney > 10000L) {
            System.out.println("优惠券 [" + id + "] 在 [" + timeWindow + "]
                这 1min " +"的优惠券发放金额超过了 1 万");
        }
    }
});
env.execute();
```

如代码清单 8-20 所示，StreamTableEnvironment 支持 Table API 和 SQL API 与 DataStream API 的集成，TableEnvironment 并不支持。而 Table API、SQL API 和 DataStream API 之间的转换也很简单，我们将 SQL 查询得到的 Table 对象作为 StreamTableEnvironment 的 toChangelogStream() 方法的入参，就可以得到 DataStream<Row> 的返回值，在获取 DataStream<Row> 之后，我们就可以使用 DataStream 的 process() 方法对结果数据流进行判断，从而实现提示的逻辑。

动态表可以编码为 Append-only 流、Retract 流和 Upsert 流，而 Table API 和 SQL API 中的 Table 对象与 DataStream API 的 DataStream 对象之间的转换就是动态表到数据流的转换。Flink 的 StreamTableEnvironment 提供了 6 种方法来实现表和数据流之间的转换。

1. Table fromChangelogStream(DataStream<Row> dataStream)

该方法用于将数据类型为 Row（对应 Flink 的 org.apache.flink.types.Row 实现类）的 DataStream 对象转换为 Table 对象。如果 DataStream 的 StreamRecord 数据中保存了事件时间戳，那么转换为 Table 对象后，事件时间戳将会被丢弃。同时，当 DataStream 对象转换为 Table 对象后，Watermark 不会在 DataStream API 和 Table API 之间的算子间传输。如代码清单 8-21 所示是该方法的使用案例。

代码清单 8-21　将 DataStream 转换为 Table 并执行 SQL 查询

```
StreamExecutionEnvironment env = StreamExecutionEnvironment.createLocalEnviron
    mentWithWebUI(ParameterTool.fromArgs(args).getConfiguration());
StreamTableEnvironment tEnv = StreamTableEnvironment.create(env);
// 第一步，创建 Retract 流
DataStream<Row> dataStream =
        env.fromElements(
                Row.ofKind(RowKind.INSERT, "商品 1", 12),
                Row.ofKind(RowKind.INSERT, "商品 2", 7),
                Row.ofKind(RowKind.UPDATE_BEFORE, "商品 1", 12),
                Row.ofKind(RowKind.UPDATE_AFTER, "商品 1", 66));
// 第二步，将 Retract 流转换为表，转换后的表包含 f0 和 f1 两个字段
Table table = tEnv.fromChangelogStream(dataStream);
// 第三步，注册名为 source_table 的表
tEnv.createTemporaryView("source_table", table);
// 第四步，执行 SQL 查询并打印结果
tEnv
    .executeSql("SELECT f0 AS pId, SUM(f1) AS `all` FROM source_table GROUP BY f0")
    .print();
```

代码清单 8-21 运行得到的结果如下，该结果是 TableResult 的 print() 方法打印得到的。需要注意的是，TableResult 的 print() 方法会先将结果数据编码为 Retract 流，然后打印到控制台中。

```
+I[pId= 商品 1, all=12]
+I[pId= 商品 2, all=7]
-D[pId= 商品 1, all=12]
+I[pId= 商品 1, all=66]
```

2. Table fromChangelogStream(DataStream<Row> dataStream, Schema schema)

该方法用于将数据类型为 Row 的 DataStream 对象转换为 Table 对象，入参 Schema 允许我们使用 DataStream 为 Table 扩展一些新字段，在 Table fromChangelogStream(DataStream<Row> dataStream) 方法中，经过转换，入参 DataStream<Row> 的事件时间戳、Watermark 等信息都会被丢弃，我们可以通过 Schema 为转换得到的表重新指定时间属性、Watermark 生成策略、主键等信息。如代码清单 8-22 所示是该方法的使用案例。

代码清单 8-22　将 DataStream 转换为 Table 并执行 SQL 查询

```
// 第一步，创建 Append 流
DataStream<Row> dataStream =
        env.fromElements(
                Row.ofKind(RowKind.INSERT, " 商品 1", 12, 1641052141000L),
                Row.ofKind(RowKind.INSERT, " 商品 2", 7, 1641052142000L),
                Row.ofKind(RowKind.INSERT, " 商品 1", 66, 1641052143000L));
// 第二步，将 Append 流转换为表，表中包含 f1、f1 和 f2 共 3 个字段，此外，我们通过 Schema 指定了
// 时间戳列并分配了 Watermark
Table table = tEnv.fromChangelogStream(dataStream
        , Schema.newBuilder()
                .columnByExpression("row_time", "cast(CURRENT_TIMESTAMP as
                    timestamp_LTZ(3))")
                .watermark("row_time", "row_time - INTERVAL '5' SECOND")
                .build()
);
// 第三步，注册名为 source_table 的表
tEnv.createTemporaryView("source_table", table);
// 第四步，执行 SQL 查询并打印结果
tEnv
        .executeSql("SELECT f0 as pId,\n"
                + "     UNIX_TIMESTAMP(CAST(TUMBLE_START(row_time, INTERVAL '1'
                    MINUTE) AS STRING)" +
                ") as time_window,\n"
                + "     sum(f1) as `all`\n"
                + "FROM source_table\n"
                + "GROUP BY f0, TUMBLE(row_time, INTERVAL '1' MINUTE)")
        .print();
```

代码清单 8-22 运行得到的结果如下。

```
+I[pId= 商品 1, time_window=1680694500, all=78]
+I[pId= 商品 2, time_window=1680694500, all=7]
```

3. Table fromChangelogStream(DataStream<Row> dataStream, Schema schema, ChangelogMode changelogMode)

该方法用于将数据类型为 Row 的 DataStream 对象转换为 Table 对象，入参 ChangelogMode 允许我们指定转换得到的表对应的更新日志流的类型。通常情况下，ChangelogMode 有 3 种常用类型，如代码清单 8-23 所示。这 3 种常用的类型分别对应了 3 种数据流编码方式，其中 INSERT_ONLY、UPSERT 和 ALL 分别代表 Append-only 流、Upsert 流和 Retract 流。

代码清单 8-23 ChangelogMode 的 3 种常用类型

```
public final class ChangelogMode {
    // 代表 Append-only 流, Append-only 流只包含 INSERT 消息
    private static final ChangelogMode INSERT_ONLY =
            ChangelogMode
                    .newBuilder()
                    .addContainedKind(RowKind.INSERT)
                    .build();
    // 代表 Upsert 流, UPSERT 流不包含 UPDATE_BEFORE 消息
    private static final ChangelogMode UPSERT =
            ChangelogMode
                    .newBuilder()
                    .addContainedKind(RowKind.INSERT)
                    .addContainedKind(RowKind.UPDATE_AFTER)
                    .addContainedKind(RowKind.DELETE)
                    .build();
    // 代表 Retract 流, Retract 流包含所有类型的消息
    private static final ChangelogMode ALL =
            ChangelogMode
                    .newBuilder()
                    .addContainedKind(RowKind.INSERT)
                    .addContainedKind(RowKind.UPDATE_BEFORE)
                    .addContainedKind(RowKind.UPDATE_AFTER)
                    .addContainedKind(RowKind.DELETE)
                    .build();
    ...
}
```

如代码清单 8-23 所示，我们可以看到 ChangelogMode 是由 RowKind 来定义的。一个表中数据的更新过程是由更新日志流来维护的，其中 RowKind 用于标记当前这条数据属于更新日志流中的哪个数据类型。SQL API、Table API 中算子之间传输的数据为 RowData，RowData 中包含了 RowKind 字段。如代码清单 8-24 所示，RowKind 有 INSERT、UPDATE_BEFORE、UPDATE_AFTER 和 DELETE 共 4 个枚举值，分别代表插入数据、更新之前的数据、更新之后的数据和删除数据。值得一提的是，Table API 和 SQL API 打印的结果通常都会有前缀，而这个前缀就来自 RowKind。

代码清单 8-24 RowKind 枚举值的定义

```
public enum RowKind {
    INSERT("+I", (byte) 0),
```

```
    UPDATE_BEFORE("-U", (byte) 1),
    UPDATE_AFTER("+U", (byte) 2),
    DELETE("-D", (byte) 3);
    ...
}
```

如代码清单 8-25 所示是该方法的使用案例。

代码清单 8-25　将 DataStream 转换为 Table 并执行 SQL 查询

```
// 第一步，创建 Upsert 流
DataStream<Row> dataStream =
        env.fromElements(
                Row.ofKind(RowKind.INSERT, " 商品 1", 12),
                Row.ofKind(RowKind.INSERT, " 商品 2", 7),
                Row.ofKind(RowKind.UPDATE_AFTER, " 商品 1", 66));
// 第二步，将 Upsert 流转换为表 (包含 f0 和 f1 两列)，并通过 Schema 指定时间戳列以及分配 Watermark
Table table = tEnv.fromChangelogStream(dataStream
        , Schema.newBuilder()
                .primaryKey("f0")
                .build()
        , ChangelogMode.upsert()
);
// 第三步，注册名为 source_table 的表
tEnv.createTemporaryView("source_table", table);
// 第四步，执行 SQL 查询并打印结果
tEnv
        .executeSql("SELECT f0 AS pId, SUM(f1) AS `all` FROM source_table GROUP BY f0")
        .print();
```

代码清单 8-25 的代码运行得到的结果如下。

```
+I[pId= 商品 1, all=12]
+I[pId= 商品 2, all=7]
-D[pId= 商品 1, all=12]
+I[pId= 商品 1, all=66]
```

4. DataStream<Row> toChangelogStream(Table table)

该方法的作用和 Table fromChangelogStream(DataStream<Row> dataStream) 恰好相反，该方法会将 Table 对象转换为数据类型为 Row 的 DataStream 对象。注意，如果入参 Table 包含事件时间列，那么转换为 DataStream 后，数据的事件时间将会保存在 StreamRecord 的 timestamp 字段中。同时，Watermark 也会在 Table API 和 DataStream API 的算子间正常传播。如代码清单 8-26 所示是该方法的使用案例。

代码清单 8-26　将 Table 转换为 DataStream

```
StreamExecutionEnvironment env = StreamExecutionEnvironment.createLocalEnviron
    mentWithWebUI(ParameterTool.fromArgs(args).getConfiguration());
StreamTableEnvironment tEnv = StreamTableEnvironment.create(env);
// 第一步，创建表并执行查询
Table table = tEnv
```

```
            .fromValues(
                    Expressions.row(" 商品 1", 12)
                    , Expressions.row(" 商品 2", 7)
                    , Expressions.row(" 商品 1", 66))
            .as("pId", "income")
            .groupBy(Expressions.$("pId"))
            .select(Expressions.$("pId"), Expressions.$("income").sum());
// 第二步，将动态表转换为数据流并打印
tEnv
            .toChangelogStream(table)
            .print();
env.execute();
```

注意，将 Table 转换为 DataStream 后，我们需要调用 StreamExecutionEnvironment 的 execute() 方法才能提交作业并运行。

代码清单 8-26 的运行结果如下。

```
+I[pId= 商品 1, all=12]
+I[pId= 商品 2, all=7]
-D[pId= 商品 1, all=12]
+I[pId= 商品 1, all=78]
```

5. DataStream<Row> toChangelogStream(Table table, Schema schema)

该方法的作用和 Table fromChangelogStream(DataStream<Row> dataStream, Schema schema) 方法相反。通过入参 Schema，我们可以将 Table 中数据的事件时间作为一个元数据的列写出，从而将 Table 中数据的事件时间保留下来。如代码清单 8-27 所示是该方法的使用案例。

代码清单 8-27　将 Table 转换为 DataStream

```
String sourceDDL = "CREATE TABLE source_table ("
        + "  pId STRING,"
        + "  income INT,"
        + "  event_time AS cast(CURRENT_TIMESTAMP as timestamp_LTZ(3)),\n"
        + "  WATERMARK FOR event_time AS event_time - INTERVAL '5' SECOND\n"
        + ")"
        + "WITH ('connector'='datagen')";
// 第一步，创建表数据源表
tEnv.executeSql(sourceDDL);
// 第二步，将动态表转换为数据流并打印
DataStream<Row> dataStream = tEnv.toChangelogStream(
        tEnv.from("source_table"),
        Schema.newBuilder()
                .column("pId", "STRING")
                .column("income", "INT")
                // 设置名为 rowtime 的元数据列，将数据的事件时间保留下来
                .columnByMetadata("rowtime", "TIMESTAMP_LTZ(3)")
                .build());
// 第三步，转换为数据流后依然能够获取事件时间
dataStream.process(
        new ProcessFunction<Row, Void>() {
            @Override
```

```
public void processElement(Row row, Context ctx, Collector<Void> out) {
    // 打印 Table 中数据的事件时间戳
    System.out.println(ctx.timestamp());
    }
});
env.execute();
```

6. DataStream<Row>toChangelogStream(Table table, Schema schema, ChangelogMode changelogMode)

该方法的作用正好和 Table fromChangelogStream(DataStream<Row> dataStream, Schema schema, ChangelogMode changelogMode) 方法相反。入参 ChangelogMode 允许将表按照指定的更新模式转换为数据类型为 Row 的 DataStream。如代码清单 8-28 所示是该方法的使用案例。

代码清单 8-28　将 Table 转换为 DataStream

```
// 第一步，创建表并执行查询
Table table = tEnv
        .fromValues(
                Expressions.row(" 商品 1", 12)
                , Expressions.row(" 商品 2", 7)
                , Expressions.row(" 商品 1", 66))
        .as("pId", "income")
        .groupBy(Expressions.$("pId"))
        .select(Expressions.$("pId"), Expressions.$("income").sum());
// 第二步，将动态表转换为数据流并打印
tEnv
        .toChangelogStream(table, table.getSchema().toSchema(), ChangelogMode.upsert())
        .print();
env.execute();
```

代码清单 8-28 的运行结果如下，Flink 将动态表中的数据编码为 Upsert 流了。

```
+I[pId= 商品 1, all=12]
+I[pId= 商品 2, all=7]
+U[pId= 商品 1, all=78]
```

8.4　本章小结

在 8.1 节中，我们使用 Table API 和 SQL API 实现了一个 Flink 作业，使用 Table API 和 SQL API 实现流处理作业非常容易，并且两者的使用方法非常相似。

在 8.2 节中，我们学习了 Table API 和 SQL API 中的核心 API，分别是 TableEnvironment 和 Table。TableEnvironment 是 Table API 和 SQL API 的上下文环境，提供了元数据管理以及 SQL 查询和执行的功能。Table 是 Table API 和 SQL API 中的表，所有 SQL 查询和执行都是基于表的操作。

在 8.3 节中，我们学习了通过 SQL 实现流处理的两项核心技术，分别是动态表和连续查询。

Flink SQL API 语法

在学习了 Flink Table API 和 SQL API 的使用方法后，本章我们学习 Flink SQL API 的语法。

9.1 SQL 数据类型

传统数据库中表的字段有各种各样的数据类型，Flink SQL API 也为表中的字段提供了很多数据类型。在 Flink SQL API 中，表中字段的数据类型可以分为以下 3 种。

❑ 原子数据类型
❑ 复合数据类型
❑ 用户自定义数据类型

本节逐一介绍这 3 种数据类型。

9.1.1 原子数据类型

表中字段的原子数据类型可以分为以下 8 种。

1. 字符串

❑ CHAR、CHAR(n)：定长字符串。n 用于指定字符串的长度，取值范围为 [1, 2147483647]。注意，如果不指定 n，则默认字符串长度为 1。

❑ VARCHAR、VARCHAR(n)、STRING：可变长字符串。和 Java 中的 string 类型的功能一样，n 用于指定字符串的最大长度，取值范围为 [1, 2147483647]。注意，如果不指定 n，则默认为 1，STRING 等价于 VARCHAR(2147483647)。

2. 二进制字符串

❑ BINARY、BINARY(n)：定长二进制字符串。n 用于指定二进制字符串的长度，取值范围

为 [1, 2147483647]。注意，如果不指定 n，则默认为 1。

❑ VARBINARY、VARBINARY(n)、BYTES：可变长二进制字符串，n 用于指定二进制字符串的最大长度，取值范围为 [1, 2147483647]。注意，如果不指定 n，则默认为 1，BYTES 等价于 VARBINARY(2147483647)。

3. 精确数值

❑ DECIMAL、DECIMAL(p)、DECIMAL(p, s)、DEC、DEC(p)、DEC(p, s)、NUMERIC、NUMERIC(p)、NUMERIC(p, s)：固定长度和精度的数值类型，功能和 Java 中的 BigDecimal 类型一样，p 代表数值位数（长度），取值范围为 [1, 38]，s 代表小数点后的位数（精度），取值范围为 [0, p]。注意，如果不指定 p 和 s，则 p 默认为 10，s 默认为 0。

❑ TINYINT：取值范围为 [−128, 127] 的有符号整数，大小为 1 字节，功能和 Java 中的 byte 类型一样。

❑ SMALLINT：取值范围为 [−32768, 32767] 的有符号整数，大小为 2 字节，功能和 Java 中的 short 类型一样。

❑ INT、INTEGER：取值范围为 [−2147483648, 2147483647] 的有符号整数，大小为 4 字节，功能和 Java 中的 int 类型一样。

❑ BIGINT：取值范围为 [−9223372036854775808, 9223372036854775807] 的有符号整数，大小为 8 字节，功能和 Java 中的 long 类型一样。

4. 精度有损的数值

❑ FLOAT：大小为 4 字节的单精度浮点数值，功能和 Java 中的 float 类型一样。

❑ DOUBLE、DOUBLE PRECISION：大小为 8 字节的双精度浮点数值，功能和 Java 中的 double 类型一样。

5. 布尔

布尔（BOOLEAN）类型的取值可以是 TRUE、FALSE 和 UNKNOWN。

6. 日期、时间

❑ DATE：格式为 yyyy-MM-dd 的日期类型，取值范围为 [0000-01-01, 9999-12-31]，该类型不包含时区信息。

❑ TIME、TIME(p)：格式为 HH:mm:ss.SSSSSSSSS 的时间类型，其中 HH 代表小时，mm 代表分钟，ss 代表秒，SSSSSSSSS 代表小数秒，小数秒的精度可以达到纳秒，取值范围为 [00:00:00.000000000, 23:59:59.99999999]。p 代表小数秒的位数，取值范围为 [0, 9]，如果不指定 p，则默认为 0。注意，该类型不包含时区信息。

❑ TIMESTAMP、TIMESTAMP(p)、TIMESTAMP WITHOUT TIME ZONE、TIMESTAMP(p) WITHOUT TIME ZONE：格式为 yyyy-MM-dd HH:mm:ss.SSSSSSSSS 的时间戳类型，取值范围为 [0000-01-01 00:00:00.000000000, 9999-12-31 23:59:59.999999999]。p 代表小数秒的位数，取值范围为 [0, 9]，如果不指定 p，则默认为 6。注意，该类型不包含时区信息。

❑ TIMESTAMP WITH TIME ZONE、TIMESTAMP(p) WITH TIME ZONE：和 TIMESTAMP 类型一样，都是时间戳类型，不同之处在于该类型包含时区信息，取值范围为 [0000-01-01

00:00:00.000000000 +14:59, 9999-12-31 23:59:59.999999999 −14:59]，其中 +14:59 和 −14:59 代表时区。p 代表小数秒的位数，取值范围为 [0, 9]，如果不指定 p，则默认为 6。

❑ TIMESTAMP_LTZ、TIMESTAMP_LTZ(p)：和 TIMESTAMP WITH TIME ZONE、TIMESTAMP(p) WITH TIME ZONE 类型一样，都是包含时区信息的时间戳类型。两者的区别在于 TIMESTAMP WITH TIME ZONE 的时区信息需要携带在数据中，举例来说，TIMESTAMP WITH TIME ZONE 的输入数据应该是 2022-01-01 00:00:00.000000000 +08:00 的格式，而 TIMESTAMP_LTZ 的时区信息不是携带在数据中的，是由 Flink 作业的全局配置决定的，我们可以通过 table.local-time-zone 参数来设置 SQL API 作业的时区信息，关于时区信息的配置方式将会在 9.6.3 节介绍。

❑ INTERVAL YEAR TO MONTH、INTERVAL DAY TO SECOND：INTERVAL 是时间区间类型，常用于给 TIMESTAMP、TIMESTAMP_LTZ 这两种时间类型添加偏移量。举例来说，如代码清单 9-1 所示，我们可以通过 INTERVAL 类型为 TIMESTAMP 类型添加偏移量。

代码清单 9-1　通过 INTERVAL 类型为 TIMESTAMP 类型添加偏移量

```
CREATE TABLE sink_table (
        result_interval_year TIMESTAMP(3),
        result_interval_month TIMESTAMP(3),
        result_interval_day TIMESTAMP(3),
        result_interval_hour TIMESTAMP(3),
        result_interval_minute TIMESTAMP(3),
        result_interval_second TIMESTAMP(3)
) WITH (
    'connector' = 'print'
);
INSERT INTO sink_table
SELECT
        f1 + INTERVAL '10' YEAR as result_interval_year      // 结果为 2032-01-01
                                                             // 00:01:16.500
        , f1 + INTERVAL '13' MONTH as result_interval_month  // 结果为 2023-02-01
                                                             // 00:01:16.500
        , f1 + INTERVAL '10' DAY as result_interval_day      // 结果为 2022-01-11
                                                             // 00:01:16.500
        , f1 + INTERVAL '10' HOUR as result_interval_hour    // 结果为 2022-01-01
                                                             // 10:01:16.500
        , f1 + INTERVAL '10' MINUTE as result_interval_minute // 结果为 2022-01-01
                                                             // 00:11:16.500
        , f1 + INTERVAL '3' SECOND as result_interval_second // 结果为 2022-01-01
                                                             // 00:01:19.500
// 北京时区的 1640966476500 时间为 2022-01-01 00:01:16.500
FROM (SELECT TO_TIMESTAMP_LTZ(1640966476500, 3) as f1)
```

7. RAW

RAW('class', 'snapshot') 类型支持任意类型数据，不过这个类型对于 Flink 来说是黑盒的，如果没有网络传输，那么上下游算子传输这种类型的数据时，会直接进行透传，只有在有网络传输时才会对该类型的数据进行序列化、反序列化操作。class 参数代表对应的 Java 类型，snapshot 参数代表网络传输时的序列化器。该类型的使用场景比较少。

8. NULL

不代表任何数据类型的空值。

9.1.2　复合数据类型

表中字段的复合数据类型可以分为以下 4 种。

1. 数组

ARRAY<t>、t ARRAY：数组类型。数组中可以保存的元素上限为 2 147 483 647 个，参数 t 代表数组内的数据类型。举例来说，表中的字段类型可以为 ARRAY<INT>、ARRAY<STRING>，等价于 INT ARRAY、STRING ARRAY。

2. MAP

MAP<kt, vt>：MAP 类型的功能和 Java 中的 Map 类型一样。举例来说，表中的字段类型可以为 Map<STRING, INT>、Map<BIGINT, STRING>。

3. 集合

MULTISET<t>、t MULTISET：该类型的功能和 Java 中的 list 类型一样，是用于保存元素的列表。举例来说，表中的字段类型可以为 MULTISET<INT>，等同于 INT MULTISET。

4. 对象

ROW<n0 t0, n1 t1, ···>、ROW<n0 t0 'd0', n1 t1 'd1', ···>、ROW(n0 t0, n1 t1, ···)、ROW(n0 t0 'd0', n1 t1 'd1', ···)：该类型的功能如同 Java 中的类。举例来说，表中的字段类型可以为 ROW(userId INT, gender STRING)，该类型中包含了一个 INT 类型的 userId 字段和 STRING 类型的 gender。

9.1.3　用户自定义数据类型

用户可以使用 Java 自定义数据类型，目前 SQL 的 CREATE TABLE 建表语句不支持将用户自定义数据类型定义为表中的字段，只支持作为用户自定义函数的输入输出参数。举例来说，我们先自定义一个名为 User 的 Java 类，然后将 User 作为用户自定义函数的输入输出参数，那么通过以下五步，我们就可以定义用户自定义数据类型并使用。

第一步，自定义数据类型 User。

如代码清单 9-2 所示，我们定义名为 User 的 Java 类。

代码清单 9-2　定义名为 User 的 Java 类

```
public class User {
    // 基础类型，Flink 会反射 User 来自动获取字段的数据类型，其中 age 字段的数据类型会被解析为 INT，
    // name 字段的数据类型会被解析为 STRING
    public int age;
    public String name;
    // 复杂类型，用户可以通过 @DataTypeHint("DECIMAL(10, 2)") 注解标注此字段的数据类型
    public @DataTypeHint("DECIMAL(10, 2)") BigDecimal totalBalance;
}
```

第二步，实现用户自定义函数，并在用户自定义函数中使用 User 类型。

如代码清单 9-3 所示，我们定义名为 UserScalarFunction 的用户自定义函数，并将 User 类型作为用户自定义函数的入参以及出参。

代码清单 9-3　定义名为 UserScalarFunction 的用户自定义函数

```java
public class UserScalarFunction extends ScalarFunction {
    // 将 Java 类 User 作为用户自定义函数的出参
    public User eval(long i) {
        if (i > 0 && i <= 5) {
            User u = new User();
            u.age = (int) i;
            u.name = "name1";
            u.totalBalance = new BigDecimal(1.1d);
            return u;
        } else {
            User u = new User();
            u.age = (int) i;
            u.name = "name2";
            u.totalBalance = new BigDecimal(2.2d);
            return u;
        }
    }
    // 将 Java 类 User 作为用户自定义函数的入参
    public String eval(User i) {
        if (i.age > 0 && i.age <= 5) {
            User u = new User();
            u.age = 1;
            u.name = "name1";
            u.totalBalance = new BigDecimal(1.1d);
            return u.name;
        } else {
            User u = new User();
            u.age = 2;
            u.name = "name2";
            u.totalBalance = new BigDecimal(2.2d);
            return u.name;
        }
    }
}
```

第三步，在 SQL 语句中使用用户自定义函数 UserScalarFunction。

如代码清单 9-4 所示，我们在 SQL 中使用定义好的用户自定义函数 UserScalarFunction。

代码清单 9-4　在 SQL 中使用定义好的用户自定义函数 UserScalarFunction

```sql
// 通过 CREATE FUNCTION 子句创建用户自定义函数
CREATE FUNCTION user_scalar_func AS 'flink.examples.sql.UserScalarFunction';
// 创建数据源表
CREATE TABLE source_table (
        user_id BIGINT COMMENT '用户 id'
) WITH (
        'connector' = 'kafka',
```

```
        ...
    );
    // 创建数据汇表
    CREATE TABLE sink_table (
            result_row_1 ROW<age INT, name STRING, totalBalance DECIMAL(10, 2)>,
            result_row_2 STRING
    ) WITH (
        'connector' = 'print'
    );
    // 执行 SQL
    INSERT INTO sink_table
    select
            // 执行用户自定义函数获取返回值 User
            user_scalar_func(user_id) as result_row_1,
            // 将 User 作为用户自定义函数的入参
            user_scalar_func(user_scalar_func(user_id)) as result_row_2
    from source_table;
```

运行结果如下。

```
    // 输入数据
    +I[userId=9]
    +I[userId=1]
    +I[userId=5]
    // 输出数据
    +I[+I[9, name2, 2.20], name2]
    +I[+I[1, name1, 1.10], name1]
    +I[+I[5, name1, 1.10], name1]
```

9.2　CREATE TABLE

CREATE TABLE 子句用于在当前目录下或指定的目录下创建表。如代码清单 9-5 所示为建表语句的骨架结构。

代码清单 9-5　建表语句的骨架结构

```
CREATE TABLE [IF NOT EXISTS] [catalog_name.][db_name.]table_name
    (
        // 用于定义表中的物理列、元数据列、计算列
        { <physical_column_definition> | <metadata_column_definition> |
            <computed_column_definition> }[ , ...n]
        // 用于定义表中的 Watermark 生成策略
        [ <watermark_definition> ]
        // 用于定义表的约束信息
        [ <table_constraint> ][ , ...n]
    )
    [COMMENT table_comment]
    [PARTITIONED BY (partition_column_name1, partition_column_name2, ...)]
    // 用于定义表的配置信息
    WITH (key1=val1, key2=val2, ...)
    [ LIKE source_table [( <like_options> )] ]
```

在代码清单 9-5 的建表语句骨架结构中，常用的模块主要包含物理列、元数据列、计算列、Watermark 生成策略、WITH 子句和 LIKE 子句。

1. 物理列

物理列源于数据源中存储的数据的字段，通过物理列，我们可以定义字段的名称、类型和顺序。举例来说，有一个 Kafka Topic 数据源，Kafka Topic 中数据的序列化方式为 JSON，其中数据包含了 user_id 和 name 两个字段，类型分别为 BIGINT 和 STRING，那么我们就可以使用代码清单 9-6 的 CREATE TABLE 子句来读取 Kafka Topic 的数据，表中定义的 user_id 和 name 字段就是两个物理列。

代码清单 9-6　定义物理列

```
// Kafka Topic 中消息的序列化方式为 JSON
{"user_id":"123","name":" 张三 "}
// 建表语句
CREATE TABLE kafka_source_table (
    `user_id` BIGINT,
    `name` STRING
) WITH (
    'connector' = 'kafka',
    'format' = 'json',
    ...
)
```

2. 元数据列

元数据列是 SQL 标准的扩展，通过元数据列可以访问数据源本身具有的一些元数据，比如连接器或者序列化器中的元数据字段。举例来说，我们可以使用元数据列从 Kafka Topic 中读取数据自带的时间戳。注意，这个时间戳不是数据中的某个时间戳字段，而是数据写入 Kafka Topic 时，Kafka 引擎给这条数据打上的时间戳标记。我们可以使用代码清单 9-7 的 CREATE TABLE 子句定义元数据列并读取 Kafka Topic 中数据自带的时间戳。

代码清单 9-7　定义元数据列

```
// 方法 1: 在表中定义元数据列，元数据的名称为 timestamp，我们可以将元数据列重命名为 kafka_time
CREATE TABLE source_table (
    `productId` STRING,
    `income` BIGINT,
    // 读取 Kafka 数据自带的时间戳
    `kafka_time` TIMESTAMP_LTZ(3) METADATA FROM 'timestamp'
) WITH (
    'connector' = 'kafka'
    ...
)
// 方法 2: 定义的元数据列的名称和连接器、序列化器中支持的元数据字段名称相同时，可以省略 FROM 子句
CREATE TABLE MyTable (
    `productId` STRING,
    `income` BIGINT,
    // 读取 Kafka 数据自带的时间戳
    `timestamp` TIMESTAMP_LTZ(3) METADATA
) WITH (
```

```
    'connector' = 'kafka'
    ...
)
// 方法 3：如果定义的元数据列的数据类型和连接器、序列化器中支持的元数据字段的数据类型不一致，
// 作业在运行时会进行数据类型的强制转换，前提是两种数据类型是可以强制转换的
CREATE TABLE source_table (
    `productId` STRING,
    `income` BIGINT,
    // 将时间戳强制转换为 BIGINT 类型
    `timestamp` BIGINT METADATA
) WITH (
    'connector' = 'kafka'
    ...
)
// 元数据列可用于后续数据的处理，或者写入目标表
INSERT INTO sink_table
SELECT
        productId
        , income
        , kafka_time + INTERVAL '1' SECOND
FROM source_table
```

注意，不同的连接器和序列化器提供了不同的元数据字段，我们可以查阅 Flink 官网的相关信息来确认每种连接器和序列化器支持的元数据字段。

默认情况下，Flink 引擎认为元数据列既可以读取也可以写入，实际上取决于连接器和序列化器是否支持读取和写入。如果某个元数据列不能写入，我们可以使用 VIRTUAL 关键字来标识这个元数据列无法写入外部存储引擎，如代码清单 9-8 所示。

代码清单 9-8　元数据列的 VIRTUAL 关键字

```
CREATE TABLE source_table (
    // Kafka 连接器的时间戳的元数据列既能读取也能写入
    `timestamp` BIGINT METADATA,
    // Kafka 连接器的偏移量的元数据列只能读取不能写入
    `offset` BIGINT METADATA VIRTUAL,
    `productId` STRING,
    `income` BIGINT,
) WITH (
    'connector' = 'kafka'
    ...
)
// 当 source_table 作为数据源表时，Schema 如下
source_table(`timestamp` BIGINT, `offset` BIGINT, `productId` STRING, `income` BIGINT)
// 当 source_table 作为数据汇表时，Schema 如下
source_table(`timestamp` BIGINT, `productId` STRING, `income` BIGINT)
```

注意，将数据写入 source_table 时，一定不能写入 offset 列，否则 Flink 作业会直接报错。

3. 计算列

计算列是在建表时用已有的物理列或者元数据列经过自定义的运算生成的新列。计算列不

以物理形式存储到数据源中，而是经过计算得到的。举例来说，如代码清单 9-9 所示，我们通过 unitPrice（单价）和 quantity（销量）两列计算得到了一个计算列 income（销售额）。

代码清单 9-9　定义计算列

```
CREATE TABLE MyTable (
    `productId` STRING,
    `unitPrice` BIGINT,
    `quantity` BIGINT,
    // 定义计算列 income, 计算逻辑为 unitPrice * quantity
    `income` AS unitPrice * quantity,
) WITH (
    'connector' = 'kafka'
    ...
)
```

读者可能会有疑问，计算列代表的只是一段计算逻辑，而我们在 SQL 查询的 SELECT 子句中也可以去编写这段计算逻辑，为什么一定要在建表语句中通过计算列来定义计算逻辑呢？

没错，如果只是简单的四则运算，直接在 SQL 查询的 SELECT 子句中定义就可以。然而计算列的场景通常不是进行简单的四则运算，而是用于定义时间属性列。在 SQL 作业中，时间属性只能在建表语句中定义，不能在查询语句中定义，只有定义了时间属性列之后，才能基于时间属性列来执行时间窗口计算。注意，计算列只能读不能写。

如代码清单 9-10 所示，是使用计算列定义处理时间语义的时间属性列以及执行处理时间窗口计算的方式。

代码清单 9-10　使用计算列定义处理时间语义的时间属性列以及执行处理时间窗口计算的方式

```
// 在数据源表中定义使用 PROCTIME() 方法来定义时间属性列
CREATE TABLE source_table (
        user_id BIGINT,
        // 使用 PROCTIME() 方法来定义处理时间的时间属性列
        proctime AS PROCTIME()
) WITH (
    'connector' = 'kafka',
    ...
)
// 创建数据汇表
CREATE TABLE sink_table (
        window_start TIMESTAMP(3),
        count_distinct_id BIGINT
) WITH (
    'connector' = 'print'
);
// 大小为 1min 的处理时间滚动窗口
INSERT INTO sink_table
SELECT
        TUMBLE_START(proctime, INTERVAL '1' MINUTE) AS window_start,
        COUNT(distinct user_id) AS count_distinct_id
FROM source_table
GROUP BY TUMBLE(proctime, INTERVAL '1' MINUTE)
```

如代码清单 9-11 所示，是使用计算列定义事件时间语义的时间属性列以及执行事件时间窗口计算的方式。

代码清单 9-11 使用计算列定义事件时间语义的时间属性列以及执行事件时间窗口计算的方式

```
// 在数据源表中定义事件时间的时间属性列以及 Watermark 生成策略
CREATE TABLE source_table (
        user_id BIGINT,
        event_time BIGINT,
        // 通过 event_time 来定义事件时间的时间属性列 row_time，时间属性列的数据类型为
        // TIMESTAMP_LTZ(3)
        row_time AS TO_TIMESTAMP_LTZ(event_time, 3),
        // 通过时间属性列 row_time 定义最大乱序时间为 5s 的 Watermark 生成策略
        WATERMARK FOR row_time AS row_time - INTERVAL '5' SECOND
) WITH (
    'connector' = 'kafka',
    ...
);
// 创建数据汇表
CREATE TABLE sink_table (
        window_start timestamp(3),
        count_distinct_id BIGINT
) WITH (
    'connector' = 'print'
);
// 大小为 1min 的事件时间滚动窗口
INSERT INTO sink_table
SELECT
        TUMBLE_START(row_time, INTERVAL '1' MINUTE) AS window_start,
        COUNT(distinct user_id) AS count_distinct_id
FROM source_table
GROUP BY TUMBLE(row_time, INTERVAL '1' MINUTE)
```

4. Watermark 生成策略

无论 SQL API 还是 DataStream API，关于 Watermark 的含义、使用方式、传输策略都完全相同。在 DataStream API 中，只要在事件时间语义的时间窗口操作之前定义 Watermark 生成策略，就可以驱动事件时间窗口执行计算，在 SQL API 中就没有这么灵活了。在 SQL API 中，由于我们无法在 SQL 查询语句中定义 Watermark 生成策略，因此 Watermark 生成策略只能在 CREATE TABLE 子句中定义，这也符合 Watermark 生成策略的建议：在数据源分配 Watermark。

在 CREATE TABLE 子句中，Watermark 生成策略的语法为 WATERMARK FOR rowtime_column_name AS watermark_strategy_expression。rowtime_column_name 和 watermark_strategy_expression 的定义分别如下。

（1）rowtime_column_name 用于定义表的事件时间属性列，该列必须是 TIMESTAMP(3) 或者 TIMESTAMP_LTZ(3) 类型，这个事件时间属性列可以是一个计算列。

（2）watermark_strategy_expression 用于定义 Watermark 生成策略。

数据源中的数据通常存在乱序，Flink 的 DataStream API 分别为以下两种场景预置了对应的

Watermark 生成器。

- ❏ 数据有界无序：DataStream API 提供了 BoundedOutOfOrdernessWatermarks，代表固定延迟的 Watermark 生成器，用于数据流存在一定乱序情况的场景。
- ❏ 数据完全有序：DataStream API 提供了 AscendingTimestampsWatermarks，代表事件时间单调递增的 Watermark 生成器，用于数据流完全有序的场景。

类似地，Flink SQL API 也针对上述两种场景预置了以下 Watermark 生成策略。

- ❏ 数据有界无序：针对数据有界无序的场景，Flink SQL API 提供了 WATERMARK FOR rowtime_column AS rowtime_column−INTERVAL 'string' timeUnit 语句。举例来说，WATERMARK FOR rowtime_column AS rowtime_column−INTERVAL '5' SECOND 代表最大乱序时间为 5s 的 Watermark 生成器。
- ❏ 数据完全有序：针对数据完全有序的场景，Flink SQL API 提供了两种定义方法。一种是 WATERMARK FOR rowtime_column AS rowtime_column，该定义要求数据源的事件时间戳是严格递增的。严格递增代表 Flink 作业事件时间戳只会越来越大，只要当前数据的时间戳等于或者小于最大时间戳，就认为数据迟到了。另一种是 WATERMARK FOR rowtime_column AS rowtime_column−INTERVAL '0.001' SECOND，该定义并不要求数据源的时间戳严格递增，只有当前数据的时间戳小于最大时间戳时才会认为数据迟到了。

5. CREATE TABLE 中的 WITH 子句

CREATE TABLE 中的 WITH 子句用于在建表时定义存储引擎的元数据信息。举例来说，我们有一个名为 product_order 的商品销售订单的 Kafka Topic，Kafka Topic 中数据的序列化方式为 JSON，其中包含 productId 和 income 字段，字段类型分别为 STRING 和 BIGINT，那么我们就可以通过代码清单 9-12 中的 WITH 子句定义 Kafka Topic 的元数据信息。

代码清单 9-12　通过 WITH 子句定义 Kafka Topic 的元数据信息

```
CREATE TABLE source_table (
    `productId` STRING,
    `income` BIGINT,
    `ts` TIMESTAMP(3) METADATA FROM 'timestamp'
) WITH (
    'connector' = 'kafka',                          // 连接器为 Kafka
    'topic' = 'product_order',                      // Kafka Topic 名为 product_order
    'properties.bootstrap.servers' = 'localhost:9092', // Kafka Topic 的服务器地址
                                                       // 为 localhost:9092
    'properties.group.id' = 'flink-job-group',      // 消费 Kafka Topic 应用的 group id
                                                       // 为 flink-job-group
    'scan.startup.mode' = 'earliest-offset',        // 从 Kafka Topic 最早的偏移量处开始消费
    'format' = 'json' // 通过 JSON 序列化器对 Kafka Topic 中的消息进行序列化
)
```

如代码清单 9-12 所示，WITH 子句中声明了以下 6 项配置，其中前 5 项是连接器配置，最后一项是序列化器配置。

- ❏ 'connector'='kafka'：声明外部存储引擎是 Kafka，Flink SQL API 作业在运行时，会加载

Kafka Connector 来读取 Kafka Topic 中的数据。

- ❑ 'topic'='product_order'：声明 SQL 作业要读取或者写入的 Kafka Topic 名称为 product_order。在运行 Flink SQL API 作业时，Source 算子会读取名为 product_order 的 Kafka Topic。
- ❑ 'properties.bootstrap.servers'='localhost:9092'：声明 Kafka Topic 的服务器地址为 localhost:9092。在运行 Flink SQL API 作业时，Source 算子会通过这个服务器地址连接 Kafka Topic。
- ❑ 'properties.group.id'='flink-job-group'：声明 Flink SQL API 作业的 Source 算子会使用名为 flink-job-group 的 group id 去消费这个 Kafka Topic。group id 用于标识消费这个 Kafka Topic 的应用。
- ❑ 'scan.startup.mode'='earliest-offset'：声明 Flink SQL API 作业的 Source 算子从最早的偏移量处开始消费这个 Kafka Topic。
- ❑ 'format'='json'：声明 Flink SQL API 作业读取或者写入 Kafka Topic 的数据时，会使用 JSON 序列化器进行序列化或者反序列化。

注意，WITH 子句中的配置项都是由连接器和序列化器定义的，每种连接器和序列化器的元数据信息不同。

6. LIKE 子句

LIKE 子句是对于建表语句的扩展，我们可以使用 LIKE 子句基于已有表去创建新的表，也可以新增、删除或改写原有表中的属性。举例来说，如代码清单 9-13 所示，我们可以给原始的连接器表新增 Watermark 生成策略，并将数据的序列化器由 JSON 改写为 CSV。

代码清单 9-13　通过 LIKE 子句新增 Watermark 生成策略并改写序列化器

```
// 原始表
CREATE TABLE source_table (
    `productId` STRING,
    `income` BIGINT,
    `ts` TIMESTAMP(3) METADATA FROM 'timestamp'
) WITH (
    'connector' = 'kafka',        // 连接器为 Kafka
    'format' = 'json',            // 序列化器为 JSON
    ...
)
// 通过 LIKE 子句定义新表
CREATE TABLE source_table_with_watermark (
        // 定义最大乱序时间为 5s 的 Watermark 生成策略
        WATERMARK FOR ts AS ts - INTERVAL '5' SECOND
) WITH (
        // 将原表 source_table 的序列化器从 JSON 修改为 CSV
        'format' = 'csv'
)
// source_table_with_watermark 表等价于下列语句
CREATE TABLE source_table_with_watermark (
        `productId` STRING,
        `income` BIGINT,
        `ts` TIMESTAMP(3) METADATA FROM 'timestamp',
        WATERMARK FOR ts AS ts - INTERVAL '5' SECOND
```

```
) WITH (
        'connector' = 'kafka',    // 连接器为 Kafka
        'format' = 'csv',
        ...
)
```

9.3 WITH

1. 功能及应用场景

WITH 子句通常用在篇幅很长的 SQL 语句中，使用它可以让 SQL 语句的逻辑更加清晰，和 Hive SQL 中的 WITH 子句的功能相同。WITH 子句就是一个临时视图，不过这个视图和 8.2.2 节中介绍的视图不同，它只能用于一个 SQL 查询，而 8.2.2 节中的视图可以用于多个 SQL 查询。

2. 代码案例

如代码清单 9-14 所示，我们可以通过 WITH 子句创建多个临时视图，并在 SQL 查询中使用这些临时视图。

代码清单 9-14　WITH 子句

```
INSERT INTO sink_table
WITH tmp_table as (
    SELECT productId, sum(income) as bucket_all
    FROM source_table
    GROUP BY productId, mod(userId, 1000)
), tmp_table2 as (
    SELECT productId, sum(bucket_all) as `all`
    FROM tmp_table
    WHERE productId = '商品 1'
    GROUP BY productId
), tmp_table3 as (
    SELECT productId, sum(bucket_all) as `all`
    FROM tmp_table
    WHERE productId = '商品 2'
    GROUP BY productId
)
SELECT *
FROM tmp_table2
UNION ALL
SELECT *
FROM tmp_table3
```

当下游的多个 SQL 查询使用这个临时视图时，不会共享这个视图的结果，而是每一个 SQL 重复执行一遍临时视图的计算逻辑。其中 tmp_table2 和 tmp_table3 同时使用了 tmp_table，这两个查询会分别执行一遍 tmp_table 的查询逻辑。

如代码清单 9-15 所示，第一条 SQL 语句等价于第二条 SQL 语句。

代码清单 9-15 WITH 子句

```
// 使用 WITH 子句
INSERT INTO sink_table
WITH tmp_table as (
    SELECT productId, sum(income) as bucket_all
    FROM source_table
    GROUP BY productId, mod(userId, 1000)
)
SELECT productId, sum(bucket_all) as `all`
FROM tmp_table GROUP BY productId
// 不使用 WITH 子句
INSERT INTO sink_table
SELECT productId, sum(bucket_all) as `all`
FROM (
    SELECT productId, sum(income) as bucket_all
    FROM source_table GROUP BY productId, mod(userId, 1000)
) GROUP BY productId
```

9.4 SELECT 和 WHERE

1. 功能及应用场景

SELECT 和 WHERE 子句常用作过滤以及字段清洗标准化，和 Hive SQL 中的 SELECT 和 WHERE 子句的功能相同，也和 DataStream API 中的 Filter 操作和 Map 操作的功能相同。

2. 代码案例

如代码清单 9-16 所示，我们通过 SELECT 和 WHERE 子句从商品销售订单表 source_table 中筛选出商品 1 和商品 2 的数据。

代码清单 9-16 SELECT 和 WHERE 子句

```
INSERT INTO sink_table
SELECT productId, unitPrice * quantity as income FROM source_table WHERE
    productId in ('商品 1', '商品 2')
```

作业运行后，结果如下。

```
// 输入数据
+I[productId= 商品 1, unitPrice=3, quantity=2]
+I[productId= 商品 3, unitPrice=3, quantity=10]
+I[productId= 商品 2, unitPrice=3, quantity=6]
// 输出结果
+I[productId= 商品 1, income=6]
+I[productId= 商品 2, income=18]
```

3. Flink 作业的语义

理解 Flink 作业的语义的过程分为两步。第一步，绘制逻辑数据流图。第二步，理解 Flink 作业中每个算子处理数据的机制。

我们以代码清单 9-16 中的第一条 SQL 查询为例，理解其对应的 Flink 作业的语义。

第一步，绘制逻辑数据流图。如图 9-1 所示是代码清单 9-16 的逻辑数据流图，图中截取了作业运行后 Flink Web UI 中的逻辑数据流图。

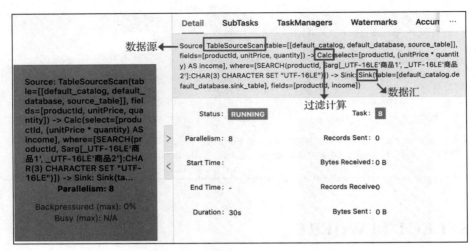

图 9-1　Flink 作业的逻辑数据流图

第二步，理解 Flink 作业中每个算子处理数据的机制。这个作业的逻辑数据流图中包含以下 3 个算子。

❏ TableSourceScan：该算子用于从数据源存储引擎中读取数据，对应代码清单 9-16 中 SQL 语句中的 From source_table。该算子在运行时会连接到 Kafka Topic，从 Kafka Topic 中读取数据并发送给下游的 Calc 算子。

❏ Calc：该算子用于执行过滤以及计算操作，对应代码清单 9-16 中 SQL 语句中的 WHERE productId in (' 商品 1', ' 商品 2') 以及 SELECT productId, unitPrice * quantity as income。该算子在运行时会消费 TableSourceScan 发送的每一条数据，将 productId 为商品 1 和商品 2 的数据过滤出来，经过计算得到 productId 和 income 字段后，发送给下游的 Sink 算子。

❏ Sink：该算子用于将数据写入数据汇存储引擎，对应代码清单 9-16 中 SQL 语句中的 INSERT INTO sink_table。该算子在运行时会连接数据汇存储引擎，将 Calc 算子发送的数据一一写入数据汇存储引擎。

从图 9-1 可以看出，查看 Flink SQL API 作业执行逻辑最好的方法就是查看其 Flink Web UI 的逻辑数据流图。逻辑数据流图中详细标记了每一个算子的上下游关系、执行逻辑等信息。建议读者学会使用 Flink Web UI，这是掌握作业调优的关键技巧。

值得一提的是，Flink SQL API 作业最终会被翻译为一个 DataStream API 作业去执行，那么上述的 TableSourceScan、Calc 和 Sink 算子被翻译为哪些算子呢？

在 Flink DataStream API 中可以先在 StreamExecutionEnvironment 的 execute() 方法上标记断点，然后通过查看 StreamExecutionEnvironment 中名为 transformations 的变量来查看这个 Flink 作

业的逻辑数据流对应的算子、用户自定义函数、算子并行度和最大并行度等信息。

而 Flink SQL API 作业也可以通过类似的方法去定位，我们可以在 TableEnvironmentImpl 的 executeInternal(List<Transformation<?>> transformations, List<String> sinkIdentifierNames) 方法中标记断点，该方法的入参 transformations 就是已经被解析完成的 Transformation。通过 Transformation 我们就可以查看到该 Flink SQL API 作业的逻辑数据流对应的算子、用户自定义函数、算子并行度和最大并行度等信息了。

通过 Debug，我们可以知道 TableSourceScan、Calc 和 Sink 算子对应的 Transformation 和算子如下。

❑ TableSourceScan：对应的 Transformation 为 LegacySourceTransformation，LegacySourceTransformation 的 operatorFactory 中的 operator 字段的实例为 StreamSource。

❑ Calc：对应的 Transformation 为 OneInputTransformation，代表当前 Transformation 只有一个输入，OneInputTransformation 的 operatorFactory 中的 generatedClass 的实例为 GeneratedOperator，代表当前过滤和计算逻辑是 Flink 通过代码生成技术生成的。在 GeneratedOperator 中包含了 className、code 字段，分别代表生成的类的名称以及生成的代码，我们可以通过 code 字段来查看具体的处理逻辑和计算逻辑。值得一提的是，在 Flink SQL API 作业中，很多 SQL 处理逻辑在转换为 DataStream API 的处理逻辑时使用了代码生成技术，在学习 Flink SQL API 时，掌握程序的 Debug 功能对于理解 Flink SQL API 的底层原理是非常重要的。

❑ Sink：对应的 Transformation 为 LegacySinkTransformation，LegacySinkTransformation 的 operatorFactory 中的 operator 字段的实例为 SinkOperator。

 提示 在 Hive SQL 这种批处理作业中，Hive 表通常会按照时间划分分区，并且会定时调度 Hive SQL 批处理作业。而在 Flink SQL 流处理作业中，由于数据流是无界的，加工的逻辑也是实时的，因此通常不存在分区的概念。

9.5 SELECT DISTINCT

1. 功能及应用场景

SELECT DISTINCT 子句会按照 key 对数据去重，和 Hive SQL 中的 SELECT DISTINCT 子句的功能相同。

2. 代码案例

如代码清单 9-17 所示，我们从商品销售订单数据源 source_table 中计算有过销售记录的订单的商品 id。

代码清单 9-17　SELECT DISTINCT 子句

```
INSERT into sink_table
SELECT DISTINCT productId FROM source_table
```

作业运行后，结果如下。

```
// 输入数据
+I[productId= 商品 1, unitPrice=3, quantity=2]
+I[productId= 商品 2, unitPrice=3, quantity=10]
+I[productId= 商品 2, unitPrice=3, quantity=6]
// 输出结果
+I[productId= 商品 1]
+I[productId= 商品 2]
```

3. Flink 作业的语义

我们来分析一下代码清单 9-17 中 SQL 查询对应的 Flink 作业的语义。

第一步，绘制逻辑数据流图，如图 9-2 所示。

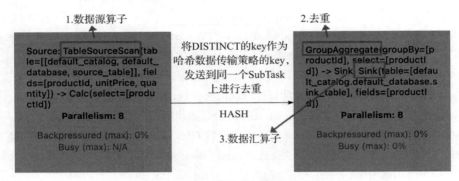

图 9-2　Flink 作业的逻辑数据流图

第二步，理解 Flink 作业中每个算子处理数据的机制。这个作业的逻辑数据流图中包含了 3 个算子，其中 TableSourceScan 和 Sink 算子不再赘述，我们主要分析 GroupAggregate 算子。

GroupAggregate 算子用于进行分组和聚合计算。代码清单 9-17 的 SQL 语句的计算逻辑可以等价于代码清单 9-18 的 GROUP BY 子句。

代码清单 9-18　GROUP BY 子句

```
INSERT INTO sink_table
SELECT productId FROM source_table GROUP BY productId
```

我们看一看 GroupAggregate 算子的功能。GroupAggregate 算子底层使用的是 KeyedProcess-Operator，在 KeyedProcessOperator 中执行计算的函数为 GroupAggFunction，它继承自 Keyed-ProcessFunction。在 GroupAggFunction 中，会为每一个分区键维护一个 ValueState <GenericRow-Data>，ValueState<GenericRowData> 中的 GenericRowData 用于保存聚合计算的结果，如代码清单 9-19 所示为 GenericRowData 的定义。

代码清单 9-19　GenericRowData 的定义

```
public final class GenericRowData implements RowData {
    private final Object[] fields;
```

```
    private RowKind kind;
    ...
}
```

在 GenericRowData 中，Object[] fields 用于保存聚合计算的结果，SQL 语句中的每一个聚合计算的结果都会占用 Object[] 数组中的一位，如代码清单 9-20 所示，如果 SQL 查询的聚合计算的结果为 1 个，那么 Object[] fields 的大小就为 1，如果 SQL 查询的聚合计算的结果有 2 个，那么 Object[] fields 的大小就为 2。

代码清单 9-20　SQL 查询对应的聚合计算的结果

```
// 案例 1：SQL 查询的聚合计算的结果为 1 个，那么就会初始化 GenericRowData(1)，其中 Object[]
// fields 的 Object[0] 用于存储 income 字段的结果
INSERT INTO sink_table
SELECT productId, SUM(unitPrice * quantity) as `income`
FROM source_table
GROUP BY productId
// 案例 2：SQL 查询的聚合计算的结果为 2 个，那么就会初始化 GenericRowData(2)，其中 Object[]
// fields 的 Object[0] 用于存储 income 字段的结果，Object[1] 用于存储 num 字段的结果
INSERT INTO sink_table
SELECT productId, SUM(unitPrice * quantity) as `income`, SUM(quantity) as `num`
FROM source_table
GROUP BY productId
```

在代码清单 9-18 的聚合计算逻辑中，并没有添加任何聚合计算的结果，只获取了 productId，于是会初始化 GenericRowData(0)，聚合计算的结果为 Object[0]。

接下来我们看 GroupAggFunction 是如何实现去重效果的。

GroupAggFunction 在处理每一条数据时，都会对旧的聚合计算的结果和处理完当前这一条数据之后新的聚合计算的结果进行比较，如果两者相同，就不需要发送新的聚合计算的结果了，只有两者不同的时候，才需要发送新的聚合计算的结果。由于 SELECT DISTINCT 子句生成的聚合计算的结果为 Object[0]，因此当第一条数据到达 GroupAggFunction 时，旧的聚合计算的结果为 null，新的聚合计算的结果为 Object[0]，这说明这条数据是当前分区键下的第一条数据，于是输出结果。当相同分区键下的第二条数据到达 GroupAggFunction 时，旧的聚合计算的结果为 Object[0]，新的聚合计算的结果依然为 Object[0]，两者相同，那么就不会发送结果了，从而实现了去重效果。

需要注意的是，由于该作业会为每一个分区键都维护一个 ValueState，因此该作业会随着分区键变多而出现作业状态线性增大的问题。为了防止状态无限变大，我们可以使用键值状态保留时长功能，我们将在第 11 章介绍在 Flink SQL API 作业中设置键值状态保留时长的方法。不过需要注意，设置了键值状态保留时长后，可能会影响查询结果的正确性，比如某个分区键的键值状态过期了，从状态中删除了，那么下次再有相同分区键的数据就会导致重新输出一遍结果。

9.6　时间窗口聚合

Flink SQL API 支持时间窗口聚合计算，并且支持下面 4 种类型的时间窗口计算。

❏ 滚动窗口（Tumble Window）

❏ 滑动窗口（Sliding Window）

❏ 会话窗口（Session Window）

❏ 累计窗口（Cumulate Window）

针对时间窗口计算，Flink 支持下面两种 SQL 语法。

❏ 窗口表值函数：窗口表值函数从 Flink 1.13 开始支持，窗口表值函数只支持滚动窗口、滑动窗口和累计窗口，不支持会话窗口，在 Flink 后续的版本中会支持会话窗口。窗口表值函数相比于分组窗口聚合来说，拥有更好的性能，支持窗口 Join 操作，支持 GROUPING SETS 子句，支持窗口上的 TopN 计算，并且便于流批统一，因此推荐使用窗口表值函数。

❏ 分组窗口聚合函数：分组窗口聚合函数支持滚动窗口、滑动窗口和会话窗口，不支持累计窗口。需要注意，分组窗口聚合函数已被废弃，Flink 官方推荐使用窗口表值函数。

无论窗口表值函数还是分组窗口聚合函数，在执行时间窗口聚合计算时，只支持 Append-only 流的处理，无法处理 Retract 流和 Upsert 流。也就是说，只能处理 RowKind 为 INSERT 的数据。

9.6.1 窗口表值函数

窗口表值函数是一种函数，用于根据窗口对表中的数据进行划分。它可以在 FROM 子句中进行定义，并且仅支持滚动窗口、滑动窗口和累计窗口，不支持会话窗口。应用窗口表值函数后，将生成一个新表，该表比原表多 3 列，分别为 window_start、window_end 和 window_time。这 3 列的含义为当前这条数据所在窗口的开始时间戳、窗口结束时间戳和窗口最大时间戳，这 3 列的数据类型为 TIMESTAMP(3)，有了这 3 列，我们就可以对新表进行时间窗口聚合计算了。

注意，只有 window_time 字段可以作为外层时间窗口计算的时间属性列，window_start 和 window_end 不能。此外，如果我们想将 window_start、window_end 或者 window_time 的 TIMESTAMP(3) 类型转换为 Unix 时间戳类型，可以使用 UNIX_TIMESTAMP(CAST(window_start AS STRING)) 语句来转换秒级时间戳。

1. 滚动窗口

滚动窗口表值函数的语法为 TUMBLE(TABLE table_name, DESCRIPTOR(time_attr), size [, offset])，其中 table_name 参数是表名，time_attr 参数是时间属性列，时间属性列可以为处理时间或事件时间的时间属性列，size 参数用于定义窗口大小，offset 参数用于定义窗口的偏移量，offset 参数是可选参数。

我们以统计每种商品每 1min 的累计销售额为例，介绍滚动窗口表值的使用方法。数据源为商品销售订单，包含 productId、userId、income 和 eventTime 字段，分别代表商品 id、用户 id、商品销售额和商品销售额时间戳。我们分别以事件时间语义和处理时间语义来实现这个需求。最终的实现如代码清单 9-21 所示。

代码清单 9-21　滚动窗口表值函数案例

```
CREATE TABLE source_table (
```

```
            productId STRING,
            income BIGINT,
            userId BIGINT,
            eventTime BIGINT, //毫秒级别的 Unix 时间戳
            //定义事件时间属性列，在本地 IDE 测试时可以使用下面的语句来生成合理的 rowTime 字段：
            //rowTime AS cast(CURRENT_TIMESTAMP as timestamp_LTZ(3))
            rowTime AS TO_TIMESTAMP_LTZ(eventTime, 3),
            //定义 Watermark 生成策略
            WATERMARK FOR rowTime AS rowTime - INTERVAL '5' SECOND,
            //定义处理时间属性列
            proctime as PROCTIME()
) WITH (
    'connector' = 'datagen'
);

//1.事件时间滚动窗口
WITH tmp as ( //第一层窗口按照 userId 取模，实现分桶计算，避免数据倾斜
        SELECT productId, SUM(income) as `bucketAll`, window_time as rtime
        FROM TABLE(TUMBLE(TABLE source_table
            , DESCRIPTOR(rowTime), INTERVAL '1' MINUTES))
        GROUP BY window_start, window_end, window_time
            , productId, mod(userId, 100)
)
//第二层窗口用于合桶计算
SELECT productId, SUM(bucketAll) as `all`, window_start
FROM TABLE(TUMBLE(TABLE tmp
    , DESCRIPTOR(rtime), INTERVAL '1' MINUTES))
GROUP BY window_start, window_end, window_time, productId

//2.处理时间滚动窗口
WITH tmp as (
        SELECT productId, SUM(income) as `bucketAll`, window_start
        FROM TABLE(TUMBLE(TABLE source_table
            , DESCRIPTOR(proctime), INTERVAL '1' MINUTES))
        GROUP BY window_start, window_end, window_time
            , productId, mod(userId, 100)
)
//合桶计算不能使用滚动窗口，需要使用 GROUP BY 子句，从而正确地将分桶后窗口的计算结果求和
SELECT productId, SUM(bucketAll) as `all`, window_start
FROM tmp
GROUP BY window_start, productId
```

2. 滑动窗口

滑动窗口表值函数的语法为 HOP(TABLE table_name, DESCRIPTOR(time_attr), slide, size [, offset])，其中 table_name 参数是表名，time_attr 参数是时间属性列，时间属性列可以是处理时间或事件时间的时间属性列，slide 参数用于定义窗口的滑动步长，size 参数用于定义滑动窗口大小，offset 参数用于定义窗口的偏移量。

我们以统计电商网站同时在线用户数为例来介绍滑动窗口表值函数的使用方法。同时在线用户数的计算口径定义为每 1min 计算一次过去 2min 内的在线用户数。输入数据为用户使用网站时

的心跳日志，包含 userId、timestamp 字段，分别代表用户 id、用户心跳日志上报时间戳，用户的心跳日志每 1min 上报一次。我们分别以事件时间语义和处理时间语义来实现这个需求。最终的实现如代码清单 9-22 所示。

代码清单 9-22　滑动窗口表值函数案例

```
CREATE TABLE source_table (
        userId BIGINT,
        eventTime BIGINT,
        // 在本地 IDE 测试时可以使用下面的语句来生成合理的 rowTime 字段：rowTime AS
        // cast(CURRENT_TIMESTAMP as timestamp_LTZ(3))
        rowTime AS TO_TIMESTAMP_LTZ(eventTime, 3),
        WATERMARK FOR rowTime AS rowTime - INTERVAL '5' SECOND,
        proctime as PROCTIME()
) WITH (
    'connector' = 'datagen'
);

// 1. 事件时间滑动窗口
WITH tmp as ( // 第一层窗口按照 userId 取模，实现分桶计算，避免数据倾斜
        SELECT COUNT(DISTINCT userId) as `bucketOnlineUv`
            , window_time as rtime
        FROM TABLE(HOP(TABLE source_table, DESCRIPTOR(rowTime)
            , INTERVAL '1' MINUTES, INTERVAL '2' MINUTES))
        GROUP BY window_start, window_end, window_time, mod(userId, 100)
)
// 合桶计算需要使用滚动窗口，从而正确地将分桶后窗口的计算结果求和
SELECT SUM(bucketOnlineUv) as `onlineUv`, window_start
FROM TABLE(TUMBLE(TABLE tmp
        , DESCRIPTOR(rtime), INTERVAL '1' MINUTES))
GROUP BY window_start, window_end, window_time

// 2. 处理时间滑动窗口
WITH tmp as (
        SELECT COUNT(DISTINCT userId) as `bucketOnlineUv`
            , window_start
        FROM TABLE(HOP(TABLE source_table, DESCRIPTOR(proctime)
            , INTERVAL '1' MINUTES, INTERVAL '2' MINUTES))
        GROUP BY window_start, window_end, window_time, mod(userId, 100)
)
// 第二层窗口用于合桶计算，合桶计算不能使用滚动窗口，需要使用 GROUP BY 子句，从而正确地将分桶后
// 窗口的计算结果求和
SELECT SUM(bucketOnlineUv) as `onlineUv`, window_start
FROM tmp
GROUP BY window_start
```

3. 累计窗口

累计窗口对我们来说并不陌生，累计窗口可以理解为在窗口内以固定时间间隔提前触发的滚动窗口。

我们可以使用时间窗口大小为 1 天的滚动窗口来计算每种商品每天的累计销售额、销量以及

平均销售额。问题在于，滚动窗口算子在执行计算逻辑时，一整天只会在窗口中累计数据，只有到了每天的 0 点才会触发计算并输出结果，这会导致指标的实时性很差。

　　我们所期望的是在这 1 天中每隔 1min 都触发一次窗口的计算，每次触发得到的结果是当天 0 点到当前这 1min 的累计销售额、销量以及平均销售额。在这个案例中，窗口大小还是 1 天，只不过我们希望从 1 天触发一次计算改为 1 天中每 1min 都触发一次计算，累计窗口就可以帮助我们实现这样的需求。

　　如图 9-3 所示，累计窗口首先会定义窗口大小，然后根据用户设置的触发时间间隔将这个滚动窗口拆分为多个窗口，这些窗口具有相同的起点和不同的终点。

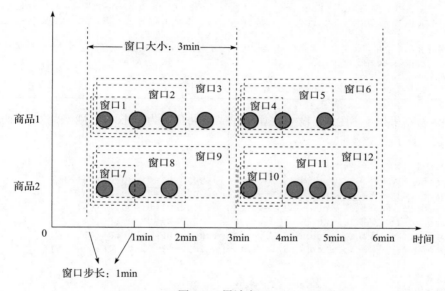

图 9-3　累计窗口

　　累计窗口表值函数的定义方式为 CUMULATE(TABLE table_name, DESCRIPTOR(time_attr), step, size)，其中 table_name 参数是表名，time_attr 参数是时间属性列，时间属性列可以是处理时间或事件时间的时间属性列，step 参数用于定义窗口的滑动步长，size 参数用于定义窗口大小。

　　我们以统计每种商品每天的累计销售额为例来说明累计窗口表值函数的使用方法，要求每隔 1min 输出每种商品当日累计的销售额。数据源为商品销售订单，包含 productId、userId、income 和 eventTime 字段，分别代表商品 id、用户 id、商品销售额和商品销售时间戳。我们分别以事件时间语义和处理时间语义来实现这个需求，最终的实现如代码清单 9-23 所示。

代码清单 9-23　累计窗口表值函数案例

```
//1.事件时间累计窗口
WITH tmp as ( //第一层窗口按照 userId 取模，实现分桶计算，避免数据倾斜
    SELECT productId, SUM(income) as `bucketAll`, window_time as rtime
    FROM TABLE(CUMULATE(TABLE source_table
        , DESCRIPTOR(rowTime), INTERVAL '1' MINUTES, INTERVAL '1' DAY))
```

```
    GROUP BY window_start, window_end, window_time, productId, mod(userId, 100)
)
// 第二层窗口用于合桶计算，合桶计算需要使用滚动窗口，从而正确地将 1min 内分桶后窗口的计算结果求和
SELECT productId, SUM(bucketAll) as `all`, window_start as windowStart
FROM TABLE(TUMBLE(TABLE tmp
    , DESCRIPTOR(rtime), INTERVAL '1' MINUTES))
GROUP BY window_start, window_end, window_time, productId, mod(userId, 100)

// 2. 处理时间累计窗口
WITH tmp as (
    SELECT productId, SUM(income) as `bucketAll`, window_start
    FROM TABLE(CUMULATE(TABLE source_table
        , DESCRIPTOR(proctime), INTERVAL '1' MINUTES, INTERVAL '1' DAY))
    GROUP BY window_start, window_end, window_time, productId, mod(userId, 100)
)
// 合桶计算不能使用滚动窗口，需要使用 GROUP BY 子句，从而正确地将分桶后窗口的计算结果求和
SELECT productId, SUM(bucketAll) as `all`, window_start as windowStart
FROM tmp
GROUP BY window_start, productId
```

作业运行结果如下。注意，输入数据的 eventTime 原本为 Unix 时间戳（单位为 ms），此处为了方便阅读进行了格式化。

```
// 输入数据
+I[productId= 商品 1, income=1, eventTime=2022-01-01 00:01:03]
+I[productId= 商品 2, income=2, eventTime=2022-01-01 00:02:04]
+I[productId= 商品 2, income=2, eventTime=2022-01-01 00:02:04]
+I[productId= 商品 1, income=4, eventTime=2022-01-01 00:02:04]
+I[productId= 商品 1, income=5, eventTime=2022-01-01 00:03:05]
+I[productId= 商品 1, income=6, eventTime=2022-01-01 00:04:05]
...
// 输出结果
+I[productId= 商品 1, all=1, windowStart=2022-01-01 00:01:00]
+I[productId= 商品 2, all=4, windowStart=2022-01-01 00:02:00]
+I[productId= 商品 1, all=5, windowStart=2022-01-01 00:02:00]
+I[productId= 商品 2, all=4, windowStart=2022-01-01 00:03:00]
+I[productId= 商品 1, all=10, windowStart=2022-01-01 00:03:00]
...
```

如图 9-4 所示是依据运行结果绘制的折线图，每种商品每 1min 的输出结果都是当天 00:00 累计至当前的结果。

值得一提的是，在上述案例的输出结果中，商品 2 的数据在 2022-01-01 00:03:00 这 1min 内没有输入数据，但是也输出了数据。这是因为在累计窗口中，只要窗口中收到一条数据，即使后续没有数据到来，每一个小窗口的结果数据也会随着 Watermark 的推进

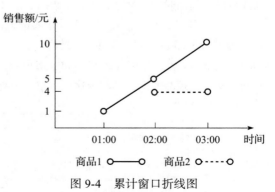

图 9-4　累计窗口折线图

而输出，这一点和滚动窗口以及滑动窗口是不同的。

此外，Flink DataStream API 提供了 ContinuousProcessingTimeTrigger.of(Time interval) 和 Continuous-EventTimeTrigger.of(Time interval) 两个触发器，这两个触发器也可以实现累计窗口的功能。我们在 5.2.7 节自定义了一个窗口触发器，也可以实现累计窗口的功能，感兴趣的读者可以回顾 5.2.7 节的内容。

4. GROUPING SETS、ROLLUP 和 CUBE 子句

在生产环境中，经常会有多个维度组合计算指标的场景。以统计每种商品每 1min 的累计购买用户数为例，数据源为商品订单销售日志，包含 productId、userId、age、gender 和 eventTime 字段，分别代表商品 id、用户 id、用户年龄、用户性别和订单销售时间戳，要求统计每种商品分维度的每 1min 的累计购买用户数，输出结果包含 productId、age、gender、uv 和 windowStart，分别代表商品 id、用户年龄、用户性别、每 1min 的累计购买用户数和每 1min 的窗口开始时间戳。通常情况下，我们的解决方案是实现每个维度组合的窗口聚合代码，然后使用 UNION ALL 子句得到结果，如代码清单 9-24 所示。

代码清单 9-24 统计每种商品分维度的每 1min 的累计购买用户数

```
// 计算每种商品每 1min 的累计购买用户数
SELECT productId, 'ALL' as age, 'ALL' as gender
    , COUNT(DISTINCT userId) as `uv`, window_start as windowStart
FROM TABLE(TUMBLE(TABLE source_table
    , DESCRIPTOR(rowTime), INTERVAL '1' MINUTES))
GROUP BY window_start, window_end, productId
UNION ALL
// 计算每种商品每 1min 的不同年龄的累计购买用户数
SELECT productId, age, 'ALL' as gender
    , COUNT(DISTINCT userId) as `uv`, window_start as windowStart
FROM TABLE(TUMBLE(TABLE source_table
    , DESCRIPTOR(rowTime), INTERVAL '1' MINUTES))
GROUP BY window_start, window_end, productId, age
UNION ALL
// 计算每种商品每 1min 的不同性别的累计购买用户数
SELECT productId, 'ALL' as age, gender
    , COUNT(DISTINCT userId) as `uv`, window_start as windowStart
FROM TABLE(TUMBLE(TABLE source_table
    , DESCRIPTOR(rowTime), INTERVAL '1' MINUTES))
GROUP BY window_start, window_end, productId, gender
UNION ALL
// 计算每种商品每 1min 的不同性别及年龄的累计购买用户数
SELECT productId, age, gender
    , COUNT(DISTINCT userId) as `uv`, window_start as windowStart
FROM TABLE(TUMBLE(TABLE source_table
    , DESCRIPTOR(rowTime), INTERVAL '1' MINUTES))
GROUP BY window_start, window_end, productId, age, gender
```

虽然使用 UNION ALL 子句将不同分组聚合计算的结果合并后，也可以得到正确的结果，但是会导致代码逻辑烦琐，而且同一个数据源的数据被多个不同维度的聚合窗口算子读取，性能也不佳。

Flink 提供了 GROUPING SETS、ROLL UP 和 CUBE 子句来帮助用户简化编码成本，同时优化作业的处理性能。如代码清单 9-25 所示，上述案例如果使用 GROUPING SETS 子句，只需要一个窗口聚合的代码片段就可以实现。

代码清单 9-25　GROUPING SETS 子句实现多维度的窗口聚合计算

```
SELECT productId
    , if (age IS NULL, 'ALL', age) as age
    , if (gender IS NULL, 'ALL', gender) as gender
    , COUNT(DISTINCT userId) as `uv`, window_start as windowStart
FROM TABLE(TUMBLE(TABLE source_table
    , DESCRIPTOR(rowTime), INTERVAL '1' MINUTES))
GROUP BY window_start, window_end, productId
    , GROUPING SETS(
        (              ), // 计算每种商品每 1min 的累计购买用户数
        (age           ), // 计算每种商品每 1min 的不同年龄的累计购买用户数
        (       gender), // 计算每种商品每 1min 的不同性别的累计购买用户数
        (age, gender)   // 计算每种商品每 1min 的不同性别及年龄的累计购买用户数
    )
```

如代码清单 9-25 所示，GROUPING SETS 子句前的 window_start、window_end 和 productId 代表公共的分组聚合参数。GROUPING SETS 子句后的第一个参数 () 代表按照 window_start、window_end 和 productId 分组进行窗口计算，计算结果中 age 和 gender 两个字段的值会被填充为默认值 NULL。GROUPING SETS 子句后的第二个参数 (age) 代表按照 window_start、window_end、productId 和 age 分组进行窗口计算，计算结果中 gender 字段的值会被填充为默认值 NULL。GROUPING SETS 子句后的第三个参数 (gender) 代表按照 window_start、window_end、productId 和 gender 分组进行窗口计算，计算结果中 age 字段的值会被填充为默认值 NULL。GROUPING SETS 子句后的第四个参数 (age, gender) 代表按照 window_start、window_end、productId、age 和 gender 分组进行窗口计算。

ROLLUP 和 CUBE 子句是 GROUPING SETS 的简化语法，如代码清单 9-26 所示是三者之间的等价关系。

代码清单 9-26　ROLLUP、CUBE 和 GROUPING SETS 之间的等价关系

```
//1.CUBE 分组
// 代码清单 9-25 中的 GROUPING SETS 分组等价于下面的 CUBE 分组
SELECT productId
    , if (age IS NULL, 'ALL', age) as age
    , if (gender IS NULL, 'ALL', gender) as gender
    , COUNT(DISTINCT userId) as `uv`, window_start as windowStart
FROM TABLE(TUMBLE(TABLE source_table
    , DESCRIPTOR(rowTime), INTERVAL '1' MINUTES))
GROUP BY window_start, window_end, productId, CUBE(age, gender)

//2.ROLLUP 分组
SELECT productId
    , if (age IS NULL, 'ALL', age) as age
```

```
    , if (gender IS NULL, 'ALL', gender) as gender
    , COUNT(DISTINCT userId) as `uv`, window_start as windowStart
FROM TABLE(TUMBLE(TABLE source_table
    , DESCRIPTOR(rowTime), INTERVAL '1' MINUTES))
GROUP BY window_start, window_end, productId, ROLLUP(age, gender)
// 上述 ROLLUP 分组等价于下面的 GROUPING SETS 分组
SELECT productId
    , if (age IS NULL, 'ALL', age) as age
    , if (gender is NULL, 'ALL', gender) as gender
    , COUNT(DISTINCT userId) as `uv`, window_start as windowStart
FROM TABLE(TUMBLE(TABLE source_table
    , DESCRIPTOR(rowTime), INTERVAL '1' MINUTES))
GROUP BY window_start, window_end, productId
    , GROUPING SETS(
        (              ),
        (age           ),
        (age, gender)
    )
```

注意，目前 GROUPING SETS、ROLLUP 和 CUBE 子句只支持在窗口表值函数中使用，不支持在分组窗口聚合函数中使用。

9.6.2　分组窗口聚合函数

分组窗口聚合函数是在 SQL 查询的 GROUP BY 子句中定义的，当 Flink 引擎识别到 GROUP BY 子句中使用了分组窗口聚合函数时，会将这段 SQL 逻辑转换为时间窗口算子并运行。

1. 滚动窗口

分组聚合窗口函数为滚动窗口提供了以下几个函数。

❑ TUMBLE(time_attr, interval)：该函数用在 GROUP BY 子句中，用于定义一个滚动时间窗口，参数 time_attr 为时间属性列，参数 interval 用于定义滚动窗口大小。

❑ TUMBLE_START(time_attr, interval) 和 TUMBLE_END(time_attr, interval)：这两个函数用在 SELECT 子句中，分别用于获取窗口的开始时间戳和结束时间戳，返回值类型为 TIMESTAMP(3)。以窗口 [2022-01-01 00:00:00, 2022-01-01 00:01:00) 为例，窗口的开始时间函数和结束时间函数的返回值分别为 2022-01-01 00:00:00 和 2022-01-01 00:01:00。

❑ TUMBLE_ROWTIME(time_attr, interval) 和 TUMBLE_PROCTIME(time_attr, interval)：这两个函数用在 SELECT 子句中，分别用于获取事件时间窗口和处理时间窗口的最大时间戳，返回值类型为 TIMESTAMP(3)，窗口最大时间戳等于窗口结束时间戳减去 1ms。以窗口 [2022-01-01 00:00:00, 2022-01-01 00:01:00) 为例，该函数的返回值为 2022-01-01 00:00:59.999，该函数的返回值可以作为外层时间窗口计算的时间属性列。

我们以统计每种商品每 1min 的累计销售额为例来介绍滚动分组窗口聚合函数的使用方法。数据源为商品销售订单，包含 productId、userId、income 和 eventTime 字段，分别代表商品 id、用户 id、商品销售额和商品销售时间戳。我们分别以事件时间语义和处理时间语义来实现这个需求。最终的实现如代码清单 9-27 所示，其中 source_table 源自代码清单 9-21。

代码清单 9-27　滚动分组窗口聚合函数案例

```
// 1.事件时间滚动窗口
WITH tmp as ( // 第一层窗口按照 userId 取模，实现分桶计算，避免数据倾斜
    SELECT productId, SUM(income) as bucketAll
        , TUMBLE_ROWTIME(rowTime, INTERVAL '1' MINUTE) as rtime
    FROM source_table
    GROUP BY productId
        , TUMBLE(rowTime, INTERVAL '1' MINUTE), mod(userId, 100)
)
// 第二层窗口用于合桶计算
SELECT productId, SUM(bucketAll) as `all`
    , TUMBLE_START(rtime, INTERVAL '1' MINUTE) as window_start
FROM tmp
GROUP BY productId, TUMBLE(rtime, INTERVAL '1' MINUTE)

// 2.处理时间滚动窗口
WITH tmp as (
    SELECT productId, SUM(income) as bucketAll
        , TUMBLE_START(proctime, INTERVAL '1' MINUTE) as window_start
    FROM source_table
    GROUP BY productId
        , TUMBLE(proctime, INTERVAL '1' MINUTE), mod(userId, 100)
)
// 合桶计算需要使用 GROUP BY 子句，从而正确地将分桶后窗口的计算结果求和
SELECT productId, SUM(bucketAll) as `all`, window_start
FROM tmp
GROUP BY productId, window_start
```

2. 滑动窗口

分组聚合窗口函数为滑动窗口提供了以下几个函数。

❑ HOP(time_attr, step, size)：该函数用在 GROUP BY 子句中，用于定义滑动时间窗口，参数 time_attr 为时间属性列，参数 step 用于定义滑动窗口的滑动步长，参数 size 用于定义滑动窗口大小。

❑ HOP_START(time_attr, step, size) 和 HOP_END(time_attr, step, size)：这两个函数用在 SELECT 子句中，分别用于获取窗口的开始时间戳和结束时间戳，返回值类型为 TIMESTAMP(3)。

❑ HOP_ROWTIME(time_attr, step, size) 和 HOP_PROCTIME(time_attr, step, size)：这两个函数用在 SELECT 子句中，分别用于获取事件时间窗口和处理时间窗口的最大时间戳，返回值类型为 TIMESTAMP(3)，该函数的返回值可以作为外层时间窗口计算的时间属性列。

我们以统计电商网站的同时在线用户数为例来介绍滑动分组窗口聚合函数的使用方法。同时在线用户数的计算口径定义为每 1min 计算一次过去 2min 内的在线用户数。输入数据为用户使用网站时的心跳日志，包含 userId、timestamp 字段，分别代表用户 id、用户心跳日志上报时间戳，用户的心跳日志每 1min 上报一次。我们分别以事件时间语义和处理时间语义来实现这个需求。最终的实现如代码清单 9-28 所示。

代码清单 9-28　滑动分组窗口聚合函数案例

```
CREATE TABLE source_table (
        userId BIGINT,
        eventTime BIGINT,
        // 在本地 IDE 测试时可以使用下面的语句来生成 rowTime 字段: rowTime AS cast(CURRENT_
        // TIMESTAMP as timestamp_LTZ(3))
        rowTime AS TO_TIMESTAMP_LTZ(eventTime, 3),
        WATERMARK FOR rowTime AS rowTime - INTERVAL '5' SECOND,
        proctime as PROCTIME()
) WITH (
    'connector' = 'datagen'
);

// 1. 事件时间滑动窗口
WITH tmp as ( // 第一层窗口按照 userId 取模, 实现分桶计算, 避免数据倾斜
        SELECT COUNT(DISTINCT userId) as `bucketOnlineUv`
            , HOP_ROWTIME(rowTime, INTERVAL '1' MINUTES
                , INTERVAL '2' MINUTES) as rtime
        FROM source_table
        GROUP BY mod(userId, 100)
            , HOP(rowTime, INTERVAL '1' MINUTES, INTERVAL '2' MINUTES)
)
// 合桶计算需要使用滚动窗口, 从而正确地将分桶后窗口的计算结果求和
SELECT SUM(bucketOnlineUv) as `onlineUv`
        , TUMBLE_START(rtime, INTERVAL '1' MINUTES) as window_start
FROM tmp
GROUP BY TUMBLE(rtime, INTERVAL '1' MINUTES)

// 2. 处理时间滑动窗口
WITH tmp as (
        SELECT COUNT(DISTINCT userId) as `bucketOnlineUv`
            , HOP_START(proctime, INTERVAL '1' MINUTES
                , INTERVAL '2' MINUTES) as window_start
        FROM source_table
        GROUP BY mod(userId, 100)
            , HOP(proctime, INTERVAL '1' MINUTES, INTERVAL '2' MINUTES)
)
// 第二层窗口用于合桶计算, 合桶计算需要使用 GROUP BY 子句, 从而正确地将分桶后窗口的计算结果求和
SELECT SUM(bucketOnlineUv) as `onlineUv`, window_start
FROM tmp
GROUP BY window_start
```

3. 会话窗口

分组聚合窗口函数为会话窗口提供了以下几个函数。

☐ SESSION(time_attr, gap)：该函数用在 GROUP BY 子句中，用于定义一个会话窗口，参数 time_attr 为时间属性列，参数 gap 用于定义会话窗口的会话间隔。

☐ SESSION_START(time_attr, gap) 和 SESSION_END(time_attr, gap)：这两个函数用在 SELECT 子句中，分别用于获取窗口的开始时间戳和结束时间戳，返回值类型为 TIMESTAMP(3)。

❏ SESSION_ROWTIME(time_attr, gap) 和 SESSION_PROCTIME(time_attr, gap)：这两个函数用在 SELECT 子句中，分别用于获取事件时间窗口和处理时间窗口的最大时间戳，返回值类型为 TIMESTAMP(3)。该函数的返回值可以作为外层时间窗口的时间属性列。

我们以统计用户使用电商 App 浏览商品的所有会话次数为例来介绍会话分组聚合窗口函数的使用方法。该案例中只要超过 5min 没有浏览行为就认为用户下线了，也就是这个用户的会话结束了，将会话次数加 1。输入数据为用户浏览商品日志，包含 userId、eventTime 字段，分别代表用户 id、用户浏览商品日志时的时间戳。用户每浏览一件商品就会上报一条日志，输出结果包含 viewCount、windowStart 字段，分别代表所有用户会话期间浏览商品总次数、本次会话的开始时间戳，最终的实现如代码清单 9-29 所示。

代码清单 9-29　会话分组聚合窗口函数案例

```
CREATE TABLE source_table (
        userId BIGINT,
        eventTime BIGINT, // 毫秒级别的 Unix 时间戳
        // 定义事件时间属性列，在本地 IDE 测试时可以使用下面的语句来生成 rowTime 字段：
        // rowTime AS cast(CURRENT_TIMESTAMP as timestamp_LTZ(3))
        rowTime AS TO_TIMESTAMP_LTZ(eventTime, 3),
        WATERMARK FOR rowTime AS rowTime - INTERVAL '5' SECOND,
        proctime as PROCTIME()
) WITH (
    'connector' = 'datagen'
);

// 1. 事件时间会话窗口
WITH tmp as ( // 第一层窗口计算 userId 粒度的会话次数，每一个用户一次会话会产生一条结果
        SELECT userId
            , SESSION_ROWTIME(rowTime, INTERVAL '5' MINUTES) as rtime
        FROM source_table
        GROUP BY userId, SESSION(rowTime, INTERVAL '5' MINUTES)
)
// 合桶计算需要使用滚动窗口，从而正确地将所有的会话结果相加
SELECT COUNT(1) as `viewCount`
        , TUMBLE_START(rtime, INTERVAL '1' MINUTES) as windowStart
FROM tmp
GROUP BY TUMBLE(rtime, INTERVAL '1' MINUTES)

// 2. 处理时间滑动窗口
WITH tmp as (
        SELECT userId
            , SESSION_START(rowTime, INTERVAL '5' MINUTES) as window_start
        FROM source_table
        GROUP BY userId
            , SESSION(rowTime, INTERVAL '5' MINUTES)
)
// 第二层窗口用于合桶计算，合桶计算需要使用 GROUP BY 子句，从而正确地将所有的会话结果相加
SELECT COUNT(1) as `viewCount`
        , CAST(UNIX_TIMESTAMP(CAST(window_start AS STRING)) as BIGINT) /
            60 as windowStart
```

```
FROM tmp GROUP BY
        CAST(UNIX_TIMESTAMP(CAST(window_start AS STRING)) as BIGINT) / 60
```

9.6.3　时间窗口聚合的时区问题

在 Flink 中，只要涉及时间窗口聚合计算，就避不开时区问题，本节介绍 Flink SQL API 为时区问题提供的解决方案。

Flink 提供了多种关于日期和时间的数据类型，其中 TIMESTAMP 是不带时区信息的时间戳，TIMESTAMP_LTZ 是带时区信息的时间戳，TIMESTAMP_LTZ 类型就可以用于解决时区问题。如代码清单 9-30 所示，是不同时区下查询 TIMESTAMP_LTZ 的返回结果。

代码清单 9-30　TIMESTAMP 案例

```
// 创建名为 source_table 的视图
CREATE VIEW source_table AS SELECT TO_TIMESTAMP_LTZ(1640995200000, 3);
// 在 SQL 客户端（SQL CLI）中将时区设置为 UTC 时区
SET 'table.local-time-zone' = 'UTC';
SELECT * FROM source_table;
// 结果如下
2022-01-01 00:00:00

// 在 SQL 客户端中将时区设置为上海时区（东八区）
SET 'table.local-time-zone' = 'Asia/Shanghai';
// 也可以通过 GMT+08:00 直接将时区设置为东八区
SET 'table.local-time-zone' = 'GMT+08:00';
SELECT * FROM source_table;
// 结果如下
2022-01-01 08:00:00
```

需要注意的是，SET 子句只能在 Flink 提供的 SQL 客户端（SQL CLI）中使用。我们在本地环境运行测试代码案例时，虽然数据处理逻辑是通过 SQL 语句实现的，但还是避免不了使用 Java 接口。而在 SQL 客户端中，我们可以使用纯 SQL 来启动 Flink 作业。值得一提的是，如果我们想在本地环境运行测试代码案例时去设置时区，可以使用代码清单 9-31 中的代码。

代码清单 9-31　通过 TableEnvironment 来设置时区

```
StreamExecutionEnvironment env = StreamExecutionEnvironment.createLocalEnviron
    mentWithWebUI(ParameterTool.fromArgs(args).getConfiguration());
StreamTableEnvironment tEnv = StreamTableEnvironment.create(env);
tEnv.getConfig()
    .getConfiguration()
    .setString("table.local-time-zone", "Asia/Shanghai");
```

TIMESTAMP_LTZ 数据类型不但可以用于事件时间语义下时间窗口计算的场景，也可以用于处理时间语义下时间窗口计算的场景。在处理时间语义中，PROCTIME() 函数返回值的数据类型为 TIMESTAMP_LTZ，只要我们通过 table.local-time-zone 正确设置了时区，处理时间语义下时间窗口计算也可以按照对应的时区去执行。

9.7　GROUP BY 分组聚合

1. 功能及应用场景

GROUP BY 子句用于对数据进行分组，功能和 DataStream API 中的 KeyBy 操作相同。将数据分组之后，就可以使用聚合函数来聚合数据结果，常见的聚合函数有 SUM、COUNT、MAX 和 MIN 等，这些聚合函数的功能和 DataStream API 中的 Reduce 操作相同。

2. 代码案例

案例：电商场景中统计每种商品每 1min 的累计销售额，输入数据源为商品订单销售日志，包含 productId、income、userId 和 eventTime 字段，分别代表商品 id、订单销售额、用户 id 和订单销售时间。输出结果包含 productId、all、windowStart 字段，分别代表商品 id、1min 的累计销售额和窗口的开始时间戳。最终使用 GROUP BY 子句和 SUM 函数的实现逻辑如代码清单 9-32 所示。

代码清单 9-32　使用 GROUP BY 子句和 SUM 函数统计每种商品每 1min 的累计销售额

```
INSERT INTO sink_table
SELECT productId, SUM(bucketAll) as `all`, windowStart
FROM ( // 第一层窗口按照 userId 取模，实现分桶计算，避免数据倾斜
    SELECT productId, SUM(income) as `bucketAll`,
        CAST(eventTime / 1000 / 60 AS bigint) * 1000 * 60 AS windowStart
    FROM source_table
    GROUP BY productId, mod(userId, 100),
        // 取当前这条数据所在的 1min
        CAST(eventTime / 1000 / 60 AS bigint)
)
GROUP BY productId, windowStart
```

上述 Flink 作业运行后，GROUP BY 分组产出的 Retract 流结果如下所示。注意，输入数据的 eventTime 原本为 Unix 时间戳（单位为 ms），此处为了方便阅读进行了格式化。

```
// 输入数据
(1) +I[productId= 商品 1, income=1, userId=1, eventTime=2022-01-01 00:01:03]
(2) +I[productId= 商品 1, income=2, userId=1, eventTime=2022-01-01 00:01:04]
(3) +I[productId= 商品 1, income=2, userId=2, eventTime=2022-01-01 00:01:05]
(4) +I[productId= 商品 1, income=4, userId=2, eventTime=2022-01-01 00:01:06]
// 输出结果
(1) +I[productId= 商品 1, all=1, windowStart=2022-01-01 00:01:00]
(2) -D[productId= 商品 1, all=1, windowStart=2022-01-01 00:01:00]
(3) +I[productId= 商品 1, all=3, windowStart=2022-01-01 00:01:00]
(4) -U[productId= 商品 1, all=3, windowStart=2022-01-01 00:01:00]
(5) +U[productId= 商品 1, all=5, windowStart=2022-01-01 00:01:00]
(6) -U[productId= 商品 1, all=5, windowStart=2022-01-01 00:01:00]
(7) +U[productId= 商品 1, all=3, windowStart=2022-01-01 00:01:00]
(8) -U[productId= 商品 1, all=3, windowStart=2022-01-01 00:01:00]
(9) +U[productId= 商品 1, all=9, windowStart=2022-01-01 00:01:00]
```

读者可能会疑惑，这个案例既可以使用时间窗口聚合来实现，也可以使用 GROUP BY 分组

聚合来实现，那么时间窗口聚合和 GROUP BY 分组聚合的区别是什么呢？

我们可以从本质区别和运行机制区别两方面来探讨。

❑ 本质区别：时间窗口聚合计算会将无界流转换为有界流进行计算，窗口触发计算并输出结果之后，有迟到的数据输入也不会对原有的结果产生影响。而 GROUP BY 分组聚合是在无界流上进行计算，只要收到数据，就会把上一次的输出结果撤回，把计算得到的新结果输出。

❑ 运行机制的区别：时间窗口聚合和时间绑定，窗口的触发是由时钟推进的。GROUP BY 分组聚合完全由数据推动触发计算，输入一条新数据就会根据这条新数据进行计算并输出新的结果。

值得一提的是，如果将上述问题转化为 DataStream API，就是 DataStream API 中的 KeyBy/Reduce 分组聚合操作和时间窗口聚合操作的区别。时间窗口聚合操作相比于分组聚合操作拥有以下 3 个优势。

❑ 可以按照批处理作业的方式去高效理解并开发一个 Flink 作业。

❑ 时间窗口的计算机制能为每一个窗口都计算出唯一确定的结果。

❑ 时间窗口的计算机制可以减轻数据汇存储引擎的压力。

3. Flink 作业的语义

从代码清单 9-32 中的 SQL 语句产出的结果可以发现，输入数据只有 4 条，而输出数据却有 9 条。下面我们来分析代码清单 9-32 中的 SQL 语句对应 Flink 作业的语义。

第一步，绘制逻辑数据流图，如图 9-5 所示。

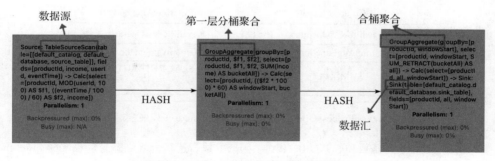

图 9-5　Flink 作业的逻辑数据流图

第二步，理解 Flink 作业中每个算子处理数据的机制。如图 9-5 所示，上述 SQL 语句的逻辑数据流图中包含 4 个算子，分别为 TableSourceScan 算子、内层 GroupAggregate 算子、外层 GroupAggregate 算子和 Sink 算子。关于 TableSourceScan 算子和 Sink 算子的功能不再赘述，我们着重分析内层的 GroupAggregate 算子和外层 GroupAggregate 算子的执行逻辑。

首先来分析内层 GroupAggregate 算子和外层 GroupAggregate 算子在执行时的差异。内层 GroupAggregate 算子的输入数据流为 Append-only 流，输出数据流为 Retract 流。而外层 GroupAggregate 算子的输入数据流为 Retract 流，输出数据流也为 Retract 流。如图 9-6 所示，内层

GroupAggregate 算子的 SUM 聚合函数名称为 SUM，这代表该算子的输入数据流为 Append-only 流，而外层 GroupAggregate 算子的 SUM 聚合函数名称为 SUM_RETRACT，这代表该算子的输入数据流为 Retract 流。

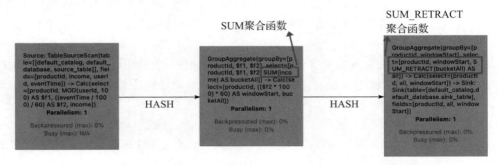

图 9-6　SUM 聚合函数和 SUM_RETRACT 聚合函数的逻辑数据流图

那么内外层 GroupAggregate 算子是如何实现既能调用 SUM 聚合函数执行计算，也能调用 SUM_RETRACT 聚合函数执行计算的呢？

GroupAggregate 算子在 Flink 引擎中的底层实现类为 KeyedProcessOperator。GroupAggreagte 算子对应的函数为 GroupAggFunction，而在 GroupAggFunction 中封装了聚合函数的整体处理流程，在执行时，GroupAggFunction 会调用 SUM 聚合函数或 SUM_RETRACT 聚合函数来处理数据，三者的嵌套关系如图 9-7 所示。

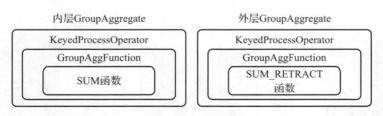

图 9-7　KeyedProcessOperator、GroupAggFunction 和聚合函数的关系

要想理清 SUM 聚合函数和 SUM_RETRACT 函数的执行逻辑，就要搞清楚 GroupAggFunction 的执行逻辑，GroupAggFunction 处理数据的流程如下。

第一步，GroupAggFunction 处理输入数据。

❑ GroupAggFunction 处理 RowKind 为 INSERT 和 UPDATE_AFTER 的输入数据：GroupAgg-Function 会使用聚合函数执行累计操作，无论 SUM 聚合函数还是 SUM_RETRACT 聚合函数，累计操作都是将中间状态结果加上输入数据，然后得到新结果。

❑ GroupAggFunction 处理 RowKind 为 DELETE 和 UPDATE_BEFORE 的输入数据：GroupAgg-Function 会使用聚合函数执行回撤操作，以 SUM_RETRACT 为例，其对应的回撤操作就是使用中间状态结果减去输入数据，然后得到新结果。

通过分析累计操作和回撤操作，我们就知道了内层 GroupAggFunction 会向下游算子发送

Retract 流而非 Upsert 流的原因了：向下游算子发送 Retract 流时，下游算子可以利用 UPDATE_BEFORE 和 UPDATE_AFTER 的数据来执行回撤和累计操作。举例来说，SUM_RETRACT 聚合函数的回撤操作是使用中间状态结果减去输入数据，累计操作是使用中间状态结果加上输入数据，通过回撤和累计操作就可以完成求和，得到正确的结果。而如果向下游算子发送 Upsert 流，下游算子无法完成回撤操作，只能进行累计操作，这样就无法得到正确的计算结果了。

第二步，GroupAggFunction 输出结果。

GroupAggFunction 输出结果的逻辑可以分为以下 3 种。

❑ 如果处理完输入数据之后中间状态结果不为空，并且当前处理的这条数据是当前 key 下的第一条数据，则输出 RowKind 为 INSERT 的数据，代表插入一条新数据。

❑ 如果处理完输入数据之后中间状态结果不为空，并且当前处理的这条数据不是当前 key 下的第一条数据，则先输出 RowKind 为 UPDATE_BEFORE 的数据，然后输出 RowKind 为 UPDATE_AFTER 的数据，代表将旧数据更新为新数据。

❑ 如果处理完输入数据之后，中间状态结果为空，但是处理这条数据之前的中间状态结果不为空，并且当前处理的这条数据不是当前 key 下的第一条输入数据，那就说明当前这条数据是被删除了，则输出 RowKind 为 DELETE 的消息，并将状态中的聚合数据清空，这样可以减少算子中保存的键值状态。

无论 SUM 聚合函数还是 SUM_RETRACT 聚合函数，都是按照上述流程来处理数据的。而 SUM 聚合函数的执行过程其实是 SUM_RETRACT 聚合函数的一种特殊情况，这是因为 SUM_RETRACT 聚合函数的输入数据的 RowKind 类型包含了 SUM 聚合函数的输入数据的 RowKind 类型。

注意，COUNT、MAX、MIN 以及用户自定义聚合函数等也都是按照 GroupAggFunction 的处理流程来处理数据的。

在分析了 SUM 聚合函数和 SUM_RETRACT 聚合函数的执行流程后，我们就可以分析输入数据只有 4 条，而输出数据有 9 条的原因了。

```
// 输入数据
(1) +I[productId= 商品 1, income=1, userId=1, eventTime=2022-01-01 00:01:03]
(2) +I[productId= 商品 1, income=2, userId=1, eventTime=2022-01-01 00:01:04]
(3) +I[productId= 商品 1, income=2, userId=2, eventTime=2022-01-01 00:01:05]
(4) +I[productId= 商品 1, income=4, userId=2, eventTime=2022-01-01 00:01:06]
// 输出结果
// 处理输入数据 (1) 得到的结果
(1) +I[productId= 商品 1, all=1, windowStart=2022-01-01 00:01:00]
// 处理输入数据 (2) 得到的结果
(2) -D[productId= 商品 1, all=1, windowStart=2022-01-01 00:01:00]
(3) +I[productId= 商品 1, all=3, windowStart=2022-01-01 00:01:00]
// 处理输入数据 (3) 得到的结果
(4) -U[productId= 商品 1, all=3, windowStart=2022-01-01 00:01:00]
(5) +U[productId= 商品 1, all=5, windowStart=2022-01-01 00:01:00]
// 处理输入数据 (4) 得到的结果
(6) -U[productId= 商品 1, all=5, windowStart=2022-01-01 00:01:00]
```

(7) +U[productId= 商品 1, all=3, windowStart=2022-01-01 00:01:00]
(8) -U[productId= 商品 1, all=3, windowStart=2022-01-01 00:01:00]
(9) +U[productId= 商品 1, all=9, windowStart=2022-01-01 00:01:00]

我们逐一分析 4 条输入数据以及对应的 9 条输出结果。注意，由于数据源中的数据是商品销售订单数据，因此输入数据的 RowKind 都为 INSERT。

输入数据（1）的处理过程如下。

❑ 内层 GroupAggreagate 算子的处理过程：内层 GroupAggreagate 算子消费输入数据（1）时会执行累计操作，得到 key 为 [商品 1, 1] 的 bucketAll⊖ 为 1，key 为 [商品 1, 1] 是通过 productId= 商品 1，mod(userId, 100)=1 计算得到的，将结果保存到状态中，输出 RowKind 为 INSERT 的数据 [productId= 商品 1, bucketAll=1, windowStart=2022-01-01 00:01:00] 到外层 GroupAggreagate 算子。

❑ 外层 GroupAggreagate 算子的处理过程：收到 RowKind 为 INSERT 的数据 [productId= 商品 1, bucketAll=1, windowStart=2022-01-01 00:01:00] 后会执行累计操作，计算得到 key 为商品 1 的 all 为 1，将结果保存到状态中后，输出 RowKind 为 INSERT 的数据 [productId= 商品 1, all=1, windowStart=2022-01-01 00:01:00]，也就是输出结果中的（1）。

输入数据（2）的处理过程如下。

❑ 内层 GroupAggreagate 算子的处理过程：内层 GroupAggreagate 算子消费输入数据（2）时也会执行累计操作，执行之前，key 为 [商品 1, 1] 的 bucketAll 为 1，执行累计操作后，得到 key 为 [商品 1, 1] 的 bucketAll 为 3。将结果保存到状态中，先输出 RowKind 为 UPDATE_BEFORE 的数据 [productId= 商品 1, bucketAll=1, windowStart=2022-01-01 00:01:00]，然后输出 RowKind 为 UPDATE_AFTER 的数据 [productId= 商品 1, bucketAll=3, windowStart=2022-01-01 00:01:00] 到外层 GroupAggreagate 算子。

❑ 外层 GroupAggreagate 算子的处理过程：收到 RowKind 为 UPDATE_BEFORE 的数据 [productId= 商品 1, bucketAll=1, windowStart=2022-01-01 00:01:00] 后会执行回撤操作，执行之前，key 为 [商品 1, 1] 的 all 为 1，执行回撤操作后得到 key 为 [商品 1, 1] 的 all 为空，而处理这条数据之前的中间状态结果不为空并且当前处理的这条数据不是当前 key 下的第一条数据。按照 GroupAggFunction 的执行逻辑来看，会输出 RowKind 为 DELETE 的数据 [productId= 商品 1, all=1, windowStart=2022-01-01 00:01:00]，也就是输出结果中的（2）。接下来收到 RowKind 为 UPDATE_AFTER 的 [productId= 商品 1, bucketAll=3, windowStart=2022-01-01 00:01:00] 数据后，执行累计操作，执行之前 key 为 [商品 1, 1] 的 all 为空，执行累计操作之后，key 为商品 1 的 all 为 3，并输出 RowKind 为 INSERT 的数据 [productId= 商品 1, all=3, windowStart=2022-01-01 00:01:00]，也就是输出结果中的（3）。

输入数据（3）的处理过程如下。

❑ 内层 GroupAggreagate 算子的处理过程：内层 GroupAggreagate 算子消费输入数据（3）时

⊖ 内层算子计算后返回的参数为 bucketAll，传送给外层算子时参数变为 all。

会执行累计操作，得到 key 为 [商品 1, 2] 的 bucketAll 为 1，key 为 [商品 1, 2] 是通过 productId= 商品 1，mod(userId, 100)=2 计算得到的。将结果保存到状态中，输出 RowKind 为 INSERT 的数据 [productId= 商品 1, bucketAll=1, windowStart=2022-01-01 00:01:00] 到外层 GroupAggreagate 算子。注意，这里的 key 发生了变化，处理前两条输入数据时的 key 都为 [商品 1, 1]，而处理后两条输入数据的 key 都为 [商品 1, 2]。

❑ 外层 GroupAggreagate 算子的处理过程：收到 RowKind 为 INSERT 的数据 [productId= 商品 1, bucketAll=1, windowStart=2022-01-01 00:01:00] 后执行累计操作，执行之前，key 为商品 1 的 all 为 3，执行累计操作后得到 key 为商品 1 的 all 为 5，而处理这条数据之前的中间状态结果不为空并且当前处理的这条数据不是当前 key 下的第一条数据。按照 GroupAggFunction 的执行逻辑来看，会输出 RowKind 为 UPDATE_BEFORE 的数据 [productId= 商品 1, all=3, windowStart=2022-01-01 00:01:00]，也就是输出结果中的（4），然后输出 RowKind 为 UPDATE_AFTER 的数据 [productId= 商品 1, all=5, windowStart= 2022-01-01 00:01:00]，也就是输出结果中的（5）。

输入数据（4）的处理过程如下。

❑ 内层 GroupAggreagate 算子的处理过程：内层 GroupAggreagate 算子消费数据（4）时会执行累计操作，执行之前，key 为 [商品 1, 2] 的 bucketAll 为 2，执行累计操作后得到 key 为 [商品 1, 2] 的 bucketAll 为 6。将结果保存到状态中，先输出 RowKind 为 UPDATE_ BEFORE 的数据 [productId= 商品 1, bucketAll=2, windowStart=2022-01-01 00:01:00]，然后输出 RowKind 为 UPDATE_AFTER 的数据 [productId= 商品 1, bucketAll=6, windowStart= 2022-01-01 00:01:00] 到外层 GroupAggreagate 算子。

❑ 外层 GroupAggreagate 算子的处理过程：收到 RowKind 为 UPDATE_BEFORE 的数据时会执行回撤操作，执行之前，key 为商品 1 的 all 为 5，执行回撤操作后得到 key 为商品 1 的 all 为 3，而处理这条数据之前的中间状态结果不为空并且当前处理的这条数据不是当前 key 下的第一条数据。按照 GroupAggFunction 的执行逻辑来看，会输出结果 RowKind 为 UPDATE_BEFORE 的数据 [productId= 商品 1, all=5, windowStart=2022-01-01 00:01:00]，也就是输出结果中的（6），然后输出 RowKind 为 UPDATE_AFTER 的数据 [productId= 商品 1, all=3, windowStart=2022-01-01 00:01:00]，也就是输出结果中的（7）。接下来收到 RowKind 为 UPDATE_AFTER 的数据后会执行累计操作，执行之前，key 为商品 1 的 all 为 3，执行累计操作后得到 key 为商品 1 的 all 为 9，而处理这条数据之前的中间状态结果不为空并且当前处理的这条数据不是当前 key 下的第一条数据。按照 GroupAggFunction 的执行逻辑来看，会输出结果 RowKind 为 UPDATE_BEFORE 的数据 [productId= 商品 1, all=3, windowStart=2022-01-01 00:01:00]，也就是输出结果中的（8），然后输出 RowKind 为 UPDATE_AFTER 的数据 [productId= 商品 1, all=9, windowStart=2022-01-01 00:01:00]，也就是输出结果中的（9）。

值得一提的是，GROUP BY 分组聚合也支持 GROUPING SETS、ROLLUP 和 CUBE 子句进行多维分组聚合。

9.8 流关联

在批处理场景中，表之间的关联是非常常见的操作。而 Flink SQL 在流处理场景中提供了动态表与动态表的关联（流与流的关联）。

❑ 常规关联（Regular Join），包括 Inner Join、Left Join、Right Join、Full Join 等。

❑ 时间窗口关联（Window Join），指两张动态表相同时间窗口内的数据的关联。

❑ 时间区间关联（Interval Join），指两张动态表一段时间区间内的数据的关联。

❑ 快照关联（Temporal Join），包括事件时间、处理时间的快照关联。由于该场景不常用，所以不做介绍。

9.8.1 常规关联

1. 功能及应用场景

无论传统数据库还是 Hive SQL 这种批处理引擎，都具备常规关联的能力，Flink SQL 的常规关联的功能和二者是相同的，也是将两份数据通过关联键进行关联，将关联得到的结果输出。

常规关联的应用场景非常广泛，比如通过两份日志关联来构建宽表或者计算转化率。

2. Inner Join 案例

案例：电商场景中，通过曝光日志关联点击日志，筛选出发生了点击的曝光日志数据，并且将点击日志中的参数补充到曝光日志中。数据源分别为曝光表 show_log_table 和点击表 click_log_table。曝光表中的字段包含 show_id 和 show_params，分别代表曝光的唯一 id 以及曝光时的参数。点击表中的字段包含 show_id 和 click_params，分别代表点击来源的曝光的 show_id 和点击时的参数。要求输出结果字段包含 show_id、show_params 和 click_params。这个案例我们可以使用 Inner Join 来实现，最终的实现如代码清单 9-33 所示。

代码清单 9-33　Inner Join 案例

```
SELECT
    show_log_table.show_id as show_id,
    show_log_table.show_params as show_params,
    click_log_table.click_params as click_params
FROM show_log_table
INNER JOIN click_log_table
ON show_log_table.show_id = click_log_table.show_id
```

当上述作业运行后，输出结果如下。

```
// 点击表输入结果
+I[show_id=2, click_params= 详情 ]
+I[show_id=2, click_params= 购买 ]
// 曝光表输入结果
+I[show_id=1, show_params= 商品 1]
+I[show_id=2, show_params= 商品 1]
// 输出结果
```

```
+I[show_id=2, show_params= 商品 1, click_params= 详情 ]
+I[show_id=2, show_params= 商品 1, click_params= 购买 ]
```

在 Flink SQL API 中，常规关联在执行时所使用的算子为 StreamingJoinOperator。Streaming-JoinOperator 中的 processElement() 方法实现了 Inner Join 的逻辑。接下来，我们分别按照数据传输策略和 StreamingJoinOperator 算子执行逻辑来分析 Inner Join 的执行流程。假设左表中的数据称作 L，右表中的数据称作 R。

（1）数据传输策略　在常规关联中，JOIN...ON... 子句中的条件可以是等式，也可以是不等式。

如果是等式，则代表要在相同 key（key 由等式中的条件字段组成）下进行关联操作，两条流中相同 key 的数据会按照哈希数据传输策略发送到 StreamingJoinOperator 的同一个 SubTask 中进行处理。如果是不等式，那么 StreamingJoinOperator 算子的并行度会被设置为 1，两条流中的数据会按照 Global 数据传输策略发送到 StreamingJoinOperator 的唯一一个 SubTask 中进行处理。

（2）StreamingJoinOperator 算子的执行逻辑　假设 JOIN...ON... 子句中的条件为等式，那么 StreamingJoinOperator 算子的执行逻辑如下。

❑ 相同 key 下，当左表收到一条数据 L 时，会和右表中的所有数据（数据保存在右表的状态中）进行遍历关联，将关联到的所有数据输出 +I[L, R]。如果没有关联到，则不会输出数据。最后将 L 保存到左表的状态中，以供后续执行关联操作时使用。

❑ 相同 key 下，右表收到一条数据 R，执行过程和上述流程相同，只不过左右表互换。

3. Left Join 案例

Flink SQL 既支持 Left Join 也支持 Right Join，两者的执行流程恰好相反，因此这里我们只介绍 Left Join。

如果我们将 Inner Join 中的案例改为无论是否关联到点击数据，曝光数据都需要输出，那么就可以使用 Left Join 来实现，如代码清单 9-34 所示。

代码清单 9-34　Left Join 案例

```
SELECT
    show_log_table.show_id as show_id,
    show_log_table.show_params as show_params,
    click_log_table.click_params as click_params
FROM show_log_table
LEFT JOIN click_log_table
ON show_log_table.show_id = click_log_table.show_id
```

当上述作业运行后，结果如下。

```
// 输入数据，曝光日志和点击日志按照下面的顺序逐一输入
+I[show_id=1, show_params= 商品 1]
+I[show_id=2, click_params= 详情 ]
+I[show_id=2, show_params= 商品 1]
+I[show_id=1, click_params= 购买 ]
// 输出结果
```

```
+I[show_id=1, show_params= 商品 1, click_params=null]
+I[show_id=2, show_params= 商品 1, click_params= 详情 ]
-D[show_id=1, show_params= 商品 1, click_params=null]
+I[show_id=1, show_params= 商品 1, click_params= 购买 ]
```

Left Join 的数据传输策略和 Inner Join 完全相同，此处不再赘述。

StreamingJoinOperator 算子的执行逻辑如下。

❑ 相同 key 下，当左表收到一条数据 L 时，会和右表中的所有数据（数据保存在右表的状态中）进行遍历关联，将关联到的所有数据输出 +I[L, R]。如果没有关联到，则会直接输出 +I[L, null]，代表将最新的结果先输出。最后将 L 保存到左表的状态中，以供后续执行关联操作时使用。

❑ 相同 key 下，当右表收到一条数据 R 时，会和左表中的所有数据进行遍历关联。如果关联到了，则会在输出结果时执行下面的判断。如果关联到左表 L 的数据之前没有关联过右表的 R（即上一次的输出结果为 +I[L, null]），则会先输出 –D[L, null]，然后输出 +I[L, R]，这代表把之前的那条没有关联过右表数据的旧结果撤回，并把当前关联到的新结果输出，最后会把 R 保存到右表的状态中，以供后续执行关联使用。如果关联到的左表 L 的数据。之前关联过右表 R，则直接输出 +I[L, R]。如果没有关联到则不输出数据，将 R 保存到右表的状态中，以供后续执行关联使用。

4. Full Join 案例

我们将 Inner Join 中的案例改为无论是否能够关联到，都要输出点击数据和曝光数据的结果。我们使用 Full Join 来实现，如代码清单 9-35 所示。

代码清单 9-35　Full Join 案例

```sql
SELECT
    show_log_table.show_id as show_id,
    show_log_table.show_params as show_params,
    click_log_table.click_params as click_params
FROM show_log_table
FULL JOIN click_log_table
ON show_log_table.show_id = click_log_table.show_id
```

Full Join 的数据传输策略和 Inner Join 完全相同，此处不再赘述。

StreamingJoinOperator 算子的执行逻辑如下。

❑ 相同 key 下，当左表收到一条数据 L 时，会和右表中的所有数据（数据保存在右表的状态中）进行遍历关联，如果关联到了，则会在输出结果时执行下面的判断；如果关联到右表 R 的数据之前没有关联过左表 L（即上一次的输出结果为 +I[null, R]），则会先输出 –D[null, R]，然后输出 +I[L, R]，这代表把之前的那条没有关联过左表数据的旧结果撤回，并把当前关联到的新结果输出，最后会把 L 保存到左表的状态中，以供后续执行关联使用；如果关联到右表 R 的数据之前关联过左表 L，则直接输出 +I[L, R]。如果没有关联到，则会直接输出 +I[L, null]，这代表将最新的结果先输出，然后将 L 保存到左表的状态中，以供后续执行关联使用。

❑ 相同 key 下，当右表收到一条数据 R 时，执行过程上述执行过程恰好相反，不再赘述。

5. 注意事项

第一，常规关联的输入数据流不但可以是 Append-only 流，也可以是 Retract 流。当 Inner Join 的输入数据流为 Append-only 流时，经过 Inner Join 处理后的输出数据流也为 Append-only 流，因此我们可以在输出的 Append-only 流上执行时间窗口计算。除此之外的场景中，输出的数据流都为 Retract 流。

第二，常规关联是在无界流上进行处理的，在做关联操作时，左流中的每一条数据都会按照关联条件去关联右流中的所有数据。如果要实现这样的逻辑，StreamingJoinOperator 就会将两条流的所有数据都存储在键值状态中，因此如果不加干预，Flink 作业中的状态会随着表中数据的增多而逐渐增大，最终导致作业出现性能问题或者异常失败。建议读者为键值状态配置合适的状态保留时长，从而将过期的状态数据删除，避免作业出现性能问题。

9.8.2　时间窗口关联

1. 功能及应用场景

Flink SQL API 中的时间窗口关联相比于 DataStream API 中的时间窗口关联更加强大，DataStream API 中的时间窗口关联只支持 Inner Join，而 Flink SQL API 中的时间区间关联则提供了下面 2 种场景下的时间窗口关联操作。

❑ Inner Join、Left Join、Right Join、Full Join：在 Inner Join 中，只会输出左右表相同窗口中关联到的数据。在 Left Join 中，不但会输出关联到的数据，还会将没有关联到右表的左表数据输出，并将右表的字段填充为 null。Right Join 和 Left Join 恰好相反。Full Join 不但会输出关联到的数据，还会将左表和右表中没有关联到的数据输出，并将另外一边的字段填充为 null。

❑ Semi Join、Anti Join：在 Semi Join 中，相同窗口内，如果左表中的某个字段在右表的结果集中出现过，那么就返回左表的结果。Anti Join 的功能和 Semi Join 恰好相反。

2. Inner Join 案例

案例：计算每种商品每 1min 内的有效曝光率。输入数据流有两条，第一条为商品曝光数据流，包含 productId、uniqueId 和 eventTime 字段，分别代表商品 id、用于关联用户曝光和点击行为的唯一 id 和发生曝光的时间戳。另一条流为商品点击数据流，包含 productId、uniqueId 和 eventTime 字段，分别代表商品 id、用于关联用户曝光和点击行为的唯一 id、发生点击的时间戳。输出结果为关联到点击的曝光数据，包含曝光数据流中的所有字段以及一个 clickTimestamp 字段，代表关联到的点击行为的时间戳，最终的实现如代码清单 9-36 所示。

代码清单 9-36　Inner Join 案例

```
// 曝光日志表
CREATE TABLE show_log_table (
        productId STRING,
        uniqueId BIGINT,
        eventTime BIGINT,
```

```
        rowTime AS TO_TIMESTAMP_LTZ(eventTime, 3),
        WATERMARK FOR rowTime AS rowTime - INTERVAL '5' SECONDS
) WITH (
    'connector' = 'kafka',
    ...
);
// 点击日志表
CREATE TABLE click_log_table (
        productId STRING,
        uniqueId BIGINT,
        eventTime BIGINT,
        rowTime AS TO_TIMESTAMP_LTZ(eventTime, 3),
        WATERMARK FOR rowTime AS rowTime - INTERVAL '5' SECONDS
) WITH (
    'connector' = 'kafka',
    ...
);
// 时间窗口 Inner Join 的主要代码
SELECT show_table.uniqueId as uniqueId
        , show_table.productId as productId
        , show_table.eventTime as eventTime
        , click_table.eventTime as clickEventTime
FROM (
        SELECT * FROM TABLE(TUMBLE(TABLE show_log_table, DESCRIPTOR(rowTime),
            INTERVAL '1' MINUTES))
) show_table
INNER JOIN (
        SELECT * FROM TABLE(TUMBLE(TABLE click_log_table, DESCRIPTOR(rowTime),
            INTERVAL '1' MINUTES))
) click_table
ON show_table.uniqueId = click_table.uniqueId
AND show_table.window_start = click_table.window_start
AND show_table.window_end = click_table.window_end
```

接下来我们来分析代码清单 9-36 中的 SQL 查询对应 Flink 作业的语义。

第一步，绘制逻辑数据流图，如图 9-8 所示。

第二步，理解 Flink 作业中每个算子处理数据的机制。该案例中执行时间窗口计算的 WindowJoin 对应的底层算子为 WindowJoinOperator 抽象类，而 Flink 基于 WindowJoinOperator 抽象类提供了以下 4 种实现类。

❑ Inner Join：实现类为 InnerJoinOperator。

❑ Left Join：实现类为 LeftOuterJoinOperator。

❑ Right Join：实现类为 RightOuterJoinOperator。

❑ Full Join：实现类为 FullOuterJoinOperator。

3. Semi Join、Anti Join 案例

案例：输出每 1min 内曝光且被点击过的商品。输入数据流有两条，一条流为商品曝光数据流，包含 productId 和 eventTime 字段，分别代表商品 id 和发生曝光的时间戳，另一条流为商品点

击数据流，包含 productId 和 eventTime 字段，分别代表商品 id 和发生点击的时间戳。最终的实现如代码清单 9-37 所示。

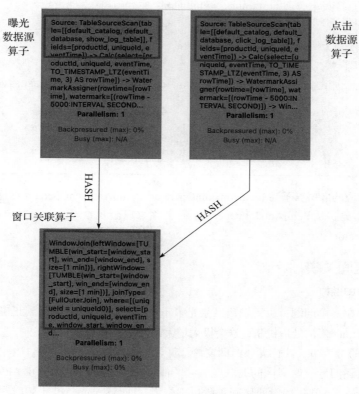

图 9-8　Flink 作业的逻辑数据流图

代码清单 9-37　Semi Join、Anti Join 案例

```
// Semi Join 的第一种实现方式：使用 WHERE...IN... 子句
SELECT show_table.productId as productId
    , show_table.eventTime as eventTime
FROM (
    SELECT * FROM TABLE(TUMBLE(TABLE show_log_table, DESCRIPTOR(rowTime), INTERVAL
        '1' MINUTES))
) show_table
// Semi Join 使用 IN 子句，Anti Join 使用 NOT IN 子句
WHERE show_table.productId IN (
    SELECT productId FROM (
        SELECT * FROM TABLE(TUMBLE(TABLE click_log_table, DESCRIPTOR(rowTime),
            INTERVAL '1' MINUTES))
    ) click_table
    WHERE show_table.window_start = click_table.window_start
    AND show_table.window_end = click_table.window_end
)
// Semi Join 的第二种实现方式：使用 WHERE EXISTS... 子句
```

```
SELECT show_table.productId as productId
       , show_table.eventTime as eventTime
FROM (
    SELECT * FROM TABLE(TUMBLE(TABLE show_log_table, DESCRIPTOR(rowTime),
        INTERVAL '1' MINUTES))
) show_table
// Semi Join 使用 EXISTS 子句，Anti Join 使用 NOT EXISTS 子句
WHERE EXISTS (
    SELECT * FROM (
        SELECT * FROM TABLE(TUMBLE(TABLE click_log_table, DESCRIPTOR(rowTime),
            INTERVAL '1' MINUTES))
    ) click_table
    WHERE show_table.window_start = click_table.window_start
    AND show_table.window_end = click_table.window_end
    AND show_table.productId = click_table.productId
)
```

Semi Join 对应的底层算子为 SemiAntiJoinOperator，SemiAntiJoinOperator 同样继承自 Window-JoinOperator 抽象类。从 SemiAntiJoinOperator 的名称可以看出，Anti Join 对应的底层算子也为 SemiAntiJoinOperator。

9.8.3 时间区间关联

1. 功能及应用场景

常规关联存在一个问题：由于输出结果是 Retract 流，因此要计算得到正确的结果，下游作业就要有一套 Retract 流的处理机制，这会极大增大链路的复杂性。

时间窗口关联也存在一个问题：时间窗口计算无法很好地处理时间窗口边界上的数据。

为了解决上述问题，时间区间关联诞生了。值得一提的是，Flink SQL API 中的时间区间关联相比于 DataStream API 中的时间区间关联更加强大，DataStream API 中的时间区间关联只支持 Inner Join，而 Flink SQL API 中的时间区间关联除了支持 Inner Interval Join，还支持 Left Interval Join、Right Interval Join 和 Full Interval Join，并且 Flink SQL API 中的时间区间关联支持处理时间语义。

❑ Inner Interval Join：左表会和右表指定时间区间内的数据关联并输出 +I[L, R]，如果关联不到则不输出结果。

❑ Left Interval Join：左表会和右表指定时间区间内的数据关联并输出 +I[L, R]。如果左表中有部分数据一直没有关联到右表，那么当 SubTask 的逻辑时钟（事件时间语义中为 Watermark，处理时间语义中为 SubTask 本地系统时钟）大于这部分数据的时间时，会将左表的这部分数据输出 +I[L, null]。

❑ Right Interval Join：和 Left Interval Join 的执行逻辑一样，只不过左表和右表的执行逻辑恰好相反。

❑ Full Interval Join：执行过程和 Left Interval Join 只有一点不同，如果左表数据的时间小于当前 SubTask 的逻辑时钟，就会输出 +I[L, null]，如果右表数据的时间小于当前 SubTask 的逻辑时钟，就会输出 +I[null, R]。

接下来我们分别介绍 Inner Interval Join、Left Interval Join 和 Full Interval Join 的案例。

2. Inner Interval Join 案例

案例：计算每种商品的有效曝光，曝光发生后 5min 内的点击行为都算作有效曝光，要求输出结果为发生过点击的曝光。数据源分别为曝光表 show_log_table 和点击表 click_log_table，曝光表中的字段包含 show_id、show_params 和 event_time，分别代表这次曝光的唯一 id、曝光时的参数和曝光发生时的时间戳。点击表中的字段包含 show_id、click_params、event_time，分别代表这次点击来源曝光的 show_id、点击时的参数和点击发生时的时间戳。要求输出结果字段包含 show_id、show_params 和 click_params。这个案例我们可以使用事件时间语义的 Inner Interval Join 来实现，最终的实现如代码清单 9-38 所示。

代码清单 9-38 Inner Interval Join 案例

```
CREATE TABLE show_log_table (
    show_id STRING,
    show_params STRING,
    event_time BIGINT,
    row_time AS TO_TIMESTAMP_LTZ(event_time, 3),
    WATERMARK FOR row_time AS row_time - INTERVAL '5' SECOND
) WITH (
    'connector' = 'kafka',
    ...
)
CREATE TABLE click_log_table (
    show_id STRING,
    click_params STRING,
    event_time BIGINT,
    row_time AS TO_TIMESTAMP_LTZ(event_time, 3),
    WATERMARK FOR row_time AS row_time - INTERVAL '5' SECOND
) WITH (
    'connector' = 'kafka',
    ...
)
SELECT
    show_log_table.show_id as show_id,
    show_log_table.show_params as show_params,
    click_log_table.click_params as click_params
FROM show_log_table
INNER JOIN click_log_table
ON show_log_table.show_id = click_log_table.show_id
AND show_log_table.row_time BETWEEN click_log_table.row_time - INTERVAL '5'
    MINUTE AND click_log_table.row_time
```

当上述作业运行后，结果如下。

```
// 曝光表输入结果
+I[show_id=1, show_params=商品 1, event_time=2022-01-01 00:00:00]
+I[show_id=2, show_params=商品 3, event_time=2022-01-01 00:02:00]
// 点击表输入结果
+I[show_id=1, click_params=详情 , event_time=2022-01-01 00:02:00]
+I[show_id=1, click_params=购买 , event_time=2022-01-01 00:02:00]
```

```
// 输出结果
+I[show_id=1, show_params= 商品 1, click_params= 详情 ]
+I[show_id=1, show_params= 商品 1, click_params= 购买 ]
```

Inner Interval Join 既支持事件时间语义，也支持处理时间语义。事件时间语义和处理时间语义下的 Interval Join 的执行算子是不同的。事件时间语义下的算子为 KeyedCoProcessOperatorWith-WatermarkDelay，它继承自 KeyedCoProcessOperator，其中使用的函数为 RowTimeIntervalJoin。处理时间语义下的算子为 KeyedCoProcessOperator，其中使用的函数为 ProcTimeIntervalJoin。我们将其统称为时间区间关联算子。

如果 JOIN...ON... 子句中的条件是等式，代表是在相同 key 下进行的关联操作，两条流中相同 key 的数据会按照哈希数据传输策略发送到时间区间关联算子的同一个 SubTask 中进行处理。

如果 JOIN...ON... 子句中的条件是不等式，则时间区间关联算子的并行度会被设置为 1，两条流中数据会按照 Global 数据传输策略发送到时间区间关联算子的唯一一个 SubTask 中进行处理。

算子执行流程如下。

1）相同 key 下，当左表收到一条数据 L 时，会和右表指定时间区间内的所有数据（数据保存在右表的键值状态中）进行遍历关联。如果关联到，则将关联到的所有数据输出 +I[L, R]。如果没有关联到，则不做任何操作。最后会直接将这条数据存储在左表的键值状态中，等待后续关联。

2）相同 key 下，右表收到一条数据 R 的，执行过程和上述流程相同，只不过左表和右表的执行逻辑恰好相反。

3）由于时间区间关联是具备时间语义的，这代表时间区间关联也是在有界流上进行的操作，因此无论左表还是右表的键值状态中的元素，只要元素的时间小于当前 SubTask 的逻辑时钟，这个元素之后永远也不会被关联到了，元素就会从状态中删除。

3. Left Interval Join 案例

我们修改一下 Inner Interval Join 的案例，要求把没有关联到点击的曝光数据也输出，那么就可以使用事件时间语义的 Left Interval Join 来实现，最终的实现如代码清单 9-39 所示。

代码清单 9-39　Left Interval Join 案例

```
SELECT
    show_log_table.show_id as show_id,
    show_log_table.show_params as show_params,
    click_log_table.click_params as click_params
FROM show_log_table
LEFT JOIN click_log_table
ON show_log_table.show_id = click_log_table.show_id
AND show_log_table.row_time BETWEEN click_log_table.row_time - INTERVAL '5'
    MINUTE AND click_log_table.row_time
```

当上述作业运行后，结果如下。

```
+I[show_id=1, show_params= 商品 1, event_time=2022-01-01 00:00:00]
+I[show_id=2, show_params= 商品 3, event_time=2022-01-01 00:08:00]
```

```
+I[show_id=2, show_params= 商品 3, event_time=2022-01-01 00:16:00]
    // Watermark 更新为 2022-01-01 00:15:55
// 点击表输入结果
+I[show_id=1, click_params= 详情 , event_time=2022-01-01 00:02:00]
+I[show_id=1, click_params= 购买 , event_time=2022-01-01 00:02:00]
+I[show_id=1, click_params= 购买 , event_time=2022-01-01 00:16:00]
    // Watermark 更新为 2022-01-01 00:15:55
// 输出结果
+I[show_id=1, show_params= 商品 1, click_params= 详情 ]
+I[show_id=1, show_params= 商品 1, click_params= 购买 ]
+I[show_id=2, show_params= 商品 3, click_params=null]
```

Left Interval Join 的数据传输策略和 Inner Interval Join 完全相同，此处不再赘述。

算子执行流程和 Inner Interval Join 只有一点不同，即当左表键值状态中元素的时间小于当前 SubTask 的逻辑时钟时，代表这个元素之后永远也不会被关联到了，会输出 +I[L, null]。

4. Full Interval Join 案例

我们修改一下 Inner Interval Join 的案例，要求无论曝光和点击有没有互相关联到，都要输出，那么就可以使用事件时间语义的 Full Interval Join 来实现，最终的实现如代码清单 9-40 所示。

代码清单 9-40　Full Interval Join 案例

```
SELECT
    show_log_table.show_id as show_id,
    show_log_table.show_params as show_params,
    click_log_table.click_params as click_params
FROM show_log_table
FULL JOIN click_log_table
ON show_log_table.show_id = click_log_table.show_id
AND show_log_table.row_time BETWEEN click_log_table.row_time - INTERVAL '5'
    MINUTE AND click_log_table.row_time
```

当上述作业运行后，结果如下。

```
// 曝光表输入结果
+I[show_id=1, show_params= 商品 1, event_time=2022-01-01 00:00:00]
+I[show_id=2, show_params= 商品 3, event_time=2022-01-01 00:08:00]
+I[show_id=2, show_params= 商品 3, event_time=2022-01-01 00:16:00]
    // Watermark 更新为 2022-01-01 00:15:55
// 点击表输入结果
+I[show_id=1, click_params= 详情 , event_time=2022-01-01 00:02:00]
+I[show_id=3, click_params= 购买 , event_time=2022-01-01 00:08:00]
+I[show_id=1, click_params= 购买 , event_time=2022-01-01 00:16:00]
    // Watermark 更新为 2022-01-01 00:15:55
// 输出结果
+I[show_id=1, show_params= 商品 1, click_params= 详情 ]
+I[show_id=2, show_params= 商品 3, click_params=null]
+I[show_id=3, show_params=null, click_params= 购买 ]
```

Full Interval Join 的数据传输策略和 Inner Interval Join 完全相同，此处不再赘述。

算子执行流程和 Inner Interval Join 只有一点不同，即当左表键值状态中元素的时间小于当前

SubTask 的逻辑时钟时，代表这个元素之后永远也不会被关联到了，会输出 +I[L, null]。此外，当右表键值状态中元素的时间小于当前 SubTask 的逻辑时钟时，也会输出 +I[null, R]。

5. 注意事项

第一，Interval Join 要求输入数据流只能为 Append-only 流，经过 Interval Join 处理之后的输出数据流也为 Append-only 流，我们可以在 Interval Join 之后执行时间窗口聚合计算。

第二，在使用时间区间关联时，时间区间的大小取决于上报日志的真实情况。如果时间区间设置得过大，会造成作业的状态太大，并且如果使用了 Outer Interval Join，没有关联到的数据产出延迟会很大。如果时间区间设置得过小，又会导致数据关联率低，数据质量会出现问题。建议使用 Interval Join 之前，先将数据源导入文件系统，通过批处理对两条数据流的时间戳差值进行比较，确定实际的时间戳差值分布情况。

9.9 维表关联

本节，我们来学习以下 2 种场景下的关联方法。

场景 1：动态表字段的扩展（一种特殊的关联操作）。

❏ 表函数（Table Function），通过自定义表函数将一行数据扩展为多行数据。

❏ 数组扩展（Array Expansion），将一行数据中的数组字段扩展为多行数据。

场景 2：动态表与外部维表的关联（I/O 处理）。

❏ 查询关联（Lookup Join），流数据通过网络 I/O 访问外部维表。

9.9.1 表函数

1. 功能及应用场景

表函数的全名为用户自定义表生成函数，用于将输入的一行数据转换为多行数据并输出。我们可以将该功能视为 DataStream API 中的 FlatMap 操作。

在 Flink SQL API 中，支持以下两种功能的表函数。

❏ Inner Join Table Function：输入一条数据，经过用户自定义表生成函数的处理后，如果函数返回结果为空，则不输出数据。

❏ Left Join Table Function：输入一条数据，经过用户自定义表生成函数的处理后，如果函数返回结果不为空，那么这行输入数据不会被丢弃，会在输出结果中填充 null。

2. Inner Join Table Function 案例

案例：输入数据为用户说的一句英文，包括 userId 和 sentence 字段，代表用户 id 和英文语句，我们需要将英文语句分割为一个一个的单词后输出，输出数据包括 userId 和 sentence 字段。使用 Inner Join Table Function 的实现如代码清单 9-41 所示。

代码清单 9-41　Inner Join Table Function 案例

```
// 定义用户自定义表生成函数
public class SentenceSplitUDTF extends TableFunction<String> {
```

```
    public void eval(String sentence) {
        if (null != sentence) {
            for (String word : sentence.split(" ")) {
                collect(word);
            }
        }
    }
}
// 使用 CREATE FUNCTION 子句注册 UDTF
CREATE FUNCTION sentence_split AS SentenceSplitUDTF;
// 执行 SQL 查询
SELECT userId, t.word as word
FROM user_sentence_table,
LATERAL TABLE(sentence_split(sentence)) t(word)
```

SentenceSplitUDTF 是我们自定义的表函数，在 Flink SQL API 中，用户自定义的表函数需要继承 TableFunction 抽象类，TableFunction<String> 中的 String 代表表函数返回值的类型。在自定义的表函数中，我们需要 eval() 方法，方法入参为调用该函数时的入参，方法没有返回值，我们可以通过 TableFunction 中的 collect() 方法将结果输出，如果不调用该方法，则不输出数据，调用了多次该方法，会输出多条数据。

无论 Inner Join Table Function 还是 Left Join Table Function，最终负责执行的算子都是 TableStreamOperator。Flink 作业运行时，会通过 TableStreamOperator 调用户自定义表函数中的 eval() 方法来处理数据。

当上述作业运行后，结果如下。

```
// 输入数据
+I[userId=1, sentence=I love flink]
+I[userId=2, sentence=null] // sentence 字段为空
+I[userId=3, sentence=flinker]
// 输出结果
+I[userId=1, word=I]
+I[userId=1, word=love]
+I[userId=1, word=flink]
+I[userId=3, word=flinker]
```

3. Left Join Table Function 案例

对上述案例来说，假如要求输入 sentence 为 null 时也输出原始数据，我们就可以使用 Left Join Table Function 来实现，如代码清单 9-42 所示。

代码清单 9-42　Left Join Table Function 案例

```
SELECT userId, t.word as word
FROM user_sentence_table
LEFT OUTER JOIN LATERAL TABLE(sentence_split(sentence)) t(word) ON TRUE
```

使用 Left Join Table Function 时，一定要使用 ON TRUE 子句。当上述作业运行后，结果如下。

```
// 输入数据
+I[userId=1, sentence=I love flink]
```

```
+I[userId=2, sentence=null]
+I[userId=3, sentence=flinker]
// 输出结果
+I[userId=1, word=I]
+I[userId=1, word=love]
+I[userId=1, word=flink]
+I[userId=2, word=null] // 输入的 sentence 字段为空时，也会输出结果
+I[userId=3, word=flinker]
```

9.9.2　数组扩展

1. 功能及应用场景

数组扩展功能和 9.9.1 节中的表函数功能几乎类似。如果动态表中有 ARRAY 类型的字段，我们可以使用 Flink 的数组扩展功能将该字段中的多个元素转换为多行数据，将该功能视作 DataStream API 中 FlatMap 操作。值得一提的是，该功能和 Hive SQL 中 LATERAL VIEW explode 子句的功能类似。

2. 代码案例

案例：电商场景中，用户一个订单中购买了多件商品，这些数据以 ARRAY 类型保存，我们想要将这个按照商品类型拆分为多条订单日志。举例来说，某用户同时购买了商品 1、商品 2 和商品 3，输入日志只有一条，要求输出数据为商品 1 的订单、商品 2 的订单和商品 3 的订单各一条。输入数据源为商品订单销售日志，包含 userId、productsOrder 字段，分别代表用户 id 和订单中购买商品集合，输出数据包含 userId、productOrder 字段，分别代表用户 id 和购买的单个商品。最终的实现如代码清单 9-43 所示。

代码清单 9-43　数据扩展案例

```
CREATE TABLE order_table (
        userId BIGINT,
        productsOrder ARRAY<STRING>
) WITH (
    'connector' = 'kafka',
    ...
);
SELECT
        userId,
        t.productOrder as productOrder
FROM order_table
CROSS JOIN UNNEST(productsOrder) AS t (productOrder)
```

和表函数一样，数组扩展的执行算子也是 TableStreamOperator，不同之处在于，数组扩展的函数是确定的，即 CollectionUnnestTableFunction，其继承自 TableFunction，也可以说数组扩展是表函数的一种特殊场景。

当上述作业运行后，结果如下。

```
// 输入数据
+I[userId= 用户 A, productsOrder=[ 订单 1, 订单 2]]
```

```
// 输出结果
+I[userId= 用户 A, productOrder= 订单 1]
+I[userId= 用户 A, productOrder= 订单 2]
```

9.9.3　查询关联

1. 功能及应用场景

查询 Join 用于实现 I/O 处理。举例来说，在处理用户点击数据流时，需要分析不同年龄段用户的实时点击数据，而年龄段这种数据在原始日志中通常是获取不到的，这类信息通常会作为用户画像存储在数据库或者 K-V 存储引擎中，需要 Flink 作业中的算子去访问数据库或者 K-V 存储引擎获取用户年龄段，才能计算不同年龄段的实时用户点击数据。

查询关联通常是一张代表数据流的动态表（比如 Kafka Topic 动态表）去关联另一张代表外部数据库的动态表（比如 MySQL 动态表，也可以称作维表，通常用于存储维度数据）。每当动态表输入一条数据，就会通过网络 I/O 去维表中按照查询条件搜索结果。

注意，代表外部数据库的动态表需要支持查询能力，我们可以在 Flink 官网的 Table API Connector 模块中查询哪些连接器支持查询，支持查询的连接器会用 Lookup 标识，Flink 预置的 MySQL、HBase 连接器都支持查询能力。

2. 代码案例

案例：给商品销售订单数据关联用户的性别数据。商品销售订单数据存储在 Kafka Topic 中，包含 userId、productId 字段，分别代表用户 id 和商品 id，用户画像数据存储在 MySQL 中，包含 userId、gender 字段，分别代表用户 id 和性别。要求输出结果字段包含 userId、productId 和 gender 字段，分别代表用户 id、商品 id 和用户性别。这个案例我们可以使用查询关联来实现。最终的实现如代码清单 9-44 所示。

代码清单 9-44　查询关联案例

```
CREATE TABLE product_log (
        userId STRING,
        productId STRING,
        proctime AS PROCTIME()              // 查询 Join 必须定义和使用处理时间戳
) WITH (
    'connector' = 'kafka',
    ...
);
CREATE TABLE mysql_user_profile (
        userId STRING,
        gender STRING
) WITH (
    'connector' = 'jdbc',                   // 用声明为 JDBC 类型的连接器去连接 MySQL
    'url' = 'jdbc:mysql://mysqlhost:3306/testdb, // 数据库 JDBC 的链接
    'table-name' = 'mysql_user_profile'     // 数据库表名
);
// 查询关联的处理逻辑
SELECT
        p.userId as userId
        , p.productId as productId
```

```
        , u.gender as gender
FROM product_log AS p
LEFT JOIN mysql_user_profile FOR SYSTEM_TIME AS OF p.proctime AS u
ON p.userId = u.userId
```

如代码清单 9-44 所示，FOR SYSTEM_TIME AS OF p.proctime 子句用于将 mysql_user_profile 定义为处理时间的动态表。注意，查询维表关联只能使用处理时间去关联。

当上述作业运行后，结果如下。如果从维表中关联不到数据，那么关联结果默认会填充为 null。

```
// MySQL 表中保存的用户画像数据
[userId= 用户 A, gender= 男 ]
[userId= 用户 B, gender= 女 ]
[userId= 用户 C, gender= 男 ]
// 商品订单表输入数据
+I[userId= 用户 A, productId= 商品 1]
+I[userId= 用户 C, productId= 商品 1]
+I[userId= 用户 D, productId= 商品 1]
// 输出结果
+I[userId= 用户 A, productId= 商品 1, gender= 男 ]
+I[userId= 用户 C, productId= 商品 1, gender= 男 ]
+I[userId= 用户 D, productId= 商品 1, gender=null]
```

3. Flink 作业的语义

接下来我们分析代码清单 9-44 中的 SQL 查询对应 Flink 作业的语义。

第一步，绘制逻辑数据流图，如图 9-9 所示。

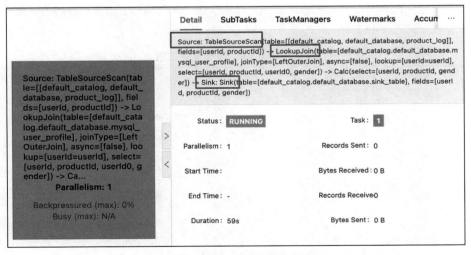

图 9-9　查询关联的逻辑数据流图

第二步，理解 Flink 作业中每个算子处理数据的机制。该案例中主要包含 TableSourceScan、LookupJoin 和 Sink 这 3 个算子。我们着重来介绍 LookupJoin 算子，其对应的底层算子为 ProcessOperator，对应函数为 LookupJoinRunner，其继承自 ProcessFunction。在 LookupJoinRunner 中，会

调用 JdbcRowDataLookupFunction 来处理每一条输入数据，其继承自 TableFunction，JdbcRow-DataLookupFunction 会在初始化时连接到 MySQL，在处理输入数据时，会按照关联键访问 MySQL，并输出结果。

4. 注意事项

第一，同一条数据关联到的维度数据可能不同，维表通常是在不断变化的。

第二，关于 I/O 处理常见的性能问题及优化思路我们已经在 4.8 节介绍了，包括以下 4 种方案。

- ☐ 方案 1：提高 I/O 算子的并行度。
- ☐ 方案 2：使用本地缓存来减少 I/O 请求。
- ☐ 方案 3：批量访问外部存储。
- ☐ 方案 4：将同步 I/O 处理转换为异步 I/O 处理。

在 Flink SQL API 中，方案 1、方案 2 和方案 4 都可以实现，方案 3 目前没有官方的实现。方案 1 不用多说，接下来我们主要介绍方案 2 和方案 4。

对于方案 2 提出的使用本地缓存来减少 I/O 请求的方式，Flink 预置的 HBase 和 JDBC 连接器都提供了缓存功能，我们可以在建表的 WITH 子句中通过 lookup.cache.max-rows 和 lookup.cache.ttl 参数来设置本地缓存的最大条目数和缓存元素的过期时间。关于每种连接器具体的参数，可以参考 Flink 官网。

对于方案 4 提出的将同步 I/O 处理转换为异步 I/O 处理的方式，Flink 预置的 JDBC 连接器没有提供异步 I/O 处理的功能，但是 HBase 连接器提供了异步 I/O 处理的功能。我们以 HBase 为例，在建表的 WITH 子句中，将 lookup.async 参数设置为 true 就可以实现对 HBase 的异步 I/O 处理。注意，异步 I/O 处理和同步 I/O 处理的执行算子和函数是不同的。以 HBase 为例，同步 I/O 处理使用的算子、函数以及查询函数分别为 ProcessOperator、LookupJoinRunner 和 HBaseRowDataLookupFunction，异步 I/O 处理使用的算子、函数以及查询函数分别为 AsyncWaitOperator、AsyncLookupJoinRunner 和 HBaseRowDataAsyncLookupFunction。其中 AsyncLookup-JoinRunner 继承自 RichAsyncFunction，HBaseRowDataAsyncLookupFunction 继承自 AsyncTable-Function。AsyncWaitOperator 和 RichAsyncFunction 就是异步 I/O 处理时，Flink DataStream API 提供的接口。

9.10　TopN 排序

1. 功能及应用场景

TopN 用于对指定分组的元素进行排序，通过 TopN 可以获取指定分组中的前 N 个元素或者后 N 个元素。

2. Flink SQL API

Flink SQL API 是通过 Over 窗口以及对排序结果的过滤操作实现 TopN 的。如代码清单 9-45 所示是 Flink SQL API 通过 Over 窗口以及对排序结果的过滤操作实现 TopN 的代码骨架结构。

代码清单 9-45　TopN 的代码骨架结构

```
SELECT [columns]
FROM (
    SELECT [columns],
        ROW_NUMBER() OVER ([PARTITION BY column1 [, column2...]]
            ORDER BY column3 [ASC|DESC][, column4 [ASC|DESC]...]) AS rownum
    FROM table_name)
WHERE rownum <= N [AND other_filter_conditions]
```

如代码清单 9-45 所示，其中主要涉及以下几个函数及参数。

❏ ROW_NUMBER()：该函数会按照排序规则对指定分组下的数据排序并得到每一行数据的排名。

❏ PARTITION BY column1 [, column2...]：用于指定分组的字段，Flink 会按照分组的字段对数据进行分组，然后在每一个分组中单独维护一个 TopN 的列表。举例来说，PARTITION BY productId 代表对每一个 productId 下都维护一个 TopN 的列表。注意，PARTITION BY 后可以不指定排序字段，这代表全局排序，我们可以直接省略 PARTITION BY 子句。

❏ ORDER BY column3 [ASC|DESC][, column4 [ASC|DESC]...]：用于指定 TopN 的排序规则，我们可以指定多个排序字段，并且自定义排序规则。排序规则有顺序排序（关键字 ASC）和逆序排序（关键字 DESC），如果不指定排序规则，默认为顺序排序。排序的优先级和列名的位置有关，前面的列的排序优先级大于后面的列，例如 column3 的排序优先级会大于 column4。举例来说，ORDER BY userId, productId desc⊖代表先按照 userId 顺序排序，然后对 userId 分组下的数据按照 productId 逆序排序。

❏ WHERE rownum <= N：rownum 字段是当前这一行数据经过排序后得到的序号，它是 ROW_NUMBER() OVER ([PARTITION BY column1 [, column2...]] ORDER BY column3 [asc|desc][, column4 [asc|desc]...]) 函数的返回值。WHERE rownum <= N 用于指定排序后保留的行数，N 是行的排序结果。注意，该子句是必需的，只有加上了这个子句，Flink 才能将其解析为 TopN 的查询。

3. 代码案例

案例：取用户搜索关键词下的搜索热度前三名的关键词。输入数据为搜索关键词的搜索热度数据，包含 keyWord、hotNum 字段，分别代表搜索关键词和热度数值，当搜索热度发生变化时，会将变化后的数据写入数据源。输出数据为热度前三名的关键词及其热度数值，包含 keyWord、hotNum 和 rownum 字段，其中 rownum 字段代表当前关键词的热度排名。最终的实现如代码清单 9-46 所示。

代码清单 9-46　TopN 排序案例

```
SELECT keyWord, hotNum, rownum
FROM (
    SELECT keyWord, hotNum,
```

⊖ 在 Flink SQL API 中并不严格区分命令的大小写，此处为便于读者理解，用大写表示 SQL 语法的关键字，用小写表示 SQL 命令中的字段。

```
// 没有分组键，然后按照 hotNum 逆序取前三名
        ROW_NUMBER() OVER (PARTITION BY ORDER BY hotNum desc) AS rownum
    FROM source_table)
WHERE rownum <= 3
```

当上述作业运行后，结果如下。

```
// 输入数据来源于 Kafka Topic, RowKind 都为 INSERT
(1) +I[keyWord=flink, hotNum=1000]
(2) +I[keyWord=spark, hotNum=1200]
(3) +I[keyWord=flink, hotNum=1300]
// 输出结果
// 处理完输入数据 (1) 产出的结果
+I[keyWord=flink, hotNum=1000, rownum=1]
// 处理完输入数据 (2) 产出的结果，将 flink 的排名改为 2，将 spark 的排名改为 1
-U[keyWord=flink, hotNum=1000, rownum=1]
+U[keyWord=spark, hotNum=1200, rownum=1]
+I[keyWord=flink, hotNum=1000, rownum=2]
// 处理完输入数据 (3) 产出的结果
-U[keyWord=spark, hotNum=1200, rownum=1]
+U[keyWord=flink, hotNum=1300, rownum=1]
-U[keyWord=flink, hotNum=1000, rownum=2]
+U[keyWord=spark, hotNum=1200, rownum=2]
+I[keyWord=flink, hotNum=1000, rownum=3]
```

读者可能会注意到处理完输入数据（3）后产出的结果不符合预期。为什么输出结果中既有 +U[keyWord=flink, hotNum=1300, rownum=1]，也有 +I[keyWord=flink, hotNum=1000, rownum=3] 呢，这难道不是重复了吗？

导致这个结果的原因在于 +I[keyWord=flink, hotNum=1000] 和 +I[keyWord=flink, hotNum=1300] 这两条输入数据的 keyWord 虽然都是 flink，但是 RowKind 都是 INSERT，这代表这是两条完全不同的数据，因此 ROW_NUMBER 会把它们当作两条数据分别排序。

而我们实际想要的效果是相同 keyWord 的数据只保留最大的 hotNum，解决这个问题的方法有以下 2 种。

方法 1：使用子查询保留相同 keyWord 最大的 hotNum。

如代码清单 9-47 所示，我们使用 GROUP BY 子句来获取相同 keyWord 下最大的 hotNum。

代码清单 9-47　TopN 排序案例

```
SELECT keyWord, hotNum, rownum
FROM (
    SELECT keyWord, hotNum,
        // 没有分组键，按照 hotNum 逆序取前三名
        ROW_NUMBER() OVER (ORDER BY hotNum desc) AS rownum
    FROM ( // 查询并获取每个 keyWord 下最大的 hotNum
            SELECT keyWord, max(hotNum) as hotNum
            FROM source_table GROUP BY keyWord
    )
)
WHERE rownum <= 3
```

上述 Flink 作业运行后，结果如下。

```
// 输入数据
(1) +I[keyWord=flink, hotNum=1000]
(2) +I[keyWord=spark, hotNum=1200]
(3) +I[keyWord=flink, hotNum=1300]
// 输出结果
// 处理完输入数据 (1) 产出的结果
+I[keyWord=flink, hotNum=1000, rownum=1]
// 处理完输入数据 (2) 产出的结果，将 flink 的排名改为 2，将 spark 的排名改为 1
-U[keyWord=flink, hotNum=1000, rownum=1]
+U[keyWord=spark, hotNum=1200, rownum=1]
+I[keyWord=flink, hotNum=1000, rownum=2]
// 处理完输入数据 (3) 产出的结果
-D[keyWord=flink, hotNum=1000, rownum=2]
-U[keyWord=spark, hotNum=1200, rownum=1]
+U[keyWord=flink, hotNum=1300, rownum=1]
+I[keyWord=spark, hotNum=1200, rownum=2]
```

方法 2：修改输入数据的 RowKind。

当我们将输入数据的 RowKind 分别修改为 UPDATE_BEFORE 和 UPDATE_AFTER 两条数据后，也可以得到和方法 1 相同的结果，代码如下。

```
+I[keyWord=flink, hotNum=1000]
+I[keyWord=spark, hotNum=1200]
-U[keyWord=flink, hotNum=1000]
+U[keyWord=flink, hotNum=1300]
```

4. Flink 作业的语义

接下来我们来分析代码清单 9-46 中的 SQL 查询对应 Flink 作业的语义。

第一步，绘制逻辑数据流图，如图 9-10 所示。

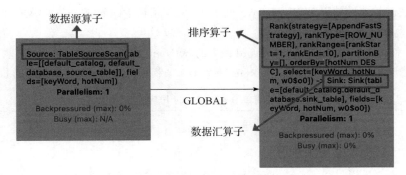

图 9-10　TopN 排序的逻辑数据流图

第二步，理解 Flink 作业中每个算子处理数据的机制。该案例中主要包含 TableSourceScan、Rank 和 Sink 这 3 个算子。我们着重介绍 Rank 算子，其对应的底层算子为 KeyedProcessOperator。如果输入数据流为 Append-only 流，那么就会使用 AppendOnlyTopNFunction 对数据进行排序，

AppendOnlyTopNFunction 继承自 KeyedProcessFunction。如果输入数据流为 Retract 流，那么就会使用 RetractableTopNFunction 对数据进行排序，RetractableTopNFunction 也继承自 Keyed-ProcessFunction。AppendOnlyTopNFunction 的处理逻辑比 RetractableTopNFunction 的处理逻辑简化了很多。

5. 无排名输出优化

代码清单 9-46 最后输出的结果中，我们引用到了 ROW_NUMBER() 函数的结果值 rownum 字段，这可能会导致向结果表中写入大量的数据。举例来说，有一个 100 个关键词的排行榜，当原本排名为 99 的关键词的热度排名突然上升为第 1 名时，原本排名为 1 ~ 98 的关键词都会下移 1 位，因为 rownum 字段发生了变化，这就会导致输出大量的更新数据，对数据汇存储引擎造成压力，从而成为 Flink 作业的瓶颈。

解决方法也很简单，如代码清单 9-48 所示，在 SQL 查询语句中省略 SELECT 子句中的 rownum 字段，那么即使排名为 1 到 98 的关键词都会下移 1 位，只要结果字段中的 keyWord 和 hotNum 不发生变化，TopN 算子就不会输出更新数据。

代码清单 9-48　无排名输出优化案例

```
SELECT keyWord, hotNum, rownum
FROM (
    SELECT keyWord, hotNum,
        // 没有分组键，按照 hotNum 逆序取前三名
        ROW_NUMBER() OVER (PARTITION BY ORDER BY hotNum desc) AS rownum
    FROM source_table)
WHERE rownum <= 3
```

上述 Flink 作业运行后，结果如下。可以发现只有当 keyWord 和 hotNum 发生更新时，才会向数据汇存储引擎输出结果。

```
// 输入数据
+I[keyWord=flink, hotNum=1000]
+I[keyWord=spark, hotNum=1200]
-U[keyWord=flink, hotNum=1000]
+U[keyWord=flink, hotNum=1300]
// 输出结果
+I[keyWord=flink, hotNum=1000]
+I[keyWord=spark, hotNum=1200]
-D[keyWord=flink, hotNum=1000]
+I[keyWord=flink, hotNum=1300]
```

注意，使用无排名输出优化这种方案会导致数据汇存储引擎获取不到当前数据的排名，如果要得到每一条数据的排名，需要我们在数据汇存储引擎中按照主键 keyWord 来更新每一条数据的 hotNum，并自行排名。读者可能会疑惑，既然要自行排名，为什么要多此一举通过 Flink 的 TopN 来计算呢，直接将数据源中的数据写入数据汇存储引擎进行排名不就好了吗？

其实通过 Flink 的 TopN 来计算是有意义的。举例来说，如果输入数据有 1 万个 keyWord，那么代码清单 9-48 可以保证只有前三名的结果会被输出，不在前三名范围内的数据会被 Flink

的 TopN 算子过滤掉，这可以大大减少对于数据汇存储引擎的写入压力。如下所示，输入数据的 keyWord 有 7 个，而对应的输出结果中只有 flink、spark 和 flink1 这 3 个，其他的输入数据由于 hotNum 数值没有达到前三，因此直接被 TopN 算子过滤了。

```
// 输入数据
+I[keyWord=flink, hotNum=1000]
+I[keyWord=spark, hotNum=1200]
+I[keyWord=flink1, hotNum=1001]
+I[keyWord=flink2, hotNum=902]
+I[keyWord=flink3, hotNum=903]
+I[keyWord=flink4, hotNum=904]
+I[keyWord=flink5, hotNum=905]
// 输出结果
+I[keyWord=flink, hotNum=1000]
+I[keyWord=spark, hotNum=1200]
+I[keyWord=flink1, hotNum=1001]
```

9.11 Deduplication 去重

1. 功能及应用场景

Deduplication 用于去重操作，是 TopN 排序的一种特殊场景，即 rownum=1 的场景。Deduplication 的特殊之处在于，排序字段必须是时间属性列，不能是非时间属性的普通列。当 Flink 识别到排序字段为时间属性列，并且 rownum=1 时，就会将 SQL 作业翻译为 Deduplication 算子来执行计算，而如果排序字段是普通列，则会翻译为 TopN 算子来计算，Deduplication 算子相比于 TopN 算子专门做了对应的优化，性能有很大提升。

Deduplication 通常应用于按照主键去重或者按照主键保留最新快照数据的场景。注意，Deduplication 的输入数据流只能为 Append-only 流，不能是 Retract 流。

2. Flink SQL API

如代码清单 9-49 所示是 Flink SQL API 中 Deduplication 的代码骨架结构。

代码清单 9-49　Deduplication 的代码骨架结构

```
SELECT [columns]
FROM (
    SELECT [columns],
        ROW_NUMBER() OVER ([PARTITION BY column1 [, column2...]]
            ORDER BY time_attr [ASC|DESC]) AS rownum
    FROM table_name)
WHERE rownum = 1 [AND other_filter_conditions]
```

其中的 ORDER BY time_attr [ASC|DESC] 用于标识排序规则，time_attr 为时间属性列，支持处理时间、事件时间的时间属性列。

3. 代码案例

我们介绍一个按照主键保留最新快照数据的案例和一个按照主键去重的案例。

首先是按照主键保留最新快照数据的案例，这是一个事件时间的案例。

案例：某 App 给用户划分了 A、B 和 C 共 3 个等级，现在要统计 3 个等级的用户数。输入数据源为用户等级更新数据，包含 userId、level 和 eventTime 字段，分别代表用户 id、用户等级和等级更新时间戳，输出数据包含 level 和 uv 字段，分别代表用户等级和当前等级下的用户数。最终的实现如代码清单 9-50 所示。

代码清单 9-50　使用 Deduplication 按照主键保留最新快照数据的案例

```
CREATE TABLE source_table (
        userId BIGINT,
        level STRING,
        eventTime BIGINT,
        rowTime AS TO_TIMESTAMP_LTZ(eventTime, 3),
        WATERMARK FOR rowTime AS rowTime - INTERVAL '5' SECONDS
) WITH (
    'connector' = 'kafka',
    ..
);
// 计算每个等级下的用户数
SELECT level, count(1) as uv
FROM ( // 子查询用于计算单个用户最新的等级，得到的结果为 userId 粒度的表
        SELECT userId, level, ROW_NUMBER() OVER(
            PARTITION BY userId ORDER BY rowTime desc) as rn
        FROM source_table
)
WHERE rn = 1
GROUP BY level
```

当上述 Flink 作业运行后，结果如下。

```
// 输入数据
(1)+I[userId= 用户 1, level= 等级 A, eventTime=1640966400000]
(2)+I[userId= 用户 2, level= 等级 B, eventTime=1640966400000]
(3)+I[userId= 用户 1, level= 等级 B, eventTime=1640966410000]
(4)+I[userId= 用户 2, level= 等级 C, eventTime=1640966420000]
// 输出结果
// 处理完输入数据 (1) 后输出的结果
+I[level= 等级 A, uv=1]
// 处理完输入数据 (2) 后输出的结果
+I[level= 等级 B, uv=1]
// 处理完输入数据 (3) 后输出的结果
-D[level= 等级 A, uv=1]
-U[level= 等级 B, uv=1]
+U[level= 等级 B, uv=2]
// 处理完输入数据 (4) 后输出的结果
-U[level= 等级 B, uv=2]
+U[level= 等级 B, uv=1]
+I[level= 等级 C, uv=1]
```

我们来分析一下代码清单 9-50 中的 SQL 查询对应 Flink 作业的语义。

第一步，绘制逻辑数据流图，如图 9-11 所示。

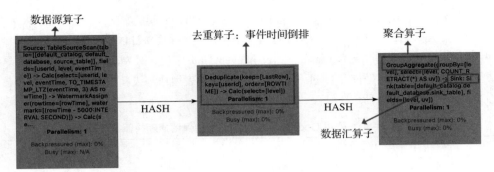

图 9-11　Debuplication 去重的逻辑数据流图

第二步，理解 Flink 作业中每个算子处理数据的机制。该案例主要包含 TableSourceScan、Deduplicate、GroupAggreagate 和 Sink 这 4 个算子。我们着重介绍 Deduplicate 算子，其底层算子为 KeyedProcessOperator，对应的函数为 RowTimeDeduplicateFunction，RowTimeDeduplicate-Function 继承自 KeyedProcessFunction。

Deduplicate 是 TopN 的一种特殊场景，那么为什么 Deduplicate 没有复用 TopN 的 AppendOnly-TopNFunction，而是自己实现了 RowTimeDeduplicateFunction 呢？

这是因为 Deduplicate 去重计算只需要保留一条数据，就不需要像 AppendOnlyTopNFunction 为每一个分区键都维护一个排名列表这样复杂的数据结构了，只需要一个 ValueState 来保存当前分区键下最新的一条数据，这样可以简化数据处理的流程，从而提升性能。

在 RowTimeDeduplicateFunction 处理输入数据时，会从 ValueState 中获取当前分区键下的旧数据和新数据的数据时间进行比较。如果旧数据为空，那么说明当前这个新数据是当前分区键下的第一条数据，则直接输出 INSERT 数据，并将新数据保存到 ValueState 中。如果比较后，发现需要更新数据，那么就会向下游发送 UPDATE_BEFORE 和 UDPATE_AFTER 数据，并将新数据保存到 ValueState 中。

按照主键去重的案例如下。

案例：统计每种商品的累计销售额。输入数据源为商品订单销售日志，商品订单销售日志中的数据有重复，我们需要对数据进行去重后才能计算每种商品的累计销售额。输入数据源包含 uniqueId、productId 和 income 字段，分别代表去重 id、商品 id 和商品销售额，输出数据包含 productId 和 all 字段，分别代表商品 id 和商品累计销售额。最终的实现如代码清单 9-51 所示。

代码清单 9-51　使用 Deduplication 按照主键去重的案例

```sql
SELECT productId, SUM(income) as `all`
FROM (
    SELECT uniqueId, productId, income, ROW_NUMBER() OVER(
        PARTITION BY uniqueId ORDER BY proctime) as rn
    FROM source_table
)
WHERE rn = 1
GROUP BY productId
```

当上述 Flink 作业运行后，结果如下。

```
// 输入数据
+I[uniqueId=1, productId= 商品 1, income=1]
+I[uniqueId=1, productId= 商品 1, income=1] // 重复数据
+I[uniqueId=2, productId= 商品 2, income=5]
// 输出结果
+I[productId= 商品 1, all=1]
+I[productId= 商品 2, all=5]
```

我们来分析一下代码清单 9-51 中的 SQL 查询对应 Flink 作业的语义。

第一步，绘制逻辑数据流图，如图 9-12 所示。

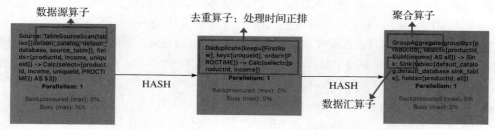

图 9-12　Deduplication 去重逻辑数据流图

第二步，理解 Flink 作业中每个算子处理数据的机制。该案例主要包含 TableSourceScan、Deduplicate、GroupAggreagate 和 Sink 这 4 个算子。我们着重介绍 Deduplicate 算子，其对应的底层算子为 KeyedProcessOperator。如果按照处理时间顺序排列，处理函数为 ProcTimeDeduplicateKeepFirstRowFunction，如果按照处理时间逆序排列，处理函数为 ProcTimeDeduplicateKeepLastRowFunction。

为什么事件时间语义下无论按照事件时间顺序排列还是逆序排列都只有一个 RowTimeDeduplicateFunction，而在处理时间语义下却有两个不同的函数呢？

这是为处理性能所作的考虑。事件时间语义下无论按照事件时间顺序排序还是逆序排列，去重得到的结果数据流都是 Retract 流，因此就只有 RowTimeDeduplicateFunction 这一种函数。而如果按照处理时间顺序排列，去重得到的结果数据流就是 Append-only 流，如果按照处理时间逆序排列，去重得到的结果数据流就是 Retract 流，因此专门为处理时间顺序排序实现 ProcTimeDeduplicateKeepFirstRowFunction 会让 Flink 作业具备更好的性能。

这里我们总结一下在经过 Deduplication 去重处理后，输出 Retract 流和 Append-only 流的场景。

❑ 场景 1——ORDER BY 事件时间关键字 DESC：输出结果为 Retract 流，因为当前分区键下，后续可能会输入比旧数据的事件时间还大的新数据。

❑ 场景 2——ORDER BY 事件时间关键字 ASC：输出结果为 Retract 流，因为当前分区键下，后续可能会输入比旧数据的事件时间还小的新数据。

❑ 场景 3——ORDER BY 处理时间关键字 DESC：输出结果为 Retract 流，因为只要当前分区键下有新的输入数据，新数据的处理时间一定会比旧数据的处理时间大，数据一定会被更新。

❑ 场景 4——ORDER BY 处理时间关键字 ASC：输出结果为 Append-only 流，因为只要当前分区键下有新的输入数据，新数据的处理时间一定会比旧数据的处理时间大，数据就不会更新了。

只有在场景 4 中，我们可以在结果数据流上执行时间窗口计算，前 3 个场景都无法在结果数据流上执行时间窗口计算。

9.12 窗口 TopN

1. 功能及应用场景

窗口 TopN 是一种基于时间窗口的 TopN 计算，它会返回每一个窗口内的 N 个最小值或者最大值。读者可能会有疑问，窗口 TopN 和第 9.10 节介绍的 TopN 有什么区别呢？

第 9.10 节介绍的 TopN 每次计算得到的结果都是中间结果，结果数据流是 Retract 流。而窗口 TopN 则是在窗口结束时输出最终结果，产出的结果数据流是 Append-only 流。

窗口 TopN 是基于窗口表值函数实现的，窗口 TopN 可以和窗口表值函数、窗口关联等操作一起使用。由于窗口 TopN 是基于窗口的操作，因此在窗口结束时，会自动把窗口状态数据清除。注意，窗口 TopN 不支持分组窗口聚合函数。

2. Flink SQL API

如代码清单 9-52 所示是 Flink SQL API 提供的窗口 TopN 的代码骨架结构。

代码清单 9-52 窗口 TopN 的代码骨架结构

```
SELECT [columns]
FROM (
    SELECT [columns],
        ROW_NUMBER() OVER (
            PARTITION BY window_start, window_end [, column2...]]
            ORDER BY column3 [ASC|DESC][, column4 [ASC|DESC]...]) AS rownum
    FROM table_name // table_name 基于窗口表值聚合函数
)
WHERE rownum <= N [AND other_filter_conditions]
```

其中 window_start 和 window_end 是 PARTITION BY 子句中必须指定的，这两个字段源于窗口表值函数中的窗口开始时间和窗口结束时间字段。只有指定了这两个字段，Flink 引擎才会将上述 SQL 翻译为窗口 TopN 来执行。

3. 代码案例

案例：计算每 10min 商品累计销售额的前三名。输入数据源为商品销售订单日志，包含 productId、income 和 eventTime 字段，分别代表商品 id、商品销售额和商品销售时间戳。输出数据包含 productId、all 和 windowStart 字段，分别代表商品 id、商品 10min 的累计销售额和 10min 窗口的开始时间戳。最终的实现如代码清单 9-53 所示。

代码清单 9-53 窗口 TopN 案例

```
SELECT productId, `all`, window_start as windowStart
FROM (
    SELECT productId, `all`, window_start, window_end,
        ROW_NUMBER() OVER (PARTITION BY window_start, window_end
```

```
                 ORDER BY `all` desc) AS rownum
    FROM ( //子查询计算得到每种商品每10min的累计销售额
          SELECT window_start, window_end, productId, SUM(income) as `all`
          FROM TABLE(TUMBLE(TABLE source_table, DESCRIPTOR(rowTime), INTERVAL
              '10' MINUTES))
          GROUP BY window_start, window_end, productId
    )
    WHERE rownum <= 3
)
```

4. Flink 作业的语义

我们来分析一下代码清单 9-53 中的 SQL 查询对应 Flink 作业的语义。

第一步，绘制逻辑数据流图，如图 9-13 所示。

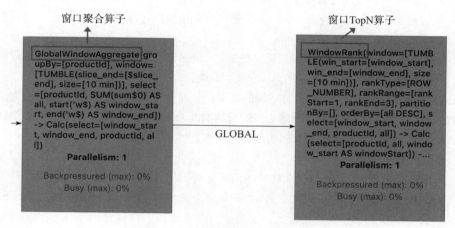

图 9-13　窗口 TopN 逻辑数据流图

第二步，理解 Flink 作业中每个算子处理数据的机制。我们着重介绍执行窗口 TopN 计算的 WindowRank，其对应的底层算子为 SlicingWindowOperator，其中负责排序的处理函数为 WindowRankProcessor。WindowRankProcessor 的处理逻辑很简单，本质上也是一个窗口算子，会将数据保存在状态中，并随着时间的推进而触发窗口计算。当窗口触发时，WindowRankProcessor 会对窗口中的数据按照 ORDER BY 指定的排序规则进行排序，并将得到的结果并输出。

9.13　Over 聚合

1. 功能及应用场景

Over 聚合是一种特殊的聚合函数，用于聚合计算，和 GROUP BY 分组聚合不一样的地方在于，Over 聚合会为每一行输入数据计算一个聚合结果，而 GROUP BY 分组聚合只会将每个分组中的多条输入数据结果聚合为一行。我们可以将 Over 聚合理解为一种特殊的滑动窗口。

注意，Over 聚合的输入数据流必须为 Append-only 流，Over 聚合的输出数据流也只会是

Append-only 流。

2. Flink SQL API

如代码清单 9-54 所示是 Flink SQL API 中 Over 聚合的代码骨架结构。

代码清单 9-54　Over 聚合的代码骨架结构

```
SELECT
    columns,
    aggregate_function(aggregate_column) OVER (
        [PARTITION BY column1 [, column2...]]
        ORDER BY time_attr range_definition)
FROM table_name
```

代码清单 9-54 中涉及的参数如下。

❏ aggregate_function(aggregate_column)：该函数会按照排序规则对指定分组下的数据进行排序以及聚合计算。

❏ ORDER BY time_attr：用于标识排序规则，time_attr 为时间属性列，支持处理时间、事件时间的时间属性列。注意，目前 Over 聚合只支持顺序排序，不支持逆序排序。

❏ range_definition：用于定义聚合数据的范围。目前聚合数据的范围有两种指定方式，一种方式是按照行数聚合，可以理解为按照行数的滑动窗口聚合计算，另一种方式是按照时间区间聚合，可以理解为按照时间的滑动窗口聚合计算。

3. Over 聚合的应用场景

如代码清单 9-55 所示，Flink 为 2 种时间语义下的数据聚合方式提供了 7 种聚合计算场景以及语法。聚合数据的范围由 BETWEEN...AND 子句来定义，BETWEEN...AND 是包含上下边界的，其中 CURRENT ROW 代表当前这条数据，也就是上边界，上边界目前只支持 CURRENT ROW。

代码清单 9-55　Over 聚合的 7 种聚合计算场景

```
// 场景 1：处理时间语义下，按照时间区间聚合并且有上下界。聚合数据的范围为当前这条数据前 1min 内的
// 数据到当前这条数据
ORDER BY proctime RANGE BETWEEN INTERVAL '1' MINUTE PRECEDING AND CURRENT ROW
// 场景 2：处理时间语义下，按照行数聚合并且有上下界。聚合数据的范围为当前这条数据的前 50 条数据到
// 当前这条数据，总共会聚合 51 条数据的结果
ORDER BY proctime ROWS BETWEEN 50 PRECEDING AND CURRENT ROW
// 场景 3：处理时间语义下，按照行数聚合并且没有上下界。注意，没有上下界的场景中，按照行数聚合
// 等价于按照时间聚合
ORDER BY proctime ROWS BETWEEN UNBOUNDED AND CURRENT ROW
// 场景 4：事件时间语义下，按照时间区间聚合并且有上下界。聚合数据的范围为当前这条数据前 1min 内的
// 数据到当前这条数据
ORDER BY rowtime RANGE BETWEEN INTERVAL '1' MINUTE PRECEDING AND CURRENT ROW
// 场景 5：事件时间语义下，按照时间区间聚合并且没有上下界
ORDER BY rowtime RANGE BETWEEN UNBOUNDED PRECEDING AND CURRENT ROW
// 场景 6：事件时间语义下，按照行数聚合并且有上下界
ORDER BY rowtime ROWS BETWEEN 50 PRECEDING AND CURRENT ROW
// 场景 7：事件时间语义下，按照行数聚合并且没有上下界
ORDER BY rowtime ROWS BETWEEN UNBOUNDED PRECEDING AND CURRENT ROW
```

4. 按照行数的 Over 聚合的代码案例

案例：输入数据为商品销售订单日志，包含 productId、income 和 eventTime 字段，分别代表商品 id、商品销售额和商品销售时间戳，要求为每一条输入数据计算一个聚合结果，这个聚合结果为每种商品最近 5 笔订单（包含当前订单）的总销售额和平均销售额。最终的实现如代码清单 9-56 所示。

代码清单 9-56　按照行数的 Over 聚合案例

```
SELECT productId,
    SUM(income) OVER ( PARTITION BY productId
        ORDER BY proctime ROWS BETWEEN 4 PRECEDING AND CURRENT ROW
    ) AS sumIncome,
    AVG(income) OVER ( PARTITION BY productId
        ORDER BY proctime ROWS BETWEEN 4 PRECEDING AND CURRENT ROW
    ) AS avgIncome
FROM source_table
```

当上述 Flink 作业运行后，结果如下。

```
// 输入数据
+I[productId= 商品 1, income=1.0, eventTime=1640966400000]
+I[productId= 商品 1, income=2.0, eventTime=1640966400000]
+I[productId= 商品 1, income=3.0, eventTime=1640966400000]
+I[productId= 商品 1, income=4.0, eventTime=1640966400000]
// 输出结果
+I[productId= 商品 1, sumIncome=1.0, avgIncome=1.0]
+I[productId= 商品 1, sumIncome=3.0, avgIncome=1.5]
+I[productId= 商品 1, sumIncome=6.0, avgIncome=2.0]
+I[productId= 商品 1, sumIncome=10.0, avgIncome=2.5]
```

我们来分析一下代码清单 9-56 中的 SQL 查询对应 Flink 作业的语义。

第一步，绘制逻辑数据流图，如图 9-14 所示。

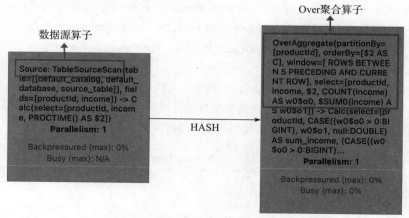

图 9-14　按照行数的 Over 聚合逻辑数据流图

第二步，理解 Flink 作业中每个算子处理数据的机制。该案例中，OverAggregate 用于执行窗口聚合计算，其对应的底层算子为 KeyedProcessOperator，由于该案例为处理时间语义下按照行数聚合并且有上下界，因此对应的自定义函数为 ProcTimeRowsBoundedPrecedingFunction，ProcTime-RowsBoundedPrecedingFunction 继承自 KeyedProcessFunction。

5. 按照时间范围的 Over 聚合的代码案例

如果我们将案例改为计算每种商品最近 24 小时内（包含当前订单）的总销售额和平均销售额。那么最终的实现如代码清单 9-57 所示。

代码清单 9-57　按照时间范围的 Over 聚合案例

```sql
SELECT productId,
    SUM(income) OVER ( PARTITION BY productId
        ORDER BY proctime RANGE BETWEEN INTERVAL '24' HOUR PRECEDING AND CURRENT ROW
    ) AS sumIncome,
    AVG(income) OVER ( PARTITION BY productId
        ORDER BY proctime RANGE BETWEEN INTERVAL '24' HOUR PRECEDING AND CURRENT ROW
    ) AS avgIncome
FROM source_table
```

6. 2 种时间语义的 Over 聚合对应的算子以及函数

无论哪种时间语义，Over 聚合计算场景执行时的算子都是 KeyedProcessOperator，不同之处在于执行的函数。

处理时间语义的 3 种函数如下。

❑ 时间区间聚合并且有上下界：ProcTimeRangeBoundedPrecedingFunction。

❑ 行数聚合并且有上下界：ProcTimeRowsBoundedPrecedingFunction。

❑ 行数聚合并且没有上下界：ProcTimeUnboundedPrecedingFunction。

事件时间语义的 4 种函数如下。

❑ 时间区间聚合并且有上下界：RowTimeRangeBoundedPrecedingFunction。

❑ 时间区间聚合并且没有上下界：RowTimeRangeUnboundedPrecedingFunction。

❑ 行数聚合并且有上下界：RowTimeRowsBoundedPrecedingFunction。

❑ 行数聚合并且没有上下界：RowTimeRowsUnboundedPrecedingFunction。

7. 使用注意事项

第一，如果在 SELECT 中有多个 Over 聚合操作，那么聚合数据的范围必须要一致。

第二，多个 Over 聚合操作中，通常需要重复编写聚合数据范围的代码，而 Flink 提供了一种简化写法，我们可以将代码清单 9-57 的代码简化为代码清单 9-58 中的代码。

代码清单 9-58　多个 Over 聚合的简化语法

```sql
SELECT productId,
    SUM(income) OVER w AS sumIncome,
    AVG(income) OVER w AS avgIncome
FROM source_table
WINDOW w AS (
    PARTITION BY productId
    ORDER BY proctime
    RANGE BETWEEN INTERVAL '24' HOUR PRECEDING AND CURRENT ROW)
```

9.14　其他操作

　　除了前文介绍的各种数据处理操作，Flink SQL API 还提供了集合操作和元数据管理操作，下面就来介绍这两种操作。

9.14.1　集合操作

　　Flink SQL API 提供的集合操作案例如代码清单 9-59 所示。

代码清单 9-59　集合操作案例

```
//1.UNION 操作：合并集合并且去重
SELECT userId, productId FROM table_1
UNION
SELECT userId, productId FROM table_2
//2.UNION ALL 操作：合并集合，不做去重
SELECT userId, productId FROM table1
UNION ALL
SELECT userId, productId FROM table2
//3.INTERSECT 操作：求交集并且去重
(SELECT userId FROM table1) INTERSECT (SELECT userId FROM table2)
//4.INTERSECT ALL 操作：求交集，不做去重
(SELECT userId FROM table1) INTERSECT ALL (SELECT userId FROM table2)
//5.EXCEPT 操作：求差集（在左表且不在右表中的集合）并且去重
(SELECT userId FROM table1) EXCEPT (SELECT userId FROM table2)
//6.EXCEPT ALL 操作：求差集，不做去重。注意，如果左表先收到一条数据，且没有从右表中找到对应的
// 数据时会直接输出数据。后续右表中相同 key 下的数据到达之后，会下发撤流将之前左表输出的数据撤回
(SELECT userId FROM table1) EXCEPT ALL (SELECT userId FROM table2)
//7.IN 子查询：用于过滤数据，功能和 Inner Join 类似
SELECT userId, productId FROM source_table
WHERE productId IN (SELECT productId FROM need_delete_table)
//8.LIMIT：用于限制输出结果的条目数
SELECT userId, productId FROM source_table LIMIT 3
//9.ORDER BY：用于对输出的结果排序
SELECT userId, productId FROM source_table ORDER BY userId
```

9.14.2　元数据管理操作

　　Flink SQL API 提供的元数据管理操作案例如代码清单 9-60 所示。

代码清单 9-60　元数据管理操作案例

```
//1.SHOW 子句：在传统数据库系统中，SHOW 子句通常用于查询库、表、函数等，在 Flink SQL API 中的
// 功能也相同
// 展示所有的目录名称，功能同 TableEnvironment 的 listCatalogs() 方法
SHOW CATALOGS
// 展示当前的目录名称，功能同 TableEnvironment 的 getCurrentCatalog() 方法
SHOW CURRENT CATALOG
// 展示当前目录下的所有数据库，功能同 TableEnvironment 的 listDatabases() 方法
SHOW DATABASES
// 展示当前目录下的当前数据库，功能同 TableEnvironment 的 getCurrentDatabase() 方法
```

```
SHOW CURRENT DATABASE
// 展示当前目录下当前数据库中的所有表，功能同 TableEnvironment 的 listTables() 方法
SHOW TABLES
// 展示当前目录下当前数据库中的所有视图，功能同 TableEnvironment 的 listViews() 方法
SHOW VIEWS
// 展示所有的函数，功能同 TableEnvironment 的 String[] listFunctions() 方法
SHOW FUNCTIONS
// 展示所有已经注册到上下文环境中 Module，功能同 TableEnvironment 的 listModules() 方法
SHOW MODULES
// 2.USE 子句：在传统数据库系统中，USE 子句通常用于指定数据库，在 Flink SQL API 中，USE 子句
// 用于指定目录、数据库以及 Module
// 使用名为 catalog_name 的目录，功能同 TableEnvironment 的 useCatalog() 方法
USE CATALOG catalog_name
// 使用名为 database_name 的数据库，功能同 TableEnvironment 的 useDatabase() 方法
USE database_name
// 使用名为 module_name1 的 Module，功能同 TableEnvironment 的 useModules() 方法
USE MODULES module_name1
// 3.LOAD、UNLOAD 子句：用于加载或者卸载指定名称的 Module
LOAD MODULE hive WITH ('hive-version' = '3.1.2')
UNLOAD MODULE hive
// 4.SET、RESET 子句：SET 子句用于修改 Flink SQL API 的环境配置，RESET 子句可以将所有的环境
// 配置恢复成默认配置。需要注意，SET 和 RESET 子句只能在 Flink 提供的 SQL 客户端中使用。
// 设置时区
SET 'table.local-time-zone' = 'Asia/Shanghai'
// 5.DROP 子句
// 删除指定名称的目录
DROP CATALOG catalog_name
// 删除指定名称的数据库
DROP DATABASE database_name
// 删除指定名称的表
DROP TABLE table_name
// 删除指定名称的视图
DROP VIEW view_name
// 删除指定名称的函数
DROP FUNCTION function_name
// 6.DESCRIBE 子句，描述指定表的字段信息
DESCRIBE table_name
```

9.15 EXPLAIN

EXPLAIN 子句用于输出当前 SQL 语句的逻辑以及优化后的执行计划。代码清单 9-61 所示是 EXPLAIN 子句的使用案例，该子句的功能和 TableEnvironment 的 explainSql() 方法相同。

代码清单 9-61　EXPLAIN 子句案例

```
CREATE TABLE source_table (
        keyWord STRING,
        hotNum BIGINT
) WITH (
        'connector' = 'datagen',
        'rows-per-second' = '1'
```

```
);
CREATE TABLE sink_table (
        keyWord STRING,
        hotNum BIGINT,
        rownum BIGINT
) WITH (
    'connector' = 'print'
);
```

// 输出当前 SQL 语句的逻辑以及优化后的执行计划

```
EXPLAIN PLAN FOR
SELECT keyWord, hotNum, rownum
FROM (
    SELECT keyWord, hotNum,
        ROW_NUMBER() OVER (ORDER BY hotNum desc) AS rownum
    FROM source_table)
WHERE rownum <= 10
```

// 输出结果

// SQL 语句对应的抽象语法树

```
== Abstract Syntax Tree ==
LogicalProject(keyWord=[$0], hotNum=[$1], rownum=[$2])
+- LogicalFilter(condition=[<=($2, 10)])
    +- LogicalProject(keyWord=[$0], hotNum=[$1], rownum=[ROW_NUMBER() OVER
        (ORDER BY $1 DESC NULLS LAST)])
        +- LogicalTableScan(table=[[default_catalog, default_database, source_table]])
```

// 优化后的物理计划

```
== Optimized Physical Plan ==
Rank(strategy=[AppendFastStrategy], rankType=[ROW_NUMBER], rankRange=[rankStart=1,
    rankEnd=10], partitionBy=[], orderBy=[hotNum DESC], select=[keyWord, hotNum,
    w0$o0])
+- Exchange(distribution=[single])
    +- TableSourceScan(table=[[default_catalog, default_database, source_table]],
        fields=[keyWord, hotNum])
```

// 优化后的执行计划

```
== Optimized Execution Plan ==
Rank(strategy=[AppendFastStrategy], rankType=[ROW_NUMBER], rankRange=[rankStart=1,
    rankEnd=10], partitionBy=[], orderBy=[hotNum DESC], select=[keyWord, hotNum,
    w0$o0])
+- Exchange(distribution=[single])
    +- TableSourceScan(table=[[default_catalog, default_database, source_table]],
        fields=[keyWord, hotNum])
```

9.16　SQL Hints

我们来看一个案例。假设有一个 Kafka 数据源表 source_table，用户想从最新的偏移量处查询出一些数据进行预览，但是在创建这个表时，WITH 子句中的配置 scan.startup.mode 是 earliest-offset。通过 SQL Hints，我们可以将 scan.startup.mode 临时改为 latest-offset。SQL Hints 常常用于临时的参数修改。

如代码清单 9-62 所示，我们通过 SQL Hints 指定以 earliest-offset 方式来消费 Kafka Topic，并以 round-robin 策略写入 Kafka Topic 中。

代码清单 9-62　SQL Hints 使用案例

```
// 按照 round-robin 策略写入 sink_table 对应的 Kafka Topic 中
INSERT INTO sink_table /*+ OPTIONS('sink.partitioner'='round-robin') */
// 从最早的偏移量开始消费 source_table 对应的 Kafka Topic
SELECT * from source_table /*+ OPTIONS('scan.startup.mode'='earliest-offset') */
```

9.17　本章小结

在本章中，我们学习了 Flink SQL API 提供的各种数据处理语句。Flink SQL API 不仅使用起来比 DataStream API 方便，而且预置的功能也比 DataStream API 丰富得多。

在 9.1 节中，我们学习了 Flink SQL API 提供的原子数据类型、复合数据类型和用户自定义数据类型。常见的原子数据类型有 BIGINT、STRING 等，复合数据类型有 ARRAY、MAP 等。在大多数场景中，原子数据类型和复合数据类型就能够满足我们的需求了。

在 9.2 节中，我们学习了 Flink 中的创建表语句 CREATE TABLE。

在 9.3 节中，我们学习了 WITH 子句，它可以理解为临时视图。与视图不同的是，WITH 子句只能在一个查询中使用。通过 WITH 子句，我们可以降低 SQL 代码的复杂度。

在 9.4 节中，我们学习了 SELECT 和 WHERE 子句，这两个子句通常用于过滤字段、字段清洗标准化，功能与 DataStream API 中的 Filter 操作和 Map 操作相同。

在 9.5 节中，我们学习了 SELECT DISTINCT 子句，该子句会按照指定 key 对数据进行去重，功能与 Hive SQL 中的 SELECT DISTINCT 子句相同。

在 9.6 节中，我们学习了 Flink SQL API 提供的两种时间窗口聚合操作，分别为窗口表值函数和分组窗口聚合函数，推荐使用窗口表值聚合函数。值得一提的是，窗口表值函数提供的 GROUPING SETS、ROLLUP 和 CUBE 子句可以帮助用户进行多维窗口聚合计算。

在 9.7 节中，我们学习了 GROUP BY 分组聚合操作，该操作不仅常用，而且好用。然而，分组聚合操作的原理是 Flink SQL API 中最难理解的，其中涉及回撤操作和累计操作，这两种操作是 Flink SQL API 实现无界流数据处理的理论基础。建议读者深入学习 GROUP BY 分组聚合操作对应的 Flink 源码，以加深对于回撤操作和累计操作的理解。

在 9.8 节中，我们学习了 Flink SQL API 提供的 3 种流关联操作，包括常规关联、时间窗口关联和时间区间关联。值得一提的是，Flink SQL API 提供的时间窗口关联和时间区间关联相比于 DataStream API 来说丰富了很多，它们都可以将没有关联到的结果输出。

在 9.9 节中，我们学习了 Flink SQL API 提供的 3 种维表关联操作，包括表函数、数组扩展和查询关联。虽然这是 3 种不同的维表关联操作，但是底层的能力相同，都是基于 TableFunction 实现的。值得一提的是，在 Flink SQL API 提供的查询关联中，HBase 和 MySQL 的连接器提供了本地缓存功能，并且 HBase 还提供了异步 I/O 查询功能。

在 9.10 ～ 9.16 节中，我们学习了 TopN 排序、Deduplication 去重、窗口 TopN 和 Over 聚合、集合、元数据管理以及解释 SQL 语句执行计划的操作。此外，我们还使用 SQL Hints 实现了灵活修改参数，以满足作业需求。

第 10 章 *Chapter 10*

Flink SQL API 函数

在第 9 章中，我们学习了 Flink SQL API 提供的数据处理操作的语法，它们已经能够帮助我们解决大多数场景中的需求了。还有一些场景下的需求是通过 Flink SQL API 提供的语法解决不了的，比如解析 JSON，或者封装一些通用且复杂的数据处理逻辑。

Flink SQL API 为这些场景提供了函数，方便用户对数据进行更灵活的处理，从而极大地扩展了 SQL 查询的表达能力。

10.1 函数的使用案例

我们先以一个案例来说明函数的使用方法。数据源 source_table 中包含 userId 和 jsonStr 字段，分别代表用户 id 和包含了 productId 字段的 JSON 字符串。要求从 jsonStr 中解析出 productId 字段，并把 userId 和 productId 字段作为结果输出。我们可以使用 Flink SQL API 的系统内置函数 JSON_VALUE 来解析 JSON 字符串中的 productId 字段。最终的实现如代码清单 10-1 所示。

代码清单 10-1　JSON_VALUE 函数案例

```
// JSON_VALUE 函数是系统内置的，可以直接使用
SELECT JSON_VALUE(jsonStr, '$.productId') as productId, userId
FROM source_table
```

当上述作业运行后，结果如下。

```
// 输入数据
+I[userId= 用户 A, jsonStr={"productId":" 商品 1"}]
+I[userId= 用户 B, jsonStr={"productId":" 商品 2"}]
+I[userId= 用户 C, jsonStr={"productId":" 商品 3"}]
```

```
// 输出结果
+I[userId= 用户 A, productId= 商品 1]
+I[userId= 用户 B, productId= 商品 2]
+I[userId= 用户 C, productId= 商品 3]
```

10.2 函数的分类

Flink SQL API 中的函数可以按照以下分类标准进行划分。

1. 系统内置函数和用户自定义函数

系统内置函数没有命名空间，我们可以直接通过其名称来使用，比如代码清单 10-1 中的 JSON_VALUE 函数。

用户自定义函数是用户自行注册到目录和数据库中的函数，它们是有命名空间的，我们可以通过精确引用和模糊引用两种方式来使用用户自定义函数。举例来说，我们向目录 default_catalog 下的数据库 default_database 中注册了名为 productNameFormat 的函数，如果以精确引用的方式来使用这个用户自定义函数，指令为 default_catalog.default_database.productNameFormat，如果以模糊引用的方式来使用这个用户自定义函数，指令为 default_database.productNameFormat。

2. 临时函数和永久函数

临时函数的元数据生命周期很短，元数据保存在 Flink 作业的内存中，并不会被持久化，只能在一个 Flink 作业的一次运行过程中使用。而永久函数的元数据生命周期是永久的，元数据保存在目录中，一旦永久函数被创建，任何连接到这个目录的 Flink 作业都可以使用这个永久函数。注意，和永久表相同，永久函数也需要可以持久化元数据的目录。

3. 4 种 Flink SQL API 函数

通过上述分类标准，我们可以组合得到 Flink SQL API 的 4 种函数。

- 临时系统内置函数：通过 SQL 语句 CREATE TEMPORARY SYSTEM FUNCTION function_name AS function_path 来创建。
- 系统内置函数：无须创建，直接使用。
- 临时用户自定义函数：通过 SQL 语句 CREATE TEMPORARY FUNCTION function_name AS [catalog_name.][db_name.]function_path 来创建。在流处理作业中，大多数情况下使用 CREATE TEMPORARY FUNCTION 就足够了。
- 永久用户自定义函数：通过 SQL 语句 CREATE FUNCTION [catalog_name.][db_name.] function_name AS function_path 来创建。

4. 函数的解析优先级

如果系统内置函数和用户自定义函数的函数名相同，或者临时函数和永久函数的函数名相同，Flink 会按照下面的优先级进行解析（优先级从上到下递减）。

- 临时系统内置函数：由于临时系统内置函数的优先级比系统内置函数的优先级高，因此常用于覆盖系统内置函数的实现逻辑。
- 系统内置函数：查找系统内置函数。

   ❑ 临时用户自定义函数：在当前目录和数据库中查找临时用户自定义函数。由于临时用户自定义函数的优先级比永久用户自定义函数的优先级高，因此常用于覆盖永久用户自定义函数的实现逻辑。

   ❑ 永久用户自定义函数：在当前目录和数据库中查找永久用户自定义函数。

10.2.1　系统内置函数

Flink 提供了丰富的系统内置函数，如代码清单 10-2 所示，其中列举了常用的系统内置函数。

代码清单 10-2　常用的系统内置函数

```
SELECT
    // 条件函数
    CASE WHEN productId = 1 THEN ' 商品 1'
         WHEN productId = 2 THEN ' 商品 2'
         WHEN productId = 3 THEN ' 商品 3'
         ELSE ' 其他 ' END AS productName
    // 字符串函数
    , UPPER(userId) as userId
    // 条件函数
    , IF (income > 5, ' 大额 ', ' 小额 ') as incomeType
FROM source_table
```

运行上述 Flink 作业，结果如下。

```
// 输入数据
+I[userId=Lisa, productId=1, income=1]
+I[userId=Jisso, productId=2, income=5]
+I[userId=Lisa, productId=10, income=8]
// 输出结果
+I[productName= 商品 1, userId=LISA, incomeType= 小额 ]
+I[productName= 商品 2, userId=JISSO, incomeType= 小额 ]
+I[productName= 其他 , userId=LISA, incomeType= 大额 ]
```

其他系统内置函数建议读者查询 Flink 官网 Table API & SQL 中的系统内置函数模块，此处不再赘述。

10.2.2　用户自定义函数

和其他大数据处理引擎一样，Flink SQL API 也提供了用户自定义函数功能。通过用户自定义函数，我们可以通过 Java、Scala、Python 封装通用且复杂的数据处理逻辑，从而简化 SQL 查询逻辑。在用户自定义函数中，我们可以实现任何 Java、Scala、Python 支持的处理逻辑，相当于将 Flink SQL API 的表达能力扩展到了 DataStream API。

在 Flink SQL API 中，用户自定义函数可以分为以下几类。

   ❑ 标量函数：输入一条数据，经过处理后输出一条数据，可以将输入值转换为新的值输出。常用于字段标准化的场景，功能和 DataStream API 中的 Map 操作相同。

   ❑ 表函数：输入一条数据，经过处理后输出多条数据。常用于扩展数据的场景，比如列转行，功能和 DataStream API 中的 FlatMap 操作相同。注意，表函数要和 LATERAL TABLE 子句同时使用。

❑ 聚合函数：输入多条数据，经过处理后输出一条聚合数据。常用于分组聚合计算以及窗口聚合计算，功能和 DataStream API 中的 KeyBy/Reduce 操作以及增量窗口聚合操作相同。

❑ 异步表函数：用于异步 I/O 查询，功能和 DataStream API 中的异步 I/O 操作相同。

我们通过代码清单 10-3 中的标量函数来介绍在 Flink SQL API 中开发并使用用户自定义函数的方法。

代码清单 10-3　开发并使用标量函数

```
// 实现名为 ProductNameFunction 的标量函数
public class ProductNameFunction extends ScalarFunction {
    public String eval(long productId) {
        if (1L == productId) {
            return "商品 1";
        } else if (2L == productId) {
            return "商品 2";
        } else if (3L == productId) {
            return "商品 3";
        } else {
            return "其他";
        }
    }
}
// 在 Flink SQL API 作业中使用 ProductNameFunction 标量函数
TableEnvironment env = TableEnvironment.create(...);
// 注册标量函数：AS 子句后是 ProductNameFunction 的类路径，ProductNameFunction 的类路径为
// io.test.sql.ProductNameFunction
env.sqlQuery("CREATE TEMPORARY FUNCTION productName AS 'io.test.sql.
    ProductNameFunction'");
// 也可以使用 TableEnvironment 的 createTemporaryFunction() 方法来注册标量函数
// env.createTemporaryFunction("productName", io.test.sql.ProductNameFunction.class);
// 在 SQL 查询中使用标量函数
env.sqlQuery("SELECT productName(productId) as productName FROM source_table");
```

运行上述 Flink 作业，结果如下。

```
// 输入数据
+I[productId=1]
+I[productId=3]
+I[productId=4]
// 输出结果
+I[productName= 商品 1]
+I[productName= 商品 3]
+I[productName= 其他]
```

10.3　开发用户自定义函数

学习了代码清单 10-3 中的案例后，我们会发现实现一个用户自定义函数的步骤还不是特别

清晰。我对用户自定义函数的开发过程进行了分析，总结为以下三步。

第一步，继承 Flink SQL API 用户自定义函数提供的基类。

由于不同用户自定义函数的功能不同，因此 Flink SQL API 为用户自定义函数提供了不同的基类，比如标量函数的基类为 org.apache.flink.table.functions.ScalarFunction，表函数的基类为 org.apache.flink.table.functions.TableFunction<T>。

第二步，在用户自定义函数中实现数据处理方法。

不同用户自定义函数的数据处理方法不同。举例来说，如果要实现标量函数，就需要实现名为 eval 的函数。

第三步，明确用户自定义函数的入参和返回值的数据类型。

Flink 需要获取入参和返回值的数据类型来实现数据的序列化。如果入参和返回值是基础类型，Flink 通常可以直接推导出参数的数据类型，如果入参和返回值是复杂类型，Flink 可能就无能为力了，需要用户主动提供入参和返回值的类型信息。

接下来，我们按照上述步骤分别开发标量函数、表函数、聚合函数和异步表函数。

10.3.1　标量函数

标量函数收到一条数据后，经过处理会输出一条数据。标量函数的功能和 DataStream API 中的 Map 操作相同，并且标量函数的实现方式也和 Map 操作中实现 MapFunction 的方式类似。

1. 继承标量函数的基类

标量函数的基类为 org.apache.flink.table.functions.ScalarFunction 抽象类，我们开发的标量函数实现类需要继承 ScalarFunction 抽象类。

2. 在标量函数实现类中实现数据处理方法

在继承 ScalarFunction 的标量函数实现类中，不需要重写 ScalarFunction 的任何方法，只需要实现名为 eval 的方法来实现数据处理逻辑。同时，我们可以重载 eval() 方法来实现支持多种类型入参的标量函数。注意，数据处理的方法名必须为 eval，并且 eval() 方法的签名必须为 public。

当我们在 SQL 查询中使用标量函数时，执行处理的算子会自动调用标量函数的 eval() 方法来处理数据。

3. 明确标量函数入参和返回值的数据类型

eval() 方法的入参和返回值分别是标量函数的入参和返回值，入参和返回值的数据类型都是直接通过 eval() 方法的签名来定义的。

4. 代码案例

实现一个获取入参的哈希值并对哈希值取模的标量函数。最终的实现如代码清单 10-4 所示。

代码清单 10-4　标量函数案例

```
//1.HashModFunction 继承 ScalarFunction
public class HashModFunction extends ScalarFunction {
    //2.实现数据处理方法 eval()
    //3.函数入参 o 可以是任意类型，入参 mod 是 int 类型，代表模数，返回值为 int 类型
    public int eval(Object o, int mod) {
```

```
            return o.hashCode() % mod;
    }
}
// 注册标量函数
CREATE TEMPORARY FUNCTION hash_mod AS 'io.test.sql.HashModFunction';
// 使用标量函数
SELECT hash_mod(productId, 10) as productIdMod
    , hash_mod(userId, 3) as userIdMod FROM source_table;
```

当我们运行上述代码后，会发现作业抛出如下异常。

```
Caused by: org.apache.flink.table.api.ValidationException: Cannot extract a
    data type from a pure 'java.lang.Object' class. Usually, this indicates
    that class information is missing or got lost. Please specify a more
    concrete class or treat it as a RAW type.
```

报错的原因是 Flink 不能确定 eval() 方法的第一个入参 Object o 的数据类型，从而无法对数据进行序列化。

为了解决这个问题，我们可以在 Object o 前面加上 @DataTypeHint(inputGroup = InputGroup.ANY) 注解，将这个参数标记为支持任意数据类型，如代码清单 10-5 所示。

代码清单 10-5　为 Object o 加注解

```
public class HashModFunction extends ScalarFunction {
    public int eval(@DataTypeHint(inputGroup = InputGroup.ANY) Object o, int mod) {
        return o.hashCode() % mod;
    }
}
```

运行结果如下。

```
// 输入数据
+I[productId= 商品 A, userId=10]
+I[productId= 商品 B, userId=20]
+I[productId= 商品 C, userId=30]
// 输出结果
+I[productIdMod=2, userIdMod=1]
+I[productIdMod=3, userIdMod=2]
+I[productIdMod=4, userIdMod=0]
```

5. 用户自定义函数参数的数据类型问题

接下来，我们介绍 @DataTypeHint(inputGroup = InputGroup.ANY) 的功能。Flink SQL API 要获取用户自定义函数的入参和返回值的数据类型才能对数据进行序列化，而 @DataTypeHint 注解就用于标识当前参数的数据类型。不过在大多数情况下，@DataTypeHint 注解的使用场景比较少，这是因为 Flink 会自动通过以下 3 种方法来识别用户自定义函数中参数的数据类型。

方法 1：自动类型推导。

Flink 可以对用户自定义函数中参数的数据类型进行自动推导，自动类型推导会通过反射来检查用户自定义函数的类签名和数据处理方法的签名，从而推导出函数入参和出参的数据类型。

Flink 维护了一套 SQL API 数据类型和 Java 数据类型的映射关系，通过这套映射关系可以将 Java 数据类型映射到 Flink SQL API 中，关于这套映射关系，读者可以查询 Flink 官网 Table API & SQL 的数据类型模块获取详细内容。

需要注意的是，由于 Flink 维护的这套数据类型映射关系所覆盖的范围有限，只支持 Java 中的基础类型、常用集合和结构体类型，因此自动类型推导功能所能解析的数据类型也就局限于 Java 中的基础类型、常用集合和结构体类型了。对于超出这个范围的数据类型，Flink 就无法自动推导了。针对这个问题，Flink 也提供了解决方案，那就是方法 2 和方法 3。

方法 2：在用户自定义函数中添加 @DataTypeHint 和 @FunctionHint 注解。

如果自动类型推导不成功，我们可以通过 @DataTypeHint 注解来声明参数的数据类型，@Data-TypeHint 用于指定某一个参数的数据类型，可以添加在方法入参以及方法签名上。如果添加在方法签名上，则表示方法返回值的数据类型。代码清单 10-6 所示是 @DataTypeHint 注解的使用案例。

代码清单 10-6　通过 @DataTypeHint 注解声明返回值的数据类型

```
// 使用 @DataTypeHint 注解定义嵌套结构的数据类型
public class RowFunction extends ScalarFunction {
    // 返回值 Row 的类型信息不足，通过 @DataTypeHint 注解补充完整
    @DataTypeHint("ROW<gender STRING, age BIGINT>")
    public Row eval(int userId) {
        if (userId == 1) {
            return Row.of(" 男 ", 26L);
        } else {
            return Row.of(" 未知 ", -1L);
        }
    }
}
// 注册标量函数
CREATE TEMPORARY FUNCTION row_func AS 'io.test.sql.RowFunction';
// 使用标量函数
SELECT userId, row_func(userId).gender as gender
        , row_func(userId).age as age
FROM source_table;
```

运行上述作业，结果如下。

```
// 输入数据
+I[userId=1]
+I[userId=2]
// 输出结果
+I[userId=1, gender= 男 , age=26]
+I[userId=2, gender= 未知 , age=-1]
```

由于 @DataTypeHint 只对一个参数生效，因此如果一个用户自定义函数中多个方法的参数都需要声明类型信息，使用 @DataTypeHint 编写代码就比较烦琐了。针对这个问题，Flink 额外提供了 @FunctionHint 注解，@FunctionHint 注解用在类签名上，可以用于定义用户自定义函数中所有方法的入参以及返回值的数据类型，代码清单 10-7 所示是 @FunctionHint 注解的使用案例。

代码清单 10-7　通过 @FunctionHint 注解声明参数的数据类型

```
// 使用 @FunctionHint 注解定义 RowFunction 中两个方法返回值的数据类型
@FunctionHint(output = @DataTypeHint("ROW<gender STRING, age BIGINT>"))
public class RowFunction extends ScalarFunction {
    public Row eval(int userId) {
        if (userId == 1) {
            return Row.of(" 男 ", 26L);
        } else {
            return Row.of(" 未知 ", -1L);
        }
    }
    public Row eval(int userId, String gender) {
        if (userId == 1) {
            return Row.of(gender, 26L);
        } else {
            return Row.of(" 未知 ", -1L);
        }
    }
}
// 注册标量函数
CREATE TEMPORARY FUNCTION row_func AS 'io.test.sql.RowFunction';
// 使用标量函数
SELECT userId, row_func(userId, ' 女 ').gender as gender
        , row_func(userId).age as age
FROM source_table;
```

运行上述作业，结果如下。

```
// 输入数据
+I[userId=1]
+I[userId=2]
// 输出结果
+I[userId=1, gender= 女 , age=26]
+I[userId=2, gender= 未知 , age=-1]
```

方法 3：重写 getTypeInference() 来决定参数的数据类型。

如果我们想更加灵活地决定函数输入 / 输出参数的数据类型，还可以通过重写 getType-Inference() 方法实现。

举例来说，我们在实现用户自定义函数时，可以在入参中提供一个用于标识数据类型的入参 String type，如果 type 值为 INT，那么可以返回 INT 数据类型的结果，如果 type 值为 STRING[]，那么可以返回 ARRAY<STRING> 数据类型的结果。这种方法不常用，此处不再赘述。

10.3.2　表函数

表函数收到一条数据后，经过处理会输出多条数据，常用于扩展数据的场景，比如列转行。表函数的功能和 DataStream API 中的 FlatMap 操作相同，并且表函数的实现方式也和 FlatMap 操作中实现 FlatMapFunction 的方式类似。

1. 继承表函数的基类

表函数的基类为 org.apache.flink.table.functions.TableFunction<T> 抽象类，我们开发的表函数实现类需要继承 TableFunction 抽象类。其中 T 为函数返回值的数据类型，假设返回值类型为 String，那么表函数的实现类就要继承 TableFunction<String>。

2. 在表函数实现类中实现数据处理方法

和标量函数一样，在继承 TableFunction 的表函数实现类中不需要重写 TableFunction 的任何方法，只需要实现名为 eval 的方法来实现数据处理逻辑，eval() 方法可以重载。当我们在 SQL 查询中使用表函数时，执行处理的算子会自动调用表函数的 eval() 方法来处理数据。

3. 明确表函数的入参和返回值的数据类型

eval() 方法的入参为表函数的入参，不过和标量函数不一样的地方在于，表函数的 eval() 方法不能有返回值，TableFunction 提供了 collect() 方法用于输出结果数据。这也比较好理解，只有使用 collect() 方法输出数据才能实现一条输入数据经过处理后输出多条数据。

4. 代码案例

实现一个将英文语句切分为单词的表函数。最终的实现如代码清单 10-8 所示。

代码清单 10-8　表函数案例

```
// 1.StringSplitFunction 继承自 TableFunction<String>，返回值为单词，String 类型
public static class StringSplitFunction extends TableFunction<String> {
    // 2. 实现数据处理方法 eval()
    // 3. 函数入参 sentence 是英文语句，String 类型
    public void eval(String sentence) {
        for (String word : sentence.split(" ")) {
            collect(word);
        }
    }
}
// 注册表函数
CREATE TEMPORARY FUNCTION string_split AS 'io.test.sql.StringSplitFunction';
// 使用表函数，需要使用 LATERAL TABLE 子句
SELECT T.word AS word
FROM source_table
LEFT JOIN LATERAL TABLE(string_split(sentence)) AS T(word) ON TRUE;
```

运行上述 Flink 作业，结果如下。

```
// 输入数据
+I[sentence=I love flink]
// 输出结果
+I[word=I]
+I[word=love]
+I[word=flink]
```

10.3.3　聚合函数

聚合函数收到多条数据后，经过处理会输出一条聚合数据，常用于分组聚合计算以及窗口聚

合计算。值得一提的是，聚合函数和 DataStream API 中 KeyBy/Reduce 操作的 ReduceFunction 以及窗口聚合操作中的增量窗口数据处理函数相同，都是每收到一条数据就执行一次聚合计算，然后将中间结果保存在累加器状态中，在需要输出数据时，直接从累加器中获取数据并输出。

1. 继承聚合函数的基类

聚合函数的基类为 org.apache.flink.table.functions.AggregateFunction<T, ACC> 抽象类，其中 T 代表聚合函数的入参和返回值类型，聚合函数的入参和返回值类型要求完全一致，ACC 是聚合函数的中间结果数据类型。

2. 在聚合函数实现类中实现数据处理方法

聚合函数的数据处理的实现方法和标量函数、表函数不同，我们需要实现以下 5 个方法。

❑ Acc createAccumulator()：用于创建累加器，Acc 是累加器的数据类型。如果是窗口聚合计算，那么该方法会在窗口创建时调用，为每一个 key 下的窗口都创建一个单独的累加器。如果是分组聚合计算，那么该方法会在第一条数据到达时调用，为每一个 key 都创建一个单独的累加器。注意，累加器的数据会保存在状态中，状态容错能力由 Flink 的快照机制来保证。

❑ void accumulate(Acc accumulator, T value)：用于执行累计操作，当输入的 RowKind 为 INSERT 或 UPDATE_AFTER 时，会调用该方法来执行累计操作，并将累计操作的结果保存到 Acc accumulator 中。注意，accumulate() 方法可以重载，重载的多个方法的参数类型可以不同，并且支持变长参数。

❑ void retract(Acc accumulator, T value)：用于执行回撤操作，当输入数据的 RowKind 为 DELETE 或 UPDATE_BEFORE 时，会调用该方法来执行回撤操作，并将回撤操作的结果保存到 Acc accumulator 中。注意，当上游数据是 Retract 流时，我们才需要实现该方法，如果没有实现，Flink 作业会抛出异常。如果上游数据是 Append-only 流，则无须实现该方法。

❑ T getValue(Acc accumulator)：用于获取结果。

❑ void merge(Acc accumulator, Iterable<Acc> it)：用于流处理场景中的会话窗口、滚动窗口以及开启了两阶段聚合优化的场景。该方法用于将多个分片中的聚合结果进行合并。

在 Flink SQL API 中，聚合算子调用 AggregateFunction 中 5 个方法的流程如下。

当第一条数据到来时，调用 createAccumulator() 方法初始化一个新的累加器。然后随着数据不断输入，执行累计操作或者回撤操作。如果输入数据的 RowKind 为 INSERT 或者 UPDATE_AFTER，就会执行累计操作，也就是调用 accumulate() 方法，如果输入数据的 RowKind 为 DELETE 或者 UPDATE_BEFORE，就会执行回撤操作，也就是调用 retract() 方法，计算完成后将累加器的数据存储在状态中。最后在输出结果时，调用 getValue() 方法从累加器中获取结果。需要注意，merge() 方法只有在进行窗口合并时才会调用。

3. 代码案例

实现求和计算的聚合函数，最终的实现如代码清单 10-9 所示。

代码清单 10-9　聚合函数案例

```
// SumAggregateFunction 继承自 AggregateFunction<Long, Tuple1<Long>>，入参和返回值为
// Long 类型，累加器类型为 Tuple1<Long>
public class SumAggregateFunction extends AggregateFunction<Long, Tuple1<Long>> {
    @Override
    public Tuple1<Long> createAccumulator() {
        return Tuple1.of(0L); // 初始化累加器为 0
    }
    public void accumulate(Tuple1<Long> acc, Long value) {
        acc.f0 += value; // 执行累计操作，也就是加法
    }
    public void retract(Tuple1<Long> acc, Long value) {
        acc.f0 -= value; // 执行回撤操作，也就是减法
    }
    @Override
    public Long getValue(Tuple1<Long> acc) {
        return acc.f0; // 获取计算结果
    }
    public void merge(Tuple1<Long> acc, Iterable<Tuple1<Long>> it) {
        for (Tuple1<Long> i : it) { // 执行合并计算
            acc.f0 += i.f0;
        }
    }
}
// 注册聚合函数
CREATE TEMPORARY FUNCTION sum_agg AS 'io.test.sql.SumAggregateFunction';
// 在分组聚合场景中使用聚合函数
SELECT productId, sum_agg(income) as `all`
FROM source_table
GROUP BY productId;
// 在窗口聚合场景中使用聚合函数
SELECT productId, sum_agg(income) as `all`
        , TUMBLE_START(rowTime, INTERVAL '1' MINUTE) as windowStart
FROM source_table
GROUP BY productId, TUMBLE(rowTime, INTERVAL '1' MINUTE)
```

代码清单 10-9 中分组聚合场景的 SQL 查询对应的 Flink 作业运行后，结果如下。

```
// 输入数据
(1) +I[productId= 商品 A, income=10]
(2) +I[productId= 商品 A, income=20]
(3) +I[productId= 商品 A, income=30]
// 输出结果
// 处理完输入数据 (1) 后得到的结果，由于是第一条数据，因此只执行累计操作
+I[productId= 商品 A, all=10]
// 处理完输入数据 (2) 后得到的结果，不是第一条数据，先执行回撤操作，后执行累计操作
-U[productId= 商品 A, all=10]
+U[productId= 商品 A, all=30]
// 处理完输入数据 (3) 后得到的结果，不是第一条数据，先执行回撤操作，后执行累计操作
-U[productId= 商品 A, all=30]
+U[productId= 商品 A, all=60]
```

10.3.4　异步表函数

异步表函数用于支持异步 I/O 查询外部数据库，功能和 DataStream API 中的异步 I/O 操作相同，HBase 连接器支持异步 I/O 查询关联的功能就是通过异步表函数实现的。

异步表函数的实现方法和表函数类似，此处不再赘述。接下来我们介绍 HBase 的异步表函数实现逻辑，如代码清单 10-10 所示。

代码清单 10-10　HBase 异步表函数实现逻辑

```
public class HBaseAsyncTableFunction extends AsyncTableFunction<Row> {
    public void eval(CompletableFuture<Collection<Row>> result, String rowkey) {
        Get get = new Get(Bytes.toBytes(rowkey));
        // 发出异步请求
        ListenableFuture<Result> future = hbase.asyncGet(get);
        Futures.addCallback(future, new FutureCallback<Result>() {
            // 处理成功时输出的结果
            public void onSuccess(Result result) {
                List<Row> ret = process(result);
                result.complete(ret);
            }
            // 处理失败时抛出异常，这会导致作业失败
            public void onFailure(Throwable thrown) {
                result.completeExceptionally(thrown);
                // 注意，在处理失败时不建议抛出异常，建议使用 result 的 complete() 方法输出
                // 一个代表处理失败的默认值，避免作业失败
            }
        });
    }
}
```

异步表函数和表函数的区别在于，eval() 方法的第一个参数需要通过 CompletableFuture 来封装。在 eval() 方法中，如果成功获取 I/O 处理的结果，就需要使用 CompletableFuture 的 complete() 方法将结果输出。如果在获取 I/O 处理结果的过程中出现异常，我们可以使用 CompletableFuture 的 completeExceptionally() 方法抛出异常，不过通常不建议抛出异常，因为这会导致作业失败，建议在 I/O 处理异常时输出一个代表处理失败的默认值，避免作业失败。

10.4　本章小结

在 10.1 节中，我们通过 Flink SQL API 内置的 JSON_VALUE 函数学习了函数的使用方法。

在 10.2 节中，我们学习了 Flink SQL API 系统内置函数和用户自定义函数的差异以及使用方法。

在 10.3 节中，我们学习了标量函数、表函数、聚合函数以及异步表函数的开发步骤以及对应的案例。值得一提的是，在 DataStream API 中有这 4 种函数对应的函数，分别是 Map 操作的 MapFunction、FlatMap 操作的 FlatMapFunction、增量窗口聚合计算的 AggregateFunction 以及异步 I/O 处理的 AsyncFunction。在学习 SQL API 的用户自定义函数时，我们可以对比 DataStream API 来学习，达到事半功倍的效果。

Flink SQL API 参数配置及性能调优

通过第 9 章和第 10 章的学习，我们已经能够使用 Flink SQL API 满足大多数场景的需求了，如果我们想更进一步地使用 Flink SQL API，就要先思考下面两个问题。

❑ 问题 1：有没有 Flink SQL API 的参数能够帮助我们更加精细地控制 SQL 查询执行时的行为？

❑ 问题 2：相比于 DataStream API 来说，SQL API 作业的性能往往不是那么理想，有没有一些常见的优化方法来提升 SQL API 作业的性能？

针对这两个问题，Flink SQL API 提供了对应的解决方案。

❑ 问题 1 的解决方案：Flink SQL API 提供了三类参数来帮助我们控制 SQL 查询执行时的行为，分别是运行时参数、优化器参数以及表参数。

❑ 问题 2 的解决方案：Flink SQL API 针对状态访问性能差、大状态和数据倾斜这 3 种场景提供了 4 种优化方案，分别是微批处理、去重场景 BitMap 复用、两阶段聚合以及去重计算的分桶聚合。

11.1 参数配置

本节介绍一些常用且好用的参数。关于 Flink SQL API 提供的其他参数，感兴趣的读者可以查阅 Flink 官网 Table API & SQL 中的配置参数模块。

11.1.1 运行时参数

运行时参数通常用于优化 Flink SQL API 作业的性能，其应用场景主要为以下 4 类。

1. 异步查询关联

代码清单 11-1 所示为异步查询关联的两个配置参数。

代码清单 11-1　异步查询关联的配置参数

```
// 用于控制异步查询关联中异步 I/O 执行时的最大数目，默认值为 100，值类型为 Integer
table.exec.async-lookup.buffer-capacity: 50
// 用于控制异步查询关联中异步 I/O 执行时的超时时间，默认值为 3 min，值类型为 Duration
table.exec.async-lookup.timeout: 1min
```

这两个参数和 DataStream API 异步 I/O 处理中的 timeout 和 capacity 参数的功能相同。

在 Flink SQL API 作业中，配置上述参数的方法也很简单，如代码清单 11-2 所示。注意，无论运行时参数、优化器参数还是表参数，都可以使用这种方法进行配置。

代码清单 11-2　在 Flink SQL API 作业中配置参数

```
TableEnvironment tEnv = ...
Configuration = tEnv.getConfig().getConfiguration();
// 在 configuration 中配置参数
configuration.setString("table.exec.async-lookup.buffer-capacity", "50");
configuration.setString("table.exec.async-lookup.timeout", "1 min");
```

2. 微批处理

微批处理是一种专门针对无界流处理作业的优化方案，它可以将输入的多条数据缓存，针对相同 key 的数据，批量访问或者更新一次状态，这样可以有效减少对于状态的访问次数，减少状态访问时间，提升作业的性能。

微批处理的触发方式既可以由时间来控制，也可以由缓存的条目数来控制，只要其中一个满足条件，就会触发微批处理，代码清单 11-3 所示是微批处理的配置参数。

代码清单 11-3　微批处理的配置参数

```
// 用于开启微批处理，默认值为 false，值类型为 Boolean
table.exec.mini-batch.enabled: true
// 用于控制微批处理的缓存时长，默认值为 0，值类型为 Duration，注意，当 table.exec.mini-batch.
// enabled 为 true 时，该参数的值必须大于 0
table.exec.mini-batch.allow-latency: 1 min
// 用于控制缓存一批的条目数，默认值为 -1，值类型为 Long，注意，当 table.exec.mini-batch.
// enabled 为 true 时，该参数的值必须大于 0
table.exec.mini-batch.size: 100
```

注意，只要 table.exec.mini-batch.allow-latency 和 table.exec.mini-batch.size 两个参数之一满足条件就会执行微批处理。

3. 键值状态的保留时长

Flink SQL API 中涉及时间窗口或者时间区间的计算中，都可以认为是有界流上的计算，因此键值状态会随着时间的推移而自动清除。在这类计算中，状态的大小不会一直增长，而是会有增有减，因此我们很少担心状态过大的问题。

无界流的计算就不一样了，大多数无界流的计算中，都会使用键值状态，比如下面 4 种计算场景都使用了键值状态。

❑ 9.5 节的 SELECT DISTINCT：通过键值状态实现去重计算。

❑ 9.7 节的 GROUP BY 分组聚合：通过键值状态保存聚合计算的结果。

❑ 9.8.1 节的常规关联：通过键值状态保存两条数据流的数据，用于数据流关联。

❑ 9.10 节、9.11 节、9.13 节的 TopN 排序、Deduplication 去重和 Over 聚合：通过键值状态保存排序、聚合结果。

由于无界流的数据是永远没有尽头的，因此默认情况下，键值状态数据会一直保留在 Flink 作业中，那么 Flink 作业的状态就会一直增长，不会减少，最终会导致 Flink 作业出现性能问题。在无界流中，避免状态过大是我们要重点关注的问题。

针对这个问题，Flink SQL API 提供了键值状态保留时长的功能，我们可以通过代码清单 11-4 中的参数来控制 Flink SQL API 作业中所有键值状态的保留时长。该功能和 DataStream API 中的键值状态保留时长的功能类似，不同之处在于 Flink SQL API 中的参数对于整个作业中所有的键值状态都生效，而 DataStream API 中的键值状态保留时长功能只对指定的键值状态生效。

代码清单 11-4　键值状态保留时长的配置参数

```
// 用于指定键值状态的保留时长，配置为 0 则代表不清除键值状态，默认值为 0，值类型为 Duration
table.exec.state.ttl: 1440 min
// 上述配置等价于 DataStream API 中的下列配置
StateTtlConfig.newBuilder(Time.minutes(1440))
    .setUpdateType(StateTtlConfig.UpdateType.OnCreateAndWrite)
    .setStateVisibility(StateTtlConfig.StateVisibility.NeverReturnExpired)
    .build()
```

代码清单 11-4 中的配置代表如果键值状态中的元素超过 1440min 没有被访问，就会被删除。注意，Flink SQL API 中的键值状态保留时长配置不支持自定义状态时间戳更新策略和过期状态的可见性，默认的状态时间戳更新策略为 UpdateType.OnCreateAndWrite，默认的过期状态的可见性为 StateVisibility.NeverReturnExpired。

4. 其他运行时参数

如代码清单 11-5 所示，我们可以通过其中的参数来控制 Flink SQL API 作业中算子的并行度以及是否开启空闲数据源检测机制。

代码清单 11-5　其他运行时参数

```
// 用于配置 Flink SQL API 作业中算子的并行度，该参数的优先级高于使用 StreamExecutionEnvironment
// 的 setParallelism() 方法设置的算子并行度，注意，如果该值设置为 -1，会默认使用 StreamExecution
// Environment 的 setParallelism() 方法设置算子并行度，默认值为 -1，值类型为 Integer
table.exec.resource.default-parallelism: 100
// 用于开启空闲数据源检测机制，当该参数配置为 0 时，代表未启用空闲数据源检测机制。默认值为 0，
// 值类型为 Duration
table.exec.source.idle-timeout: 60s
```

其中 table.exec.source.idle-timeout 参数和 DataStream API 中 WatermarkStrategy 提供的 withIdleness() 方法的功能相同。把该参数设置为 60s，如果数据源算子的某个 SubTask 超过 60s 没有收到数据，Flink 就会将该 SubTask 标记为空闲，这时下游事件时间窗口算子执行时间窗口计算时就不会使用该 SubTask 的 Watermark 来对齐 Watermark，从而保证时间窗口的 Watermark 能够继续推进，持续触发窗口计算。

11.1.2 优化器参数

优化器参数用于帮助 Flink SQL API 作业生成更优的执行计划，Flink SQL API 提供的运行时参数通常应用于以下两类场景。

1. 两阶段聚合

两阶段聚合和 MapReduce 中的 Combiner 功能类似，可以在上游算子通过网络向下游算子传输数据之前进行预聚合，这不但能避免数据倾斜，还能减少网络传输的数据，提升作业性能。两阶段聚合应用在聚合函数中，Flink SQL API 中常用的 SUM、COUNT、MAX 等聚合函数都支持两阶段聚合。代码清单 11-6 所示是两阶段聚合的配置参数。

代码清单 11-6　两阶段聚合的配置参数

```
// 默认值为 AUTO，值类型为 String
// TWO_PHASE: 开启两阶段聚合。注意，如果聚合函数不支持两阶段聚合，Flink 仍将使用单阶段聚合
// ONE_PHASE: 不开启两阶段聚合
table.optimizer.agg-phase-strategy: ONE_PHASE
```

在使用两阶段聚合时，有以下 3 个注意事项。

- 去重场景慎重考虑使用两阶段聚合。两阶段聚合在计数和求和等计算场景中很有用，但是在去重场景中可能会由于 key 太稠密而导致 Flink SQL API 作业的性能下降。
- 在窗口表值函数的时间窗口聚合操作中，两阶段聚合是自动开启的。在 GROUP BY 分组聚合中，开启微批处理后，两阶段聚合才会生效。
- 在 Flink SQL API 的用户自定义聚合函数中，如果要让自定义聚合函数实现两阶段聚合，需要实现 AggregateFunction 中的 merge() 方法。

2. 去重计算的分桶聚合

在 GROUP BY 分组去重聚合场景中，如果分组 key 较少，会导致数据倾斜，比如其中一个 key 有 500 万条输入数据，而另一个 key 只有 1 万条输入数据，那么就会导致数据倾斜，而分桶聚合可以解决数据倾斜问题。

代码清单 11-7 所示是去重计算分桶聚合的配置参数。

代码清单 11-7　去重计算分桶聚合的配置参数

```
// 用于开启去重计算的分桶聚合。默认值为 false，值类型为 Boolean
table.optimizer.distinct-agg.split.enabled: true
// 用于配置分桶的个数。默认值为 1024，值类型为 Integer
table.optimizer.distinct-agg.split.bucket-num: 1024
```

11.1.3 表参数

表参数用于调整 Flink SQL API 作业执行时的配置，常用的是代码清单 11-8 中的时区参数，关于时区问题我们已经在 9.6.3 节进行了详细分析，此处不再赘述。

代码清单 11-8　时区参数

```
// 如果是北京时区，则设置为 GMT+08:00。默认值为 default，值类型为 String
table.local-time-zone: GMT+08:00
```

11.2　性能调优

本节主要介绍 Flink SQL API 针对状态访问性能差、大状态以及数据倾斜这 3 种场景提供的微批处理、去重场景 BitMap 复用、两阶段聚合以及去重计算的分桶聚合的优化原理。

11.2.1　微批处理的优化原理

1. 微批处理解决的问题

微批处理是一种专门针对无界流处理作业的优化，它可以将输入的多条数据缓存，然后批量访问或者更新一次状态，从而有效减少对于状态的访问次数，减少状态访问时延，提升作业性能。

以代码清单 11-9 中的 GROUP BY 查询为例。

代码清单 11-9　GROUP BY 查询

```
SELECT productId, SUM(income) AS `all`
FROM source_table GROUP BY productId
```

上述 SQL 查询最终会生成 GroupAggFunction 来执行分组聚合计算，而在 GroupAggFunction 处理每一条输入数据时，会经历三步：第一步，从状态中读取累加器数据；第二步，执行累计操作或者回撤操作，并得到新的累加器数据；第三步，将累加器的数据写回状态。

上述处理流程的问题在于，每处理一条数据，就会访问和更新一次状态后端中的数据，如果我们使用的是 HashMap 状态后端，访问和更新的是内存，那么对于性能的影响不大，如果使用的是 RocksDB 状态后端，访问和更新的就是磁盘了，这可能就会导致 Flink 作业的性能不佳。

2. 微批处理的解决思路

微批处理的核心思想是将输入数据缓存在聚合算子内部的缓冲区中。当达到触发时间或者触发的条目数时，开始执行微批计算。这时缓冲区内的这一批数据中，相同 key 的数据只需要访问一次状态后端，不需要每一条数据都访问一次状态后端，这样可以大大减少访问状态的时间开销，从而获得更优的吞吐量。

需要注意的是，开启微批处理后，Flink 作业会缓存批量的数据，这会增加数据产出时延。如果要使用微批处理优化，需要在吞吐量和延迟之间作出权衡。大多数情况下，微批处理优化导致的数据延迟是可以被接受的，非常建议读者在无界流场景下使用这项优化。

11.2.2　去重场景 BitMap 复用的优化原理

1. 去重场景 BitMap 复用解决的问题

我们以一个案例出发，电商场景中，统计每种商品不同客户端的当日累计销售用户数。客户端有两个枚举值，分别为电脑和手机。输入数据为订单销售日志，包含 userId、clientName、productId 和 eventTime 字段，分别代表用户 id、客户端名称、产品 id 和订单销售时间戳，输出结果包含 windowEnd、productId、clientName 和 orderUv，分别代表窗口结束时间戳、商品 id、客户端名称和销售用户数。那么我们可以使用代码清单 11-10 中的 SQL 查询来实现这个需求。

代码清单 11-10　使用累计窗口计算每种商品不同客户端的当日累计销售用户数

```
SELECT window_end as windowEnd
    , productId
    , IF (clientName IS NULL, 'ALL', clientName) AS clientName
    , COUNT(DISTINCT userId) as orderUv
FROM TABLE(CUMULATE(TABLE source_table
    , DESCRIPTOR(rowTime), INTERVAL '1' MINUTES, INTERVAL '1' DAY))
GROUP BY
    window_start
    , window_end
    , productId
    , GROUPING SETS (
        ()
        , (clientName)
    )
```

上述 Flink 作业在运行时，对 userId 进行去重的逻辑是通过 MapState 实现的。假设销售订单的总用户数为 1 亿，其中客户端为电脑的销售订单用户数为 6000 万，客户端为手机的销售订单用户数为 7000 万，那么不同维度下的 MapState 中保存的条目数总共为 2 亿 3 千万条数据。

这时问题就很明显了，整体的用户数只有 1 亿，由于不仅在总场景的 MapState 中保存了一次，还分别在客户端为电脑和手机的 MapState 中保存了一次，导致相同 userId 被重复保存了。

2. 去重场景 BitMap 复用的解决思路

优化思路其实很简单，我们对同一个用户 id 使用 3 个比特位来分别代表总计、电脑和手机的数据，这样就可以将 MapState 中保存的数据条目数减少到 1 亿条。经过这样的优化，状态可以减小为原来的 43%。如图 11-1 所示是去重场景 BitMap 复用前后 MapState 数据存储状态的对比。

我们需要通过 Filter 子句来实现去重场景 BitMap 复用，如代码清单 11-11 所示。

代码清单 11-11　去重场景 BitMap 复用

```
SELECT window_start as windowStart
    , productId
    , IF (clientName IS NULL, 'ALL', clientName) AS clientName
    , COUNT(DISTINCT userId) as allUv
    , COUNT(DISTINCT userId) FILTER (WHERE clientName = '电脑') as cptUv
    , COUNT(DISTINCT userId) FILTER (WHERE clientName = '手机') as phUv
FROM TABLE(CUMULATE(TABLE source_table
    , DESCRIPTOR(rowTime), INTERVAL '1' MINUTES, INTERVAL '1' DAY))
GROUP BY
    window_start
    , window_end
    , productId
```

需要注意，去重场景 BitMap 复用通常要求 clientName 字段是可以枚举的，如果无法枚举所有的 clientName 值，就无法使用 BitMap 复用了。此外，如果 clientName 值比较少，使用 BitMap 复用的编码成本不是很高，如果 clientName 值很多，例如达到上百个，那么就需要编写上百个 Filter 子句，这样就会使得编码成本急剧上升。因此我们要在作业性能和编码成本之间进行权衡。

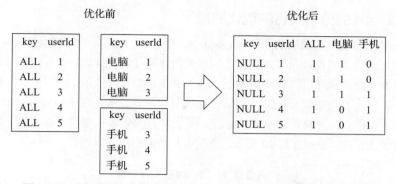

图 11-1　去重场景 BitMap 复用前后 MapState 数据存储状态的对比

11.2.3　两阶段聚合的优化原理

1. 两阶段聚合解决的问题

在聚合数据处理场景中，很可能会由于热点数据导致数据倾斜。如代码清单 11-12 所示，如果 gender 为男的数据有 5 亿条，gender 为女的数据有 5 条，数据倾斜就会非常严重，将导致分组聚合算子成为 Flink 作业的瓶颈。

代码清单 11-12　GROUP BY 分组聚合由于热点数据导致数据倾斜

```
SELECT gender, COUNT(1) AS pv
FROM source_table GROUP BY gender
```

2. 两阶段聚合的解决思路

两阶段聚合的核心思想和 MapReduce 中的 Combiner 功能相同，以代码清单 11-12 为例，如果开启了两阶段聚合，会在本地按照 COUNT(1) 的聚合计算方法进行一次本地聚合计算（LocalAgg），得到聚合计算结果后，上游算子将聚合结果发送到下游的全局聚合（GlobalAgg）算子中进行全局聚合，这样全局聚合算子的压力就会减少很多。

如图 11-2 所示，图左是代码清单 11-12 的 Flink 作业未开启两阶段聚合的逻辑数据流图，图右是开启了两阶段聚合的逻辑数据流图。

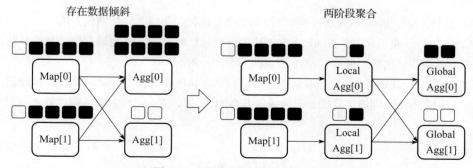

图 11-2　两阶段聚合的前后对比

11.2.4 去重计算的分桶聚合的优化原理

1. 去重计算的分桶聚合解决的问题

使用两阶段聚合虽然能够很好地优化计数和求和这种可累计计算的聚合操作，但是在去重场景中，两阶段聚合的效果就没有那么明显了。举例来说，如代码清单 11-13 所示，SQL 查询中既有计数聚合计算，也有去重聚合计算。如果是计数聚合计算，那么在本地聚合阶段，100 万条数据可能聚合为 1 条数据。如果是去重聚合计算，由于聚合的效果一般没有那么好，因此 100 万条数据经过本地聚合后的结果可能为 90 万条，依然会有数据倾斜的问题。

代码清单 11-13　去重聚合计算

```
SELECT COUNT(1) AS pv, COUNT(DISTINCT userId) as uv
FROM source_table
```

2. 去重计算的分桶聚合的解决思路

分桶聚合的核心思想是分而治之，按照去重字段先进行分桶计算，将数据打散到多个 SubTask 上进行去重计算，再对分桶后的数据进行合桶计算。当我们为代码清单 11-13 的 SQL 查询配置了分桶聚合参数后，效果等价于代码清单 11-14 中的 SQL 查询。

代码清单 11-14　去重计算的分桶聚合案例

```
// 为代码清单 11-13 配置的分桶聚合参数如下
table.optimizer.distinct-agg.split.enabled: true
table.optimizer.distinct-agg.split.bucket-num: 1024
// 效果等价于下面的 SQL 查询
SELECT color, SUM(cnt)
FROM (
    SELECT color, COUNT(DISTINCT user_id) as cnt, COUNT(1) AS bucket_pv
    FROM T
    GROUP BY MOD(HASH_CODE(user_id), 1024)
)
```

11.3　本章小结

本节我们介绍了 Flink SQL API 提供的 Flink 作业优化参数以及性能调优方法。

在 11.1 节中，我们学习了 Flink SQL API 提供的运行时参数、优化器参数以及表参数，这些参数可以帮助我们更加精细地控制 SQL 查询执行时的行为。

在 11.2 节中，我们介绍了 Flink SQL API 针对状态访问性能差、大状态以及数据倾斜这 3 种场景提供的优化方法，即微批处理、去重场景 BitMap 复用、两阶段聚合及去重计算的分桶聚合。